STATISTIQUE MONUMENTALE

DU

DÉPARTEMENT DE L'AUBE

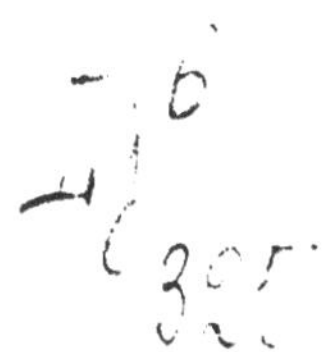

STATISTIQUE MONUMENTALE

DU

DÉPARTEMENT DE L'AUBE

PAR

CH. FICHOT

ARTISTE DESSINATEUR, LAURÉAT DE L'INSTITUT

Membre de la Société de l'histoire de Paris,

Correspondant de la Société académique du département de l'Aube.

TROYES

SES MONUMENTS CIVILS ET RELIGIEUX

TOME TROISIÈME

PARIS — PUBLIÉ PAR L'AUTEUR, 39, RUE DE SÈVRES

TROYES

Chez LACROIX, Successeur de DUFEY-ROBERT, libraire

RUE NOTRE-DAME, 83

1894

LA

VILLE DE TROYES

ET SES MONUMENTS

Troyes, chef-lieu du département de l'Aube, est situé près des bords de la Seine dont une dérivation la traverse. Cette ville est à 167 kilomètres au sud-est de Paris, sur la route de Paris à Bâle; sa population s'élève à 47.000 habitants.

Nous n'avons pas l'intention de résumer l'histoire de l'ancienne capitale de la Champagne, de savants historiens, l'ayant fait avant nous. Ce que nous voulons seulement, c'est décrire et faire connaître toutes les richesses d'art que l'on rencontre encore dans l'antique cité de Troyes, les restes précieux de ses hôtels, de ses maisons, et la merveilleuse richesse de ses monuments, qui, depuis un demi-siècle, s'écroulent, se transforment quand ils ne disparaissent pas complètement.

Une simple question dérive de ce préambule : quel était le style des constructions privées de la ville de Troyes avant les premières années du XVIe siècle ? Personne ne le sait. Malgré une étude sérieuse, nous-même n'avons pu rien découvrir ni rien apprendre.

Sans l'existence de certains édifices antérieurs à cette époque, on pourrait croire que Troyes fut fondé sous François Ier, le régénérateur des sciences et des arts.

Ce qui explique la reconstruction d'une grande partie de la ville au XVIe siècle, c'est que le 24 mai 1524, entre dix et onze heures du soir, un désastreux incendie éclata qui détruisit, dans la partie la plus riche et la plus commerçante de la ville, le quart des habitations.

Le feu prit dans la maison sise au coin de la rue de l'Épicerie,

près de l'hôtellerie de l'Homme-Sauvage, aujourd'hui maison n° 77 de la rue Notre-Dame, se dirigeant vers l'église Saint-Jean, suivant les rues du Domino (Paillot-de-Montabert), Charbonnet, du Palais-de-Justice, la rue des Filles (Jaillant-Deschainets), pour revenir à l'ancienne porte de Paris, à l'église Saint-Nicolas, à Saint-Pantaléon et attaquer les quartiers de Croncels, de la rue du Temple, de la rue de la Pie, pour s'éteindre enfin au point de départ[1].

L'année suivante, toute la partie incendiée commença à se relever, et vers 1580, le désastre était réparé dans toute son étendue. Pour obtenir un pareil résultat en si peu d'années, on se demande quelle pouvait être la fortune du haut commerce de Troyes et celle de ses nobles bourgeois, quand un seul de ceux-ci, Nicolas Hennequin de Lantages, eut pour sa part soixante maisons brûlées.

Non satisfaits d'avoir pu reconstruire leurs maisons et réparer leurs pertes commerciales, les bourgeois voulurent participer de leurs deniers à la réparation des églises endommagées par le feu.

Les travaux du chœur de l'église Saint-Jean commencés avant l'incendie, sont repris dès le 5 juin. « Les cloches fondues pendant l'incendie sont coulées à nouveau au mois de novembre suivant. Saint-Pantaléon, en construction dès 1517, reprend ses travaux; il est rendu au culte en 1529. » Saint-Nicolas fut beaucoup plus endommagé; le compte de l'église de 1524 rapporte « que ladite église, ensemble les ornements et tous les biens d'icelle ont été brûlés. » Le culte y fut rétabli en août 1524 et trois nouvelles cloches furent baptisées le 5 février suivant[2].

Puis l'on commence la construction du grand portail de la cathédrale de Troyes, on jette les fondations de l'église Saint-Nizier; on reconstruit le chœur de Saint-Remi et celui de Sainte-Madeleine; Jean Gualde travaillait alors à son splendide jubé.

Les couvents suivent l'impulsion; ils reconstruisent leurs monastères et leurs églises, les décorent comme celles de Troyes de peintures, de sculptures, de vitraux, et on les enrichit d'objets d'art qui étonnent et excitent l'admiration.

1. Boutiot, *Histoire de Troyes*.
2. *Id.* *Id.*

Les quartiers de Saint-Urbain, de Saint-Remi, de la cathédrale et de Saint-Nizier, qui n'avaient nullement souffert de l'incendie, suivent ce mouvement de transformation, et, quand la ville est relevée de ses ruines, elle est entourée d'une vaste enceinte reconstruite, consolidée et agrandie par ordre de François Ier.

Des anciennes fortifications de Troyes il ne reste plus rien, et les maisons du XVIe siècle disparaissent tous les jours.

LES MAISONS EN BOIS

DE LA VILLE DE TROYES AU XVIe SIÈCLE

Il y a un demi-siècle, les anciennes maisons conservaient encore leur pignon posant sur des courbes ogivales, assemblées et soutenues à leurs bases par des blochets et des consoles à figures sculptées, et reliées au sommet par un poinçon en pendentif. Celui-ci était orné d'une figure de saint. Sur l'extrémité du pignon, le poinçon était protégé par un épi en plomb, dont la silhouette se détachait sur le ciel avec plus ou moins de richesse et de variété. A la base de la ferme des combles et sur le mur mitoyen surplombaient des gargouilles, également en métal et décorées; c'étaient le plus souvent des dragons ailés aux formes bizarres, avec physionomies farouches et convulsées, rejetant les eaux pluviales au delà du ruisseau de la voie publique. Les toitures de ces maisons étaient soit en ardoises, soit en tuiles émaillées de différentes couleurs, formant dans l'ensemble de leurs dispositions une mosaïque d'une grande variété de dessins et de coloration. Les portes et fenêtres étaient décorées de colonnes en spirales, écaillées, rubannées et terminées par des figures grotesques, divisées par des médaillons sculptés de têtes d'hommes vues de profil, portant diverses coiffures.

Les poteaux d'angles et l'archivolte des portes se trouvaient ornés de figures de saints placées dans des niches de style gothique ou Renaissance. Ces figures répondaient aux idées religieuses et symboliques comme aux légendes civiles ou aux traditions locales; il en est qui portaient les armoiries des familles nobles et les monogrammes des riches bourgeois.

Vers le milieu du XVIe siècle, les croyances religieuses faiblirent. Alors, les tailleurs d'images se livrèrent en toute liberté à leur fantaisie et à leur caprice en sculptant sur les façades des maisons, et dans les cours, les sujets les plus singuliers; on représenta les vices, on les personnifia jusque dans leurs conséquences les plus contraires à la réserve et aux mœurs.

Ces maisons, quelquefois revêtues d'ardoises pour garantir leur charpente de la pluie, avaient tout au plus trois étages s'avançant en encorbellement sur le rez-de-chaussée. L'étage supérieur, sous pignon, servait de grenier pour les débarras et l'étendage du linge.

La boutique, garantie du soleil par un auvent, se fermait avec volets en feuilles et à charnières se développant et se resserrant l'un sur l'autre dans l'ébrasement des pans de bois; une barre en bois ou en fer les maintenait, des ajours étaient ménagés dans les volets pour donner de l'air et du jour à la pièce lorsqu'ils étaient fermés; les portes, fortement boulonnées, se fermaient de la même manière.

Les fenêtres étaient garnies de verrières historiées, de petits médaillons représentant les portraits des rois et reines de France, de saintes images des patrons et des patronnes des personnes du logis, leurs armoiries, des allégories religieuses ou de corps d'états, les saisons et les mois de l'année, etc.

Mais ce qui marquait plus spécialement les mœurs de nos Troyens, ce sont les préceptes moraux, les sentences, les fabliaux, les devises et les énigmes gravés sur les sablières et les poutres transversales des étages. Sur les cours, les maisons présentaient des galeries en encorbellement, commandées par un escalier formant tourelle octogonale ou ronde et desservant tous les étages et les combles, se terminant par une toiture aiguë surmontée d'un épi.

Les appartements étaient pavés de carreaux émaillés, les planchers et les lambris couverts de mosaïques, les murs décorés de tapisseries et de peintures. Les splendides cheminées montraient leurs manteaux sculptés, représentant des scènes et des sujets tirés de l'histoire ancienne, religieuse, bibliques et quelquefois mythologiques.

Les margelles de puits elles-mêmes étaient sculptées, délicatement profilées et couvertes d'inscriptions, de blasons rappelant la noblesse et la devise des propriétaires du lieu. Celles occupant la voie

TYPE DES MAISONS AU XVIe SIÈCLE

MAISON D'UN CHANOINE DU CLOÎTRE SAINT-ÉTIENNE DÉMOLIE EN 1851.
ANCIENNE DÉPENDANCE DU COUVENT DU BON-PASTEUR[1].

publique étaient surmontées de ferrures artistement travaillées, vrais chefs-d'œuvre de sculpture et de serrurerie.

Telles étaient encore les maisons de la ville au commencement

1. Quelques-unes des sculptures de cette maison sont conservées au musée.

du XVIIIe siècle. Le goût de la ligne droite, le luxe du commerce et les besoins de l'industrie se développant de jour en jour entraîneront, à bref délai, la complète disparition de celles de ces anciennes maisons qui subsistent encore.

1. RUE KLÉBER, N° 70.

Nous allons commencer l'inspection des maisons encore existantes par les plus simples et les moins riches, c'est-à-dire par le quartier bas qu'habitent les petits propriétaires et les ouvriers.

Rue Kléber. — Anciennement rue Saint-Jacques, du nom d'un ancien prieuré de l'ordre de Cluny, établi, sur l'emplacement appelé la Trinité-Saint-Jacques, et placé sous le vocable de saint Jacques.

La confusion qui résultait du nom de Saint-Jacques pour la rue et le faubourg a motivé le changement du nom de cette rue, et, comme elle se trouve sur le parcours de Troyes à Strasbourg, elle a reçu celui du célèbre général strasbourgeois.

2. RUE KLÉBER, Nos 64, 66, 68.

La première maison en entrant en ville, à gauche, est une construction du XVIe siècle assez importante, mais des plus simples. La deuxième, portant le no 70, est curieuse par l'assemblage de sa charpente. Entre les poteaux d'angles s'élèvent des chevrons se contrebutant dans un sens inverse ; d'autres poutres sont maintenues par des croix de Saint-André ; les intervalles de ces poteaux sont hourdés de maçonnerie et enduits de plâtre. La façade, dont les pignons sont établis sur les murs mitoyens, se termine par une corniche formée d'une succession de blochets figurant des corbeaux profilés posés au-dessous de la sablière, et portant un petit plafond sous la saillie de la charpente des combles (1).

Les maisons n°s 64, 66 et 68 présentent un ensemble intéressant. Leurs poteaux d'angles portent la sablière et le poitrail du premier étage. Aux extrémités de la sablière, d'autres poteaux s'élèvent en porte-à-faux pour soutenir les consoles et la saillie des combles. Cet avant-corps est maintenu par un arc ogival reposant sur des potences qui s'appuient sur les poteaux. Ce pignon ogival, sorte d'auvent, était destiné à protéger la façade contre la pluie.

3. RUE KLÉBER, N° 50.

Le poinçon de l'ogive du pignon de la maison n° 66 était décoré d'une Vierge mère; elle était abritée sous un petit pinacle gothique dont l'aiguille existe encore sur la face du pignon. Cette jolie sculpture a été sciée depuis quelques années (2).

Une autre maison, même rue n° 50, plus importante en élévation, était destinée à deux ménages. Le deuxième étage se trouve ici en encorbellement sur le premier. La sablière est renforcée comme celle du premier par un poitrail soutenu par trois consoles, dont on a supprimé celle du milieu pour l'agrandissement de la baie de la fenêtre moderne.

Ces deux étages sont éclairés par des fenêtres jumelles qui ont conservé leur linteau profilé en accolade. L'étage des combles n'a qu'une simple fenêtre (3).

A la tête du pont des Cailles, au n° 36, toujours du même côté, est la maison où est né, le 17 juin 1806, Pierre-Charles Simart, statuaire, membre de l'Institut, mort à Paris le 27 mai 1867; son père, maitre menuisier, occupait la partie de cette maison faisant l'angle de la rue Saint-Nizier.

Le pont des Cailles a été démoli au mois de juin de l'année 1888.

4. RUE KLÉBER, VUE PRISE DU PONT DES CAILLES.

et immédiatement reconstruit. Il avait été réédifié en 1733; on lisait à la tête du vieux pont, en amont, l'inscription suivante :

> CE PONT A ETE ESLARGI PENDANT LA MAIRIE
> DE MONSIEUR LOUIS DE MAUROY MAIRE ET
> LIEUTENANT DE ROI DE LA VILLE ET DE L'ECHEVINAGE
> DE MESSIEURS JEAN GAULARD, BENOIST DE MAUROY,
> EDME NICOLAS LEFEBVRE AVOCAT ET JOSEPH LEGRIS
> ET JACQVES CAMUSAT PROCUR-SINDIC FAISANT
> LES FONCTIONS DE PROCUREUR DU ROY.

De ce pont, on a une vue en fuite de la rue Kleber avec la flèche de Saint-Remi à l'horizon : elle rappelle parfaitement les anciennes rues du moyen âge, d'autant plus pittoresque que ces maisons, toutes déjetées, sont variées de forme comme de hauteur (4).

Au n° 43, grande maison importante par la puissance de sa charpente et le développement de son pignon. Cette construction, avec la fuite de la rue Surgale dont elle fait l'angle, présente un des coins les plus pittoresques du quartier.

5. RUE KLÉBER, N° 1.

En descendant la rue Kléber, à droite et à gauche se voient d'anciennes maisons décapitées de leurs pignons; leurs façades ont été couvertes en plâtre et les rez-de-chaussée convertis en boutiques modernes pour les besoins du commerce. La maison n° 1 est très bien conservée et bien construite. Elle est curieuse par la pureté des profils de sa charpente et par sa disposition sur les deux rues.

La façade principale, qui en est le petit côté, se termine par un pignon, dont l'ogive est à pans à cause de son développement. Les combles sont en croupe sur sa grande surface; c'est-à-dire que la toiture en saillie sur les murs, pour les protéger, est soutenue par des potets reposant sur une plate-bande longeant toute la partie occidentale, celle-ci située sur la rue Simart (5).

A l'angle des deux rues, l'extrémité de la poutre est décorée d'une figure d'ange accroupi, tenant un blason dont le champ est occupé par une pelle sur laquelle sont trois petits pains ronds accompagnés de deux croissants; ce blason se répétait sur les jambages de la cheminée du rez-de-chaussée. Les angles de la console de ce coin de rue sont abattus et renforcés à leurs têtes par des mufles de lion (6-7).

5.

Cette maison vient d'être démolie pour l'élargissement des deux rues : une autre maison commence à s'élever en suivant les règles d'un nouvel élargissement.

Rue et place Saint-Nizier. — Le n° 15 de cette place est une maison à deux étages avec vaste encorbellement pour l'étage des combles. Cette façade, remaniée de nos jours, a perdu toutes les potences qui la divisaient perpendiculairement en trois parties, pour les ouvertures du rez-de-chaussée et du premier étage.

7.

Ce système d'encorbellements successifs faisait gagner 50 à 60 centimètres à chacun des étages; ils profitaient à l'habitation et formaient des abris protégeant les pans de murs, les devantures de boutiques et les passants contre la pluie et les gouttières des chéneaux. Seule de toutes les maisons du quartier, celle-ci a conservé sa trappe de cave sur la rue, et ses volets en pente sur la voie publique, couvrant l'escalier de descente (8). Il y a une cinquantaine d'années, c'est dans ces caves que s'installaient les tisserands de toile de coton, genre d'industrie qui a complètement disparu de la ville.

A l'angle de la rue Saint-Nizier. La console d'angle du poteau cornier de cette dernière rue porte à sa base le blason du Dauphin de France, fils aîné de François Ier. Ce blason surmonté d'une cou-

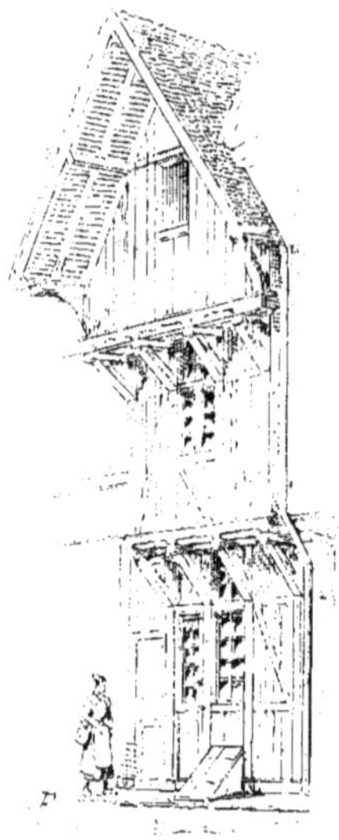

8. PLACE SAINT-NIZIER.

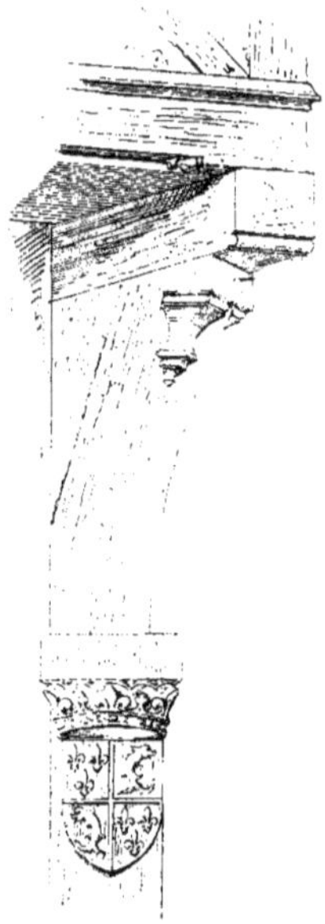

9. RUE SAINT-NIZIER.

ronne royale porte au 1 et 4 de France ; au 2 et 3, du Dauphiné ; ces armes indiquent bien l'époque de la construction de cette maison (9).

Place Pierre Damours. — Une petite place située derrière la cathédrale portait le nom de Pierre Damours ; le quartier a été construit au commencement du règne de Henri IV.

Pierre Damours, surintendant des Finances, originaire d'Anjou, né de parents troyens, était le petit-fils de François Damours et de Guillemette Hennequin ; il vint souvent à Troyes pour les affaires du roi et y laissa un bon souvenir[1].

1. Boutiot, *Histoire de la ville de Troyes*.

Les habitants du quartier qui ne connaissaient pas l'origine de ce nom, l'appelaient place de la Pierre-d'Amour, à cause d'une borne plantée à l'angle le plus obscur de la place, et servant le soir de lieu de rendez-vous aux amoureux du quartier.

10.

Aujourd'hui cette place a pris le nom de Saint-Aventin. Au n° 8, on remarque, sur la toiture de la maison, une lucarne en terre cuite émaillée, ayant la forme d'un capuchon de Folie dont l'ouverture, avec celles des oreilles, éclairent et aérifient les combles (10).

Rue Saint-Aventin. — Désignée ainsi d'une chapelle qui existait à l'extrémité de la rue, près du rempart, à gauche.

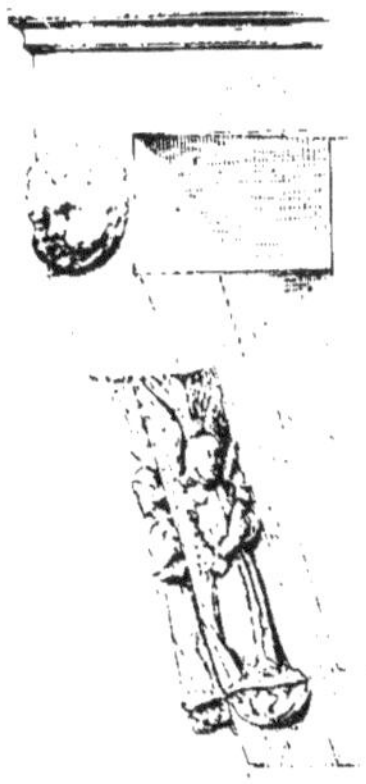

11.

Dans cette rue, quelques maisons du milieu du XVIe siècle. Au n° 30, sur les poteaux d'angles, des traces de sculptures, de niches ornées à figurines martelées, les restes d'une madone. En face, n° 38, maison avec sablières profilées sur consoles. Plus haut, faisant face au n° 32, trois maisons ayant conservé toutes leurs charpentes apparentes.

La plus intéressante des maisons de ce quartier est celle portant le n° 4, à l'angle de la rue Saint-Aventin et de la rue de la Grande-Courtine. Cette dernière rue doit son nom à la grande courtine des remparts. La maison n° 4 porte son pignon sur cette rue, et ses combles en croupe sur la rue Saint-Aventin, sur laquelle également se dresse sa face principale. La sablière du rez-de-chaussée porte une petite loge en charpente qui occupe le milieu du premier étage et s'ajuste de plain-pied avec les appartements de l'intérieur. Elle fait saillie sur la voie publique et ses supports sont à leurs extrémités décorés de petits glands en pendentifs.

Le poteau cornier est orné d'une tête de chérubin à laquelle une console sert de support, et de deux anges tenant des philactères sans inscription (11).

Rue Ganguerie. — Variante du mot *Gangnerie* (Métairie)[1].

Les anciens abattoirs, ainsi que les rues adjacentes, rappellent l'ancienne demeure de la grande corporation des bouchers de la ville. Toutes les maisons de ce quartier ont été construites vers la fin du XVIe siècle et au commencement du XVIIe, la plupart sans pignon sur rue. Quelques-unes renferment dans leurs cours des galeries et des escaliers en charpente d'un aspect très pittoresque et de combinaisons savantes et bien déterminées.

La maison du n° 3 de cette rue a conservé son ancien caractère architectural; une porte charretière sert d'entrée à la cour et au bâtiment principal. Cette porte est un plein cintre dont les claveaux sont en relief et taillés en biseau ainsi que les assises des pieds-droits. Au-dessus de la clef de l'arc cintré, une petite niche abrite une statuette de la Vierge mère. A droite, s'élève, sur un rez-de-chaussée en pierre, le corps de bâtiment, construit en bois. La sablière portant le premier étage s'appuie à ses extrémités sur des consoles à têtes de bélier; sur celle de droite est sculptée une main, avec le poing fermé, emblème de la force d'un homme assommant un bélier d'un coup de poing (12).

12.

Dans la cour, à gauche, une vieille margelle de puits dont les bords sont usés par le frottement; il en est de même du blason dont ce puits était orné. Au fond de la cour, en face de l'entrée, un petit corps de logis formant un simple rez-de-chaussée. Sa porte d'entrée est décorée d'un bas-relief sculpté dans la masse du panneau et entouré d'une couronne de chêne. Ce bas-relief représente l'Agneau pascal portant l'oriflamme de la rédemption, symbole du Christ immolé pour les hommes.

Cette maison pourrait bien être l'ancienne demeure de Jean Legas, maître boucher à Troyes, homme d'une force peu commune.

Le musée de Troyes possède une peinture de l'époque, repré-

1. *Dictionnaire de l'ancien langage français*. Lacurne de Sainte-Palaye.

sentant ce maître boucher, grandeur naturelle, complètement nu, aux formes herculéennes, portant une barbe blanche qui lui descend au bas des jambes.

Il fut présenté au roi Henri IV à son passage à Troyes, le 3 mai 1595; le roi s'assura, en y passant la main, de l'authenticité de cette barbe.

La famille Legas possédait une grande fortune, et c'est sans doute à la suite d'un service d'argent rendu au roi que ce dernier lui octroya son titre de noblesse et le fermage de la boucherie de Troyes, pour lui et ses descendants[1].

Nous avons acheté chez un marchand de Paris, et cédé au musée de Troyes, une boîte à bijoux en ivoire, renfermant dans son couvercle une jolie miniature qui représente le même personnage dans la même tenue; à ses pieds, un chien, emblème de sa fidélité au roi.

A sa droite, le socle d'une colonne sur lequel on lit cette inscription :

Jean Legas.
maître boucher
à Troyes âgé de
75 ans lequel
décéda l'an 1597.

et, sur la base de la colonne, un blason d'azur au chevron d'or, accompagné en chef de deux têtes de bélier d'argent, et en pointe d'une tête de cerf d'or; au bas on lit :

henri 4 luy donna
ces armes.

Parmi les notables bourgeois de Troyes, signataires du procès-verbal de la reddition de Troyes à Henri IV, le 5 avril 1594, on trouve le nom d'Edme Legas. Un autre boucher, nommé Denis Legas, fit partie de la Ligue en 1589.

1. Voyez *Catalogue de la peinture du musée de Troyes*, n° 231.

D'après le plan de Troyes de 1769, cette maison appartenait à Jean Camusat, boucher. La famille Camusat a joué un rôle important dans la bourgeoisie troyenne. Elle eut aussi des armoiries d'azur à trois têtes de bélier d'argent, quelquefois avec un chevron d'or comme brisure.

Quartier Saint-Denis. — A l'angle de la rue de la Crosse et de la rue Saint-Denis, une maison montre sur son poteau cornier un ange portant un écusson, et, sur la console, une niche dans le style gothique de la Renaissance; le saint qu'elle abritait est complètement haché; les deux façades de la maison ont été recrépies en plâtre.

Place Saint-Denis. — Sur cette place existait autrefois une petite église édifiée vers les premières années du XIIe siècle et consacrée à saint Denis. Elle fut démolie à la fin du siècle dernier. Maison avec sablière en encorbellement, décorée d'accolades, intéressante par son aspect pittoresque et malheureusement aussi par son délabrement.

Rue Linard-Gontier. — Du nom de Linard ou Léonard Gontier, peintre verrier, né à Troyes vers 1575, mort après 1642. Cette rue se nommait jadis rue du *Vert-Galant*, de l'enseigne de l'hôtellerie située à l'angle de la petite rue Saint-Denis. Son enseigne représentait un jeune chevalier en costume vert à la mode du temps, chantant, avec un verre à la main, la chanson populaire de Henri IV.

13.

Plusieurs maisons à pignons; l'une d'elles offre l'image de saint Philippe apôtre; le saint porte le livre des Évangiles et, de la main gauche maintenant brisée, il tenait une petite croix, son attribut (13).

Rue de la Cité. — Berceau de la cité de Troyes. Des maisons, construites pendant le XVIe siècle par le chapitre de la cathédrale de Troyes, longeaient toute la face latérale du nord et celles des chapelles de la nef et du chœur; il n'en reste plus que deux, vermoulues, déhanchées, qui, au premier jour, s'effondreront.

Ces vieilles maisons présentent le même système de construction, mais réduit à sa plus simple expression, que celles qui existaient contre les murs de la nef au nord de la cathédrale.

Une ancienne tradition signalait la maison du coin de la rue des Trois-Godets, comme étant la maison paternelle de sainte Mathie. Dès 1345, elle portait pour enseigne : *21 la tour Sainte-Mathie*[1] (14).

14. RUE DE LA CITÉ, N° 32, MAISON DE SAINTE-MATHIE.

Cette tour contiguë à la maison faisait probablement partie des murs de l'enceinte de la vieille ville, longeant toute l'abside de la cathédrale.

A la porte de la maison portant le n° 29, existait, il y a quelques années, une sorte de heurtoir en fer forgé, dont la tige centrale en spirale était munie à sa base d'un médaillon orné d'une figure de

1. *Les Rues de Troyes*, par Corrard de Bréban.

fantaisie et fixé à la tige par un anneau. En prenant ce médaillon à pleine main et en le faisant agir fortement de haut en bas sur la tige spirale, on produisait un bruit strident, bien fait pour appeler et éveiller tous les gens de la maison (15).

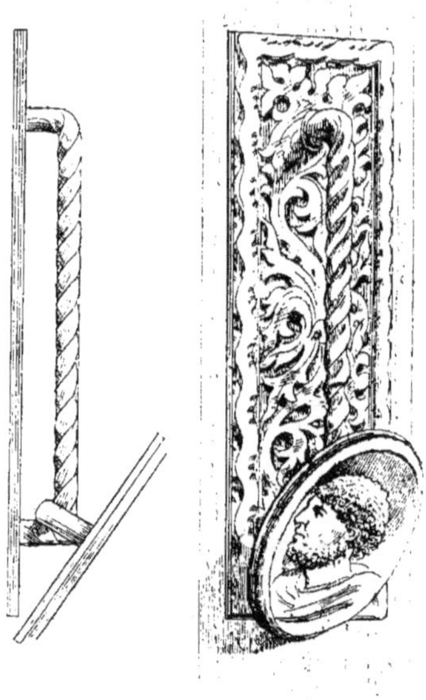

15. HEURTOIR EN FER FORGÉ, XVIe SIÈCLE.

Ce *grinchoir* est au musée de la ville, auquel il a été donné par la veuve de M. Daloz, propriétaire, qui le descella pour l'emporter chez lui en quittant sa maison.

Presque toutes les maisons de cette rue ont été transformées. Dans les dépendances de la maison n° 31, appartenant à M. Lefevre, existe une épitaphe sur marbre noir de dame Marie Serqueul, veuve de Nicolas Thiénot, apothicaire à Troyes.

Cette épitaphe, suivie d'une fondation, est surmontée d'un blason en deux parties : la 1re. porte les initiales N. T. reliées par un trait, accompagnées d'une étoile en chef et d'une plume en pointe : la 2e, un massacre de cerf surmonté d'un cœur.

Voici le fac-similé de cette épitaphe.

CY-GIST LE CORPS DE HONNESTE
FEMME MARIE SERQVEVL VEFVE
DE FEV NICOLAS THIENOT VIVANT
MRE APPOTICAIRE DEM̃ A TROYES
LAQVELLE DECEDA LE 23 AOUST
1636 · ET A FONDE EN CETTE
EGLISES LES VESPRES DV ST
SACREMENT QVI CE SELEBRE̅ LE
PREMIERE DIMANCHE DES MOIS
DE SEPTEMBRE ET DECEMBRE
PRIEZ DIEV POVR SON AME.

0,15 p. m. Marbre noir.

Ce marbre provient, sans doute, de l'ancienne église de Saint-Frobert, dont les restes existent encore dans le voisinage.

Place Saint-Pierre. — Numéro 8. Dans la cour de cette maison, plusieurs poutres avec figures, de profil, coiffées de toques ou de casques et ornées de feuillages (16).

Dans une petite pièce dépendant des appartements du premier étage, se trouve une cheminée de la fin du XVIe siècle ; son manteau est décoré d'un médaillon en pierre représentant Amulius, roi d'Albe, assassiné par les deux petits-fils de Numitor.

Amulius qui s'était emparé du trône de son frère Numitor jouis-

16.

sait tranquillement de son usurpation ; car, après sa trahison, il avait fait déposer sur le Tibre les deux petits-fils de Numitor, et il les croyait bien noyés. Mais ces enfants, Romulus et Rémus, recueillis par un berger, grandirent au milieu des troupeaux.

Une circonstance fortuite révéla à Numitor l'existence de ses petits-fils. Une conspiration s'ourdit contre l'usurpateur. Tandis que Romulus et les bergers attaquaient le palais, Rémus et les soldats de Numitor y pénétraient aussi et massacraient le tyran (17).

Dans le bas-relief que nous avons sous les yeux, l'action se passe sous les murs du palais. Amulius, saisi par des soldats, est poignardé par le jeune Rémus, pendant que son frère Romulus maintient les bras du tyran. La tête de ce dernier est brisée. Romulus, dit la légende, fils de Rhéa Sylvia et du dieu Mars, fonda, avec son frère jumeau Rémus, la ville de Rome sur le mont Palatin (752 avant J.-C.).

Cette maison appartient aux héritiers de M. Millière, ancien notaire.

Rue Saint-Pierre. — Anciennement rue de la Montée, — Hôtel du Petit-Louvre, autrefois possédé par Henri de Poitiers, bailli, évêque, gouverneur et capitaine de la ville de Troyes, mort dans cette maison en 1370. Ancienne demeure d'Odard Hennequin, évêque de Senlis, plus tard évêque de Troyes (1527 à 1544).

Il est à penser que cette habitation est une maison que l'évêque Hennequin avait fait reconstruire, et qu'il occupait quand il venait voir sa famille pendant qu'il était évêque de Senlis. L'entrée principale sur la rue se compose d'un linteau droit en pierre, arrondi aux extrémités, profilé de moulures chargées de ceps de vignes, de palmettes et de coquilles.

A la clef centrale de cette porte, on remarque, se mêlant aux raisins, trois écrevisses.

Les moulures reposent dans l'ébrasement sur des colonnes rubanées, dont les chapiteaux à feuillages portent la frise du couronnement, qui est agrémenté de feuilles de plantes aquatiques.

17. MANTEAU DE LA CHEMINÉE, FIN DU XVIe SIÈCLE.

Aux écoinçons, deux blasons martelés, dont un, celui de gauche, est accompagné d'une crosse brisée.

Les vantaux de cette porte sont couverts de têtes de clous reliant et serrant les huis contre la membrure en charpente.

La petite porte de service établie dans le vantail de gauche est munie d'une poignée en fer forgé, fixée sur une applique ajourée de même métal et formant des rinceaux. A côté, l'entrée de la serrure est décorée de Chimères enveloppant de leurs formes l'ouverture de la clef. A droite, sur le grand vantail, un petit judas, au-dessus duquel on remarque la place qu'occupait le marteau de la porte, ou heurtoir en fer forgé d'un beau travail du XVIe siècle. Il se mettait en jeu par un œil, à travers lequel passait un boulon. Sur la tige du heurtoir était un enfant nu debout sur un petit cul-de-lampe ajouré et délicatement forgé ; l'enfant portait devant lui un écusson aux armes d'Odard Hennequin, vairé d'or et d'azur, au chef de gueules, chargé d'un lion léopardé d'argent. Dans son ensemble, ce petit heurtoir était une pièce remarquable et très finement ciselée. Il a été acheté en 1838 par M. Caunois, fondeur à Troyes, amateur qui connaissait parfaitement la valeur de cet objet d'art, et le vendit à un archéologue de Paris qui demeurait à l'angle de la rue des Petits-Champs et de la place des Victoires ; c'est là que nous l'avons vu en 1841 (18).

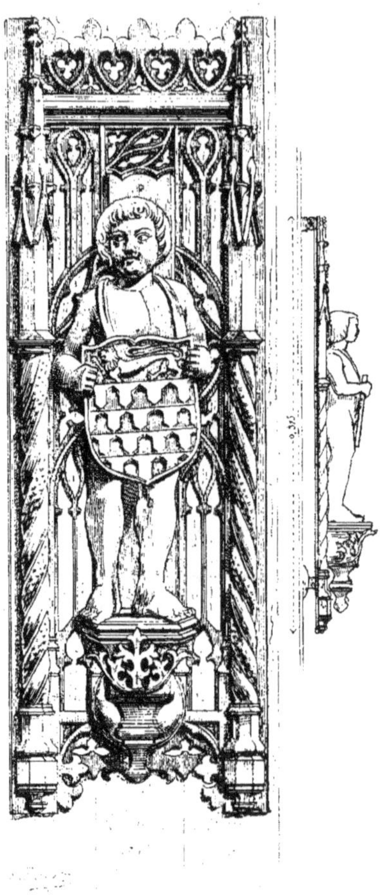

18. HEURTOIR EN FER FORGÉ, XVIe SIÈCLE.

Le musée de la ville n'en conserve qu'un moulage en plâtre très bien exécuté. Nous ne savons ce que l'original est devenu. Viollet-le-Duc l'a reproduit dans son dictionnaire d'architecture. La façade de la maison ne répond pas à la richesse décorative de son entrée, mais il n'en est pas de même à l'intérieur de la cour. Les bâtiments en bois se composent d'un étage de galeries en encorbellement sur le rez-de-chaussée: ces galeries étaient portées par des poteaux et des consoles sculptées avec charpentes apparentes pour les remplissages. Aujourd'hui tout disparait sous un enduit en plâtre, et les galeries sont fermées par des cloisons formant des chambres pour les voyageurs.

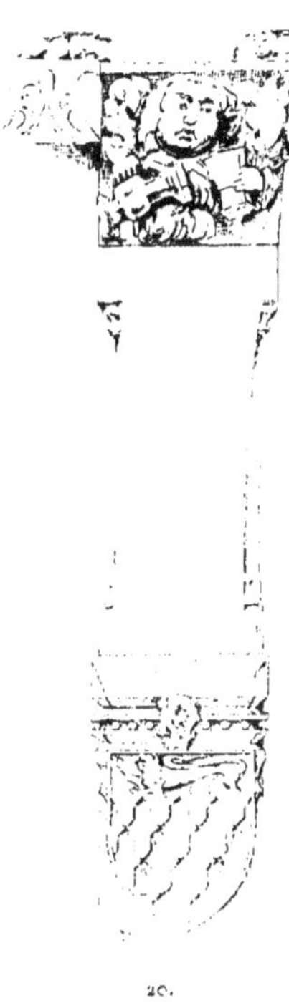

19.

20.

Plusieurs extrémités de poutres sont encore visibles. Sur l'une des mieux conservées, un homme à mi-corps, coiffé d'un bonnet de Folie, prend une femme par la taille et porte sur son corsage une main indiscrète. La dame, peu farouche, lui met la main sur le cœur, et avec son bras gauche le presse contre elle (19).

Une autre poutre représente un homme élevant joyeusement de la main droite un énorme broc de vin, et tenant de la main gauche un verre qu'il s'apprête à remplir; derrière lui, un cep de vigne. La console qui porte ce bout de poutre se termine par un joli et fin cul-de-lampe aux armes de l'évêque Hennequin (20)[1].

1. Ce blason, qui avait été raboté pendant la Révolution, n'en conservait pas moins, quand nous l'avons dessiné pour la première fois, en 1837, les traces de ses

Un troisième poteau est terminé par une face humaine souriante dont la tête est couverte d'un capuchon de Folie déchiqueté (21).

21.

Les imagiers du XVIe siècle se plaisaient à sculpter, jusque dans la demeure des évêques, des scènes bouffonnes qui prêtaient à la gaieté, et au besoin la provoquaient; mais ces fantaisies burlesques dégénérèrent souvent en licence.

Au fond de la cour, à droite, sont les écuries de l'hôtel, établies dans les dépendances de l'ancienne porte romaine de la vieille cité de Troyes détruite en 1558; une partie de cette porte et les remparts qui l'accompagnaient existaient encore à la fin du dernier siècle.

meubles vairés et de son chef au lion léopardé. Depuis, il a été couvert de peinture pour recevoir les initiales des noms du propriétaire actuel de l'hôtel. Mais la crosse qui timbrait ce blason est restée intacte et vient confirmer nos souvenirs de jeunesse. C'est donc la conservation de ce blason, celui du heurtoir et de l'écoinçon de gauche de la porte d'entrée qui déterminèrent notre professeur M. Arnaud, à nous faire insérer ces deux blasons sur la planche du *Voyage archéologique*. Cependant il eût été plus exact de placer à droite le blason du père et de la mère de l'évêque Hennequin.

M. Albert Babeau a publié dans l'*Annuaire de l'Aube*, 1886, une notice très intéressante sur les voyages de Du Buisson-Aubenay dans le sud-ouest de la Champagne. Ce savant archéologue, dans sa description des maisons de la rue de la Montée de Saint-Pierre, s'exprime ainsi : « Au commencement de la rue, habitent les chanoines Camusat et Bonhomme, ainsi que le marquis (de Praslin), qui est gouverneur de la ville et lieutenant de roi dans la province de Champagne. Cette maison a été louée par le maire et les échevins pour le gouverneur, sa vie durant. A la porte se trouvent des armes portant un chevron accompagné de trois grappes de raisin, qui étaient celles du chanoine de Troyes, Louis Budé, frère du très savant Guillaume Budé. Dans l'écurie de cette maison on découvre des restes de ce vieux mur romain en grosses pierres qui se dirige en ligne droite et qui est accompagné d'une tour. »

Plus bas, une petite note de l'auteur de la notice ajoute : « Nous avons la certitude, par un extrait de son compte d'exécution testamentaire, qu'il habitait (Budé) « l'ostel canonial faisant le coing du cloistre de ladite église de Troyes par devers l'église de M. Saint Étienne, auquel estoit demeurant et décéda led. défunt. » *Arch. de l'Aube*, G. 2308, fol. 20 v°.

Malgré la précision de tous ces documents et la valeur d'une autorité indiscutable, il importe, nous semble-t-il, de tenir compte des différentes parties architecturales composant cette construction pour expliquer la présence des armoiries de l'évêque Hennequin.

Le portail de cette maison appartient, par son architecture, aux premières années du XVIe siècle, ce qui correspond parfaitement avec le décès de Louis Budé,

22.

Dans une grande salle au-dessus de ces écuries, servant actuellement de grenier à fourrages, les murs étaient couverts de peintures à la colle, figurant des assises de pierre aux formes hexagonales, composées d'un simple ruban jaune bordé de filets rouges.

A la hauteur du plafond de cette pièce, une large frise sur fond noir représentait divers blasons : le premier, échiqueté d'or et de sable; le second, de gueules au lion d'or, accompagné de billettes sans nombre; le troisième, d'argent tiercé de trois bandes d'or, et le dernier, d'argent à la croix de gueules.

Ces blasons, qui faisaient suite à une foule d'autres occupant le pourtour de la pièce, étaient alternés par des rinceaux d'or cernés de rouge, dont le caractère indique parfaitement l'art décoratif de la fin du XIIIe siècle (22).

Cette salle, que l'on pourrait nommer la salle d'armes de

qui décéda dans cette maison le 11 novembre 1517. Il n'en est pas de même pour les bâtiments, sur la cour, qui nous rappellent les maisons de Troyes construites de 1525 à 1550. Il en résulte pour nous qu'après le décès de Budé, cet hôtel fut vendu et acheté par l'évêque Odard Hennequin, qui le fit renouveler en partie, ce qui expliquerait la présence de ses armes sur la charpente de la cour et sur le heurtoir de la porte d'entrée.

Il en serait de même pour le blason qui se trouve à gauche de la porte d'entrée, remplaçant celui de Budé, substitution qui se constate souvent à cette époque lors des changements de propriétaires. Celui de droite fut probablement conservé, et ce sont ces armes que Du Buisson décrit comme étant celles de la famille Budé.

Mais, il faut le dire, ce qui nous surprend le plus dans le récit du savant voyageur, c'est qu'il ne dit pas un mot des blasons de la cour, du heurtoir et de la richesse architecturale du portail de cette maison.

l'évêque Henri de Poitiers, ne faisait qu'une avec le rez-de-chaussée, et correspond parfaitement avec les substructions qui se voient actuellement dans le mur de clôture longeant la rue Boucherat, anciennement rue des Trois-Petits-Écus. Cette construction se reliait autrefois à la porte fortifiée appelée la porte *Jaulne* et aux remparts, qui étaient flanqués d'une tourelle ayant conservé sa construction romaine jusqu'à la hauteur du faîtage de la petite loge. Sur cette ancienne base on construisit en retraite vers le XIIIe siècle, la tour

23. TOUR DE L'HÔTEL DE LA MONTÉE.

elliptique qui s'élevait au-dessus des bâtiments et avait 13 mètres de hauteur; cette tour fut détruite en 1868 (23).

Une porte charretière cintrée et murée, engagée dans cette muraille sur la rue Boucherat, des fenêtres en lancettes également murées ainsi que les petites fenêtres carrées et ouvertes qui les précèdent, rappellent, par leur architecture et leur construction, le style de l'époque ancienne à laquelle elles semblent appartenir, c'est-à-dire les dernières années du XIIIe siècle.

Elles permettent de constater que ces fortifications ont été renouvelées sous l'administration des comtes de Champagne.

24.

Rue Boucherat. — Du nom de Guillaume Boucherat, célèbre avocat, qui acquit une certaine réputation dans le barreau de Paris ; né à Troyes vers 1510, mort à Paris vers 1559.

Les constructions qui sont occupées en ce moment par un groupe scolaire et par l'école municipale de dessin appartenaient jadis à l'abbaye de Moutier-la-Celle, ce qui leur a valu le nom de Petit-Moutier-la-Celle.

Ces vastes bâtiments forment un parallélogramme de constructions en bois du milieu du XVIe siècle. Les têtes de poutres du bâtiment principal longeant la rue Saint-Frobert reproduisent diverses scènes de la vie commune ; on voit un homme portant un broc de vin sur un plateau, c'est le servant du cabaret ; un deuxième jouant de la cornemuse ; un troisième frappant sur un tambourin ; le dernier, entièrement nu (24), fait des tours d'agilité et sa pose n'est rien moins que décente. Deux autres figures répètent par leurs gestes celles de la maison d'Odard Hennequin.

Des masques de têtes humaines, des bouches desquelles s'échappent de larges feuilles, complètent cet ensemble. Enfin un escargot montrant ses cornes. On pourrait voir, dans la réunion de tous ces sujets grotesques, un emblème de la vie joyeuse du cabaret : les femmes galantes, le bon vin, un déjeuner aux escargots, des musiciens et des fantoches pour distraire pendant le repas.

Nous verrons, par la suite, que le colimaçon, comme les écrevisses citées plus haut, jouait un rôle dans la sculpture décorative des monuments de nos contrées vignobles. Il se pourrait d'ailleurs que l'escargot fût déjà très recherché par les gourmets de la classe ouvrière.

Toutes ces figures isolées semblent, à première vue, n'être que le résultat des caprices d'une imagination fantaisiste ; mais, en les étudiant de près et en les comparant entre elles, on arrive à y découvrir un ensemble d'images bouffonnes des mœurs de cette époque, images assez spirituellement rendues.

Rue Hennequin. — Du nom de Jacques Hennequin, théologien, bibliophile, né à Troyes en 1575, mort dans cette ville en 1661. Il légua sa bibliothèque à sa ville natale en stipulant qu'elle serait publique.

25.

La maison de cette rue portant le n° 23 présente sur la cour quelques fragments du XVIe siècle, entre autres une frise décorée d'un cep de vigne aux rinceaux courants.

Devant le bâtiment en façade sur la rue, on remarque au soubassement du rez-de-chaussée plusieurs lambris dont les incrustations en forme d'arabesques étaient garnies de bois de différentes couleurs, que le temps et l'humidité ont detachés de leurs rainures; ces arabesques servent d'encadrement aux armes des Choiseul et des Dinteville, toutes deux timbrées d'une crosse, avec la devise VIRTVTI · FORTVNA · COMES · (25 et 26). Les dessins de ces boiseries, au nombre de huit, sont d'un caractère étrange. Ce genre d'incrustation, appelé *nielle*, est une décoration française, mais inspirée de l'art oriental. Elle nous donne un aperçu sommaire de la richesse des meubles exécutés sous les règnes de François Ier et d'Henri II, avec cette différence qu'à cette dernière époque, au lieu de feuillage dans le contour des rinceaux, ceux-ci se composaient d'entrelacs rubanés s'entre-croisant et se pénétrant entre eux.

Ces panneaux intéressants proviennent probablement de l'intérieur de la maison, pied-à-terre de François de Dinteville, évêque d'Auxerre, dont elles portent le blason et la devise. En tout cas, ces boiseries niellées n'ont pas été faites pour la place qu'elles occupent et méritent un endroit mieux approprié à leur conservation.

De l'autre côté de la rue, n° 28, grand portail cintré du XVIII° siècle; vaste bâtiment construit en pierre et en bois, avec cour et jardin, salle à manger donnant sur la cour, décorée d'une cheminée monumentale, sculpture en pierre de l'époque Louis XIII. Le manteau de cette cheminée se compose de panneaux lisses et d'un cadre central entourant une couronne de chêne alternée de masca-

26.

rons avec cartouche au centre, sur lequel un bas-relief ovoïde devait porter les armes du propriétaire. Ce cadre à riche bordure est contre-buté par des enroulements de feuillages déterminant une corne d'abondance. Deux pilastres-torchères occupent les angles du manteau de la cheminée; celle-ci repose sur le chambranle (27).

Toute cette masse imposante est supportée par deux pieds-droits en forme de consoles, ornés de mufles de lions et de griffes à leurs bases.

L'ensemble de cette décoration est assez froid, malgré une certaine crânerie dans l'exécution. Cette froideur provient sans doute de l'absence des peintures qui devaient occuper la surface des panneaux lisses.

Dans la cour, à droite, une margelle de puits de la même époque dont les blasons ont été martelés.

27. CHEMINÉE DE LA GRANDE SALLE.

Avant la Révolution de 1789, cette maison était une censive du chapitre de Saint-Pierre, pour la partie qui se trouve sur la rue des Carreaux (aujourd'hui rue Hennequin), et des chanoines de Saint-Loup pour celle qui est du côté de la rue de la Cité. Elle avait fait jadis partie d'une grande hôtellerie nommée *hôtel des Carreaux*, comprenant la maison voisine du n° 28, sur la rue Hennequin, du côté de l'abbaye de Saint-Loup, ainsi que la maison qui fait l'angle de la rue Hennequin et de la rue Boucherat (jadis rue du Flacon ou de la Vieille-Monnaie). Cet hôtel des Carreaux appartenait à l'abbaye de Boulancourt. Lors du partage des biens de ce couvent, l'hôtel fit partie du lot de l'abbé, qui, en 1586, le morcela et vendit la partie comprise sous le n° 28 à Pierre de Beurville et à sa femme, Marguerite de Hault. Elle passa ensuite à Jean-Baptiste Dorigny, seigneur de Fouchères, époux de Marie de Beurville, qui la possédait en 1655, époque de la construction de la cheminée du salon du rez-de-chaussée. Sa fille, Jeanne Dorigny, femme d'Isaac Le Tanneur, en était propriétaire en 1664. Élisabeth, leur fille, épousa François Le Bâcle d'Argenteuil, et devint, comme héritière de sa mère, propriétaire de cette maison qui prit alors le nom d'hôtel d'Argenteuil.

En 1720, Jean-Louis Le Bâcle d'Argenteuil, comte d'Épineuil, seigneur de Pouy, etc., gouverneur de Troyes, possédait l'hôtel d'Argenteuil. Son fils, le marquis d'Argenteuil, le vendit, en 1772, à Antoine Furey-Moreau de La Jonchère, directeur des aides à Troyes, qui le céda, en 1791, à Bourgoin (Jean-Louis); par testament du 10 thermidor an XII, ce dernier le laissa à sa veuve Louise-Edmée Bally. Mme Bourgoin vendit la maison à Henry-Charles de Bossancourt, officier supérieur des gardes du corps du roi. Louis-Marie-Charles de Bossancourt, son fils, la céda à M. Vaudé, architecte à Troyes. Les héritiers de M. Vaudé la possèdent encore en ce moment.

Place Saint-Remi. — Avec leur fuite sur les deux rues, les maisons exposées au couchant de la place Saint-Remi montrent encore quel était l'aspect de la vieille ville de Troyes. La maison de l'angle de la rue Gambey à droite, à trois étages, présente aujourd'hui sa façade couverte d'enduit de mortier et de plâtre.

Par exception, les étages s'élèvent sur un rez-de-chaussée en pierre et sont portés par des corbeaux aux puissants reliefs, profilés de moulures prismatiques ayant tout le caractère de l'architecture de la fin du XVe siècle. Il en est de même de la petite porte latérale sur la rue Gambey. Cette porte à linteau droit arrondi aux extrémités. et décorée d'un tympan sur lequel se développe un arc en contre-courbe, se termine par une console en griffons ailés. Sur les rampants des courbes étaient sculptés avec une extrême finesse des fleurons et des Chimères, maintenant rongés par l'air et la pluie. Ces courbes s'appuient sur deux aiguilles dont les consoles en dragons s'émiettent, comme d'ailleurs tous les détails de cette simple et savante décoration exécutée sur une assise de craie.

PLACE SAINT-REMI, N°s 28 ET 29.

Le bâtiment annexe de cette maison avait son entrée sur la place par un corridor desservant les deux corps de logis. Les corbeaux-supports de ces deux maisons doivent leur conservation à la savante combinaison de leurs profils que la pluie ne peut atteindre (28 et 29).

Cette maison s'appelait autrefois le *Donjon*, nom que portait la rue.

Dès 1260, elle était la succursale en ville du couvent de Foicy. Ajoutons que cette construction a été entièrement renouvelée au commencement du XVIe siècle.

Rue Gambey. — Du nom d'Henri-Prudent Gambey, ingénieur-mécanicien, né à Troyes. Autrefois rue du Donjon, puis rue de l'École en 1787.

Plusieurs maisons portent quelques restes de niches à coquilles ayant abrité des figures de saints, actuellement défigurées et martelées. Au n° 10 de cette rue, on voit très distinctement la silhouette d'un saint Martin. Toute cette rue, composée d'anciennes maisons, pré-

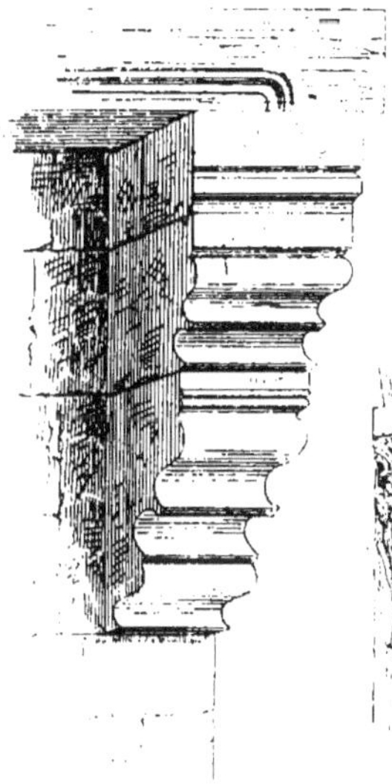

28.

30.

29.

sente un tableau intéressant par ses lignes fuyantes et ses effets de lumière des plus saisissants.

Rue de l'Hôtel-de-Ville. — Au coin de la rue Gambey et de celle de l'Hôtel-de-Ville, le poteau cornier a conservé l'image du patron de son ancien propriétaire, saint Pierre, debout sur une petite console, placée sur la partie angulaire du poteau. Il porte ses deux clefs, et, sous le bras gauche, son évangéliaire. Sur les deux faces de ce poteau on voit les blasons des nobles bourgeois et bourgeoises qui ont fait édifier cette maison. Le patron est abrité sous un petit arc trilobé gothique, enrichi de crochets et délicatement fouillé (30).

Dans cette même rue de l'Hôtel-de-Ville, au n° 38, quelques têtes de poutres portent des médaillons représentant des figures coiffées de casques et de toques. Le vantail de la porte d'entrée est couvert de panneaux avec feuilles de parchemin repliées. Dans cette maison est décédé, le 28 décembre 1887, M. Edmond Mitantier, ancien notaire à Troyes, qui légua par son testament, à la ville de Troyes, toute sa bibliothèque d'une valeur de plus de cent cinquante mille francs; sa veuve, Mme Mitantier née Thiesset, aussi généreuse que lui, a fait don au musée d'une collection d'émaux inappréciables.

31.

Rue Saint-Paul. — Cette rue conduisait jadis à l'ancien couvent des Dominicains qui s'établirent à Troyes en 1216, sur l'emplacement d'une chapelle dédiée à la Conversion de saint Paul. Le nom s'explique par la fondation de cette chapelle et par la représentation d'un petit saint François de Paule, sculpté sur le poteau d'angle de la maison n° 1, place de la Préfecture. Ce fut Louis XI qui fit venir de la Calabre saint François de Paule, comptant sur ses prières pour sa guérison.

Le saint a la tête couverte de son capuchon; sous le bras gauche il porte son livre d'heures, et dans sa main droite le bâton avec lequel on le représente communément.

Sur la face nord-est du poteau cornier, une Vierge mère. Les deux figures sont abritées par une console placée au-dessus de leurs têtes.

A l'extrémité du poteau portant la sablière, est une figure grotesque d'homme baissant son haut-de-chausse, et affectant de faire voir aux passants les parties postérieures et inférieures de son corps (31).

Cette maison comprend deux étages en encorbellement sur le rez-de-chaussée, avec pignon sur la façade. En retour, sur la rue Saint-Paul, six consoles portent la sablière et la toiture en croupe du premier étage.

Même rue, n° 16. — Cette maison se compose d'un rez-de-chaussée très bas, sur lequel repose la grande saillie de l'étage supérieur, supporté par de fortes consoles. A leurs bases, des images en relief représentent l'Annonciation, Saint Nicolas et Saint Antoine (32). Ce dernier est considéré comme le protecteur contre la fièvre chaude.

32.

Ce bâtiment n'a qu'un étage; la toiture est surmontée de deux grandes lucarnes, et les deux pignons s'appuient sur les murs mitoyens. Les numéros 8, 10 et 12 sont des constructions sans sculptures, mais ayant conservé le caractère de l'époque.

33.

Place de la Préfecture. — La maison n° 10, à l'angle de cette place et de la rue Perdue, est occupée par une auberge qui a conservé son enseigne du XVIe siècle : *Saint-Nicolas*. Cette construction est à un seul étage en bois, sur rez-de-chaussée en pierre et briques, le tout terminé par un pignon sur la façade principale comprenant l'étage du grenier.

La porte d'entrée, à gauche, est surmontée d'une niche de la Renaissance, renfermant un petit saint Nicolas bénissant les trois enfants dans la cuve (33). Cette niche est couronnée d'un joli pinacle finement et délicatement sculpté, mais un peu empâté par un badigeon de vieille date. Entre le n° 1 et le n° 3, trois importantes maisons du XVIIe siècle.

Rue Notre-Dame. — Cette rue doit son nom à l'ancienne abbaye de Notre-Dame-aux-Nonnains qui, avant la Révolution, occupait avec l'église Saint-Jacques la place de la Préfecture. Ce couvent de bénédictines exerçait sur cette rue des droits de justice et de perception de cens. La rue Notre-Dame, la plus importante par sa grande voie et par son commerce, est la première dont les maisons se transformèrent dans le goût moderne, par la suppression des pignons, par le crépi en plâtre des façades et par le luxe des devantures des magasins rehaussées d'or et de peintures.

34.

Certains propriétaires ont su conserver les pignons de leurs maisons, mais leur ont imposé une décoration fantaisiste, croyant ainsi les rajeunir.

Telles sont les maisons du café de Paris, de l'hôtel Saint-Laurent, de l'imprimerie Dufour-Bouquot; cette dernière est encore surmontée de son épi fleuronné (34).

L'hôtel Saint-Laurent, au XVIe siècle, l'auberge de l'Image Saint-Laurent a maintenu sa vieille enseigne et son ancienne renommée. C'est le rendez-vous des voyageurs de commerce et des fermiers et des cultivateurs du département.

La statue en pierre, placée dans une petite niche, de la façade, date du XVIIIe siècle. Le saint est revêtu d'une dalmatique qui rappelle les vêtements ecclésiastiques des diacres, sous le règne de Louis XIV. Saint Laurent tient de sa main gauche le gril, instrument de son martyre.

37. RUE DE LA PETITE-TANNERIE, Nº 54.

Dans la petite pièce d'entrée du rez-de-chaussée de l'hôtel, l'imposte de la petite porte de sortie sur la cour est décorée de deux remarquables peintures, dites émaux sur verre du XVIe siècle, représentant les portraits du roi François Ier et de la reine Claude de France (35 et 36). Ces deux portraits sont d'une ressemblance parfaite et d'une merveilleuse exécution. Nos pères goûtaient fort cette peinture sur verre, et

M. Basseville, le propriétaire actuel de l'hôtel, apprécie ces médaillons et les conserve avec le plus grand soin.

Rue de la Petite-Tannerie. — Ce nom indique bien l'origine de la rue; peu de maisons intéressantes. Une seule présente le type des maisons habitées par les ouvriers tanneurs de cette époque. En voici le dessin qui nous dispense de toute description (37). Même système de construction, pour la sablière du rez-de-chaussée, dans les rues de la Madeleine, 18, de Saint-Vincent-de-Paul, 12, et du Paon, 16.

Rue de la Grande-Tannerie. — Cette rue et les voies qui y

35. FRANÇOIS Ier.

36. CLAUDE DE FRANCE.

convergent furent le siège des grandes tanneries fondées à Troyes par les comtes de Champagne, et dont la réputation devint européenne. Leurs dépendances sont sillonnées de petits ruisseaux serpentant en tous sens pour les besoins de cette industrie si florissante et si renommée au XIIIe siècle, industrie qui disparaît de nos jours. Certaines maisons de cette rue avaient conservé leurs richesses sculpturales, mais la hache révolutionnaire les a en partie affreusement mutilées.

Le no 7, à l'angle du pont, à gauche, n'a conservé intact que le poteau cornier placé du côté de la rivière. Il représente l'Annonciation; la Vierge et l'ange Gabriel debout, séparés tous les deux par le lis symbolique (38).

La tête de la console qui orne ce poteau porte sur la face de ses biseaux des figures de moines taillées dans la masse du bois avec une grande énergie (39).

Plusieurs de ces figures décoratives, que l'on pourrait prendre pour de malicieuses charges de quelques personnalités de l'époque, existent encore sur beaucoup de poteaux faisant console sur la rue; signalons celles du coin de la rue de la Vierge et de la rue de l'Hôtel-de-ville.

La porte d'entrée de la maison n° 12, à l'opposé de la précédente, est une des plus curieuses par la richesse et la profusion de ses sculptures. Malgré ces mutilations si regrettables, cette porte nous donne encore une idée de ce que pouvait être, à leurs débuts, le luxe de ces constructions en bois.

38.

Profil.

39.

Le linteau est décoré d'un arc à contre-courbe se terminant par une console surmontée de rinceaux avec têtes de dauphin. Le centre du linteau est occupé par le blason du propriétaire, doublé de celui de sa femme; les meubles n'en sont plus visibles. Les rampants des arcs sont chargés d'arabesques Renaissance qui s'appuient du côté gauche sur un pilastre de l'ordre toscan, portant un vase au-dessus duquel une niche à coquille abrite un petit saint Jean l'Évangéliste. Celui-ci a perdu sa tête, mais est reconnaissable au calice qu'il tient à la main. A droite, ces rampants retombent sur la frise d'un cadre formé de pilastres, que maintiennent à leurs bases des consoles et des têtes de chérubins.

Le cadre est complet, mais l'image a disparu (41).

La console de la sablière se relie elle-même à la frise du cadre. Cette console portait, sur la face principale, la figure d'un évêque dont la silhouette se distingue parfaitement. La tête est sous une coquille surmontée de rinceaux; les pieds posent sur une console appuyée sur des têtes d'anges. En retour, sur la rivière, un autre cadre entoure, comme pour la maison située en face, la scène de l'Annonciation.

40.

Dans le corridor de la maison portant le n° 23, comme dans plusieurs propriétés de cette rue, se retrouvent des fragments de dalles tumulaires provenant des anciennes églises, aujourd'hui démolies, de Notre-Dame, de Saint-Jacques ou des Jacobins.

La pierre formant le seuil de la porte d'entrée montre une inscription intéressante, rappelant les anciennes teintureries du XVIe siècle, qui occupaient avec les tanneries une grande partie de ce quartier. Voici cette épitaphe telle que nous avons pu la déchiffrer. **Cy gisent nobles persones Pe........ en son vivāt Marchant Teinturier et bourgeoys de Troyes le quel deceda le xvi[e] jour de juillet mil:v:li: et Noble femme Jehāne daulbeterre Jadiz sa fēme laquelle deceda le... Jour dapvril mil v[c].li: Priez dieu pour leurs ames.**

Cette inscription se trouve placée aux pieds des deux personnages

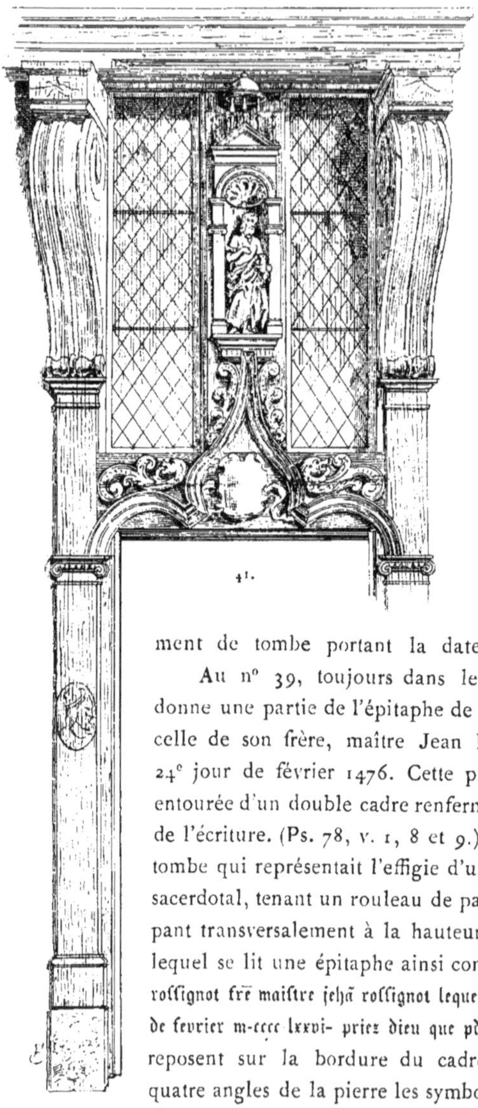

41.

occupant le milieu de la tombe, le mari à droite de sa femme. Il est vêtu d'une houppelande à grandes manches tombantes et d'un haut-de-chausse; la femme, d'une robe à larges manches, avec une torsade pendante à sa ceinture. Deux colonnes cannelées, surélevées d'un socle à mascaron, expriment le style de la Renaissance.

Dans le même passage de cette maison, un fragment de tombe portant la date de 1547.

Au n° 39, toujours dans le corridor, le pavage donne une partie de l'épitaphe de Jacques Rossignot et celle de son frère, maître Jean Rossignot, décédé le 24ᵉ jour de février 1476. Cette pierre funéraire était entourée d'un double cadre renfermant plusieurs versets de l'écriture. (Ps. 78, v. 1, 8 et 9.) C'est une moitié de tombe qui représentait l'effigie d'un prêtre en costume sacerdotal, tenant un rouleau de parchemin se développant transversalement à la hauteur de ses genoux, sur lequel se lit une épitaphe ainsi conçue : Messire Jaques rossignot frē maistre jehā rossignot lequel trespassa le xiiijᵉ jor. de fevrier m-cccc lxxvi- priez dieu que pdō luy face. Les pieds reposent sur la bordure du cadre, lequel porte aux quatre angles de la pierre les symboles évangéliques.

La maison du n° 27 présente une porte dont la décoration est à peu près complète, mais qui a subi depuis quelques années des réparations qui ont modifié la partie inférieure des pieds-droits. Un ancien dessin conservé dans nos archives nous a permis d'en reconstituer l'ensemble.

Cette porte est décorée d'un fronton à contre-courbe avec blason du maître de céans, surmonté d'un habitacle abritant un saint Jean-Baptiste, patron de l'ancienne paroisse. Elle est à simple entablement avec pilastres divisés par des médaillons à figures de guerriers (41).

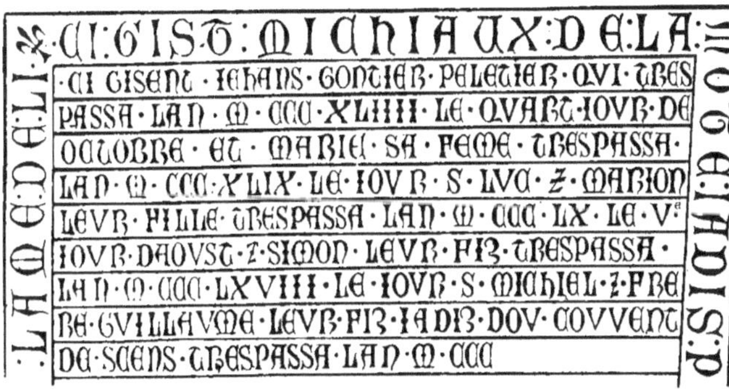
CI : GIST : MICHIAUX : DE : LA :
MOTE : IADIS : P
·CI GISENT · IEHANS · GONTIER · PELETIER · QVI · TRES
PASSA · LAN · M · CCC · XLIIII · LE · QVART · IOVR · DE
OCTOBRE · ET · MARIE · SA · FEME · TRESPASSA ·
LAN · M · CCC · XLIX · LE · IOVR · S · LVC · Z · MARION
LEVR · FILLE · TRESPASSA · LAN · M · CCC · LX · LE · Ve
IOVR · DAOVST · Z · SIMON · LEVR · FIZ · TRESPASSA ·
LAN · M · CCC · LXVIII · LE · IOVR · S · MICHIEL · Z · FRE
RE · GVILLAVME · LEVR · FIZ · IADIS · DOV · COVVENT
DE · SCENS · TRESPASSA · LAN · M · CCC
LAN : M : CC : LI

42.

Sur le seuil de la porte d'entrée du n° 23, est la dalle tumulaire de Jacquette Piot, veuve de Charles Joly de Droyes, près Montierender (Haute-Marne), qui décéda le 22 février 1650, plus l'épitaphe d'Anne Joly, leur fille. Dans le même passage de cette maison, un fragment de tombe portant la date de 1547.

La maison du n° 49 possède la tombe d'un Parisien, docteur en théologie pendant le XIVe siècle; l'usure de la pierre ne nous a pas permis d'en apprendre plus long.

Mais la plus curieuse et la plus intéressante de ces pierres tumulaires est celle que l'on a conservée dans la maison du n° 58, à l'angle de la rue du Moulinet, appartenant à M. Lesmaret, ancien entrepreneur. Comme toutes les anciennes tombes du XIIe au XIIIe siècle, elle se rétrécit par le bas en inclinant sur la gauche. Une bordure à double filet, contient l'inscription suivante, gravée en lettres onciales du XIIIe siècle (42), que nous répétons ici en italique pour en faciliter la lecture;

Ci : gist : Michiaux : de : la : Mote : iudis : peletiers : et : bouriois : de : Troies : qui : trespassa : lan : de : grace : M : CC : IIIIXX *: et :* XIIII *: (1er octobre 1294) : le : iour : de : la : saint : remi : priez : pour : lame : de : li :*

Au milieu de la pierre se trouvent gravés en neuf lignes de mêmes caractères, les noms de toute la famille de Jean Gontier, pelletier à Troyes, sans que rien nous fasse connaître les liens de parenté qui existaient entre cette famille et celle de Michaux de La Motte.

Voici ce que nous lisons de cette inscription supplémentaire :

Ci · gisent · Jehans Gontier peltier · qui · trespassa · lan · M · CCC · XLIIII · *(1344) · le quart · jour · (4e jour) · d'octobre · et · Marie · sa · feme · trespassa · lan ·* M · CCC · XLIX · *(le 18 octobre 1349) · le jour · S · Luc · et · Marion · leur · fille · trespassa · lan ·* M · CCC · LX · *(1360) · le Ve jour · daoust . et · Simon · leur · fils · trespassa · lan ·* M · CCC · LXVIII · *(le 29 septembre 1368) · le · jour · S · Michiel · et · frère · Guillaume · leur · fils · jadis · du · couvent · de · scéans · trespassa · lan ·* M · CCC · Cette date incomplète indiquerait que ce dernier, sans doute moine du couvent des Jacobins, n'était pas mort, et qu'il était probablement l'auteur de cette épitaphe.

D'autres fragments de tombes se trouvent dans ce passage. Une pierre coupée dans toute sa longueur présente l'image d'un bourgeois de Troyes, le pied droit posé sur un tertre ; deux colonnes accouplées portent une partie du pignon lui servant d'abri. On lit sur le pourtour de ce fragment : *qui · lescrit · lisons · autour · prions · pour · same ..... merciz · li · face ·*

Une autre pierre carrée nous montre la tête d'une jeune femme, dont le voile entoure complètement la face ; les mains sont jointes, un léger cordon maintient son long manteau sur ses épaules ; c'est bien là le costume des dames bourgeoises du commencement du XIVe siècle. L'inscription a disparu par suite d'usure.

Un troisième fragment de même forme semble appartenir à cette dernière tombe ; il représente le bas de la jambe et le pied d'un homme posé sur un chien, emblème de la fidélité. On lit sur le pourtour ces mots : *gît · feu · sires · pierres · de · laon · bourgois · (de Troyes).*

Rue de l'Épicerie. — La rue de l'Épicerie, dénomination indiquant le genre de commerce qui s'y pratiquait, était comprise entre les rues du Temple et de la Trinité. Aujourd'hui elle fait partie de la rue Notre-Dame, dont elle est la suite.

Le n° 83 de cette rue est occupé par l'importante librairie de M. Léopold Lacroix. La façade de cette maison, construite vers les dernières années du XVIe siècle, n'offre aucun intérêt, mais la cour intérieure a conservé l'ensemble architectural de son époque.

A l'ouest, un puits monumental est adossé au mur mitoyen. Il se compose d'une margelle à section pentagonale, dont les angles sont ornés de colonnettes reliées par des moulures la divisant en deux parties sur toutes ses faces. Le côté antérieur est décoré d'un cadre circulaire avec le blason royal de France. Depuis l'établissement d'une pompe aspirante dans ce puits, ce blason est couvert par un mufle de lion en bronze. La margelle est engagée dans une pénétration mi-circulaire, en forme de niche à coquille à la bordure perlée; celle-ci s'appuie sur des pieds-droits arrondis, et sur la bordure de la coquille s'élève une contre-courbe terminée en aiguille divisant le tympan en deux parties. Les rampants de l'arc cintré de la niche et les contre-courbes sont chargés de choux frisés accompagnant deux cadres circulaires, placés dans les écoinçons, et contenant les blasons de Jacques Laurent, marchand drapier, et de sa femme, Geneviève Gombault. Le premier blason, d'azur à deux barbeaux d'or affrontés et posés en pal. Le deuxième, d'azur à la tour couverte ayant pour soutenants deux lézards; le tout d'argent. La décoration du tympan se termine par des cintres et des trilobes en contre-courbes, décadence de l'architecture gothique-renaissance de la fin du XVIe siècle.

Le mur mitoyen se compose d'arcatures en retrait; celles du rez-de-chaussée se réunissent sur une colonnette avec base à pans.

Cette disposition d'arcatures était destinée à servir de banc, ou plutôt d'étagère où se disposaient les objets de service, les vases usuels de cuivre, de bronze, d'étain, les faïences et les vases de fleurs, ce qui, donnant à l'intérieur de cette cour une décoration riante, la rendait attrayante pour les rendez-vous de la famille pendant les soirées de la belle saison.

Au-dessus de l'arcade la plus rapprochée du puits, cette décoration se complète par un groupe sculpté en haut-relief, représentant un cerf harcelé par une meute qui le pourchasse, et tombant de fatigue. La tête haute, l'animal semble complètement étranger à tout ce qui se passe, et même insensible aux morsures des trois chiens qui sont lancés après lui.

Ce motif de sculpture indiquerait que les propriétaires de cette maison faisaient partie de la corporation de Saint-Hubert, et qu'en dehors de leurs affaires commerciales ils se livraient aux plaisirs de la chasse sous bois, avec d'autant plus de facilité que la famille Gombault possédait plusieurs seigneuries dans les environs de Troyes, notamment celles de Vermoise, de Feuges et de Poivre.

Vers 1831, M. Ulbach, marchand tailleur, à Troyes, propriétaire de l'immeuble, père de M. Louis Ulbach, le romancier bien connu, ayant remarqué sur les murs de la cour quelques traces de peintures, mit à profit la présence à Troyes des frères Poinsot, habiles décorateurs en papier de tentures, venus de Paris pour passer quelque temps dans leur pays natal. M. Ulbach fit peindre par ces deux artistes un splendide paysage, où l'on apercevait dans les chemins tortueux de la forêt les chasseurs et les piqueurs sonnant l'hallali, peinture parfaitement en rapport avec le sujet principal.

Une corbeille de fleurs occupait le centre de la cour, et, sous les arcades, s'attachaient des plantes grimpantes dont les tiges sarmenteuses soutenaient feuilles et corolles aux vives couleurs. C'était un décor charmant, où notre ami, le spirituel auteur de la *Fleuriotte*, de *M. et Mme Fernel*, puisa, comme il le dit lui-même, l'idéal de ses premières inspirations.

Les années ont altéré les peintures, et l'architecture se ressent pareillement de l'action du temps, mais la nature y conserve encore, avec sa fraîcheur, toute sa luxuriante végétation.

A gauche, dans la cour, un escalier en bois aux robustes balustres dessert les étages supérieurs. Un second corps de bâtiment occupe le fond de la cour; à gauche et à son extrémité, une porte donne accès aux étages et conduit à la sortie sur la rue du Temple. Les pieds-droits de cette porte (construction en pierre) sont ornés de pilastres renaissance montant jusqu'à la sablière de la maison. La baie est cintrée avec profils légèrement ondés se prolongeant sur les pieds-droits jusqu'à la base des pilastres. Les claveaux sont décorés de rosaces sur un champ légèrement creusé. Le tympan est orné d'une peinture représentant le blason de Jacques Laurent, entouré de deux branches de chêne réunies par un ruban bouclé.

Ce passage conduit en même temps dans une cave voûtée et divisée par travées, se prolongeant en tous sens sous l'étendue des bâtiments et de la cour.

Un fragment du censier de l'abbaye de Montier-la-Celle de 1605 nous fait connaître tous les possesseurs de cette intéressante propriété.

Voici la copie textuelle de cette pièce :

« Pierre Gombault, marchand drappier, demeurant à Troyes, « Marguerite Gombault, veufve de feu Antoine Paillot, Paul Gom- « bault, sieur de Vermoyse, Jacques Laurent, marchand, à cause de « Genevieve Gombault sa femme, tant en leurs noms que ayant les « droits de Dom Joseph Gombault chartreux, leur frère, pour un « grand hostel faisant plusieurs frestes, cours, aysances et apparte- « nances, anciennement appelé l'hostel de la Querelle et de la Dance, « et à présent du Cheval noir, assis en la dicte rue devant la Char- « bonnerye, tenant d'une part à M. Nevelet, trésorier de France, « d'autre part à Marguerite Le Noble, veufve de feu Christofle An- « genost, paravant de feu Jean de Bossancourt à cause du droict qu'ils « ont des vénérables de l'église Saint-Urbain de Troyes, par devant à « la dicte rue de l'Espicerye et par derrière à l'hostel de la Tête « Noire et autres. Et fut à Pierre de la Garmoise, puis à Symon Henne- « quin, puis à maistres Guillaume et Oudard les Hennequins, puis à « Marguerite Cossey, veufve de feu Hanryot de Goix, puis à Denis « Clérey à cause de sa femme, fille du dit de Goix, puis à Jean Gom- « bault, vivant maire de la ville de Troyes, lequel a faict bastir l'hostel, « à Joseph Gombault, son fils[1]. » *Censive . . . . Onze deniers.*

1. *Archives de l'Aube*, 7 $\frac{11}{101}$, f° 33. Communication de M. Louis Le Clert.

Jean Gombault, bourgeois de Troyes, fut maire de cette ville de 1574 à 1576.

Rue du Temple[1]. — Nos 1 et 3, emplacement des constructions de l'ancienne Commanderie du Temple, aliénée comme bien national en 1792. Devant la maison no 1 se trouvait en retour un terrain vague entouré de lices, retraite anguleuse qui existe encore aujourd'hui. C'est là que se rendait la justice et que le juge de la Commanderie avait sa logette; là aussi se dressaient la potence, le pilori et les ceps indiquant que le commandeur avait droit de justice haute, moyenne et basse.

Les constructions occupant actuellement ces terrains appartiennent à M. Carraud, distillateur. Certains appartements, de style Louis XV, sont décorés de toiles peintes, représentant des vues de paysages et de palais. Ce qu'il y a de particulier dans ces tentures, par suite de curieux à signaler, c'est que toute cette décoration est composée de sujets gravés, découpés au ciseau et rapportés sur le fond de la toile.

A côté de ce vaste établissement était jadis la chapelle de Saint-Jean-du-Temple, construite par M. Brûlard de Sillery, commandeur de Troyes, entre les années 1634-1642, et démolie en 1792. Sur la cour étaient d'importantes constructions du XVIIe siècle, depuis peu complètement transformées pour les besoins d'une nouvelle exploitation industrielle.

Pendant les travaux, on a découvert, dans l'épaisseur d'un mur mitoyen, une intéressante margelle de puits du plus pur style de la Renaissance; sa forme est pentagonale, dans la partie qui devait être en saillie sur le mur de clôture de la cour.

Sur les cinq pans, quatre sont conservés; le cinquième est resté enfoui dans la muraille d'une maison voisine. Il était sans doute consacré aux armes du mari.

Ces panneaux se composent d'un arc de cercle reposant sur une colonnette appuyée elle-même contre un faisceau de trois colonnes qui s'élèvent sur les angles de la margelle.

1. Cette rue tire son nom de la Commanderie du Temple. En 1186, les Templiers avaient reçu par donation leur maison de Troyes, située au no 3.

Le deuxième panneau renferme le blason de deux époux, il est écartelé et porte aux 1 et 4, un besant (Le Tartier), son chef chargé composé de trois molettes a disparu; aux 2 et 3 trois chandeliers avec une étoile en chef (Dorigny); supports deux amours dont un a son carquois sur l'épaule droite; ce sont les armes de Claude Le Tartier, et de Marie Dorigny sa femme (vivant en 1531).

Le troisième panneau présente l'écu de France à trois fleurs de lis, surmonté d'une couronne royale et supporté par deux satyres de sexe différent (43).

43.

Les deux derniers panneaux des extrémités de cette margelle représentent un losange dans la bordure duquel on lit ce jeu de mots : QVI · DIRA · Y · SONGE, avec ce monogramme (Le Tartier).

Les chapiteaux des colonnettes groupées sur chacun des angles portent une corniche avec moulures, et sur la plate-bande on lit :

(Si un malheureux) A · MA · PORTE · CROVGNE · (cogne) IE · REÇOIS · INDIGNT · (l'indigent) ET · LE · GARDE · SANS · LVY · DER · (demander) DE · LARGENT ·[1].

Du temps de M. de Sillery, d'importants travaux furent exécutés

1. M. Carreaud, propriétaire de l'ancien hôtel de la Commanderie, se propose de réunir ces morceaux épars pour en faire un bassin destiné à recevoir les eaux de son vaste jardin, situé à l'extrémité du faubourg de Preize, dans l'ancienne propriété du général Gauthrin.

dans les bâtiments établis sur la cour, et dépendants de l'ancienne Commanderie.

Peut-être la margelle avait-elle été empruntée à une maison voisine et placée dans le mur, lors des grands travaux de 1640.

44.

En 1632, M. de Sillery avait donné l'hospitalité dans les bâtiments de l'ancienne Commanderie aux Visitandines, en attendant que leur couvent du faubourg Croncels fût bâti.

N° 13. Dans la cour de cette maison, une fenêtre du XVIe siècle a conservé son châssis perlé avec colonnettes en spirale, rubanées, écaillées et divisées par des mascarons, des roses et des petits pinacles. A la base de ces colonnes, des têtes grotesques, et, pour couronnement, des palmettes enflammées.

Les croisillons ayant été coupés, nous les avons rétablis pour rendre à l'ensemble son caractère architectural primitif (44).

En face de cette maison, au n° 18, sur la toiture du second corps de bâtiment du côté de la cour, est une élégante lucarne ogivale du commencement du XVIe siècle, ornée d'un épi en plomb s'élevant sur le poinçon du pignon. Il se compose d'un pinacle à crochets couronné d'une galerie trilobée, surmontée d'une élégante fleur de lis (45). Sur un panneau de la rampe de l'escalier est une salamandre, emblème de François Ier.

Cette maison, dépendance du bâtiment principal, se trouvant sur la rue du Temple, a certainement échappé à l'incendie de 1524.

A l'angle de la rue du Temple et de la rue de la Montée des Changes, une importante construction du XVIe siècle. Sur un rez-de-chaussée, construit en pierre et brique, s'élève toute la charpente des étages supérieurs, dissimulée par un torchis en plâtre qui la couvre complètement; la sablière est curieuse par son volume et la multiplicité de ses moulures; la saillie repose sur des corbeaux en pierre et en bois profilés de moulures prismatiques.

45.

Les parties intérieures sur la cour ainsi que les appartements sont complètement modernisés.

Cette maison est intéressante dans son ensemble par l'effet pittoresque et la perspective qu'elle produit sur la rue de la Montée-des-Changes, ainsi que par la flèche qui couronne la tourelle de son escalier et domine les combles (voyez page 50). Suivant quelques titres, elle se nommait *Hôtel des Gandelus*, *des Angoiselles* et aussi *le Petit Hôpital*.

N° 30. — Le mur mitoyen de cette maison en pierre de taille porte une niche en saillie sur deux consoles, dans le style de l'architecture du XVIIe siècle. Cette niche, vide de sa statue, est surmontée d'un fronton triangulaire. Occupée jadis par l'imprimerie Sainton, cette maison appartient actuellement à son successeur, M. Baudot, ancien éditeur de *l'Almanach troyen*.

Même rue, n° 39. — En 1769, cette maison avait pour propriétaire Jean-Antoine Garnier, imprimeur-libraire et fabricant de papier, issu d'une famille célèbre par ses nombreuses publications d'almanachs. Jean-Antoine Garnier avait acheté vers 1760 l'ancienne imprimerie des Oudot, et était venu s'installer dans la maison que ces imprimeurs avaient occupée pendant plusieurs siècles.

En effet, *le Grand Calendrier* ou *Compost des Bergers*, publié par Jacques (II) Oudot (1685 à 1701), porte cette mention : A TROYES, CHEZ JACQUES OUDOT, *rue du Temple*.

RUE DE LA MONTÉE-DES-CHANGES.

Le poitrail de cette maison, sur la rue du Temple, porte les solives du plancher du premier étage; les extrémités de ces solives sont décorées de têtes grotesques et de rosaces, seul exemple de ce genre que nous ayons rencontré dans ces constructions (46).

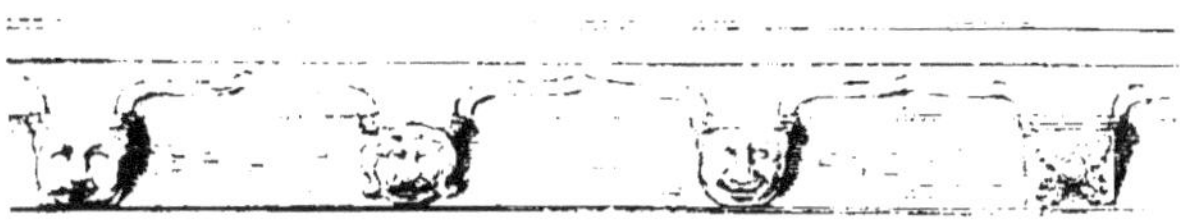

46.

Le petit bâtiment sur la cour, qui devait être le salon de réception, est décoré de peintures, de dorures et de sculptures, avec une cheminée en marbre dans le genre rocaille.

Rue Champeaux. — Vieux nom indiquant des terrains intermédiaires entre les maisons et les fortifications. Au point de vue des constructions privées du XVIe siècle, la rue Champeaux est certainement la plus intéressante de la ville. Les maisons ont généralement conservé leurs dessins primitifs, même dans le détail de leur décoration.

Ces habitations dont les faces postérieures occupent toute la rue Champeaux ont leurs façades principales sur la rue des Orfèvres, ou des Chaudronniers, aujourd'hui Molé. De ce côté, toutes les boutiques ont été renouvelées et décorées à nouveau.

Les maisons occupent une bande de terrain très restreinte sur toute la longueur de la rue au nord. Ces étroites limites n'ont pas permis de diviser les constructions par une cour. Elles sont tellement resserrées dans leurs dispositions, que le propriétaire de la maison sur la rue des Orfèvres, portant le no 10, a été obligé de faire établir extérieurement la cage de son escalier en encorbellement sur la rue Champeaux.

Du XIIIe au XVIe siècle, les escaliers qui devaient desservir les étages d'une maison étaient construits en dehors ou sur la cour, en saillie sur la hauteur du bâtiment. C'était une manière de conserver toute la surface de la maison pour la distribution des appartements.

La noblesse avait le privilège de construire son escalier, même son oratoire en saillie sur la rue ; pour affermir ses prérogatives, elle élevait par vanité cette tourelle au-dessus des combles de sa maison, et surtout au-dessus de ceux de son voisinage : on imitait ainsi le donjon seigneurial.

Les appuis ou consoles de la tourelle de la rue Champeaux sont des cariatides figurant des faunes des deux sexes, avec des pieds de chèvre se réunissant à la base du poteau d'angle du rez-de-chaussée (47).

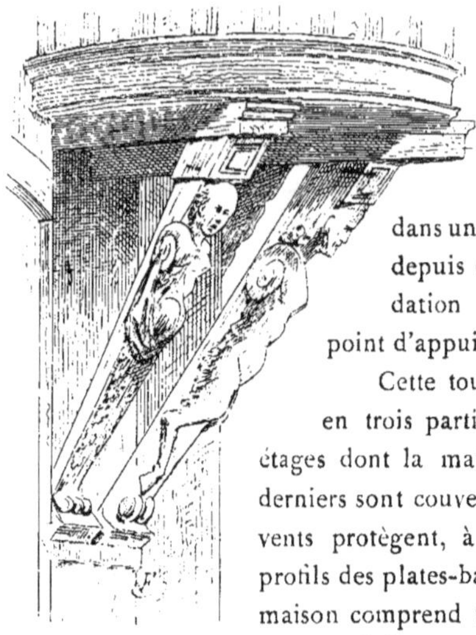

47.

La console (48) donnant sur la petite rue, à l'ouest, se trouve engagée dans un massif de maçonnerie établi depuis des années pour la consolidation de cette façade et de ce point d'appui.

Cette tourelle mi-circulaire se divise en trois parties suivant la hauteur des étages dont la maison se compose; les deux derniers sont couverts d'ardoises; de petits auvents protègent, à chacune des divisions, les profils des plates-bandes qui la contournent. La maison comprend trois façades et trois étages en encorbellement sur le rez-de-chaussée, au nord et au midi, y compris l'étage du grenier occupant la partie ogivale des trois pignons en saillies sur le mur de ces façades.

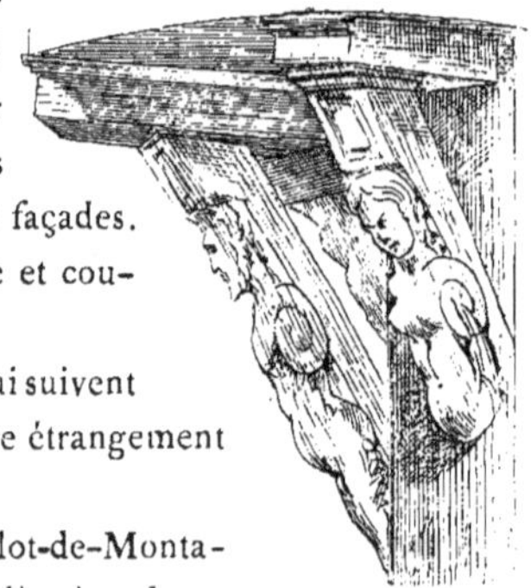

48.

Une petite toiture conique abrite et couronne la cage de l'escalier.

Par leurs pignons, les maisons qui suivent donnent à ce coin de rue un caractère étrangement pittoresque, d'effet et de lumière.

Si l'on se place dans la rue Paillot-de-Montabert, faisant face à la tourelle, de manière à embrasser du regard le défilé des maisons de cette dernière rue, avec la fuite sur l'église Saint-Jean, comme fond du sujet, l'ensemble forme pour le spectateur un tableau des plus curieux et des plus saisissants d'aspect et de couleur.

Même rue, entre les n°s 21 et 23, une petite maison à un seul étage avec grenier sous les combles, se terminant en croupe sur une

RUE CHAMPEAUX.

corniche à modillons. Elle dépend de la maison portant le n° 12 sur la rue Molé.

Cette petite maison se compose de deux boutiques au rez-de-chaussée, séparées par une porte à deux vantaux, au trumeau mobile, pour faciliter la sortie des grosses pièces de chaudronnerie. La sablière appuie sur la tête des poutres portant le premier étage en encorbellement. Ces poutres posent sur des consoles, dont la base est prise sur le chapiteau d'un pilastre cannelé.

La travée de la porte d'entrée est renforcée par un poitrail d'une grande épaisseur, décoré de gouttes, d'oves et de feuillages. Cette

49.

disposition du rez-de-chaussée donne un exemple complet de ce qu'était la boutique d'un chaudronnier au xvie siècle. La devanture était fermée par des volets en feuilles de menuiserie, se repliant les unes sur les autres. Sur l'appui de la boutique, une large tablette recevait l'étalage des marchandises. L'acheteur restait au dehors et le marchand à l'intérieur du magasin, où le client n'entrait que pour régler une affaire importante.

Les fenêtres et la charpente du premier étage ayant été un peu modifiées, nous avons rétabli l'aspect primitif, afin de rendre à cette façade son caractère ancien et réel (49).

La maison de cette rue portant le n° 32, est une construction importante qui a conservé à l'extérieur comme à l'intérieur des traces de son luxe et de sa splendeur passés. Ce bâtiment, à trois étages en encorbellement sur le rez-de-chaussée, est construit tout en charpente, et sur sa face latérale donnant sur la rue dite des Chats, l'intervalle des bois est à remplissage de briques posées à plat.

Ces briques ont sur les côtés des espèces d'oreillons en pointe, qui s'emmanchent dans une rainure pratiquée dans l'épaisseur des poteaux, de telle sorte qu'elles ne peuvent se déranger de leur position verticale.

L'intérieur de la cour conserve encore, malgré de regrettables modifications, la cage de son escalier et la décoration de sa petite porte d'entrée; celle-ci se compose de deux pieds-droits formés d'un pilastre de style Renaissance avec chapiteaux portant un linteau droit à simples moulures. Ce pilastre est divisé en deux parties par un autre chapiteau servant de base et de point de départ à un balustre en relief, et s'élevant jusqu'à la hauteur de son chapiteau pour le pénétrer et épanouir son fleuron sur le tailloir.

Sur le poteau du pilastre qui se poursuit au-dessus du linteau est sculpté un arbre héraldique, aux branches duquel sont appendus deux blasons; le premier porte les traces d'une tête de léopard posée de face (Léguisé); le second, plus visible, présente un chevron, accompagné de trois étoiles, ou de trois molettes. Ce sont les armes d'une famille de riches négociants et bourgeois de Troyes, dont un membre, Jean Léguisé, fut évêque de Troyes de 1426 à 1450.

Le poteau du pied-droit, à gauche de la porte, se trouve complètement engagé dans l'épaisseur d'un pan de muraille ajouté à la construction pour consolider le vieux mur servant de clôture sur la rue des Chats.

Trois potelets surmontent le linteau de la porte; ils sont distancés l'un de l'autre de manière à laisser un vide pour donner du jour à l'intérieur du passage quand la porte est fermée.

Ils représentent le péché du premier homme et de la première femme. Adam et Ève complètement nus, debout sur un tertre, sont placés sous une niche à coquille, surmontée d'un vase fleuronné, accompagné de deux Chimères. Le potelet du centre nous montre l'arbre du bien et du mal, couvert du fruit défendu; le tronc de l'arbre est enlacé par les anneaux du serpent tentateur, dont le corps se termine par un buste de jeune homme aux formes élégantes bien en rapport

50.

avec le rôle qu'il doit remplir. Ce démon vient de cueillir la pomme, et, en se retournant du côté d'Ève qui occupe le potelet à droite, il s'empresse de la lui offrir. Celle-ci lève le bras pour la recevoir. Adam, qui occupe le côté gauche, attend avec un air d'indifférence (50).

Ces trois sujets sont composés et sculptés avec une grande élégance de style; il en est de même pour tous les détails décoratifs.

En face de cette porte se trouve l'escalier contenu dans une tourelle circulaire en charpente, aux fines moulures, et qui s'élève jusqu'à la hauteur des combles (51).

De l'avancée du pignon de cette maison sur la rue des Chats,

51.

comme de la saillie des pignons des maisons qui lui font face et de celles qui suivent, il résulte que la rue est toujours plongée dans une obscurité relative; les rayons du soleil ont de la peine à pénétrer dans cet étroit passage.

Ces perspectives de maisons aux lignes tortueuses, déhanchées, et aux murailles en pans de bois noircies par le temps, donnent à ce passage si bien nommé un aspect magique. Les poètes l'ont chanté, les artistes l'ont peint et dessiné, les voyageurs viennent le visiter, surtout le soir par une belle nuit d'été.

RUE DES CHATS.

La maison n° 38, qui fait suite à celle que nous venons de décrire appartient à M. Rouillier. Elle comprend deux corps de bâtiments sur deux cours, avec dépendances importantes. La maison de maître donnant sur la rue Champeaux, a été complètement transformée au siècle dernier par un replâtrage à l'extérieur et par des boiseries à l'intérieur des appartements. Pour le placement des boiseries et d'une cheminée moderne, on a malheureusement martelé la cheminée monumentale qui décorait la grande pièce du premier étage. Dans un placard à droite de cette cheminée, on voit le profil de l'un des deux pieds-droits, rappelant la plus belle époque de la Renaissance, la fine et délicate sculpture de l'église Saint-Pantaléon. Une petite niche est intacte, et sa console et les moulures qui l'accompagnent, nous donnent l'idée de ce que pouvait être la richesse architecturale de cette cheminée.

Des panneaux en chêne fortement assemblés et scellés ne nous ont pas permis de voir si le manteau de la cheminée avait encore toutes ses sculptures.

La seconde cour comprend un bâtiment à deux étages avec galeries en encorbellement sur le rez-de-chaussée; ces galeries, aujourd'hui fermées par des cloisons en pans de bois et torchis, présentent encore un certain intérêt. Les bouts de poutres portant les solives des planchers sont décorés de têtes de guerriers, coiffées de casques et de couronnes de lauriers, plusieurs ayant la tête nue (52 et 53). Mais l'intérêt se porte plus particulièrement sur l'entrée du corridor conduisant à la sortie sur la rue des Chats. Cette porte comprend deux pieds-droits, dont un, celui de gauche, est perdu dans une clôture en pans de bois, annexe moderne établie pour la consolidation du mur mitoyen qui menaçait ruine. Sur ces deux pilastres posait un linteau en arc surbaissé, se développant en contre-courbe sur un potelet central comme à la porte du nº 27 de la rue de la Grande-Tannerie. Il y a une quarantaine d'années, lorsque cette maison est devenue un pensionnat de jeunes filles, cette décoration sculpturale a été supprimée, pour donner plus de jour au passage de la rue des Chats.

52.

53.

54.

Le pilastre restant est décoré de rubans et de feuillages divisés par une palmette; au-dessus de celle-ci, suspendues à un crochet par un anneau, une couronne royale, la cuirasse et les jambières d'une riche armure. Le chapiteau est simplement formé de rubans en spirale avec petits fleurons au centre (54). En retour, sur l'épaisseur du chapiteau, un cadre circulaire renferme une tête vue de profil, coiffée d'une toque. Ce qu'il y a de particulier dans cette physionomie, c'est qu'elle rappelle exactement les traits de Charles-Quint (55).

55.

Au-dessus du chapiteau se dresse une balustrade terminée par une tête de chérubin en cul-de-lampe; la console porte une petite statuette de la Vierge debout, la main droite posée sur le cœur et la main gauche sur un prie-Dieu, à côté d'une Bible. Cette attitude de la Mère de Dieu explique parfaitement le sujet : c'est l'Annonciation, motif si souvent répété sur la façade des maisons de cette époque. La figure de l'ange Gabriel se trouve actuellement enfouie avec son pilastre dans le mur de soutènement.

A côté de cette porte, une trappe en pente s'ouvre à deux battants sur un escalier conduisant à une cave voûtée en pierre, comprenant quatre travées ogivales, dont les nervures à face carrée reposent sur une colonne cylindrique sans base, portant un chapiteau évasé avec tailloir octogonal.

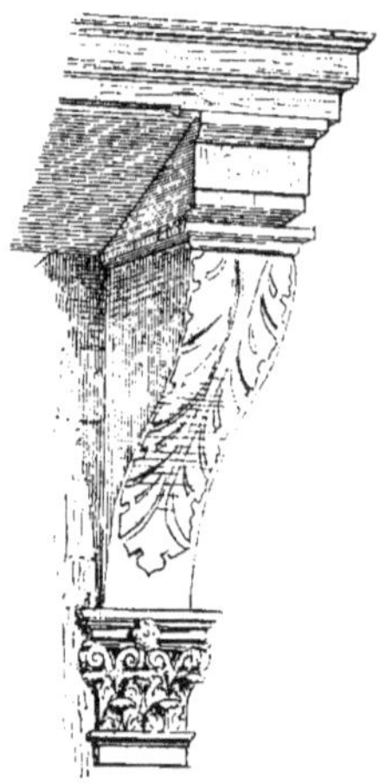
56.

Il est à remarquer que toute la sculpture de cet immeuble se compose d'attributs militaires, ce qui donne à penser que le possesseur devait avoir eu une position importante dans l'armée.

Rue Charbonnet (ancienne rue des Lorgnes). — Du nom de l'abbé Pierre-Mathias Charbonnet, littérateur, né à Troyes le 9 février 1733, mort à Paris le 9 février 1815. La maison de cette rue, portant le n° 3, a conservé sur son architrave une inscription (la seule que nous ayons rencontrée rappelant ce précepte de sagesse) : EN · TOY · TE · FIE ·

ESCOUTE · CONSIDERE · TE · TAIS · 1534 · Cette maîtresse poutre est supportée par des corbeaux ornés de fleurons, de têtes de chérubins : un seul porte les armes de la ville de Troyes.

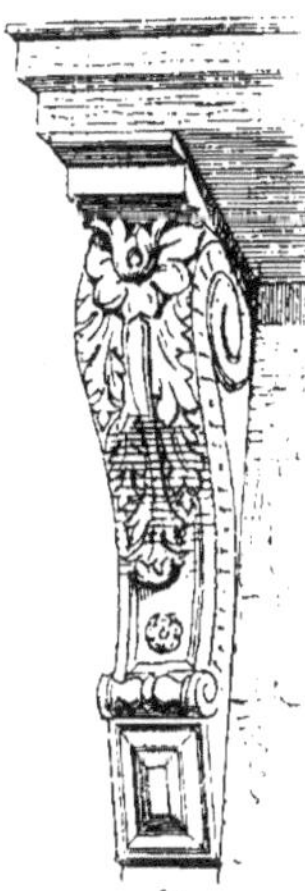

57.

Les maisons nos 5 et 7 présentent un intérêt particulier, parce qu'elles sont le point de départ d'un style qui abandonne complètement l'art gothique et la Renaissance, pour devenir le style de l'École française du XVIIe siècle.

Sur un rez-de-chaussée maçonné et renforcé de chaînes de pierres se dresse un pan de bois formant façade et comprenant un seul étage. Les lucarnes du grenier se détachent sur une toiture en croupe, maintenue par une corniche à modillons.

Les sablières, en encorbellement sur le rez-de-chaussée, sont soutenues à leurs extrémités par des consoles en pierre, en forme de volutes, couvertes de larges feuillages, rendus avec beaucoup de soin et de talent (56 et 57).

Rue Sainte-Madeleine. — Conduisant à l'église de ce nom. Plusieurs constructions du XVIe siècle, l'une d'elles à pignon. Sur le pied d'une console, une petite figurine de Notre-Dame.

58.

Rue des Quinze-Vingts. — Cette rue doit son nom à une maison qui appartenait à l'hospice des Aveugles de Paris. A l'angle de la rue des Quinze-Vingts, construction en bois d'une grande importance, composée de trois corps de bâtiments à trois étages avec entrée sur la rue du Palais-de-Justice, n° 1. L'ensemble surmonté de pignons en saillie sur blochets que soutiennent des consoles.

La sablière de ces trois maisons est portée par des liens profilés; le poteau d'angle donnant sur les deux rues est complètement mutilé et ne laisse voir aucune trace du sujet qui le décorait.

59.

Dans la cour de l'entrée existe une margelle de puits de forme pentagonale, profilée de puissantes moulures, et portant sur deux faces les blasons de Denis de la Noue et de Le Tartier (58).

Rue du Marché-au-Pain. — Nous voici au milieu d'un dédale de petites rues très étroites, où le passage devient difficile pour trois personnes de front. Cette partie de la ville était fréquentée par les boulangers débitant le pain en détail, et par les paysans des environs de Troyes qui y venaient vendre leurs fromages, leur beurre et leurs fruits. Près de là, sur une petite place appelée la Poissonnerie, se vendait le poisson. C'était un lieu infect, que le prolongement de la rue des Quinze-Vingts a fait disparaître.

Une maison de la rue Notre-Dame portant le n° 112 s'étend jusque sur la place du Marché-au-Pain. Elle offre un détail de charpenterie et un châssis de fenêtre très intéressants à étudier. Cette croisée a été divisée par un poteau en bois dissimulé par une colonnette s'élevant en spirale jusqu'à la tête de la poutre, qui porte le plancher du troisième étage. Cette tête de poutre, décorée d'un médaillon à face humaine, supporte à la fois la sablière de l'étage supérieur, et le pan de bois relié par une traverse sur lequel repose le lien qui épaule la poutre des combles.

Le châssis de la fenêtre est orné de colonnettes écaillées et ru-

60.

bannées, dont les chapiteaux à facettes sont surmontés d'animaux fantastiques (59).

La plus intéressante de ces maisons est celle qui marque l'entrée de cette place et fait l'angle de la rue Urbain IV, n° 113.

Le corps de bâtiment se compose d'un rez-de-chaussée et de deux étages ; le dernier, sous le faîtage, sert de grenier. Le pignon ogival, à pans, s'appuie en saillie par des liens et sur les deux poteaux d'angles (60). La fenêtre du premier étage a perdu ses meneaux

61.

croisés. L'appui de la fenêtre est décoré de raisins et d'un rang d'oves et de feuillages; le centre de cet appui est marqué par un cartouche portant la date de 1576 (61).

La sablière en encorbellement sur le rez-de-chaussée est maintenue, à ses extrémités et au centre, par trois consoles, portant les poutres du plancher du premier étage. L'extrémité du premier poteau, au midi, est une tête de satyre à la barbe frisée et aux oreilles en cornet; c'est une sculpture d'un caractère hardi (62).

62.

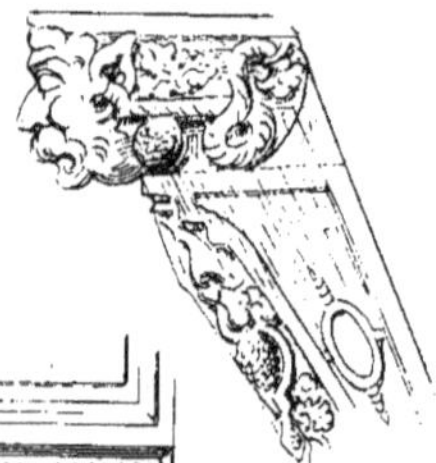

Profil.

63.

La console sur l'angle est à deux faces et couverte d'un cep de vigne avec ses raisins. Le pied est caché par des voliges qui recouvrent tout le rez-de-chaussée. Il n'en est pas de même de la console placée à l'angle de la rue Urbain IV; sa base se termine par un léger cartouche qui reproduit, pour la seconde fois, la date de 1576 (63).

Une porte à droite de la façade s'ouvre à deux vantaux; à gauche, était une grande fenêtre aujourd'hui murée. Au-dessous, une trappe couvre la descente de l'escalier de cave.

Cette maison, dont la décoration est couverte de ceps de vigne, pourrait bien avoir été édifiée pour un débit de vin : enseigne qu'elle porte encore aujourd'hui. Il en serait de même pour une maison moins riche de sculpture et portant le n° 1, sur la petite rue des Changes; elle montre sur son poteau cornier un cep de vigne couvert de ses fruits. A la base de la console, deux niches à coquilles sur pilastres ornés avec consoles et socles, portant des sujets religieux, mais complètement hachés (64). Ces deux tableaux nous indiquent ce que pouvait être le motif décoratif du soubassement de la console à l'angle méridional de la maison précédente.

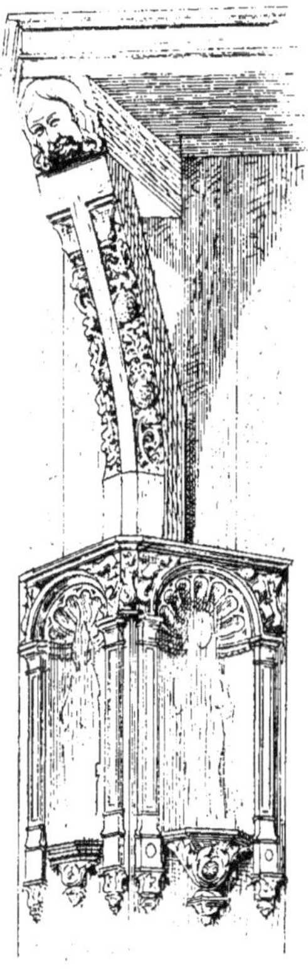

64.

Rue du Petit-Credo. — Ancienne place réservée au pilori et aux amendes honorables en matière d'hérésie. Plusieurs maisons de commerce très importantes, avec pignons et tourelles en encorbellement à l'angle de cette rue et de la rue Notre-Dame.

Une de ces maisons, isolée par deux petits passages et en façade sur la place de la Banque, autrefois place de l'Étape-aux-vins, portait sur ses consoles la date de 1588 et le monogramme des Molé (65), marchands nés à Troyes, tige de la famille de ce nom qui illustra la magistrature française.

Sur les poteaux d'angle de la place du Petit-Credo se voit encore le blason de cette famille, à deux étoiles en chef, avec un croissant en pointe, et à la bordure engrêlée, brisure de cadet (66).

Rue de Larivey. — Du nom de Pierre Larivey, poète comique, né à Troyes, en 1541, mort dans cette ville, vers 1612, fils de l'Italien *Giunto* (en français L'Arrivé), qui était venu se fixer à Troyes, en compagnie d'artistes florentins ou de commerçants italiens. Il était chanoine de la collégiale de Saint-Étienne de Troyes.

C'est une petite rue très étroite à son débouché rue Notre-Dame. Plusieurs maisons en encorbellement avec poteaux sculptés. Au n° 3, se voit, à droite de l'entrée, un poteau de coin, d'une décoration riche et d'exécution très remarquable; sur la partie basse du poteau, une petite colonnette rubanée en forme de spirale. En guise de chapiteau ou de console, un blason couronné de France porte une admirable petite statuette de la Vierge taillée dans la masse du bois. C'est la Vierge Marie, sous le charme des paroles de l'Ange, quand il lui annonce qu'elle sera la mère de Dieu. Elle est abritée par un arc trilobé en inclinaison, posé sur de petites consoles à la hauteur des épaules. Cet arc est surmonté d'une vasque, de laquelle s'échappe un jet d'eau; c'est le symbole mystique de la Vierge. Cette fontaine est accompagnée de deux dauphins feuillagés. Au-dessus, un masque grimaçant couvre la tête de la poutre transversale sur laquelle repose la sablière (67).

66.

65.

Le pilastre de gauche, ainsi que le linteau de la porte, ont perdu leurs sculptures; mais l'humble et religieuse attitude de la Vierge nous explique suffisamment que l'ensemble de la sculpture de la porte représentait l'Annonciation, sujet de prédilection pour les décorateurs des maisons de Troyes.

La maison portant le n° 11 de cette rue s'ouvre par une porte-charretière dont les pieds-droits sont décorés de pilastres doriques, cannelés. Au-dessus des chapiteaux, deux blasons : le premier, à gauche, porte une branche de chêne; le deuxième, à droite, trois roses, deux en chef, une en pointe (Dufour) (68 et 69).

Le couvre-joint des battants de la porte est composé d'un pilastre dorique cannelé, portant un écu à un chevron, accompagné de trois roses, deux en chef et une pointe : armes qui nous rappellent celles de la famille Doé. Ce blason est surmonté d'un heaume de profil (67).

Les vantaux sont couverts de clous modelés au poinçon et forgés, figurant des roses, meubles des blasons. Ils fixent les traverses en charpente composant la fermeture de la porte. C'était autrefois un moyen puissant de serrer les huis contre les membrures.

La plupart des maisons qui suivent possèdent des tourelles d'escaliers en charpente, dont les rampes sont décorées de balustres profilés qui donnent à l'ensemble des cours très étroites un aspect pittoresque, mais aussi sombre et triste.

Rue Notre-Dame. — Le n° 121, à l'angle de la rue de la Trinité, était une construction du plus haut intérêt. Son poteau cornier portait sur sa face principale, d'une épaisseur de 50 centimètres, cette inscription : IE · FUT · CY · MIS · 1580. Cette date nous confirme, une fois de plus, que les ravages de l'incendie de 1524 ne furent complètement réparés que vers les dernières années du XVIe siècle, c'est-à-dire cinquante-six ans après le désastre.

Au premier étage, était une cheminée monumentale en pierre d'une richesse de sculpture très remarquable.

En 1875, de grandes réparations, que l'on fit dans cette maison et sur la façade, mirent à découvert le manteau de la cheminée, la sablière du rez-de-chaussée, les consoles et les supports ; mais, tout aussitôt, ces vestiges d'une ancienne architecture furent recouverts par des boiseries, ce qui ne nous a pas permis de les décrire et de les dessiner.

67.

En 1521, trois ans avant l'incendie, cette maison appartenait à

Jacques Dorigny, écuyer, seigneur de Fontenay, maire de Troyes de 1524 à 1535, propriétaire d'une grande partie des terrains et des maisons de ce quartier.

Nous ne savons rien des constructions qui occupèrent ces terrains, de 1524 à 1580, cette dernière date étant l'époque de l'édification de la maison que nous avons aujourd'hui sous les yeux, mais qui a été remaniée de fond en comble.

De 1619 à 1628, Claude Lorsois, se rendit acquéreur de la plus grande partie de cette maison, et, en 1655, céda ses droits à François Huez. En 1733, elle appartenait à Gabriel Taffignon et était communément désignée par le nom de Tour Taffignon, dénomination qui prouvait qu'elle avait sa petite tour seigneuriale, comme d'autres que nous allons rencontrer dans le cours de notre travail.

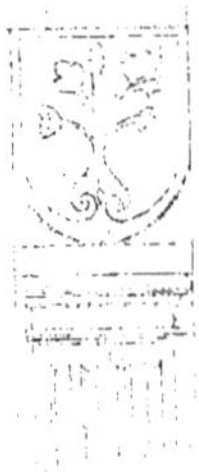

68.

70.

69.

En face, faisant l'angle des deux rues Notre-Dame et de la Trinité, une maison, dont la plus grande partie se prolonge sur cette dernière rue, n'a rien d'intéressant, si ce n'est les bouts de poutres au nombre de dix-sept, qui font saillie sur leurs consoles. Ils présentent plusieurs figures de toute nature, et des ornements variés, entre autres : une tête d'empereur romain, des têtes de femmes, de chérubins, et une tête de Victoire ou de Minerve nimbée au casque ailé (71).

Cette maison faisait partie d'un ensemble de constructions connues jadis sous le nom de *Grandes Maisons de Montier-la-Celle.*

Dès le XVe siècle, elle portait pour enseigne *Hôtel de la Galère.* C'est devant la façade que se payaient les rentes censives dues à l'abbaye. Sur cette même place, le garde de justice de l'abbaye avait

71.

sa loge et rendait la justice. L'installation de loges semblables peut expliquer la raison d'être des coins de rues à angle rentrant et des maisons en retraite que l'on voit encore dans les anciennes rues.

En 1515, Pierre Boucherat en était le propriétaire; en 1524, lors du grand incendie, il avait cédé son bail à Claude Chapelain, marchand. Ce bail cessa par suite de la destruction de l'édifice, et les religieux durent céder leur terrain à bail emphytéotique à Jean Darney, marchand, qui fit construire la maison actuelle, vers 1526.

Rue de la Trinité. — Ce nom lui vient de l'hôpital de la Trinité, fondé à la fin du XVIe siècle par Jean de Mauroy. Les bâtiments, très bien conservés, occupent une partie importante de cette rue, qui s'appelait rue du Cerf avant l'établissement de l'hospice.

Le n° 3 de cette rue, présente une importance assez considérable qui dénote, par ses dispositions, un vaste hôtel des temps passés.

Cette maison fait l'angle de la rue des Allemands, aujourd'hui dite Thérèse Bordet, nom d'une généreuse donatrice, qui a fondé un prix en faveur d'une fille pauvre et laborieuse. Elle en occupe la plus grande partie.

Depuis le XIIIe siècle, cette grande maison était connue sous le nom de *Maison des Allemands*, parce que c'était un comptoir des commerçants de nationalité allemande, dépendant du domaine des comtes de Champagne; elle fit ensuite partie du domaine royal et passa dans la censive de l'abbaye de Pontigny, par suite de l'engagement qui fut fait à cette abbaye des revenus du Roi à Troyes.

Ces vastes bâtiments furent probablement construits vers 1576, par Antoine Allen, qui, à cette époque, payait une rente foncière aux héritiers de Nicolas Dorigny, propriétaire d'une grande partie des terrains de cette rue, après l'incendie de 1524; le fils de celui-ci établit en 1569 une tannerie dans la cour Bouvin, rue du Temple.

En 1600, la maison des Allemands passa à Thomas et à Antoine Allen; en 1608, à Pierre Maillet, puis, en 1690, à Nicolas Dufour, acquéreur de Catherine de la Ferté, veuve de Jacques Maillet, seigneur de Batilly, lieutenant criminel au bailliage de Troyes.

En 1765, M. Pierre Guellon, marchand, l'acheta des créanciers de Jean-Vincent Dufour, et de Claude-Raphaël Dufour de Rozières. Les filles de M. Guellon la vendirent, en 1810, à M. Gallice Dalbanne, et les héritiers Gallice l'ont dernièrement cédée à son propriétaire actuel, M. Toulouze, négociant.

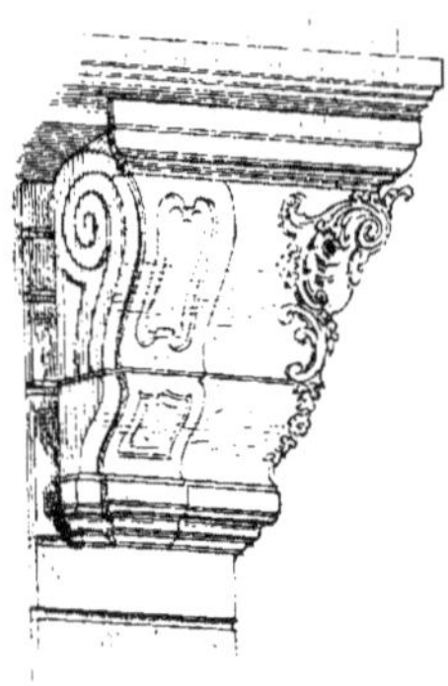

72.

Cette maison fut presque reconstruite sous Louis XV, sans doute par Pierre Guellon, comme le confirme la décoration de sa façade dont nous donnons ici une des consoles (72).

Il y a quelques années, on fit un changement considérable dans les appartements du premier étage, et l'on supprima une cheminée du style gothique fleuri. Les jambages de cette cheminée furent transportés au musée de la ville.

Rue Urbain IV. — Anciennement rue Moyenne, parce qu'elle était, comme aujourd'hui, placée entre deux grandes rues qui lui sont parallèles; maintenant elle porte le nom de notre illustre compatriote, Jacques Pantaléon, fils d'un cordonnier en vieux, élu pape en 1261, sous le nom d'Urbain IV, mort à Pérouse, en 1264. C'est lui qui fit bâtir à l'entrée de cette rue, et sur l'emplacement de l'échoppe de son père, la belle et admirable église consacrée à saint Urbain.

Cette ancienne rue est une de celles qui prêtent le plus à l'apparence d'un vaste décor théâtral par les monuments qui se trouvent sur son parcours et par le côté pittoresque et la variété de ses maisons.

Tous les bâtiments les plus rapprochés de l'église Saint-Urbain étaient occupés par les chanoines de la collégiale. Plusieurs ont disparu depuis les réparations de l'église, et les autres ont subi des transformations complètes, surtout depuis l'ouverture des rues transversales qui la divisent maintenant en trois parties.

Une seule de ces maisons, portant le n° 14, conserve encore, dans la cour, un escalier et une galerie à balustre, de la deuxième moitié du XVIe siècle. La chambre du premier étage du second corps de logis est meublée de vieilles boiseries. Nous donnons ici la porte du cabinet de toilette, surmontée d'une plate-bande décorée de panneaux gothiques à fenestrages fleurdelisés. Au-dessus de cette plate-bande s'ouvre la porte d'une petite soupente. Ce sont les seules menuiseries gothiques que nous ayons rencontrées dans les maisons de Troyes (73).

Au n° 58 de la même rue, à l'angle de la nouvelle place de l'Hôtel-de-Ville, une petite maison à pignon, chétive et disloquée, semble avoir servi de corps de garde à la milice bourgeoise de la ville de Troyes.

Parmi les carreaux du dallage du rez-de-chaussée de cette maison, nous lisons cette inscription (voyez 74) :

Toussaint-Nicolas Camusat, échevin de Troyes, major de la milice bourgeoise, marié en 1740 à Élisabeth de Mauroy, était frère

73.

de Nicolas Camusat, seigneur de Messon, Errey et Villecerf, colonel de la milice bourgeoise et maire de Troyes en 1759.

Toussaint-Nicolas Camusat et Élisabeth de Mauroy eurent trois enfants : 1° Anne Camusat, épouse de René Piot de Courcelle, lieutenant du Roi et lieutenant des maréchaux de France à Troyes; 2° Claude-Jacques Camusat, père de M. Camusat de Vaugourdon;

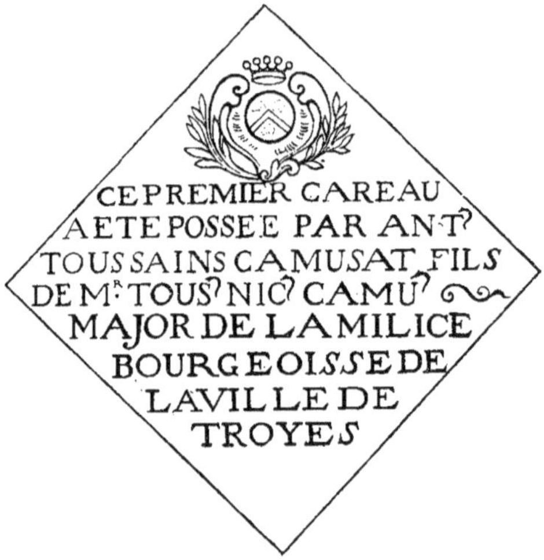

74.

3° et un fils surnommé l'Américain, qui alla fonder un établissement à la Martinique et y mourut. Il y a lieu de croire qu'Antoine-Toussaint Camusat, auteur de la pose de ce premier carreau, est l'Américain, ou bien un enfant mort jeune [1].

La milice dont il est question dans cette inscription se composait alors de quatre bataillons : pour les quartiers de Belfroy, Croncels, Comporté et Saint-Jacques. Il y avait un colonel et un major; chaque bataillon complet comptait quatre compagnies, commandées par un capitaine, un lieutenant, un enseigne et deux sergents.

Cette milice bourgeoise prit naissance pendant la Ligue, fut

1. Archives de M. Albert de Mauroy.

réorganisée en 1674, et, après 1789, fut constituée de nouveau sous le nom de garde nationale.

« La population troyenne, toujours armée depuis 123 , se garda elle-même pendant les guerres du moyen âge, sans le secours des garnisons qui n'y firent aucun service pour assurer le bon ordre, mais qui le troublèrent le plus souvent[1]. »

En tête de cette inscription, se trouve un blason, surmonté d'une couronne de comte et entouré de deux branches de laurier, à un chevron, accompagné de trois têtes de bélier, deux en chef et une en pointe; ce sont les armes de la famille Camusat.

Au bas, était la date de la pose de cette première pierre; le frottement des pieds l'a fait disparaître.

Rue Mignard. — Nom du célèbre peintre Pierre Mignard, né à Troyes, le 17 novembre 1612, mort à Paris le 31 mai 1695.

75.

Le n° 8 est une maison intéressante de la fin du XVIe siècle. Elle s'applique contre la grosse tour de l'église Saint-Jean.

C'est une habitation construite sur un terrain très restreint, ce qui a obligé le propriétaire à établir en encorbellement sur la rue Urbain IV l'escalier desservant les appartements.

La tourelle mi-circulaire porte sur sa sablière deux blasons avec deux griffons pour supports. Le premier blason à trois compas; le deuxième, composé d'un simple chardon; leurs chefs sont rongés par la pluie. Les trois compas nous rappellent les armes de Pierre Le Bé, qui occupait le premier rang parmi les papetiers de l'Université de Paris, et celui des Denise, bourgeois de Troyes, avec une engrelure pour ce dernier (75).

L'autre blason, s'il était surmonté de deux étoiles, pourrait être

1. Poutiot, *Histoire de Troyes*.

attribué à la famille Dacolle, qui portait une fleur de chardon feuillée et tigée, surmontée de deux étoiles.

La console soutenant la tourelle à la hauteur du premier étage se compose d'une tête barbue et de feuillages; à sa base on lisait : AV · NOM · DE · DIEV · 1598, inscription qu'un replâtrage, suivi d'un récent badigeon, a fait disparaître.

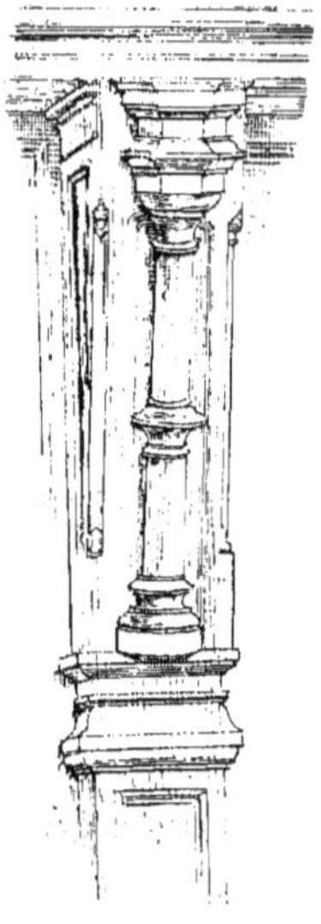

76.

Au-dessus du premier étage, sur la façade de la rue Mignard, une saillie carrée paraît ménager un dégagement à l'intérieur. Les bouts de poutres sont sculptés de têtes de lion.

Rue Turenne. — Ancienne rue du Dauphin, du nom de l'ancienne *Hôtellerie du Dauphin*, nouvellement appelée rue Turenne, du nom d'Henri de la Tour d'Auvergne, vicomte de Turenne, maréchal-général des camps et armées du roi sous Louis XIV; ce Champenois illustre était né à Sedan.

La rue Turenne se trouve sur le parcours de la route de Nevers à Sedan, et conduit à la caserne d'infanterie. C'est pour ce motif que la municipalité décida de changer le nom que la rue du Dauphin ne devait qu'à une simple hôtellerie.

Les nos 3 et 5 de cette rue forment un ensemble de bâtiments bien construits, à trois étages, y compris le grenier. Grande cour avec escalier et galerie à balustres. Les caves sont voûtées et à double étage, comme dans la plupart des maisons du quartier.

Depuis quelques années, ces deux maisons ont été complètement modernisées. Dans la cour, existait un puits très intéressant, qui avait conservé toutes ses ferrures; pendant les réparations, ce puits a été remplacé par une pompe.

Cette construction parait dater de 1560 à 1570, nous ne précisons qu'à peu près la date, parce qu'elle diffère, par son importance et par les combinaisons de sa charpenterie, des maisons de la première moitié du XVIe siècle, et qu'elle doit être contemporaine de celle de l'Élection, située rue de la Monnaie.

Les têtes de poutres et les sablières qui les portent s'appuient sur des consoles décorées de balustres annelés, ayant leurs chapiteaux et leurs bases; par leurs formes, elles nous rappellent celle d'un chandelier ou d'un candélabre (76). Les images religieuses disparaissent pour faire place à un simple pilastre dorique cannelé, sur lequel repose la console. Le second corps de bâtiment fait l'angle de la petite rue de la Synagogue, ancien quartier de la Juiverie.

77.

La maison du no 12, de la même rue, présente ce détail de décoration dans les mêmes conditions, mais avec plus de richesse (77). Il en est de même pour la maison de l'Élection, qui répète à peu près les mêmes dispositions.

Le no 28 comporte une construction à trois étages avec pignon, dont le poinçon suspendu dans le vide représentait un groupe de saint Michel terrassant le démon. Dans la cour, les têtes des poutres des galeries étaient décorées de figures de guerriers, vues de profil. De toutes ces richesses une seule tête reste intacte; elle est coiffée d'un chaperon comme en portait le roi Louis XI (78).

78.

Sur l'un des poteaux de la façade, une image de saint Nicolas rappelle exactement celle de la place de la Bonneterie. Ce bas-relief est à un tel point empâté d'une couleur foncée, qu'il nous a été impossible de le voir à distance pour en faire un dessin.

La maison portant le no 49, faisant l'angle de la rue du Temple, est une construction renouvelée sous Louis XV. Cette maison, ainsi que l'hôtel de Noël et de l'hôtel de Chapelaines, faisait autrefois partie de l'*hôtel du château*, appartenant à l'abbaye de Clairvaux.

En 1696, elle était en la possession de M. le président Le Virlois, qui en avait hérité de son oncle, Nicolas Nivelle, lui-même héritier de Jacques Nivelle. En 1729, il la vendit à M. Vincent Truelle, duquel elle passa, en 1788, à M. Pierre Boilletot.

79.

Les appartements ont gardé leurs boiseries, leurs belles cheminées en marbre; et l'escalier d'honneur a encore sa jolie rampe en fer forgé.

Un des vantaux de la porte principale sur la rue Turenne a conservé son heurtoir de l'époque Louis XV. C'est un lion en bronze posé sur une applique découpée et fixée à un œil, à travers lequel passe un boulon pratiqué entre les deux pattes de devant. Pour frapper, on soulève l'animal, dont le train de derrière est muni d'une boule disposée sous les pattes. Avec un mouvement violent, cette boule frappe sur une grosse tête de clou en saillie sur le vantail de la porte. Ce petit marteau ne manque pas d'un certain intérêt (79).

Signalons aussi un heurtoir, en fer forgé, de la fin du XVIe siècle, qui se trouve placé sur le vantail de la grande porte d'une maison sise au faubourg Croncels, n° 161 (80).

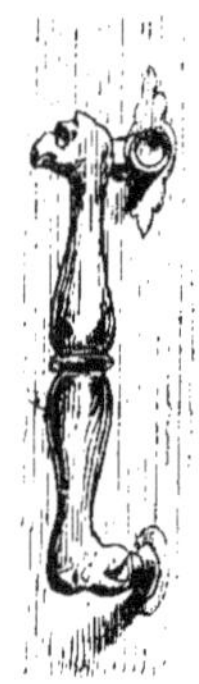

80.

Place de la Bonneterie. — Anciennement appelée place du Marché-aux-Blés, à cause du marché qui se tenait en plein vent, mais qui a été remplacé par la halle à la Bonneterie, construite à l'extrémité de cette place.

A l'angle de la place et de la petite rue des Pois (marché de ce nom), existe une importante maison reconstruite en partie au XVIIIe siècle. Sur sa face latérale, longeant la rue des Pois, cette construction a conservé la saillie de sa sablière, maintenue par plusieurs consoles, datant de la fin de la première moitié du XVIe siècle. Les têtes de poutres, portant les solives des planchers du premier étage, sont décorées de figures grimaçantes; de leurs bouches s'échappent de larges feuilles de vigne; les consoles profilées sur leurs arêtes reposent sur de jolis corbeaux en pierre sculptés de palmettes d'une extrême finesse (81).

Le mur du rez-de-chaussée est construit en craie et briques disposées en zigzag. Dans le corridor de cette maison, on voit encore quelques corbeaux de même époque, et dans la cour, à droite, une petite figure nue sur une console.

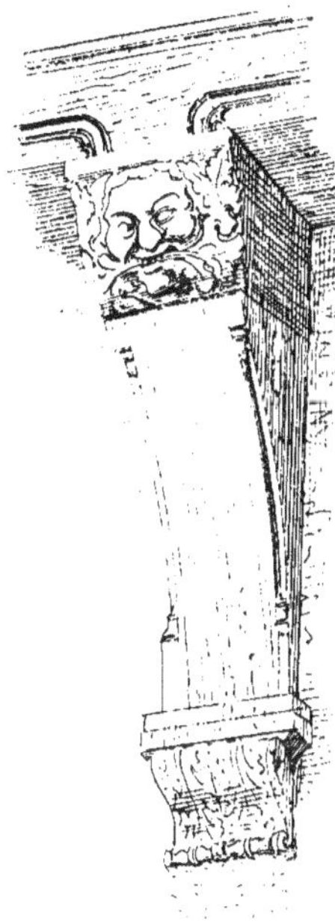

81.

Dans cette cour même, à gauche en entrant, et à l'intérieur d'une petite pièce assez obscure servant de magasin qu'envahit l'humidité, se trouve une cheminée très intéressante par ses sujets sculptés.

La cheminée par elle-même n'a rien de particulier : elle était disposée pour recevoir un chambranle en bois qui a été supprimé.

Toute la richesse se concentre sur son manteau, qui se divise en trois compartiments par des pilastres Renaissance couverts de jolies arabesques.

Le premier panneau à gauche représente, debout dans une niche, Mucius Scævola, brûlant sa main droite au-dessus d'un autel à la flamme ardente; sur le socle de la niche on lit : MUCIUS.

Ce Mucius pénétra dans le camp de Porsenna, roi des Étrusques, qui assiégeait Rome, 307 ans avant J.-C. Il voulait tuer le monarque, mais il frappa par mégarde son secrétaire. Arrêté et interrogé, il déclara que 300 jeunes patriciens avaient formé le même dessein que lui, et pour montrer au roi quel était le courage des Romains, et combien peu il redoutait le supplice et la mort, il étendit sur un brasier ardent la main qui s'était trompée de victime, comme pour la punir de sa maladresse. Saisi de crainte et d'admiration, Porsenna lui accorda la vie et la liberté, et se hâta de conclure la paix avec les Romains.

82. — BAS-RELIEF EN PIERRE DU MANTEAU DE LA CHEMINÉE.

Le bas-relief central nous montre un des épisodes de la guerre des Romains et des Gaulois, se disputant par un sanglant combat le passage du pont de l'Anio, aujourd'hui la Tévérone, affluent du Tibre. Au plus fort de la bataille, un jeune homme, véritable géant, s'avance le corps presque nu. Par sa force et sa taille, il surpasse tous ses compagnons. De la main il fait signe de suspendre le combat. On s'arrête, on fait silence, et lui d'une voix formidable crie : « Si quelqu'un ose se mesurer avec moi, qu'il se présente? » En voyant sa haute stature, personne n'ose affronter le combat. Alors le Gaulois éclate de rire, et tire la langue aux Romains. Un jeune et brave Romain, Manlius Torquatus, transporté d'indignation, s'avance armé de son bouclier de fantassin et de sa courte épée. Il marche droit au barbare, frappe son bouclier, fait chanceler le géant, et le tue.

Après lui avoir tranché la tête, Manlius s'empara de son collier ou torques, d'où le nom de Torquatus (porte-collier) sous lequel il est désigné dans l'histoire.

Après ce duel, les Gaulois s'enfuirent et la bataille fut perdue.

On remarque dans le fleuve, sous l'arche du pont de l'Anio, un Gaulois sur son cheval, se sauvant à la nage; mais un des Romains, debout sur le parapet, s'apprête à le frapper au passage.

On ne voit pas dans le bas-relief le personnage de Manlius Torquatus; mais il est probable que le sculpteur a voulu le représenter dans le troisième compartiment qu'il appelle Marcus Valerius.

Marcus Valerius est assez souvent confondu avec Manlius Torquatus, parce que lui aussi se battit en combat singulier avec un géant gaulois.

Celui-ci était remarquable par son armure, seulement il n'est pas dit dans le récit de Tite-Live que le combat se soit livré près d'un pont. De plus, la tradition ajoute une circonstance extraordinaire : « A peine le Romain engageait-il le combat, qu'un corbeau se posa sur son casque, soulevant ses ailes et attaquant du bec et des ongles la figure de l'ennemi; l'oiseau fit tant que le Gaulois, effrayé d'un tel prodige, finit par tomber sous les coups du Romain. » (Tite-Live, VII, 26.)

On ne voit pas de corbeau dans le bas-relief. Aussi nous inclinons à croire que le sculpteur a appelé par erreur son héros Marcus Valerius, à moins qu'il ait voulu réunir les deux scènes dans un même sujet.

Le vainqueur est représenté dans une niche, debout, couvert de son armure, l'épée nue à la main droite, et le bouclier au bras gauche; sur le socle est inscrit son nom : · MARCVS · VALERIVS ·

Cette sculpture n'a rien de bien remarquable; cependant, si on soulevait l'épais et grossier badigeon qui la recouvre, peut-être la jugerait-on mieux (82).

Cette maison appartient actuellement à M. Félix Fontaine, ancien manufacturier, membre de la Société académique de l'Aube.

Même place, n° 35. — Cette maison n'offre aucun intérêt aux yeux des archéologues, si ce n'est le poteau cornier qui a conservé une petite niche de la Renaissance et sous laquelle est abrité un saint Nicolas bénissant les trois enfants dans une cuve ou saloir (83). Ce joli bas-relief doit sa conservation à un enduit en plâtre que le propriétaire de la maison avait fait appliquer pendant la tourmente révolutionnaire.

Rue Colbert. — En mémoire du grand ministre de Louis XIV, dont la famille était originaire de Troyes. Odard Colbert, son grand-oncle, négociant et riche financier, avait des relations commerciales avec les principales villes de la France, de l'Italie et de la Hollande. Il fut bourgeois de Troyes, seigneur de Saint-Pouanges, et, sur la fin de sa vie, pourvu d'une charge de conseiller-secrétaire du roi Louis XIII. Jean-Baptiste Colbert, le ministre, lui dut toute sa position.

83.

A l'angle de cette rue et de la rue du Beffroi est une maison de simple apparence, occupée par M. Coudol, marchand tailleur. Dans l'encoignure du magasin, à droite en entrant, existe un poteau cornier portant une console destinée à maintenir la poutre transversale du plafond du premier étage; sur cette console, posée sur l'angle, est sculpté le mystère de l'Annonciation. L'Ange et la Vierge sont représentés sur les faces fuyantes; il en résulte que ces deux figures semblent se tourner le dos; la partie angulaire de ce poteau porte le vase au lis symbolique, et la fontaine mystique occupe le couronnement servant d'abri aux deux figures d'une exécution sculpturale noble et élégante, en même temps que d'une certaine richesse dans les draperies (84).

Plusieurs maisons de cette rue sont encore couvertes de tuiles vernissées.

Rue François-Gentil. — Du nom de François Gentil, sculpteur, né à Troyes au commencement du XVIe siècle, mort en 1582, qui fut l'un des grands statuaires de la Renaissance, et dont le talent enrichit les églises et les hôtels de la ville de Troyes.

Elle part de la rue du Varveu pour aboutir sur la rue du Bois-de-Vincennes. Elle est bordée de plusieurs petites constructions à pignon et à deux étages, y compris le grenier.

84.

La maison portant le n° 12 se fait remarquer par certaines recherches dans sa composition. Un de ses poteaux d'angle représente le martyre de saint Quentin; le saint est représenté nu, debout, les jambes engagées dans une machine de torture, qui est composée d'une planche fixée à deux montants en bois réunis par une traverse passant derrière le col du supplicié (85).

Pour plus de cruauté, deux clous sont enfoncés dans ses épaules; les bras sont relevés, et les mains clouées au montant de ce chevalet de torture.

85.

Nous avons vu, sur une verrière de l'église de Nozay, saint Quentin, dans cette même situation, mais représenté assis sur une chaise, dont les détails nous ont facilité la description de ce genre de supplice.

Saint-André lez Troyes possède dans son église une représentation toute différente de ce même saint. (Voyez 1er vol. page 236.) Il est vêtu de son costume de diacre, avec deux énormes clous dans les épaules.

Tout ce quartier nous offre de simples petites maisons de peu d'importance, ce qui fait penser qu'elles étaient destinées à de petits ménages d'ouvriers.

L'ÉLECTION

Suivant l'ancienne division de la France pour la répartition et la levée des impôts, Troyes faisait partie de la généralité de Champagne, dont le siège du chef-lieu était à Châlons-sur-Marne.

L'élection de Troyes, établie par le roi Louis XIII, était une des douze de la province de Champagne, chargée par les délégués du roi qui avaient le titre de maîtres des requêtes, de la répartition des impôts, de la taille et en même temps des affaires judiciaires, de la police et des finances.

La maison de l'Élection est située rue de la Monnaie, n° 15, en face de la rue Juvénal-des-Ursins. Construite dès l'établissement de l'institution, elle appartenait à cette administration qui l'avait fait élever à ses frais, et avait cherché à imprimer à cet édifice en bois un aspect monumental, devant répondre à l'importance de la nouvelle cour de justice.

L'ensemble rappelle les anciennes belles maisons de Rouen, plus sobre de sculptures dans la décoration de sa façade, mais aussi savant dans le système de charpenterie.

En 1754, faute de place suffisante, les audiences de l'Élection se tenaient dans le palais des anciens comtes de Champagne, appelé le Palais-Royal, les mercredis et les samedis, le matin à neuf heures.

A la suite de cet abandon, la maison de l'Élection fut vendue, et l'acquéreur divisa son immeuble pour en faire de petits logements. Il en résulta des déplacements d'ouvertures, des suppressions de vieilles croisées remplacées par des fenêtres à volets, et plus tard par des persiennes.

A cause de son élévation, ce bâtiment se présente élégant et svelte, et son pignon aux formes ogivales s'élève avec légèreté au-dessus des maisons qui l'environnent. Sur sa face fuyante à l'est, est la tourelle carrée de l'escalier, surmontée d'une toiture aiguë. Au-dessus se dresse un bel épi en plomb coulé et repoussé au marteau, ou tordu à la main, figurant des dauphins, des vases, des fleurs et des flammes, et formant une heureuse silhouette qui se détache avec délicatesse sur le ciel (1). La petite lucarne de la toiture, elle-même, est décorée d'un glable fleuronné et flanqué de pinacles.

Toute la façade était couverte en ardoise, interrompue à chaque étage par un petit auvent protégeant les poutres transversales et la sablière du rez-de-chaussée.

Cependant les allèges au-dessous des fenêtres étaient à découvert et formaient une espèce d'arcature cintrée et profilée avec soin. Aujourd'hui ces profils sont couverts de plâtre. (Voyez notre *Album de l'Aube*, page 35.)

Le rez-de-chaussée se divise en trois parties ; l'une est consacrée au corridor, et les trois autres à la pièce principale dont la porte d'entrée occupe le centre.

Ces divisions sont séparées par des poteaux à pilastres cannelés portant les linteaux de ces quatre divisions; sur ces pilastres reposent des consoles ornées de balustres profilés portant la sablière en encorbellement du premier étage.

Une grande fenêtre divisée en trois parties par des meneaux croisés éclairait cet étage; ces meneaux ont disparu.

A chaque étage, il n'y avait qu'une simple pièce à laquelle on accédait par l'escalier de la tourelle.

La décoration des cheminées n'existe plus, mais un détail intéressant reste à

1.

signaler : les foyers de ces cheminées étaient dallés d'ardoises posées sur champ, formant un damier (2).

Un fragment de cette mosaïque d'un nouveau genre est conservé au musée de la ville.

L'épaisseur des ardoises sur champ est entre $0^m,001$ et $0^m,003$, ce qui donne en moyenne, y compris le mortier, pour une épaisseur égale, environ 17 ardoises par compartiment de $0^m,10$ de côté.

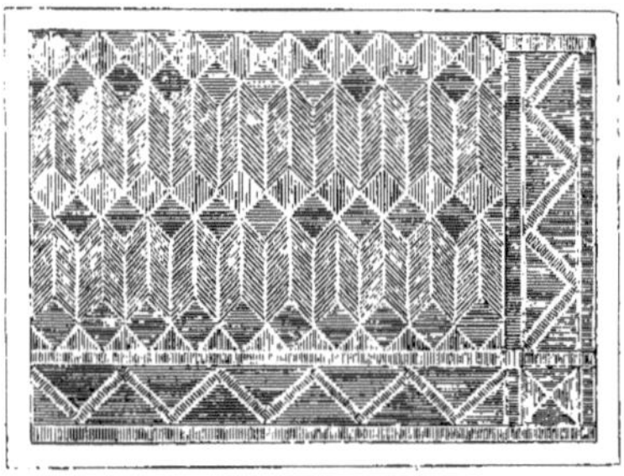

2.

Nous avons terminé notre travail et nos recherches sur les anciennes maisons construites en bois. Tous les détails de sculpture publiés dans le cours de cette description permettront, dans l'avenir, de reconstituer, avec certitude, le caractère architectural de ces constructions privées.

Comme nous l'avons remarqué, ces maisons avaient tout au plus trois étages et même la plus grande partie n'en avait-elle que deux.

Dans ces conditions, la ville de Troyes, enserrée dans une enceinte, ne pouvait contenir, à cette époque, qu'une population de 18 à 20,000 habitants.

Il eût été intéressant de joindre d'une manière plus complète à cette étude des propriétés privées une espèce de biographie des familles qui, au XVIe siècle, construisirent et habitèrent ces maisons. L'exécution de ce plan nous eût entraîné trop loin pour les limites du cadre dans lequel nous sommes obligé de nous renfermer. Si nous l'avons quelquefois fait, c'est seulement pour les familles qui ont joué un rôle dans l'histoire du pays[1].

Nous allons poursuivre notre travail par la description et l'étude des constructions en pierre, les hôtels *ou les belles maisons*, comme on les appelait jadis.

Après le terrible incendie de 1524, les citoyens riches de la ville, pour éviter les conséquences d'un nouveau désastre possible, firent construire leurs habitations en pierre; le plus souvent ils employèrent la brique qu'ils disposèrent symétriquement avec la craie, pour donner à celle-ci plus de résistance à l'action du temps; la craie est la seule pierre compacte qui se trouve en abondance dans les environs de Troyes, elle servit en grande partie aux constructions de nos monuments; c'est malheureusement une pierre trop tendre, gélive, c'est-à-dire sujette à s'effriter sous l'action des gelées et de l'humidité. Aussi avait-on le soin, dans les constructions importantes, de ne l'employer que pour les remplissages et l'on mettait en parement des pierres plus résistantes provenant des carrières de Chaource et de Tonnerre.

1. M. Louis Le Clert, membre de la Société académique de l'Aube, l'un des conservateurs du musée de la ville, prépare un travail de ce genre. Nous adressons nos sincères remerciements à ce savant bibliographe, qui a bien voulu mettre à notre disposition une partie de ses précieux documents.

HOTELS ET MAISONS

CONSTRUITES EN PIERRE DU VIIIe AU XIIIe SIÈCLE

HOTEL DE CHAPELAINES

L'emplacement occupé par l'hôtel de Chapelaines faisait primitivement partie de vastes terrains couverts de constructions, appartenant à l'abbaye de Clairvaux et à celle de Notre-Dame des Prés. Ils étaient limités à l'est par le grand ru de la Seine, au midi par un égout, longeant actuellement le mur de l'hôtel, à l'ouest par la rue de Croncels, appelée aujourd'hui rue Turenne, et au nord par une grande maison qui faisait partie d'un hôtel, dit du *Château,* ancien hôtel de Noël, appartenant actuellement à M. Coutin, entrepreneur des messageries de Troyes à Saint-Florentin. Ces terrains étaient occupés dès le XIIIe siècle par des bouchers, des teinturiers et des drapiers.

L'abbaye de Clairvaux était en possession d'une partie de cette propriété depuis 1204, époque à laquelle elle lui avait été donnée par Thomas d'Ile-Aumont. En 1470, l'abbaye loua par bail emphytéotique les terrains lui appartenant à Pierre Largentier, teinturier de draps, et à Gilette Festuot, sa femme. Peu de temps après, en 1473, Pierre Largentier et sa femme prirent également à bail emphytéotique de l'abbaye de Notre-Dame des Prés un terrain en nature de constructions et de jardin, situé de l'autre côté du grand ru, dont la façade de la maison donnait sur la rue du Gros-Raisin.

En 1487, l'ensemble des locaux loués par Pierre Largentier passa à son fils Nicolas Largentier, également teinturier de draps, et à Babelette (Élisabeth) Le Tartier, sa femme. Ils en jouirent jusqu'à l'incendie de 1524. Après ce désastre, les baux consentis par les deux abbayes furent convertis en une vente à titre perpétuel. C'est alors que Nicolas Largentier fit édifier le bel hôtel construit en pierre, donnant sur la rue Turenne et portant le n° 9, ainsi que la belle maison située sur la rue de la Petite-Massacrerie, qui, de son enseigne, prit le nom de maison du Gros-Raisin.

L'entrée de cette maison construite en bois, était surmontée d'un arc surbaissé terminé par une ogive en contre-courbe, entourée d'un cep de vigne chargé de fruits, qui en suivait les contours.

Un homme et une femme gravissaient les rampants, portant une hotte pleine de raisin; celle de l'homme était chargée d'un gros raisin dominant tous les autres par son volume, d'où le nom de la maison, et plus tard celui de la rue, nom que celle-ci porte encore aujourd'hui. Cette intéressante maison, qui était encore occupée par un apprêteur de drap, fut démolie en 1838.

En 1535, l'hôtel se nommait *le Grand hôtel de Clairvaux;* il était la propriété de Nicolas Largentier, petit-fils du précédent, qui prit l'engagement vis-à-vis de l'abbaye de Clairvaux de parachever les travaux, *si parachevez ne sont.*

De la teneur de cet engagement on peut conclure que le gros œuvre fut terminé l'année suivante, 1536.

A la mort de Nicolas Largentier et de Simonette Maillet, sa femme, cette propriété passa à l'un de leurs enfants, Nicolas Largentier, époux de Marie Le Mairat, seigneur de Vaucemin, baron de Chapelaines, seigneur de Vassimont et Haussimont, de Vaurefroy, de Lenharée en partie, de Vauchassis et Thennelières en partie, etc., vicomte de Neufchâtel-sur-Aisne, seigneur de Ternon et de Léguillon[1].

Ce grand seigneur, fils d'un simple teinturier, combattit la Ligue l'épée à la main, et pour servir la cause du Béarnais, il quitta sa teinturerie et sa maison, sous le règne du roi galant homme.

Largentier devint seul adjudicataire des fermes de France, et amassa dans cette administration une fortune considérable. C'est lui qui fit construire le magnifique château de Chapelaines, hameau de Vassimont (Marne). La gravure de ce château figure dans l'œuvre de Claude de Chastillon, ingénieur-topographe du roi en 1602. (*Bibliothèque nationale.*)

1. Documents historiques communiqués par M. Louis Le Clert.

En 1585, l'hôtel de Chapelaines fut pris d'assaut et livré au pillage par les corps de métiers ameutés contre les commissaires chargés de lever un impôt sur les métiers. A la suite d'une nouvelle tentative, l'émeute fut réprimée par l'arrestation et l'exécution des meneurs et n'eut pas de suite.

Nicolas Largentier mourut à Paris en 1610, et sa femme en 1628.

Après eux, l'hôtel passa à l'un de leurs fils, Louis Largentier, baron de Chapelaines, souverain de Fresne, vice-amiral en Guyenne, Saintonge, La Rochelle et pays d'Aunis, bailli de Troyes de 1613 à 1629, seigneur de Vaucemin, Auxon, Chamoy, Turgis, La Loge-Pontbelin, Sommeval, Droupt-Saint-Basle et Vauchassis; il épousa Marguerite d'Aloigny, fille d'Antoine d'Aloigny de Rochefort.

Le 23 janvier 1629, ils recevaient dans leur maison le roi Louis XIII, qui se rendait en Dauphiné pour secourir le duc de Mantoue.

Louis Largentier ne tarda pas à dissiper les grandes richesses que son père lui avait laissées. Tête exaltée, caractère extravagant, il voulut trouver la pierre philosophale. Il vendit ses terres, sacrifia ses revenus à ses vaines recherches. Dans une de ses expériences chimiques, le fourneau établi dans son château éclata et réduisit en cendres ce splendide édifice, avec toutes les immenses richesses qu'il renfermait.

Ce grand désastre amena la ruine complète de sa maison, car à la mort de Louis Largentier, en 1655, tous les biens dépendant de sa succession furent saisis à la requête de ses créanciers, et l'hôtel de Chapelaines fut adjugé, le 11 décembre 1660, pour la somme de 14,300 francs, à M. Louis de La Fertey, procureur du roi à Troyes, achetant pour le compte de M. Sorel, marchand épicier à Troyes. Ce dernier laissa par testament l'hôtel de Chapelaines à sa nièce, Edmée Denise, femme de Louis de La Fertey. Elle le vendit pendant son veuvage à M. Rapault; mais cette vente fut sans effet, car M. François Camusat de Riancey, exerçant son droit de retrait lignager, s'en rendit acquéreur le 31 juillet 1697. Après lui, cette maison devint la propriété de ses héritiers Jean Camusat de Riancey et Marie-

Claude Camusat, femme de François-Joseph de Loynes de la Potinière, auditeur des comptes à Paris.

En 1774, cette dernière était veuve et habitait l'hôtel, connu alors sous le nom d'*Hôtel de Loynes*. Après elle, sa fille, Élisabeth-Louise de Loynes, épouse de M. Victor Paillot, ancien député, ancien maire de Troyes, hérita de l'hôtel; elle s'y trouvait encore le 8 février 1814, lorsque l'empereur d'Autriche vint y prendre son logement. Il passa ensuite à son fils, M. Jacques-Eugène Paillot-Lemuet, ancien secrétaire général de la préfecture de l'Aube, mort en 1860; et aujourd'hui, il appartient à la descendance de ce dernier.

Description de l'hôtel de Chapelaines. — La façade de l'hôtel est construite en ligne brisée sur la rue Turenne; elle se divise en cinq parties par des pilastres, dont les intervalles sont percés de grandes fenêtres, accompagnées de colonnettes portant des frontons triangulaires, surmontés d'enroulements et de vases. Le tympan, creusé en ovale, renfermait des bustes qui ont été détruits.

Sur le couronnement, à la hauteur du chéneau, est une balustrade à jour, divisée par des piédestaux portant des vases cannelés et couverts; divisions irrégulières souvent interrompues par d'autres petits pilastres dont la présence ne s'explique que par une restauration maladroite et de mauvais goût, conséquence probable du pillage de 1585.

A l'angle sud-ouest, à la hauteur du premier étage, une niche, avec cul-de-lampe et clocheton à jour dans le goût de la Renaissance et surmonté d'un petit dôme.

Le rez-de-chaussée se compose de deux pilastres, avec deux fenêtres grillées et une porte charretière sans décoration.

Les combles, très élevés, se terminent par des pignons construits en brique et en pierre disposées en échiquier; au sud, une énorme gargouille à tête monstrueuse déverse ses eaux dans l'égout longeant le mur de clôture pour se jeter dans le grand ru de la Seine.

A l'est, sur la cour, une seule fenêtre à croisillon, dont la baie chargée de profils éclaire la grande salle du premier étage. L'arc de la porte cochère est accompagné de deux niches circulaires ornées de cadres; elles renfermaient deux bustes qui ont été brisés.

On arrive au premier étage par un escalier et une galerie en bois; la porte d'entrée de la chambre est une baie carrée très simple. Le plafond de la salle est soutenu par deux poutres transversales, profilées et portées sur des corbeaux ornés de feuilles d'acanthe; les solives sont profilées d'un cordon sur l'arète et parsemées de chiffres en noir, aux initiales LL et M·D·A· enlacés; ce sont les monogrammes de Louis Largentier et de Marguerite d'Aloigny, sa femme.

La cheminée de cette grande salle est actuellement au musée de la ville; elle fut supprimée depuis la transformation de cette vaste pièce en appartements. A toutes les époques anciennes, la cheminée était le principal ornement de l'habitation seigneuriale; c'était en même temps le lieu de réunion de la famille, des serviteurs, des ouvriers, et des hommes des champs qui venaient devant le foyer rendre compte de leur journée. Celle-ci était décorée de pilastres, de niches et de bas-reliefs représentant la vie de Jésus-Christ; sa corniche montait jusqu'au plafond.

Description de la cheminée. — L'ensemble de cette cheminée se compose de deux jambages en retrait, sur lesquels s'appuie une colonne portant la plate-bande; les chapiteaux sont ornés d'enfants ailés placés à mi-corps dans l'angle d'un rinceau faisant saillie sur des feuillages. Cette plate-bande en un seul morceau est surmontée d'un entablement, divisé en trois parties par des têtes de chérubins et des colonnettes séparant les bas-reliefs qui la décorent. Ceux-ci représentent au centre *l'Annonciation,* à gauche *le Massacre des Innocents* et à droite *la Fuite en Égypte.*

Au-dessus de l'entablement repose un soubassement partagé en trois parties par des socles qui portent des médaillons à figures humaines et des blasons dont les meubles ont disparu. Trois sujets empruntés à l'Écriture Sainte occupent les panneaux; ce sont: *le Mauvais riche, la Femme adultère* et *la Résurrection de Lazare.*

A l'aplomb des socles, sur le manteau de la cheminée, se dressent des pilastres composites creusés de niches avec bases en culs-de-lampe; ces niches sont à double étage de dais, terminés par des dômes qui se détachent en relief à la hauteur du chapiteau des pilastres.

Le premier de ces culs-de-lampe porte, en caractères noirs : octobre 17, et les deux du milieu, le millésime de 1541 ; sur le quatrième, il ne reste plus rien.

Entre les pilastres se dressent trois grandes niches cintrées à faces fuyantes, décorées de caissons avec feuillages. Le tympan est orné d'une coquille. Cette disposition en perspective donne un puissant relief aux sujets représentés : ce sont : *la Visite de la Vierge à sainte Élisabeth*, *l'Annonce aux Bergers* et *l'Adoration des Rois-Mages*. La frise de la corniche contient trois petits bas-reliefs représentant au centre, *la Transfiguration ;* à gauche, *Marie-Madeleine lavant les pieds de Jésus*, et à droite, *l'Apparition de Jésus-Christ à Marie-Madeleine*.

Malgré quelques petites imperfections, cette cheminée est une des plus riches compositions du XVIe siècle.

HOTEL DE VAULUISANT

L'hôtel de Vauluisant est situé en face du portail de l'église Saint-Pantaléon. Il doit son nom à l'abbaye de Notre-Dame de Vauluisant (vallée luisante), de l'ordre de Cîteaux, du diocèse de Sens.

Suivant la chronique, les religieux de cette abbaye s'établirent à à Troyes dès le XIIe siècle, afin d'être plus près des comtes de Champagne, leurs bienfaiteurs, et par suite de mieux profiter de leurs libéralités.

Cette maison fut plus tard un hospice ou un refuge où les moines venaient prendre le repos nécessaire à leur santé. Malgré le délabrement de cette maison, ils la conservèrent jusqu'au 28 juillet 1481.

A cette époque, les religieux vendirent l'hôtel en deux parties. L'une fut acquise par Thibaut Berthier, marchand, suivant acte passé devant Me Gilles Naudin, tabellion en la prévôté de Troyes, moyennant douze livres de rente annuelle et foncière, et une somme de deux cents livres une fois payée. « Ainsy comme le tout consiste et se comporte fort *ruineux* assis audit Troyes devant l'église Saint-Pantaléon, appelé d'ancienne date l'*Ostel de Vauluisant.* »

Thibaut Berthier répara cette maison, qui tombait en ruines, et ses héritiers la vendirent à Nicolas Hennequin, écuyer, seigneur de Vaubercey, époux d'Isabeau Berthier, qui en fut déclaré propriétaire en 1508.

Elle passa ensuite par héritage à Jeanne Hennequin, sa fille, femme en premières noces de Jean Dare, et en secondes noces de Jean Morize. Suivant un plan de Troyes, dressé en 1536. La part de Jeanne Hennequin, épouse Morize, passa à Claude et à Jean Molé, et à Jean Dorigny, beau-frère de ce dernier.

L'incendie de 1524 consuma l'hôtel de Vauluisant, et les frères Molé et Jean Dorigny, en même temps qu'ils réparaient le désastre, abandonnaient une grande partie de leur terrain pour l'agrandissement de l'église Saint-Pantaléon, détruite par l'incendie.

Antoine Hennequin, receveur des tailles à Troyes, marié à Odette Clérey, ancien maire de Troyes, acquit l'hôtel, encore peu important, et son propriétaire, vers 1550, le fit agrandir par la construction du pavillon avec ses deux tourelles.

Antoine Hennequin eut pour fille unique Catherine Hennequin, dont Claude de Menan hérita en qualité de petit-fils par alliance. Ce dernier était propriétaire de l'hôtel en 1575. Après lui, son fils, Nicolas de Menan et autres enfants étant mineurs, l'hôtel fut vendu 2,900 écus à Denis Angenoust, bourgeois de Troyes, en 1578. Edme Coiffard, seigneur de Marcilly, trésorier de France, en devint propriétaire en 1581, par suite d'un droit de retenue dont il s'était rendu possesseur.

L'autre partie de l'hôtel avait été acquise avant 1481 par Guyot Le Pelé et Nicole Hennequin, sa femme. Aux héritiers de ce dernier propriétaire succéda Claude Molé, fils de Jean Molé et de Jeanne de Mesgrigny. Son fils Claude Molé, sieur de Villy-le-Maréchal, marié à Jeanne Dorigny, en hérita et habita l'hôtel jusqu'en 1536. Ensuite l'hôtel passa à Edme Coiffard, possesseur de l'autre partie de la propriété, et la totalité fut réunie en sa possession.

A son décès, l'hôtel fut de nouveau divisé; une partie appartint à son fils Edme Coiffard, et une autre part à sa fille, Anne Coiffard, femme de Claude de Menan, écuyer, seigneur de Marcilly; et la maison de la rue des Forces échut en partage à son autre fils, Claude Coiffart, qui la possédait encore en 1523.

Marguerite Coiffard épousa Jérôme de Mesgrigny, écuyer, seigneur de Villebertin et de Moussey. Elle eut la moitié de l'hôtel du dernier Edme Coiffard, son père, et elle acquit, conjointement avec son mari, l'autre moitié de sa tante Anne Coiffard, épouse de Claude de Menan, sieur de Daveau, le 23 août 1603, moyennant 3.700 livres. A ces derniers propriétaires succéda Jean de Mesgrigny, chevalier, seigneur de Marcilly, bailli de Troyes. Il acquit la maison de la rue des Forces de Nicolas Rouget, prêtre, chanoine de Saint-Étienne de Troyes, par acte du 28 juin 1626, au prix de 4,500 livres. Jean de Mesgrigny réunit cette maison à l'hôtel et construisit le corps de bâtiment contigu à la tourelle méridionale de l'édifice actuel. C'est à partir de cette nouvelle construction que cette maison fut désignée dans les actes sous le nom d'*Hôtel de Mesgrigny* ou de *Villebertin.*

Son neveu, François de Mesgrigny, chevalier, sieur de Souleaux et de Saint-Pouange, habita une partie de l'hôtel jusqu'au décès de son oncle. C'est lui qui continua le bâtiment en retour d'équerre sur la rue des Barreaux. Cette nouvelle construction fut entièrement terminée en 1688, ainsi que le constate le poinçon qui couronne la toiture de ce corps de logis à l'entrée de la rue des Barreaux.

1.

Le sujet de ce poinçon représente le fils de Vénus allant à la conquête de l'univers armé de son arc et de son carquois (1).

Une année après le décès de François de Mesgrigny, suivant la date de sa mort qui se lit encore sur sa tombe, dans l'église de Saint-Pouange[1], l'hôtel fut vendu à Remy Bertrand, bourgeois de Troyes, suivant acte passé devant Me Prévost, notaire au Châtelet de Paris.

Cette vaste propriété passa ensuite à Joseph-Pierre Bertrand, son fils, conseiller en la chambre de l'échevinage de Troyes, et à ses frères et sœurs.

En 1787, Joseph-Antoine Lemuet de Bellombre, lieutenant général d'épée au bailliage d'Auxerre et allié à Remy Bertrand, vendit l'hôtel à M. Blondat, négociant, qui le céda presque aussitôt à M. Nicolas Camusat, son parent.

1. Voyez *Saint-Pouange*, tome Ier, p. 457.

Le 12 décembre 1791, M. Camusat, député à l'Assemblée constituante, revendit l'immeuble à M. Marie de Mesgrigny, colonel d'infanterie.

Par cette acquisition, ce splendide hôtel redevient la propriété de la famille de Mesgrigny, famille essentiellement champenoise, qui illustra son nom dans l'armée, le clergé et la magistrature, et qui tient une large place dans notre histoire locale, depuis les croisades jusqu'à nos jours.

Successivement l'hôtel devint la propriété : 1° de Louis-Marie de Mesgrigny, ancien maréchal de camp des armées du roi, dit *le Marquis* de Mesgrigny;

2° De Jean-Charles-Louis de Mesgrigny, maréchal de camp, grand-croix de Saint-Jean de Jérusalem, dit *le Commandeur;*

3° Enfin de Pierre-Antoine-Charles de Mesgrigny, maréchal de camp, chevalier de Saint-Jean de Jérusalem, dit *le Chevalier*.

Le 8 septembre 1826, l'hôtel fut vendu à M. Philippe-Marie-Nicolas Marcotte du Val-d'Ognes, receveur général des finances dans le département de l'Aube, par acte passé devant Me Alexandre, notaire à Troyes. M. Marcotte, grand ami des arts, avait le don d'aider, avec tact et délicatesse, les jeunes artistes et mettait à leur disposition ses conseils aussi bien que sa bourse. Il fut le Mécène du sculpteur troyen Charles Simard, statuaire, membre de l'Institut, une des gloires de la France.

Après la mort de M. Marcotte, l'hôtel fut vendu à M. Pierre-Nicolas Munié, banquier, le 4 juin 1850; aujourd'hui, l'immeuble et ses dépendances appartiennent à M. Louis-Jules Munié, son fils [1].

Toute cette propriété est louée à la société des négociants de Troyes, dite *le Cercle du Commerce*.

Description de l'hôtel. — La façade du pavillon central se compose d'un rez-de-chaussée élevé sur une cave voûtée et d'un premier étage surmonté d'une lucarne triangulaire.

On monte au rez-de-chaussée par un escalier en fer à cheval à double évolution, ayant douze marches pour le premier repos et

1. J.-P. Finot, *Hôtel de Vauluisant*, 1864.

sept autres marches au palier de l'entrée de la grande salle du rez-de-chaussée. Les pieds-droits et le linteau de la porte sont décorés de grecques sur le pourtour. Aux extrémités de ce linteau sont assis deux jeunes satyres tenant des cornes d'abondance chargées de fleurs et de fruits. Le tympan est occupé par un cartouche aux armes des Mesgrigny, d'argent au lion de sable, remplaçant les armoiries de Hennequin de Vaubercey.

Cette porte est abritée par une petite voussure en encorbelle-

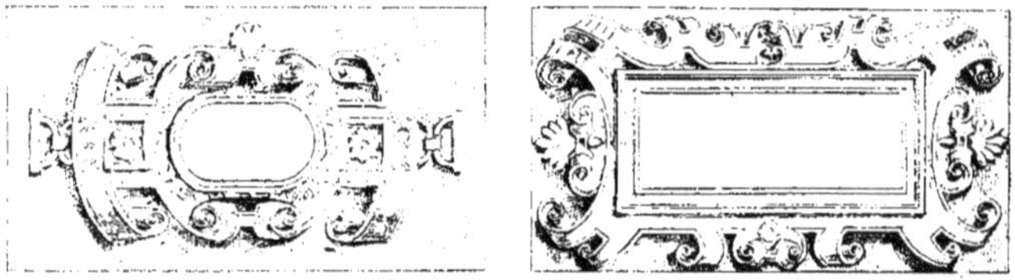

2.

ment surélevée d'un fronton triangulaire qui couronne et abrite l'entrée.

A droite et à gauche de cette façade, deux fenestrelles et deux grandes baies croisées reposant sur un soubassement sculpté de deux cartouches ornés de figures, de fruits et d'enroulements rubanés, précisent parfaitement l'époque de Henry II. Ces ornements, composés avec beaucoup de goût, sont sculptés avec un véritable talent.

Entre les fenêtres, à la hauteur de la corniche du premier étage, quatre consoles décorées de guirlandes et de mufles de lion, portant cette saillie et correspondant aux quatre pilastres doriques, divisent le premier étage en trois parties. Celui-ci comprend quatre baies, dont deux croisées jumelles occupent le centre. Au-dessous de ces ouvertures, quatre cartouches riches et variés accompagnent le soubassement (2).

Les quatre pilastres occupant l'intervalle des fenêtres portent un large entablement sur lequel reposent quatre frontons triangulaires, alternés de vases déchiquetés et fleuris. Ces frontons sont disposés de façon à servir de couronnement aux quatre fenêtres; leurs tympans, qui étaient autrefois occupés par des bustes d'empereurs romains en saillie sur la construction, furent brisés pendant la Révolution. Les rampants des frontons sont ornés d'enroulements, et, sur la pointe de leur corniche, repose un vase fleuri.

La façade se termine par la corniche du chéneau, au centre de laquelle s'élève une lucarne à deux ouvertures jumelles cintrées, surmontée d'une frise avec fronton triangulaire et petite galerie ajourée. Sur celle-ci s'appuient des enroulements portant des vases et contre-butant un élégant édicule surmonté d'une petite figure nue qui se profile avec élégance sur le ciel.

A en juger par les arrachements qui se voient encore sur les pieds-droits de cette ouverture, à la base de cette lucarne, était une balustrade d'appui à meneaux cintrés; elle devait se prolonger sur toute la longueur du chéneau jusqu'à la rencontre des deux tourelles. Une toiture en ardoises et à deux versants couvre tout le pavillon.

Les tourelles qui flanquent la façade sont d'inégale grosseur; elles se divisent en trois parties, à la hauteur des étages, par un larmier très saillant. Une ou deux petites fenêtres marquent ces divisions pour la tourelle de gauche; et trois ouvertures par étage, pour la tourelle de droite, éclairent deux petits oratoires communiquant avec les appartements.

La tourelle de gauche, la plus grosse, renferme l'escalier des étages supérieurs; elle a son entrée sur le perron du petit escalier d'honneur du rez-de-chaussée, construit en même temps que les bâtiments modernes.

Les marches de l'escalier de cette tourelle sont reliées en œuvre et viennent former le parement extérieur. Le vantail de la porte est encore garni de têtes de clous portant les croissants de Diane de Poitiers.

Les toits coniques de ces tours se terminent par une colonne cannelée, surmontée d'ornements en plomb à l'extrémité desquels on voit le soleil et la lune (3).

L'hôtel est précédé d'une cour et d'une porte monumentale d'un grand caractère. Cette porte se compose d'un arc cintré surmonté d'une large corniche portée sur ses deux faces par douze consoles, et couronnée par un fronton mi-circulaire. Son tympan en relief et lisse indique l'attente d'un bas-relief qui n'a pas été sculpté. Les qualités de l'homme de guerre qui la fit construire nous font penser que cette sculpture devait représenter le blason de Mesgrigny, avec attributs guerriers.

3.

Cette porte d'entrée n'est pas parallèle au bâtiment principal; elle est construite en biais, de manière à faire face à l'angle rentrant des constructions du XVIIe siècle: ce qui nous laisserait supposer qu'elle fut construite au détriment du pavillon de la Renaissance par François de Mesgrigny, neveu de Jean de Mesgrigny.

Intérieur. — Le rez-de-chaussée comprend une grande salle de 9 mètres de long sur 7 mètres de large et $4^{m},25$ de hauteur, son principal ornement est sa splendide cheminée. L'ensemble architectural de celle-ci, d'un beau style et de belles proportions, est composé de deux colonnes corinthiennes avec piédestaux, dont les fûts cannelés sont décorés de quatre figures d'enfants, tenant suspendues par des rubans des guirlandes de fleurs et de fruits. Ces colonnes supportent un riche entablement qui s'élève jusqu'au plafond pour porter les solives et la cheminée du premier étage.

Au-dessous de l'entablement, et en retrait sur celui-ci, un grand arc de décharge soutient le mur de la cheminée. Il repose sur deux pieds-droits et son arc de cercle prend son point de départ près de deux larges feuilles d'acanthe. Dans les écoinçons de ce grand arc sont deux petites tablettes peintes avec sujets mythologiques.

Cette dernière disposition de soutènement est dissimulée avec une certaine adresse par un ajustement décoré avec art et avec le goût le plus sûr : la cheminée proprement dite, tout à fait indépendante de la partie architecturale, se compose de deux jambages en forme de console portant un linteau droit, avec frise couverte de rinceaux et de cartouches sculptés avec la plus grande pureté. Sur cette plate-bande s'élève un motif décoratif ajouré caractérisant la fougue inventive des artistes italiens de la Renaissance. Ce panneau décoratif, joli et coquet, est divisé et porté par deux petits pilastres cannelés et ornés de feuilles. Ceux-ci soutiennent une corniche qui se prolonge au delà de ces deux supports, et se maintient dans cette partie par deux rubans en forme de cercles, s'enroulant aux volutes. De leurs extrémités s'échappent des guirlandes de fleurs et de fruits ; sur les rampants des rubans, des enfants accroupis gravissent la pente de ces gracieux enroulements.

Au centre de ce tympan découpé à jour est un cartouche peint aux armes d'Antoine Hennequin, qui fit construire l'hôtel. Ce blason est vairé d'or et d'azur, au chef de gueules chargé de trois aiglons d'argent ; il a pour support deux anges se découpant dans le vide avec élégance sur le fond du manteau de la cheminée. Au-dessus de ce premier ensemble s'élève un amortissement semi-circulaire maintenu par des enroulements en contre-courbe, au milieu desquels un cartouche représente un paysage et une scène mythologique dont le motif nous échappe à cause de l'usure. Il en est de même pour toutes les peintures historiques décorant cette cheminée.

Une plaque de fonte de l'époque Louis XV couvre le cœur du foyer. Elle représente Jupiter, le père des dieux, se partageant l'empire du monde avec ses deux frères Neptune et Pluton.

Le plafond se compose de solives apparentes, moulurées sur leurs arêtes, reposant sur les poutres et les lambourdes ; profilées, peintes et dorées comme toute la surface de la cheminée, elles portent sur leurs riches corbeaux les armes des Molé, des Angenoust et des de Mesgrigny, familles des anciens propriétaires de l'hôtel.

Le pourtour de la salle et celui du bâtiment neuf sont couverts de boiseries à hauteur d'appui, disposées par panneaux dans lesquels sont des peintures décoratives et des sujets polythèmes représentant : *les Centaurelles allaitant leurs enfants ; Hippolyte tombant de son char ; Rodogune, fille de Phraates, roi des Parthes ; Pan enchaîné par les Nymphes; Ajax disputant les armes d'Achille à Ulysse et se tuant dans sa folie; Achille tué au siège de Troie; Hercule, Hylas et Atlas, ses deux fils*, etc.

Ces peintures se complètent de guirlandes de fruits et de fleurs, de chasses et de jeux d'amours, peints en grisaille.

En 1863, aussitôt qu'il se fut installé dans le pavillon de l'hôtel et dans ses dépendances, le Cercle du Commerce fit rétablir à ses frais la cheminée, qui avait été démontée à l'époque de la Révolution et se trouvait conservée dans les caves du pavillon central. En même temps, on restaura toutes les peintures et les dorures du salon.

Depuis cette époque, la nouvelle décoration ayant perdu toute sa fraîcheur, le président du Cercle, M. Delaunay, s'aidant du concours des membres ses collègues, industriels éclairés aimant les arts, encourageant les artistes avec un généreux et noble dévouement, et ayant obtenu l'assentiment empressé de M. Louis-Jules Munié, le propriétaire actuel, fit restaurer à nouveau aux frais de la société les appartements et la cheminée dans des conditions plus en rapport avec le style du monument. Ces peintures et dorures, admirablement traitées, ont été exécutées sur les dessins de M. Charles Lameire, peintre décorateur à Paris, membre du Comité, près du ministère des beaux-arts, pour la conservation des monuments historiques dont fait partie l'hôtel de Vauluisant; M. Brouard, inspecteur des monuments historiques du département de l'Aube, étant l'architecte du Cercle.

Depuis le 1er octobre 1888, l'hôtel a donc repris toute sa splendeur des temps passés.

Rien d'intéressant dans les bâtiments modernes édifiés par Jean de Mesgrigny et son neveu François, si ce n'est quelques peintures décoratives et l'escalier en bois des étages supérieurs. Cet escalier ne manque pas d'un certain intérêt dans sa disposition pittoresque et l'assemblage de sa charpente.

HOTEL DE MARISY

L'hôtel de Marisy, situé au numéro 9 de la rue Charbonnet, fait l'angle de la rue des Quinze-Vingts, au couchant, tandis qu'au levant il est limité par la rue des Chats, ancienne ruelle Maillart.

Cet hôtel, construit entièrement en pierre, se compose d'un rez-de-chaussée surélevé d'un premier étage et d'un second, celui-ci plus bas de plafond. Il se termine par une corniche saillante et les combles sont couverts de tuiles émaillées formant des losanges de différentes couleurs. C'est Claude de Marisy, seigneur de Cervet et de Breviande, élu maire de Troyes, en 1522, et, pour la seconde fois, en 1528, qui l'édifia, en 1531, sur l'emplacement d'une maison en bois achetée par son père, François de Marisy, en 1486, et détruite par le grand incendie, en 1524.

Claude de Marisy, à la suite de ce désastre, acquit l'emplacement d'une maison également détruite par l'incendie et appartenant à Guillaume Maret, marchand à Troyes; puis, vers 1528, il commença la construction de l'hôtel, dont les travaux se terminèrent en 1531.

En 1550, Claude Marisy étant mort, sa veuve, Michelle Molé, habita l'hôtel avec ses enfants. Plus tard, il devint la propriété d'un de ces derniers, François de Marisy, après lequel il passa en la possession de sa fille, Anne de Marisy, mariée à Bernard Angenoust. Leur fille, Marie Angenoust, femme de Le Mairat, seigneur de Droupt, hérita de l'hôtel, et, en 1675, elle le vendit à Joseph Vigneron, après lequel il passa à Mlle Jeanne-Nicole Vigneron, qui, en 1761, en fit don à l'un de ses neveux, Nicolas Huez, seigneur de Vermoise.

La sœur de Nicolas Huez, Marie-Nicole Huez, femme de Nicolas Angenoust, chevalier, seigneur de Bailly et de Villechetif, hérita de l'hôtel, et, en 1793, ces deux possesseurs le vendirent à Nicolas-Jean-Baptiste Vernier et à sa femme, Anne-Louise Lerouge.

La famille Vernier l'a possédé jusqu'à nos jours, et l'un de ses membres, par alliance, M. Aucoc, ancien notaire à Troyes, le vendit à M. Évrard, négociant en bonneterie à Troyes, qui le fit reconstruire en partie de 1872 à 1874.

Description de l'hôtel. — Depuis plusieurs années, les murs de clôture de l'hôtel de Marisy, du côté de la rue Charbonnet, inclinaient sur la voie publique; l'administration municipale, s'en inquiétant, obligea M. Évrard à les relever, en se conformant à l'alignement du nouveau plan de la ville. Cette injonction força le propriétaire à reconstruire entièrement la façade de l'hôtel sur la rue Charbonnet, et l'entraîna à des modifications importantes sur la rue des Quinze-Vingts.

Ces travaux furent confiés à M. Eugène Millet, élève de Viollet-le-Duc, officier de la Légion d'honneur, architecte, inspecteur général des édifices diocésains près du ministère des cultes. C'est à lui que fut confiée la reconstruction du chœur de la cathédrale de Troyes et la réédification du château de Saint-Germain-en-Laye, deux œuvres qui ont établi la notoriété de son nom, et assuré sa réputation d'artiste et de constructeur [1].

M. Millet, déjà souffrant, ne put s'occuper immédiatement de ce travail et en chargea son neveu, M. P. Naples, qui, avec la collaboration de M. Boulanger, architecte à Troyes, édifia la façade neuve sur la rue Charbonnet et reconstruisit la tourelle avec les vieux matériaux en reculant le tout suivant le plan d'alignement exigé par la ville.

Dans cette reconstruction, l'architecte respecta l'ordonnance de l'hôtel. Cependant des modifications furent apportées à son ensemble: l'entrée principale qui se trouvait sur la rue des Quinze-Vingts fut placée rue Charbonnet, et une vieille construction en bois située à l'angle de la rue des Chats fut démolie, et l'emplacement compris dans l'agrandissement de l'hôtel.

La nouvelle façade se compose d'un seul étage et d'un portique Renaissance avec porte charretière à pilastres et d'une petite porte de service, à gauche, surmontée d'un fronton triangulaire aux extrémités duquel deux socles portent des vases. Au-dessus de la grande porte, trois fenêtres accouplées éclairent le premier étage que couronne une galerie à balustres et de socles à fronton avec vases.

Deux autres fenêtres éclairent le bâtiment qui fait suite, et la toiture est surmontée d'une fenêtre-lucarne à fronton surélevé d'un tympan.

1. Il mourut à Paris le 18 février 1879, et fut inhumé au cimetière de Saint-Germain, désirant reposer près du monument auquel il avait consacré son talent et une partie de sa vie.

Le chapitre de la cathédrale de Troyes témoigna ses regrets et sa reconnaissance par un service funèbre auquel assistèrent toutes les autorités de la ville de Troyes et la société académique de l'Aube. L'évêque de Troyes, Mgr Cortet, officia, et, par une allocution touchante, retraça la vie laborieuse et la fin prématurée de cet habile et savant architecte. Nous aussi nous aimons à rendre un juste tribut de sympathie à la mémoire d'un ami si bon et si dévoué.

A droite au rez-de-chaussée du bâtiment principal, deux fenêtres sont protégées par des grilles en fer forgé d'un travail intéressant. La première grille occupait sur l'ancienne façade la première fenêtre en retour sur la rue des Quinze-Vingts, dans l'axe de la rue du Palais-de-Justice. Cette grille, appelée *Cabaust* [1], mesurant 2 mètres 20 centimètres de largeur, se compose de deux travées en saillie de 20 centimètres sur le nu du mur. Trois montants, deux aux angles et un au centre, séparent ces travées, composées chacune de trois divisions de brindilles, espèce de contrecourbes en fer forgé avec fleurons. La première partie, qui doit offrir le plus de résistance à un coup de main, est composée de trente-six brindilles, la deuxième division de douze et la troisième de quatre, c'est-à-dire que ces brindilles s'agrandissent et s'élargissent successivement à mesure que la grille s'élève pour donner du jour à la pièce qu'elle est chargée de clore et de protéger.

1.

Ce qui fait le mérite de ce travail de ferronnerie, c'est que cet assemblage de fer tordu au marteau est en grande partie sans soudure, simplement maintenu au moyen de rivets. Cette grille si bien établie repose sur des consoles combinées de façon à porter toute la charge (1).

1. D'où est dérivé le mot *Cabaret (de cabia)*. Il y a peu d'années, toutes les boutiques de marchands de vin étaient encore munies de barreaux, en souvenir de cette tradition (Viollet-le-Duc).

La fenêtre suivante est garnie d'une grille semblable à cette dernière, mais réduite de moitié selon les dimensions de cette fenêtre. Cette nouvelle clôture artistique a été exécutée avec talent par M. Mosquinot, entrepreneur de serrurerie à Troyes.

Le détail de sculpture le plus remarquable de cet hôtel est la tourelle absidale, ou édicule placé en encorbellement au premier étage, à l'angle des deux rues; la position qu'elle occupe, son plan octogonal, son style élégant en font une merveille de la Renaissance[1].

2.

Les petites figures décoratives du cul-de-lampe, d'un grand caractère, rappellent le ciseau fantaisiste et le génie artistique du célèbre Dominique le Florentin (2).

Au-dessus de ce cul-de-lampe se dresse la cuve de la tourelle portant les armoiries de la famille de Marisy : au centre, le blason de Claude de Marisy; à droite, sur la rue des Quinze-Vingts, les armes de Marguerite de Valentigny, aïeule maternelle de Claude de Marisy; le blason de ce dernier, parti de celles de sa troisième femme, Michelle Molé; à gauche, sur la rue Charbonnet, se trouvent les écussons aux armes d'Isabeau de Louvemont, mère dudit Claude

1. Nous devons ici des remerciements à M. Montenot, architecte à Troyes, qui a bien voulu nous autoriser à faire reproduire par le procédé héliographique son charmant dessin de la tourelle des Marisy.

de Marisy, et un autre écusson portant les armes de Guillaumette Phelippe, son aïeule maternelle[1].

Puis s'ouvrent de petites fenêtres grillées sur cinq faces, accompagnées de pilastres et surmontées de frontons triangulaires. Ces ouvertures permettent de prendre des jours d'enfilade sur les trois rues. Les angles de la tourelle sont renforcés par un groupe de trois pilastres portant de jolis vases au-dessus de la corniche.

Cet étage est surmonté d'un petit campanile à trois faces, porté par des pilastres que surmonte une toiture en forme de dôme, celui-ci

3.

couronné par un vase pénétrant dans l'angle du contrefort. Primitivement, cette tourelle était placée sur l'angle droit formé par la rencontre des deux rues, disposition qui lui donnait plus de saillie et une silhouette plus élégante.

Le service de la voirie ayant imposé un pan coupé, il en est résulté l'arrangement actuel très bien combiné par l'architecte, et qui probablement a eu pour résultat d'accentuer la solidité de cette partie de l'édifice[2].

Assez spacieuse, la cour de l'hôtel de Marisy est décorée de

1. Les Marisy avaient leurs sépultures dans l'église de Saint-Léger-lez-Troyes, qu'ils ont enrichie de merveilleuses verrières où figurent toutes les armoiries de cette famille; nous les avons reproduites dans la description que nous avons faite de ce monument. (Voyez t. Ier, p. 439 et suivantes.)

2. Voyez le plan (4) et notre lithographie dans le *Voyage archéologique* de M. Arnaud.

pilastres à chapiteaux variés : plusieurs se font remarquer par la richesse de leur composition ; d'autres sont ornés des armoiries de Claude de Marisy et de Michelle Molé, sa femme ; un des plus originaux porte la date de 1531 (3). Du tailloir de ce chapiteau s'élevait un buste de chérubin dont il ne restait plus qu'un tronçon informe. Au-dessus de ce dernier, on remarque, dans la console d'une plate-bande, un blason à trois merlettes, deux en chef et une en pointe ; il appartient sans doute à cette même famille par une branche secondaire.

L'intérieur n'offre aucun intérêt ; toutes les pièces des appartements ont subi, depuis le XVIe siècle, des transformations successives, suivant le goût de l'époque où elles ont été faites. Seule, la cheminée du salon a été récemment construite dans le style de l'édifice, avec de simples moulages en plâtre venant de Paris.

Cet hôtel, un des plus intéressants de la ville de Troyes, est actuellement occupé par Mme veuve Évrard, née Augustine Dard.

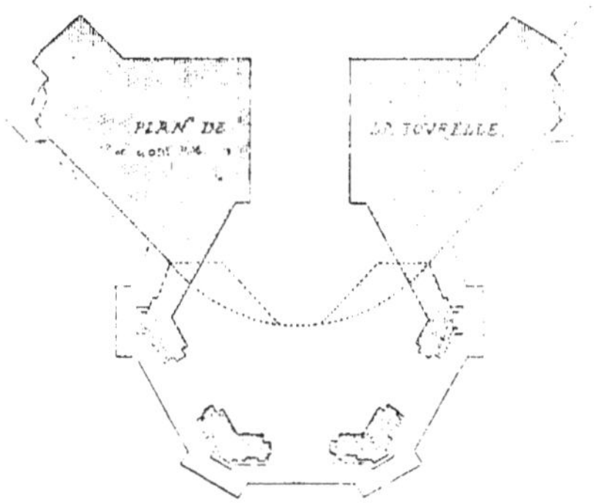

HOTEL DE NICOLAS RIGLET

De la place de la Banque, on aperçoit, dans la partie sud-ouest, une tour de forme octogonale qui s'élève avec élégance au-dessus des maisons environnantes.

La maison dont elle dépend porte le n° 6 de la rue Juvénal-des-Ursins, autrefois rue des Croisettes. Par elle-même, cette maison n'offre rien d'intéressant; elle fut transformée successivement suivant les besoins des personnes qui l'ont habitée depuis deux siècles. Elle se compose d'un rez-de-chaussée, de deux étages et d'un grenier sous les combles. Un corridor à droite de la façade conduit à la cour intérieure et à l'escalier de la tourelle; celle-ci dessert tous les étages, et se distingue des tourelles des vieilles maisons de Troyes par sa forme octogonale, sa construction en pierre et par son couronnement; une riche balustrade de style flamboyant de la deuxième moitié du XVIe siècle en contourne le sommet (1), que termine une petite toiture peu élevée.

Cette tour, de forme circulaire à l'intérieur, contient un large escalier à vis dont les degrés en pierre ont été doublés par des marches en bois jusqu'au deuxième étage. A la hauteur du grenier, tout en poursuivant sa révolution, l'escalier s'arrête brusquement sur un palier voûté, et la vis se termine par des nervures qui viennent retomber en courbes élégantes sur de simples consoles.

1.

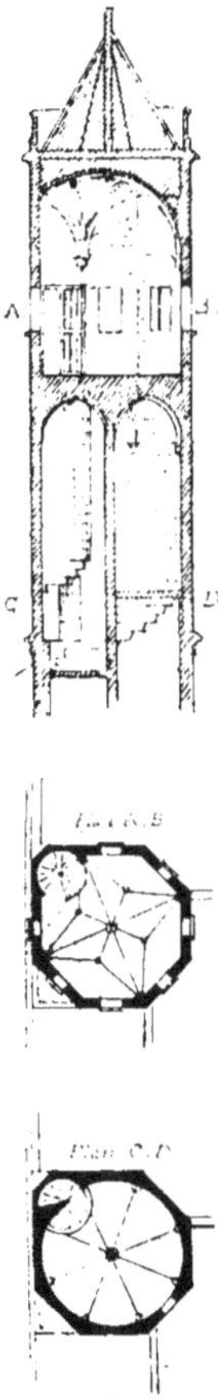
2.

Ce temps d'arrêt semblerait avoir été disposé ainsi, pour servir de salle de dégagement et de communication avec le grenier, partie importante de l'habitation pour le genre de commerce auquel devait se livrer le propriétaire de cette maison.

La tour devant s'élever beaucoup plus haut, l'architecte continua sa construction complémentaire par une disposition toute particulière : il établit sur le sol de ce premier palier une petite tourelle dans laquelle il disposa un escalier en encorbellement à pans sur l'une des faces extérieures de la tour au levant. Le plan et la coupe C. D. donnent les dispositions de cet escalier (2).

Dans cette seconde tourelle, un escalier à vis s'enroule en spirale pour arriver à la dernière plate-forme, qui a repris sa figure octogonale sur une surface de $3^{m},50$ de diamètre. De la clef de voûte, huit nervures profilées se réunissent, et leurs points de départ se raccordent avec les quatre arcs formerets de la voûte pour venir poser sur des culs-de-lampe en saillie dans les angles rentrants des parois. Voyez les deux figures A. B. (2) [1].

1. Nous devons ces dessins à l'obligeance de M. Brouard, architecte diocésain, à Troyes.

Ce palier forme un observatoire, petite salle éclairée par une ouverture pratiquée dans chacun des pans, à l'exception de celui qui est occupé par l'encorbellement de la petite tourelle; une seule ouverture a conservé ses dimensions primitives; les autres ont été rétrécies dans un but de consolidation. Le sol de cette salle est pavé de carreaux émaillés, dont quelques-uns ont conservé leurs dessins variés.

Pour monter à la galerie de la tour, on avait établi contre le mur de cet observatoire une petite plate-forme en bois s'appuyant sur la clôture circulaire de l'escalier: là devait être fixée une petite échelle dont les extrémités étaient scellées contre le bord d'une ouverture pratiquée dans l'une des parties de la voûte.

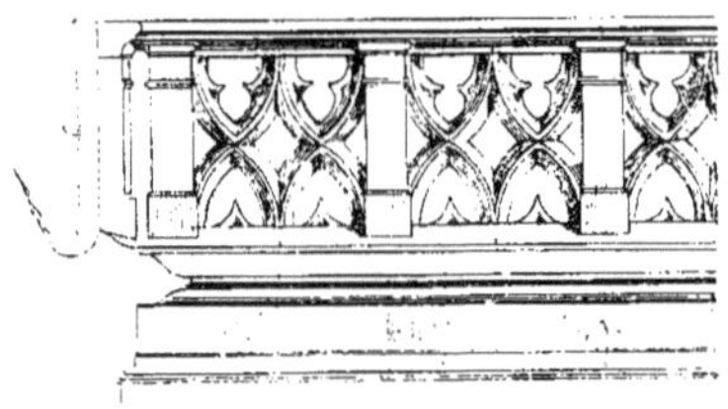

3.

La façade de cette maison sur la cour est très simple; construite en pierre et en brique, elle est surmontée d'une lucarne à pignon, avec balustrade ajourée et composée d'arcs de cercles tréflés (3).

D'après plusieurs dessins d'une lucarne de cette maison, laissés par M. Arnaud, auteur du *Voyage archéologique dans le département de l'Aube* et aujourd'hui en notre possession, le tympan de cette fenêtre était décoré aux armes de la famille Riglet, originaire de Bourges, l'un des plus riches négociants de Troyes, et les rampants du pignon étaient surmontés de vases et d'enroulements de la Renaissance d'une vigoureuse exécution (4).

Ces dessins, cotés et mesurés par l'auteur, portent pour légende ces mots : *Haut de la croisée du grenier de la maison de M. Gautherot, rue des Croisettes, et occupée par le café des Muses.*

Suivant les dimensions de la fenêtre et la note de M. Arnaud, la lucarne dont il est question serait celle de la façade principale donnant sur l'ancienne rue des Croisettes, laquelle façade a été démolie pour la mise à l'alignement.

Les armoiries représentées sur les dessins portent trois pals alaisés accompagnés d'une bande fascée, le chef est lisse. Ce blason appartient bien à la famille Riglet, mais il diffère de celui qui est représenté sur la tombe de Nicolas Riglet, conservée dans l'église de Montgueux (voyez Ier vol., p. 125). Son chef est meublé de trois étoiles; il est également en désaccord avec les blasons de la maison d'Ervy, qui n'a que deux étoiles, différence qui indiquerait que ce blason a été modifié de père en fils suivant les degrés de famille (IIe vol., p. 82).

Après l'incendie de 1524, on édifia, sur l'emplacement des terrains, des maisons dont les dépendances avaient une grande importance : elles appartenaient à plusieurs personnes, entre autres « à Jean Bouquin, à Claude Sorel, à leurs femmes, et à maître Nicolas Rivier, médecin. La maison de ce dernier était attenante à deux corps d'hôtel, dont l'un avait sa façade sur la rue de la Monnaie, et qui furent échangés, en 1583, entre Nicolas Hennequin et Jacques Corrard. La cour qui

4.

se trouvait entre ces deux corps d'hôtel touchait à des galeries et à *un corps de logis de pierre répondant à l'Étape-au-Vin*. Or ces galeries et le corps de logis étaient la propriété de Jacques Corrard, et on atteste qu'il les tenait d'Anne Bechelet ou Bochelet, veuve d'Edme Riglet, seigneur de Montgueux, et d'Anne Riglet, fille mineure de Nicolas Riglet, également seigneur de Montgueux[1]. »

L'abbaye de Moutier-la-Celle possédait des censives et des rentes foncières, comme nous l'avons déjà signalé, sur un grand nombre de maisons de Troyes, et particulièrement sur la majeure partie de celles qu'on appelait encore, au XVe siècle, la Friperie, la Poissonnerie, ou

1. Albert Babeau. Les anciennes tourelles des maisons de Troyes. *Annuaire de l'Aube*, 1881.

le Marché-au-Fer, et, plus tard, l'Étape-au-Vin et la rue des Croisettes.

Il s'ensuit qu'en 1524 cet hôtel faisait partie de ces mêmes domaines, et que, plus tard, Nicolas Riglet en était le propriétaire, et qu'il figurait sur les revenus de l'abbaye pour une somme exceptionnelle de 165 livres.

Usant de son droit seigneurial, ce dernier fit élever la tourelle au-dessus des combles de son hôtel, pour dominer l'horizon et se mettre en communication directe avec la colline de Montgueux, où se trouvait sa seigneurie.

De tous ces documents graphiques et historiques, on peut en admettre hardiment que cette curieuse et intéressante maison a été édifiée par Nicolas Riglet, notaire et secrétaire du roi, maire de Troyes de 1544 à 1546, et enfin conseiller de ville en 1555. Il mourut le 5 novembre 1560.

La maison du café des Muses appartenait en 1834 à M. Paul-Joseph Gautherot, greffier du tribunal civil d'Auxerre, qui la tenait de son père, Jean-Baptiste Gautherot; savoir : un sixième comme héritier d'Olivier Gautherot, son père, décédé en 1787; trois sixièmes au moyen de l'acquisition qu'il en fit de Simonne Aubergeon, sa mère; et les deux derniers sixièmes par suite de licitation aux termes d'un jugement rendu par le tribunal civil de Troyes le 19 prairial an X (18 juin 1802).

Le 16 août 1838, cette maison fut vendue par adjudication, au profit de Frédéric Mayer, marchand tailleur à Troyes. Plus tard, le 18 août 1853, ce dernier vendit sa maison à Charles-Mathieu Ruotte, négociant, demeurant à Troyes, rue des Filles, aujourd'hui Jailland-Deschenets. Actuellement, cette propriété appartient à Mme veuve Ruotte-Jacquin.

HOTEL DEHEURLES

Dans la cour d'une maison portant le n° 42 de la rue de la Monnaie et appartenant à M. Picon, existe un intéressant bâtiment d'exploitation construit vers le milieu du XVIe siècle par Jean Deheurles.

Le long de la rue, s'élève un corps de logis en bois à trois étages en encorbellement sur un rez-de-chaussée converti en boutique.

C'est une construction du même temps, mais modernisée par un crépi qui en dénature complètement le style.

A gauche de la façade s'ouvre la porte du corridor communiquant avec la cour de l'hôtel Deheurles. Le vantail de cette porte a conservé ses clous aux têtes rondes et son heurtoir; celui-ci nous rappelle, par sa simplicité même, celui de la rue de la Cité que nous avons décrit et dessiné à la page 18. Ce *grinchoir* repose sur une applique en fer repoussé représentant un mufle de lion.

Le corridor franchi, on se trouve dans une petite cour très resserrée et en présence d'un corps de bâtiment et d'une tourelle construite en pierre et en brique d'un aspect très pittoresque, et dont la disposition nous rappelle celle de l'hôtel Riglet.

Un escalier avec perron se détache de la face du bâtiment d'habitation, et, à gauche, une tour importante s'élève jusqu'au-dessus des combles de la maison : elle est construite en pierre jusqu'au premier étage et le reste est en pierre et brique disposées en bandes verticales sur toutes ses faces.

Son plan présente un carré avec pan coupé sur la cour.

A gauche, au pied de la tourelle faisant face au corridor, est une porte flanquée de colonnes Renaissance portant un entablement surmonté d'un fronton triangulaire. Cette porte donne accès dans un passage longeant les murs du bâtiment principal et conduisant à une seconde cour entourée de hangars. C'est la limite actuelle de la propriété.

Sous la porte de ce passage, on remarque à droite, dans une pénétration, les débris d'un escalier qui faisait suite à celui de la tourelle pour descendre à la cave et conduisant à cette porte de service.

La tourelle, aujourd'hui tronquée, devait être, à en juger par ce qui reste de sa construction, d'une grande élévation, et son large escalier devait desservir tous les étages. Elle fut réduite dans sa hauteur par l'un des anciens propriétaires. La Révolution, brisant et anéantissant tout ce qui pouvait établir une noblesse ou des droits seigneuriaux, songea-t-elle à l'amoindrissement de ces tours, ou bien sont-ce les ayants droit eux-mêmes qui les ont ainsi réduites, afin d'éviter une sédition quelconque pouvant menacer leur vie? Quoi qu'il en soit, cette construction témoigne encore par ses beaux restes du rang de son ancien possesseur.

De son côté, la maison a subi de grands changements. Il est facile de se rendre compte que la corniche du cheneau portait une balustrade ajourée, et que la lucarne, ayant une certaine importance décorative, devait accompagner l'élévation de la toiture qui a été considérablement réduite.

Toutes ces transformations regrettables donnent une certaine lourdeur à l'ensemble de la construction.

Après avoir monté quelques marches dans la tourelle, à gauche, on se trouve devant une porte qui donne entrée dans une galerie en bois construite sur la cour, et se reliant au bâtiment principal de la rue de la Monnaie. La charpente de cette galerie s'appuie sur le mur de clôture et sur un corbeau en pierre faisant saillie au-dessus du fronton qui surmonte la porte du passage conduisant à la seconde cour; à côté, sur une console feuillagée, est posé un buste moderne d'une exécution médiocre et sans intérêt.

L'hôtel comprend un seul étage. A cause de l'élévation des voûtes de la cave, on a établi au rez-de-chaussée un escalier de douze marches avec rampe en fer forgé, style Louis XV, faisant retour sur un palier conduisant à l'entrée principale de la tourelle et des appartements. Cette porte est surmontée d'une corniche avec amortissement en forme de niche.

La porte de la cave se trouve ménagée à gauche de l'escalier, dont l'arc cintré du palier forme la première entrée. Cette cave occupe toute l'étendue du bâtiment; à sa voûte sont encore appendus les vieux ferrements à crochets destinés à la conservation des viandes fraîches.

Le rez-de-chaussée et le premier étage sont l'un et l'autre percés d'une seule fenêtre, dont les pieds-droits sont accompagnés de colonnes Renaissance surélevées d'un piédestal pour porter une corniche avec fronton triangulaire. A la fenêtre du rez-de-chaussée les socles des colonnes portent sur leurs faces des groupes de fruits suspendus par un ruban à la bouche d'un chérubin; ces fruits sont accompagnés de petits tillets, sorte de cadre portant le millésime de 1545 et le nom de Jean Deheurles, le propriétaire qui fit bâtir cet hôtel, ainsi que le nom de Pierre Berthier, son gendre, qui lui succéda en 1573.

Le socle de la colonne, à droite de la fenêtre, répète la date de 1545 et porte le nom de Pierre Le Virlois qui devint le propriétaire de l'hôtel en 1594 (1).

« Jean Deheurles était, en 1548, lieutenant du prévôt de Troyes; à cette date il fut chargé avec d'autres magistrats de procéder à une enquête sur les frais de justice, dont on demandait la réduction. Plus tard, il embrassa la religion protestante, fut privé de sa charge et remplacé par Séraphin Favier[1]. »

1.

« Pierre Berthier, appartenant à une famille de Troyes, épousa Marie Deheurles. Cette famille avait une chapelle à l'église Saint-Jean.

« En 1548, un Sr Claude Berthier figurait parmi les plus fort imposés de la ville de Troyes avec une cote de 150 livres, tandis que le lieutenant Deheurles n'était taxé qu'à 40 livres. *Archives municipales de Troyes*, F° 232[2]. »

Pierre Le Virlois, comme ses prédécesseurs et successeurs, appartenait à la haute bourgeoisie troyenne. L'avocat Claude Le Virlois, qui était peut-être son père, avait représenté le procureur du roi à Troyes, en 1555, à l'assemblée pour la rédaction de la Coutume de Sens.

Les fonctions de cette famille dans la magistrature se continuerent de père en fils jusqu'en 1696, puisqu'à cette époque nous avons vu que la maison du n° 49 de la rue Turenne était habitée par le président Le Virlois.

Les appartements de l'hôtel n'offrent rien d'intéressant; ils furent complètement transformés au XVIIIe siècle.

1. Boutiot, *Histoire de Troyes.*
2. Albert Babeau, *Annuaire de l'Aube*, 1885.

Après avoir visité cette ancienne demeure, du moment où nous sortions par le corridor qui nous avait servi d'entrée, nos regards se portèrent sur l'appareil de cette construction en pierre et en brique disposées en échiquier.

Quelle fut alors notre surprise de trouver gravés sur l'une des assises en craie à gauche, en entrant par la rue de la Monnaie, les noms des anciens propriétaires inscrits avec ceux de leurs femmes et la date de leur entrée en possession de cet immeuble !

Ces inscriptions se suivent et sont ainsi énoncées :

Jean Deheurles,	Pierre Bertier,	Pierre Le Virlois.
Marie Ravau,	Marie Deheurles,	Anne Bertier,
1545, ont faict édifier,	1573 successeurs,	1594 successeurs.
cette maison.		

La famille Ravault ou Ravaud, à laquelle appartenait la femme de Jean Deheurles, a possédé la seigneurie de Bercenay-le-Hayer en partie et celle d'Avon. Un des membres de cette maison, Pierre Ravault, écuyer, fut prévôt de Troyes en 1587.

Au-dessous de ces trois inscriptions, deux autres, maladroitement gravées, sont actuellement illisibles.

La situation malsaine de cet hôtel, sur une cour très étroite, sans air, avec très peu de soleil, nous fait supposer qu'à une certaine époque le mur accolé, à droite, contre le bâtiment principal, n'existait pas. Cette propriété devait être entourée de jardins qui furent vendus, ainsi que pourrait l'attester la reconstruction du perron au XVIIIe siècle ; elle fut certainement motivée par l'établissement de ce mur de clôture qui nécessita un changement dans l'évolution de l'ancien escalier.

FAÇADE SUR LA RUE DE LA TRINITÉ

HOTEL DE MAUROY

L'hôtel de Mauroy est situé rue de la Trinité, plus connue sous le nom de rue de l'Ancien-Hôpital-de-la-Trinité. Sur des terrains vagues abandonnés, après l'incendie de 1524, Jean de Mauroy, écuyer, seigneur de Colasverdey (aujourd'hui Charmont), d'Aubeterre, de Voué et de Villetard, contrôleur des aides et tailles du royaume, capitaine des arquebusiers de Troyes, échevin de Troyes, de 1563 à 1564, fit construire cet hôtel vers 1560.

En 1562, soupçonné d'avoir embrassé la religion réformée, il fut expulsé avec Pierre de Mauroy, son frère; mais, en septembre 1563, il obtint l'autorisation de reprendre ses fonctions. Pour plus de sûreté, il se fit réinstaller par le gouverneur en une assemblée consulaire, le 14 janvier 1564, et fit dès lors profession de foi catholique.

En 1564, messire Jean de Mauroy est nommé pour commander les bourgeois qui iront à cheval au-devant de Charles IX et de Catherine de Médicis à leur entrée à Troyes, le 23 mars 1564.

Par contrat du 14 décembre 1541, Jean de Mauroy épouse Louise de Pleurre.

Il meurt en 157[illegible], et sa femme en 158[illegible].

Par leurs testaments et codicilles de 1563, 1568, 1576 et 1582, les époux de Mauroy font donation de tous leurs biens, meubles et immeubles pour fonder à Troyes, à perpétuité, un hôpital d'enfants pauvres. A cet effet, ils abandonnent leur maison de l'Aigle, située rue du Cerf, aujourd'hui rue de la Trinité. Dans cette maison, les familles de Mauroy et de Mesgrigny auront à perpétuité le droit de nommer chacune deux enfants, et douze enfants pauvres de Colasverdey et des villages voisins y seront admis à perpétuité.

Cet hôpital, placé sous l'invocation de la Trinité, fut installé dans l'hôtel des donateurs, après qu'il eut été disposé pour les besoins d'un pareil établissement.

Selon la teneur de cette fondation, les enfants, à l'âge de douze ans, devaient entrer en métier, et leurs maîtres leur apprendre leur état comme aux enfants de la Trinité de Paris. Il était stipulé aussi que le maître spirituel les instruirait de la religion et célébrerait les divins mystères pour eux.

Les enfants entrèrent dans ce nouvel établissement le jour de la Pentecôte 1582, et deux ans après, le jour de la Trinité, la chapelle fut consacrée par l'évêque Claude de Beaufremont.

Cet hôpital fut placé sous la direction des frères de l'hôpital de la Rédemption, rue Saint-Denis à Paris, dit la Trinité des enfants bleus.

Les enfants de la Trinité de Troyes furent, comme ceux de Paris, habillés de bleu et portèrent un bonnet de la même couleur; ils furent occupés à une fabrique de bas au métier, source de la grande industrie troyenne, qui a acquis de nos jours, par l'immense progrès de sa fabrication, une réputation européenne.

La famille de Mauroy continua ses bienfaits à l'égard de l'établissement de l'hôpital de la Trinité. « Le 16 ocrobre 1618, nous voyons Honoré de Mauroy, écuyer, seigneur de Verrières et Saint-Martin, faire des fondations et des donations à l'hospice de la Trinité, et en même temps aux cordeliers de Troyes et à l'église de Saint-Honoré de Paris, où il fut enterré. Plus tard, vers les premières années du XVIIIe siècle. Claude de Mauroy est cité comme ayant fait des donations à cet asile de l'enfance [1].

Lors de la réunion des hôpitaux, en 1632, les héritiers des fondateurs s'opposèrent à l'absorption de leur hôpital; mais, en 1634, ils renoncèrent à leurs prétentions, sous la réserve de leurs droits honorifiques, de nommer des enfants et d'assister à la reddition et vérification des comptes. Ces conditions furent acceptées et l'acte passé la même année, à Paris, en la maison de Jean de Mesgrigny, alors l'aîné de la famille.

A la révolution de 1789, la Trinité, étant au rang des édifices consacrés à la bienfaisance, ne fut pas vendue; elle continua à appartenir aux hospices et les enfants furent transférés au Petit Saint-Nicolas. Plus tard, ce lieu d'asile de l'enfance se transforma successivement en bal public, en estaminet, en atelier de draperie et en caserne d'infanterie. Aujourd'hui, cette maison est devenue la propriété de M. Charles Huot, un de nos grands industriels de Troyes, qui s'en rendit acquéreur autant pour sauver un des édifices des plus rares et des plus curieux de l'architecture civile au XVIe siècle, que pour les besoins de son commerce. Cet hôtel vient d'être classé parmi les monuments historiques de la France.

Aussitôt entré en possession de sa propriété, M. Huot fit débarrasser la cour de tout ce qui pouvait nuire à l'ensemble. Le grand portique, qui avait été fermé par des cloisons pour servir de magasin, fut restitué suivant son caractère architectural.

En un mot, l'hôtel est sorti d'un état de demi-ruine pour reprendre, sous la sauvegarde d'un homme de goût, sa physionomie et ses dispositions primitives.

Façade de l'hôtel. — L'hôtel de Mauroy se développe en façade sur la rue de la Trinité entre deux fausses ailes à pignons dont la toiture aiguë se prolonge sur la cour. Cette façade se compose d'un seul étage séparé du rez-de-chaussée par un entablement. Ce rez-de-chaussée était primitivement clos par un mur aux assises de

1. Albert de Mauroy.

pierres et briques disposées en chevrons, sans autre ouverture que la porte d'entrée.

Seule, l'aile gauche est percée, au rez-de-chaussée, qui fut autrefois consacré à la chapelle de l'hospice, de trois fenêtres jumelles éclairant les appartements privés de l'hôtel. Ces fenêtres sont gar-

LA COUR. — FACE NORD, CÔTÉ DES COMMUNS

nies d'une armature en fer établie depuis quelques années par M. Millet, architecte.

La même disposition se présente au premier étage. Une petite fenêtre éclaire les combles.

Tout le premier étage de la façade comprend quatre grandes fenêtres et quatre fenestrelles s'alternant régulièrement entre elles. Cet ensemble de construction se termine par un autre entablement, qui se prolonge sur les avant-corps, et aux extrémités duquel sont quatre gargouilles énormes et de figure bizarre qui déversaient sur la voie publique les eaux pluviales des chéneaux. Au centre de la base de la toiture s'ouvre une fenêtre-lucarne avec pilastres et frontons triangulaires.

La cour. — Une grande porte charretière à linteau en anse de panier occupe le centre de la façade et donne entrée dans la cour. Au-dessus de cette porte, du côté de la rue, on remarque une large pierre lisse, sur laquelle étaient sculptées les armes des donateurs, ayant pour support une aigle aux ailes éployées ; de là, le nom de l'hôtel de l'Aigle par lequel il était désigné anciennement.

A gauche de cette porte s'ouvrent deux grandes fenêtres percées postérieurement à la construction.

Après avoir franchi l'entrée, on se trouve sous une colonnade de sept travées longeant toute la cour, à l'est, vaste quadrilatère présentant, par sa coloration et la variété de sa construction en bois, un aspect des plus saisissants et des plus pittoresques qui charme les regards du peintre et de l'archéologue.

Six colonnes corinthiennes, appuyées sur des pilastres et posées sur des socles très élevés, portent tout le premier étage. Leur style élégant, la finesse de leur exécution, nous rappellent les merveilles de la Renaissance ; de leurs bases attiques s'échappent des branches de lierre grimpant en torsades et s'accrochant aux moulures le long d'un fût élancé. Quelques-uns des chapiteaux ont perdu, par suite de l'action du temps, une partie de leurs feuillages et de leurs volutes, et quatre d'entre eux sont remplacés par une simple assise prenant la forme du fût de la colonne.

L'étage supérieur est une fausse galerie composée de châssis en bois recouverts d'ardoises, et éclairée par des croisées à petits carreaux ; elle se divise en travée par quatorze colonnes en bois d'un ordre composite, portant l'entablement du couronnement et la saillie en encorbellement des combles. Sur les plates-bandes des entablements sont tracées des inscriptions peintes en noir, que l'action du temps a fait disparaître en grande partie ; cependant les restes épars de ces textes latins nous ont semblé une consécration religieuse faite à la louange des bienfaiteurs de cet établissement. La ligne écrite sur le couronnement de la galerie supérieure se termine par la date de 1560. Des entailles profondes pratiquées dans les deux entablements nous confirment qu'au début de la construction la sortie sur la cour était protégée par un portique, ou saillie en encorbellement formant abri et se reliant avec la disposition toute particulière de la travée centrale correspondant avec la porte d'entrée. Des auvents de cette sorte se trouvent fréquemment devant les entrées ou à l'issue d'une cour.

Dans la grande salle du premier étage, près de la fenêtre centrale, du côté de la cour, deux poteaux portant les armoiries de Jean de Mauroy et de sa femme Catherine de Pleurre (1).

1.

A l'extrémité et sous la galerie du rez-de-chaussée, à gauche, est l'escalier de six marches conduisant aux appartements du rez-de-chaussée sur la cour; à côté, un noyau d'escalier en pierre et en brique, avec main courante en œuvre, dessert tout le premier étage. Sa rampe en charpente et en menuiserie se compose de panneaux profilés séparés par des pilastres cannelés. Au pied de cet escalier était la margelle d'un grand puits complètement fermé depuis plusieurs années.

Au sud de la cour, la construction en retour est une répétition de cette dernière façade, à l'exception du rez-de-chaussée, clos de murs, avec fenêtres éclairant les appartements, ceux-ci divisés de même par travées, avec soubassement beaucoup plus élevé, disposition qui réduit les colonnes à de petites proportions, sans pour cela en changer le style et la décoration. Seuls les chapiteaux appartiennent à l'ordre composite.

Ce rez-de-chaussée fut complètement reconstruit et restauré par l'architecte Millet, en 1856, ainsi que l'intérieur des appartements actuellement occupés par M. Charles Huot.

La cheminée du salon, très simple dans son ensemble, se compose de jambages en arc de cercle avec bases et chapiteaux portant le chiffre C. H. Elle est surmontée d'un manteau creusé de trois niches divisées par des pilastres, et couronnée par un fronton triangulaire. Une plaque de fonte porte la date de 1567 avec une salamandre, emblème de François Ier.

A l'extrémité de cette façade, à droite, une grande cuisine a conservé son antique cheminée surmontée de son vaste manteau.

Comme au château de Blois, le solivage des planchers d'une grande partie de cette construction est posé sur l'angle, en restant apparent au-dessous de l'aire.

Les façades nord-ouest sont toutes deux construites en bois recouvert d'ardoises, à l'exception du rez-de-chaussée ou bâtiment des écuries, au nord, édifié en pierre et en brique. La façade à l'ouest est limitée dans toute sa longueur par la petite rue de Larivey. Cette partie de l'hôtel n'offre que des irrégularités qui prêtent aux effets d'ombres et de lumière, surtout la cage de l'escalier faisant face à l'entrée principale, conduisant au premier étage et à l'étage des combles.

Cette tourelle octogonale, construite en bois et entièrement couverte d'ardoises, se divise par des auvents qui lui donnent un caractère architectural d'une étrange originalité. Sa toiture aiguë se termine par un épi en plomb, malheureusement tronqué, composé de motifs de feuillages et d'arabesques artistement combinés.

Toute la toiture de ces vastes bâtiments est couronnée de grandes lucarnes, avec pignons triangulaires en encorbellement, posés sur des consoles.

Tel est l'ensemble de cette curieuse construction. Les reproductions par la gravure feront mieux comprendre les richesses ainsi que la grandeur de l'architecture civile au XVIe siècle.

HOTEL D'AUTRUY

Cet hôtel est situé rue Thiers, n° 14, anciennement rue du Bois, dans la partie assignée, les jours de marché, à la vente des bois de toute nature amenés sur des charrettes par les gens de la campagne.

Cette vente est tombée en désuétude depuis quelques années.

L'hôtel d'Autruy s'appelait autrefois la Maison de Pierre ou l'Intendance. Elle se fait remarquer par la simplicité de son appareil de construction, composé de petits cubes de pierre et de briques disposés en échiquier. Cette simplicité n'exclut pas la finesse des moulures et la pureté de leurs profils.

La porte principale sur la rue est surélevée de cinq marches au-dessus d'une cave voûtée qui règne sous tous les bâtiments. La baie de l'entrée est surmontée d'un linteau droit décoré d'une grecque qui se prolonge sur les pieds-droits. Une plate-bande ornée d'une succession de cercles repose sur le linteau portant à ses deux extrémités deux socles, sur lesquels sont placés deux jolis vases ajourés et déchiquetés, contenant des fruits et des fleurs champêtres. Cette décoration sculpturale nous rappelant celle de l'hôtel de Vauluisant, on pourrait bien l'attribuer au même architecte (1). Le centre est marqué, sur le tympan, par un écu chargé d'un coq qui est sculpté dans un cartouche. Ce blason semblerait appartenir à la famille Le Boucherat, à cause de ses alliances avec les d'Autruy et de Mauroy ; il est accompagné de deux autres blasons de la famille d'Autruy.

En 1852, M. Noché, ancien notaire à Troyes, propriétaire de l'hôtel, fit rétablir ces blasons qui avaient été martelés à la Révolution, mais étaient encore assez visibles pour que l'on pût reconnaître la silhouette d'un coq sur l'écu central et une croix sur celui placé à gauche; du blason de droite, il ne restait rien; ce devait être celui de la famille de Mauroy, comme nous le verrons plus bas [1].

1. M. Noché se rattachait par sa mère à la famille d'Aulnay, portant les

Le rez-de-chaussée de cette maison est éclairé sur la rue par deux grandes fenêtres.

Le premier étage n'offre rien d'intéressant, les appartements ayant été complètement renouvelés.

Le deuxième étage comprend deux fenêtres à trumeau. Au-dessus de la corniche de recouvrement s'élève une lucarne à fronton trian-

I. DÉCORATION DE LA PORTE PRINCIPALE

gulaire s'appuyant sur des corniches et dominant la toiture; celle-ci présente encore quelques restes de tuiles vernissées.

Dans la cour, une tourelle de forme pentagonale, appareillée dans les mêmes dispositions que les murs de la façade, contient l'escalier du rez-de-chaussée au premier étage avec main-courante en œuvre.

A la première fenêtre, en montant dans cette tourelle, on voyait jadis un blason surmonté d'un heaume à lambrequin, et portant pour

mêmes armes que celles des Le Boucherat; elles n'en diffèrent que par la couleur des émaux. Cette coïncidence pouvant, dans l'avenir, jeter une certaine confusion dans l'historique de cette maison, nous avons cru devoir signaler ce fait pour éviter les erreurs qui se produisent assez souvent dans les substitutions ou restaurations en matière de blason.

armes : d'azur, à l'oiseau sur une terrasse accompagné de trois étoiles, le tout d'or. Ces armoiries appartiennent à la famille Huez (2).

Dans l'imposte de la cour d'entrée, sur la cour, sont deux médaillons peints sur verre blanc : l'un représente un amour cueillant des fleurs et portant sur le dos une hotte pleine de fleurs et de fruits; l'autre, un amour sonnant de la trompette : c'est l'appel à la distribution des fleurs et des fruits.

2.

Un des médaillons porte la date de 1690, et, gravée au diamant, la signature du peintre que nous n'avons pu lire.

Au milieu de ces deux médaillons on remarquait un deuxième blason, d'azur, au chevron d'or accompagné de trois croix d'argent tréflées et à pieds de trois pointes.

Ce sont les armes de Jean d'Autruy, maire de Troyes, qui épousa Nicolle de Mauroy, en 1582 (3). Ces deux blasons ont disparu depuis une dizaine d'années.

En faisant un rapprochement des faits historiques en ce qui concerne ces trois familles, on peut admettre que cet hôtel a été édifié vers 1560, par Jean Boucherat, marié à Guillaumette Mauroy; que cette maison devint par la suite la propriété de Jean d'Autruy, maire de Troyes en 1592, et anobli par le roi Henri IV le 19 septembre 1594 : c'est pendant ses fonctions que la ville de Troyes se soumit à la puissance de Henri IV. Puis cette maison passa à Laurent d'Autruy, receveur de tailles pour le roi à Troyes, marié par contrat du 6 juin 1575 à Catherine de Mauroy, dame de Courcelles, épouse en secondes noces de Claude du Parc, écuyer, seigneur de la Forêt à cause d'elle, du Plessis-Montigny, etc., l'un des vingt-cinq gentilshommes de la garde écossaise du roi [1]. Du premier mariage sont issus Marie d'Autruy, femme de Jacques Godier; Pierre d'Autruy, Laurent d'Autruy, Catherine d'Autruy et Anne d'Autruy.

3.

1. Albert de Mauroy.

Un Vincent d'Autruy, bourgeois de Troyes, fut maire de la ville en 1644.

Parmi les anciens propriétaires, on remarque encore : Edme-Nicolas Lefebvre, conseiller du roi en ses conseils, juge, garde de la monnaie à Troyes : messire Louis Le Febvre, curé de Sainte-Madeleine, en 1675 ; nobles hommes Nicolas et Jacques Le Febvre, en 1633 ; Marc-Antoine Duflot, conseiller du roi, juge-garde à la cour des Aides, marié à Jeanne Huez, et Nicolas Huez, bourgeois de Troyes : noble homme Joseph Gombault, doyen de l'Élection, conseiller du Roi au grenier à sel, et en l'hôtel commun de cette ville. En 1693, il avait été marié à Jeanne Huez, fille de Jean Huez.

C'est à cette famille qu'appartient M. Claude Huez, dont la mort rappelle involontairement l'émeute des farines et la déplorable journée du 9 septembre 1789 [1].

Cette maison a été habitée en dernier lieu par M. Duflot, ancien garde général des eaux et forêts, ensuite elle fut vendue à M. Noché ; elle appartient actuellement à M. le Dr Coqueret qui l'habite après l'avoir fait restaurer avec soin.

1. S.-A. Petit, avocat. *Journal de l'Aube*, 1852.

HOTEL DES URSINS.

Cet hôtel, dit des Ursins, est situé rue Champeaux, n° 26. Il fut habité probablement par la famille des Jouvenel ou Juvénal des Ursins, seigneur de Trainel, à la fin du xve siècle et au commencement du xvie.

M. Corrard de Brebant, dans ses *Rues de Troyes,* cite un titre daté de l'an 1468, d'après lequel le seigneur de Souligny reconnait que, le 24 décembre 1458, il a reçu à titre emphytéotique de messire Jean Juvénal des Ursins, archevêque de Reims, et des curateurs de Jean Juvénal des Ursins, archidiacre de Reims, de Jean Juvénal le jeune, frères, enfants de Guillaume Juvénal des Ursins, seigneur de Trainel, chancelier de France, une maison rue Champeaux, appelée communément hôtel de Champeaux.

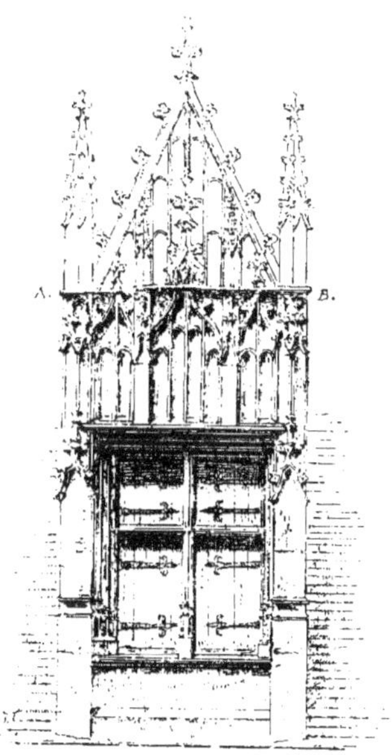

1.

A la suite de l'incendie de 1524, les maisons de la rue Champeaux se reconstruisirent, et l'une d'elles se fit remarquer par les détails de son architecture; de nos jours, elle est appelée *hôtel des Ursins.*

L'hôtel des Ursins est situé au fond d'une cour; c'est un corps

2.

de logis à deux étages, construit en pierre, avec comble très élevé, et terminé par deux pignons à degrés en croupe sur les murs mitoyens.

La porte d'entrée est précédée de six marches profilées, coupées aux angles par une courbe rentrante. Deux pilastres, portant entablement avec fronton circulaire, composent actuellement la décoration de cette entrée.

Il y a une cinquantaine d'années, le tympan de la porte d'entrée se trouvait couvert par un fronton triangulaire, aux extrémités duquel étaient deux petites figures de faunes nus portant des cornes d'abondance et montés sur des Chimères.

La restauration de ces groupes étant devenue impossible, à cause de leur dégradation sous l'influence des intempéries atmosphériques, ils ont été supprimés et remplacés par l'arc cintré que nous voyons aujourd'hui[1].

Les fenêtres du rez-de-chaussée et des deux étages sont à linteaux droits profilés dans la baie, avec bases saillantes et arrondies sur les bords.

Au second étage, les fenêtres, peu élevées, sont engagées sous la

1. M. Alexandre, notaire, grand amateur d'art, propriétaire de l'hôtel, fit refaire le tympan de cette porte d'entrée, et c'est en 1835, pendant que nous étions

corniche du couronnement, dont les fines moulures se trouvent couvertes par les feuilles de plomb du chéneau.

Les combles sont éclairés par une large fenêtre à baie croisée, creusée de moulures concaves, avec filets; de chaque côté s'élèvent des pinacles dont les aiguilles ont été brisées. Le tympan qui était très élevé est divisé en trois parties par de petits pilastres contre-boutant et donnant naissance à trois arcs en contre-courbes à crochets. Le champ au-dessous est une sorte de fenestrage appliqué sur le nu du mur et réuni sur des arcs trilobés.

Le style gothique des premières années du XVIe siècle auquel appartient cette jolie lucarne nous laisse à penser que l'hôtel a échappé en partie au ravage de l'incendie de 1524.

Nous nous sommes permis de compléter la décoration de cette lacune avec de simples lignes pour démontrer toute l'importance de la composition. La ligne A B n'existait pas, elle indique simplement la maçonnerie actuelle recouvrant toute la partie brisée (1).

Le détail le plus gracieux et le plus intéressant de cette maison est un édicule absidal à trois faces construites en encorbellement sur la façade, au-dessus de l'entrée principale (2). Le corps et la cuve de cette tourelle sont renforcés aux angles par un groupe de trois pilastres avec bases et chapiteaux. La face centrale de la cuve porte le blason de France entouré du cordon de Saint-Michel et surmonté de la couronne royale. Sur le panneau de gauche, sont les armoiries mutilées de l'ancien propriétaire qui fit bâtir cet hôtel.

Ces blasons, suspendus à des guirlandes, partent de la bouche d'un chérubin et conservent des détails assez précis pour permettre de reconnaître qu'ils sont la répétition des blasons qui figurent sur les verrières du petit oratoire.

A droite de la tourelle se voit un cadre soutenu par une tête de

attaché à son étude comme petit clerc expéditionnaire, que nous avons fait notre premier dessin avec la tourelle de l'hôtel des Ursins. Le dessin fut publié en 1837 dans le *Voyage archéologique* de M. Arnaud.

M. Alexandre aimait à nous encourager dans nos études artistiques, et c'est grâce à cette protection toute spéciale que nous avons quitté la plume du copiste pour nous livrer aux dessins et à l'étude archéologique.

chérubin, décoré en haut d'un pot à feu avec enroulement de la Renaissance et portant l'inscription suivante :

LAN V^{c} VINGT CETTE MAISON FV FAITE
DE BEAU BOISNEVF EPVIS TOVTE BRVSLEE
PAR LE GRAND FEV DŌT TROYS SE VI DEFAITE
ET APLVSPART DICELLE DESOLEE.
DEPUIS CE TEMS ON LA BIEN CONSOLEE
AVSSI REFAITE ANEVF EN CETTE SORTE
PAR BONS OVVRIES LESQ EN CETT̄ ANNEE
CINQ CENS 26 Y ONT TENV MAINFORTE
CE FV TENI AINSI QVE CHACV LE NOTE
CINQ CENS 24 LE IOVR 25 DE MAY
QVE CE LOGIS PAR DAMNABE CHORTE
DE BOVTE FEVX FVT CŌ SOME P̄ VRAY
A ETE RELEVEE ET REGRAVEE
EN LAN 1688 LE 27 IANVIER

De cette inscription, il résulte que cet hôtel fut construit en 1520, brûlé le 26 mai 1524, reconstruit en 1526, qu'une partie de la tourelle a été restaurée et l'inscription gravée en 1688.

Le corps de la tourelle est percé de trois fenêtres ogivales tréflées avec jolies verrières. Au-dessus de l'entablement s'élèvent des petits tympans en arc de cercle, dans lesquels s'abritent des bustes de personnages. A la rencontre des pilastres d'angles sont posés des vases fleuris, et, sur les rampants des tympans, des arabesques sculptés à jour donnent à l'ensemble une richesse de délicatesse vraiment remarquable. Derrière les vases, des arcs contre-butent le petit couronnement de la tourelle; couronnement composé de balustres circonscrits dans un arc de cercle. Au centre de cette galerie est un petit Amour armé de son arc et de son carquois.

Cette tourelle est couverte d'une toiture en contre-courbe, écaillée sur ses faces, et les arêtes sont ornées de crochets jusqu'à la naissance d'un fleuron qui se termine par une croix.

L'édicule correspond à la grande chambre du premier étage ; il forme un petit oratoire richement décoré de verrières datant du commencement du XVIe siècle.

A la fenêtre du milieu, le Christ en croix accompagné de la Vierge et de saint Jean le Bien-Aimé : au bas, sainte Madeleine en pleurs, agenouillée, son vase de parfums près d'elle. Dans le haut des trilobes, Dieu le Père bénissant.

A la fenêtre, à gauche, le donateur à genoux devant un prie-Dieu, les mains jointes, vêtu d'une robe violette à longues manches avec des crevés en étoffe piquée; son fils, derrière lui, dans la même attitude, les mains jointes, tenant du bout des doigts une toque rouge. Il est vêtu d'une robe de même couleur et porte son escarcelle sur le côté. Le père est assisté de saint Jean-Baptiste, son patron.

Au côté droit de la fenêtre, le vitrail est occupé par la donatrice, en robe rouge à larges manches garnies de fourrures; près d'elle, une femme de la campagne avec une coiffure toute particulière, étrangère au département de l'Aube. Est-ce sa mère, ou bien sa servante? Toutes deux sont agenouillées les mains jointes et sous la protection de sainte Anne, patronne de la donatrice.

3.

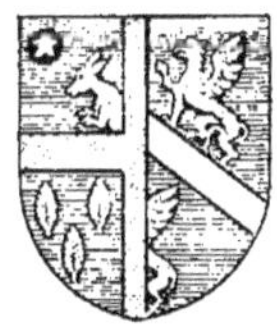

4.

Quelques verres de couleur posés au hasard, de jolies arabesques, un blason de la famille de Louvemont, qui n'a pas ici sa raison d'être, remplacent, à n'en pas douter, l'inscription qui devait nous donner les noms et les qualités de ces deux personnages.

Les prie-Dieu des donateurs sont armoriés. Celui du mari nous offre un blason d'azur, au lièvre courant au naturel accompagné en chef d'une étoile d'or; la croix de même, brochant sur le tout (3).

Ce blason répète celui qui est sculpté à l'extérieur de la tourelle, à l'ouest, établissant pour la seconde fois que ces armes sont bien celles du propriétaire qui fit construire cet hôtel; nous avons cherché mais nous n'avons pu découvrir à qui il appartenait. Il n'en est pas de même pour le blason du prie-Dieu de la femme, représenté en deux quartiers : le premier, aux armes du mari; le deuxième, aux armes d'Anne de Pleurre, sa femme, portant : d'azur, au chevron d'ar-

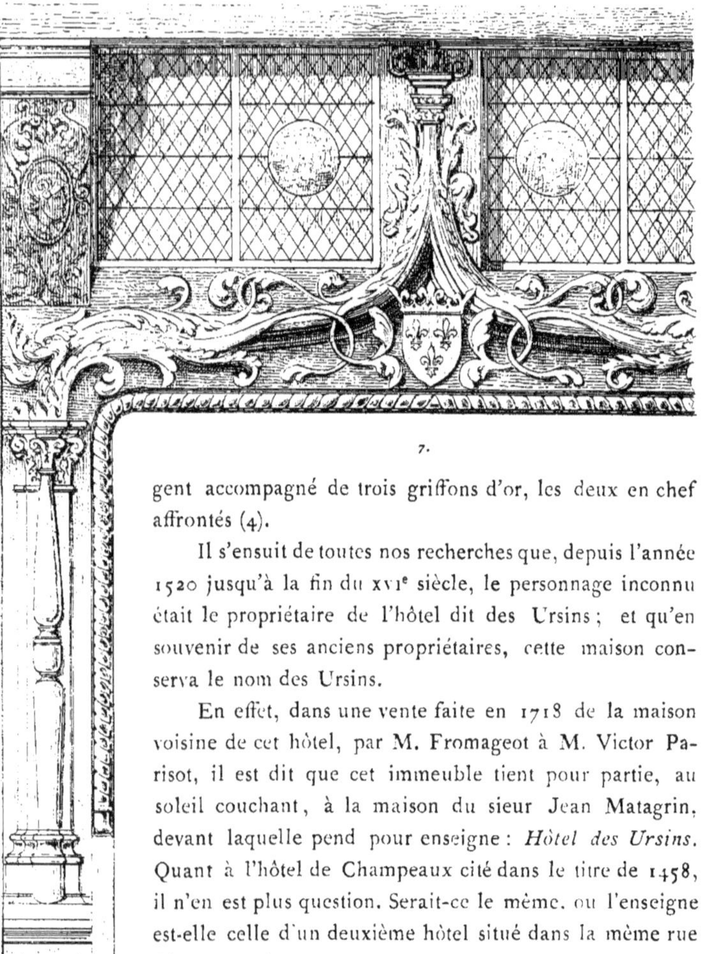

gent accompagné de trois griffons d'or, les deux en chef affrontés (4).

Il s'ensuit de toutes nos recherches que, depuis l'année 1520 jusqu'à la fin du XVIe siècle, le personnage inconnu était le propriétaire de l'hôtel dit des Ursins ; et qu'en souvenir de ses anciens propriétaires, cette maison conserva le nom des Ursins.

En effet, dans une vente faite en 1718 de la maison voisine de cet hôtel, par M. Fromageot à M. Victor Parisot, il est dit que cet immeuble tient pour partie, au soleil couchant, à la maison du sieur Jean Matagrin, devant laquelle pend pour enseigne : *Hôtel des Ursins.* Quant à l'hôtel de Champeaux cité dans le titre de 1458, il n'en est plus question. Serait-ce le même, ou l'enseigne est-elle celle d'un deuxième hôtel situé dans la même rue Champeaux?

Au nord, sur le jardin, les dépendances de l'hôtel se prolongent en partie sur la rue des Chats, où s'ouvre une grande porte. Le bâtiment, contre-partie de la façade principale, est éclairé par des ouvertures de même genre que celles du midi. Au centre de la façade, une tour à trois pans très saillants contient le grand escalier qui dessert tous les étages; elle est couverte par un toit à six pans, terminé par la base d'un épi en plomb tronqué, ornée de crochets fleuris (5).

Au sud de cette tour, sur la toiture d'une dépendance de l'hôtel, nous avons remarqué un joli poinçon en plomb du XVIIᵉ siècle, rap-

5.

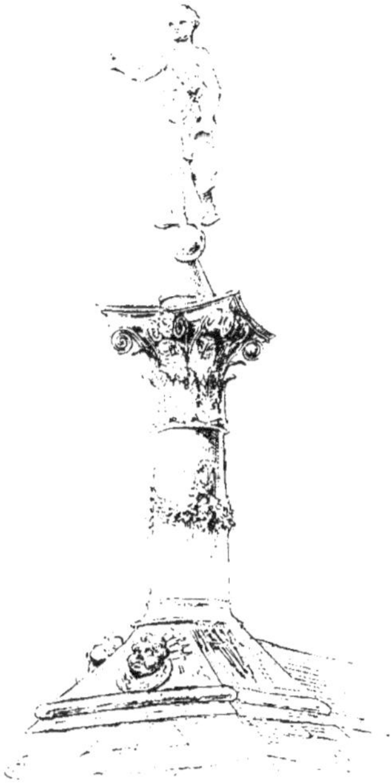

6.

pelant celui de l'hôtel de Vauluisant (page 94). C'est un Cupidon qui était armé de son arc et de son bouclier, attendant la lutte d'un air audacieux, comme un vaillant chevalier (6).

A l'ouest, dans la cour de la principale entrée, existe une galerie construite en pierre, communiquant autrefois avec l'ancienne maison construite en façade sur la rue Champeaux. Cette maison a été démolie en 1818 pour faire place au petit bâtiment actuel.

Il ne reste plus que deux travées de cette galerie voûtée en arête et divisée, au premier étage comme au rez-de-chaussée, par des arcades plein cintre portées sur des pilastres dont les chapiteaux se composent d'enfants nus, de satyres, de griffons, supports d'anciens blasons qui ont été complètement effacés depuis la Révolution. Dans ces arcades murées dès le principe de leur construction, on a ménagé des petites fenêtres pour éclairer cette galerie sur toute sa longueur.

Le bâtiment en bois sur la rue Champeaux dont il est question dans l'inscription se composait de deux étages, et le rez-de-chaussée d'une grande porte sculptée dans le style fantaisiste de la Renaissance (7). Un dessin de cette porte trouvé dans les cartons de M. Arnaud nous a permis de reconstituer l'ensemble de ce précieux spécimen de la charpenterie au XVIe siècle [1].

Les caves très importantes qui occupent toute la cour et la plus grande partie des bâtiments se font remarquer par la beauté de leurs voûtes. Les nervures reposent sur de simples consoles.

Parmi les anciens propriétaires de l'hôtel des Ursins dont les noms sont venus à notre connaissance, nous citerons, en 1718, M. Jean Matagrin, conseiller de ville, M. de Mauroy-Vauthier, M. Le Muet, M. Aubry-Blaise, M. Massey de La Porte, M. Alexandre, notaire, son fils, M. Alfred Alexandre, ancien président de la Cour d'appel de Paris, et enfin M. Paul Carteron, médecin, dont les fils M. Emmanuel Carteron, avocat à la Cour de cassation et au Conseil d'État, et M. Antoine Carteron, juge suppléant, sont actuellement en possession de l'édifice.

1. Ce dessin nous a été donné par notre ami M. le docteur Arnaud Delanglard, fils de notre savant professeur.

LA JURIDICTION CONSULAIRE

Charles IX institua en France la juridiction consulaire par son édit de 1563 et par ses lettres patentes de 1564. Elle était l'œuvre du chancelier Michel de l'Hospital. Le roi ordonnait que cette juridiction s'occuperait de toutes les affaires de commerce sans le ministère des avocats, des procureurs, afin d'affranchir les parties de la chicane des juridictions ordinaires.

La juridiction consulaire de Troyes, qui était une des quatre établies en Champagne, fut créée comme celle de Paris, avec les mêmes facultés, pouvoir, autorité et juridiction.

Elle était composée, suivant l'édit de création, d'un juge, de deux consuls et d'un procureur-syndic dont les sentences s'exécutaient par corps dans tout le royaume. L'élection des juges et consuls avait lieu tous les ans; la semaine avant la Pentecôte, à la suite d'une messe du Saint-Esprit, qui se chantait à l'église Saint-Jean, on procédait à l'élection des juges par cinquante notables bourgeois-marchands, désignant vingt-cinq d'entre eux, qui à leur tour nommaient un juge président, un premier et un second consul. Ces magistrats étaient alors élus pour un an seulement, leurs fonctions étaient électives, temporaires, honorifiques, gratuites, ce que, du reste, elles sont encore aujourd'hui.

Le maire de la ville, les échevins et les conseillers de ville assistaient à cette cérémonie et marchaient en tête du cortège.

A la suite de l'élection, l'élu offrait un dîner à ses députés. Il invitait le maire, les échevins et les juges anciens et nouveaux. Ce jour-là, le juge élu n'ouvrait pas sa boutique.

Après la création de ce tribunal, les magistrats décidèrent qu'il serait perçu un impôt de 3,000 livres sur les marchands de la communauté de la ville pour acheter une maison destinée à la tenue des audiences. Le projet d'acquisition n'eut pas de suite. Une nouvelle levée de fonds fut autorisée le 20 décembre 1579, et, cette fois, le produit fut affecté à l'acquisition proposée. Alors les juges s'installèrent dans une maison, située rue Moyenne, qu'avait habitée Jean Lorin, tabellion en cour d'Église, et où pendait pour enseigne le *Las-d'Amour* ou de la *Samaritaine* [1].

A partir de cette installation et de cette dernière contribution, les documents nous font défaut. Cependant la nouvelle maison consulaire s'élève comme par enchantement, sans que nous connaissions les ressources avec lesquelles cette importante maison fut édifiée et sans que nous ayons la date certaine de sa construction.

C'est en tenant compte du style architectural de ce monument et

1. Boutiot, histoire de Troyes.

des faits qui vont suivre, que nous pourrons préciser, à quelques années près, la date de cette maison qui était occupée par le tribunal consulaire dès 1595.

Il existe, à la Bibliothèque de Troyes, une peinture sur verre, dite de Linard-Gonthier, représentant une vue de la place de l'Hôtel-de-Ville le jour de l'entrée d'Henri IV à Troyes, le 30 mai 1595.

En étudiant l'ensemble de cette peinture sur verre, et malgré la mauvaise exécution du dessin, on reconnaît que le peintre a voulu rendre avec exactitude la vue générale de la place de l'Hôtel-de-Ville, sans oublier la maison consulaire et la belle croix monumentale qui en faisait l'ornement.

A gauche de l'ancien hôtel de ville, on remarque une importante maison construite en pierre, devant laquelle on a disposé pour la circonstance, une galerie en bois sur toute la longueur de la façade. C'est là, sur ce balcon improvisé, que sont réunis les juges consulaires du tribunal de commerce de la ville pour assister à l'entrée du roi dans sa *bonne ville* de Troyes. Auprès d'eux, des musiciens jouent de leurs instruments au moment de l'approche du souverain.

La maison en pierre existe encore aujourd'hui et fait partie, comme annexe, de l'hôtel de ville. D'après son style architectural, on voit qu'elle fut édifiée vers les dernières années du XVIe siècle, entre les années 1570 et 1594; elle comporte un rez-de-chaussée et deux étages divisés par des plates-bandes ornées de grecques. Le rez-de-chaussée comprend trois fenêtres cintrées, et à gauche une porte d'entrée de même forme; l'appareil des assises du rez-de-chaussée est en relief. Les étages sont éclairés par quatre fenêtres cintrées, dont les trois du premier étage sont reliées entre elles par des pilastres. Entre les deux fenêtres du deuxième étage, une console en saillie sur une tête de lion portait jadis une statue, qui figure à cette place sur la verrière de Gonthier. A droite est un grand cadran solaire qui occupe les deux étages dans leur hauteur.

Cette maison porte au-dessus de sa corniche une balustrade ajourée composée d'arcatures et de pilastres (1). Aux extrémités du chéneau, dissimulé par la galerie, sont deux monstrueuses gargouilles soutenues par de fortes consoles. Deux lucarnes aux frontons cintrés marquent la naissance des combles; ceux-ci sont couverts en tuiles émaillées et vernissées.

En 1611, nous trouvons qu'une nouvelle imposition de 2,500 livres frappe la communauté consulaire, dans le but de payer ses dettes et de réparer la maison.

Plus tard, en 1665, le maire et les échevins de la ville de Troyes eurent besoin d'un terrain appartenant à la communauté des marchands et dépendant de leur maison, pour donner à l'hôtel de ville son étendue actuelle. La proposition d'achat fut acceptée, à condition que la communauté consulaire recevrait en échange une installation commode dans les bâtiments du futur hôtel de ville pour y tenir les audiences de la juridiction.

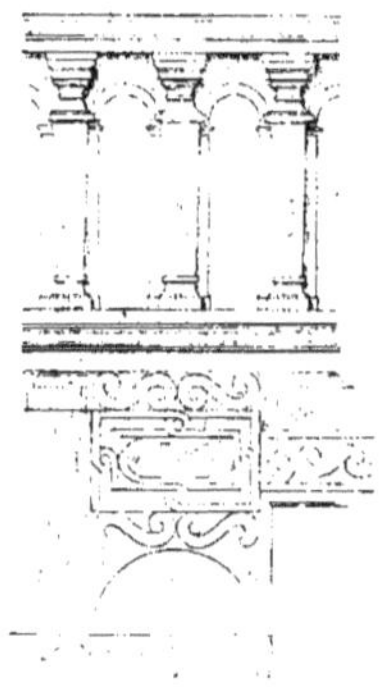

1.

Cette proposition ne paraît n'avoir eu de suite que pour la question des terrains à céder, à cause des lenteurs apportées à la construction de l'hôtel de ville.

Aussitôt les travaux de l'hôtel de ville terminés, l'échevinage éprouva de nouveau le besoin de consacrer plus de place à ses divers services. Une nouvelle entente avec les consuls devint nécessaire, à la suite de laquelle l'échevinage fut déclaré propriétaire de l'immeuble où la justice commerciale tenait ses audiences. Mais, en dépossédant les consuls, la ville prit l'engagement de leur assurer dans l'hôtel de ville même une installation convenable. L'acte de cette convention fut passé entre les parties le 20 août 1670.

Par suite de cette convention, les juges consulaires occupèrent donc, pour tenir leurs séances, le rez-de-chaussée de l'hôtel de ville, à gauche de l'entrée principale, et communiquèrent avec la maison consulaire par une porte pratiquée au fond de la salle. Celle-ci avait également sur la cour une porte d'entrée, qui conduisait en même temps à une petite salle dite des créanciers, ménagée dans l'aile du bâtiment principal sur la cour, à l'ouest.

Au rez-de-chaussée de ce dernier bâtiment est un escalier qui desservait tous les étages de la maison consulaire et l'aile en retour dépendant de l'hôtel de ville.

Au premier, sur la cour, une petite pièce était occupée par le cabinet du président et le greffier du tribunal.

Après la Révolution de 1789, un nouveau différend s'éleva entre le tribunal et la ville qui se croyait dégagée de ses engagements. Les juges consulaires voulaient contraindre cette dernière à leur procurer gratuitement, comme auparavant, les locaux que leur mandat rendait nécessaires et dont le tribunal était, suivant eux, par contrat perpétuel, usufruitier. Ces difficultés furent bien vite aplanies et la ville donna gain de cause au tribunal.

Cependant, en 1856, la ville renouvela ses prétentions d'être maîtresse absolue chez elle, sans rien devoir au tribunal consulaire. Cette fois, sans donner congé aux juges consulaires, elle demanda au département une somme de mille francs, prix du loyer des locaux occupés par le tribunal; la somme fut votée et le principe de la location par le conseil général se trouva acquis.

Enfin, en 1886, la ville se décida à demander possession pleine et entière de son hôtel, et le département, sans ouvrir de nouveaux débats, dut chercher pour le tribunal consulaire une autre installation.

En conséquence, les juges du tribunal furent installés dans l'hôtel où étaient récemment les divers services de la succursale de la Banque de France, située place de ce nom, anciennement place de l'Étape-aux-Vins. Cet hôtel avait été construit en 1767 par Nicolas Camusat, maire de Troyes de 1759 à 1765, et, deux ans plus tard, colonel de la milice bourgeoise.

L'inauguration du nouveau tribunal eut lieu le 9 août 1886, par le président, M. Dufour-Bouquot, imprimeur, assisté de MM. les juges consulaires : Delaunay, pharmacien ; Robin, directeur de la banque de France, succursale de Troyes; Bertrand (Ferdinand), négociant, distillateur; Journé, négociant en tissu, et de MM. les juges suppléants : Léon Bazin, manufacturier; Pauly-Parisot, entrepreneur ; Mortier, manufacturier; Marnot, négociant, distillateur, et en présence des principaux notables commerçants de la ville.

M. Dufour-Bouquot, prononça un brillant discours retraçant l'historique de la fondation du tribunal consulaire.

Aujourd'hui, l'ancienne maison consulaire est occupée, au rez-de-chaussée, par le préposé en chef de l'octroi ; le premier étage, par la justice de paix, et le deuxième, par les sociétés philharmoniques.

Il y a quelques années, ce dernier local était occupé par l'école de dessin, fondée par lettres patentes du roi, données à Versailles, au mois de février 1779. Actuellement, cette école est installée provisoirement rue Boucherat, dans un groupe scolaire de l'école municipale.

Cette intéressante maison consulaire est appelée à disparaître pour les besoins de l'agrandissement de l'hôtel de ville, qui deviendra, par la suite, une condition indispensable et nécessaire.

LES ANCIENNES

MAISONS CONSTRUITES EN PIERRE

Nous avons terminé la revue des principaux hôtels, mais nous devons signaler quelques maisons construites en pierre qui ont conservé des caractères intéressants. Nous allons donc poursuivre notre excursion, ainsi que nous l'avons fait pour les maisons construites en bois, en commençant par le quartier bas.

Grand cloître Saint-Pierre. — Appelé ainsi parce qu'il était occupé depuis plusieurs siècles par les chanoines de la cathédrale. Au n° 10 de cette rue est une ancienne maison construite en pierre; elle a été restaurée il y a quelques années et est occupée aujourd'hui par les dames franciscaines.

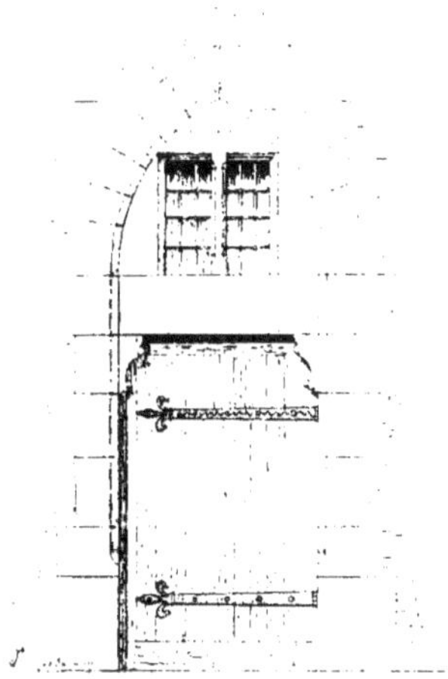

1.

A gauche de la façade principale, sur la rue, s'ouvre une petite porte ogivale à linteau droit soutenu par deux jolies consoles savamment profilées. Un large biseau ébrase les jambages et son archivolte ogival. Son tympan à claire-voie se compose d'une fenêtre carrée divisée en deux parties par un trumeau à chanfrein. Cette porte de service (1), d'une extrême simplicité, se recommande par la beauté de sa structure; elle donne accès à un cellier, grande salle carrée, voûtée en ogive, avec de puissants arcs doubleaux et de larges nervures à biseaux. Au centre de la voûte est un œil-de-bœuf pour le service d'un réfectoire qui occupait le premier étage.

Au-dessus de la porte d'entrée, à droite, est percée une petite fenêtre très étroite divisée en deux parties par une large traverse et portée par une petite console feuillagée; les pieds-droits sont finement moulurés; ces moulures se prolongent sur le linteau légèrement cintré. Les volets ont conservé leurs ferrures fleurdelisées.

Cette construction en pierre et brique, très fortement établie, nous rappelle les celliers des anciens monastères du commencement du XIVe siècle. Il se pourrait que cette construction fût une dépendance d'une maison canoniale, où se logeaient plusieurs chanoines de la cathédrale pour y vivre en communauté, comme c'était l'usage à cette époque.

La maison n° 25, appartenant à M. Payen, attire l'attention par l'importance de son grand portail. Le claveau central de son arc cintré porte la date de 1721. Cette propriété appartenait au chapitre de Saint-Pierre. Elle fut habitée par des chanoines; Mgr de Noë, premier évêque de Troyes après le concordat, mourut dans cette maison le 22 septembre 1802, au moment où il venait d'être désigné pour le cardinalat.

La maison par elle-même n'offre aucun intérêt. Dans le jardin se trouve une sculpture en pierre dite la *chair salée*. Elle provient de l'église Saint-Loup et a été décrite et reproduite dans le voyage archéologique de M. Arnaud et dans un opuscule de M. l'abbé Lalore.

Laissée sous un arbre, exposée à tous les effets du temps, cette pierre s'est effritée et brisée d'une manière si fâcheuse qu'elle a perdu tout son intérêt.

Dans la cour, de chaque côté de la porte d'entrée de la maison, sont placées deux énormes gargouilles du XVIe siècle, provenant de la même église.

Place Saint-Pierre. — Sur cette place, en face du grand portail de la cathédrale, on remarque un grand pignon qui se dresse au-dessus de toutes les maisons environnantes. Cette construction sobre et imposante, s'élevant depuis des siècles au centre de maisons occupées jadis par les chanoines du chapitre de la cathédrale, ne paraît être qu'une ancienne grange ou cellier destiné à recevoir les céréales provenant des dîmes ou des cultures des biens du chapitre Saint-Pierre. Sa construction rappelle l'architecture monastique au déclin de la période romane; elle correspond par conséquent aux premieres années du XIIIe siècle.

La façade de ce bâtiment s'est beaucoup modifiée depuis un demi-siècle. Elle se composait de deux portes charretières à linteau droit, surmontées d'un arc de décharge en œuvre. Au-dessus de ceux-ci, sont deux fenêtres à meneaux croisés qui éclairent le premier étage.

2.

Cette façade est divisée par un contrefort à retrait montant jusqu'au centre du pignon; qui est percé d'une petite lucarne ogivale, destinée à éclairer la charpente des combles (2).

L'intérieur est divisé sur sa hauteur par deux planchers qui étaient jadis recouverts de carreaux émaillés représentant les uns des sujets de chasse, les autres des sujets fantaisistes, très intéressants, mais qui ont disparu au fur et à mesure de leur descellement. Plusieurs de ces carreaux sont conservés au musée de la ville.

La toiture, d'une grande étendue, était couverte de tuiles et de faîtières émaillées, celles-ci surmontées d'une espèce de poterie se détachant vigoureusement sur le ciel (3).

Actuellement cette importante construction est occupée par la distillerie de MM. Marnot et Macé. En pénétrant à l'intérieur, on ne se trouve plus qu'en présence de futailles alignées des deux côtés dans cette immense nef, comptant trente-trois mètres de longueur sur dix mètres de largeur. Il est donc facile de se rendre compte de la grande quantité de vins et de céréales qu'elle pouvait contenir et des services que cette construction devait rendre au chapitre de la cathédrale. La hauteur du bâtiment est de seize mètres.

Les dépendances de cette maison se prolongent au midi sur la rue de la Montée et sur l'angle de la place Saint-Pierre. De riches cimaises de boiseries, servant de lambris dans le grand escalier de cette maison, portent les armoiries et la devise des familles Perricard et Huyard, toutes deux originaires de Troyes (4).

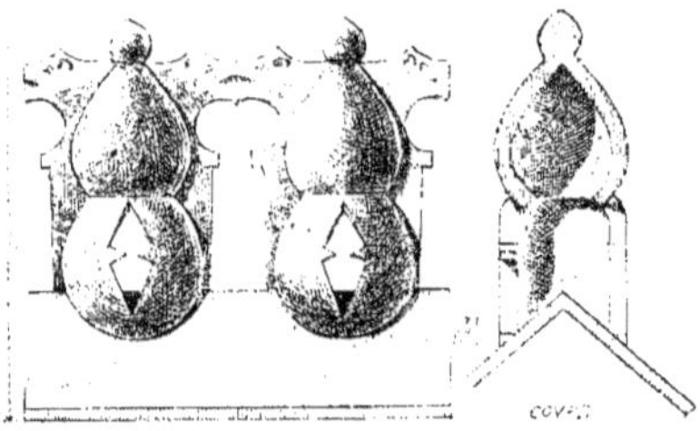

3.

En 1538, Catherine Huyard, veuve de Jacques Perricard, avait eu un fils, Antoine Perricard, et quatre filles. Ces armoiries, divisées par quartier, sont ordinairement portées par les descendants; on peut croire que celles-ci ont appartenu à Antoine Perricard, licencié ès lois.

Rue Saint-Pierre. — Au n° 4 de cette rue est un hôtel qui se fait remarquer par une porte cochère monumentale.

Ce portique est sans date; l'ensemble et la simplicité de sa décoration nous indiquent néanmoins qu'il fut construit sous le règne de Louis XVI.

Cette maison était probablement une demeure canoniale, suivant le procès-verbal d'adjudication, dressé par les administrateurs du district de Troyes le 29 thermidor an II (16 août 1795), établissant que cet immeuble provenait du ci-devant chapitre Saint-Pierre de Troyes.

L'hôtel prend son entrée sur la rue Saint-Pierre, jadis rue de la Montée, par une porte cochère monumentale, et est précédé d'une vaste cour. Il est établi en longueur avec sa façade principal au nord. Du côté opposé, il s'ouvre sur un petit jardin en terrasse, donnant sur la rue Linard-Gonthier.

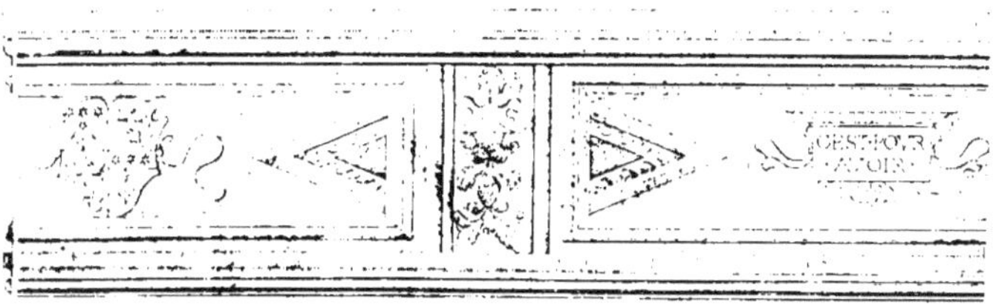

Ce jardin est situé à environ trois mètres au-dessus du niveau de la rue. Il occupe l'emplacement de la première enceinte de muraille qui fut construite autour de l'ancienne cité gallo-romaine.

Cette propriété a été vendue à M. Emile Hoppenot, manufacturier, le 7 février 1867, par M. et Mme de Feu de la Mothe qui la tenaient de M. Angenoust, ancien magistrat.

Rue du Paon. — Cette rue portait déjà ce nom en 1487; elle le devait à une hôtellerie placée à l'un des angles qui donnent sur la rue des Cordeliers, aujourd'hui rue Hennequin.

La maison n° 16 est une construction du milieu du XVIe siècle, remaniée depuis longtemps.

Elle est bâtie en appareil de briques et pierres de craie disposées en damier. Orientée de l'est à l'ouest, elle n'a pas de façade principale sur la rue à laquelle elle présente l'une de ses extrémités. Cette dernière est percée au centre d'une grande fenêtre en pierre de taille, ornée de moulures qui viennent s'amortir sur des quarts de cercle et qui sont munies de griffes à leur partie inférieure.

Une lucarne, également en pierre de taille, moulurée et à fronton triangulaire, s'ouvre sur la toiture à l'aplomb de la fenêtre qui donne sur la rue.

De chaque côté des pans de mur, près des angles, au-dessous de la corniche, est placé un cartouche profilé, formant console et soutenu par des enfants nus ayant dans l'une de leurs mains une corne d'abondance, le pavillon en l'air. Ces consoles étaient destinées à soutenir l'étai des gouttières des chanlattes. Ces deux petits groupes sont d'une exécution remarquable.

La façade sur la cour a été entièrement modernisée et ne présente aucun intérêt.

Le bâtiment en bois qui ferme la cour au sud est une construction du même temps. La façade sur la rue se compose d'un seul étage construit en encorbellement sur le rez-de-chaussée. La poutre transversale est moulurée d'accolades qui s'assemblent à l'about des solives du premier étage; elles reposent sur un poitrail soutenu par des consoles à ses extrémités.

Cette maison a été occupée par la communauté des *Sœurs régentes* ou *Sœurs noires* qui se livraient à l'instruction des jeunes filles. Elles y avaient été établies par Pierre Nicole, écrivain religieux, défenseur du jansénisme, qui passa plusieurs années à Troyes, de 1670 à 1678.

Ce séjour explique comment l'école et les doctrines de Port-Royal ont été longtemps en grande faveur à Troyes.

Les Sœurs régentes entrèrent en 1678 dans la maison de la rue de l'Arche-de-Noë (la rue portait alors ce nom emprunté à une enseigne) et y tinrent leur école dans laquelle elles recevaient surtout les enfants pauvres. A la suite des dissidences causées par la bulle *Unigenitus*, elles durent quitter la ville. Leur départ eut lieu en 1749, et le plus grand nombre d'entre elles se retira dans la ville d'Auxerre.

On n'a aucun renseignement sur l'origine de cette construction qui appartient aujourd'hui à la veuve de M. le docteur Vauthier.

Rue Charbonnet. — L'hôtel actuel de la poste aux lettres, à l'angle de la rue Charbonnet et de la rue Paillot-de-Montabert, appartenait, après l'incendie de 1524, à Barthélemy Alyon, médecin; ensuite elle devint la propriété de la famille Nevelet. En 1561, Jean Nevelet, élu pour le roi à Troyes, achète de son voisin Hiérôme Petitpied, sieur de Montois et de Chalette, l'*hôtel de la Chèvre,* situé rue de Châlons, depuis rue du Domino, actuellement rue Paillot-de-Montabert, qu'il réunit à la propriété. En 1587, Jeanne Pithou, veuve de Jean Nevelet, possède cet hôtel. En 1605, il appartient à Antoine Pithou, écuyer, seigneur de Luyères. A cette époque il est dit que l'hôtel anciennement nommé l'hôtel de la Chèvre est bâti en pierre et est appelé l'*hôtel de Moïse.* Des Pithou, cet hôtel passa à Jérôme Molé, et, en 1758, Françoise de Thomassin, sa veuve, le vend à Louis Lebrun, président au présidial de Troyes; depuis il appartient à Joachim Guérard, son gendre. En 1809, ce dernier vend l'immeuble à M. Molin, banquier. Quatre ans après, en 1813, la veuve Molin le cède à M. Nicolas Thomas, des mains duquel il passe entre celles de M. Astruc. Sa femme, Marie de Perceval, le vend à Mlle Recoing, qui l'a cédé à M. Bourbon-Lancelot, possesseur actuel.

Toute la curiosité de cette maison se concentre sur une niche monumentale sculptée à l'angle des rues Paillot-de-Montabert et Charbonnet.

La niche est creusée dans l'angle droit des deux rues, de façon que la console et le dais du couronnement se trouvent tout naturellement engagés dans la construction. Le dais de cette niche, soutenu par une coquille, se compose d'enroulements rubanés d'où s'échappent des fleurs et des fruits. Le motif ornemental se termine par une tête de chérubin, abritée par des feuilles de parchemin qui se développent sur le nu du mur et sur les deux faces. Le style de la décoration date de la fin du règne de Henri II (5).

5.

Il n'y aurait pas lieu d'être surpris si, lors des troubles de la Réforme, cette niche fût restée vide. En 1605, cette maison devint la propriété d'Antoine Pithou, qui y fit placer, croyons-nous, la figure du grand législateur des Hébreux; de là, le nom d'hôtel de Moïse qui fut substitué à celui d'hôtel de la Chèvre, comme nous l'avons vu plus haut.

Depuis la révolution de 89, cette niche est restée vide, et aucune trace ne peut nous indiquer la forme ou la silhouette de l'ancienne statue.

Rue de la Monnaie. — Du nom de l'hôtel de la Monnaie, établi dans cette rue pendant plusieurs siècles, mais dont il ne reste aucun souvenir, au sujet de l'emplacement. Anciennement rue de Pontigny et, pour une partie, rue du Chaperon.

Deux maisons sans beaucoup d'apparence, portant les nos 8 et 10, formaient au temps passé une importante propriété qui se nommait le *fief du Chaperon*, relevait du roi à cause de sa grosse tour de Troyes. Le surplus constituait les halles de Rouen, avec un jeu de paume sur le jardin, appelé le jeu de paume du Chaperon.

En 1547, tout l'emplacement fut bâti par Nicolas Corberon et Martin de Saint-Amour, qui élevèrent deux maisons sur un plan identiquement semblable.

Ce sont deux grands corps de bâtiments parallèles, situés l'un en façade sur la rue, l'autre entre cour et jardin, et divisés systématiquement par les deux propriétaires. Cette construction, considérable dans son ensemble, a été tellement transformée, surtout pour la maison portant le no 10, qu'il est impossible de se rendre compte de l'intérêt que présente encore aujourd'hui la façade sur la cour.

Première partie. — La partie sud-ouest de cette cour correspond au no 10 de la rue de la Monnaie: c'est un corps de logis comprenant un rez-de-chaussée et deux étages éclairés par deux fenêtres pour chacun des appartements. La façade est surmontée d'une galerie à arcatures cintrées et décorées de panneaux armoriés que divise la lucarne du grenier. Cette balustrade tient au chéneau et s'appuie à droite contre une grosse tour et à gauche contre un pilastre décoré d'un cartouche que surmonte un mascaron ; sur le socle est posé un joli vase aux formes élégantes ; c'est la limite des deux propriétés.

A l'angle droit de cette cour, à l'ouest, se développe la circonférence d'une grosse tour d'un aspect imposant montant jusqu'à la hauteur du pignon de la maison.

Dans cette tour est construit l'escalier desservant tous les étages. Ses dispositions et la facilité avec laquelle on monte les degrés prouvent l'importance qu'attachait le propriétaire à se mettre rapidement en communication avec les étages supérieurs, dont les pièces servaient à cette époque de magasin de vente en gros et en détail.

Dans cet escalier, à la hauteur du premier étage, une petite porte conduit à une galerie extérieure construite en pierre sur une voussure qui prend naissance contre le mur mitoyen. Cette galerie, couverte par une charpente, sert de communication entre le bâtiment principal et le second corps de logis construit parallèlement sur la cour. La balustrade de cette galerie se compose d'une suite de petites niches divisées par des pilastres et à son extrémité par des panneaux armoriés aux armes du propriétaire de la partie sud-ouest de cette maison. Elles répètent exactement les blasons placés à la galerie des combles du bâtiment principal. Le premier blason se compose d'un chevron accompagné de trois pommes de pin (6). Le second porte au premier de même, et au deuxième un lion en chef chargé de trois coquilles (7).

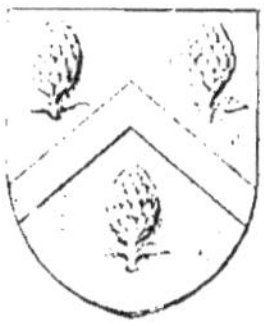
6.

7.

Ce sont certainement les armoiries de Martin de Saint-Amour et de sa femme, née Chappelain, famille bourgeoise de Troyes alliée aux Marisy, et dont il y eut François Chappelain, seigneur de Vermoise et grenetier au grenier à sel de Troyes.

Ce que nous savons de Martin de Saint-Amour, c'est que cette famille tire sa noblesse de la possession de la seigneurie de Saint-Amour, près Mâcon. Saint-Amour avait épousé une demoiselle Le Bé, dont les armes n'ont rien de commun avec celles des Chappelain; peut être est-ce en premières noces qu'il avait épousé une demoiselle de ce nom.

En poursuivant l'ascension dans l'escalier de la grosse tour, on arrive, à la hauteur des combles, devant une petite ouverture sur les greniers et une autre porte à droite donnant entrée dans une petite tourelle construite en encorbellement, au nord de la tour, et maintenue par un gros contrefort à retrait. Cette tourelle renferme un petit escalier à vis conduisant à la plate-forme de la tour, d'une largeur de trois mètres quarante centimètres. Celle-ci se termine à cette hauteur par une corniche en larmier sur laquelle pouvait reposer une toiture en forme de cône, supprimée sans doute par économie d'entretien.

Au second étage de la cour, une porte murée, apparente à l'extérieur, a pu autrefois servir de passage à une deuxième galerie placée à la hauteur de la toiture de celle du premier étage, et comme celle-ci donner accès dans le bâtiment secondaire.

On communique dans la cour de cette intéressante maison par la porte du corridor donnant sur la rue de la Monnaie, et par un passage voûté pratiqué sous le grand escalier de la tour. A l'issue de la sortie à droite, est l'escalier de la cave dont les pieds-droits sont accompagnés de pilastres doriques. Au-dessus, deux fenêtres accolées et d'inégale dimension éclairent l'escalier, à la hauteur du premier étage. Ces deux fenêtres, en lancettes cintrées, sont surmontées d'une assise de décharges décorées de rinceaux et de griffons soutenant un vase. Une troisième ouverture au-dessus du bandeau du troisième étage était, sans doute, réservée à l'accès dans la grosse tour, soit pour y monter des marchandises, soit pour faciliter certains dégagements dans les cas de réparation de l'escalier ou des combles. Cette partie de maison appartient aujourd'hui à Mme veuve Gouard, née Leclerc.

Deuxième partie. — Le côté sud-est de ces bâtiments était exactement la répétition du côté nord-ouest que nous venons de décrire. La grosse tour de l'escalier a été démolie depuis quelques années pour donner plus d'air à la cour et au second corps de bâtiments.

L'ancien corridor qui constituait l'entrée principale de cette maison a été supprimé; il a été remplacé par une grande porte cintrée pour le passage de voitures et ouverte à travers la pièce principale du rez-de-chaussée, ainsi que le constatent les pieds-droits de la cheminée qui sont encore en place sous la voûte du passage. Tout le principal corps de logis a donc été sacrifié pour la maison située entre cour et jardin. Cette transformation a eu lieu vers les premières années du XVIIe siècle.

La maison sur le jardin fut reconstruite vers cette époque, puis remaniée sous Louis XV. Elle remplace l'ancien corps de logis qui devait être complètement en rapport avec les bâtiments construits en 1547. On a poussé la symétrie dans cette construction jusqu'à simuler une galerie à l'est avec balustrade et arcature.

Par la suite, cette propriété a été divisée sur la cour en deux parties, au moyen d'un mur montant jusqu'au premier étage, dans l'angle droit duquel est une tourelle posée en encorbellement sur des trompes, appareil de claveaux en forme de coquilles se rétrécissant à partir du centre et formant le dégagement d'une conduite de cabinet d'aisances.

Au fond de la cour, à droite, est un péristyle de quelques marches, communiquant au premier étage du second corps de bâtiment. Sous ce péristyle, un passage, voûté sous toute la longueur du logis, conduit au jardin, vaste dépendance entourée de pièces de service, de hangar, de basse-cour, avec sortie sur une ruelle conduisant à la rue des Quinze-Vingts.

Nicolas de Corberon, qui construisit cette partie de l'hôtel, était sans doute le père de Nicolas de Corberon, lieutenant particulier au présidial de Troyes pendant trente-quatre ans; sur la fin de sa vie, il donna sa démission et mourut le 22 janvier 1635. Nicolas de Corberon avait épousé Marie Le Cornuel, dont il eut deux fils et une fille : Nicolas II de Corberon, conseiller du roi en ses conseils; Claude de Corberon et Marie de Corberon.

Nicolas II succéda à son père au présidial de Troyes et devint avocat général à la cour du parlement de Metz, ensuite président au conseil souverain de Nancy, avocat général à la cour du parlement a Metz et enfin président au conseil souverain d'Alsace.

Ces fonctions se perpétuèrent de père en fils jusqu'en 1764.

Voici les noms des anciens propriétaires de l'hôtel depuis 1547 : Nicolas de Corberon et Martin de Saint-Amour; 1565, partage entre Nicolas II de Corberon et ses cohéritiers; 1581, adjudication de la maison à Adam Le Noble; Pierre Le Noble; 1660, Eustache Le Noble; 1715, Pierre II Le Noble, seigneur de Thennelières; Marie Le Noble, épouse du président d'Yèvre; 1769, le comte de Paillot, comme donataire de son frère, M. Paillot, légataire universel de Mme Marie Le Noble, et en 1774, M. Camusat-Bonnemain [1].

Les n°s 32 et 36 de la rue de la Monnaie se composent d'un grand corps de bâtiment divisé en deux par un passage de voiture voûté sur une longueur de vingt-sept mètres. Ce passage, qui a toute

1. Nous devons ces renseignements à l'obligeance de M. Armand de Paillot, propriétaire actuel.

l'apparence d'une entrée de citadelle, conduit dans une grande cour où se trouve un second corps de bâtiment avec dépendances. C'est une construction beaucoup plus moderne assise entre cour et jardin portant le n° 34 et appartenant à M. Joblet, actuellement occupée par la succursale de l'imprimerie de M. Eugène Caffé.

La façade sur la rue, de la maison principale, offre un certain caractère de solidité imposante qui l'a fait considérer par beaucoup de

8.

personnes comme une dépendance de l'ancienne Monnaie, assertion que l'on ne pourrait admettre qu'avec titres en main.

Des deux côtés de la grande porte charretière s'ouvrent les entrées particulières des deux corps de logis situés rue de la Monnaie. Ces entrées se composent d'une petite porte au cintre surbaissé, au-dessus de laquelle est percée une lucarne de même forme éclairant un long corridor qui conduit aux appartements du rez-de-chaussée et aussi à une cour intérieure, laquelle n'est visible que pour chacun des deux locataires. Ces deux cours avaient jadis une sortie sous le grand passage voûté.

Le rez-de-chaussée se compose, pour les deux corps de logis, de deux fenêtres profilées de moulures, séparées l'une et l'autre et de la porte du corridor par des pilastres sur lesquels reposent des corbeaux

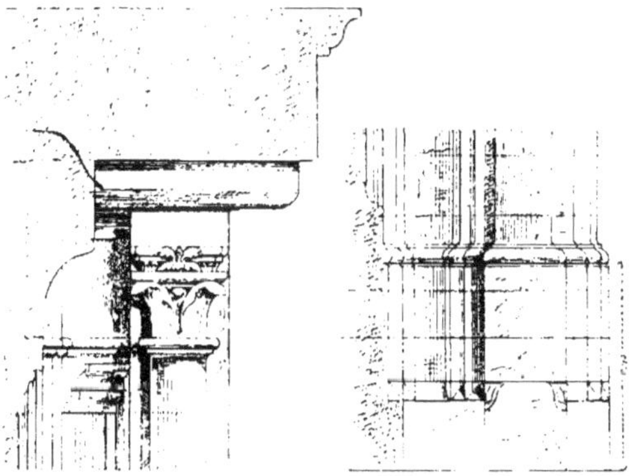

9.

saillants, portant une corniche qui est divisée à la rencontre des pilastres par des modillons profilés. Le premier étage s'éclaire par sept fenêtres, trois pour chacune des maisons, et une fenêtre centrale correspondant à la porte cochère.

Une plate-bande accuse le deuxième étage, très bas de plafond et limité par l'entablement du couronnement. Les fenêtres disposées dans l'axe des ouvertures du premier étage sont de forme carrée et la plupart croisées par des meneaux profilés (8).

Au xviiie siècle, cette maison fut complètement transformée à l'intérieur et les fenêtres du premier étage décorées de riches balcons en fer forgé.

Ce grand corps de bâtiment fut construit, après l'incendie de 1524, par Nicolas Riglet, qui avait les dépendances de son hôtel faisant face à cette maison de l'autre côté de la rue.

Parmi les anciens propriétaires des maisons qui occupaient jadis cet emplacement, on trouve, au xve siècle, Pierre Colombel, puis

François de la Garmoise, gruyer de Champagne et de Brie; ensuite Jean Thevenin, procureur; sa veuve; et enfin François de la Roère, seigneur de Saint-Sépulcre (Villacerf) et de Chamoy, qui vendit à Nicolas Riglet, seigneur de Montgueux. En 1540, ce dernier consentit une hypothèque en faveur du chapitre de Saint-Urbain, pour tenir lieu des charges de même nature qui pesaient sur sa maison. Son fils et héritier, Edme Riglet, seigneur de Montgueux, lui succéda en 1560 et vendit vers 1580 la maison à Nicolas Chaulery, procureur; les héritiers de ce dernier la cédèrent à leur tour à M. Antoine Boissenot, procureur.

12.

Depuis des siècles les maisons construites rue de la Monnaie étaient occupées par la magistrature troyenne. Ces maisons avaient pour annexe un second corps de bâtiment, situé entre cour et jardin, adossés avec ses dépendances contre les propriétaires de la rue du Palais-de-Justice.

Ces bâtiments annexés ont presque tous été construits au XVIIIe siècle sur une partie des jardins des hôtels bordant la rue de la Monnaie.

Leur construction est bien simple et sans intérêt, si ce n'est leur toiture couverte en tuiles vernissées, véritable carapace aux riches couleurs chatoyantes dont les dessins variés se résument par l'ocre jaune, le brun rouge, le noir et le vert.

Quelques maisons sur la rue de la Monnaie ont encore conservé à l'intérieur de leur appartement des restes de leurs anciennes cheminées. Il en est ainsi pour la maison portant le nº 38, occupée par M. le docteur Raoul Hervey; cet amateur d'art, vient de faire restaurer la cheminée de son appartement situé au premier étage et depuis deux siècles enfouie derrière des boiseries.

Nous donnons ici un fragment de la seconde cheminée placée

dans la pièce du premier étage sur la cour; elle est encore couverte de son manteau de bois de chêne (9).

Les maisons portant les n°s 36 et 38 sont actuellement la propriété de M. le docteur Hervey, qui les tient de son père, également médecin, ce dernier comme héritier direct de la famille Pillard-Bouilly.

Largeur, 2^{m},017.

11.

Rue de Brunneval. — Anciennement rue du Bœuf-Couronné et rue de la Levrette. Son nom actuel est un hommage rendu à la mémoire d'un bienfaiteur de la ville, M. de Brunneval, Breton d'origine, seigneur de Monceaux et receveur des gabelles à Troyes. Par son testament en date du 30 mars 1775, M. de Brunneval légua à la ville, pour en jouir après le décès de son épouse, sa maison au profit de l'école de dessin fondée et ouverte par de généreux citoyens le 15 novembre 1773.

Une maison de cette rue, portant le n° 5, est une construction du XVIIIe siècle; son rez-de-chaussée en pierre est surmonté d'un étage en encorbellement supporté par des consoles Louis XV, style rocaille, dont quelques-unes ne manquent pas d'une certaine richesse de composition (10).

Une porte charretière, à droite de la façade, sert d'entrée à la maison et en même temps à un second corps de bâtiment occupant toute la cour. Sous le passage de la grande porte est une grille en fer forgé fermant et divisant le passage en deux parties. Cette grille ne manque pas d'une certaine harmonie dans sa composition (11). Sur la plate-bande supérieure, au centre des rinceaux courants qui la décorent, est un blason à un chevron accompagné de trois glands ou pommes de pin. Ce blason nous rappelle celui de la famille Ludot (12).

L'appartement est divisé en deux pièces, l'une sur la rue, l'autre sur la cour. C'est entre ces deux pièces que la grille est placée. Par son importance on pourrait croire qu'elle était dressée ainsi pour protéger la pièce du fond contre un coup de force, et non pour servir d'entrée à la cour qui se trouve plus loin.

12.

M. Léon Pigeotte, membre de la Société académique de l'Aube, nous apprend que cette maison fut acquise par son père, M. le docteur Pigeotte, médecin à Troyes, suivant contrat reçu par Me Guyot père, le 13 septembre 1810, de Thérèse-Élisabeth Fromageot, veuve de Jean-Baptiste-François Camusat de Riancey, demeuant à Paris, et de Pierre Fromageot, son frère. Cette maison venait de leur mère, Mme Dufour, veuve de M. Pierre Fromageot. Elle avait été acquise des héritières de Mme Élisabeth Paillot, veuve de M. Claude Le D'huys, suivant contrat passé devant Me Oudin, notaire à Troyes, le 18 frimaire an XI (19 décembre 1802).

Les représentants de Mme Le D'huys étaient M. Paillot de Montabert, Mme Doé et Mlle Paillot. Les actes n'apprennent rien de plus.

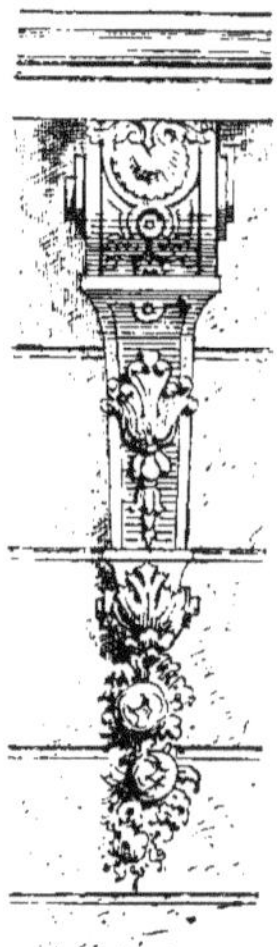

13.

Par elle-même la maison n'offre rien de bien intéressant; seule la porte d'entrée sur la rue Brunneval présente un ensemble de décoration de l'école Louis XV, composée et sculptée avec une grande adresse de ciseau. Nous ne sommes pas enthousiate de ce genre d'architecture, mais en art, il ne faut pas de parti pris, quel que soit le genre. Nous n'avons donc pas cru devoir pour cette raison négliger cette décoration architecturale, qui trouve encore sa place quand il s'agit de compléter ou restaurer les monuments ou les maisons privées de l'époque de Louis XIV à la Révolution.

Cette grande porte fait partie du mur de clôture de la propriété sur la rue Brunneval, elle se compose d'une archivolte en arc surbaissé dont les profils se prolongent sur les pieds-droits; ceux-ci s'appuient sur deux pilastres en saillie sur le mur de clôture. Ces piliers sont surmontés d'une corniche se prolongeant en arc surbaissé au-dessus du linteau de la porte. La saillie est soutenue par deux jolies consoles ornées de coquilles, de palmettes et de guirlandes de roses finement fouillées (13). La clé du linteau est décorée d'une gracieuse tête de femme à la chevelure ondulée et coiffée d'une toque en pointe ornée d'une aigrette. Cette tête est sur champ de rocailles, habilement exécutées (16).

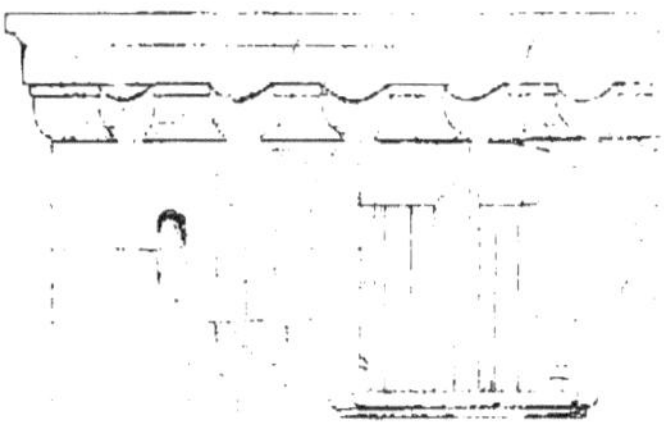

14.

Au-dessus de ce claveau central, sur la plate-bande de la corniche de l'arc surbaissé, on lit la date de 1773.

Cette maison est celle que M. de Brunneval donna à la ville pour favoriser l'établissement de son école de dessin, elle appartient aujourd'hui à M. Petit, notaire honoraire. Les titres de ce dernier nous apprennent qu'elle fut vendue nationalement lors de la Révolution, mais ils ne nous font pas connaître le nom de l'acquéreur. Plus tard le propriétaire fut un M. Chérot, négociant à Troyes. Après lui elle passa à ses héritiers et enfants, puis à M. Pinson de Valpinson, propriétaire à Paris époux d'une demoiselle Chérot et ensuite à M. Fortier-Huez et à ses héritiers M. et Mme de Lanferna-Dubreuil. Mlle Gérard-Blaise s'en rendit acquéreur et la légua à M. Petit-Babeau, avocat, qui la vendit à M. Petit, possesseur actuel.

Rue du Palais-de-Justice. — Anciennement rue du Bourgneuf et aujourd'hui appelée rue du Palais-de-Justice, depuis la construction de ce palais sur les dépendances et sur les terrains de l'ancien couvent des jacobins qui s'étaient établis dans cette rue en 1766, après avoir abandonné leur ancien couvent.

Les deux maisons portant les n°s 29 et 31 se font remarquer par une corniche à modillon en quart de cercle, que l'on pourrait attribuer au XIIIe siècle; mais, en examinant les profils de la petite fenêtre située à la hauteur de la corniche, on est convaincu qu'on se trouve en présence de deux corps de bâtiments construits immédiatement près l'incendie de 1524 (14). C'est une construction d'un caractère étrange pour une habitation bourgeoise et qui semblerait mieux convenir à une maison de détention.

15.

Rue des Quinze-Vingts. — Cette rue doit son nom à une maison qui appartenait à l'hospice des aveugles de Paris.

Le linteau de la porte d'entrée de la maison portant le n° 8 est décoré d'un cartouche de la Renaissance, sur lequel est un écu écartelé : au 1, d'une rose, qui est probablement *Chevillard?* au 2, à trois écrevisses, armes de la famille *Boucher :* au 3, de deux cotices mises en barre, *Villeprouvée* mal reproduit; au 4, à trois têtes de léopards, armes portées par une branche de la famille *Léguisé* (15).

A l'angle droit de cette rue des Quinze-Vingts et de la rue Thiers, un pilastre dorique porte sur son chapiteau la figure d'un ange debout; la tête, à longue chevelure frisée, et deux ailes se déploient sur les deux faces du mur. L'ange est vêtu d'une longue tunique, ouverte sur le côté, laissant à découvert la jambe gauche complètement nue. La main droite tient à la hauteur de la ceinture une longue banderole où sont inscrits ces mots : VNDIQVE CVSTOS. C'est l'ange gardien veillant de toutes parts. Le phylactère qui se développe devant l'image, est maintenu par la main gauche, et la manche du bras est relevée jusqu'au coude. Cette sculpture, qui date de la fin du XVIe siècle, est assez bien rendue et ne manque pas d'un certain charme (16).

16.

Plusieurs maisons du commencement et de la fin du XVIIIe siècle passent encore pour les plus belles de la ville, par la simple raison qu'elles sont construites en pierre; mais elles n'offrent extérieurement aucun caractère architectural bien déterminé. On remarque toutefois dans l'intérieur de ces maisons de jolies cheminées en marbre et de remarquables boiseries Louis XIV, Louis XV et Louis XVI qui présentent un certain intérêt au point de vue de ces styles si élégants et si coquets. De ces époques, citons en première ligne les maisons de la place de la Banque, construites en 1767, celle de la rue du Temple, n° 11, ancienne propriété de M. Auguste Truelle, alors trésorier-payeur qui la tenait de M. Victor Truelle, son père; actuellement elle est en la possession de M. l'abbé Brisson, supérieur des Oblats et du collège Saint-Bernard.

Cette maison fut construite à la fin du dernier siècle par les frères Lombard, négociants à Troyes; restée inachevée pendant la Révolution, elle fut terminée par M. Du Châtel-Berthelin, ancien député de l'Aube sous le Directoire. Nous mentionnerons aussi celle de M. de Rouvray, contrôleur des lignes télégraphiques, rue Grosley, n° 11, depuis peu propriété de M. Paris, avoué, et enfin celles de la rue Notre-Dame, 107 et 109, la première appartenant à Mme veuve Chandelier et la seconde à Mme Mortier-Béguinot.

17.

HOTEL DE VILLE

Aucun document ne nous a fait connaitre ce que pouvait être l'hôtel de ville, à Troyes, avant la fin du XIVe siècle, depuis l'année 1479 jusqu'à l'acquisition de l'hôtel de Mesgrigny qui devint l'hôtel de ville [1].

Le conseil se réunissait dans une maison louée, moyennant un prix annuel de sept livres tournois, du chapitre de Saint-Urbain, et située près de la collégiale de ce nom. Cette maison fut désignée sous le nom de chambre de l'*Échevinage* et aussi d'hôtel de ville.

On y plaça une cloche pour l'appel aux assemblées.

En 1481 et en 1487, il est question de faire l'acquisition de l'hôtel de Mesgrigny dans le but d'y établir l'hôtel de ville.

Enfin, en 1495, le maire et les échevins achetèrent l'hôtel de Jeanne de Mesgrigny, veuve de feu Jean Molé et d'Edmone de Mesgrigny, femme de Simon Griveau : Jeanne et Edmone étaient filles de Jean de Mesgrigny, en son vivant receveur des aides à Troyes. L'acquisition se fit moyennant 2,770 livres tournois.

Cet hôtel occupait l'emplacement de l'hôtel de ville actuel.

Puis, nous voyons en 1521 cette déclaration au censier de Montier-la-Celle : « Les manans et habitans de Troyes, pour un grand hôtel (de Mesgrigny), en plusieurs frestres qui est de présent la *Maison de cette ville* et grenier à sel, séant en la dite grande rue, tenant aux hoirs maître Jean Berger, procureur du roi, d'autre à l'héritage de Notre-Dame-en-l'Isle et la ruelle Daude, par devant la grande rue, par derrière à la rue des Buchettes, et fut à Guillemette La Houce-

1. Nous avons eu recours à l'*Histoire de Troyes* de T. Boutiot, à la *Topographie historique* de Courtalon, et aux *Éphémérides* de P.-J. Grosley, pour établir par époques les phases successives par lesquelles cette malheureuse construction a passé avant d'arriver à son état actuel.

lotte, à Michel Le Gras et Gilles Le Gras, puis à Jean de Mesgrigny, receveur du roi ». (*Archives de l'Aube.* — 7 H. 154 registre.)

Dans l'année de cette acquisition, l'échevinage fait construire le chartrier ou trésor, qui existe encore aujourd'hui, et décide que, pour éviter les incendies, il sera construit en pierre dure et en craie.

Le trésor actuel est, en effet, construit en pierre dure et en craie, et de plus, il est voûté en briques.

En 1511, le conseil résolut de faire reconstruire à neuf l'hôtel de ville. Cette résolution ne fut suivie que d'une restauration de l'ancien hôtel de Mesgrigny. La façade, alors en bois, fut revêtue d'une peinture *honneste*, et les armoiries de la ville, placées au pignon, furent remises à neuf. Sur cette façade, et selon le goût de l'époque, on inscrivit cette belle devise :

PAX HVIC DOMVI ET OMNIBVS HABITANTIBUS IN EA!

Paix à cette demeure et à tous ceux qui habitent en elle !

Nous ne connaissons rien de ce premier hôtel de ville qui tombait en ruine dès les premières années du XVIe siècle ; on en possède cependant une représentation figurée sur une verrière de l'ancienne Arquebuse, peinture exécutée par Linard-Gonthier, que nous avons déjà cité, et représentant la place de l'Hôtel-de-Ville le 30 mai 1595, à l'arrivée de Henri IV à Troyes.

Sur la droite de cette peinture, conservée au musée de Troyes, est une construction en bois au-dessus de laquelle sont écrits ces mots : LOSTEL DE VILLE. C'est une grande maison au pignon trilobé, décoré du blason de France et de deux écussons aux armes de Champagne.

Cet hôtel de ville assez médiocre semble n'avoir qu'un seul étage éclairé par des fenêtres trilobées de style ogival. Cette partie du bâtiment et le rez-de-chaussée se trouvent cachés par les accessoires d'un arc triomphal élevé à l'entrée de la rue de l'Hôtel-de-Ville, à l'est, et fermant la rue de ce côté.

Le 16 avril 1616, le conseil de ville, autorisé par le roi, étudie le moyen de faire une levée de deniers ou de recourir à des dons particuliers, et de choisir un plan pour édifier un nouvel hôtel de ville en remplacement de celui qui n'était plus habitable. Ce soin est confié à MM. Jean Nivelle, Marguenat et Dorrieux, échevins, et à MM. Pithou, sieur de Luyères, Felois et Girardin, conseillers.

On choisit l'emplacement du vieil hôtel de ville, augmenté du terrain d'une maison située au coin de la ruelle Daude, emplacement maintenant occupé en partie par l'aile droite de l'hôtel de ville.

Il y eut trois projets : le conseil accueillit celui de M. Louis-Victoire Louis, né à Paris, architecte du roi de Pologne, jeune artiste venu depuis peu de Rome, où il était pensionnaire du roi; Girard Boudrot, l'architecte de la tour de l'église Sainte-Madeleine, Guillaume Roux, maître maçon, et de Barry, maître charpentier, « donnèrent leur proposition. »

Le projet paraît avoir séjourné longtemps dans les cartons de la municipalité, car la première pierre de l'édifice ne fut posée que le 8 juillet 1624 par M. Joseph de Vienne, maire, écuyer, seigneur de Saint-Benoît sur Vanne, conseiller du roi, par procuration de M. le le duc de Nevers, gouverneur de la province de Champagne. La cérémonie dura deux jours et se fit avec grande pompe, au bruit de l'artillerie, composée de canons, fauconneaux, arquebuses à croc, tambours, fifres et trompettes.

Les travaux commencèrent sous la surveillance d'une commission choisie au sein de l'échevinage. En firent partie : MM. Felois, Denise, Riglet, Dorigny, conseillers de ville.

Dans les fondations furent déposées, le 17 juillet 1624, les armoiries du duc de Nevers, et le 18 du même mois celles de M. de Praslin, lieutenant général au gouvernement de Champagne; celles du baron Largentier; celles du procureur du roi, M. de la Fertey, et du maire, M. de Vienne.

Le roi accorda à la ville 30,000 livres, à prendre sur les recettes de Louis Berthault, fermier des impôts, du produit de la vente du sel, etc.

Les trésoriers généraux de France vinrent pour procéder à l'adjudication des travaux, alors que la construction était commencée, et, par suite de contestations soulevées par eux, l'adjudication n'eut lieu que deux ans après et à Châlons.

En 1641, les murs tombent déjà en ruine et cependant ils n'ont pas encore dépassé les fondations, et le service est toujours dans les anciens bâtiments qui ne pouvaient plus être habités « sans péril de la vie. » La misère du temps fit suspendre les travaux.

Pour subvenir aux dépenses, on propose de lever sur la ville et les faubourgs le double droit sur les farines, d'imposer les voitures et les chariots entrant en ville, d'établir le droit de courte-pinte sur les taverniers, hôteliers et cabarets, un droit sur le vin passant debout, tant en ville que sur les fossés.

Le 12 octobre 1646, l'hôtel de ville n'est que commencé et « auparavant que d'avoir vu le parachef », les anciens bâtiments doivent être démolis et ne sont pas habitables. Par ce motif, les assemblées générales se font aux Cordeliers et chaque maire déclare que cet état de choses est un déshonneur pour la ville, capitale de province.

M. Vincent d'Autry, maire de Troyes, demande la construction, à titre provisoire, d'une salle avec quelques chambres pour les assemblées particulières ou générales.

Enfin, en 1670, l'échevinage s'émut; 30,000 livres, destinées à la réparation des remparts, furent employées à la reprise des travaux et à amener l'hôtel de ville en l'état où nous le voyons aujourd'hui, M. Nicolas Vauthier étant maire. Il avait fallu, pour terminer les bâtiments, quarante-six années de rivalités, de tiraillements ridicules et de misères publiques.

Description de l'hôtel de ville. — Ce monument se compose d'un grand corps et de deux ailes en retour sur la cour. Sa façade principale se divise en sept parties, formées de huit saillies composées de pilastres corinthiens accouplés et groupés, portant un entablement ionique dont la frise, décorée d'ornements courants, est restée à l'état d'ébauche pour une certaine partie. Au premier étage, un ordre aux colonnes composites de marbre noir, avec chapiteaux de marbre blanc, porte l'entablement corinthien du couronnement. Aux angles de l'édifice, le pilastre est simple et ne porte qu'une seule colonne, de même matière et de même proportion. Les intervalles des sept travées sont percés de fenêtres au rez-de-chaussée et au premier étage; la première et la dernière fenêtre sont plus étroites que les quatre autres. La partie centrale de l'édifice est beaucoup plus étendue que les travées qui l'accompagnent; elle est occupée par une large porte à pans surmontés de branches de laurier, au centre desquelles sont deux JL adossés. Les vantaux de la porte en bois de chêne sont décorés de grosses moulures, et le tympan est orné d'un cartouche enrichi d'attributs militaires et d'instruments de musique.

Au premier étage, une niche centrale, flanquée de pilastres composites, abritait, avant la Révolution, l'effigie du roi Louis XIV couronné par la Victoire et foulant à ses pieds l'hydre de l'hérésie. Cette statue avait été exécutée par François Mignot, et posée en 1687, sous la direction de M. Pierre Barolet, conseiller de ville. Le soubassement de cette niche, accompagné d'attributs de guerre, portait les quatre vers latins suivants, que fit graver Santeuil :

ILLE EST QUEM TOTIS AMBIT VICTORIA PENNIS
HIC PELAGO, HIC TERRIS, HIC SIBI JURA DEDIT
PER QUEM RELLIGIO TOT AB HOSTIBUS UNA TRIUMPHAT
URBS DICAT ANTIQUÆ RELLIGIONIS AMANS [1].

En 1793, la statue du roi et l'inscription furent brisées et la figure remplacée par la statue de la Liberté coiffée de son bonnet phrygien, tenant un drapeau de la main droite et la main gauche appuyée sur le trophée romain.

La Restauration changea les attributs, et du bonnet fit un casque; elle transforma ainsi la Liberté en une Minerve, la Déesse de la sagesse, des Arts et de la Guerre.

L'inscription ancienne fut remplacée par ce distique :

MINERVE FERME ENFIN LE TEMPLE DE LA GUERRE,
LA JUSTICE ET LA PAIX VONT REGNER SUR LA TERRE.

Depuis 1869 il ne reste plus rien de cette dernière inscription. Au-dessus de l'entablement de l'édifice, trois lucarnes décorées de pilastres, de guirlandes de chêne et de laurier; aux frontons circulaires sont interrompues pour faire place à une espèce de trilobe

1. C'est celui que la victoire entoure de toutes ses faveurs. Il étendit ses droits sur la terre et sur mer, et, par lui, la religion, seule véritable, triomphe de tant d'ennemis. La ville, attachée à la vieille foi religieuse, lui consacre ce monument.

sur lequel étaient sculptés des blasons, aujourd'hui martelés.

La lucarne répondant à la décoration centrale de l'édifice est plus importante par ses dimensions; elle encadre le cadran de l'horloge : son mouvement porte la date de 175. : il est sorti de la fabrique de Pâris, horloger à Troyes.

L'hôtel de ville est terminé par un campanile en forme de dôme : sous celui-ci une cloche de petit modèle, timbrée aux armes de la ville, porte cette inscription.

DE LA MAIRIE ET ESCHEVINAGE DE NOBLES HOMMES LE PERRICARD MAIRE. FR. BERTHELIN. P. GALLIEN. AD. A. MAILLET, ETC. HUEZ. CONS. TRUELLE. N. TASSIN. N. FLABUT. N. BAVBEY. 1685. PAR I. B. LA GAUDE.

La façade sur la cour se présente entre deux ailes à trois travées. Une grande porte en arc surbaissé est abritée par un portique de l'ordre dorique, formant avant-corps avec deux colonnes annelées portant un vaste fronton mi-circulaire. Sur le portique à gauche est la salle du corps de garde avec une cheminée à cariatides et gaines feuillagées et surmontée d'un linteau frontonné, aux armes de France, avec attributs militaires.

L'aile droite du bâtiment principal est occupée au rez-de-chaussée, sur la rue, par la justice de paix, et sur la cour, par les bureaux du secrétaire. Un escalier en entrant dessert tous les étages de l'ancienne maison consulaire, aujourd'hui annexée à l'hôtel de ville.

L'aile gauche comprend l'escalier d'honneur décoré d'une jolie rampe en fer forgé et conduisant à la porte d'entrée de la grande salle du premier étage; celle-ci occupe toute l'étendue du monument.

La grande salle n'offre rien de remarquable, si ce n'est la richesse décorative du manteau de la cheminée. L'ancien plafond à moulures et en berceau reposait sur une corniche à modillons contournant toute la salle et supportée entre les fenêtres, par des chapiteaux ioniques posés en cul-de-lampe et se terminant par un écusson lisse. Ce plafond a été remplacé par des compartiments sans moulures qui produisent un fâcheux effet sur une surface aussi grande.

Les jambages de la cheminée étaient composés de cariatides,

de feuillages et d'un linteau aux armes de France, accompagnées d'attributs de guerre et d'écussons; on leur a substitué un chambranle n'offrant aucun caractère déterminé.

Le manteau heureusement a été respecté; il est formé de deux pilastres avec consoles fleuries, portant un entablement chargé de modillons et surmonté d'un fronton triangulaire. Au centre de ce motif d'encadrement, est le remarquable médaillon sculpté en marbre blanc par le célèbre sculpteur François Girardon, né à Troyes le 17 mars 1628. Il reproduit les traits de Louis XIV entourés de palmes, de drapeaux, de branches de laurier et de divers médaillons allégoriques.

Le premier médaillon, à gauche, représente Mercure, avec cette légende : IVSSIT QVIESCERE. *Il ordonna de se reposer.* INDVTIÆ. M.DC.LXXXIV : *paix, 1684.* Le deuxième, à droite, une femme levant les bras au ciel, est debout devant un autel, on lit : DEO CONSERVATORI PRINCIPIS. *Dieu conservateur du prince.* Au bas : GALLIA VOTI COMPOS. M.DC.LXXXVII. *La France au comble de ses vœux, 1687.* Le troisième médaillon, contient une Minerve tenant un caducée et porte en bordure ce mot : GERMANIÆ. Le quatrième, une Renommée avec cette simple inscription : SPLENDOR.

Sur une banderole, derrière le médaillon de la Minerve, nous lisons : MONAT..... D.DC.LXXV. A la base de ce riche bas-relief, le soubassement porte l'inscription suivante, composée par Racine :

LUDOVICO MAGNO
PIO. FELICI. TRIVMPHATORI SEMPER AVGVSTO
DEVICTIS TERRA MARI QVE HOSTIBVS. PACE. III. ORBI CHRISTIANO DATA.
EXTINCTA HÆRESI, CONTRA CONIVRATOS ITERVM TOTIVS EVROPÆ
PRINCIPES RELIGIONIS ET REGVM IVRA PROPVGNANTI
MONVMENTVM HOC OMNES HVIVS VRBIS ORDINES CVM PLAVSV POSVERE
AN. R. S. M.DC.LXXXX.

OPVS. F. GIRARDON TRECENCIS SCVLPTORIS REGII.
QUI AMORE IN CONCIVES ET CARITATE ERGO PATRIAM DE SUO FECIT.[1]

1. A Louis le Grand, le pieux, le fortuné, le triomphant, toujours auguste, maître de ses ennemis sur la terre et sur mer, trois fois pacificateur du monde

Au bas de la bordure du cadre de cette inscription, se lisent les noms du maire et des membres de l'échevinage :

PREFECTO SEV MAIORE VRBIS, F. ROLIN. ÆDILIBVS. CL. LAVRENT. ADV^{to}, H. LEFEVNE, N. CAMVSAT. N. IEANSON, P. PICTORY, SENATORE. I. SORIN. I. BLANPIGNON. F. ROBERT.

Girardon offrit ce beau médaillon à son pays natal et vint lui-même le présenter pour en faire l'inauguration. A son arrivée. M. Olive, premier échevin, en l'absence du maire, M. Perricard, alla à la tête des autres échevins lui présenter le vin de ville et lui annoncer que le jour de cette inauguration était fixé au 3 septembre.

Le conseil de ville rendit, à cet effet, une ordonnance par laquelle il était enjoint à toute la milice bourgeoise de se trouver le matin de ce jour sous les armes en la place de l'Hôtel-de-Ville, et aux marchands de tenir leurs boutiques fermées. En conséquence, au moment de la cérémonie, la milice défila, précédée des tambours, fifres, hautbois et trompettes; le conseil de l'échevinage la suivit en corps, et l'on marcha en ordre jusqu'à la maison paternelle de M. Girardon, rue des Filles, aujourd'hui Jaillant-Deschainets, où demeurait alors son frère, et où le médaillon était déposé. Après les remerciements qui lui furent faits au nom de la ville, on se remit en marche. Entre les deux haies que formait la milice bourgeoise, marchaient les trompettes et les sergents de ville; quatre hommes à la livrée de la ville portaient le médaillon, découvert, sur un brancard recouvert d'un tapis de velours violet parsemé de fleurs de lis d'or. Le célèbre artiste marchait à la droite du plus ancien des conseillers de l'échevinage, le corps de ville suivait, et le reste de la milice bourgeoise fermait la marche.

Lorsqu'on fut arrivé à l'hôtel de ville, M. Olive reçut des

chrétien, vainqueur de l'hérésie, deux fois défenseur de la religion et des rois contre les princes ligués de l'Europe entière. Tous les ordres de cette ville ont élevé ce monument aux applaudissements universels, l'an de son règne 1690.

Œuvre de Fr. Girardon, troyen, sculpteur du roi, qui par affection pour ses concitoyens et par attachement pour son pays, l'exécuta de son propre mouvement.

mains de Girardon le médaillon qu'il fit placer dans la cour sur un trône qu'on y avait préparé, après quoi on servit dans la grande salle un magnifique ambigu, où l'on porta la santé du roi et celle de l'illustre compagnie. Quatre fontaines de vin coulèrent pour le peuple depuis midi jusqu'à quatre heures, et tous les tribunaux furent fermés. La cérémonie se fit au bruit de l'artillerie et des cloches; tout le jour se passa en réjouissances, et le soir toute la ville fut illuminée.

Nous croyons intéressant de publier ici la lettre par laquelle Girardon annonça ce présent :

Messieurs,

Dans le dessein que j'ai formé, il y a longtemps, de donner à ma patrie quelques marques de ma reconnoissance, et de lui laisser un témoignage de cet amour qui ne s'éteint jamais : j'ai cru ne pouvoir lui rien offrir de plus agréable que le portrait de notre grand Monarque. Comme je sais, Messieurs, que la ville de Troyes s'est toujours distinguée par son zèle pour le service de nos Rois; et que c'est principalement par-là que je me reconnois un de ses vrais enfans : j'ai cru aussi que sa joie seroit extrême de posséder une image bien ressemblante de Louis le Grand. Je ne crains point que l'on m'accuse de présomption de parler ainsi de mon ouvrage, quand on saura que l'amour de la patrie a conduit mon ciseau, que l'ardeur de réussir n'eut jamais de pareille; et que ce grand Prince y a en quelque façon contribué lui-même, par la bonté et la patience qu'il a eues de me laisser étudier ses traits, et cet air qui s'imprime si facilement dans les cœurs, et si difficilement sur le marbre. J'aurai, Messieurs, une satisfaction infinie de savoir que mon ouvrage, déjà si heureux par ce qu'il représente, aura encore le bonheur d'être sans cesse devant nos yeux, comme une marque éternelle de la passion ardente et respectueuse avec laquelle je suis, etc.

GIRARDON.

A Paris, ce 31 *août* 1687.

P.-S. — Deux de mes amis ont secondé mon zèle dans cette entreprise. M. le Clère a gravé le médaillon, avec ses accompagne-

mens. M. Boileau Despréaux m'a donné sept vers de sa composition, pour mettre dans l'estampe en place de l'inscription latine qui accompagne le médaillon. J'ai fait voir ces vers au Roi qui les a fort approuvés. C'est M. Racine qui a fait, à ma prière, l'inscription latine, et qui m'a donné la première idée des accompagnemens. M. Santeuil de S. Victor est venu me promettre des vers latins pour être ajoutés à l'inscription [1].

La plaque en fonte de la cheminée dressée devant le contre-cœur du foyer porte au centre les armoiries de François Le Febvre, seigneur de la Chaisse, conseiller au bailliage de Troyes, avocat du roi audit bailliage, échevin de Troyes en 1601, prévost de Troyes en 1611, et celles de sa femme, Simonne Mauroy, qu'il épousa le 18 décembre 1585.

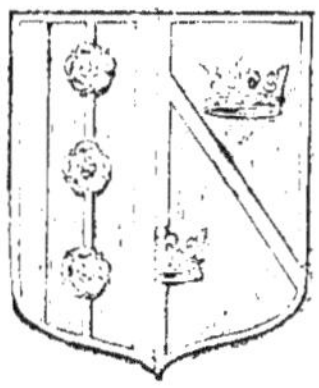

1.

L'écu de François Le Febvre est entouré de palmes de laurier, il porte au premier quartier : d'azur à trois pals d'or, celui du milieu chargé de trois roses de gueules (Le Febvre). Le deuxième : d'azur, au chevron d'or, accompagné de trois couronnes d'or (Mauroy) (1).

Dans le haut, aux angles de la plaque, sont deux têtes de chérubins, et dans le bas, deux lions en regard de deux hommes s'apprêtant à les combattre.

L'extrémité de la salle opposée à la cheminée est surélevée d'un petit amphithéâtre. Une porte de sortie conduisant au salon du premier étage de l'ancienne maison consulaire est dissimulée dans une niche surmontée, au-dessus de la corniche, par un fronton triangulaire abritant une couronne royale brisée, ayant deux lions pour supports ; ceux-ci maintiennent deux branches de laurier dans leurs pattes.

1. Nous sommes heureux de joindre à la description de la cheminée de l'hôtel de ville une héliogravure de la planche gravée par Sébastien Le Clerc, dont il est question dans le *post-scriptum* de la lettre de Girardon, épreuve rarissime que nous possédons dans notre collection de *Troyenneries*.

Cette épreuve reproduit exactement l'original, à l'exception de quelques différences dans les sujets des médaillons, qui accompagnent le sujet principal.

A droite de la balustrade, une porte conduit à l'escalier de service et au premier étage de l'aile droite.

Dans cette salle se trouvaient les bustes de Pierre Pithou, l'un des auteurs de la *Satire Ménippée*, de Jean Passerat, poète, de Pierre Mignard, peintre, de François Girardon, sculpteur, par Antoine Vassé, de Toulon, sculpteur de l'Académie royale de peinture et de sculpture, mort le 1er janvier 1736, âgé de 53 ans. Ces bustes furent donnés à la ville par Grosley. Puis le buste du Père Le Cointe, savant oratorien; celui de Nicolas Boucherat, chancelier, donné par le corps des négociants de Troyes, et enfin, celui de Grosley, exécuté aux frais de la ville.

Tous ces bustes en marbre blanc, depuis la restauration de la cheminée de la grande salle, ont été transférés au musée de la ville, déplacement aussi regrettable qu'un acte de vandalisme, parce qu'il fausse le vœu, en même temps qu'il offense l'intention généreuse et gracieuse des donateurs.

Depuis la disparition de ces bustes, la grande salle de l'hôtel de ville paraît devenue si vaste et si coûteuse à décorer que la municipalité semble découragée à l'idée d'une restauration ou d'un embellissement.

La façade de ce monument aurait besoin d'une sérieuse réparation. Il ne répond plus aux besoins d'une grande cité. Les maisons qui se construisent aux alentours et l'isolement qu'on cherche à lui donner, l'écrasent et lui font perdre toute son importance.

Il nous semble qu'il serait bien facile de lui rendre cette grandeur imposante qui lui fait défaut, en ajoutant à ses deux extrémités des pavillons plus élevés que le corps central, et décorés suivant les règles de son architecture; en donnant plus d'importance aux lucarnes des combles, en les reliant entre elles par une riche balustrade, en complétant cette nouvelle décoration par des vases, et des groupes allégoriques d'enfants sur les colonnes qui ne portent rien; enfin en donnant au campanile une plus grande importance dans son élévation.

Cette situation d'édifice inachevé rend toute critique difficile.

CATHÉDRALE DE TROYES

HISTOIRE

L'ÉVÊQUE HERVÉE VISITANT LES TRAVAUX DE LA CATHÉDRALE (1206 A 1223).

La cathédrale actuelle a été bâtie sur l'emplacement même de l'église que l'évêque Milon (974 à 985) avait fait construire après l'invasion des Normands et qui, sous l'épiscopat de Manassès de Pougy (1180-1190), avait été presque entièrement détruite par l'incendie du 23 juillet 1188, dont les ravages furent si grands dans la ville de Troyes.

L'idée de cette reconstruction est due à l'évêque Hervée, qui occupa le siège épiscopal de Troyes de l'année 1206 à 1223. Aussitôt son élévation à la dignité épiscopale, Hervée donna tous ses soins à la réédification de la cathédrale. Par sa persévérance à suivre les travaux, d'importantes parties de l'édifice furent terminées, ainsi que le montre une des verrières du chœur (la deuxième à droite). L'évêque Hervée est représenté visitant les travaux en cours d'exécution; il est accompagné du maître de l'œuvre, portant de la main gauche une mesure dénonçant ses fonctions et son autorité; derrière lui, sur les murs de l'édifice, est un ouvrier maçon tenant un fil à plomb. A la mort d'Hervée, survenue le 2 juillet 1223, le sanctuaire de l'église, ses collatéraux, les chapelles absidales et le rez-de-chaussée les deux portails, du nord et du sud, c'est-à-dire les plus remarquables parties de l'édifice, étaient élevés.

L'invasion des Anglais en Champagne pendant la guerre de Cent ans réduisit les populations à une extrême misère et apporta le plus grand trouble dans les travaux, qui se trouvèrent presque entièrement suspendus. Aussi, à part la reconstruction du grand clocher commencée en 1410, les comptes de dépense ne relèvent-ils à cette époque aucun travail de quelque importance.

Cependant de 1426 à 1450, sous l'épiscopat de Jean Léguisé, on termine la construction des grandes fenêtres de la partie occidentale du transept et on modifie le plan primitif en établissant les deux premières chapelles des bas côtés de la nef.

Sous le règne de Charles VII, la paix étant assurée, la reprise des travaux fut résolue. Lorsque Louis Raguier, dont les libéralités ont conservé la mémoire jusqu'à nos jours, fut appelé à succéder sur le siège épiscopal à Jean Léguisé, décédé en 1450, les travaux de la grande nef, des grandes fenêtres et des voûtes, ainsi que ceux des dernières travées des collatéraux de cette nef commencèrent de nouveau en 1452, et ils furent terminés à la fin du XVe siècle.

En 1502, sous l'épiscopat de Jacques Raguier, neveu du précédent évêque, le chapitre de la cathédrale de Troyes, voulant donner à ce monument un portail répondant à la magnificence de son grand vaisseau, fit appel à l'expérience et à l'habileté de Martin Cambiche, maître maçon de l'église de Beauvais, que la construction du portail du nord de la cathédrale de Sens avait rendu célèbre à Troyes. Les plans qu'il donna pour l'édification du grand portail ayant été agréés, on se mit à l'œuvre, et la première pierre fut solennellement posée le 3 mai 1507, jour de la Sainte-Croix.

Les travaux se continuèrent sous la haute surveillance de Martin Cambiche et sous la direction de son gendre Jean de Damas, dit de Soissons. On avait commencé les constructions du côté de la rue de la Cité par la tour Saint-Pierre. Lorsque cette partie fut arrivée à une certaine hauteur, en 1512, on suspendit le travail de ce côté pour le reporter du côté de la tour Saint-Paul. En 1527, la maçonnerie pour l'ensemble de la grande façade s'élevait jusqu'aux premières galeries, au-dessus du tympan des trois portes. Jean de Soissons mourut en 1531 ; l'année suivante, la direction des travaux fut confiée à Jean Bailly de Troyes, gendre de Jean de Soissons et petit-gendre de Martin Cambiche. Jean Bailly mourut en 1559. La tour Saint-Paul avait atteint, dès 1545, sa hauteur actuelle, la rose du grand portail était également terminée, et en 1554 la tour saint Pierre s'élevait jusqu'à la corniche dominant le cadran de l'horloge.

Les parties supérieures de cette corniche sont évidemment inspirées par un autre ordre d'architecture : l'œuvre de Martin Cambiche, que son gendre et son petit-gendre avaient religieusement respectée, était abandonnée.

Gabriel Favereau, qui fut appelé à leur succéder, n'avait pas les mêmes motifs pour maintenir le dessin primitif; à partir de cette époque, l'édification de la tour Saint-Pierre fut très lentement conduite et même, à plusieurs reprises, suspendue tout à fait. Ce n'est qu'en 1638, sous la direction de Gérard Baudrot, que s'achève la construction de la tour et des deux tourelles.

Là s'arrêtent les travaux de construction de la cathédrale de Troyes, dont la seconde tour, la tour Saint-Paul, à peine amorcée, ne fut jamais commencée.

En 1832-1834, des travaux importants de réparation s'exécutèrent à la corniche de la tour. On supprima sans raison les gargouilles des angles du couronnement, et l'on répara presque entièrement la balustrade dégradée par les intempéries atmosphériques.

En 1843 et 1844, la tour Saint-Paul, inachevée et en contre-bas du côté de l'évêché, fut élevée et nivelée à la hauteur actuelle avec des matériaux provenant de la reconstruction du portail méridional et de la démolition des bâtiments de la théologale et de la chambre des prédications[1].

1. Nous devons tous ces renseignements historiques au remarquable travail de M. Léon Pigeotte, ayant pour titre : *Étude sur les travaux d'achèvement de la cathédrale de Troyes, de 1450 à 1630.*

DESCRIPTION

EXTÉRIEUR. — FAÇADE PRINCIPALE

Le grand portail de l'église présente, dans son ensemble, une largeur de 53 mètres; du parvis à la galerie de l'horloge, il a environ 33 mètres de haut, et, du sol au sommet des lanternes de la tour,

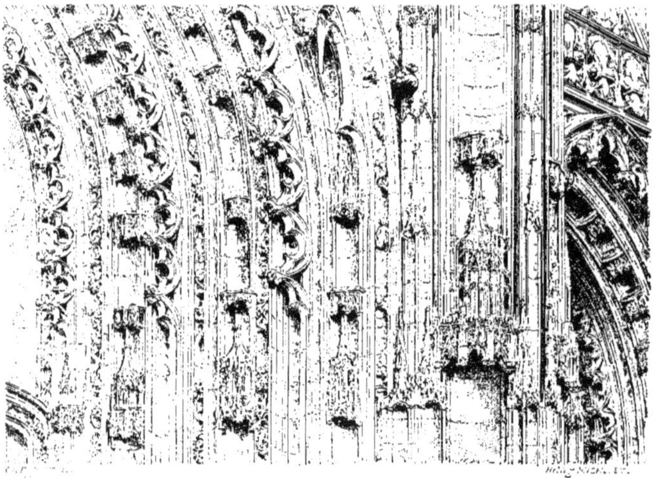

1. ÉBRASEMENT DU GRAND PORTAIL.

74 mètres. Pour arriver à la plate-bande de la tour, on gravit un escalier tournant de 319 marches.

Quatre contreforts, qui s'élèvent jusqu'au couronnement de la tour, divisent cette façade en trois parties. Le portique central, appelé le grand portail, est beaucoup plus élevé et plus large que ceux des collatéraux; ces trois divisions sont percées de trois portes donnant accès dans l'église.

Les voussures de ces portiques se développent largement pour se

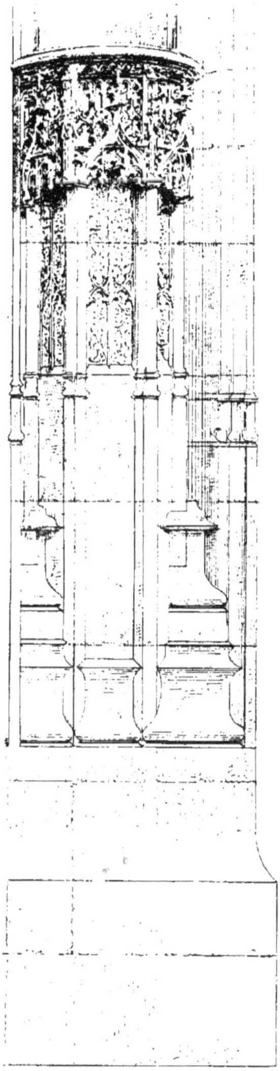

2.

rétrécir en se rapprochant de l'ouverture des portes. Une succession d'archivoltes se compose de gorges profondes, de filets et d'une série de moulures prismatiques. Sur les uns et les autres se développent des redans trilobés se rejoignant à la pointe de l'ogive. Les moulures des arcs en ogive retombent verticalement sur la base des contreforts, où elles se confondent pour diviser l'ébrasement en douze parties. Ces divisions sont décorées, dans la courbe ogivale, de petits dais à plusieurs pans d'un travail délicat, servant en même temps de culs-de-lampe : ils portaient autrefois des groupes légendaires, qui ont disparu pendant la Révolution; ces groupes étaient au nombre de dix-huit au premier rang et de seize au second. Dans leur partie verticale, les gorges sont chargées de ronces, d'épines, de ceps de vigne, et de branches de chêne aux rinceaux courants, se développant et se détachant complètement dans le vide. Des figures d'enfants nus, placées de distance en distance dans des positions plus ou moins fantaisistes, des sirènes des deux sexes, des lions, des gorilles, des dragons, des chimères, se glissent, se tordent et s'ébattent dans les rameaux de cette sculpture, si élégante et si vivante (1).

Trois piédestaux à plusieurs pans sont engagés de chaque côté dans la cavité des gorges de l'ébrase–

3.

ment (2) ; leurs bases, supportées par celles des contreforts et leurs différentes faces, sont formées de pilastres et d'ogives à meneaux flamboyants.

Ces piédestaux sont surmontés d'élégants clochetons ajourés et ajustés dans la profondeur des gorges ; ils servaient de niches à de grandes statues. La flèche de leur pinacle se termine elle-même par un dais qui servait de base aux statues du deuxième étage (3).

4.

Les frises des socles, des grandes niches et les consoles des petites niches secondaires, ménagées dans l'intervalle des pilastres divisionnaires et sur leurs faces, sont décorées de feuilles de chêne et de vigne. La fougue satirique du sculpteur enfante tout un grouillement d'animaux fantastiques, de figures d'hommes luttant contre des dragons ailés, d'enfants dans des positions excentriques, bizarres et d'une originalité poussée jusqu'à la licence. Une des plus grotesques représente un animal qui, ayant passé sa tête dans l'âme d'un soufflet, se sert de la douille comme d'un flageolet sur lequel il promène ses doigts, comme s'il exécutait un air à modulations. Pour bien exprimer sa pensée, le sculpteur a tracé une figure sur le plateau du soufflet (4).

L'ébrasement des portiques latéraux est presque une répétition du grand portail, mais dans des dimensions plus

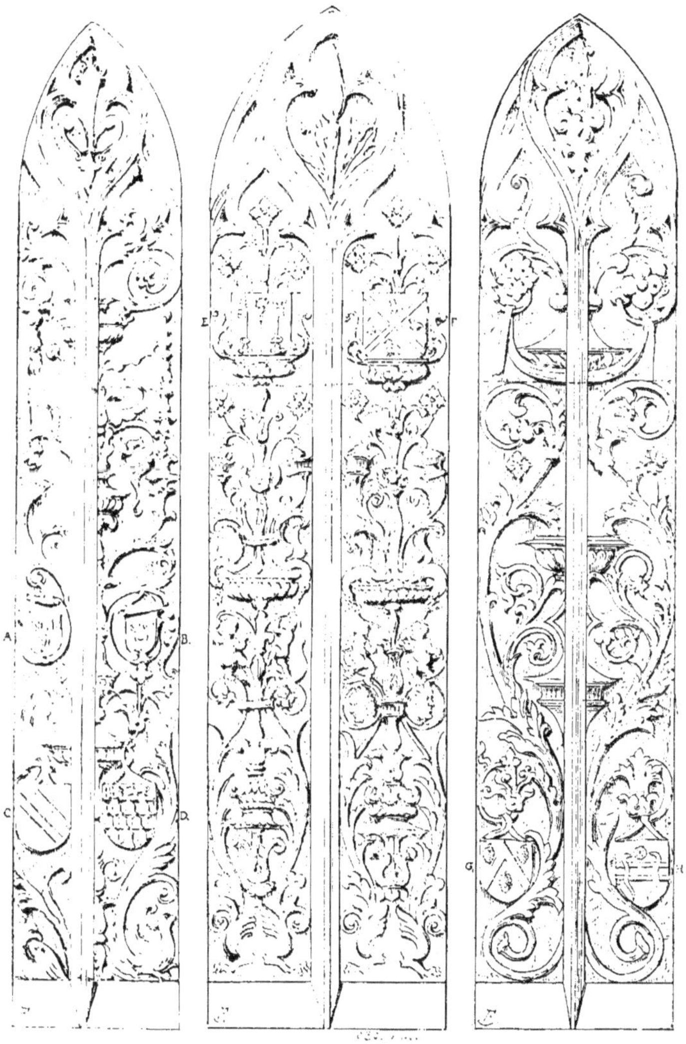

5. 6. 7.

restreintes; ils ne comportent qu'une seule niche des deux côtés à la base des contreforts. Les voussures, moins profondes, se divisent en sept parties seulement.

Les piédestaux de ces niches à trois faces sont couverts de fenestrages, dans l'intervalle desquels on remarque des arabesques Renaissance d'une finesse extrême d'exécution. Aux arabesques du piédestal du portique latéral (côté nord) sont suspendues, dans le premier panneau à gauche : (5) les armoiries de Jean de Veelu : de sinople, à 3 aiglettes d'or, celle en pointe tournée à gauche (A). En 1505-1507, De Veelu est chanoine du chapitre de la cathédrale de Troyes.

8.

Celles de Louis de Courcelles : d'argent à 3 croissants de gueules (B). De Courcelles, chanoine de Troyes et archidiacre d'Arcis, mourut en 1517;

De Villeprouvée : de gueules à la bande d'argent côtoyée de deux cotices d'or (C). Charles de Villeprouvée, chanoine de Troyes, grand vicaire de Jacques Raguier, mourut official le 29 novembre 1521.

Hennequin : vairé d'or et d'azur, au chef de gueules chargé d'un lion léopardé d'argent (D). Nicolas Hennequin, archidiacre de Troyes, doyen de Saint-Urbain, mort en 1518.

Le panneau central (6) comprend les armes du chapitre de la cathédrale : de gueules à une crosse d'argent, accostée de deux clefs d'argent adossées et cantonnées de 4 fleurs de lis aussi d'argent (E).

Puis le blason de l'évêque Jacques Raguier : d'argent au sautoir de sable, cantonné de 4 perdrix au naturel (F). En 1483, il succéda à son oncle Louis Raguier. Il mourut vers 1517-1518.

Le troisième panneau (7), à droite, renferme les armes de Louis Budé : d'argent au chevron de gueules, accompagné de 3 grappes de raisin de pourpre (G.). Louis Budé, chanoine de Troyes, archidiacre d'Arcis, né en 1480, mort en 1517, était secrétaire du roi et frère de Guillaume Budé.

Enfin les armes de Pierre de Refuge : d'argent à 2 fasces de gueules, à 2 couleuvres d'azur, posées en pal et affrontées brochant sur le tout, accompagnées en chef d'une rose de gueules (H). Il était licencié en droit, chanoine de Troyes, archidiacre d'Arcis, et conseiller au parlement de Paris.

Il en est de même pour les piédestaux des niches du portique de la tour Saint-Paul, mais les ornements ont été martelés, ce qui nous met dans l'impossibilité d'en reconnaître les meubles, à l'exception d'un seul blason appartenant à Jean Colet : d'or au chevron d'azur chargé en chef d'une étoile aussi d'or et accompagné de trois œillets de gueules, tigés et feuillés de sinople (8). Jean Collet fut chanoine de Troyes, official et grand vicaire de l'évêque Hennequin; curé et natif de Rumilly-les-Vaudes, il fit bâtir la belle église de ce village.

9.

Ces armoiries des hauts dignitaires de l'église de Troyes pourraient bien nous confirmer que, sous une des assises de ces socles, doit être déposé le procès-verbal de la pose de la première pierre des travaux de la tour Saint-Pierre, commencés sous l'épiscopat de l'évêque Jacques Raguier; de même pour la reprise des travaux sous l'évêque Odard Hennequin, du côté de la tour Saint-Paul, exemple que nous avons souvent rencontré.

10.

Les trois portes de l'édifice sont partagées par un trumeau formant double baie et portant deux linteaux réunis par une archivolte qui repose sur les pieds-droits et s'appuie sur les côtés par des aiguilles ornées de petites niches vides. Elles sont décorées de moulures anguleuses et de gorges feuillagées, de figures d'enfants et de griffons ailés se prolongeant dans la courbe des linteaux.

Sur les rampants s'accroupissent des dragons montés par des enfants nus, qui les excitent, pendant que d'autres enfants sont dévorés par ces animaux furieux d'apparence fantastique (9 et 10).

Sur la face des trumeaux, des stylobates s'engagent; ils sont à section hexagonale, avec niches divisées par de petits pilastres. Sur les angles maintenant les fenestrages du couronnement, de petits culs-de-lampe ont été ménagés pour recevoir des statuettes, et sont soutenus par des dragons se tordant sous la saillie de la console.

Ces piédestaux étaient destinés à porter de grandes statues qui n'existent plus, mais on voit très distinctement leurs traces sur le mur du fond de la niche.

Plusieurs de ces statues furent exécutées par Dominique et Gentil; on citait comme étant de ces deux artistes les statues de saint Simon, de saint Jude et de saint Timothée [1].

Le tympan des trois portes est complètement nu. Le vandalisme révolutionnaire a accompli ce désastre, non pas sous l'exaltation de la passion ou de la colère, mais de sang-froid, administrativement, avec le soin minutieux de ne laisser aucune trace de sculpture, surtout pour la représentation des symboles ou des légendes se rattachant à la vie des saints. Ces sujets avaient été exécutés de 1525 à 1534 par Nicolas Halins et Yvon Bachot, tailleurs d'images à Troyes. Ils représentaient pour le tympan de la porte centrale toute l'histoire de la passion de Jésus-Christ, pour la porte de la tour Saint-Pierre la légende du prince des Apôtres, et pour celle de la tour Saint-Paul la vie de ce saint.

Les voussures de ces trois portes étaient décorées de sujets complémentaires, en rapport avec le motif principal des tympans.

Ces portiques sont encadrés d'une archivolte chargée de pendentifs trilobés. De la base de cet arc ogival s'élève un gâble triangulaire ajouré. Ce motif d'ornement ne remplit ici aucune fonction utile à la construction, mais il a l'avantage de rompre la monotonie des lignes horizontales et de combler le vide énorme qui existe entre les deux contreforts des tours (11).

Le gâble du grand portail est d'une richesse sans égale. Il se compose de trois niches vides. La niche centrale abritait jadis une Notre-Dame de Pitié. Dans celle de gauche et celle de droite,

1. Grosley, *Mémoires historiques sur Troyes.*

sainte Madeleine et saint Jean en contemplation et pleurant devant le

PHOTOG. MICHELET

11. LE GABLE ET LA ROSACE DU GRAND PORTAIL.

corps inanimé de Jésus couché sur les genoux de sa mère; œuvre de Nicolas Halins[1].

1. Léon Pigeotte.

Cette niche centrale, plus élevée que les deux autres, est surmontée de riches pinacles à jour, délicatement fouillés, maintenus par des pilastres et des aiguilles, et contrebutés par des meneaux en serpenteaux. Sur les rampants du gâble sont sculptés de gros crochets formés de feuilles de chardon et de chou, et alternativement séparés par de monstrueuses figures de dragons et de salamandres. Ces animaux, de formes bizarres, se mêlent à des figures d'enfants nus cherchant à leur ouvrir la gueule; groupes remarquables par l'énergie de leur exécution, se rattachant entre eux par leur base au moyen des trilobes-aiguillés. Ces derniers sont couronnés par une console devant porter une suite de petites figures d'anges tenant les instruments de la Passion et par des courbes de festons tréflés qui se prolongent de la base à la tête du gâble aujourd'hui brisé, dont l'extrémité se terminait par une croix fleuronnée à pans, accompagnée de festons et d'aiguilles à crochets [1]. Les festons se ramifient de haut en bas jusque sur la rampe de la balustrade. Celle-ci est divisée par de petits contreforts ornés de quatre-feuilles ajourées et fleurées de lis.

La plate-forme met en communication les deux galeries des portes latérales, moins élevées que la galerie centrale, par deux passages et deux escaliers de huit marches pratiqués dans l'épaisseur des contreforts de la tour.

Au-dessus du linteau du passage qui donne accès à la galerie centrale du grand portail, on voit deux jeunes hommes forts et robustes luttant avec acharnement; le plus faible, tombé sur le dos, reçoit les coups de son adversaire. Un autre groupe représente un jeune athlète étreignant de ses mains la gorge d'un lion qu'il terrasse (12).

A la naissance de la galerie, sous la plate-bande se détachent en silhouettes d'énormes gargouilles, monstres ailés, au bec crochu,

1. Il y a quelques années, on voulut rétablir ces figures. Une Notre-Dame de Pitié fut commencée, mais heureusement elle demeura inachevée. On ne s'était pas rendu compte de l'ensemble du sujet (*les Douleurs de la Vierge-mère devant le corps de son fils*). Ce motif, représenté après la descente de la croix, reposait sur une console en saillie sur le bandeau en larmier permettant au sculpteur de figurer le corps de Jésus couché sur les genoux de sa mère, le haut du corps et les jambes débordant sur les pilastres de la niche; ce sujet explique la présence et l'attitude de saint Jean et de sainte Madeleine.

griffons en lutte avec des salamandres; d'autres déchirant des reptiles qui les enserrent de leurs puissants anneaux.

En retraite sur la galerie se développe la rose centrale du grand portail, mesurant environ huit mètres de diamètre. Elle se divise en douze parties, réunies au centre par un cercle, et se compose de gracieux trilobes flamboyants se repliant sur eux-mêmes et se développant avec liberté, étonnante par la savante combinaison de son appareil et par la pureté des lignes qui décorent ses rayons.

12.

Cette belle rosace est protégée par un arc de décharge de forme ogivale, qui vient s'appuyer des deux côtés sur les contreforts de la tour. Elle supporte en même temps la balustrade de la deuxième plate-forme, devant servir de communication entre les deux tours; cette balustrade, découpée à jour, répète pour une certaine partie celle de l'étage inférieur.

L'archivolte de décharge est décorée de moulures prismatiques et de gorges où se pourchassent des êtres et des animaux aux formes étranges. Elle est, en outre, chargée de riches festons courants, se contournant en serpenteaux.

Enfin elle se termine par une accolade formant l'encadrement du tympan aux armes de la ville de Troyes, avec entourage de branches de chêne et de laurier[1].

De chaque côté, l'intervalle entre les contreforts est occupé par deux niches avec pilastres; elles sont surmontées de contre-courbes

1. Restauration moderne assez mal comprise. Le blason royal primitif était doublé de celui de la Reine, tous deux surmontés de la couronne royale, entourés du grand cordon de Saint-Michel et accompagnés d'une branche de chêne et d'une branche de laurier, dont on voit encore les traces.

en accolades, dont l'aiguille à crochets fleuronnés s'élève et s'ajuste avec les parties cintrées et les trèfles qui se trouvent sous la corniche de cette galerie.

Les écoinçons du couronnement de la rosace sont ornés de cercles trilobés et de meneaux établis sur le nu du mur.

Les piles du grand portail servant d'appui à la tour construite et à la tour projetée, en même temps qu'à la voussure centrale, sont à pans coupés et décorées de fines moulures s'élançant de leur base profilées. Elles sont formées de pilastres à aiguilles séparant les niches vides à doubles étages et s'élevant en riches pinacles jusqu'à la hauteur de la plate-bande de la première galerie (13).

Au-dessus du bandeau, la pile se dresse sur un plan rectangulaire; sur ses faces, les pilastres se poursuivent à nouveau jusqu'à la hauteur de la plate-forme des tours.

Dans l'intervalle de ces pilastres, des niches peu profondes sont surmontées d'élégants pinacles dont la pointe des clochetons se perd dans la gorge de la corniche. Les corniches, se succédant les unes aux autres, se réunissent avec celles des faces latérales des contreforts donnant sur la terrasse de la rosace du grand portail.

Les quatre contreforts d'angles de la tour Saint-Pierre et ceux de la tour Saint-Paul (projetée) présentent à leur base une surface lisse et carrée, jusqu'au-dessus de la première galerie. Au-dessus du bandeau en larmier de cette base, les faces sont décorées de deux niches avec pinacles en flèches ornées d'une accolade, sur laquelle des dragons ailés et des choux frisés en forme de crochet se mêlent à des festons en aiguilles, détails fouillés et sculptés, suivant un fort relief d'une extrême élégance. Enfin elles se répètent, se multiplient et forment une brillante ceinture en retour sur les faces latérales des tours (14).

Les consoles de ces niches sont couvertes de feuilles courantes, de chimères affrontées, d'enfants nus jouant et chevauchant sur de vigoureux dragons (15).

Sur un bandeau du contrefort au-dessus de la première galerie sont ménagées deux autres niches peu profondes, surélevées au

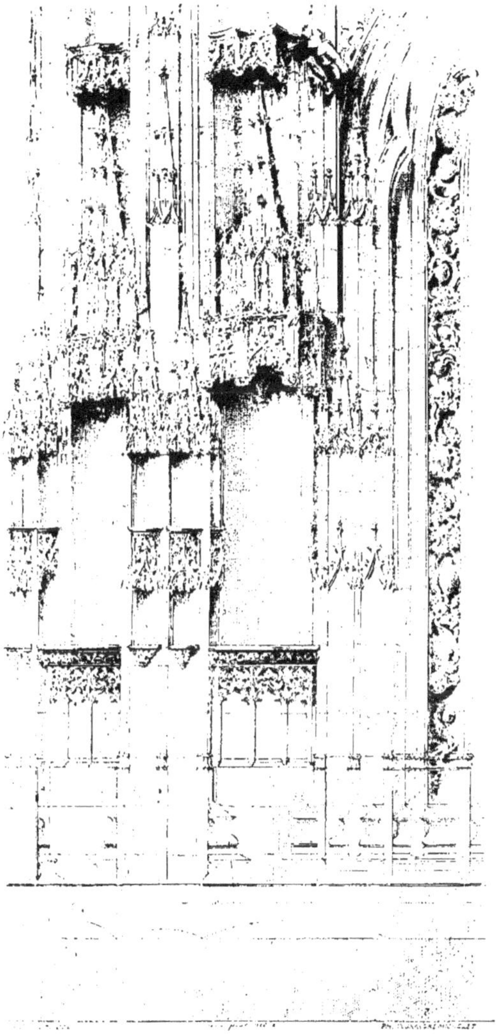

13. FACE LATÉRALE DU PILIER DES TOURS.

ras des murs, comme les précédentes, par de merveilleux pinacles,

14.

entre lesquels les contreforts prennent une forme triangulaire. Ces pinacles se terminent par une contre-courbe en pointe d'aiguille, surmontée d'un fleuron, qui se perd dans le larmier de la galerie de l'horloge. Puis la forme triangulaire des contreforts se prolonge en arcature appliquée sur les deux faces, pour se terminer en forme de pinacle sur la face des contreforts, qui reprennent alors leur figure régulière.

L'intervalle des contreforts au-dessus des portiques latéraux, sur la face des tours, est décoré par quatre niches légèrement cintrées et surmontées de dais en accolades dont les aiguilles soutenues par des trilobes s'élèvent jusqu'à la seconde galerie et viennent s'ajuster aux cintres trilobés sculptés au-dessous de la balustrade.

Des pilastres doubles à aiguilles accompagnent les quatre niches et les séparent.

Aux extrémités de la corniche de la galerie se détachent, en saillie sur la construction, des gargouilles auxquelles les artistes ont donné la forme de dragons ailés, arqués sur leurs puissants jarrets, détournant la tête et ouvrant convulsivement la gueule pour jeter les eaux pluviales au delà des murs.

Au-dessus de cette galerie, le cadran de l'horloge est renfermé sous un arc en plein cintre, circonscrit entre deux lignes verticales sur pieds-droits. Sous la plate-bande sur laquelle il est tracé on lit la date de 1574, qui se rapporte à l'époque où furent exécutées la gravure des chiffres gothiques et les peintures décoratives dont il était orné, mais qui ont disparu depuis bien longtemps. Ces peintures avaient été exécutées par Jacques Passot.

A la hauteur de la corniche des contreforts de la tour, au-dessus du cadran, au midi et en retour sur la plate-forme de la rosace, se détache en arrachement un arc de cercle qui était destiné à porter une galerie comme celle qui réunit les deux tours de Notre-Dame de Paris. La galerie projetée devait servir de passage entre la tour Saint-Pierre et la tour Saint-Paul.

15.

Près de la naissance de l'arc, dans l encoignure du contrefort, on voit la figure sculptée d'un vieillard. Il est accroupi sur lui-même, son visage est garni de toute sa barbe, son front est surmonté d'une toque, et il porte une banderole sur laquelle est gravé le millésime de 1554 (16).

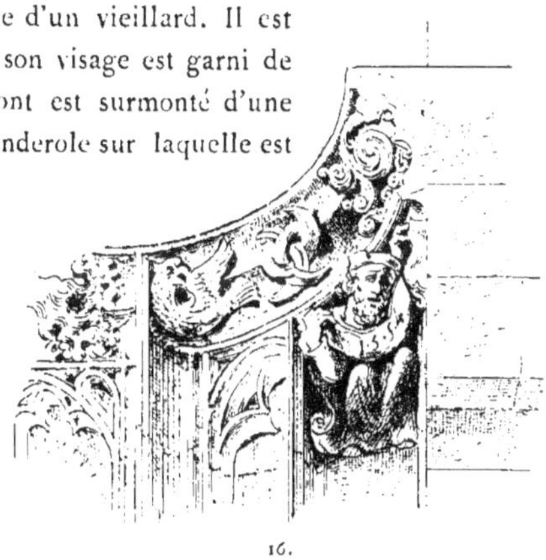

16.

Cette corniche est décorée d'une gorge avec feuillage, dans lesquels s'unissent des griffons, des chimères, des lions, des aigles, des singes, des dauphins et des chardons, et dans les intervalles sont sculptés les trois croissants enlacés formant le chiffre d'Henri II, souvent accompagné de cette sentence : *Donec totum impleat orbem,* devise qu'il reçut à l'âge de douze ans, après la mort de son frère ; figure représentant les phases de la lune jusqu'à son plein, c'est-à-dire jusqu'à la majorité du jeune Dauphin qui doit régner un jour sur le monde.

Ce chiffre et cette date de 1554 indiquent la fin de la construction de ce magnifique portail jusqu'à la hauteur de la corniche, de la base des tours ou des flèches qui devaient l'achever.

En retraite sur cette plate-forme de la largeur de la première travée est le grand pignon de l'ancien portail, terminé vers 1491-1492. Une rosace en occupe le centre ; elle est surmontée d'un blason en relief où étaient peintes les armes de France. Les rampants de ce pignon sont décorés de vigoureux crochets de choux frisés ainsi que la console du couronnement sur lequel s'élevait la grande statue de l'archange saint Michel peinte par Jean Copain.

Lors de l'incendie de la flèche du transept et des combles de l'église, du 7 au 8 octobre 1700, cette statue colossale tomba sur trois ouvriers qu'elle écrasa et, crevant la voûte, elle se brisa sur le pavé de l'église.

Le bloc de pierre de Tonnerre qui avait servi à tailler cette statue portait 18 pieds cubes; le prix du transport de la carrière à Troyes avait coûté cent sous, représentant aujourd'hui 171 fr. 50[1].

La tour, d'un style indéterminé, fut établie en retraite sur la partie moyenne. Cette retraite, brisant la ligne verticale des contreforts, produit le plus mauvais effet, et elle indique en même temps l'abandon du plan primitif pour ce qui regarde l'achèvement complet du monument. Il est évident que l'on a voulu en finir en rétrécissant la base de la tour, afin de pouvoir en diminuer la hauteur et réaliser ainsi des économies.

Malgré cette retraite sur la coupe horizontale, les contreforts ne s'en élèvent pas moins sur le même plan, et dans leurs intervalles sont percées deux grandes ouvertures jumelles, plein cintre dont les baies sont garnies d'abat-sons. Dans les angles rentrants de ces contreforts avec les côtés de la tour, des colonnes en spirales devaient porter des statues; au-dessus, des petits dômes étaient destinés à leur servir d'abri.

Le couronnement de la tour se compose d'un entablement corinthien, avec consoles formant ressaut sur les contreforts, dont les faces

1. Léon Pigeotte.

sont décorées de pilastres du même ordre. Il se termine, sur tout son développement, par une balustrade à jour qui se relie avec les deux tourelles d'angles terminales.

Ces tourelles sont constituées par sept arcades, plein cintre, avec colonnes déliées à chacun des pieds-droits; arcades et colonnes soutiennent un entablement sur lequel pose un petit dôme en forme de tiare, orné de trois couronnes ducales; il est maintenu au centre par le prolongement du noyau de l'escalier, qui en dérive la voussure.

CÔTÉ SEPTENTRIONAL.

La première galerie du grand portail communique directement avec les galeries des bas côtés, au moyen d'une percée pratiquée dans les contreforts latéraux de la tour, et une plate-forme de niveau entre les deux contreforts joignant la galerie de la première chapelle des bas côtés de la nef.

Les chapelles au nombre de cinq ont été construites au XVe et au XVIe siècle. Elles sont éclairées par de grandes fenêtres à meneaux variés, suivant le caractère de leur époque. Les ogives des fenêtres sont surmontées de gâbles aigus qui traversent la balustrade et se terminent par un large fleuron.

Le mur de refend des chapelles n'excède pas la base des murs; à la rencontre de la galerie, il s'élève en pyramide, se retourne sur l'angle, est percé d'un passage pour le parcours de la galerie des chapelles et se termine par un pinacle à crochet. Ces pinacles correspondent aux contreforts des collatéraux de la nef; ils maintiennent la poussée des voûtes au moyen d'arcs-boutants à claire-voie, avec trèfles et arcatures, dont les pieds-droits sont reliés par un étrésillon et se trouvent ainsi offrir une résistance des plus puissantes à l'action de la poussée des murs. La partie supérieure des contreforts protège les trumeaux des grandes fenêtres de la nef, se retourne de même sur l'angle et s'élève au-dessus de la balustrade des combles. Cette balustrade, comme celles des chapelles, est divisée par de petits pilastres entre lesquels sont des croix de Saint-André avec redents, les clés de saint Pierre et des fleurs de lis.

PORTAIL DU NORD.

L'entrée du transept nord, dit primitivement le *beau portail*, puis le *petit portail*, date des premières années du XIIIe siècle. Avant la Révolution, elle était certainement, par sa grande richesse sculpturale et les sujets dont elle était composée, une des merveilles pouvant se comparer aux portes de Notre-Dame de Paris.

L'entrée de ce portail est partagée par un trumeau soutenant le

E. C.

17.

linteau du tympan. Devant ce pilier, sur un socle octogonal, s'élève une petite colonne divisée en deux parties par des chapiteaux anciens, celui qui servait de socle à la statue a été modernisé et son tailloir est orné d'un mufle de lion qui a tout le caractère de la Renaissance; sans doute pour les mettre en harmonie avec le style de la nouvelle statue de la Vierge qui avait été placée à cette époque.

L'ébrasement de ce portique se compose de colonnes de même hauteur que le trumeau central; elles diffèrent entre elles par leur diamètre et prennent naissance à la base du socle qu'elles pénètrent. Il est décoré d'arcatures trilobées portant une corniche à rinceaux courants d'une grande richesse de composition (17). La corniche servait jadis de support à des statues de grandeur naturelle, au nombre de trois de chaque côté, adossées aux grosses colonnes, avec lesquelles elles ne formaient qu'un seul corps.

Les chapiteaux de ces colonnes et ceux du soubassement sont très riches de détails; les premiers se trouvaient enchâssés par de petits dais qui abritaient les statues et étaient soutenus par des arcs trilobés prenant leur point d'appui sur les colonnes en faisceau disposées dans l'intervalle des grosses colonnes.

La partie inférieure des grosses colonnes, pénétrant dans les arcatures du socle, était chargée de figures en relief, qui ont été détruites comme les premières, et de fonds décorés de draperies en bas-relief.

La partie lisse des écoinçons des arcs trilobés était occupée par des groupes de figures en demi-relief représentant plusieurs sujets tirés de la Genèse.

Le tympan, œuvre magistrale par sa sculpture, est aujourd'hui complètement lisse sur toute sa surface : il représentait le Jugement universel tel qu'il est décrit dans l'Apocalypse. Le Christ, assis sur un trône, la main droite élevée, bénissait; de la main gauche, il tenait le livre des Évangiles. A ses côtés, la Vierge et saint Jean, les mains jointes, intercédant pour les hommes; aux pieds du Christ, des anges sonnaient de la trompette.

Dans la deuxième zone, on voyait la résurrection des morts: les sépulcres s'entr'ouvraient, les morts sortaient de leurs tombeaux avec des expressions d'inquiétude ou d'espérance; venait ensuite la pesée des âmes. Saint Michel tenait la balance; dans le plateau se trouvait une petite figure représentant une âme suppliante, les mains jointes. Dans l'autre plateau, un petit démon. Un diable s'efforçait de faire pencher la balance de son côté. Derrière ce groupe, d'autres démons repoussaient violemment les réprouvés pour les jeter dans l'enfer, celui-ci représenté par une énorme tête de monstre, la gueule béante et vomissant des flammes.

La voussure ogivale se compose de sept gorges légèrement creusées et séparées par des plates-bandes de feuillages et de moulures. On voyait dans ces gorges des petites figures d'un fort relief. Dans le premier cordon, les sujets se rattachaient à la scène du Jugement. Dans le second cordon, à gauche, était la personnification de l'Église, fière et triomphante, coiffée d'un diadème, tenant levés la croix et le calice; sur la bordure de l'arc ogival de la voussure, on lit très distinctement ce vers léonin :

ECCLESIA :SUM:XP̄O:IUNCTA:
:H:Q:CŌFERT:BONA:CŪCTA:

Je suis l'Église unie au Christ, qui donne aux hommes tous les biens.

A droite, faisant face à cette dernière figure, était aussi la Synagogue, humiliée et vaincue, les yeux couverts d'un bandeau; sur le cadre on lit un autre vers léonin :

SYNAGOGA:SŪ:QUASI:DEIECTA:
:FLORET:XD̄I:QUIA:SECTA:

Je suis la synagogue presque délaissée, parce que l'Église du Christ prospère.

Puis HABRAAM : recevant les âmes dans son giron, suivant les paroles du Christ. Ensuite venaient les saints, en tête desquels se trouvait le Précurseur IOHANNES :BAPTISTA: les vieillards de l'Apocalypse, les Prophètes et les Patriarches, formant une auréole autour du Christ. Chacune de ces figures était surmontée d'un dais qui servait de socle à la figure suivante et leurs noms gravés en lettres onciales sur les plates-bandes, en grande partie difficiles à lire, surtout dans la partie élevée de la voussure.

Au-dessus de l'archivolte de ce portail règne une galerie formant saillie et correspondant au triforium de l'intérieur ; elle est composée de six arcades ogivales trilobées comprises entre les deux contreforts, et qui se divisent par une colonne portant un arc trilobé surmonté d'un quatre-feuilles renfermé dans la partie ogivale. Entre les ogives, des trilobes ajourés. La corniche du couronnement est décorée, dans la gorge, d'un rang de feuillage sur toute son étendue.

Sur ce passage s'élève en retraite une grande rosace de dix mètres de diamètre, circonscrite dans un carré dont les écoinçons ont été percés de petites rosaces trilobées pour donner plus de solidité et ajouter une plus grande surface à l'élégance de ce châssis de pierre. Cette rose date des dernières années du XIIIe siècle; reconstruite à la suite de l'éboulement de 1227, elle se divise, à partir de la rose centrale, par douze rayons de forme ogivale, et par des contre-courbes trilobées et des sections de cercles croisés se réunissant à la circonférence et complétant l'appareil de cette remarquable composition.

Au-dessus du cadre de la rosace, une corniche décorée de feuillages porte une balustrade composée de quatorze roses à quatre feuilles.

De chaque côté de ce portail, les contreforts sont surmontés de pinacles à six pans ornés d'ogives tréflées et de crochets sur les arètes des pyramides, qui se terminent par un fleuron.

Un pignon en bois recouvert d'ardoises ferme les combles du transept: il remplace un pignon en pierre qui fut démoli au XVe siècle, époque où cette partie de l'édifice avait subi un tassement assez considérable pour compromettre tout le monument. .

A la suite de la constatation de ce tassement, le chapitre de la cathédrale songea à faire examiner l'église, dont la plus grande partie menaçait ruine. Le portail du nord donnant de grandes inquiétudes pour sa solidité, il fut convenu, d'après des mémoires manuscrits datés de 1462, qu'on chercherait à remédier au menaçant surplomb.

Les évêques Louis et Jacques Raguier eurent l'idée de faire élever contre ce portail une décoration ayant une direction inclinée d'avant en arrière, et disposée de façon à opposer une forte résistance à la poussée des murs.

Malgré la différence de style apportée à cette consolidation, il est incontestable que le maître de l'œuvre, Antoine Colas, chargé de ce travail, était un homme de goût et un habile architecte décorateur.

Deux contreforts en forme de pinacle furent dressés des deux côtés des pieds-droits du portail. Leurs piédestaux sont décorés de fenestrages appliqués; une archivolte les réunit par un fleuron sous la corniche établie à la même hauteur du soubassement de l'ébrasement du vieux portail. Au-dessus, deux niches sont séparées par un petit pilastre qui s'élève en flèche; les dais qui les surmontent sont terminés par des clochetons délicatement ciselés à jour. Ces niches sont conçues de manière à recevoir des statues de mêmes proportions que celles du portail. Puis le contrefort se retourne, présente son arête et se termine en clocheton ; il se retourne de nouveau, pour se terminer en pyramide ornée de crochets sur un pilastre surmonté d'un chapiteau avec feuillages vigoureusement travaillés et destiné à porter une statue.

Un grand arc ogival, composé de moulures, de gorges et de trilobes inclinés en pendentif, suit exactement les contours de l'archivolte du vieux portail, pour se relier et s'appuyer sur les deux

18.

nouveaux contreforts. A cette jonction prennent naissance deux arcs en contre-courbe, qui suivent également les moulures de l'archivolte, pour faire leur jonction sous un large chapiteau très délicatement évidé. A la hauteur de la seconde galerie, ce chapiteau était surmonté d'une statue.

Les rampants de ce gable sont couverts de feuilles légères et de crochets d'un puissant relief, formés de feuilles de cardon d'une exécution très remarquable d'énergie[1]. Le milieu du tympan est rempli par un cercle à cinq lobes et des portions de cercles tréflés, aujourd'hui recouvertes d'une gloire.

Pour relier ce pignon avec les contreforts, l'architecte ajouta, en avant de l'ancienne galerie, une balustrade à jour décorée de fleurs

1. Il est bon de faire connaître que les chapiteaux, les consoles et les crochets de cette décoration du XVe siècle, ont été moulés pour le musée du Trocadéro.

de lis et de clefs en sautoir. Dans les écoinçons, il établit deux niches profondes avec couronnement formé d'une brisure du cordon de la balustrade ; à côté apparaissent très distinctement les traces des blasons des évêques qui ont dirigé cette construction. La partie inférieure repose sur l'un des puissants chardons de la contre-courbe de l'archivolte ; et, pour donner plus d'harmonie à son œuvre, l'habile constructeur fit décorer la seconde galerie, au bas de la rose, d'une balustrade ornée de fleurs de lis et de clefs en sautoir ; ces mêmes symboles se répètent dans les galeries de la grande nef (18).

Enfin, pour compléter l'ensemble, une aiguille en pierre s'élève sur le dallage de cette deuxième galerie et termine la consolidation du portail.

Cette aiguille, en forme de quadrilatère, présente son arête au centre de la grande rosace, où elle est décorée d'ogives et de frontons aigus avec crochets. La partie supérieure, présentée de face, est légèrement creusée et s'élève jusqu'à la hauteur de l'appui de la balustrade du couronnement, où elle se terminait par un léger pinacle.

Une aiguille semblable existe à l'intérieur de l'édifice, et elle forme avec la première, à laquelle elle se relie, un double point d'appui pour maintenir la rose contre la pression et la poussée des voûtes.

Chapelles des bas côtés du chœur et de l'abside. — Dans l'angle rentrant du portail, à l'est, est une petite tourelle à plusieurs pans, couverte par une toiture en pointe, contenant l'escalier qui conduit dans les passages extérieurs du chœur, dans ceux du transept et sur les galeries du petit portail.

En suivant se trouve la première chapelle du pourtour du chœur ; les deux chapelles qui l'accompagnent occupent avec elle l'emplacement de la primitive église, fondée au Ier siècle par saint Potentien et saint Sérotin. La première, dite du Sauveur, aujourd'hui chapelle du Sacré-Cœur, se compose de deux travées et d'un petit sanctuaire à pans. Elle est éclairée par des fenêtres en lancettes à deux jours, surmontées d'une rose à six lobes, simplement décorées de colonnettes avec un boudin sur la partie ogivale. A la première travée de cette chapelle, sous la fenêtre, s'ouvre une petite porte au tympan trilobé, dite du chapitre, parce qu'elle servait, à l'origine, d'entrée particulière aux chanoines qui habitaient le grand et le petit cloître Saint-Pierre, faisant à peu près face à cette porte et au portail du nord.

Les bas côtés du chœur se terminent par cinq chapelles absidales, éclairées de même par des fenêtres en lancettes. Les angles saillants de ces chapelles sont appuyés de contreforts qui s'élèvent jusqu'à la corniche du couronnement, sans autres décorations que des consoles soutenant des gouttières qui représentent, pour la plupart, des figures d'hommes et de singes. Toutes ces chapelles sont surmontées d'une galerie trilobée à biseaux, posée depuis les dernières réparations du sanctuaire.

Pendant les grands travaux de la reconstruction du chœur, en 1856, par M. Eugène Millet, architecte du gouvernement, les chapelles furent reprises en sous-œuvre. Ces travaux ont mis à découvert les fondations qui étaient tout en craie et assises sur un terrain humide, noyées par les eaux de la Seine, cause première de l'affaissement de l'édifice pendant plusieurs siècles. Les contreforts extérieurs des grandes voûtes subirent la même opération, et leurs couronnements, partie refaits au XVe siècle, furent de nouveau décorés de pinacles en rapport avec le style de l'édifice. Sur l'extrémité de l'un d'eux, celui qui contre-bute le premier pan de l'abside, était posé le petit buste d'une sainte, qui passe pour être l'image de sainte Mâthie, la patronne de Troyes. Selon Desguerrois, cette sainte était fille d'un gouverneur de Champagne. D'autres prétendent qu'elle fut la fille ou la servante d'un boulanger qui demeurait rue de la Cité, à l'angle du *Pont-Ferré*, ce qui expliquerait la présence de ce buste en regard du lieu de sa naissance. L'architecte l'a fait rétablir à la place qu'il occupait depuis quatre siècles, c'est-à-dire depuis la reconstruction des contreforts au XVe siècle.

« La corniche du chœur de la cathédrale de Troyes est une des plus belles que nous connaissions de cette époque (1240) », dit Viollet-le-Duc. Elle est surmontée d'un boudin en larmier, sur lequel s'élève une galerie crénelée du XVe siècle se découpant avec vigueur au sommet de l'édifice, mais manquant d'harmonie avec le caractère du monument (19). Cette balustrade, d'un dessin rare, nous rappelle cependant celle du chœur de l'église de Westminster, à Londres.

La chapelle qui se trouve au chevet dans l'axe du chœur, est beaucoup plus grande ; elle comprend neuf travées, alors que les autres n'en comptent que cinq. Elle est éclairée, comme les chapelles

19.

précédentes, par des fenêtres en lancettes très étroites et encadrées extérieurement par des colonnettes et un boudin, avec biseau sur la partie ogivale.

CÔTÉ MÉRIDIONAL.

Suivant les comptes de la fabrique de l'année 1544 [1], toute la façade du grand portail était probablement terminée à cette date ; on transporta alors du premier étage de la tour Saint-Pierre à la tour Saint-Paul, le beffroi, les grosses cloches et la grosse horloge, pour faciliter les travaux et l'achèvement de la tour Saint-Pierre.

1. Léon Pigeotte, *Travaux d'achèvement de la cathédrale de Troyes.*

Le premier étage de la tour Saint-Paul, qui servit de beffroi, avait été commencé en 1539, comme le constate une inscription gravée à la pointe du ciseau, et placée à la première galerie en retour du côté de l'évêché, sous un larmier servant de plate-bande, et en se prolongeant en forme d'appui jusqu'aux niches des contreforts.

Voici le fac-similé de cette inscription :

Hen a ran commance maitre á bali lan mil v
ceiii XXXIX la vale de la notre dam en.
mars

La veille de Notre-Dame, en mars, ne peut être que la veille de l'Annonciation de la Vierge, qui tombe le 25 mars.

Cependant, de nos jours, nous avons vu qu'une partie de la plate-forme de la tour Saint-Paul et le mur de ce côté de l'évêché étaient restés inachevés, et que les murs étaient simplement abrités par une toiture couverte en tuile. Ces travaux furent complétés, en 1843, par M. Millet, avec les matériaux restant de la reconstruction du portail du sud, qui étaient abandonnés dans la cour de l'évêché depuis la fin des travaux.

Au pied de la tour, au sud, entre les deux contreforts, s'élève la petite sacristie de la chapelle des fonts. Celle-ci et les chapelles suivantes sont une répétition des constructions du même genre bâties du côté nord, avec cette différence que les gables des fenêtres sont isolés et s'harmonisent assez mal avec les balustrades des galeries. L'exécution de la sculpture, en général, est moins soignée, surtout celle des pinacles des contreforts; l'un de ceux-ci est décoré de bois mort, particularité bizarre qui ne dénote pas un bien bon goût.

Entre les écoinçons des grandes fenêtres de la nef, ainsi que sur la galerie de la troisième chapelle, se remarquent les traces des blasons de l'évêque Léguisé, qui fit bâtir les deux premières chapelles des bas côtés du nord et du midi, vers les premières années du XVe siècle. La corniche de la balustrade de la nef elle-même démontre un temps d'arrêt dans la décoration, avec un énorme dragon indiquant la part de chacun.

A la naissance des arcs-boutants des grands contreforts de la nef se voient très distinctement les traces de meubles des blasons de Louis et de Jacques Raguier, évêques de Troyes, de 1452 à 1518. Vers 1491 on construisit l'ancien portail de la nef médiane.

Le premier contrefort de la nef au midi présente une disposition toute particulière ; ses faces sont décorées d'une niche, et, sur l'une des assises de son couronnement, on lit cette inscription : **le p̄mier piller de la tour.**

Ce même pilier existe au nord, et tous deux reposent, à l'intérieur, sur les deux piliers des premiers collatéraux en entrant dans l'église. Il semble certain que ces deux jalons, tout à fait indépendants des tours actuelles, devaient accompagner les deux tours du XVe siècle, sinon terminées, du moins en cours d'exécution, et toutes deux démolies par Me Martin Cambiche au début des travaux du grand portail actuel.

PORTAIL MERIDIONAL.

Cette façade fut entièrement reconstruite, en 1841 et 1842, par M. Bouchez, ingénieur civil, après l'écroulement de la grande rose du portail. Cette rosace avait remplacé, vers 1551, la rosace primitive qui avait subi le même sort.

Ces désastres successifs, conséquence du mauvais état des fondations, dépourvues de la résistance nécessaire à une nouvelle restauration, déterminèrent l'administration des cultes à reconstruire toute la façade pour éviter dans l'avenir un troisième accident.

Cette restauration n'est autre qu'une imitation de l'ancien portail. La rosace reproduit exactement celle du nord, doublée d'une armature de fer qui n'a pas sa raison d'être, si toutefois les effets de pression ont été bien raisonnés pour éviter les brisures en cas de mouvement. Les architectes du XIIIe siècle n'ont jamais usé de pareils moyens de résistance, plutôt nuisibles qu'utiles. Les deux roses de Notre-Dame de Paris en sont un exemple.

L'entrée du transept se compose d'une simple porte ogivale. Sur les pieds-droits s'ajustent quatre colonnettes soutenant les moulures des ogives de la voussure, formées de boudins et de filets correspondant au trumeau central, point d'appui de deux arcs trilobés chargés de profils. Le tympan est occupé par une applique circulaire renfermant six portions de cercles. Entre cette porte et les contreforts sont deux fenêtres figurées et décorées de deux colonnettes et d'un boudin en ogive.

A la hauteur de la galerie de la rosace, les deux contreforts de la façade sont décorés de deux niches vides, dont l'ajustement se compose de deux colonnes portant des consoles saillantes surmontées d'un fronton aigu avec crochets et fleurons. Le tympan s'ouvre par un arc trilobé et un petit trèfle creusé dans la pointe du fronton. A droite et à gauche, deux figures de monstres forment deux petites gargouilles et complètent cette décoration. Avant la reconstruction de ce portail, le contrefort de gauche seulement était décoré d'une niche semblable destinée à recevoir la statue de l'évêque qui fit construire l'ancien portail du XIIIe siècle.

La partie supérieure se termine par les pinacles des deux contreforts et par un pignon sur les rampants duquel sont des crochets fleuris, avec un double fleuron pour son couronnement.

A la troisième travée de l'ancienne chapelle de Saint-Léonard s'élève la sacristie construite au XIVe siècle et agrandie par M. Millet. Des fenêtres ogivales, des contreforts avec gargouilles sur les faces latérales et aux angles, un pignon surmonté d'une crosse au sud, tel est l'aspect de cette construction moderne dans la cour de l'évêché.

La première chapelle du pourtour du chœur fut construite à la fin du XIVe siècle par Jean de Champigny, chanoine de la cathédrale de Troyes ; elle est composée de trois travées, avec de grandes fenêtres se divisant par trois meneaux, qui forment, par leur réunion à la partie ogivale, des trilobes et des roses à six lobes. Ses fenêtres sont surmontées extérieurement d'une galerie décorée de quatre-feuilles alternés d'élégants pinacles correspondant aux bâtiments de la nouvelle sacristie.

La deuxième chapelle est remplacée par un bâtiment carré de construction primitive appelé le *Trésor*. Il se compose de deux étages voûtés, éclairés au rez-de-chaussée par des fenêtres ogivales, fortement grillées. A l'étage supérieur, les fenêtres sont de même forme, avec colonnettes et boudins pour les ogives. Au-dessous d'un cordon en larmier qui leur sert d'appui, deux petites ouvertures carrées avec grilles, comme au rez-de-chaussée. Les angles du bâtiment et la face méridionale sont maintenus par des contreforts à retraits.

Les piles des contreforts du chœur et de l'abside ont été reconstruites et couronnées d'un nouveau pinacle, comme au côté septentrional. La corniche des chéneaux et la balustrade des combles se répètent de même sur le pourtour du chœur et du sanctuaire.

INTÉRIEUR.

Rien de plus grandiose et de plus majestueux que l'aspect intérieur de l'église Saint-Pierre, que l'œil parcourt depuis l'entrée occi-

20.

21.

22.

dentale jusqu'au fond de l'abside. Les différents styles qui le composent ne nuisent en rien à l'effet général de l'édifice. Il nous démontre en même temps les trois périodes de la dégénérescence de l'architecture du XIVe au XVIe siècle ; on saisit l'instant où les artistes se transforment pour se soumettre aux nouvelles lois du style fleuri, tout en observant l'ensemble de l'œuvre du siècle précédent (voir le plan, page 204).

En entrant dans l'église par la porte centrale, on se trouve sous une lourde construction en briques et en plâtras supportant le buffet de l'orgue et détruisant pour une bonne partie l'effet saisissant de ce grand vaisseau. Cette fâcheuse addition cache en même temps la merveilleuse décoration du mur occidental de la grande porte d'entrée, la grande rosace et la richesse des verrières dont elle est composée.

Sur les flancs intérieurs des pieds-droits et du trumeau de la porte principale, sont les emblèmes ou les devises de Louis XII (20), d'Anne de Bretagne (21) et de François Ier (22), représentés par des porcs-épics, des hermines et des salamandres, accusant ainsi l'époque pré-

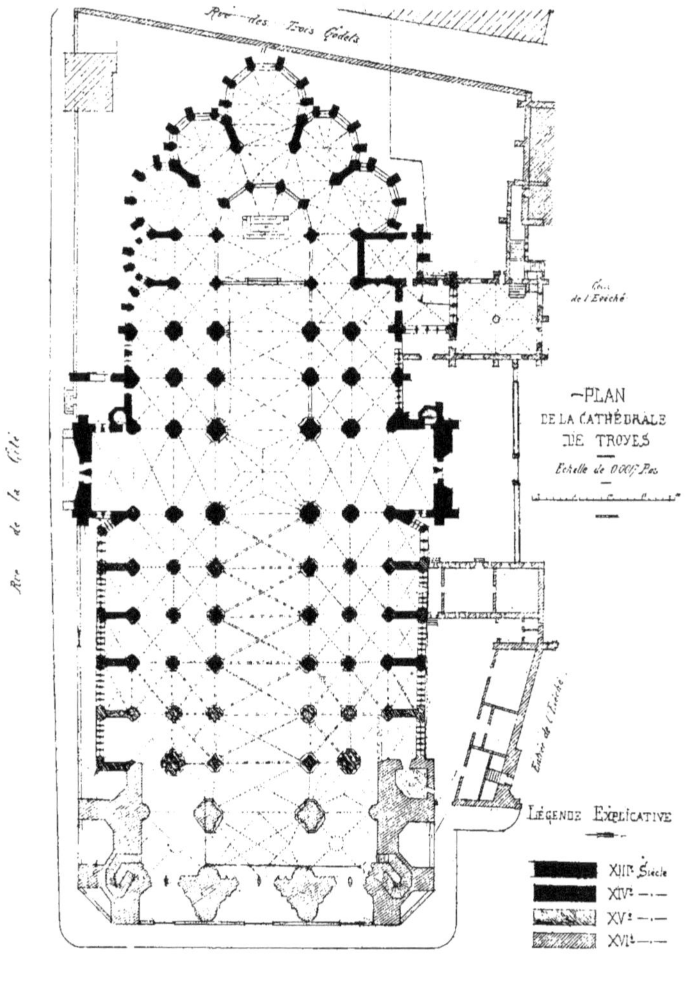

cise de cette décoration. Les pieds-droits s'élèvent en pinacles et servent de points d'appui à l'archivolte ogivale du tympan ; celui-ci est décoré

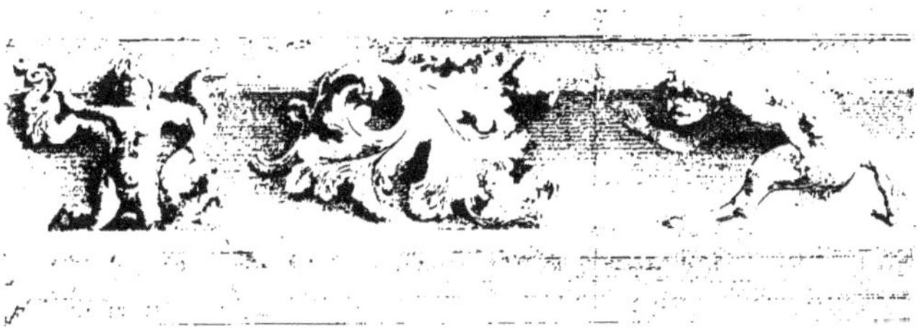

23.

de meneaux sur le nu du mur, dont le champ est divisé par des moulures contournées imitant la partie supérieure des grandes fenêtres de la nef. Toutes ces courbes sont accompagnées de feuilles, de figures d'enfants et d'animaux.

Au-dessus de cette riche décoration, masquée par le buffet de l'orgue, règne une galerie formant tribune, surmontée d'une élégante balustrade découpée à jour par des courbes à redans dont les vides forment des quatre-feuilles ajourés. Cette jolie balustrade repose sur une corniche creusée de deux gorges profondes, décorées de feuilles alternées de figures d'enfants et d'animaux d'un dessin varié : un dragon, un cerf, un enfant tenant un lézard par la queue, un singe dont la pose et le geste s'écartent du goût et des usages reçus (23). Puis on y voit un griffon dévorant un petit quadrupède, et un oiseau qui arrache les plumes de ses ailes pour en garnir son nid, sur lequel il est perché. Toutes ces figures, posées avec beaucoup d'action naturelle, sont presque entièrement détachées du fond.

Au-dessous de cette tribune s'ajustent huit niches, répétant par leurs dispositions celles de la façade des tours. Elles sont, comme ces dernières, séparées par des pilastres-aiguilles qui se prolongent jusque dans la corniche. Le couronnement de ces niches est surmonté de festons ajourés ; au bas sont appliqués des culs-de-lampe à ornementation de riches feuillages et d'animaux, les pinacles sont ornés de crochets fleuris, d'autres représentent de petits anges soufflant dans des cornets à bouquin (24). Au-dessus de cette élégante ceinture rayonne la splendide rose occidentale du grand portail, qui complète l'ensemble et l'harmonie des formes générales.

Au centre de la rose, les verrières représentent les trois personnes de la Trinité sous une forme humaine, aussi égale que possible : Dieu le Père, au centre, bénissant à la manière latine, tenant de la main gauche le livre des Évangiles ouvert, sur lequel sont inscrits l'alpha et l'oméga : *Je suis le commencement et la fin.* A sa droite, Jésus-Christ, et à sa gauche le Saint-Esprit, portant tous deux la main sur le livre des Évangiles, et affirmant ainsi la trinité divine.

24.

La rose est divisée en six parties, composées chacune de onze compartiments. Dans la section du haut, sont représentés les anges ; à gauche, les patriarches, et, en face à droite, les apôtres. Au-dessous des patriarches, les martyrs ; au-dessous des apôtres, les confesseurs. Enfin, dans la section du bas, les saintes femmes. Tous ces personnages, qui forment la cour céleste, portent les attributs qui les distinguent, et dirigent leurs regards vers les trois personnes divines. Malheureusement, une grande partie de cette rose a été brisée, un certain nombre de compartiments sont remplis de morceaux de verre de couleur qui ne représentent rien, et beaucoup de saints sont trop endommagés pour qu'il soit possible de leur assigner un nom. Néanmoins, parmi les patriarches, on distingue Adam, Noé adossé à l'arche, Abraham, Isaac portant le bois du sacrifice, Jacob, Moïse, David et saint Jean-Baptiste. Parmi les apôtres, on ne peut guère reconnaître que saint Pierre, saint Paul, saint André et saint Simon. Dans la section des martyrs, saint Sébastien et saint Laurent. Dans celle des confesseurs, une admirable figure de saint Remy recevant la sainte ampoule. Enfin, parmi les saintes femmes, sainte Catherine, sainte Geneviève avec un cierge à la main. Sainte Mâthie est vêtue et coiffée comme une servante, tenant un bouquet de roses dans sa main gauche (25), bouquet qui s'explique par cette légende : « Domestique chez un boulanger, elle distribuait du pain aux pauvres en abondance sans que la quantité diminuât. Son maître, qui, malgré l'évidence, se refusait à en croire ses yeux, voulut soumettre sa servante à une épreuve difficile. Il saisit alors une pelle de fer, la remplit de braise ardente, qu'il jeta dans le tablier de Mâthie. Il s'attendait à la voir reculer épouvantée ou détacher son vêtement en flammes; mais, ô prodige! les charbons s'étaient changés en roses épanouies et odoriférantes, et le boulanger confus rendit justice à la sainteté de la jeune vierge[1]. »

25.

Les coiffures et les vêtements de ces figures sont d'une grande variété de formes et de couleurs. Peintes sur fond or, elles atteignent au soleil couchant, par leur puissante coloration, l'efflorescence d'un souffle lumineux.

Au bas de la rosace, les arcatures des écoinçons sont occupées par des verrières, aujourd'hui dans le plus triste état, représentant l'apparition de Jésus-Christ à saint Pierre, après sa résurrection, la pêche miraculeuse et le crucifiement de saint Pierre. On y remarque le blason de France et celui d'un haut dignitaire de l'époque : d'azur au chevron d'argent, chargé de deux aiglons de sable, accompagné de trois têtes antiques d'or, celle de la pointe tournée à droite (26); il est entouré du cordon de l'ordre de Saint-Michel.

26.

Dans les cercles de ces écoinçons, on voit aussi les armes de la ville et celles du chapitre de la cathédrale.

Toute cette verrière, d'un style élégant et d'une remarquable conception, fut exécutée, en 1546, par Jehan Soudain, peintre-

1. L'abbé E. Defer, *Vie des Saints de l'ancien diocèse de Troyes.*

verrier à Troyes, qui reçut, pour son travail, II c. VII l., représentant 3.478 fr. 05 c.[1].

De la porte d'entrée au transept, la nef comprend sept travées. La première, entre les deux tours, forme une espèce de porche intérieur. Cette travée est plus large que les suivantes. La voûte se divise en tiercerons ou compartiments par des nervures saillantes dont les intersections sont couvertes de rosaces découpées à jour. La clef centrale porte le blason du chapitre entouré d'une inscription en caractères gothiques carrés que, malgré le secours de la meilleure des lunettes, il nous a été impossible de déchiffrer.

La deuxième travée, plus étroite, est la première travée formant le porche des tours projetées au XVe siècle, qui servit plus tard de jonction à la nouvelle façade construite par Martin Cambiche.

Par suite de ces travaux, les deux fenêtres de ces travées furent murées et engagées en partie dans la nouvelle construction. En 1886, M. Selmersheim, architecte du gouvernement, succédant à son oncle, M. Millet, supprima ces deux restes de fenêtres et en édifia deux nouvelles en rapport avec l'architecture du monument.

Dans un cartouche posé sur la clef de voûte de la travée suivante, le millésime de 1701 est sculpté en relief; il rappelle l'époque de la reconstruction de cette voûte crevée l'année précédente par la chute de la statue de saint Michel qui surmontait le pignon de l'ancien portail.

Les voûtes de la nef sont à nervures croisées simples, à profils anguleux; toutes les roses des clefs qui étaient décorées des différents blasons des donateurs furent peintes et décorées par Nicolas Cordonnier et Jacquot son fils : elles ont été détachées. Les arcades sont surmontées de tribunes divisées par des ogives et des meneaux qui s'ajustent avec les divisions des grandes fenêtres, celles-ci distribuées dans leur largeur en six parties par des lancettes trilobées et des contre-courbes qui en remplissent la partie ogivale. Les splendides verrières qui leur servent de clôture sont disposées transversalement sur deux ou trois rangs superposés, et pour la plupart représentent quelques légendes de saints

1. Léon Pigeotte, *les Travaux d'achèvement de la cathédrale de Troyes.*

et différents passages tirés de l'Ancien et du Nouveau Testament. Nous allons essayer de les décrire dans tous leurs détails, en commençant par le côté gauche de la nef.

Cette grande nef, commencée sous l'évêque Jean Léguisé, fut continuée en 1450 par Louis Raguier et complètement terminée en 1492, sous l'épiscopat de Jacques Raguier, neveu et successeur de Louis. Elle mesure en hauteur 28 mètres 60 centimètres.

VERRIÈRES DE LA GRANDE NEF

PREMIÈRE FENÊTRE. — COTÉ GAUCHE.

Histoire de la vraie croix.

Toutes les fenêtres de la nef se divisent en six jours ou lancettes, et se partagent horizontalement en deux ou trois parties, formant douze ou dix-huit panneaux, selon l'importance des sujets légendaires.

PREMIÈRE PARTIE. — 1er *panneau*. — La donatrice de cette verrière, agenouillée devant son prie-Dieu, les mains jointes, tient entre ses doigts une petite croix; elle est vêtue d'une robe violet foncé à traine et à larges manches; une coiffe lui couvre la tête.

27.

Le prie-Dieu est timbré d'un blason parti au 1 : d'or au chevron d'azur accompagné en pointe d'une ancre de sable, au chef d'azur chargé de trois molettes d'or (Péricard); au 2 : d'azur à trois chandeliers d'or, accompagnés en chef d'une étoile de même (Dorigny) (27). Derrière la donatrice, des personnages formant la suite de l'empereur Héraclius représenté dans le panneau suivant.

2e *et* 3e *panneaux*. — L'empereur Héraclius Ier portant la croix fait son entrée à Jérusalem. Il porte une cotte de mailles d'or et une armure d'argent recouverte d'un surcot d'or, blasonné d'une aigle noire à deux têtes; sa couronne d'or est en tête, son cheval caparaçonné a des panaches blancs sur la tête. L'empereur d'Orient est suivi de son écuyer et accompagné des deux archers, dont un est armé d'une flèche empoisonnée la pointe en bas, l'autre d'une masse d'armes, ensuite viennent les deux personnages du premier panneau.

La porte de la ville sainte est fermée; un ange au-dessus des murs de la ville développe un phylactère portant ces mots : **Rex celorum humilitatis exanplar reliquit,** *Le Roi des cieux nous a donné l'exemple de l'humilité.*

C'est que l'empereur voulait entrer dans la ville revêtu de ses ornements impériaux; mais l'ange lui fait observer que cette magnificence ne convient pas au souvenir du Christ, qui était monté sur un âne pour laisser au monde qu'il rachetait un exemple d'humilité.

4e, 5e et 6e *panneaux*. — L'empereur en pénitent : il porte la croix et il est vêtu d'une simple chemise, les jambes et les pieds nus, mais couronne d'or en tête. Il est suivi de quatre personnages vêtus de la même manière. La porte de la ville est ouverte. L'empereur et sa suite sont reçus par le gouverneur, qui s'incline respectueusement, chaperon bas et la main sur le cœur; il est vêtu d'une tunique rouge avec haut-de-chausses azur et chaussé de bottes molles jaunes.

DEUXIÈME PARTIE. — 1er, 2e *et* 3e *panneaux*. — Sainte Hélène, mère de Constantin, assiste à la découverte de la vraie croix; elle est accompagnée d'une suivante et de sept personnages dont un se baisse pour retirer une des croix de la fosse; celle du mauvais larron n'est pas encore dégagée.

4e, 5e *et* 6e *panneaux*. — Un personnage richement vêtu, suivi de deux autres, et au-dessus de la tête duquel on lit le nom de **Judas**, tient la croix du Sauveur. C'est lui, en effet, qui avait indiqué le lieu où la croix était enfouie. Il maintient la croix horizontalement au-dessus du cadavre d'un jeune homme, qui, ressuscité à son attouchement, est assis sur le bord de la fosse, les mains jointes, couvert de son linceul. Un personnage accourt pour voir le miracle, et trois autres sont dans une attitude qui marque une grande surprise. Judas, touché de ce prodige, se fit baptiser, prit le nom de Quiriace et devint évêque de Jérusalem.

TROISIÈME PARTIE. — 1er *panneau.* — L'échelle mystique de Jacob, le sommet maintenu par le Christ entouré de nuages. Jacob endormi, deux anges, l'un montant au ciel et l'autre en descendant.

2e *panneau.* — La croix unissant la terre au ciel. Deux anges, en bas de la croix, prennent les âmes, représentées par de petits enfants nus, et deux autres en portent une au ciel.

3e *panneau.* — L'exaltation du serpent d'airain, figure du Christ élevé en croix guérissant les plaies du genre humain. Deux personnages en extase, Moïse un bâton à la main. Un cadavre au pied de la colonne surmontée d'un dragon.

4e *panneau.* — Héraclius en guerrier, vêtu de son armure et de son surcot d'or brodé d'une aigle noire à deux têtes, menace de son épée Chosroës, qui, en grand costume, lui fait face assis sur son trône.

5e *panneau.* — Chosroës II, roi des Perses, sous un pavillon de soie de diverses couleurs, sur son trône, couronne d'or en tête, sceptre en main, vêtu de pourpre.

6e *panneau.* — Le peuple, représenté par des hommes et des femmes, se prosterne devant lui et semble l'adorer. Derrière ce groupe, une colonne surmontée d'un coq d'or. Vainqueur, il menace de substituer la religion des Mages à celle de l'Évangile.

« En 615, Chosroës, roi des Perses, soumit à son empire tous les royaumes du monde. Il vint à Jérusalem, se rendit au Saint-Sépulcre et emporta la portion de la vraie croix que sainte Hélène y avait laissée. Chosroës, voulant se faire adorer par tout le monde, ordonna d'élever une tour d'or et d'argent, garnie de pierres précieuses; alors il abandonna le royaume à son fils, se retira dans ce phare lumineux et ordonna à son peuple de l'appeler Dieu. Chosroës, assis sur un trône, comme Dieu le Père, mit la croix à sa droite, à la place du fils de Dieu, et un coq d'or à sa gauche, pour représenter le Saint-Esprit.

« L'empereur Héraclius fait la guerre à son fils et le défait; il entre dans sa capitale et pénètre dans la tour lumineuse du vieux roi.

« Chosroës ayant refusé de se faire chrétien, Héraclius lui trancha la tête d'un coup d'épée[1]. »

Tel est le sujet représenté dans ces trois derniers panneaux (28).

Dans les lobes flamboyants de la fenêtre. — Trois prophètes portant des banderoles avec ces inscriptions : **Benedictū lignum.** *Bois béni* (Livre de la Sagesse, XIV, 7). — **Exaltavi lignū.** *J'ai élevé l'arbre*

28.

(Ézéchiel, XVII, 24). — **Sūp mōte caligīoz,** *sur la montagne couverte de nuages* (Isaïe, XIII, 2).

Dans les trilobes de l'ogive. — Quatre anges portant les instruments de la Passion. Une croix d'or occupe la pointe de l'ogive, au milieu d'un ciel étoilé. Elle est entourée d'un phylactère portant ces mots : **Salve crucē sctā,** *ô croix sainte, salut.* **O crux benedicta,** *ô croix bénie.*

1. Didron aîné, *Histoire de Dieu.*

Dans les lobes intermédiaires sont les personnifications des dignités civiles et religieuses. D'un côté, un pape, un cardinal et un clerc; de l'autre, un empereur, son ministre et un magistrat, tous agenouillés.

Dans les quatre écoinçons des trilobes, on lit d'un côté ces mots : **O crux ave, Spes nostra**, *Salut, ô croix, notre espérance:* et de l'autre : **O crux bñdicta, O crux benedicta.** *Salut, ô croix bénie !*

Au bas de la fenêtre, on lit, sur toute sa largeur, l'inscription de la pose de cette verrière, ainsi conçue :

Damoiselle · claude · Dorigñi · vefue · de · feu · noble · hõe · Jeh · pricar' · dẽm · a · troyes · a · dõne · ceste · vriere · lan · mil · v^c · et · i · p^ie · de^o · p̃o · elle.

TRIFORIUM.

Le triforium, au-dessous des grandes fenêtres, se compose de six jours en lancettes accompagnés et reliés par des quatre-feuilles.

1re, 2e *et* 3e *lancettes*. — Aman, ministre d'Assuérus, suivi d'un serviteur; son nom est écrit au-dessus de sa tête : **Amen.** En face de lui, Mardochée, oncle d'Esther, un bâton à la main. Puis, un des amis d'Aman, qui fait dresser une croix pour Mardochée, avec cette inscription : **Jube pa**(*rari*) **cr**(*ucem*).

4e, 5e *et* 6e *lancettes.* — Jésus, portant sa croix, est traîné au Calvaire par deux soldats; il se retourne vers les filles de Jérusalem qui le suivent, et il leur adresse ces paroles inscrites sur la banderole qui contourne la croix : **Filie Jhrlm̃, nolite flere super me.**

Dans les quatre-feuilles. — Le blason, mi-parti Péricard et mi-parti Dorigny, avec cette inscription sur une banderole : **Ceste presente verriere fut faicte lã mil cinq cens et ung**[1].

1. Cette verrière fut exécutée par Jean Verrat, peintre-verrier à Troyes, car on lit dans les comptes de la même année 1501 : « Payé à un maçon pour ayder à Jean Verrat à morteller la verrière Perricarde. » Léon Pigeotte, *Travaux de la cathédrale.*

DEUXIÈME FENÊTRE. — COTÉ GAUCHE.

Légende de saint Sébastien.

PREMIÈRE PARTIE. — 1er *et* 2e *panneaux*. — Saint Sébastien (le commandeur) vêtu d'un manteau écarlate richement bordé d'hermine

29.

30.

et portant un collier d'or de l'ordre de Saint-Michel, rend l'usage de la parole à Zoé, femme de Nicostrate, en la maison duquel les chrétiens étaient gardés. Celle-ci est agenouillée les mains jointes et accompagnée de deux personnages dans l'attitude du recueillement.

3e *et* 4e *panneaux*. — Le prêtre saint Polycarpe, baptisant Marc et Marcellien et Tranquillin leur père (29); derrière eux, en suivant, saint Sébastien, les mains jointes.

5e *et* 6e *panneaux*. — Le même Polycarpe, vêtu d'une robe blanche avec manteau brun sur les épaules, armé d'un sabre, pénètre dans la chambre du préfet Chromatius, où l'arrangement des étoiles était représenté, brise avec cette arme une idole placée sur une colonne d'or. La tête tombe, l'étendard est brisé (37). Dans le panneau suivant, saint Sébastien, debout devant un autel aux côtés duquel sont deux idoles, semble prêt à les renverser.

DEUXIÈME PARTIE. — 1er *panneau*. — L'empereur Dioclétien debout, en grand costume, portant la couronne et le sceptre, accompagné d'un officier de sa cour.

2e *panneau*. — Saint Sébastien amené devant l'empereur par un soldat.

3e et 4e *panneaux*. — Saint Sébastien martyrisé par deux arbalétriers; l'un lui lance des flèches, l'autre bande son arc pour une nouvelle décharge.

5e *et* 6e *panneaux*. — Sainte Lucine et saint Polycarpe retirent les flèches du corps de saint Sébastien [1].

TROISIÈME PARTIE. — 1er *et* 2e *panneaux*. — Saint Sébastien, survivant à ses blessures, est reconduit devant Dioclétien, qui le condamne de nouveau au supplice.

3e *et* 4e *panneaux*. — Saint Sébastien devant Dioclétien est frappé à coups de bâton par les satellites du tyran.

5e *et* 6e *panneaux*. — L'empereur le fait jeter dans un cloaque par deux bourreaux.

Dans les lobes flamboyants de la fenêtre sont représentées des branches de chêne en feuilles et des banderoles portant ces inscriptions : **Garde nous en tous lieu de peste**[2] — **Saint Sebastiã, ami de dieu.** — **La Confrarie de s Sebastian õt faict faire cest verriere.**

Dans les lobes, à gauche. — Sainte Lucine (**Luciana**) retire le corps de saint Sébastien du cloaque. L'âme du martyr monte au ciel,

1. Ici, il y a une erreur du peintre verrier. C'est une veuve nommée Irène, dont le mari, saint Castule, était mort pour la foi, qui recueillit le corps du martyr, le soigna et le rendit à la santé à force de soins.

Saint Sébastien mourut plus tard assommé et jeté dans un cloaque, et c'est encore une femme, sainte Lucine, qui intervint, mais pour lui donner la sépulture. (Le P. Cahier, *Caractéristiques des Saints*.)

2. Peste qui sévit à Troyes et dans les environs vers la fin du XVe siècle. Saint Sébastien fut longtemps invoqué contre la peste.

sous la forme d'un enfant nu, porté sur des nuages, tenant une flèche, instrument de son martyre. Au-dessous : **Scts Sebastian?**

A droite. — Saint Polycarpe et sainte Lucine ensevelissent le corps de saint Sébastien. Derrière eux, les figures de saint Pierre et de saint Paul, à qui l'église est consacrée.

Dans les trilobes. — Deux anges ont porté au ciel, l'un l'âme de saint Sébastien, l'autre les âmes des saints Marc et Marcellien, qui sont reçues par Jésus-Christ. Derrière Marc et Marcellien est une femme, peut-être leur mère, sainte Zoé.

On lit, au bas de cette verrière, l'inscription suivante tracée en belles lettres onciales :

La confrarie de saint Sebastian ont donne ceste verriere l'an mil cinq cents ung · Dieu les grati (gratifient)[1].

TRIFORIUM.

1er *et* 2e *jours.* — Les membres de la confrérie de saint Sébastien, tous agenouillés les mains jointes, représentés par des prêtres, des moines, des hommes et des femmes de toutes conditions. Ils sont réunis et groupés sous une arcade surbaissée qui leur sert d'encadrement.

3e *jour.* — Saint Sébastien s'entretenant avec Dioclétien et Maximien, tous deux en costume d'empereurs, couronne en tête et sceptre en main.

4e *jour.* — Saint Sébastien exhorte un soldat à se convertir.

5e *et* 6e *jours.* — Marc et Marcellien sont prisonniers, les mains liées avec des cordes; ils sont à genoux devant saint Sébastien, qui les exhorte à confesser courageusement leur foi. Derrière le saint, on voit Nicostrate et, derrière les prisonniers, Zoé, qui voit apparaître au-dessus de saint Sébastien un ange portant un livre ouvert, où était écrit tout ce que le saint venait de dire.

Dans les quatre-feuilles et les écoinçons. — Des flèches entourées de banderoles, avec ces mots : **La Confrarie de St Sebastian.**

1. Cette verrière aurait été faite par Lyenin, car on trouve dans le compte de l'année 1501-1502 : « Paié à un maçon pour aider Lyenin, le verrier, à refaire les escharfauds de la verrière de S. Sébastien. »

TROISIÈME FENÊTRE. — COTÉ GAUCHE.

Histoire de Job.

A la pointe de l'ogive. — Dieu le Père, la main droite levée et la gauche portant le monde. Au-dessous, Satan tenant un fléau lui

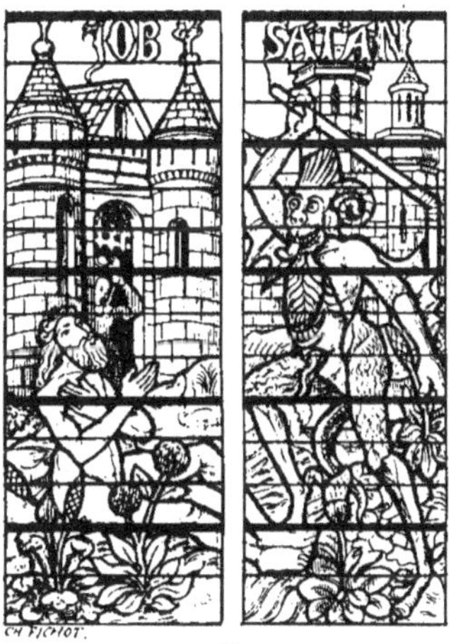

31.

32.

demande la permission de frapper Job dans ses biens, dans sa famille et dans sa personne.

Dans la partie flamboyante des lobes de l'ogive. — A gauche et dans les trilobes, les enfants de Job sont à festoyer autour d'une grande table. Au-dessus d'eux, un diable rouge démolit la maison avec acharnement: en tombant, les pierres écrasent les fils et les filles de Job. A droite, des hommes armés (Sabéens et Chaldéens) s'emparent des troupeaux de Job.

Dans les écoinçons. — Dans celui du milieu, Job, les mains jointes; dans les deux de côté, deux serviteurs qui viennent lui annoncer les malheurs qui l'ont frappé.

Dans les écoinçons. — Le monogramme de la donatrice, répété quatre fois. 

Première partie. — 1er *et* 2e *panneaux.* — Job couché sur un fumier de paille de maïs. Un affreux démon le frappe à tour de bras avec un fléau. Job, les bras croisés sur la poitrine, reçoit les coups avec résignation. Derrière lui, une porte de ville, des tours et des murs crénelés. La femme de Job sort de la ville portant un panier de provisions sur la tête (31).

3e *et* 4e *panneaux.* — Job, affaissé sur son fumier et couvert de lèpre, reçoit les reproches de sa femme et de ses parents ; l'un d'eux se bouche le nez avec sa manche (32).

5e *et* 6e *panneaux.* — Job, agenouillé et dans la même situation, cache sa nudité ; il est visité par trois grands seigneurs.

Dans les trilobes des lancettes. — Des anges portant les blasons des familles Molé et Mesgrigny.

Deuxième partie. — 1er *panneau.* — La donatrice agenouillée, les mains jointes, devant son prie-Dieu. Elle est assistée de son patron, saint Jean l'Évangéliste, tenant une palme et une coupe d'or d'où s'échappe le petit dragon légendaire. Tous deux sous une arcade cintrée. Au claveau central de cette arcade, un blason, parti de gueules à deux étoiles d'or en chef et un croissant d'argent en pointe; à la bordure engrêlée de même (Molé); parti au 1 : d'argent au lion de sable; au 2 : de gueules à une bande d'argent soutenant un oiseau d'or (Mesgrigny) (33).

33.

2e *panneau.* — Le donateur, assisté de son patron saint Jean Baptiste, qui porte l'agneau symbolique sur le livre des saintes Écritures.

3e *et* 4e *panneaux.* — Job, après son épreuve, retrouve une prospérité plus grande qu'avant. Trois serviteurs lui amènent un agneau, un âne, un bœuf, pour représenter ses nombreux troupeaux. L'un d'eux lui présente un vase d'or.

Au-dessus, deux petits anges portant un phylactère avec ces mots : CVYDER DEÇOYT[1].

5e *et* 6e *panneaux*. — Job et sa femme ont devant eux les enfants et les serviteurs que Dieu leur a accordés après l'épreuve. Au-dessus de ce sujet, deux anges avec une banderole sur laquelle est écrite cette devise : **pour mieulx avoir.**

Au bas de la fenêtre, nous lisons :

Damoiſelle Jehanne de Meſgrigny veſue de Jehā Mole en son vivāt eſcuie' seigneur de villy le mare'bal a donnee ceſte verriere et fut fait lan · mil · cinq · cent ·

TRIFORIUM.

1er *jour*. — Des serviteurs des Mages.

2[e], 3[e] *et* 4[e] *jours*. — Les rois mages Balthasar, Melchior, Gaspar, portant tous les trois de riches costumes.

34.

5e *jour*. — La Vierge, l'Enfant Jésus debout sur les genoux de sa mère, il reçoit un vase d'or que lui présente Gaspar.

6e *jour*. — Joseph debout, appuyé sur un bâton ; près de lui, le bœuf et l'âne.

Dans les quatre-feuilles du couronnement des lancettes, le monogramme du Christ, les blasons des donateurs (34) et les devises : **pour mieulx avoir,** et CVYDER DEÇOYT.

QUATRIÈME FENÊTRE. — COTÉ GAUCHE.

Histoire de Tobie.

A la pointe de l'ogive. — Dieu le Père en pape, bénissant et

1. Veut dire qu'on est souvent trompé dans ses espérances, — que trop de confiance nuit, qu'on se trompe par trop de présomption.

portant le monde. Il est représenté debout sur des nuages d'où s'échappent des rayons lumineux.

Dans les trilobes rayonnants. — A gauche, Tobie, de la tribu de Nephtali, est emmené en captivité à Ninive par des soldats, les mains liées avec des cordes. Un des soldats tient la corde et le traîne à sa suite. Sa femme l'accompagne, tenant par la main le jeune Tobie. Derrière elle, un soldat entraîne d'autres captifs dont les mains sont liées par des cordes. Au bas du tableau, on lit sur une banderole THOBIAS. A droite, Tobie en présence de Salmanasar, roi d'Assyrie, qui, vêtu de son grand costume royal, lui rend sa liberté et lui met en main un sauf-conduit. Au bas du sujet, une seconde fois le nom de THOBIAS.

35.

Dans les écoinçons. — Des phylactères avec ces mots : CIVITAS NINIVE et CIVITAS NEPHTALI[1]. Plus bas, les armoiries et le monogramme des donateurs (35).

Première partie. 1er *panneau.* — Salmanasar, roi d'Assyrie, monté sur un cheval blanc richement caparaçonné, met des pièces d'argent dans la main de Tobie.

2e *panneau.* — Tobie prête de l'argent à Gabelus.

3e *panneau.* — Sennachérib, successeur de Salmanasar, monté sur un éléphant, fait massacrer des prisonniers par ses soldats.

4e *panneau.* — Tobie ensevelit un mort; sa femme le regarde par la fenêtre. Son fils l'aide à emporter le cadavre.

5e *panneau.* — Tobie, agenouillé, les mains jointes, rend grâces à Dieu, le regard élevé vers le ciel, où apparaît Dieu le Père dans toute sa gloire. Au second plan du tableau, des voleurs s'emparent de ses biens.

6e *panneau.* — Tobie endormi, assis contre un mur, reçoit sur les yeux de la fiente chaude d'une hirondelle, qui lui brûle la vue. Sa femme Anne le contemple avec tristesse.

1. Ninive, capitale de l'empire d'Assyrie, où Tobie fut emmené en captivité. Nephtali, une des douze tribus d'Israël, à laquelle appartenait Tobie.

DEUXIÈME PARTIE. *1re et 2e panneaux.* — Le vieux Tobie remet à son fils, appelé aussi Tobie, une feuille de parchemin; c'est la reconnaissance signée par Gabelus pour la somme d'argent qu'il a reçue; il reçoit les adieux de son fils, qui part accompagné de son guide l'ange Raphaël (36), se rendant à Ragès pour réclamer à Gabelus l'argent que son père lui a prêté.

3e *et* 4e *panneaux.* — En chemin, le jeune Tobie, désirant laver ses pieds dans le fleuve du Tigre, fut surpris par un gros poisson qui voulait le dévorer; sur le conseil de l'ange, Tobie assomme le monstre

36.

37.

38.

39.

marin avec son bâton de voyage (37) éventre le poisson, en retire le fiel et le foie (38).

5e *et* 6e *panneaux.* — Le jeune Tobie étant en peine de trouver à se loger, l'ange Raphaël lui conseille de descendre chez son oncle Raguel, qui avait une fille avec laquelle il pourrait se marier. Arrivée de Tobie chez Raguel, qui le reçoit avec effusion (39). Le mariage de Tobie avec Sara. Le grand prêtre unit les mains des fiancés. Tobie met un anneau de mariage dans la main de Sara.

TROISIÈME PARTIE. — Le premier panneau inférieur, à gauche, est occupé par la donatrice, en robe bleu foncé, devant un prie-Dieu recouvert d'un tapis avec un livre d'heures: à ses côtés sont ses quatre filles par rang d'âge. Saint Denis, patron de Denise Chappelain, est debout derrière elle, tenant sa tête dans sa main droite et sa crosse de la main gauche. Le tapis du prie-Dieu est brodé de ses armes; elles portent mi-parti au 1 : d'azur, à trois têtes de béliers d'argent; au 2 : d'argent à 3 couronnes d'épines de sinople (40).

Le deuxième panneau représente le donateur en prières devant son prie-Dieu, blasonné de ses armes, d'azur à 3 têtes de béliers d'argent. Jean Festuot est accompagné de ses deux fils, agenouillés à ses côtés. Derrière eux, saint Jean-Baptiste portant de sa main droite l'agneau de Dieu et la croix de Rédemption. La main gauche du saint repose sur la tête du donateur en signe de protection.

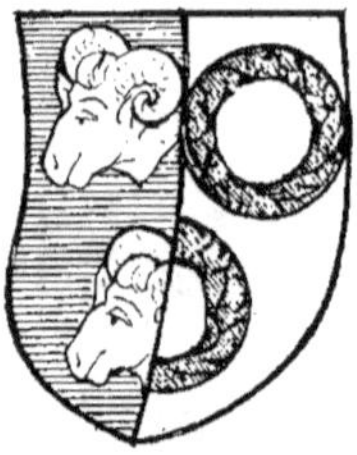

40.

3e *panneau.* — Le jeune Tobie fait brûler le foie du poisson pour chasser le démon. Dans le fond du tableau, Sara est couchée sur un lit bleu, à rideaux rouges et à franges de couleurs. Le chien est au pied du lit.

4e *panneau.* — L'ange enchaîne le diable au fond des déserts d'Égypte.

5e *et* 6e *panneaux.* — A gauche, Tobie se dispose a revenir de son voyage, quitte son beau-père, avec Sara et ses troupeaux, sous la conduite de l'ange. Le jeune époux fléchit le genou et donne la main à son beau-père en signe d'adieux, Sara est montée sur un chameau dont Raphaël tient les guides. Le chien et les moutons sont prêts à partir.

Au bas de la fenêtre, on lit sur une seule ligne :

Jehan Festuot laine (*l'aîné*) **marc^haut^ Et bourgeois de Troyes et Denise chappelain sa feme ont donne ceste verriere · En l'an · mil et cccc · priez dieu pou^r^ les trespasses.**

TRIFORIUM.

1er, 2e *et* 3e *jours.* — L'ange Raphaël, Sara et Raguel en présence du vieux Tobie; celui-ci recouvre la vue avec le foie du poisson que son fils lui applique sur les yeux.

4e *jour.* — Le jeune Tobie et l'ange Raphaël rapportent au vieux Tobie l'argent qu'il avait prêté à Gabelus.

5e *et* 6e *jours*. — Mort du vieux Tobie en présence de toute sa famille.

Dans les trilobes au-dessus des jours ou lancettes. — Les monogrammes de la Vierge et du Christ, alternés avec les armoiries des donateurs [1].

CINQUIÈME FENÊTRE. — COTÉ GAUCHE.

Légende de saint Pierre.

Cette verrière ne porte pas de date non plus que l'inscription de sa fondation. Sa sévère exécution rappelle les merveilleuses verrières de la fin du XVe et du commencement du XVIe siècle. Les armoiries de Lorraine, surmontées d'une crosse, qui occupent les trilobes flamboyants de la partie ogivale de la fenêtre, permettent de penser que cette verrière a été donnée par un évêque de cette illustre famille.

Notre opinion s'accorde avec celle de M. Léon Pigeotte, auquel nous empruntons les notes suivantes publiées dans ses études sur les travaux d'achèvement de la cathédrale de Troyes.

On voit, en 1501 et 1502, dans les archives de la fabrique, une dépense de roseaux « pour clore la verrière de Monsieur de Meitz », une autre dépense au couvreur « pour faire escharfaud pour prendre la mesure de la verrière de Monsieur de Meitz ». Au mois de mai et au mois de juillet 1502, les armatures de fer fournies par le serrurier avaient été directement payées par le donateur, ainsi qu'il résulte d'une mention écrite en marge de l'article de dépense.

Plus tard, on trouve dans les comptes de 1511-1512 l'article sui-

1. Les deux blasons de Jean Festuot et de sa femme ne sont pas d'accord avec les armoiries de cette famille publiées dans l'*Armorial du département de l'Aube*, par M. Roserot. Y a-t-il eu deux familles Festuot, Chappelain ou Chapelain? C'est peu probable, rien ne le donne à penser. Nous devons constater seulement que ces blasons se répètent quatre fois, qu'ils ont été exécutés pour la verrière elle-même et que le monogramme qui les accompagne porte bien la couleur du champ du blason et les initiales J. F. du nom du donateur, inscrit en toutes lettres dans l'inscription de fondation.

vant : « Payé à Jean Verrat pour avoir relevé deux des panneaulx de la verrière de Monseigneur de Metz, y avoir fait des pièces selon les couleurs des histoires, lesquels panneaulx avaient esté gastés quand la fouldre tomba sur le grand clocher. »

De ces comptes il résulte : 1° que les mesures de la fenêtre pour l'exécution du vitrail ont été prises en 1501 ; 2° que les ferrements pour recevoir les panneaux ont été établis et scellés en juillet 1502. Nous en concluons que la verrière de Monsieur de Metz fut entièrement posée avant l'hiver de l'année 1502.

A cette époque, le siège épiscopal de Metz était occupé par Henri II de Lorraine-Vaudemont, sire de Joinville, fils d'Antoine de Lorraine, comte de Vaudemont et de Guise, et de Marie, comtesse d'Harcourt et d'Aumale. Ce prélat, qui fut évêque de Térouanne, puis évêque de Metz de 1485 à 1505, est incontestablement le donateur de cette verrière, dont nous allons donner la description, sans que nous puissions faire connaître le motif de sa haute générosité. Il mourut le 25 octobre 1505, âgé de quatre-vingts ans. C'est Henrion Casterel, de Troyes, qui coula sa statue en cuivre grandeur naturelle, placée sur son tombeau, à Joinville[1].

Première partie. — 1er et 2e *panneaux*. — Au bas de la fenêtre, à gauche, on distingue la figure de saint Étienne portant dans sa dalmatique, qu'il soulève de la main gauche, les pierres qui ont servi à le lapider, en même temps qu'il tient la palme de son glorieux triomphe. Le bras et la main droite se soulèvent en avant : c'est l'attitude ordinaire d'un saint patron à l'égard du donateur qui devait se trouver devant lui dans le deuxième panneau, qui fut brisé en 1701 par la chute du clocher du transept et par l'incendie qui se propagea sur les combles des bas côtés. Cette figure de donateur a été remplacée par un saint Claude provenant de la première fenêtre du transept nord, dont les verrières ont été complètement détruites par le même incendie.

Cependant la première figure du donateur dont nous parlons a laissé des traces de son passage et de la position qu'elle occupait. On

1. Boutiot, *Histoire de Troyes*.

remarque au bas des pieds de saint Étienne un fragment de la queue de la soutane rouge que portait ce grand dignitaire de l'église de Metz, détail précieux qui confirme notre raisonnement et remplace toute espèce de supposition par une certitude. Ce prélat était à genoux devant un prie-Dieu chargé de ses armes et accompagné de saint Étienne, son protecteur, comme dans toutes les verrieres anciennes[1].

3e *et* 4e *panneaux.* — Saint Pierre, assis sur son trône, vêtu de la chape et de la tiare papales, reçoit et bénit Lin et Clet, qu'il ordonna évêques de Rome pour l'assister, l'un pour l'enceinte de la ville, l'autre hors des murs; se livrant tous deux à la prédication, ils convertirent beaucoup de monde et ils guérirent beaucoup de malades. Ils sont représentés dans l'attitude du recueillement et les mains jointes. L'un des deux, la tête découverte, fléchit le genou ; l'autre, debout, est coiffé d'un bonnet avec bourrelet sur le front.

5e *et* 6e *panneaux.* — Dernière apparition de Jésus à saint Pierre. On lit sur le phylactère qui se déroule au-dessus de la tête de l'apôtre : **Domine quo vadis.** *Seigneur, où allez-vous?* Une banderole devant la tête de Jésus lui répond : **vado rome iterum crucifigi,** *Je vais à Rome me faire crucifier de nouveau.*

DEUXIÈME PARTIE. — 1er *et* 2e *panneaux.* — Première apparition de Jésus-Christ à saint Pierre après sa résurrection. Le saint est agenouillé, les mains jointes, sur le seuil d'une grotte. Jésus debout devant lui portant le signe de la Rédemption. Sur la banderole qui occupe les deux panneaux on lit : **Cōfide frater qui mor' mea,** *Mon frère, ayez confiance, parce que ma mort...*

3e *et* 4e *panneaux.* — Saint Pierre en présence de Néron (41).

1. Nous avons souvent remarqué dans nos recherches que certain chanoine de l'église collégiale et royale de Saint-Étienne était assisté du patron de cette église dans les verrières où il se faisait représenter.

Les verrières du sanctuaire de l'église d'Aulnay, près Lesmont, nous en donnent un exemple : maître Claude de Gyé, doyen de l'église Saint-Étienne et curé d'Aulnay, est représenté assisté de saint Étienne et non de saint Claude, son véritable patron.

Cet enseignement fait naître dans notre esprit la pensée qu'Henri II de Lorraine pourrait bien avoir fait partie de ce chapitre avant son épiscopat, ce qui expliquerait sa générosité à l'égard de la cathédrale de Troyes.

Celui-ci, assis sur un siège pliant, la tête couverte d'un turban surmonté d'une couronne d'empereur, le sceptre en main. Devant lui, saint Pierre, conduit par un soldat. Un phylactère se développe sur les deux panneaux, sur lequel on lit les paroles de saint Pierre au

41.

Sanhédrin : Obedire opo'tet deo magis, *Il faut obéir à Dieu plutôt qu'aux hommes.*

5ᵉ *et* 6ᵉ *panneaux.* — Saint Pierre ressuscite la charitable Tabithe, à Joppé. Elle est affaissée sur le bord d'une fosse, les mains jointes, les cheveux épars ; devant elle, saint Pierre portant sa clef et bénissant. Il dit, suivant le phylactère qui se déroule à la hauteur de sa bouche : Thabita surge, *Tabithe, lève-toi.* Un personnage, peut-être Simon le corroyeur, hôte de saint Pierre à Joppé, est debout derrière cette femme, et, surpris d'un semblable prodige, il se croise les bras sur la poitrine en signe d'humilité.

Toutes les verrieres de la partie ogivale de la fenêtre ont été renouvelées après l'incendie par un damier de différentes couleurs. Dans les lobes du centre, quatre anges qui ont échappé à ce désastre portent les armes du duché de Lorraine : d'or à la bande de gueules, chargé de 3 aiglons d'argent (42). Les écussons sont surmontés d'une crosse.

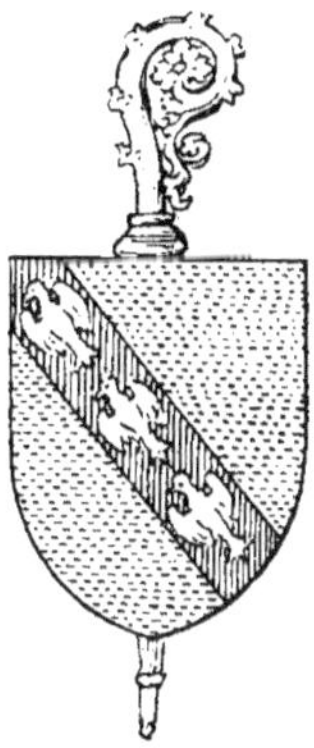
42.

TRIFORIUM.

Les vitraux de cette galerie sont composés de figures de saints n'ayant aucun rapport avec le sujet principal de la grande fenêtre ; ce sont, entre autres, saint Antoine, saint Louis, saint Gond et sainte Catherine, toutes figures endommagées et rapportées, provenant, à n'en pas douter, de la première fenêtre du transept.

VERRIÈRES DE LA GRANDE NEF.

PREMIÈRE FENÊTRE. — COTÉ DROIT.

Histoire de Daniel.

La première fenêtre est entièrement consacrée à l'histoire de Daniel, qui occupe dix-huit panneaux, divisés en trois parties.

PREMIÈRE PARTIE. — 1er *panneau.* — En commençant notre description en haut et à gauche, on voit Suzanne se rendant au bain, accompagnée de ses deux suivantes ; Suzanne porte la main droite au verrou pour ouvrir la porte du jardin.

2e *panneau.* — Suzanne au bain est surprise par les vieillards. Les bras modestement croisés sur la poitrine, un linge étendu sur ses genoux, elle est assise contre une fontaine formée d'une colonne à six pans, surmontée d'un lion d'or d'où l'eau lui tombe sur les épaules.

3e *et* 4e *panneaux.* — Suzanne accusée par les vieillards ; agenouillée, elle invoque le Seigneur. Les vieillards lèvent la main au-dessus de sa tête pour affirmer la vérité de leur déposition. Toute sa famille est présente, et Joachim, son époux, témoigne sa douleur en se croisant les mains sur sa poitrine.

5e *et* 6e *panneaux.* — Suzanne, les mains liées avec des cordes, est conduite au supplice par deux soldats. Les deux vieillards les suivent. Mais Dieu envoie Daniel à sa rencontre pour la sauver (43).

43.

DEUXIÈME PARTIE. — 1er *panneau.* — Les vieillards sont convaincus de mensonge par Daniel.

2e *et* 3e *panneaux.* — Les mains liées et renversés sur le sol, ils sont lapidés par trois soldats.

4e *et* 5e *panneaux.* — Le Festin de Balthasar. La table dressée est couverte de vases et de vaisselle d'or provenant du pillage du temple de Jérusalem. Balthasar, à table au milieu de ses concubines et tenant une coupe d'or à la main gauche, se lève, effrayé, en voyant une main traçant sur le mur ces mots mystérieux : MANE, THECEL, PHARES. Deux femmes tiennent une coupe et boivent, la troisième reçoit le vase que lui présente Balthasar. A droite du tableau, un valet tenant un broc à la main; sous la table, une levrette rongeant un os; un autre petit chien se lève pour obtenir sa part du festin.

6e *panneau.* — Balthasar demande à deux des sages de Babylone l'explication de l'inscription mystérieuse; mais ils ne peuvent la lui donner, et l'un d'eux lève les mains pour lui exprimer son ignorance.

TROISIÈME PARTIE. — 1er *panneau.* — Daniel explique à Balthasar cette inscription mystérieuse.

2e *panneau.* — Balthasar, après un combat acharné, est terrassé et mis à mort par le roi des Mèdes, Darius (44).

3e *panneau.* — Le prophète Habacuc est transporté, sur un nuage, de Judée à Babylone, pour servir à Daniel, dans la fosse aux lions, le repas qu'il avait préparé. Daniel est entre deux lions qui lèchent ses vêtements. Habacuc, agenouillé sur un groupe de nuages, tient un pain dans ses deux mains; un ange le tient suspendu en équilibre par une mèche de ses cheveux.

5e *et 6e panneaux.* — Le donateur Jean Corart, agenouillé, tenant une petite croix processionnelle dans ses mains jointes. A ses côtés, saint Jean-Baptiste, son patron, qui appuie la main sur l'épaule du donateur en signe de protection. Saint Jean-Baptiste porte de la main droite un livre posé à plat, sur lequel est couché l'agneau de Dieu tenant l'étendard de la croix. Sur un phylactère déployé au-dessus de sa tête, on lit : **Ecce agnus dei.**

++·

En suivant, la donatrice, agenouillée, les mains jointes, accompagnée de sainte Catherine, sa patronne et sa protectrice, qui a les pieds posés sur le dragon de sa légende, et qui tient à la main droite une de ces petites croix en bois peint et doré, souvent ornées d'attributs ou de sujets tirés de la Passion, que les fidèles portaient jadis à la main en suivant les processions.

Dans les trilobes de la partie ogivale : Neuf séraphins à six ailes, comme les représente le prophète Isaïe. Au milieu d'eux, à gauche, la Vierge Marie, les maintes jointes, assise sur un trône environné d'étoiles. A droite, sur la même ligne, Jésus-Christ bénissant sa mère et posant sa main gauche sur le globe du monde, qu'il supporte sur ses genoux. Enfin, pour couronner cet immense ciel de séraphins, l'Esprit saint déployant ses ailes et planant au milieu d'une gloire.

Au bas de la fenêtre, on lit cette inscription :

Jehan Corart marchãt demũrn' . a troyes et marguerittе ſa fm̃e ont donce ceſte verrie' lequel trepaſſa le . iiij^{c} . io^{r} . du mois de ſeptembre lã . iiij^{c} . iiij^{xx} . et . xix . p̃e dieu po^{r} eulx.

TRIFORIUM.

45.

Les verrières de cette galerie ont été brisées. Il ne reste plus qu'une seule figure, celle de saint Gond, fondateur de l'abbaye de Saint-Pierre-en-Oyes, aujourd'hui Saint-Gond (Marne), ancien diocèse de Troyes [1].

Dans les trilobes des lancettes sont les initiales et le monogramme du donateur Jean Corart (45).

DEUXIÈME FENÊTRE. — COTÉ DROIT.

Histoire de Joseph.

L'histoire de Joseph, fils de Jacob, commence par les deux trilobes de la partie ogivale. A gauche sont représentés les deux songes de Joseph. Celui-ci est endormi dans la maison de son père, près d'une fenêtre, et sa figure reflète l'impression qu'il éprouve. Devant la maison, les onze gerbes de blé, représentant les onze fils de Jacob, s'inclinent devant la gerbe de Joseph. A côté de la maison, le soleil, la lune et onze étoiles, qui adorent Joseph.

A droite, les fils de Jacob gardent leurs troupeaux ; l'un d'eux joue du hautbois.

Au-dessous, l'histoire se continue dans les dix-huit panneaux de la fenêtre, divisée en trois parties. Elle s'achève dans les six lancettes du triforium.

PREMIÈRE PARTIE. — 1er *panneau.* — Joseph est envoyé vers ses frères par Jacob, son père, qui lui adresse ses recommandations.

2e *panneau.* — Les frères de Joseph gardant leurs troupeaux, et disant : *Voilà notre songeur, tuons-le.* Et l'un d'eux tire déjà son couteau.

3e *panneau.* — Ruben, désirant sauver Joseph, conseille à ses frères de le jeter dans une citerne.

4e *panneau.* — Les frères de Joseph l'y descendent en effet.

1. L'église Saint-Genest de Oyes possède deux beaux reliquaires en argent doré, en forme de bras, du XIIe siècle, dans lesquels sont renfermés deux os des deux bras de saint Gond.

5ᵉ *et* 6ᵉ *panneaux.* — Joseph est retiré quelque temps après, pour être vendu à des marchands ismaélites, dont l'un verse vingt deniers à Juda, qui avait conseillé de vendre Joseph plutôt que de le mettre à mort.

Deuxième partie. — 1ᵉʳ *panneau.* — Un des frères de Joseph

46.

47.

égorge un agneau pour ensanglanter la robe de Joseph, que tient Ruben, son frère.

2ᵉ *panneau.* — Cette robe ensanglantée est présentée à Jacob, qui témoigne sa profonde douleur en déchirant ses vêtements.

3ᵉ *panneau.* — Joseph, ayant été emmené en Égypte, est vendu comme esclave à Putiphar.

4ᵉ *panneau.* — Joseph gouverne la maison de Putiphar; un serviteur reçoit ses ordres.

5ᵉ *panneau.* — La femme de Putiphar couchée sur un lit. Joseph, sollicité par elle, s'enfuit en lui laissant son manteau.

6e *panneau.* — La femme de Putiphar présente ce manteau à son mari, en accusant Joseph. Indignation de Putiphar, qui lève les bras au ciel en signe de colère et de stupéfaction.

TROISIÈME PARTIE. — 1er *panneau.* — Joseph, maltraité, les bras liés, est conduit en prison.

2e *panneau.* — Le songe du grand échanson du roi Pharaon. L'échanson, endormi, est assis, les deux jambes passées dans un treuil ; devant lui, un cep de vigne couvert de gros raisins. Cet officier tient une coupe d'or dans la main droite. Dans ce vase, il reçoit le jus d'un raisin qu'il presse avec la main gauche (46).

3e *panneau.* — Le songe du grand panetier du roi. Le panetier est représenté dans la même position que l'échanson ; il porte sur son épaule ses paniers chargés de pains. Un corbeau, un perroquet, une colombe viennent et picorent le pain.

4e *panneau.* — Joseph explique leurs songes au grand échanson et au grand panetier de la maison de Pharaon, qui sont toujours dans la même position, les jambes liées et passées par des trous pratiqués dans une planche, position qui ne leur permet pas de faire un mouvement sans le secours du geôlier. Joseph, debout devant eux, les jambes passées dans deux anneaux reliés par une chaîne qu'il porte sur le bras droit (47).

Au-dessus de la tête de l'échanson se déroule un phylactère avec cette inscription : Sic sõpniavimus, *Voici ce que nous avons vu en songe.*

5e *panneau.* — Pharaon, assis sur son trône, rétablit dans sa charge le grand échanson, qui lui présente une coupe d'or. Au second plan, le panetier du roi est pendu.

48.

6e *panneau.* — La donatrice de cette verrière, dame Agnès, veuve de Jean Thévenin, agenouillée, les mains jointes, couverte d'une robe noire et coiffée de même couleur. Elle est en prière sur son prie-Dieu, couvert d'un tapis vert, sur lequel est un livre ouvert, et, sur le côté, un blason losangé, mi-parti au premier de gueules à une étoile d'or à six branches, au chef d'argent chargé d'un lambel d'azur; au deuxième d'or, à un oiseau ou perroquet d'azur (48)[1].

Derrière la donatrice, sainte Agnès, sa patronne, tenant une palme; contre elle se dresse un agneau[2].

Autour de la tête de la donatrice, un rouleau déployé avec ces mots : **miserere mei deus.**

Les trilobes des lancettes sont décorés de rinceaux de couleurs différentes, tenus par des enfants nus. Les trilobes flamboyants de l'ogive sont remplis de verres rouges et bleus disposés en losange, avec des petites roses d'or et d'argent. Plus haut sont les blasons du donateur et de la donatrice.

Au bas de la fenêtre, on lit :

Agnes vefve de feu Jehā thevenī en sō vivāt escuier et notaire royal a troye a donnee ceste verriere lan . Mil . iiij^c . iiij^xx et . xix . prie dieu po^r elle.

TRIFORIUM.

Les six lancettes de la tribune inférieure de cette fenêtre contiennent la suite de l'histoire de Joseph.

1re *et* 2e *lancettes.* — Pharaon, endormi, voit en songe sept vaches grasses et sept vaches maigres, sept épis grenus et sept autres vides.

3e *et* 4e *lancettes.* — Le roi d'Égypte est debout; le grand échanson, fléchissant le genou devant lui, lui amène Joseph, tiré de sa prison et ayant encore les fers aux pieds, pour lui expliquer ces deux songes. Un phylactère, au-dessus de la tête de l'échanson, porte ces mots : **Sompniorum interpretator est,** *Voici celui qui explique les songes.*

1. Ce qui expliquerait la présence de cet oiseau becquetant le pain de la corbeille du panetier du roi Pharaon.

2. La légende de cette sainte nous rapporte qu'après sa mort, elle apparut près de son tombeau à ses parents, entourée de vierges revêtues de robes éclatantes, et parmi lesquelles on la distinguait à l'agneau, plus blanc que la neige, qui était à sa droite.

5e *et* 6e *lancettes.* — Pharaon, voulant honorer Joseph, le fait asseoir sur son char royal et proclamer gouverneur du royaume d'Égypte. Joseph est monté sur un char doré, traîné par un cheval harnaché d'or, sur lequel est un héraut vêtu d'un riche costume, ayant la tête couverte d'une toque à plumes, et sonnant de la trompe. Joseph, placé sous un dais à franges de diverses couleurs, porte au cou le collier d'or du roi, et Pharaon lui met dans la main un anneau d'or.

49.

Dans les trilobes des lancettes, les armes et les monogrammes J. T. des donateurs (49), et, dans les deux du milieu, cette inscription deux fois répétée : laus deo. *Gloire à Dieu.*

TROISIÈME FENÊTRE. — COTÉ DROIT.

Parabole de l'Enfant prodigue.

Comme les précédentes, cette fenêtre est divisée en trois parties, formant dix-huit panneaux.

PREMIÈRE PARTIE. — 1er *panneau.* — Au rang supérieur, le prodigue demande et obtient de son père la part de son bien. Le père, assis sur un escabeau, tient une bourse et discute avec son fils. Le frère aîné est à côté de son père.

2e *panneau.* — Satisfait et content, le fils part tout joyeux, l'épée au côté, la hallebarde sur l'épaule et plume au vent.

3e *panneau.* — Il est à table avec deux femmes galantes.

4e *panneau.* — Après lui avoir dissipé son argent et l'avoir réduit à la nudité, ces femmes le mettent à la porte, vêtu d'une simple chemise, et se moquent de lui.

5e *et* 6e *panneaux.* — Dans cet état, il se présente chez un fermier, qui, par pitié, le prend comme valet de métairie. Puis il garde les pourceaux, et en est réduit à manger les glands dont ils se nourrissent.

DEUXIÈME PARTIE. — 1er *panneau.* — L'enfant prodigue, au milieu de son troupeau, agenouillé, les mains jointes, regrette la maison paternelle.

50.

51.

52.

53.

2e *panneau.* — La figure empreinte d'une certaine résolution, il part pour rejoindre son père; il a un bâton de voyage à la main; il est vêtu misérablement.

3e *panneau.* — Il arrive chez son père, tout contrit; ce dernier lui pardonne et le reçoit avec empressement.

4e *panneau.* — Le père commande à un serviteur d'apporter de riches vêtements et de tuer le veau gras, pour fêter le retour de son fils.

5e *panneau.* — L'enfant prodigue a quitté ses haillons pour prendre des vêtements conformes à sa condition.

6e *panneau.* — Pour fêter son retour, on tue le veau gras.

TROISIÈME PARTIE. — 1er *panneau.* — Le donateur de la verrière, Guillaume Molé, agenouillé, les mains jointes, sur son prie-Dieu, blasonné de son écu de gueules à deux étoiles d'or en chef, accompagné d'un croissant d'argent en pointe. Derrière lui, son fils, dans la même attitude. Près du père, un peu en arrière, saint Guillaume, archevêque de Bourges, patron du donateur, portant sa croix de la main gauche, le bras droit tendu et la main contre l'épaule de Molé, en signe de présentation.

2e, 3e *et* 4e *panneaux.* — Le festin de la réconciliation. Deux valets, dont l'un porte deux brocs de vin; un troisième porte une tourte sur un plat (50). Le père de l'enfant prodigue est à table avec son fils ; près de lui, l'intendant de la maison (51), debout. Viennent ensuite trois joueurs d'instruments (52).

5e *panneau.* — Le frère aîné du prodigue, revenant à la maison et entendant de la musique, demande à un serviteur ce que cela signifie, et, mécontent de l'accueil fait à son frère, il fait mine de s'en retourner (53).

6e *panneau.* — La donatrice représentée en regard de son mari, accompagnée de ses trois filles ; près de la mère, saint Philippe, apôtre, l'assistant ; il porte sa croix de la main gauche et un livre de la main droite. Le blason du prie-Dieu, losangé en deux parties : au premier, de gueules à deux étoiles d'or, accompagné d'un croissant d'argent en pointe (Molé) ; au deuxième, d'azur, au coq d'or crêté et membré de gueules (Le Boucherat) (54).

54.

Dans les trilobes de l'ogive. — Saint Nicolas bénissant, avec les trois enfants ; sainte Marie-Madeleine, la pécheresse repentie, portant un vase de parfum ; et saint Claude, tenant sa croix archiépiscopale. Plus haut, les quatre grands trilobes sont occupés par des anges portant les armoiries des donateurs, ainsi que le monogramme G. M. (Guillaume Molé) (55).

55.

Dans les écoinçons. — Cette devise répétée deux fois : **En attendent.**

A la pointe de l'ogive. — Jésus-Christ, la tête entourée d'un nimbe crucifère, à mi-corps dans un nuage, bénissant de la main droite, et tenant de la main gauche le globe symbolique surmonté d'une croix. Plus bas, deux anges tenant des phylactères, sur lesquels on lit deux fois la même devise. Au-dessous, la Vierge Marie tenant l'enfant Jésus sur ses genoux. En regard et sur la même ligne, saint Bernard à genoux, les mains jointes et la crosse appuyée sur l'épaule.

Cette verrière ne porte pas, comme celle des autres fenêtres, d'inscription de fondation ; mais elle est suffisamment désignée par les blasons et les monogrammes pour qu'on puisse en attribuer avec certitude la donation à Guillaume Molé. A l'appui de notre opinion, les comptes de l'année 1498-1499 nous font connaître le nom du principal donateur et celui du peintre-verrier : « Paié à la femme de Pierre, le verrier, lequel a fait la verriere de l'Enfant prodigue pour Guillaume Moslé, à laquelle MM. ont ordonné bailler, comme à celle de Lyenin, un escu d'or [1]. »

TRIFORIUM.

1re *et* 2e *lancettes.* — Le mystere de l'Annonciation. L'ange Gabriel, vêtu d'une robe blanche avec une ceinture bleue semée de croix noires, porte un sceptre et prononce ces paroles : Ave gracia plena · dn̄s tecum · La Vierge, vêtue d'un manteau bleu fourré d'hermine, est à genoux devant un prie-Dieu sur lequel est un livre ouvert ; un lis épanoui est à côté d'elle ; sur une banderole sont écrits ces mots : Ecce ancilla dn̄i · Des rayons de lumière, venus du ciel, enveloppent le visage de la Vierge, et le Saint-Esprit, sous forme de colombe, est au milieu de ces rayons.

3e *lancette.* — L'enfant Jésus dans une crèche, entouré de rayons d'or. Auprès de lui, la sainte Vierge et saint Joseph.

4e, 5e *et* 6e *lancettes.* — Les trois Marie. Dans la quatrième lancette, Marie Cléophée, avec ses quatre enfants : saint Jacques le Mineur, saint Simon, saint Jude et saint Joseph le Juste. Tous les quatre portent le nimbe. L'un est sur les genoux de sa mère ; un autre est derrière elle ; le troisième, saint Simon, qui est mort crucifié, tient une croix avec l'inscription : inri, ainsi représenté sur les portes de la basilique de Saint-Paul à Rome ; le quatrième, saint Jude, écrit sur un rouleau. Dans la cinquième lancette, sainte Anne, qui, d'après la légende, serait la mère des trois Marie, tient un livre de la main gauche, et de la main droite caresse l'enfant Jésus. La Vierge Marie, en face d'elle, ayant un livre sur les genoux, fait la lecture à l'enfant Jésus. Dans la sixième lancette, Marie Salomé avec ses deux fils, saint Jacques le Majeur, debout près d'elle, et saint Jean l'Évangéliste, assis sur les genoux de sa mère.

1. Léon Pigeotte, *Étude sur les travaux de la Cathédrale*, page 48.

Dans les trilobes des lancettes, le monogramme et les blasons des donateurs, avec la devise : En attendent.

QUATRIÈME FENÊTRE. — COTÉ DROIT.

L'arbre de Jessé.

Au premier regard, cette verrière se présente dans son ensemble avec une certaine confusion. Elle n'en est pas moins une des plus remarquables par la vivacité de ses couleurs et la richesse des costumes que portent une partie des personnages représentés.

Au bas de la verrière, dans les premiers panneaux, est représentée toute la famille du donateur Jean de Marisy, écuyer, seigneur de Juzanvigny, Valantigny, Champigny-sur-Aube, Richereau et Racines, maire de Troyes en 1471-1488, aïeul de Claude de Marisy, qui fit bâtir l'hôtel situé rue des Quinze-Vingts. Jean de Marisy, agenouillé, les mains jointes devant un prie-Dieu sur lequel est son livre d'heures. Il est vêtu de son armure de guerre et de son surcot brodé de ses armes, d'azur à six macles d'or posés, 3, 2, 1. Derrière lui, dans la même position, son frère cadet, prêtre et chanoine, vêtu d'une soutane noire et d'une aube, portant son aumusse sur le bras droit. A ses côtés, son frère puîné, armé de sa cuirasse et recouvert de son surcot blasonné de ses armes, comme son frère aîné. Puis viennent les fils de ces derniers, au nombre de neuf, vêtus de costumes en usage dans la haute bourgeoisie du XVIe siècle.

Devant le prie-Dieu du père, son blason, ayant pour support deux levrettes d'argent colletées d'azur. L'écu est timbré d'un heaume à grille de profil, orné d'un lambrequin surmonté d'un bourrelet sur lequel sort un buste de femme (56).

5e *et* 6e *panneaux.* — La donatrice, Guillaumette Phélippe, placée en regard de son mari; elle est vêtue d'une robe rouge à traîne, ouverte sur le devant, brodée et doublée de fourrure; sa coiffure est noire. Sur le prie-Dieu, devant elle, est son livre d'heures, duquel pend un rosaire rouge terminé par un gland vert. Derrière elle, quatre filles, deux plus grandes sur un plan plus éloigné, et deux filles plus jeunes sur la même ligne que leur mère : les deux premières seraient probablement les femmes des deux fils de Jean de Marisy.

Devant son prie-Dieu, attaché à la branche de l'arbre de Jessé,

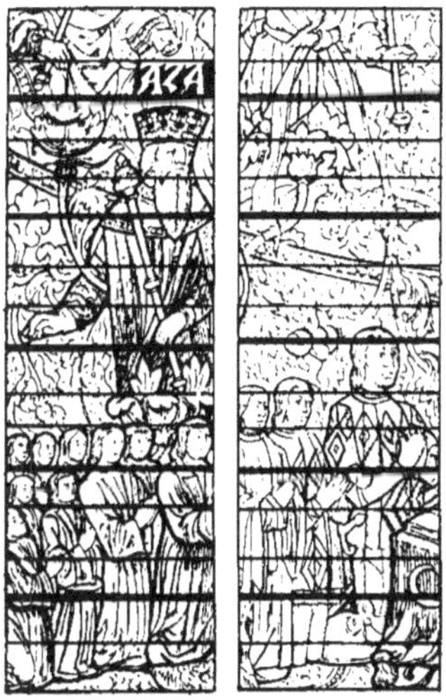

56.

57.

est l'écu de Guillaumette Phélippe, parti au 1 d'azur à six macles d'or, posées 3, 2, 1 ; au 2, de gueules à trois lionceaux grimpants d'or (57)[1].

4e *panneau.* — On lit au bas du panneau : RADIX JESSE (*Racine de Jessé*). Jessé, endormi, est assis sur un tronc d'arbre, la tête appuyée sur son bras gauche. Il est vêtu d'une robe rouge, ouverte sur la poitrine, bouclée à la ceinture par une courroie ornée de perles. Du corps de l'arbre s'élancent, à droite et à gauche, des branches fleuries sur lesquelles repose toute la lignée de Jessé et, en particulier, les rois de Juda et d'Israël, couronnés d'or et portant des sceptres, montant de branche en branche, jusqu'à la nativité du

1. Sur la tourelle de l'hôtel Marisy et sur les verrières de l'église de Saint-Léger-lez-Troyes, ces lionceaux sont représentés accroupis.

Christ Jésus tenu dans les bras de sa mère. Voici leurs noms inscrits en lettres d'or près de chaque personnage :

DAVID, SALOMON, ROBOAM, ABIAS, AZA, IOSAPHAT, IORAM, OSIAS, IOATHAM, ACHAS, EZECHIAS, MANASSES, AMON, IOSIAS, IECHONIAS, SALATIEL, ZOROBABEL, ABIVT, ELIACHIM, AZOR, SADOTH, ACHIN, ELIUD, ELEAZAR, MATHA, IACOB, IOSEPH.

Dans les trilobes des lancettes, on remarque les blasons des donateurs.

On lit au bas de la verrière :

Mest^re Jehan de Marisy et Damoyselle guilleme^te phelipe sa feme ot done ceste vrie e lone^r de dieu et de sait pierre . Lan . Mil . cccc iiij^xx . et . xviij . pez po^r eulx .

TRIFORIUM.

1re *lancette.* — Saint Jean-Baptiste, patron du donateur, tenant une croix et portant l'agneau de Dieu. A ses pieds, le blason de Jean de Marisy.

2e *lancette.* — Le prophète Isaïe, vêtu en grand prêtre, porte un phylactère avec ce passage de l'Écriture : **Et egredietur virga de radice Js^e.** *Il sortira un rejeton de la racine de Jessé.*

3e *lancette.* — Le Buisson ardent. Moïse, ayant près de lui deux moutons et son chien, se déchausse sur l'ordre de Dieu, qui lui apparaît sous la figure du Christ, au centre du buisson environné de flammes. Un phylactère se développe au-dessus de Moïse et porte ces mots : **Dne mite que missurus es. iiij^o Exodi,** *Seigneur, envoyez celui que vous devez envoyer.*

4e *lancette.* — Gédéon en prière. Devant lui, une toison de brebis, sur laquelle tombe la rosée du ciel. Il est revêtu de son armure de guerre, et porte sur le dos son bouclier, sur lequel est inscrit son nom. Un ange lui apparaît, portant une banderole avec ces mots : **Dns tecu virorn fortissie,** *Le Seigneur est avec vous, ô le plus courageux des hommes.*

5e *lancette*. — Le prophète Jérémie, vêtu d'un riche costume violet, porte un long phylactère avec cette inscription : **Creabit dominus novum super t'ra · Jeremie XXXI ·**

6e *lancette*. — Saint Guillaume, tenant une croix, patron de la donatrice, Guillaumette Phélippe, femme de Jean de Marisy. Au bas, le blason mi-parti des Marisy et des Phélippe.

Dans les lobes des lancettes, les armes des Phélippe et des Marisy, avec cette inscription six fois répétée : FINS CORŌAT, *La fin couronne l'œuvre*.

Suivant les comptes de l'année 1498-1499, on lit : « Paié à la femme Lyevin, verrier, à laquelle Messieurs ont ordonné bailler ung escu d'or pour ung chapperon, afin qu'il fist bien et duement la verrière du *Radix Jesse*. »

Dans plusieurs comptes, ce peintre est appelé Lyenin (Léon Pigeotte, page 48).

CINQUIÈME FENÊTRE. — COTÉ DROIT.

La décoration de cette fenêtre ne ressemble en rien aux verrières précédentes, surtout comme facture. Les sujets dont elle se compose sont simplement la représentation de saints et de saintes honorés pour la plupart dans le diocèse de Troyes. Douze figures grandes comme nature, disposées sur deux rangs, occupent toute la hauteur des lancettes.

PREMIER RANG. — 1re *lancette*. — A gauche, Jean Huyard, chanoine de la cathédrale, proviseur de la fabrique, ancien curé de Saint-Nizier et de la paroisse de Monteeaux [1], natif de Laines-aux-Bois et décédé le 27 août 1533. Il est représenté agenouillé, les mains jointes, vêtu de son surplis et porte son aumusse sur le bras gauche.

Derrière lui, son protecteur, saint Jean-Baptiste, reconnaissable à son vêtement de poil de chameau et au petit agneau qui se dresse contre ses jambes, et qui tient une petite croix dans sa patte gauche.

1. Le curé de Monteeaux s'était fait représenter en prière sous le lutrin de son église. Ce lutrin, qui datait de 1528, a été supprimé depuis quelques années et la statue confinée dans le grenier du presbytère. (Voyez tome Ier, p. 419-420.

Au bas de la figure du donateur est l'écu de ses armes, d'argent engrelé de gueules avec 3 têtes de faucons au naturel arrachées; blason ayant deux petits anges pour support (58).

2e *lancette*. — Saint Étienne, martyr, tenant une palme de la main droite, vêtu de sa dalmatique de diacre qu'il soulève de sa main gauche et dans laquelle il porte les pierres qui ont servi à le martyriser.

58.

3e *lancette*. — Sainte Hélène, dont le corps fut transporté de Constantinople à Troyes par le chapelain de l'évêque Garnier de Trainel, en 1209. Fille du roi de Corinthe, elle porte une couronne d'or d'où s'échappe une belle et longue chevelure; elle est vêtue d'une robe et d'un manteau royal et porte une palme de la main droite; elle tient de ses deux mains un livre ouvert devant elle. Son nom est inscrit sur une petite bordure jaune à côté de sa figure (59).

4e *lancette*. — Sainte Mâthie, patronne de la ville de Troyes. Cette sainte, représentée en regard de sainte Hélène, a le front ceint d'un anneau d'or orné d'un camée et de pierres précieuses, comme en portaient les dames nobles du xve siècle, destiné à maintenir sa longue chevelure. Elle est vêtue d'une robe jaune, et un grand manteau rouge doublé d'hermine, avec une bordure bleue garnie de perles, descend de ses épaules à ses pieds. Elle tient une palme de la main gauche et un livre d'heures de la main droite (60).

5e *lancette*. — Saint Jacques le Majeur, debout et au repos, les mains appuyées sur son bourdon. Il est vêtu en pèlerin et la tête est couverte d'un grand chapeau avec coquillages, relevé sur le devant.

6e *lancette*. — Dans cette dernière lancette est représenté Guillaume Huyard, frère du précédent, avocat du roi à Troyes et grand maire de cette église[1].

1. « Parmi les officiers laïques de la cathédrale, le maïeur ou bailly tient le premier rang. Il est nommé par le chapitre et reçu par le lieutenant général de Troyes. En quelque lieu de la ville où il demeure, il est de la paroisse du *Sauveur* (chapelle de la cathédrale qui avait le titre de paroisse), lui, sa femme, ses enfants et ses domestiques. » (Courtalon, tome II, page 109.)

Huyard est agenouillé, les mains jointes, vêtu d'une robe rouge à larges manches, une escarcelle pendue à son côté. Près de lui, saint Guillaume, tenant sa croix de la main droite et appuyant sa main

59.

60.

gauche sur l'épaule du donateur comme étant son protecteur. Au bas de ce personnage, répétition du blason de son frère avec deux anges pour support[1].

Deuxième rang. — 1re *lancette*. — Saint Loup, évêque de Troyes, terrassant l'hérésie, représentée par un monstrueux dragon, souvent

1. Dans l'*Obituaire* de Saint-Pierre, publié par M. l'abbé Lalore, il est dit que Jean et Guillaume Huyard étaient inhumés sous l'arcade de la grande vitre qu'ils ont fait mettre avec celle de dessous (le triforium); que les deux frères auraient fait décorer cette travée de peintures (ou de bas-reliefs) représentant la mort et l'assomption de la Vierge, et d'une statue de Notre-Dame de Pitié; qu'entre les deux piliers, il y avait deux tombes, une blanche pour la sépulture de Jean et une noire pour celle de Guillaume, et que toute cette travée était consacrée à cette famille.

symbole des fléaux ; on sait que saint Loup protégea la ville de Troyes contre l'armée d'Attila. Le saint évêque tient sa crosse de la main gauche ; de la main droite, il transperce la gorge de l'animal de la pointe de son épée. Au-dessous de lui est écrit **Saīct Loup**.

2e *lancette.* — Saint Savinien, apôtre et martyr de Troyes, vêtu d'une longue robe bleue tombant sur les pieds nus et d'un manteau jeté sur l'épaule, se drapant en sautoir sur le corps, tenant un livre fermé de la main droite et un bâton fleuri de la main gauche, emblème du messager de la paix. Au-dessous de lui on lit : **S. ſavinīe**.

3e *lancette.* — La Vierge Marie portant l'enfant Jésus ; de sa main gauche elle tient un bouquet de marguerites, auquel l'enfant cueille une fleur.

4e *lancette.* — Saint Pierre, le prince des apôtres, la barbe frisée, la tête chauve, tenant une grosse clé de la main droite et un livre ouvert de la main gauche.

5e *lancette.* — Saint Paul, longue chevelure et longue barbe, tenant une épée la pointe en l'air et un livre ouvert.

6e *lancette.* — Saint Nizier, archevêque de Lyon, tenant sa croix et son livre d'heures ouvert. Au-dessous de lui est écrit : **Sainct nicier.**

Toute la partie ogivale de la fenêtre a perdu sa première décoration à la suite de l'incendie de la flèche. Elle se compose actuellement de losanges fleurdelisés sur fond bleu alterné de rouge.

Au bas de la fenêtre on lit :

Maiſtre Jehā huyard chāu de ceſte egliſe et M^{e} guillē huyard advoca^{t} du Roy a troyes et grāt maire de ceſte dicte eglē ont fait meſtre ceſte vriere Lan · Mil iiij^{c} iiij^{xx} · et xviii.

Guillaume Huyard fut député du tiers pour le bailliage de Troyes aux États généraux de Troyes tenus en 1483, sous Charles VIII ; il soutint avec honneur les droits de ses commettants. (Arnaud, *Voyage archéologique*.)

TRIFORIUM.

Dans le triforium, on voit des fragments encore assez considérables d'un vitrail de la Transfiguration. Jésus-Christ, vêtu de blanc.

le visage resplendissant comme le soleil, les mains étendues; autour de lui une banderole, où on déchiffre ces paroles du Sauveur à ses apôtres : **Surgite nolite timere**, *Levez-vous et ne craignez pas.* A sa droite est Moïse, à sa gauche Élie. Les apôtres Pierre, Jacques et Jean contemplent avec admiration; quelques fragments d'inscription rappellent les paroles de saint Pierre : *Domine, faciamus hic tria tabernacula, tibi unum*, etc., Seigneur, faisons ici trois tentes, une pour vous, une pour Moïse, une pour Élie.

Dans les comptes de la fabrique on trouve cette mention : « Payé a Jean Verrat et Balthazard verriers auxquels a esté deu pour la fin de la Verrière Monseigneur l'Advocad. »

Le dessin de cette verrière est l'œuvre d'un peintre de la vieille école du XVe siècle; l'exécution en est lourde et sans effet. Nous serions tenté de faire la part de chacun des artistes, en attribuant la grande verrière à Balthasar Godon ou Gondin, et celle du triforium à Jean Verrat.

CHAPELLES LATÉRALES

ET BAS COTÉS GAUCHES.

En entrant dans l'église par les portes latérales du grand-portail, on est surpris de l'effet disgracieux que présente le développement des piliers de l'ancienne tour, qui ont été conservés par Martin Cambiche. Ces piliers nuisent d'une manière fâcheuse à la vue d'ensemble et à l'effet général des deux nefs latérales. Il est évident qu'il a fallu une raison majeure pour empêcher l'architecte de démolir ces piliers et les remplacer par d'autres mieux en harmonie avec les parties anciennes de l'édifice. Martin Cambiche n'était pas sans prévoir le mauvais effet que ces piliers devaient produire avec le nouveau plan de son magnifique portail.

Dans cette situation, la deuxième travée de cette nef secondaire se trouve beaucoup plus étroite d'un côté.

Le pilier du bas côté gauche est presque elliptique; il se compose de profils prismatiques qui suivent la ligne verticale pour former la base commune des prismes dont chaque profil est à base distincte. Les nervures de la voûte, conçues dans le même esprit, reposent sur des consoles enserrées dans les pénétrations : seul pilier de l'église où se remarquent de pareilles dispositions. Cette différence dans la décora-

61. XVIe SIÈCLE.

62. XIVe SIÈCLE.

tion appartient bien au XVe siècle, et ne nous surprend nullement, parce qu'elle devait concourir à l'ensemble décoratif de la tour projetée, plus importante par son élévation et plus riche dans ses détails d'architecture que la tour Saint-Paul, elle-même tour secondaire, comme on en voit dans beaucoup de nos cathédrales.

Le pilier qui lui est parallèle du côté de l'évêché présente un massif cylindrique aussi important, mais simplement divisé en quatre sections par de fortes colonnes engagées et subdivisées en deux parties égales par une colonnette. Toutes sont reliées par des bases à talons; mais elles sont entièrement dépourvues de chapiteaux.

Bas côtés gauches. — En entrant par la porte de la tour Saint-Pierre, on voit, à sa gauche, la porte d'entrée de l'escalier de cette tour. C'est un arc surbaissé, creusé de gorges profondes, avec filets se prolongeant sur les pieds-droits. Cet arc s'appuie sur deux pilastres posés sur l'angle et se terminant en clocheton. Ces piliers soutiennent la naissance d'une archivolte en contre-courbe réunie par un chapiteau, puis s'élevant de nouveau en pinacle.

L'intervalle de ces pilastres et de cette courbe est décoré de meneaux appliqués sur le nu du mur.

Le mur de la tour est entièrement lisse, et la base est occupée par deux bancs destinés aux pauvres mendiants qui se plaçaient à l'entrée de l'église. Sur ce mur, on a suspendu un tableau d'une grande dimension, représentant la transfiguration de Jésus-Christ sur le mont Thabor, et signé Chabord, 1831 [1].

Le premier pilier, à droite, des bas côtés des chapelles latérales est le seul qui fut terminé dans les premières années du XVIe siècle, comme nous le montrent les profils de sa base, celle-ci plus élevée que toutes les autres, et la décoration de son chapiteau, grossièrement chargé de feuilles de choux, se développant transversalement sur tout son pourtour et sur lequel rampe un gros escargot. Ce genre de sculpture s'éloigne beaucoup du style élégant des siècles précédents. Les artistes en étaient arrivés à rechercher leurs modèles parmi les dernières créations de l'ordre végétal et animal.

Ce limaçon, de forme lourde et grossière, passe aux yeux des naïfs pour le motif le plus élégant et le plus remarquable de la cathédrale de Troyes. Le dessin que nous en donnons permettra de juger du peu de mérite de l'œuvre (61).

Les chapiteaux des trois piliers qui suivent, à droite et à gauche des deux collatéraux, appartiennent au XIVe et au XVe siècle. Ils sont

1. Cette peinture ne manque pas d'un certain mérite. Elle fut donnée à la cathédrale, en 1833, par le roi Louis-Philippe, et placée pendant trente ans au-dessus de la porte méridionale du transept. Ce tableau serait beaucoup mieux au musée de la ville que sous le porche de la tour, où il est à peine visible.

bien supérieurs au chapiteau que nous venons de décrire par le fini et la richesse de leur décoration ; on sent que l'artiste s'est inspiré de la belle nature ; il la prend dans les motifs les plus

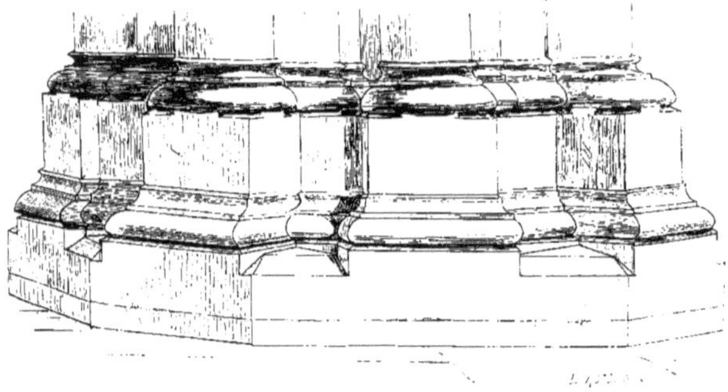

63. XIVe SIÈCLE.

64. XVIe SIÈCLE.

gracieux et les plus légers, parmi les fleurs des champs et celles des bois (62).

Les bases de ces piliers conservent leur même hauteur, quoique d'un style différent, et les tores sont profilés au même niveau (63). Puis elles deviennent polygonales comme le tailloir de leurs chapiteaux. Ce n'est qu'à la fin du XVe siècle et au commencement du XVIe siècle, que les bases des colonnes font ressaut et se séparent pour briser la continuité des lignes horizontales (64).

Chapelles latérales. — Toutes les chapelles des collatéraux sont limitées par la saillie des contreforts tenant lieu de mur de refend.

1re CHAPELLE : *Saint Jean-Baptiste*, ou *Hennequin*, ou *de Monseigneur l'archidiacre de Margerie* (Jean Hennequin, archidiacre de Margerie et abbé de Basse-Fontaine), inhumé dans cette chapelle en 1531, sous une tombe de cuivre. On chantait son anniversaire avec les ornements noirs de M. Odard Hennequin, l'évêque, son frère [1].

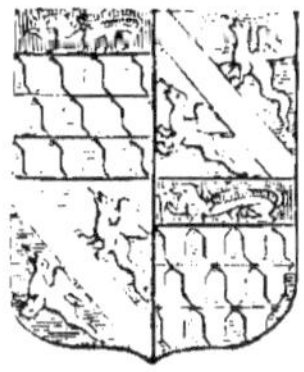
65.

La fenêtre de la première chapelle se compose de six lancettes trilobées, ou six jours, surmontées de contre-courbes tréflées dans toute la partie ogivale, et n'encadrant d'autres peintures sur verre que les armoiries de France et de Champagne, celles de l'évêque Odard Hennequin et celles écartelées aux armes d'Hennequin et de Catherine Baillet, sa mère (65).

Sous les trilobes des lancettes, on voit de petits anges jouant de divers instruments, et le chiffre INRI, indiquant que le sujet principal était la représentation du Calvaire. Ce vitrail a complètement disparu.

Une piscine est pratiquée dans le mur de toutes les chapelles, à gauche de l'autel.

2e CHAPELLE : *de Gyé*, ou *du Grand archidiacre*, du nom de Maurice de Gyé, prêtre, chanoine et grand archidiacre, décédé en 1571, et inhumé sous une tombe noire, au-devant de l'autel qu'il avait fait construire et orner de belles images.

Les meneaux de la fenêtre se contournent d'une manière toute différente de ceux de la chapelle précédente. Les armes de la famille Hennequin, celles du chapitre et quelques décorations en grisaille témoignent de la disparition d'une décoration qui n'existe plus.

3e CHAPELLE : *la Conception*. Au même autel : *Sainte Made-*

1. *Collection des principaux obituaires du diocèse de Troyes*, par l'abbé Lalore.

leine. Elle est aussi appelée : *chapelle de Jacques et de Girard de la Noue*, ses fondateurs. La fenêtre qui éclaire cette chapelle est composée de meneaux, de quatre-feuilles et de trilobes, répétition exacte de celle du côté droit, qui lui correspond ; accusant nettement le style du XIVᵉ siècle. La verrière centrale est occupée par les douze Apôtres, faciles à reconnaître à leurs pieds nus, et parce qu'ils portent chacun leurs attributs distinctifs. Toutes ces figures se détachent en vive coloration sur fond blanc, agrémenté de rinceaux courants. Elles sont représentées debout sous un pinacle à fond d'or, rehaussé de filets aussi d'or.

66.

PREMIÈRE RANGÉE. — Les figures représentent : saint Mathias tenant une hache dans la main ; saint Matthieu, tenant un livre et une pique ; saint Pierre tenant ses clés ; saint Paul, une épée et un livre ; saint Jacques le Majeur, un bourdon ; saint Simon, une scie.

Ces dernières figures sont une restitution moderne exécutée en 1876, avec un remarquable talent, par M. Édouard Didron, peintre verrier à Paris. Par son mérite artistique, ce travail défie l'œil le plus exercé qui voudrait le distinguer des œuvres des anciens maîtres verriers.

DEUXIÈME RANGÉE. — Cette deuxième partie n'a subi qu'une revision peu importante. Elle comprend les apôtres : saint Barthélemy tenant un couteau ; saint Thomas, une équerre (66) ; saint Jacques le Mineur, une massue ; saint Philippe, un livre (67) ; saint Jean, un livre et, saint André, une croix. Les bordures des lancettes sont décorées de fleurs de lis sur fond azur et de feuillages sur fond rouge. Les trilobes renversés des lancettes sont occupés par deux blasons : le premier, à gauche, d'argent à la croix de gueules (68) ; celui du milieu, lozangé d'argent et d'azur, à la bande de gueules à trois coquilles d'or (de la Noue) (69) ; le troisième, à droite, n'est qu'une répétition du premier. Ce sont les armoiries des donateurs. Viennent ensuite l'écu de Champagne, celui de France et celui de Navarre. Plus haut, dans les quatre-feuilles, les figures de saint Pierre et de saint Paul. A la pointe de l'ogive, le Christ de l'Apocalypse bénissant assis sur son trône, les épaules couvertes d'un manteau bleu, la tête environnée d'un nimbe crucifère d'or, montrant ses stigmates et la plaie du côté.

Cette verrière est vraiment belle et intéressante par son grand effet décoratif. Le fond blanc en grisaille, qui s'étend sur une grande surface, permet à la lumière de circuler librement et d'éclairer cette chapelle sans nuire à l'effet général et à l'ensemble de cette charmante composition.

Claude Vestier, mort en 1653, après avoir été 65 ans chanoine et 53 ans doyen du chapitre, embellit en 1619 la chapelle de la Conception en la faisant revêtir de marbre et d'or, ainsi que le porte son épitaphe sur marbre noir conservée au musée de Troyes.

67.

4e CHAPELLE : *Saint Fiacre*. Au même autel : *la Trinité* et *la Purification*. La chapelle Saint-Fiacre est aussi appelée *la Belle Chapelle*.

Les meneaux de la fenêtre répètent exactement ceux de la chapelle précédente. Sa belle verrière porte la date de 1625. Elle représente l'allégorie du pressoir, composition attribuée à Linard Gontier, habile peintre verrier qui vivait à cette époque [1].

1. M. Arnaud, dans son *Voyage archéologique*, a publié un fac-similé du dessin de l'auteur de cette splendide verrière, que nous avons eu entre les mains au début

Au bas du vitrail, à gauche, suivant M. Arnaud, est représenté Jean Pineau, chanoine [1], agenouillé les mains jointes, en costume de chœur, son aumusse sur le bras gauche; devant lui était son prie-Dieu blasonné de ses armes. De sa bouche se développe un phylactère avec ces mots : **aspice · ī · me · dn̄e · et miserere · mei**, *Jetez un regard sur moi, Seigneur, et prenez pitié de moi.*

68.

69.

Derrière lui, saint Jean-Baptiste, son patron, portant sur son bras droit l'Agneau de Dieu et le signe de la Rédemption. Le saint montre du doigt Jésus-Christ écrasé sous la croix; de sa bouche se déroule une banderole portant ces mots : **Non · intres · in · iūdicu . cum . ſervo · tuo · de · iſto · dn̄e.**

En regard du premier donateur était placé, à gauche, François Pineau, son frère, agenouillé, les mains jointes, devant son prie-Dieu.

de la publication de cet ouvrage. Depuis la mort de ce savant archéologue, ce dessin fut acheté en 1847, moyennant cent cinquante francs, pour le compte du trésor de la cathédrale. Depuis, il a disparu. Il offrait, comme on peut le voir (70), la première pensée de cette belle composition que le peintre a modifiée dans l'exécution. Nous nous rappelons, et nous devons constater ici, que ce dessin original, exécuté à la plume et au lavis, portait bien la signature de l'artiste.

1. D'après une étude encore inédite sur le vitrail du pressoir, par M. l'abbé Lalore, il n'y aurait pas un seul chanoine du nom de Jean Pineau pendant tout le XVIIe siècle; mais les donateurs de la verrière seraient le grand archidiacre Bareton et son beau-frère François Vinot.

Jean Bareton, qui était déjà chanoine en 1590-1591, déjà grand archidiacre en 1614-1615, demande au chapitre l'autorisation de faire embellir la chapelle de Saint-Fiacre, laquelle chapelle fut appelée la chapelle de M. Bareton. Ce donateur mourut en 1640, et il fut inhumé dans cette chapelle.

Le personnage représenté à gauche serait le beau-frère de Jean Bareton, François Vinot, sur lequel nous n'avons encore aucun renseignement.

Peut-on dire que la question du donateur de cette intéressante verrière est dès maintenant résolue? Nous avouons qu'il nous reste encore quelques doutes. Nous sommes étonné que si, la verrière a été donnée par Jean Bareton, elle ne porte pas ses armes, qui sont d'azur au chevron d'or, avec trois raisins de même, deux en chef et un en pointe (71), mais qu'elle porte seulement celles de la famille Vinot, d'argent au chevron de gueules, avec trois raisins de pourpre (72).

Il reste évidemment un point obscur à éclaircir.

Il était couvert d'un petit manteau portant sur l'épaule une croix de

FAC-SIMILÉ DU DESSIN DE LINARD GONTIER.

chevalier de Malte. Il ne reste plus de ce panneau que le buste de saint François d'Assise, son patron, qui se reconnaît aux stigmates de ses mains; de sa bouche se déroule une banderole avec cette inscription : Dn̄e · Salvū · fac · servū, *Seigneur, sauvez votre serviteur.*

Au milieu des deux donateurs, Jésus-Christ étendu sous un pressoir, dont la croix, posée horizontalement sur son corps, forme la pression avec deux vis montées aux extrémités; sous la pesée, le sang du Christ jaillit de la plaie de son côté et remplit un calice d'or placé sur le devant du pressoir. De la poitrine du Sauveur s'élance un vigoureux cep de vigne, dont les rameaux chargés de raisins se terminent par une espèce de corolle servant de support aux bustes des douze Apôtres, traduction imagée de la parabole évangélique du cep et des branches : *Ego sum vitis, et vos palmites.*

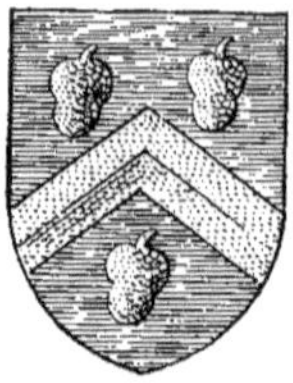

71.

72.

Dans les trilobes, au-dessus des lancettes, deux blasons des donateurs, d'argent au chevron de gueules, accompagné de trois raisins au naturel; au centre, celui du chapitre de la cathédrale; et, dans les écoinçons, la date de 1625, répétée deux fois.

Au-dessus, les armoiries défigurées de Charles Ier de Gonzague, gouverneur de Champagne en 1618-1637; en considérant ce qu'il en reste, les armes du duc étaient : au 1 Mantoue, au 2 de Clèves, au 3 (fruste), au 4 Bourgogne moderne, sur le tout fascé d'or et de sable à la bande d'azur; ce blason est entouré du grand collier de la Rédemption, institué en 1608 par Vincent de Gonzague, duc de Mantoue, et dont Charles devint grand maître en prenant possession de Mantoue[1], surmontées de la couronne ducale, et, pour cimier, le mont Olympe, avec la devise *Fides,* de Charles de Choiseul, marquis de Praslin, maréchal de France, lieutenant général au gouvernement de Champagne; ses armes très altérées étaient écartelées : au 1 et 4 Choiseul, au 2 et 3 Aigremont, sur le tout mi-partie Béthunes et Aigremont; elles sont entourées des grands cordons de

1. *Armorial de l'ancien duché de Nivernais,* par George de Soultrait.

Saint-Michel et de l'ordre du Saint-Esprit, surmontées d'un heaume de face à lambrequins, ayant pour cimier une tête de lion ailé portant une couronne de marquis; puis celles de l'évêque de Troyes, René de Breslay (73).

Au-dessus de ces armoiries, on voit, à gauche, les armes de Champagne; à droite, celles de France et de Navarre.

Dans la pointe de l'ogive, les armes du pape Urbain VIII.

L'exécution de cette peinture sur verre est bien supérieure, surtout sous le rapport du dessin, à celles que nous avons déjà rencontrées dans l'arrondissement de Troyes, et que nous avons attribuées à Linard Gontier. Comme cet art s'est propagé dans cette famille pendant tout le XVIIe siècle, la merveilleuse exécution de celle-ci nous porte à croire qu'elle est l'œuvre de Gonthier, premier du nom [1].

73.

5e CHAPELLE : *Saint-Michel*. Au même autel : *Saint Jean l'Évangéliste*. Station de Saint-Jean-de-Latran.

Cette cinquième chapelle, plus étroite que les précédentes, est ménagée dans un pan coupé que l'on a établi pour laisser du jour à la première fenêtre du transept, aujourd'hui murée.

La fenêtre de cette chapelle est divisée en trois lancettes, et l'ogive en trois roses, et garnie d'une verrière de l'époque de la construction de cette chapelle, d'une puissante décoration sur fond rouge. Le sujet comprend deux rangs de figures placées sous des portiques d'or, semblables à ceux de la troisième chapelle.

PREMIÈRE RANGÉE. — 1er *panneau*. — La Salutation angélique.

2e *panneau*. — La Visitation de la Vierge et de sainte Élisabeth.

3e *panneau*. — Saint Jean l'Évangéliste portant la coupe avec le serpent, qui est un de ses attributs iconographiques.

Ces trois panneaux ont été posés en 1874 et exécutés par M. Édouard Didron.

DEUXIÈME RANGÉE. — 1er *panneau*. — Adoration des rois mages

1. Voir *Linard Gontier et ses fils, peintres-verriers*, par M. Al. Babeau.

venus d'Orient. Un roi debout porte des présents. Un autre lui montre la sainte Vierge et l'enfant Jésus.

2e *panneau.* — La Vierge, assise, tient sur ses genoux l'enfant Jésus, auquel le troisième roi mage agenouillé présente un vase de parfums.

3e *panneau.* — Saint Michel, tenant de la main droite une longue croix, qu'il enfonce dans la gueule d'un dragon à tête de lion; la main gauche est appuyée sur un écu d'argent à la croix de gueules, qui est son bouclier.

Dans les roses de l'ogive. — D'un côté, saint Pierre; de l'autre, saint Paul, et, au-dessus, Jésus-Christ, entouré des quatre animaux symboliques, portant le monde et bénissant. Toute la bordure du vitrail de cette fenêtre est un château à trois tours d'or. Ne serait-ce pas une indication que cette verrière aurait été donnée par Jean d'Auxois II, qui fut chanoine de la cathédrale, puis évêque de Troyes de 1342 à 1352, et qui avait pour armes trois tours crénelées d'or? Cela expliquerait la présence de saint Jean dans ce vitrail.

Deux piscines en arc trilobé sont ouvertes dans le mur à gauche de l'autel.

CHAPELLES LATÉRALES

ET BAS COTÉS DROITS.

En entrant par le portail de la tour Saint-Paul, à droite, s'ouvre la porte de cette tour. La décoration de cette entrée est presque la répétition de la porte de l'escalier donnant accès à la tour du Nord; cependant elle présente, sur cette dernière, une supériorité d'ornementation par l'adjonction d'une corniche de couronnement, joignant les deux pinacles des contreforts pour mieux en compléter le motif décoratif (74).

CHAPELLES LATERALES. — *Première chapelle.* — A la suite du mur de la tour Saint-Paul, à droite du gros pilier, est l'emplacement de l'ancienne chapelle de l'Assomption, dite aussi chapelle Drouin de la Marche, chanoine, fondée en 1371-1381. Après ou pendant les travaux de la tour, de 1512 à 1524, cette chapelle fut reconstruite, transformée et consacrée à servir de chapelle des fonts baptismaux. Elle est fermée par une clôture en pierre remontant vers 1550 à 1555 et se composant de cinq arcatures sur la face principale, et une sixième en retour sur la saillie du contrefort de la deuxième chapelle. Ses arcades, qui reposent sur un soubassement élevé, sont couronnées par un entablement corinthien, supporté par des colonnes cannelées avec piédestal, à l'aplomb duquel un vase découpé à jour est rempli de fleurs et de fruits. Dans la frise, au-dessus de chaque arcade, des branches de laurier et d'olivier en sautoir, et sur l'entablement, s'ouvrent des petites fenêtres plein cintre surmontées d'un fronton en section de cercle; ces fenêtres sont contre-boutées par des consoles feuillagées. Le vantail de la porte d'entrée est sculpté en bois et reproduit exactement la disposition de la décoration des autres travées. Au-dessus de cette porte, l'arcade médiane s'élève sur un attique couronné d'un fronton à jour en arc surbaissé, soutenu par des consoles.

74.

Sur le fronton sont restés deux petits socles qui devaient porter des statuettes allégoriques; d'autres figures, couchées sur l'arc, complétaient le sujet principal du couronnement. Dans la partie surélevée de l'attique, entre les deux consoles, un cartouche, décoré avec des fleurs et des rouleaux déchiquetés, rappelle, ainsi que les vases du couronnement, la décoration de la façade de l'hôtel de Vauluisant et de l'hôtel d'Autruy (75).

Le vide des arcades de cette charmante clôture est occupé par une colonnade dorique, sur l'entablement de laquelle s'élèvent trois petites arcades surmontées d'un fronton triangulaire.

C'est Jean Bailly, de Troyes, l'un des architectes de la façade, qui fournit le dessin et construisit cette jolie clôture. On voit, dans le compte de l'année 1553-1554 : « payé à Jean Bailly, pour avoir fait « et parfait une cloison de pierre de Tonnerre, pour fermer la cha-

75.

« pelle Droyn, en ladicte église (aujourd'hui chapelle des Fonts), « selon le pourtraict par lui présenté par marché........... vii^xx l. « représentant 1,706 fr. 60 c.[1] »

Le maître-autel de cette chapelle est décoré d'un tableau peint sur bois, qui, malgré de mauvaises retouches de restauration, mérite une sérieuse description. C'est une intéressante copie de la fameuse *Cène* de Léonard de Vinci, peinte à fresque dans le réfectoire du couvent de Sainte-Marie des Grâces, à Milan. Cette circonstance nous fait connaître que ce tableau a été exécuté en Italie par les soins du donateur et pour la place qu'il occupe encore aujourd'hui. La composition est bien conservée; mais le copiste s'est donné une entière liberté pour le fond du tableau, qu'il a complètement modifié et qui rappelle, par son luxe architectural, les salles des festins de l'époque

1. *Léon Pigeotte.* L'auteur de ce joli motif, n'ayant plus à suivre et à respecter les plans et les tracés de ses aïeux, se livra à sa propre imagination, et nous légua une œuvre nouvelle accusant la profondeur de son talent et de son esprit inventif.

de la Renaissance. Ce ne sont que pilastres couverts d'arabesques, portant des arcades plein cintre, voûtées en berceaux et divisant le cénacle en deux parties. Sur les chapiteaux, des petits anges sont agenouillés et soutiennent des guirlandes et des armoiries : celles de droite présentent les armes du chapitre; celles du milieu, un blason d'azur, portent un cœur de gueules chargé d'une croix d'or couronnée d'épines de sinople, ce cœur est environné d'une cordelière d'or; celles de gauche, un blason composé des quatre éléments, comme celui que nous retrouvons dans la fenêtre et que nous croyons être le blason de Guillaume Parvi, qui fut évêque de Troyes de 1518 à 1527.

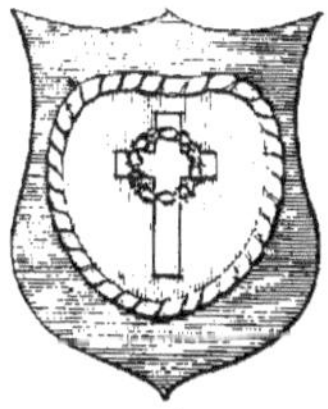

76.

L'écu du pilier central semble appartenir à quelque congrégation religieuse. Peut-être a-t-il été placé au centre du tableau pour nous rappeler que Guillaume Parvi était un ancien Cordelier (76)?

Les draperies des personnages sont généralement d'une exécution un peu sèche; mais les têtes et les mains sont peintes avec une extrême finesse. Le Christ porte le nimbe crucifère, et, sur la bordure de sa robe, autour du cou, on lit ces mots : *Salvator mundi*.

Le cadre du tableau est en bois, orné de feuilles d'eau et de perles; il se termine par une base gothique sur un seul soubassement qui en occupe toute la largeur; à ses extrémités, on voit encore des charnières qui servaient à fixer les volets de ce triptyque.

La plate-bande du cadre est chargée d'arabesques, avec des médaillons aux traverses et aux angles. Au milieu, en haut, est celui de la Vierge vue de profil; en bas, celui du Christ vu de face; les ornements sont des bustes de chérubins tenant des guirlandes, des sirènes et des griffons posés en regard de jolis vases en forme de ciboire, l'ensemble se terminant en rinceaux de feuillage sculptés avec une grande richesse d'exécution.

Dans la frise, de chaque côté des arcades, se lisent les sentences suivantes :

A gauche :

NON ENIM LIBERABIT VOS DEVS, PROPTER QUOD PECCASTIS IN EV̄.
4° ESDRE, 15°.

Dieu ne vous délivrera pas, parce que vous avez péché contre lui.

A droite :

MEMORARE NOVISSIMA, ET IN ETERNV̄ NON PECCABIS. ECCLESIASTICY 7°.

Souvenez-vous de vos fins dernières, et vous ne pècherez plus.

Sur le mur de la salle, à gauche, une pancarte porte les dix commandements de Dieu, en grec, avec cette injonction en tête : *Obéis aux lois*. En voici le texte exact :

ΝΟΜΟΙΣ : ΠΕΙΘΟΥ :
ΠΡΩΤΑ : ΘΕΟΝ : ΤΙΜΑ :
ΟΡΚΩ : ΜΗ : ΧΡΩ : ΠΟΤΕ :
ΕΥΣΕΒΙΑΣ : ΑΙΕΙ : ΕΧΟΥ :
ΦΙΛΟΥΣ : ΑΙΔΟΥ : ΓΟΝΗΑΣ :
ΜΗΘ : ΑΙΜΑΤΙ : ΧΕΙΡΑ : ΜΙΑΙΝΕΙΝ :
ΜΗ : ΠΛΟΥΤΕΙΝ : ΑΔΙΚΩΣ :
ΜΗΤΕ : ΜΟΙΧΟΣ : ΓΙΝΟΥ :
ΜΑΡΤΥΡΕΙΝ : ΨΕΥΔΩΣ : ΦΕΥΓΕΙΝ :
ΜΝΗΣΤΗΝ : ΕΤΕΡΟΥ : ΜΗ : ΟΜΑ[1] :
ΑΛΟΤΡΙΩΝ : ΜΗ : ΕΠΙΘΥΜΕΙ :

Cette peinture, exécutée sur panneau enduit d'une couche de craie à la colle, est très sensible à l'humidité; quelques parties se sont écaillées et présentent des cavités retouchées par un peintre inexpérimenté. Au moment où nous écrivons, il est question d'envoyer ce tableau à Paris pour le remettre dans son état primitif.

La fenêtre de cette chapelle occupe toute l'étendue de la travée méridionale; elle se divise en six lancettes, dont trois seulement sont remplies par de magnifiques verrières du XVIe siècle; les trois autres lancettes sont simplement vitrées en verre blanc pour mieux éclairer la chapelle. Les bordures, style Renaissance, sont composées d'arabesques, de rinceaux, de cornes d'abondance et de mascarons; elles sont divisées

1. Ce dernier mot est incomplet; la première lettre est à moitié effacée. Faut-il lire : Κωμα ou Νωμα? *Sponsam alienam ne cures* ou *ne spectes?*

par des verres de couleur rouge et verte, s'alternant avec un carreau d'argent à la tête de veau de gueules (77), meuble d'un blason que nous voyons dans les écoinçons de la pointe ogivale de la fenêtre : d'argent à trois têtes de veau de gueules, deux en haut et une en pointe, armes du donateur qui fit les frais de cette belle verrière (78).

Le sujet principal occupe les deuxième, troisième et quatrième lancettes. Elles représentent la sainte Vierge telle que l'a décrite saint Jean dans l'Apocalypse : *Mulier amicta sole, et luna sub pedibus ejus, et in capite ejus corona stellarum duodecim.* La Vierge est entourée des rayons du soleil; ses pieds posent sur un croissant au reflet argenté, douze étoiles d'or sont au-dessus de sa tête. La Vierge porte une couronne d'or; la tête est un peu inclinée, les deux mains sont ouvertes; elle est vêtue d'un manteau bleu orné d'une bande rouge perlée, relevé sur le côté, laissant voir la robe de dessous de couleur brune.

77.

A gauche et à droite, dans les deuxième et quatrième lancettes, huit anges, partagés en deux groupes de quatre et soutenus sur des nuages aux rayons lumineux; les uns chantent les louanges de la Vierge Marie, que les autres accompagnent de divers instruments pour constituer en l'honneur de la mère de Dieu un concert céleste.

78.

Premier panneau, à gauche. — Un ange jouant de la vielle. Un deuxième tenant une banderole avec ces mots : Que · est · Ista que ascendit deliciis afflũes (Cant. VIII, 5)? *Quelle est celle-ci qui monte remplie de délices?*

Au-dessous, un séraphin joue de la cornemuse, et un autre ange, sur le côté, développe un phylactère sur lequel est écrit : Hec est Regina virginũ que genuit regem · *C'est la Reine des Vierges qui a enfanté le Roi.*

Deuxième panneau, à droite. — Un ange jouant du violoncelle avec un archet courbé; puis un second, avec une banderole et cette inscription : Virgo · virginũ · pulchra · ut · luna · electa · ut · sol · quo · pgred(eris) (Cant. VI, 8), *Vierge des vierges, belle comme la lune et éclatante comme le soleil, où allez-vous?*

Au-dessous, un ange joue du hautbois, et le suivant porte aussi un phylactère, sur lequel nous lisons : Super · Choros · angelorū · ad · celestia · Regna · *Sur les chœurs des Anges, au Royaume des Cieux.*

Cette charmante composition est comprise dans un cadre aux extrémités duquel sont deux colonnes Renaissance posées sur un soubassement, et portant un entablement dont la frise se compose de dessins fantaisistes, d'arabesques en grisaille, de griffons becquetant des pommes de pin et dont la queue se termine en feuillages, le tout se développant dans les trois lancettes. Des coquilles en encorbellement, surmontées de rinceaux et de têtes de chérubins, occupent les trilobes des lancettes.

79.

La partie ogivale de la fenêtre se compose de contre-courbes en forme de trilobes allongés. A la pointe supérieure de l'ogive, Dieu le Père, sous la figure d'un pape, assis sur un trône d'or, donnant sa bénédiction et de sa main gauche portant le globe symbolique. Un chœur d'anges l'environne et chante ses louanges; d'autres anges tenant des livres ouverts se groupent dans les trilobes placés plus bas.

Dans un des compartiments à gauche, au-dessus des lancettes, est un ange aux ailes d'azur, tenant les armes du chapitre de la cathédrale : au milieu, sur la même ligne, est l'écu de France, au-dessous duquel est l'écu de la ville de Troyes. Dans le troisième compartiment, à droite, un ange tient un écu composé et meublé des quatre éléments : l'eau, le feu, l'air et la terre, entouré d'une couronne d'épines, surmonté d'une crosse (79); ce sont les armoiries de Guillaume Parvi, évêque de Troyes. Les mêmes blasons que nous avons déjà rencontrés au retable de l'autel et sur une verrière de l'église de Montangon avec quelques différences insignifiantes dans les émaux de l'écu [1]. Cette coïncidence pourrait nous donner lieu de supposer que Félix Paris, donateur de la verrière de cette église, serait

1. Le peintre de la verrière de Montangon a bien mieux rendu les éléments du blason, parce qu'il s'est servi de la gravure sur verre et des émaux appliqués.

le même personnage qui embellit de peintures et de vitraux la chapelle des Fonts de la cathédrale. (Voyez t. II, p. 493[1].)

Les meneaux de cette fenêtre traversent le larmier du soubassement de la fenêtre, font saillie sur le mur et se terminent par des culs-de-lampe ornés de feuillages. Sous la base de cette fenêtre, à gauche, est une piscine ogivale avec pilastres appliqués, terminés en flèche. Son ogive est décorée de petits arcs tréflés. Une archivolte s'élève en contre-courbe au-dessus de l'ogive et se termine par un fleuron.

A gauche de la piscine et sous le mur de la fenêtre, on remarque une suite de six panneaux encadrés de bois de chêne, peints des deux côtés et montés sur pivots, afin qu'on puisse les voir avec facilité.

Ces panneaux semblent former deux séries tout à fait distinctes et qui devaient servir de volets à des triptyques placés dans différentes chapelles.

Première série. — Le 1er et le 6e panneau sont peints en couleurs des deux côtés.

D'un côté, le 1er panneau représente la vision de saint Joachim, père de la sainte Vierge. Cette vision lui apparut pendant qu'il gardait les moutons dans la plaine. Aussi le voyons-nous en extase devant l'apparition de l'ange, au milieu de son troupeau, son chien couché près de lui et la houlette à ses pieds. Au second plan, une chèvre, debout sur ses pattes de derrière, cherche à brouter des plantes

1. Ce dernier blason était inconnu jusqu'alors. Le voyant accompagné, dans l'église de Montangon, des armes de l'évêque Jacques Raguier, nous avons pensé que ces armoiries devaient être celles de l'évêque Parvi, qui lui succéda, l'évêque Guillaume Parvi, ou Petit, ayant changé de siège avec l'évêque Odard Hennequin, qui occupait celui de Senlis. Nous avons dirigé nos recherches de ce côté, en écrivant à M. l'abbé Ch. Müller, chanoine honoraire de la cathédrale de Senlis, membre de la Société académique de l'Oise. Il nous a été envoyé une réponse qui est venue confirmer nos prévisions, c'est-à-dire nous démontrer qu'il existait dans la cathédrale de Senlis le même blason sculpté en pierre sous une console qui portait avant la Révolution la statue de l'évêque Parvi, sur le jubé que lui-même avait fait restaurer, accompagné de légendes parmi lesquelles on pouvait lire : « Guillaume Parvi m'a relevé en 1530 par de l'or et des colonnes. » Une chaire nouvelle reçut ses armoiries, « qui étaient composées des quatre éléments », *la terre, l'eau, l'air et le feu.*

L'abbé Müller, *Notre-Dame de Senlis*, 1881.

grimpantes sur le versant d'un rocher; plus loin, des bergers jouent de la cornemuse au milieu de leurs troupeaux, et tout près d'eux s'élève un temple en ruine. Dans le ciel plane un ange, les ailes étendues; de ses mains, il tient un phylactère, sur lequel le peintre a oublié de placer l'inscription.

Le 6ᵉ panneau nous montre le chanoine donateur à genoux, les mains jointes, en tenue de chœur, l'aumusse sur le bras gauche; la tête est pleine de vérité, et d'un fini minutieux et délicat. Le fond du tableau représente la *Naissance de la Vierge*, qui fait suite à la vision de saint Joachim. Le sujet se développe en hauteur. En haut, sainte Anne est couchée sur un lit à baldaquin, les mains jointes, recevant les soins d'une servante. Plus bas, devant le donateur, une suivante porte la sainte Vierge sur son sein; deux suivantes placées au-dessus l'accompagnent.

Au revers de la vision de saint Joachim, se trouve représenté saint Grégoire le Grand, pape, envoyant en Angleterre saint Augustin de Cantorbery. Saint Grégoire avait résolu de faire prêcher l'Évangile en Angleterre. Il choisit pour cette mission un religieux nommé Augustin, prieur du monastère bénédictin de Saint-André de Rome, qu'il avait fondé et dont il était abbé. Il lui adjoignit plusieurs compagnons; mais, effrayés des difficultés du voyage, ils s'arrêtèrent en chemin et envoyèrent saint Augustin au souverain pontife pour lui représenter les motifs qu'ils avaient de ne pas poursuivre leur voyage. Saint Grégoire, loin de se rendre à leurs raisons, renvoya saint Augustin, qu'il avait désigné, comme il le dit lui-même, pour être leur abbé, et les encouragea à persévérer généreusement dans leur entreprise.

Le saint est sur le rivage, en habit pontifical, la mitre en tête et la croix papale à la main. Le vaisseau qui est devant lui vient de lever l'ancre, les matelots sont à la manœuvre; la proue, où l'on voit un bec d'oiseau au long cou, est prête à fendre les flots: saint Augustin, en moine bénédictin, portant la crosse abbatiale, les bras croisés sur la poitrine, humblement agenouillé, reçoit la dernière bénédiction du pontife. Mais les démons, furieux de voir que l'Angleterre va leur être arrachée, s'efforcent d'empêcher le départ du navire. L'un d'eux plonge dans l'eau jusqu'à mi-corps, s'accroche à l'ancre de toutes ses forces; les autres, logés dans la mâture, cherchent à briser le grand mât et empêchent les voiles de se développer (80).

80. DÉPART DE SAINT AUGUSTIN POUR L'ANGLETERRE.

Au revers du panneau du donateur se trouve représenté *saint Loup quittant sa femme Piméniole*. Celle-ci, parée d'un riche costume et couverte de joyaux, marche tristement entre deux personnages portant le costume de l'époque de François Ier; l'un d'eux, son époux, lui tient la main et la conduit; l'autre, dans le même costume, marche à sa droite; derrière elle, plusieurs femmes, ses suivantes, et, devant elle, son fidèle chien blanc.

En haut de la peinture est représenté l'intérieur d'un petit oratoire avec son autel, sur lequel est placée, entre deux anges, la statue de la Vierge portant l'enfant Jésus : deux chandeliers d'or aux extrémités de l'autel, avec des courtines ou rideaux attachés à des tringles fixées au retable. Un personnage est agenouillé sur la première marche de l'autel; c'est probablement saint Loup qui vient de se vouer au sacerdoce. Deux autres chandeliers d'or placés en avant de l'autel; dans une piscine, deux burettes d'or; au centre de la chapelle, un lutrin; tels sont les objets qui meublent et décorent ce petit sanctuaire.

Deuxième série. — Le 1er et le 2e panneau représentent l'*Entrée de Jésus-Christ à Jérusalem*. Le Christ, monté sur une ânesse accompagnée de son ânon, marchant à la gauche de l'apôtre saint Jean, bénit la foule sur son passage; il est au milieu de ses apôtres et entouré d'hommes, de femmes et d'enfants tenant des rameaux: des spectateurs regardent le Christ du haut des murs et des portes de la ville, d'autres sont montés sur les balcons des palais. Derrière le Sauveur, un personnage, en qui le peintre a probablement voulu représenter Zachée, est monté sur un sycomore. Deux pharisiens à longue barbe se font remarquer par leur coiffure, sur laquelle est fixé un bandeau portant des caractères grecs, où sont écrits certains passages des livres de Moïse, mais qui ne paraissent former aucun sens. Un personnage agenouillé, un bâton à la main, présente de la main gauche à manger à la monture du Sauveur. Dans le fond du tableau, la porte et la ville de Jéricho; un petit clocher s'élève à l'horizon.

De l'autre côté du tableau, sont représentées, peintes en grisaille, la *Rencontre sous la porte dorée* et la *Naissance de la Vierge*. Sainte Anne, couchée dans son lit à baldaquin. L'enfant reçoit les soins de deux suivantes, qui occupent le premier plan.

Les deux panneaux suivants continuent l'entrée de Jésus-Christ à Jérusalem; ils sont les préludes de la Cène et devaient servir de volets à ce tableau; ils sont occupés par un seul sujet peint en couleur : *Jésus-Christ lavant les pieds de ses Apôtres*. Le fond représente des galeries portées par des pilastres chargés de charmantes arabesques imitant le relief; au milieu de l'un d'eux est le millésime de 1542, époque de l'exécution de cette intéressante peinture. Pierre est assis: le Christ, à genoux devant lui, sa robe relevée et attachée avec une serviette, lui lave les pieds. Les apôtres, autour de la salle, regardent Jésus avec saisissement et se communiquent leurs impressions.

Au revers du premier panneau, est peinte en grisaille la *Salutation angélique*. La Vierge, agenouillée sur son prie-Dieu, est en extase par suite de l'apparition de l'ange Gabriel; devant celui-ci se déroule un phylactère avec ces mots : AVE MARIA GRACIA PLENA

DOMINUS TECUM. L'Esprit saint, sous la forme d'une colombe, est en communication directe avec la Vierge Marie, par un petit rayon lumineux qui arrive à la hauteur de la bouche de la Vierge. Au revers du second panneau est en grisaille la *Présentation de l'enfant Jésus au temple*. L'enfant Jésus entre les bras du grand-prêtre. Joseph debout devant l'autel, tenant un cierge allumé. La sainte Vierge agenouillée présente une cage où se trouvent deux petits oiseaux.

Quoique d'une exécution un peu sèche, ces peintures sont traitées avec une remarquable facilité; le dessin est très correct, et la composition pleine d'entrain et d'élégance ; les vêtements sont rendus avec beaucoup d'adresse, et les têtes généralement d'un beau caractère.

En face de l'autel s'ouvre la porte d'une petite sacristie, pratiquée entre les contreforts extérieurs de la tour Saint-Paul. La porte, en plein cintre, est creusée de trois gorges profondes séparées par des filets ; de même pour les pieds-droits de la baie. Le vantail en bois de la porte et ses ferrures sont bien de l'époque et parfaitement conservés. Renfermée dans un très petit espace, sa voûte est remarquable par la combinaison de ses nervures à tiercerons qui reposent sur des consoles appliquées au mur, décorées de feuillages et de petits enfants. Elle est éclairée par une petite fenêtre construite obliquement et prend jour sur la cour des bureaux de l'architecte (voyez le plan, p. 204).

A droite de la porte est un groupe de six figures sculptées en pierre, peintes et dorées, de proportions un peu moindres que nature ; il représente le *baptême de saint Augustin par saint Ambroise*.

Ce groupe n'est pas sans mérite ; la pose et le geste de saint Ambroise sont naturels et parfaitement rendus. Suivant Grosley, ce groupe se composait de huit figures et portait la date de 1549. Courtalon parle de dix figures, qu'il prétend de Dominique et de Gentil, qui y ont mis la date de 1565. Sur les huit ou dix figures, il ne nous en reste plus que six. Les deux dates indiquent l'époque à laquelle les deux sculpteurs accomplissaient leurs travaux. Ces œuvres se différencient assez dans l'exécution pour attribuer à Dominique le Florentin la meilleure partie du sujet : l'évêque et les deux figures agenouillées, saint Augustin et son fils Adéodat. Il n'en est pas de même des statues aux formes lourdes du second plan et du malingre jeune homme placé derrière le saint évêque, qui doit être Alype, ami de saint Augustin, baptisé en même temps que lui. A gauche, sainte Monique assiste au baptême de son fils.

La crosse de l'évêque ayant été brisée et remplacée à la suite du déplacement, nous nous sommes permis d'en ajouter une autre plus en rapport avec l'orfèvrerie du temps (81).

Cette sculpture appartenait à l'église abbatiale de Saint-Loup, d'où elle a été retirée lors de la démolition de l'abbaye et transportée à la cathédrale, en 1811, comme le constate l'inscription peinte sur le mur au-dessus du sujet :

Augustinus a S° Ambrosio baptizatus. Rest. an · MDCCCXI.

Constatons la mutilation d'un blason martelé, sculpté sur la face de la cuve baptismale et surmonté d'une couronne qui aurait pu nous faire connaître le nom du généreux donateur de cette intéressante sculpture.

Au centre de la chapelle est la cuve baptismale, en marbre de différentes couleurs et sans intérêt.

Deuxième chapelle. — *Saint-Claude,* dite aussi *chapelle Pyon,* du nom de son fondateur, Pierre Pyon, aïeul maternel du docte Camuzat, seigneur de Rumilly-lès-Vaudes et en partie de Ravières (Yonne), marguillier à verge de cette église en remplacement de Nicolas Laurent. Il fit le pèlerinage du Saint-Sépulcre et fut reçu chevalier. A son retour, il édifia dans cette église, en 1528, la chapelle Saint-Claude et mourut en 1539 [1].

Suivant les relevés des comptes de la fabrique, les murs et les voûtes de cette chapelle, et de celle du nord qui lui fait face, furent terminés en 1492.

1. L'abbé Lalore, *Collection des principaux obituaires du diocèse de Troyes,* p. 135 et 190.

Ce n'est qu'une trentaine d'années après que les fenêtres du nord et du midi reçurent leurs meneaux et leurs verrières. Aussi, cette chapelle présente-t-elle quelques différences dans les dispositions des meneaux de la fenêtre; ceux-ci descendent appliqués au

81. BAPTÊME DE SAINT AUGUSTIN.

mur jusque sur le pavé, comme aux chapelles septentrionales. Les meneaux divisent la fenêtre en six lancettes trilobées; l'intervalle des contre-courbes est occupé par trois fleurs de lis et par des trèfles. Le fond du vitrail est semé de fleurs de lis d'or. Dans les trèfles, qui accompagnent les ogives, grandes et petites, on remarque, au milieu, Dieu le Père. assis sur un nuage, de la main gauche tenant le globe terrestre, tandis qu'il bénit de la main droite; un phylactère se développe au-dessous des nuages, sur lequel on lit : hic est fili' me' dilectus in q c̄placui.

Dans le trèfle de gauche, sur la même ligne : *Saint Jacques le Majeur tenant à la main gauche un bourdon, et un sachet à la main droite renfermant son livre d'heures.* Dans le trèfle de droite : *Saint Christophe portant sur ses épaules l'Enfant Jésus.*

82.

Les petites ogives tréflées des lancettes contiennent un blason d'azur à la croix double d'or, surmonté d'une étoile d'or en chef. A droite, du côté opposé, le même écu, mi-parti d'azur à trois têtes de bélier d'argent, armes des donateurs Pierre Pyon et de Jeanne Festuot (82), peut-être sœur ou fille de Jean Festuot l'aîné, qui donna la verrière de la nef où est représentée l'*Histoire de Tobie.*

Au-dessous, les restes de quatre pinacles dorés témoignent de la disposition du *Baptême de Jésus-Christ,* qui s'explique par la présence de Dieu le Père dans la partie supérieure de l'ogive et par les paroles inscrites sur le phylactère.

TROISIÈME CHAPELLE. — *Saint-Lazare* et *Saint-Louis.* Fenêtre du XIVe siècle, composée de six lancettes, avec verrières de la même époque, dont les couleurs dominantes sont le violet, le bleu, le rouge et le jaune, sur fond grisaille. Sur les six jours, quatre seulement ont conservé leurs sujets. Ces verrières représentent des portiques en ogives trilobées, avec pilastres terminés en pyramide, surmontés d'une rosace et d'un pignon à jour. Sous ces quatre portiques se détachent deux rangées de figures de saintes martyres tenant des palmes, des crosses et des bourdons, des vases de parfums.

Dans la première rangée du haut, nous remarquons une sainte voilée, tenant un vase entr'ouvert, dont elle soulève le couvercle (83). Les trois saintes non voilées, qui la suivent, représentent : 1° une sainte tenant une palme et un livre; 2° une sainte tenant une palme de la main gauche, la main droite levée; 3° une sainte tenant une palme et un livre.

Ces quatre figures pourraient être, suivant les sujets représentés dans les roses de la partie ogivale de la fenêtre, sainte Madeleine et les trois Maries.

En 1877, pour combler le vide qui existait depuis longtemps, on chargea M. Édouard Didron, l'habile peintre-verrier de Paris, de représenter, suivant un programme qui lui fut donné, quelques-unes des martyres du diocèse de Troyes, savoir : 1° sainte Jule, tenant une palme d'une main et un vase de parfums de l'autre; 2° sainte Savine, tenant un bourdon d'une main et un livre de l'autre; 3° sainte Germaine, avec un crible d'une main et une palme de l'autre; et 4° sainte Humbeline, une crosse d'une main et un livre de l'autre.

83.

Il est bien certain que la première et la sixième lancette avaient leurs verrières anciennes; elles ont été brisées ou déplacées au XVIe siècle, comme le prouve la bordure actuelle qui vient d'être restaurée par le même peintre verrier. Espérons que la fabrique de la cathédrale se fera un devoir de compléter une lacune aussi regrettable.

Dans les trilobes des lancettes renfermés dans la partie ogivale, nous voyons, à droite et à gauche, un saint évêque tenant une crosse, et, au milieu, un pape coiffé d'une tiare conique et tenant une croix.

Au-dessus de ces ogives, trois autres trilobes renferment : à gauche, saint Étienne, tenant une pierre et un livre; au milieu, une jeune sainte (serait-ce sainte Christine?) tenant un couteau; à droite, saint Laurent, tenant un gril et un livre; ce sont probablement les patrons des donateurs. Dans les écoinçons, des anges à quatre ailes.

Plus haut, dans deux grands quatrefeuilles : à gauche, les quatre grands prophètes; à droite, les apôtres, précédés par saint Jean-Baptiste. Au sommet de la fenêtre, le couronnement de la Vierge par Dieu le Fils, tous deux assis sur un trône et, dans les quatre lobes, les attributs des quatre Évangélistes.

Signalons une particularité que nous croyons assez rare dans nos monuments religieux, mais qui se répète plusieurs fois dans notre cathédrale : sur la clef de la voûte de cette chapelle, on distingue l'agneau de Dieu avec des cornes; c'est bien un bélier portant un nimbe crucifère et l'étendard de la Rédemption, symbole qui signifie la puissance du fils de Dieu.

QUATRIÈME CHAPELLE. — La *Nativité* et l'*Assomption de la Vierge*. Chapelle dite *Henri de la Noue*, du nom de son fondateur, doyen de la cathédrale, décédé le 14 juin 1323.

La fenêtre de cette chapelle est de la même époque que celle de la précédente, ainsi que les verrières; celles-ci ont perdu une partie de leur éclat par une couverte de crasse qui a pénétré dans la masse du verre et s'y est incorporée par l'action de l'humidité et du soleil du midi. Il en est résulté que tous les panneaux du bas de la fenêtre ont été supprimés au XVIe siècle pour donner plus de jour au service d'un autel qui n'existe plus.

La partie de cette verrière qui a survécu à cet acte de vandalisme représente l'histoire de la Vierge : *saint Joachim se présente au temple pour offrir un agneau :* le grand-prêtre refuse son offrande. *Séparation de saint Joachim et de sainte Anne. Rencontre de saint Joachim et de sainte Anne sous la porte dorée. Sainte Anne étendue sur un lit à baldaquin* (panneau remanié qui devait représenter *la naissance de la Vierge*). *Sainte Anne instruisant la Vierge enfant.* Enfin, pour le dernier panneau, *sainte Anne et la Vierge au Temple.*

L'ogive de la fenêtre montre, dans ses trilobes, les blasons de toute la famille du donateur Henri de la Noue, chanoine et ensuite doyen, qui fonda à la cathédrale les fêtes de saint Jacques, de sainte Marguerite, de sainte Anne et de sainte Syre. Il mourut en 1325 et fut inhumé dans cette chapelle. Plus tard, le chapitre fit placer sur sa tombe une plaque de cuivre, sur laquelle était gravée son épitaphe.

Vers la même époque, Jacques de la Noue fonda la fête de la Conception de la sainte Vierge et fut inhumé dans la troisième chapelle du bas côté gauche, où l'on voyait son image et ses armoiries (voyez p. 249 et suivantes).

Le premier blason, à gauche, de gueules à deux fasces d'argent (84); celui du milieu échiqueté d'argent et d'azur (85), à droite,

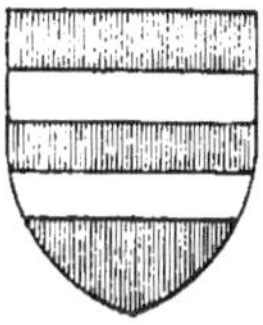

84.

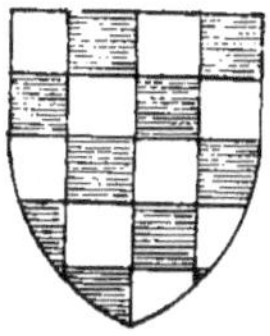

85.

86.

87.

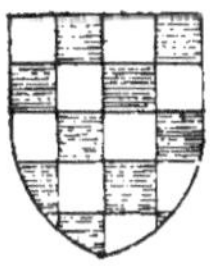

88.

89.

90.

répétition du premier blason. Dans les trilobes secondaires, trois écus : 1° losangé d'argent et d'azur (86) ; 2° de gueules à deux fasces d'argent (87); 3° échiqueté d'argent et d'azur (88). Dans les écoinçons, deux petits écus, alliances de famille : 1° losangé d'argent et d'azur, chargé d'une bande de gueules, à trois roses d'or (89); 2° losangé d'argent et d'azur, à la bordure de gueules (90).

Au-dessus, deux grands quadrilobes : *l'Apparition de Jésus-Christ à saint Pierre* : Jésus-Christ donne à saint Pierre le pouvoir de lier et de délier, en lui remettant une de ces barres de bois à courroies qui, en Orient, servaient à fermer les portes. *L'Apparition de Jésus-Christ à Marie-Madeleine.*

A la pointe de l'ogive : *le Couronnement de la Vierge Marie par le fils de Dieu.*

SALLE DU CHAPITRE. — Au-dessous de la fenêtre de cette

chapelle, une porte donne accès dans l'ancienne salle de réunion du chapitre. Ce bâtiment est une construction du XVIIe siècle, sans intérêt, élevée sur des substructions du XIVe siècle. Elle est perpendiculaire à la nef et de forme rectangulaire. Une porte de sortie conduit dans la cour de l'évêché.

En sortant de la chapelle, aujourd'hui simple passage conduisant à l'ancienne salle du chapitre et à la sacristie des chantres qui la précède, se remarquent, sur le mur de refend, à droite, des traces de peintures murales représentant l'*Assomption de la Vierge.*

CINQUIÈME CHAPELLE, dite de l'*Annonciation de la Vierge.* — Au même autel : *Saint Jacques le Majeur.* Cette dernière chapelle, comme celle du bas côté nord, présente une forme toute spéciale; le mur est à pans coupés du côté du sud-est, à cause de la fenêtre occidentale du transept ouverte à la suite de l'arcade du deuxième bas côté. Les deux pans du mur formés par l'angle rentrant sont percés d'une fenêtre divisée par deux meneaux, déterminant trois ogives trilobées et surmontées de cercles ou roses à quatrefeuilles.

La fenêtre sud-est de la chapelle est murée et masquée par un autel du commencement du siècle. Le tableau représente *Saint Pierre recevant le pouvoir des clés;* il est renfermé dans un retable de l'ordre corinthien, couronné d'un fronton triangulaire.

La fenêtre du midi a perdu, depuis bien des années, les panneaux qui en garnissaient la base.

La deuxième rangée renferme la figure de *Saint Jacques le Majeur,* celles de *Saint Pierre* et de *Saint Jean l'Évangéliste.* Dans les quatrefeuilles, deux anges avec des banderoles portant pour inscription l'AVE MARIA [1], et, dans la pointe de l'ogive, le *Christ en croix,* la Vierge et saint Jean de chaque côté.

1. En 1877, le restaurateur de cette verrière, M. Vincent Larcher, l'habile peintre-verrier de Troyes, a oublié de remplacer l'ange de gauche ajouté en 1839, par la figure de la sainte Vierge, sujet qui devrait représenter l'*Annonciation*, à laquelle la chapelle est consacrée.

LES DEUX TRANSEPTS.

A la fin du XIIIe siècle, la partie haute des transepts était terminée, et, au commencement du XIVe siècle, les trois premières travées

91. FIN DU XIIIe SIÈCLE.

de la grande nef étaient commencées et leurs collatéraux couverts d'une légère construction en planches ; un pan de bois enduit de torchis fermait l'édifice à l'occident sur toute sa largeur. Cette partie de l'église, ainsi close, pouvait servir aux cérémonies du culte, et elle abritait suffisamment les fidèles.

Les chapiteaux du transept méridional, côté des nefs latérales, accusent parfaitement cette époque de transition (91 et 92) ; néanmoins, ces constructions successives ont été mises en harmonie avec l'ensemble architectural du sanctuaire.

Au milieu des deux transepts, au-dessus de la voûte centrale, sur les combles, s'élevait une flèche en charpente dans laquelle étaient suspendues les petites cloches du chapitre.

Construite vers les dernières années du XIIIe siècle, cette flèche fut, sous l'influence d'un coup de vent effroyable, le 14 août 1365, renversée violemment sur l'édifice, qu'elle ébranla jusque dans ses fondations.

Un nouveau clocher, d'une élévation de 110 mètres à partir du pave de l'église jusqu'au coq de la croix, fut construit en 1426; depuis cette époque jusqu'à 1697, c'est-à-dire pendant deux cent soixante et onze ans, seize fois le grand clocher fut frappé par la

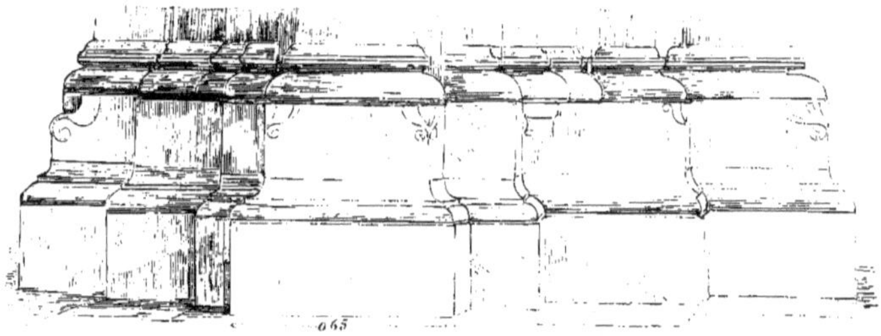

92. FIN DU XIIIe SIÈCLE.

foudre et ébranlé par les tempêtes. Enfin, le 7 octobre 1707, le tonnerre tomba pour la dernière fois et l'incendia; le feu se communiqua à toute la charpente des grands combles et à celle des bas côtés [1].

Le soubassement des deux transepts est en forme de banquette, sur laquelle s'élève une arcature ogivale portée par d'élégantes colonnettes isolées du mur, et seulement adhérentes par leurs chapiteaux (93) et à leurs bases (94); les chapiteaux, généralement d'un style élégant, sont décorés de simples crochets brisés pour la plus grande partie, quelques-uns couverts de feuilles d'acanthe et de lierre. On en compte cent soixante-quinze, en y comprenant tous les chapiteaux des arcatures des chapelles du pourtour du chœur et des transepts.

Les portes des galeries intérieures et extérieures de l'édifice, à droite et à gauche des transepts, s'ouvrent sous cette arcature, dont l'ouverture se termine par un linteau droit que soutiennent des consoles profilées. L'ébrasement est flanqué d'une colonnette en encor-

1. Léon Pigeotte, *Mémoires de la Société académique de l'Aube*, année 1877, p. 499.

bellement ; sur les chapiteaux prend naissance un arc trilobé appliqué sur le tympan.

A l'extrémité des transepts, de chaque côté des portes d'entrée, s'ouvrent de longues fenêtres en lancette à baie évasée, sans autre décoration que des colonnettes et des tors. Il n'y a exception qu'au transept nord, où cette décoration, à cause de la largeur de la voussure du portail, n'est que simulée. Des deux côtés, dans l'angle du mur, de larges fenêtres sont disposées de la même manière, avec colonnettes et boudins en ogive ; elles sont plus larges et divisées en deux parties par des meneaux et des roses à six feuilles à l'est, et à quatrefeuilles du côté opposé. Entre ces fenêtres, aujourd'hui murées, et le pilier qui flanque le bas côté, une baie en lancette est simulée et décorée comme les autres.

93.

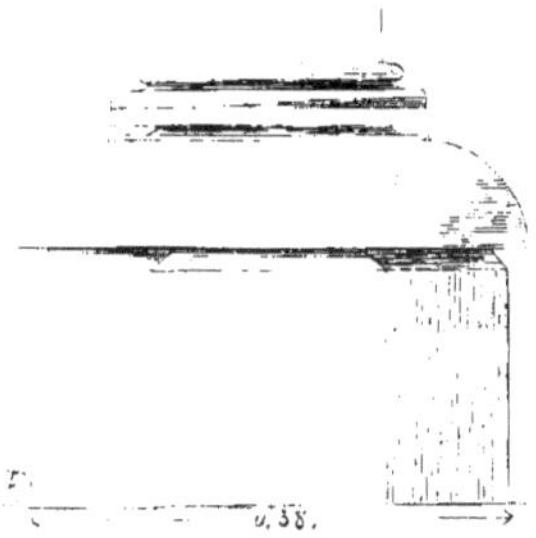

94.

Au-dessus de la porte d'entrée de ces deux transepts est pratiqué un large passage que surmonte le mur de clôture à la hauteur du triforium des faces latérales, et d'une largeur plus que suffisante pour faciliter la circulation d'une galerie dans une autre.

Cette disposition, si peu en harmonie avec la richesse du portail du nord, nous fait présumer que ce passage était destiné à recevoir une balustrade semblable à celle qui existe à l'extérieur, mais qui a pu être supprimée depuis les accidents de surplomb si désastreux pour la décoration du monument.

Les galeries du triforium présentent quelques différences dans leur décoration. Au-dessous des premières fenêtres contiguës à la rosace des transepts, la galerie a conservé son état primitif; l'ogive est remplie par des quatrefeuilles à jour; d'autres ogives sont décorées de trèfles renversés, soutenus par des colonnettes comme au sanctuaire. Dans certaines parties, les colonnettes sont remplacées par de légers pilastres; il en est de même avec les galeries de la nef. Celles-ci sont évidemment d'un style postérieur.

Les voûtes des six travées des transepts sont à nervures simples; leurs intersections au côté nord sont décorées de feuillages, et au transept méridional ce sont des médaillons. Sur le premier de ceux-ci, on voit le Sauveur apparaissant à sainte Madeleine après sa résurrection; sur le second, saint Georges, armé d'une épée et d'un bouclier, terrassant un dragon; derrière le saint, on voit, sortant d'un nuage, la main de Dieu bénissant. Sur le troisième médaillon, plus rapproché de la rosace, Jésus-Christ assis sur un trône, tenant d'une main l'Évangile et donnant de l'autre sa bénédiction.

La voûte centrale est percée d'un œil-de-bœuf entouré de feuillages; elle avait subi de sérieuses réparations, à la suite de l'incendie de la flèche; depuis, cette voûte a été entièrement reconstruite par M. Millet, par suite de la réfection du chœur aux voûtes duquel elle se joignait.

VERRIERES DES TRANSEPTS (COTÉ NORD).

Grande rose du portail. — Les verrières de la galerie et de la grande rose du nord méritent à peine une mention; les couleurs manquent, à l'exception des Évangélistes écrivant, placés dans des cercles aux angles de la grande rose.

En haut, à gauche, c'est saint Matthieu, avec l'écu de France et celui du chapitre disposés dans des cercles plus petits qui accompagnent la rose à trilobes. De l'autre côté, à droite, saint Jean; puis le blason de Navarre et celui du chapitre répété.

Au centre de la rosace sont les armes de Troyes ou de Champagne, qui sont les mêmes.

Au bas, à gauche, saint Marc avec deux écussons : celui du

cercle supérieur est d'azur, la muraille mise en fasce d'or et donjonnée de trois créneaux aussi d'or, avec une crosse d'or brochant sur le tout (95). Ce sont les armoiries de Jean d'Auxois, évêque de Troyes (1342-1352), époque probable de la décoration de cette rosace[1]. Plus tard, en 1375, il y eut une restauration complète de ces verrières après

95.

96.

97.

la chute de la première flèche, ce qui explique la présence des blasons qui vont suivre. Le second écu est d'argent à la fasce d'azur à trois coquilles d'or (96).

Au bas, à droite, saint Luc et un écu coupé de gueules et d'or à la bande d'argent, à trois coupons d'argent et de sable (de Mussy) (97). En 1370, Henri de Mussy, seigneur de Bierne et de Savoie, hameaux de Moussey (Aube), gouverneur du château de Beaufort, maître d'hôtel de Philippe le Hardi, occupait une grande position à Troyes, où il avait sa maison. Il avait acheté, de Jean de La Noë, 100 # sur la recette de Troyes (*Archives de l'Aube*, E, 152, registre). Le dernier blason est comme ci-dessus : d'argent à la fasce d'azur à trois coquilles d'or.

PREMIÈRE FENÊTRE A L'EST. — Cette fenêtre ainsi que les deux autres qui suivent sont divisées par cinq meneaux, dont la réunion à la partie supérieure détermine des formes tourmentées et flamboyantes : c'est une restauration du commencement du XVIe siècle. Cette fenêtre est entièrement dépourvue de verrières de couleur ; seuls, deux écussons armoriés rappellent le donateur des sujets disparus et décorent le bas de la fenêtre : le premier, de gueules à deux lions léopardés d'or

1. D'après l'*Armorial* de M. Roserot, les armes de Jean d'Auxois sont de gueules (et non pas d'azur) à trois tours crénelées d'or.

posés l'un sur l'autre (98); le second est écartelé au 1 et 4 de gueules à un besant d'or, au chef d'or chargé de trois étoiles de sable; au 2 et 3 d'argent, semé de trèfles de sable, au lion du même, armé et

98.

lampassé de gueules, brochant sur le tout; au chef de gueules chargé de trois croissants d'or (Le Tartier-Gyé) (99). Ce blason nous rappelle le mariage d'Adrien Le Tartier, qui épousa, alors qu'il demeurait à Chaumont, Antoinette de Gyé.

Deuxième fenêtre. — Cette fenêtre est décorée avec une grande richesse de couleur; elle nous rappelle, dans son exécution, la manière de faire de Jean Verrat. Elle se divise en six jours, et transversalement en trois parties, comprenant dix-huit figures s'enlevant en vigueur sur un fond de tapisserie ouvré, dont la bordure à la hauteur des têtes porte le nom des personnages. Ceux-ci représentent les douze Apôtres, les Évangélistes et les prophètes Isaïe et Jérémie.

Première partie. — Dans les six panneaux de la partie supérieure, nous voyons : saint Pierre tenant une clef et un livre moitié ouvert. Saint André s'appuyant sur une croix en sautoir, tenant de ses deux mains un livre ouvert. Saint Jacques le Majeur tenant un bâton de voyage, chapeau à coquilles sur la tête. Saint Jean bénissant un calice qu'il tient de la main gauche et d'où sort un petit dragon. Saint Thomas, avec une pique passée dans le bras droit, ouvrant un livre de ses deux mains. Saint Jacques le Mineur, un bâton noueux à la main droite et un livre fermé de la main gauche.

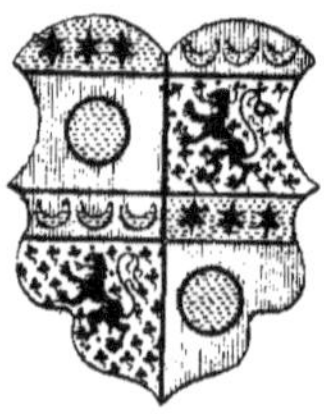

99.

Deuxième partie. — Saint Simon tenant une grande croix et un livre ouvert. Saint Barthélemy, un large couteau à la main; saint Mathias, un couperet. Saint Jude, une scie. Saint Philippe tenant un livre ouvert et lisant, ayant une croix processionnelle passée dans son bras gauche. Saint Philippe encore, tenant une hallebarde.

Troisième partie. — Le prophète Jérémie, richement vêtu, tenant un phylactère portant cette inscription : ·Jheremias propheta. Saint Jean l'Évangéliste écrivant sur un livre; à ses pieds et à sa droite, l'aigle qui le caractérise (100). Saint Matthieu, une plume à la main ; devant lui, un ange tenant un livre sur lequel il porte la main (101). Saint Luc, avec son livre des Évangiles sur le bras gauche ; de la main droite, il relève sa robe ; à ses pieds, à gauche, un bœuf couché (102). Saint Marc, le bras droit levé à la hauteur de

100. 101. 102. 103.

sa tête, regardant sa plume qu'il tient dans ses doigts ; le bras gauche est baissé, et, sur une petite banderole qu'il tient, on lit son nom : **S. Marc** (103) ; un lion est à ses pieds. Le prophète Isaïe tenant de ses deux mains un phylactère, portant ces mots : · **Ysaias propheta** ·

Les meneaux flamboyants de l'ogive sont remplis par des losanges formés de bandes d'azur et remplis par des étoiles d'or [1].

1. Nous n'avons pas à nous occuper des verrières du triforium des transepts représentant les apôtres et plusieurs saints de l'ancien diocèse de Troyes. Elles ont été exécutées par Maréchal, de Metz ; Thévenot, de Clermont-Ferrand ; Vincent Larcher, de Troyes (1840-1846) ; d'autres, d'après nos dessins, par la manufacture de Choisy, vers 1839. Ces figures avaient été faites pour le triforium du chœur et pour combler les vides occasionnés par les désastres de l'incendie. Exécutées par

Troisième fenêtre. — La troisième fenêtre est occupée par plusieurs saints, entre lesquels ceux du diocèse de Troyes tiennent la première place. Toutes ces figures, d'un dessin correct et d'une grande vigueur de coloris, nous rappellent le style flamand dans leur caractère ; elles produisent en général un grand effet décoratif.

Ces personnages sont disposés, de même qu'à la fenêtre précédente, sur trois rangs superposés et se détachent sur une tenture bleue ouvrée, avec petite bordure rouge semée de perles.

104.

Première partie. — Saint Savinien, l'un des premiers apôtres de Troyes ; il tient de la main droite son bâton de voyage, sur le pommeau duquel s'épanouit un joli bouquet de roses. Saint Savinien arriva à Troyes vers l'an 271, près de la ville, sur les bords de la Seine. D'après une légende, il se serait écrié : *Foy-ci*, en plantant son bâton en terre. Le bâton prit racine et fleurit (104), symbole de la foi catholique implantée dans le pays des *Tricasses*. Il porte le livre des Évangiles ; son manteau est violet, doublé de rouge ; sa robe jaune ; près de sa tête, sur la bordure du fond, on lit : S· Savinia̅. En suivant, sainte Mâthie, patronne de la ville de Troyes, en grand costume des dames nobles du temps de Louis XII, robe verte et manteau rouge ; elle tient une palme d'or, symbole de son martyre, et un livre ouvert ; son nom est écrit près de sa tête : Ste Mastie. Saint Pierre, qui suit, tient une grande clef d'argent avec un livre ouvert. La Vierge Mère, portant l'enfant Jésus sur le bras droit. Saint Loup, évêque de Troyes, en chape, la mitre en tête et tenant de la main gauche sa crosse, de l'autre main une

plusieurs peintres-verriers, sans programme déterminé, le résultat fut déplorable ; les nouvelles verrières se trouvèrent sans harmonie dans leur caractère archaïque et dans une fausse coloration avec les anciens vitraux. Elles furent déplacées par l'architecte diocésain, et remplacées par des figures qui s'accordent beaucoup mieux avec la brillante décoration des anciennes verrières des grandes fenêtres du chœur et du sanctuaire.

épée, dont il transperce la gorge d'un dragon gisant à ses pieds. Une sainte, très probablement encore une sainte Mâthie, portant une branche fleurie.

DEUXIÈME PARTIE. — Sainte Savine tenant un livre et son bourdon, attributs de son voyage entrepris à la recherche de son frère Savinien (1 5). Saint Georges, couvert de son armure et tenant une lance avec flamme rouge; sa main gauche s'appuie sur un bouclier dont le fond rouge est chargé d'une croix blanche. Sainte Catherine, une couronne d'or sur la tête, tient un livre de la main gauche, et de la main droite une palme et une épée, la pointe en bas; à ses pieds, la roue garnie de crochets de fer, instrument de son supplice. Saint Nicolas bénissant; à ses pieds, à droite, les trois petits enfants dans la cuve. Sainte Marguerite portant une croix dans ses mains jointes, le pied gauche posé sur son dragon légendaire. Saint Edme bénissant un enfant mort couché sur un socle à ses pieds; le saint évêque est vêtu d'une chape, la mitre en tête; il tient sa crosse de la main gauche.

105.

TROISIÈME PARTIE. — La donatrice de cette verrière, agenouillée, les mains jointes, devant un prie-Dieu, sur lequel est son livre d'heures; le tapis du prie-Dieu porte un écu de gueules à deux épées de combat d'argent en sautoir, les pointes en haut, les gardes et les poignées d'or; au chef d'or chargé de deux hures de sanglier de sable, affrontées, allumées d'argent (Berthier de Troyes). Cette donatrice est vêtue d'une robe à grandes manches, d'un ton violet, ouverte sur le côté, pour laisser voir le corsage de dessous brodé de ses armes; sur sa tête, une coiffe noire à deux bandeaux et en pointe tombant sur le dos. Derrière elle, ses deux filles portant le même costume avec plus de simplicité; toutes ont une attitude de recueillement.

Au-dessus de leur tête se déroule un phylactère avec cette invocation : **Omnes Sancti et Sancte Dei** ·

Au bas du panneau, on lit cette inscription tronquée :

Lan · Mil · cinq........
ble · homme Jehan....
verrie^{r} · prie · dieu.....

En suivant, saint Claude, abbé, la tête rasée, vêtu d'une chape tenant une croix, comme ancien archevêque de Besançon, puis abbé

106.

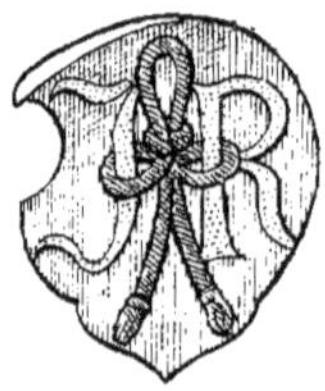
107.

108.

dans le Jura, où il se retira ; on lit près de sa tête : **St Claude**. Saint Jean-Baptiste tenant dans les plis de son manteau l'*Agnus Dei*, avec nimbe crucifère. Sainte Barbe, une palme de la main gauche, tandis que de la main droite elle porte la tour qui lui servit de prison avant son martyre. L'archange saint Michel couvert d'une riche armure, dont la cuirasse est niellée de riches rinceaux sur fond d'or ; d'une main il tient son bouclier, de l'autre il lève son épée pour frapper le diable renversé à ses pieds. Sainte Gudule, une robe rouge couverte d'un manteau violet bordé d'argent ; elle a la tête voilée, et tient de la main droite un livre ouvert et un cierge qu'un petit démon éteint et qu'un ange rallume sans relâche.

La partie ogivale de la fenêtre est garnie d'un réseau de bandes rouges, semées d'étoiles d'or. Dans les trilobes de la partie supérieure des lancettes, on voit les monogrammes J. R. représentés deux fois avec des caractères différents (106 et 107), et les blasons des donateurs d'azur à trois étoiles d'argent posées 2 et 1, et un croissant d'or en pointe. Un deuxième accolé mi-parti au 1 du précédent et au 2 de gueules à deux épées de combat, d'argent en sautoir, la pointe en l'air, le même que nous avons cité plus haut (108). Au-dessus, on voit les armes de France, les armes mi-parties de France et de Bretagne, et celles de Champagne.

FENÊTRES DU COTÉ OCCIDENTAL.

De ces trois fenêtres, une seule, celle du milieu, contient un sujet, sainte Catherine en manteau bleu, couronnée d'or, une palme à la main droite, une roue à la main gauche.

A la troisième fenêtre, la plus rapprochée de la nef, dans la lancette du milieu, on distingue un écusson répété deux fois : d'or à la croix d'azur accompagnée de cinq coquilles d'argent, posées trois au flanc et une en chef et en pointe, cantonnée à senestre d'une étoile d'azur (109).

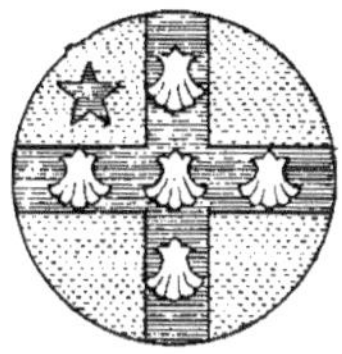
109.

VERRIÈRES DES TRANSEPTS (COTÉ SUD).

Première fenêtre a l'est. — La première fenêtre des transepts, la plus rapprochée du chœur, est une reconstruction du commencement du XVIe siècle. Sur les verrières sont peintes six grandes figures abritées sous quatre petits dômes, deux circulaires et deux autres de forme carrée surmontés de frontons triangulaires.

1er *panneau*. — La première figure de ce panneau est celle de Pierre Pyon, agenouillé, les mains jointes, devant son prie-Dieu, couvert d'un tapis brodé de ses armes, d'azur à la croix double d'or, avec une étoile de même au canton de sénestre. Le même personnage qui fonda la chapelle Saint-Claude, la deuxième dans le bas côté sud. Pierre Pyon, s'est fait représenter avec les insignes d'un chevalier de Jérusalem. Il est couvert d'une riche armure de guerre et d'un hoqueton de soie d'azur semée de croix potencées d'or, qui est de Jérusalem ; sa tête est coiffée d'un caperon de soie noire, rembourré de coton, qui se plaçait sous le bassinet, la salade ou le chapel de fer. Derrière lui, saint Pierre, son patron, lui posant délicatement la main

112.

sur la tête et portant de la main gauche une grande clef (110).

2e *panneau.* — Saint Claude lisant dans un livre et tenant une croix épiscopale de la main gauche.

3e *panneau.* — Saint Paul, les deux mains appuyées sur la poignée d'une grande épée, son symbole. Cette figure est admirablement traitée.

4e *panneau.* — La donatrice Jeanne Festuot, femme de Pierre Pyon, veuve en premières noces de Claude Bury, morte vers 1555. Elle est agenouillée les mains jointes devant son prie-Dieu, avec son blason parti au 1 d'azur à la croix double d'or, accompagnée d'une étoile au canton de sénestre; au 2 d'azur à trois têtes de béliers d'argent (111)[1].

111.

Derrière la donatrice, saint Jean l'Évangéliste portant la main gauche sur l'épaule de la noble dame, marque de présentation; de sa main droite, il tient un calice d'argent, duquel sort le petit dragon légendaire (112).

Ces figures sont véritablement remarquables par l'allure et la noblesse de leur pose, le mérite du dessin et leur éclatante coloration. Les têtes sont belles d'expression et de distinction. C'est grand et majestueux comme les œuvres de Michel-Ange.

Sauf le sujet que nous venons de décrire, toute la surface de

1. Ces armoiries, répétées pour la troisième fois sur les verrières de la cathédrale, viennent détruire le doute que nous avions exprimé sur l'authenticité des armes de la famille Festuot. Ces blasons appartiennent bien à cette famille et n'ont aucun rapport avec les armoiries des Festuot énoncées dans l'*Armorial de la*

112.

la fenêtre est vitrée en verre blanc, en losanges entourés de bordures composées de rinceaux fantaisistes de la Renaissance et de petits blasons à la croix potencée d'or, cantonnée de quatre croisettes de même, qui est de Jérusalem.

Dans la partie ogivale, au dessus des lancettes, des trilobes en contre-courbes contiennent les blasons desdits donateurs.

DEUXIÈME FENÊTRE. — L'ensemble de cette fenêtre présente les mêmes dispositions, c'est-à-dire un fond de verre blanc avec sujet central, comportant quatre grandes figures entourées d'un cadre formé de deux colonnes Renaissance, sur lesquelles sont suspendus de petits tilets portant la date de 1534. Elles s'élèvent sur un soubassement orné de mascarons et d'enroulements feuillagés. A l'aplomb des chapiteaux des colonnes sont placés, sur la plate-bande de la corniche, de petits anges nus et accroupis tenant des cornets. Au-dessus de chacune des grandes figures, une espèce de coquille ornée d'arabesques et de vases flambés sous lesquelles sont des figures d'homme et de femme en buste.

Les grandes figures représentent les quatre grands docteurs de l'Église latine.

1er *panneau*. — Saint Ambroise, évêque de Milan, portant une chape d'or, la mitre en tête, tenant une grande croix.

2e *panneau*. — Saint Jérôme, vêtu en grand costume de cardinal, bordé et doublé d'hermine, le chapeau rouge sur la tête; il tient une grande croix de la

Champagne de M. Roserot. Il en est de même pour les armes de Pierre Pyon. Néanmoins, nous avons dessiné ces armoiries pour la seconde fois, parce que, dans cette verrière, les têtes de béliers ressemblent plutôt à des têtes de chamois.

main droite et les fanons de son chapeau de la main gauche.

3e *panneau.* — Saint Grégoire le Grand, pape, vêtu d'une chape violette avec bordure argent et or, et portant une tiare à trois couronnes; il tient une grande croix à triple branche dans la main gauche et un livre ouvert de la main droite.

4e *panneau.* — Le donateur Odard Hennequin, évêque de Troyes, 1527 à 1544. « Il naquit à Troyes en 1484; il fut d'abord chanoine de la cathédrale, ensuite archidiacre de Puisaye, diocèse d'Auxerre. Son mérite perça à la cour de François Ier, qui l'aima, le fit son aumônier et lui donna les abbayes des Vertus, diocèse de Châlons, de Saint-Loup et de Saint-Martin-ès-Aires de Troyes. Il eut, en outre, le prieuré du Saint-Sépulcre et celui de la Celle-sous-Chantemerle. Enfin, il fut nommé évêque de Senlis en 1526, et, le 28 mars 1527, il fit son entrée solennelle dans l'évêché de Troyes. » (Courtalon.)

Odard Hennequin est agenouillé les mains jointes devant son prie-Dieu, la figure faisant face du côté du chœur. Le tapis de son prie-Dieu est brodé de ses armoiries, écartelé au 1 et 4, vairé d'or et d'azur; au chef de gueules chargé d'un lion léopardé d'argent (Hennequin); au 2 et 3 d'azur à la bande de gueules, accostée de deux dragons ailés d'or (Baillet, sa mère). Sa chape de tissu d'or et sa mitre d'argent sont ornées de plusieurs rangs de perles, et sa crosse d'or est passée dans son bras. Il est accompagné de saint Augustin en évêque, qui lui pose la main sur l'épaule, le prenant ainsi sous sa protection.

Ces figures s'enlèvent sur un fond de tapisserie azurée, avec bordure perlée d'or. Elles sont, comme celles de la fenêtre précédente, d'une beauté de couleur remarquable; le dessin, étudié et rendu avec un goût et une pureté de style remarquable, forment dans notre esprit la pensée qu'il n'y aurait aucune présomption de croire que nous avons devant les yeux le véritable portrait de l'évêque Hennequin (113), le noble profil du généreux prélat qui contribua, comme ses prédécesseurs, à l'achèvement et à la décoration de sa splendide cathédrale.

Au-dessous du soubassement de ce merveilleux tableau se répètent les armoiries de l'évêque, avec cadre formé d'une couronne de feuillage et surmonté d'une crosse.

Les bordures des lancettes se composent d'arabesques de la Renaissance sur fond noir, de clefs en sautoir, de vases, lanternes, sabres, bourses et autres objets se rattachant à l'histoire de la Passion.

113. ODARD HENNEQUIN, ÉVÊQUE DE TROYES.

Troisième fenêtre. — Cette fenêtre est complètement vitrée en verre blanc losangé, à l'exception de deux lancettes garnies de panneaux en grisailles de la fin du XIIIe siècle, qui nous rappellent les grisailles de Saint-Urbain. Ces panneaux trouveraient une place plus convenable dans les chapelles latérales du pourtour du chœur.

FENÊTRES DU COTÉ OCCIDENTAL.

L'architecture des fenêtres occidentales a conservé, comme celles du transept septentrional, son style des premières années du XIVe siècle.

PREMIÈRE FENÊTRE. — La première fenêtre du côté de la nef est occupée par une grande figure de l'archange saint Michel, armé d'une croix avec laquelle il frappe et terrasse le démon couché à ses pieds. Il tient de sa main un bouclier sur lequel est une croix blanche. Au-dessus de la figure, un pinacle en grisaille rehaussé d'or, ainsi que le socle sur lequel il repose.

DEUXIÈME FENÊTRE. — Au milieu de cette fenêtre est une grande figure de saint Jean l'Évangéliste, en robe bleue et manteau vert, tenant une coupe d'où sortent six serpents et un grand dragon ailé qui dresse sa tête contre le visage du saint. Au-dessus est un riche pinacle où l'on distingue deux têtes qui se font face, l'une d'homme, l'autre de femme. Le socle est aussi très ouvragé.

Ces figures sont de la même facture et du même ton de couleur que celle de sainte Catherine, placée du côté opposé.

La troisième fenêtre est tout entière en verre blanc.

LA GRANDE ROSE. — Après les désastres subis par cette partie de l'édifice, la reconstruction fut complètement terminée en 1846, et les verrières de la grande rose posées à cette même date.

Nous n'avons pas besoin de revenir d'une manière plus complète sur le mérite de cette reconstruction. Cependant, il est bon de faire remarquer qu'en se plaçant au centre des transepts on voit que l'architecte d'alors a modifié la construction primitive, en élevant l'arc doubleau de l'extrémité du transept, dans le but de faire voir tout le carré de cet immense châssis de verre dans lequel la rosace est circonscrite.

Par cette nouvelle combinaison, l'auteur, M. Bouché, architecte du département, n'a réussi qu'à nous montrer le mur du chaîneau extérieur, d'un effet disgracieux, et une bien faible partie de ce qu'il voulait obtenir.

Il y avait, néanmoins, pour cet architecte, un double avantage en respectant l'œuvre de son devancier, celui de dissimuler les attaches en fer de la doublure de la rose, accusant, aux regards étonnés, le peu de confiance que l'auteur avait dans ce nouveau système de construction.

Les verrières de la grande rosace et du triforium furent exécutées, en 1844, par M. Thévenot, peintre-verrier à Clermont-Ferrand. Dans la petite rose centrale est représenté le Christ de l'Apocalypse. Jésus, assis sur un arc-en-ciel, bénit et tient un livre ouvert sur ses genoux ; à sa droite, un calice ; à sa gauche, le livre aux sept sceaux de l'Écriture. Dans les trilobes des lancettes rayonnantes, les anges et les vingt-quatre vieillards jouant de la harpe. Dans les roses à six lobes des écoinçons, les Évangélistes écrivant, et reconnaissables à leurs attributs distinctifs. En haut, à droite, saint Matthieu ; à gauche, saint Marc ; en bas, à droite, saint Luc ; à gauche, saint Jean.

Dans les petits cercles qui accompagnent les roses à six feuilles sont les prophètes et les apôtres, et toute la surface de la rosace est ornée par un fond en mosaïque et garnie de rinceaux de couleur dont l'effet est très harmonieux.

La tribune du triforium se compose d'une suite de six arcades comprises entre les deux piliers du transept. Les ogives sont partagées par deux arcs trilobés s'appuyant sur une colonnette. Dans ces lancettes sont représentés les douze petits prophètes : MALACHIAS · ZACHARIAS · AGGEUS · SOPHONIAS · HABACUC · NAHUM · MICHEAS · JONAS · ABDIAS · AMOS · JOEL · OZEE.

Deux cartons sur douze ont servi de types à tous ces personnages, qui ont la même tête et le même geste, et portent de leur main gauche un phylactère avec des textes de l'Écriture. C'est ce qu'on appelle, commercialement parlant, un travail à bon marché.

Ces figures, œuvre de M. Thévenot (1844), sont d'un dessin correct et pèchent par les tons criards de la coloration de leur vêtement, et produisent un effet discordant avec l'ensemble de cette vaste décoration.

CHŒUR ET SANCTUAIRE.

Par la simplicité caractéristique de son style, la grandeur, la beauté et l'harmonie de ses proportions, le chœur de la cathédrale de Troyes est considéré comme un des plus remarquables sanctuaires de nos vieilles cathédrales françaises. L'effet saisissant de ses admirables verrières ajoute à cette impression un charme tout particulier.

Cette belle partie de l'édifice était heureusement arrivée complète jusqu'à nous, quand, au mois de septembre 1848, quelques pierres se détachèrent de la voûte centrale du sanctuaire. L'attention de la fabrique fut éveillée, et on dut en appeler à l'examen de l'architecte. Le gouvernement fut prévenu de cette situation ; il envoya M. Viollet-le-Duc, l'architecte de Notre-Dame de Paris, qui fit un rapport sur le mauvais état des fondations, baignées par les infiltrations des eaux de la Seine, ce qui avait eu pour conséquence le dénivellement des contreforts, l'écartement des voûtes. Dans cette situation, on pouvait prévoir la chute plus ou moins prochaine de l'édifice.

A la suite de cette visite, la reconstruction du sanctuaire fut décidée jusqu'à la base du triforium, en apportant le plus grand soin à la conservation des anciens matériaux. M. Eugène Millet, élève de M. Viollet-le-Duc, fut désigné comme l'architecte diocésain. Les travaux commencèrent immédiatement, en se poursuivant régulièrement suivant les ressources d'un budget voté par annuité, et, le mercredi 8 août 1866, l'inauguration du nouveau sanctuaire eut lieu avec éclat, sous la présidence de S. Ém. le cardinal Gousset, archevêque de Reims, assisté de Mgr Ravinet, évêque de Troyes, de Mgr Allou, évêque de Meaux, et de Mgr Meignan, évêque de Châlons.

M. Millet, architecte de grand talent, avait à peine trente ans. Ardent au travail, audacieux et heureux dans l'exécution, il réalisa des prodiges d'adresse professionnelle en reprenant en sous-œuvre, l'un après l'autre, tous les piliers et tous les contreforts extérieurs pour asseoir ses nouvelles substructions sans qu'il y eût d'accident à déplorer.

Pendant les derniers travaux, on établit, au centre du chœur, un caveau destiné à la sépulture des évêques. Dans les fouilles que nécessita ce travail, on découvrit, parmi des amas de décombres, des fragments de sculpture provenant des édifices qui avaient précédé les constructions de l'évêque Hervé. Parmi ces débris, en partie

114.

calcinés pendant l'incendie de 1188, se trouvaient une frise d'entablement ou d'un bandeau, des bases de fûts et des chapiteaux de colonnes isolées d'un ancien sanctuaire dont le caractère et l'extrême simplicité de style rappellent l'architecture de la fin du IXe siècle (114 et 115). Ce sont sans doute les restes de l'église reconstruite sous l'épiscopat de Milon, évêque de Troyes de 974 à 985. Tous ces débris sont actuellement conservés dans le musée diocésain de l'évêché.

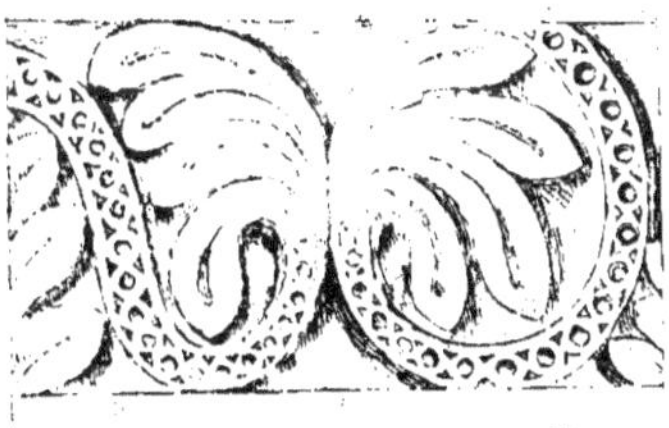

115.

Le chœur de la cathédrale se compose de treize arcades portées par des piliers flanqués de colonnes et de colonnettes appliquées, couronnés de chapiteaux, et qui s'élèvent jusqu'à la naissance des grandes voûtes. Aux deuxième et troisième piliers, le fût des colonnes est coupé à la moitié de sa hauteur et interrompu par une console, disposition qui semblerait établir que ces deux arcades étaient dans le principe fermées par des stalles à dossier et marquaient ainsi la limite du chœur occupé par les chanoines.

De hautes stalles, au nombre de vingt-six, construites en harmonie avec l'édifice, furent faites en 1529 et posées le 3 janvier 1530. Les basses stalles, au nombre de dix-huit, ne furent posées qu'en 1532. Il y en avait cinq de chaque côté du sanctuaire, qui étaient à dossier élevé et terminées par des dais et des pinacles à jour. C'étaient des places pour le célébrant et pour les diacres qui l'assistaient.

Au quatrième pilier de chaque côté, le premier du sanctuaire, la disposition n'est pas la même ; le groupe des cinq colonnettes s'élève sur le chapiteau de la colonne appliquée au pilier, à la hauteur de la naissance des arcades. Un peu au-dessus du chapiteau, une console porte du côté gauche la statue de l'évêque Hervé, tenant sa crosse de la main gauche et la cathédrale de la main droite ; à droite, la statue d'Urbain IV, tenant une croix de la main gauche et une monstrance ou ostensoir de la main droite. Ces deux statues sont abritées sous un petit dais hexagonal découpé en ogives trilobées et présentant sur leurs faces un petit fronton de couronnement.

Ces deux figures, d'Hervé et d'Urbain IV, ont été exécutées de nos jours par M. Léon Perrey, habile statuaire de Paris; elles remplacent les statues anciennes qui ont été brisées par les iconoclastes de la Révolution : suivant la chronique, ces dernières représentaient l'évêque Hervé et les saints évêques de Troyes, que, dès les premiers siècles, l'Église honorait.

De grosses colonnes soutiennent les arcades du sanctuaire, beaucoup plus étroites, à cause de leur disposition circulaire; elles sont accompagnées de colonnettes annelées disposées selon le rayonnement des nervures des voûtes, et se réunissent aux premières par leurs bases et par leurs chapiteaux : ceux-ci remarquables par leur caractère monumental et décoratif (116). Sur les colonnettes appliquées qui soutiennent les nervures des voûtes du sanctuaire, le fût est interrompu par des statues de saints qui, avec les deux premières statues, décorent ce magnifique sanctuaire. En commençant par la gauche, ces figures représentent saint Camélien, saint Savinien, saint Pierre, saint Paul, saint Loup et saint Bernard [1].

116.

Au-dessus des arcades des travées, un bandeau accuse le dallage du triforium, interrompu par les faisceaux des colonnettes des pre-

1. Les statues de saint Pierre, saint Paul, saint Loup et saint Savinien sont de M. Gaudran; saint Camélien et saint Bernard, de M. Ferdinand Taluet, tous deux statuaires à Paris.

mières travées, mais qui se continue sur les colonnes du pourtour de l'abside. La galerie est semblable à celle des transepts ; ce sont, sous chaque fenêtre, quatre ogives portées par un groupe de colonnettes; les plus saillantes sont appliquées aux meneaux faisant suite aux grandes fenêtres, et les autres soutiennent les arcs trilobés qui reposent en commun sur une colonnette isolée posée sur l'angle. Un trèfle renversé et découpé à jour occupe l'intervalle de l'ogive et des deux arcs trilobés.

117.

Le mur du fond de la galerie du triforium est percé de quatre petites lancettes ogivales correspondant aux quatre du devant; et, entre ces ogives, un œil-de-bœuf est en rapport avec le trèfle renversé.

Les quatre premières grandes fenêtres du chœur et du sanctuaire, de chaque côté, sont divisées en quatre parties dans leur largeur par des meneaux qui, réunis dans leur partie supérieure, forment des ogives et sont surmontés de trois roses à six lobes disposées en triangle.

Les cinq fenêtres de l'abside sont divisées dans leur largeur en deux parties, au-dessus desquelles est une rose à six feuilles.

Les nervures croisées des voûtes sont à boudins avec arêtes et légers filets; leur intersection aux deux premières travées du chœur était autrefois ornée de feuillages. A la troisième, un médaillon représente l'agneau de Dieu, sans nimbe, mais avec des cornes, comme celui de la chapelle Saint-Claude. Ce bélier est vraiment l'agneau pascal, puisqu'il porte le signe de la Rédemption. Ces cornes signifient peut-être que ce bélier divin est le symbole de la puissance divine du Fils ; elles annoncent la puissance absolue (117).

« C'est un fait très curieux que l'agneau de Dieu se soit changé en bélier dans notre Champagne, province qui nourrit de nombreux troupeaux de moutons[1]. »

La quatrième voûte, point central des nervures rayonnantes de l'abside, nous montre Jésus-Christ assis sur un trône, les pieds nus posés sur un rang de nuages, donnant sa bénédiction et portant le globe de l'univers, qu'il a créé. A sa droite est un vase d'où s'échappe une flamme ; à sa gauche, un autre vase contenant une fleur épanouie : symboles de la douceur et de la justice (118).

118.

Un jubé en pierre fermait autrefois l'entrée du chœur ; il fut construit en 1382 par Jean Soudan et par Henry de Bruyselle, maçons. Ce dernier en avait donné le dessin. Il remplaçait un jubé en bois édifié en 1366, et il fut lui-même supprimé à la Révolution.

Un nombre assez considérable de dalles tumulaires existaient dans le pavage du chœur et du sanctuaire. Ces tombes, de toutes dimensions, étaient pour la plupart d'une grande richesse de ciselure et de sculpture ; elles étaient en pierre, en marbre, et quelques-unes en relief et en bronze. En dernier lieu, à droite et à gauche du sanctuaire, reposaient les statues agenouillées du marquis de Praslin, mort en 1626, et de Roger de Choiseul, son fils, tué à la bataille de Sedan, en 1641. Ces dernières statues restèrent en place jusqu'à la Révo-

1. Didron aîné, *Histoire de Dieu.*

lution ; elles sont actuellement conservées au musée de la ville.

Ces tombes disparurent en 1778, époque où les chanoines entreprirent de faire paver à leurs frais le sanctuaire et le chœur en marbre de différentes couleurs. Ils voulaient, en procédant ainsi, appliquer une décoration nouvelle proportionnée à la beauté de l'édifice. On vit en même temps s'élever un nouvel autel du plus beau marbre d'Italie. Par les ouvertures, on pouvait voir, au jour des grandes solennités, les châsses des différents saints du diocèse de Troyes. Cet autel fut consacré, le 29 octobre 1780, par l'évêque Claude-Mathias-Joseph de Barral.

De nouvelles grilles en fer doré, dont les ornements environnaient la partie supérieure du chœur, furent posées ; elles faisaient suite aux grilles du sanctuaire données par Louis XIV, en échange de nombreuses médailles qui avaient été trouvées dans les vignes des Faliets, proche la porte Saint-Jacques.

Pendant les événements révolutionnaires de 1789, tout l'ameublement de cette décoration du sanctuaire disparut. Le calme rétabli, le chapitre songea à réparer ces désastres en se rendant acquéreur des stalles, des grilles et du grand orgue de l'église abbatiale de Clairvaux.

La grille en fer forgé de Clairvaux n'était pas sans intérêt, et, malgré un peu de maigreur dans l'ensemble, elle prit place à l'entrée du chœur vers 1811, et y resta jusqu'au commencement de la réédification de cette partie de l'édifice. Depuis l'achèvement des travaux, cette grille n'a pas été remise en place ; elle est actuellement déposée contre le mur intérieur de la tour Saint-Pierre. Cette belle grille avait pour défaut capital de masquer toute la beauté architecturale du sanctuaire. Aussi l'architecte ne voulut-il pas la remettre à son ancienne place ; il la remplaça par une petite grille en fer forgé, qui, d'après lui, n'était que provisoire, en attendant que la fabrique de l'église pût faire mieux.

Ce principe de dégagement résolu, on limita les côtés de l'entrée du chœur par une clôture en pierre jusqu'à la hauteur des stalles, qui se compose d'une suite d'arcs trilobés en saillie sur le mur, portés par des colonnes trapues et surmontés de chapiteaux à crochets.

De chaque côté de l'entrée s'élèvent deux colonnes en pierre sur les chapiteaux desquels sont des couronnes de lumière en fer doré. Ces colonnes servent en même temps de support à la grille de clôture, composée d'enroulements dans le style du XIIIe siècle.

Les travées du chœur sont fermées par le mur des stalles, à l'exception toutefois des passages et d'une seule travée qui est occupée par le buffet d'un orgue d'accompagnement.

Au-dessus de cette clôture s'élève un châssis de meneaux en pierre se divisant en trois parties par de légers contreforts à retraits ; chacune de ces divisions est occupée par deux lancettes trilobées, surmontées d'une rose à cinq feuilles circonscrite dans le sens de l'arc ogival. Ces trois parties se réunissent par une corniche profilée dont la gorge est décorée de rosettes. A la rencontre des contreforts, de petits anges tiennent des cahiers ouverts, chantent ou jouent de divers instruments.

Le buffet d'orgue d'accompagnement, établi en 1866, conçu dans le style du XIIIe siècle, est composé de cinq travées ogivales en lancettes, encadrant des tuyaux et s'élevant en deux ressauts pour se terminer par un troisième, qui forme la partie centrale, se terminant en tour crénelée. Aux angles de la deuxième partie du meuble, deux anges aux ailes déployées, dont un joue du violon, tandis que l'autre pince de la guitare. Les extrémités du buffet se terminent par deux crosses.

Le chœur est garni de deux rangs de stalles provenant, comme nous l'avons déjà dit, de l'abbaye de Clairvaux. Elles se distribuent sur le devant et sur les côtés au nombre de quatre-vingt-seize, dont deux ont été supprimées pour l'installation de l'orgue. La stalle de l'évêque ne diffère des autres que par son importance et son dossier. Les accoudoirs sont à simples moulures, avec de légers ornements de l'époque Louis XIV. La tablette est maintenue par une console appelée *miséricorde* ; celles-ci sont généralement décorées de jolies têtes grotesques, soufflant, riant et grimaçant, en harmonie avec le style et le goût de l'époque.

Seule la dernière stalle du côté gauche, la plus rapprochée du sanctuaire, est décorée d'une tête souriante bien caractérisée, la barbe en pointe et coiffée d'un bonnet de coton. Cette singulière coiffure des produits de notre industrie locale nous ferait supposer que cette physionomie si naturelle, n'ayant aucun rapport de style avec les figures précédentes, pourrait bien être celle de l'auteur, le maître menuisier-sculpteur (119).

Le maître-autel, sans doute le même dont nous avons déjà parlé, est aujourd'hui décoré de cuivre doré et de figures en demi-relief, représentant les quatre Évangélistes, également ciselés et dorés. Il renferme plusieurs châsses modernes, s'élève sur trois marches de marbre et domine toute l'étendue de l'édifice.

Le tabernacle, de style du premier Empire, se compose de huit colonnes corinthiennes, avec entablement, et portant en plate-forme le Christ en croix; six chandeliers de la même époque garnissent les gradins et accompagnent le tabernacle.

Les verrières des treize grandes fenêtres de cette partie de l'édifice sont du XIIIe siècle; elles ont heureusement échappé aux désastres des incendies. Seuls, les vitraux du triforium ont été exécutés, pour la plus grande partie, par M. Édouard Didron et par MM. Maréchal, de Metz, et Vincent-Larcher, pour combler les vides occasionnés par le dernier incendie de 1701. Les figures des grandes fenêtres sont disposées sur trois rangs superposés; leurs costumes, rendus dans tous leurs détails avec la plus grande exactitude, sont intéressants à étudier.

Nous allons décrire ces verrières, comme nous l'avons fait pour la grande nef, en les divisant toutefois en deux sections, une pour le chœur et une autre pour la partie absidiale du sanctuaire.

119.

VERRIÈRES DU CHOEUR

PREMIÈRE FENÊTRE (COTÉ GAUCHE).

Histoire de sainte Hélène.

PREMIÈRE RANGÉE, au bas de la fenêtre. — 1re *et* 2e *lancettes.* — La reine Gratulie, femme d'Agiel, roi de Corinthe, étant enceinte, reçoit son médecin, qui est accompagné de son élève. La reine et son médecin sont représentés dans l'attitude de personnages qui causent entre eux; la reine porte une couronne d'or; le docteur est coiffé d'un petit béguin qui s'attache sous le menton avec deux cordons; il est vêtu d'une robe verte et d'un long manteau jaune à capuchon, avec de longues manches pendantes; son élève a la tête couverte d'une petite calotte de peluche bordée d'un filet blanc. Deux fleurs de lis à droite et à gauche de la tête de la reine indiquent sa haute qualité.

122.

3e *et* 4e *lancettes.* — Naissance de sainte Hélène. La reine, couchée sur une chaise longue, reçoit la visite de son médecin. A côté d'elle, une suivante, la tête couverte d'un mouchoir, porte l'enfant nouveau-né dans ses bras. L'enfant a la tête nimbée et les épaules déjà couvertes d'un petit manteau. Devant elle, le docteur et son élève, avec le même costume, sauf la couleur, et dans la même attitude qu'au panneau précédent (122).

DEUXIÈME RANGÉE, au milieu de la fenêtre. — 1re *lancette.* — La reine Gratulie porte dans ses bras sainte Hélène; l'enfant cherche à cueillir les fruits d'un arbre, dont les branches s'abaissent pour se mettre à la portée de sa main (121).

2e *lancette.* — Baptême de sainte Hélène. La sainte, plongée à mi-corps dans une cuve, entièrement nue, tient de la main droite un cierge allumé. L'évêque Aurisius lui verse l'eau sainte sur la tête. A gauche, un servant porte un petit coffret contenant les saintes huiles. Dans les nuages ondulés représentant le ciel, une colombe portant un anneau d'or dans son bec s'échappe et descend au-dessus de la tête de la sainte (122).

121.

122.

3e *et* 4e *lancettes.* — La reine Gratulie avec sa fille, sainte Hélène, qui boit dans un bol que lui présente une femme du peuple. A la 4e lancette, un valet tenant un vase d'argent qu'il montre et remet à cette femme. Ces deux sujets rappellent le passage de la légende de sainte Hélène se rendant avec sa mère à Philippes, ville de l'ancienne Macédoine, quand une pauvre femme lui demanda l'aumône : « Donnez-moi, dans le vase de bois que vous tenez, de l'eau de la fontaine qui coule à vos côtés, et je vous donnerai à mon tour. » La mendiante s'empressa de satisfaire à son désir, et lui présenta à boire. Hélène, en lui rendant son vase, lui dit : « Prenez ce qui vous appartient et retirez-vous en paix. »

Et le vase de bois se trouvait alors changé en un vase d'argent le plus pur (123).

TROISIÈME RANGÉE. — 1re *lancette.* — La jeune Hélène inspirant à son vieux père les sages préceptes de l'Évangile. Sainte Hélène, la tête nimbée, est vêtue d'une robe pourpre, sa tête couverte d'une résille. Elle tient son évangéliaire dans ses deux mains. Le roi, debout devant elle, semble discuter du geste en lui montrant le sceptre d'or qu'il porte de sa main gauche.

123.

2e *lancette.* — La mort d'Agiel, père de sainte Hélène. Le roi, couché sur un lit de parade ; devant lui, la reine l'encourage à mourir saintement. Au-dessus de sa tête, la main de Dieu [1], sortant des nuages, le bénit ; un rayon lumineux révèle sa grâce et indique que le vœu de la reine est exaucé.

3e *lancette.* — Le songe d'Hélène. Sainte Hélène, assise et appuyée contre un arbre, est endormie, sa mère debout devant elle. Pour la défendre de la chaleur, une colombe est posée au-dessus de la sainte, battant des ailes pour rafraîchir son visage.

4e *lancette.* — La jeune sainte est à genoux. Dans un groupe de

1. Il est essentiel de faire remarquer que, dans les premiers siècles de l'Église jusqu'au XIVe siècle, on ne voit pas la figure de Dieu le Père ; sa présence ne se révèle que par une main sortant des nuages ou du ciel. Cette main divine s'ouvre en entier ou elle est bénissante, et lance des rayons lumineux qui expriment les faveurs que Dieu répand sur la terre.

nuages, la main divine apparaît bénissante et rayonnante. Ce sujet représente probablement la révélation qu'eut sainte Hélène de la mort de l'évêque de Philippes, saint Évagre.

Partie ogivale de la fenêtre. — Dans la rose à six lobes, à droite, est représenté Jésus-Christ défendant à Adam de manger

124.

du fruit de l'arbre du bien et du mal. Ici, le Fils de Dieu remplace le Père; il agit et parle en son nom. Représenter le Fils de Dieu s'entretenant avec Adam et Ève, au Paradis terrestre, est un anachronisme. Cependant rien n'est plus fréquent que de voir le Christ prendre la place de son Père, surtout dans les verrières de la cathédrale de Troyes.

Dans la rose à gauche, l'ange du Seigneur, l'épée à la main, chassant Adam et Ève du Paradis terrestre (124).

Dans la grande rose au-dessus, Jésus-Christ recevant dans sa gloire un personnage nimbé, les pieds nus, que l'on pourrait prendre pour l'apôtre saint Jacques. Le saint est entouré de coquilles, attributs de pèlerinage ou d'un long voyage; il tient de la main droite un cierge que Jésus-Christ éteint avec un éteignoir ayant la forme d'un dé à coudre. Le saint porte de la main gauche un livre de prières, comme le Christ porte le livre des Évangiles. Un arbre s'élève derrière le Sauveur.

Nous croyons que ce sujet est une allégorie du chrétien faisant un long et difficile voyage pour arriver à la vie éternelle. Dieu éteint

125.

la lumière qui guidait ses pas et le reçoit dans son paradis, représenté par l'arbre (125). La fenêtre, à droite, qui représente le départ du voyageur, nous donnera-t-elle l'explication de ce sujet?

Dans un écoinçon, entre les roses, au milieu de la fenêtre, se trouvent sur champ de gueules trois tours d'or placées 2 et 1. Il n'y a pas de fleurs de lis en parallèle. Ce sont les armoiries de Castille qui nous confirment que les verrières de la cathédrale ont été posées pendant la minorité de saint Louis (1227 à 1248), ou bien pendant la première croisade (1248 à 1250), époque où la reine Blanche a repris ses fonctions de régente, sous l'épiscopat de Nicolas de

Brie (1233 à 1269). Ce dernier, suivant Courtalon, portait pour armes de gueules à 6 fleurs de lis d'or 3, 2 et 1.

TRIFORIUM.

Les patriarches représentés dans la galerie du triforium ont été exécutés en 1875 par M. Édouard Didron, suivant le programme de Mgr Robin, vicaire général, en date du 16 septembre 1874.

Les huit lancettes dont elle se compose représentent, suivant le système iconographique, Adam, Ève, Noé, Japhet, Sem, Abraham, Melchisédech, Isaac. Les cercles à jour au-dessus des lancettes sont occupés par des anges thuriféraires.

DEUXIÈME FENÊTRE DU CHŒUR (COTÉ GAUCHE).

Légende de saint Savinien, apôtre de Troyes.

PREMIÈRE RANGÉE. — 1re *lancette*, au bas de la fenêtre, à gauche. — Saint Savinien arrive aux environs de Troyes, à Foicy, et plante son bâton de voyage en terre.

2e *lancette*. — Saint Savinien recevant le baptême de Dieu, représenté par la main divine bénissante sortant du ciel. Le saint est représenté complètement nu, plongé à mi-corps dans une cuve.

3e *lancette*. — Saint Savinien dans une chaire, prêchant. Il tient dans la main droite le lis fleuri de sa légende. Au bas de la chaire, le peuple assemblé l'écoute avec recueillement (126).

4e *lancette*. — Le saint est conduit en présence de l'empereur Aurélien, qui était alors dans les Gaules et persécutait les chrétiens. Celui-ci, assis sur son trône, écoute et questionne saint Savinien sur son nom, sa patrie et sa religion.

DEUXIÈME RANGÉE, au milieu de la fenêtre. — 1re *lancette*, à gauche. — L'empereur Aurélien, debout, ordonne du geste de conduire saint Savinien au supplice. Une fleur de lis, près de sa tête, à gauche, indique la haute qualité de ce personnage.

2e *lancette*. — Aurélien fait couvrir la tête du saint d'un casque en forme de bonnet qui a été rougi au feu. La main divine apparaît pour soutenir le courage du martyr.

3ᵉ *lancette.* — Saint Savinien, complètement nu, couché et attaché sur un chevalet, est flagellé par un bourreau furieux, qui le frappe avec un martinet formé de lanières en cuir garnies de nœuds et réunies à leur extrémité par un cercle de fer.

4ᵉ *lancette.* — Le saint est étendu sur un gril ardent, un bourreau attise le feu avec une fourche en fer. La main divine bénissante apparaît et soutient le saint dans ce terrible supplice.

126.

TROISIÈME RANGÉE, en haut de la fenêtre. — 1ʳᵉ *et* 2ᵉ *lancettes.* — L'empereur, accompagné d'un archer, fait attacher à une colonne le saint martyr, sur lequel l'archer décoche une grêle de traits. Mais les flèches respectent le saint; elles sont emportées par le vent sans qu'une seule atteigne son corps. Il en est une, au contraire, qui, retournant sur elle-même, alla frapper le tyran à l'œil gauche. Cet accident redoubla la fureur d'Aurélien, qui ordonna de trancher la tête de saint Savinien.

3ᵉ *et* 4ᵉ *lancettes.* — Dans la 3ᵉ lancette, un soldat portant une épée nue, avec laquelle il a tranché la tête du saint. Dans la 4ᵉ lancette, le saint porte sa tête entre ses deux mains, guidé par une étoile d'or aux rayons de feu, jusqu'à l'endroit où il devait être enseveli.

PARTIE OGIVALE DE LA FENÊTRE. — 1ʳᵉ *et* 2ᵉ *roses.* — Les élus du bonheur céleste, représentés nus, les mains jointes et à mi-corps, portant des couronnes d'or. Ils sont distribués deux par deux et placés sous des arcades plein-cintre et portés par des colonnes.

LA ROSE CENTRALE. — Celle-ci, beaucoup plus grande, renferme, à gauche, un ange nimbé, posé de profil, les pieds nus, vêtu d'une robe et d'un manteau, les mains jointes, en adoration devant un séraphin nimbé à six ailes qui lui couvrent tout le corps. Ce séraphin est représenté de face, les bras et les jambes nus, le bras droit levé et le bras gauche baissé, les deux mains ouvertes. Le cou est couvert par un amict noué sur la poitrine. C'est le saint des saints dans toute sa gloire, ainsi que le vit le prophète Isaïe.

127. — HENRI Ier, EMPEREUR DE CONSTANTINOPLE.

TRIFORIUM.

Les huit lancettes de cette partie du triforium renferment la suite des patriarches : Jacob, Juda, Joseph, Moïse, Aaron, Josué, Samuel, David.

TROISIÈME FENÊTRE DU CHŒUR (COTÉ GAUCHE).

Les autorités civiles et ecclésiastiques.

Cette fenêtre est également divisée en trois parties. Dans chacune de ces parties, chaque lancette contient une seule figure; mais ces figures sont agencées de telle sorte que celle d'une lancette regarde celle de la lancette suivante, et ne forme ainsi avec elle qu'un seul sujet. Les deux personnages représentés par ces figures semblent discuter entre eux avec gestes plus ou moins accentués.

PREMIÈRE RANGÉE, en haut de la fenêtre. — *1re et 2e lancettes.* — Le premier personnage qui se présente est un prince d'un âge mûr, à la barbe rousse et à la chevelure grisonnante, sa tête est couverte d'une couronne impériale, il tient son sceptre de la main droite et les plis de son manteau de couleur pourpre de la main gauche. Près de sa tête, un bandeau bordé d'un filet rouge porte ces mots H ⁝ IMPERATOR ⁝ (127).

C'est Henri Ier, frère de Baudouin, comte de Flandre et de Hainaut, et son successeur comme empereur latin de Constantinople, couronné le 20 août 1206 dans l'église Sainte-Sophie de Constantinople. Devant l'empereur, dans la seconde lancette, le pape Innocent III (1198-1216). Le pontife est vêtu de ses ornements sacerdotaux, il porte le pallium semé de petites croix, marque de sa haute dignité, tient de la main gauche une grande croix et bénit l'empereur de la main droite; sa tête est couverte d'une tiare en pointe surmontée d'une petite croix. Cette figure ne porte pas de nom.

128.

3e *et* 4e *lancettes.* — La troisième figure représente un second empereur d'une physionomie beaucoup plus jeune, portant une couronne de même forme que celle de l'empereur Henri Ier, mais un peu plus simple; tenant de la main gauche les plis de son manteau de couleur jaune d'or, son bras et sa main droite levés et le doigt indicateur en avant; il semble parler du geste au souverain pontife avec lequel il est en regard. Près de sa tête, on lisait H̄ : IMPERATOR (128)[1].

Dans la quatrième lancette est un second pape; sa physionomie, son attitude, son geste répètent exactement ceux du premier pontife; c'est le décalque précis de cette dernière figure, même dans ses détails. Serait-ce le même empereur Henri Ier repré-

1. En 1851-1852, pendant la reconstruction du chœur, nous avons profité du déplacement des verrières et de leur remise en magasin pour les dessiner avec la

senté plus jeune parce qu'il aurait eu deux entrevues ou deux importantes discussions avec le pape Innocent III? Dans cette hypothèse, le jeune empereur devrait être placé par rang d'âge et occuper la première lancette.

DEUXIÈME RANGÉE, au milieu de la fenêtre. — 1re *lancette.* — Hervé, évêque de Troyes (1206-1223), couvert d'un long manteau à capuchon, coiffé de sa mitre ; de sa main gauche, il tient les plis de ce manteau, qu'il relève par devant, en même temps qu'il porte son livre d'heures, le bras et la main droite levée en avant pour marquer qu'il est en conversation avec l'archevêque qui lui fait face.

On lit près de sa tête : H̅VEVS : EPS (129).

2e *lancette.* — Pierre de Corbeil, archevêque de Sens (1200-1222), son métropolitain, tenant sa crosse et revêtu de ses ornements archiépiscopaux, la mitre en tête ; il bénit son suffragant de la main droite ; près de la tête, l'inscription : PET̅S ARCH. Hervé assista, en effet, en 1217, à Saint-Pierre-le-Vif, de Sens, à l'ostension solennelle des reliques de saint Potentien, premier apôtre de Troyes, faite par Pierre de Corbeil, archevêque de Sens.

3e *lancette.* — Philippe-Auguste, roi de France (1180-1223). Le roi est représenté assis, couvert d'un long manteau ; la main gauche tient un sceptre, la tête est couronnée d'or, le bras droit est levé ; l'index de la main en avant semble marquer qu'il converse avec viva-

plus scrupuleuse exactitude ; ce qui ne nous offrait aucune difficulté, ayant tous les panneaux à notre portée et sous nos yeux.

Le premier panneau de cette lancette comprenait la tête et le buste de l'empereur avec cette inscription H̅ : IMPERATOR ; ici, avec l'H̅ surmonté du signe abréviatif du nom *Henricus*. A la suite de la nouvelle mise en plomb de toutes les verrières, la lettre H̅ établissant le nom du personnage a disparu.

Le restaurateur de ces verrières, M. Vincent-Larcher, qui ignorait sans doute le nom du prince, a simplement augmenté le volume de la première syllabe du mot *imperator* pour combler le vide qui se présentait. C'est pourquoi nous n'avons plus actuellement le nom de l'empereur représenté dans cette lancette.

En 1838, M. Arnaud, l'auteur du *Voyage archéologique*, a cru voir un B (Baudouin, empereur de Constantinople), erreur qui s'appuie sur un fait historique incontestable ; mais qui ne détruira pas l'exactitude du fac-similé de cette inscription que nous maintenons, malgré les difficultés qui se présentent pour nous donner raison.

cité. Son nom se lit pres de sa tête : EX PHILĪP (131). Cette inscrip-

129.
HERVÉ, ÉVÊQUE DE TROYES.

130. — PIERRE DE CORBEIL,
ARCHEVÊQUE DE SENS.

tion a été restaurée au XIVe siècle (l'R du mot *rex* n'existait pas avant la remise en plomb).

4e *lancette.* — Hervé, évêque de Troyes, assis en regard du roi, vêtu de la même manière que dans la première lancette, tenant son livre de la main gauche, le bras droit levé et sa main ouverte, discutant avec le roi le droit de régale que ce dernier s'était attribué pendant la vacance du siège épiscopal. (Des Guerrois, *Sainteté Chrestienne,* f. 331.) Près de la tête de l'évêque Hervé, on lit EPS HERVE (132).

TROISIÈME RANGÉE, au bas de la fenêtre. — 1re *et* 2e *lancettes.* — Un prêtre ou un chanoine portant une chasuble et un manipule au poignet gauche; de la main gauche, il porte son bréviaire. La main droite levée marque, par son geste, que la conversation est engagée avec le personnage qui est devant lui. Des roses d'or à cinq feuilles semées autour de lui paraissent annoncer qu'il appartient à une famille noble. En face, un diacre vêtu de sa dalmatique, avec le manipule sur le bras gauche, portant aussi son bréviaire, lève la main droite pour répondre à son interlocuteur; comme pour ce dernier, des besants de gueules, au nombre de huit, se distribuent autour de sa personne sur le fond du tableau.

3e *et* 4e *lancettes.* — Répétition exacte de ces deux personnages, cependant avec quelques différences dans la couleur des vêtements et des ornements.

Ces quatre figures seraient-elles la représentation des chanoines qui accompagnent les évêques dans leurs visites pastorales?

PARTIE OGIVALE DE LA FENÊTRE. — 1re *rose, à gauche.* — Elle représente deux évêques en conversation. Celui qui est à gauche occupe la première place; il est vêtu de son grand costume sacerdotal, porte le pallium et la crosse. L'évêque, en regard de ce dernier, ne porte qu'une mitre, en signe de son caractère épiscopal.

C'est sans doute la rencontre de l'évêque Hervé avec son métropolitain, Pierre de Corbeil, archevêque de Sens.

2e *rose.* — Cette rosace nous présente Hervé, assis sur un siège à dossier, en conversation avec Philippe II, roi de France, alors régnant. Le roi, assis sur son trône, porte la couronne d'or et le sceptre à fleurs de lis aussi d'or.

Rose centrale. — La bordure de cette rose est décorée avec les armes de France et de Castille, alternées de gueules à une tour

131. — PHILIPPE-AUGUSTE,
ROI DE FRANCE.

132.
HERVÉ, ÉVÊQUE DE TROYES.

d'or à trois créneaux et d'azur à la fleur de lis d'or. Ce sont les armoiries de saint Louis et de la reine Blanche de Castille.

Dans le médaillon, on voit un évêque les mains jointes se prosternant devant un archevêque nimbé assis sur un trône avec tous les insignes sacerdotaux. Celui-ci le reçoit en lui donnant sa bénédiction.

Nous ne sommes pas éloigné de voir dans ce sujet une figure allégorique de l'évêque Hervé en présence de saint Potentien, disciple et successeur de saint Savinien, archevêque de Sens.

TRIFORIUM.

La suite des prophètes et des rois de Juda : Nathan, Salomon, Asa, Jéhu, Élie, Josaphat, Élisée, le grand prêtre Zacharie.

Dans les cercles, des anges thuriféraires.

QUATRIÈME FENÊTRE DU CHŒUR. — COTÉ GAUCHE.

Légende de saint Nicolas.

PREMIÈRE RANGÉE. — 1re *lancette.* — Saint Nicolas enfant porté sur les bras de sa mère.

2e *lancette.* — Un personnage en costume civil, coiffé d'une calotte rouge, est debout devant la mère de saint Nicolas ; il tient son manteau de la main gauche et, par le geste de la main droite, semble en conversation avec cette personne. Serait-ce le père de saint Nicolas ?

3e *et* 4e *lancettes.* — Un vieillard, plongé dans la misère, est étendu sur un grabat ; près de lui, deux de ses filles, qui semblent dans le plus grand embarras. En suivant, dans la 4e lancette, la troisième fille du vieillard ; saint Nicolas, encore laïque, jette une large pièce de monnaie timbrée d'une croix par une fenêtre dans l'intérieur de la maison, et sauve ces trois filles du déshonneur en leur procurant une dot (133).

DEUXIÈME RANGÉE. — Consécration épiscopale de saint Nicolas. — 1re *lancette.* — Le père et la mère de saint Nicolas. Le père porte une calotte rouge ; la mère est coiffée selon l'usage de l'époque.

2e *lancette.* — Saint Nicolas, vêtu d'une dalmatique de diacre, porte des deux mains le livre des Évangiles.

3e *et* 4e *lancettes*. — Dans la 3e lancette, l'évêque consécrateur, accompagné de son suivant. Dans la 4e lancette, saint Nicolas, assis sur un trône épiscopal, couvert de ses ornements sacerdotaux, tient sa crosse et donne sa première bénédiction.

133.

TROISIÈME RANGÉE. — 1re *lancette*. — La femme du boucher qui égorgea les trois petits enfants ; les mains jointes, elle s'incline avec humilité.

2e *lancette*. — Le bourreau présenté dans la même attitude que sa femme. Une hache sanglante s'échappe de ses mains.

3e *lancette*. — Les trois enfants ressuscités, debout dans une cuve, les mains jointes. L'un d'eux, celui qui est en avant, a le corps tout sanglant.

4e *lancette*. — Saint Nicolas, en costume épiscopal, bénissant les enfants.

PARTIE OGIVALE DE LA FENÊTRE. — 1re *rose, à droite*, représente une barque, avec un rameur. A la proue, une femme voilée et, entre les deux, un personnage debout, les bras étendus, paraissent épouvantés de la scène qui se passe sous leurs yeux. De la barque, un petit personnage tombe dans le fleuve, tenant dans ses deux mains un vase d'or. Aussitôt tombé dans l'eau, un diable se précipite sur lui pour l'entraîner dans les flots.

2e *rose, à gauche*, représente un évêque nimbé, tenant sa crosse de la main gauche, et la main droite appuyée sur un petit homme qui tient un vase d'or de forme ovoïde et fermé d'un couvercle en pointe. Devant l'évêque, deux personnages à genoux, les mains jointes, au pied d'un autel couvert d'une longue nappe, et sur lequel est placée une coupe d'or [1].

3e *rose, à la pointe de l'ogive.* — Elle représente le même évêque nimbé, tenant un livre de la main gauche. Devant lui, le rameur, seul dans sa barque, recevant la bénédiction du saint évêque.

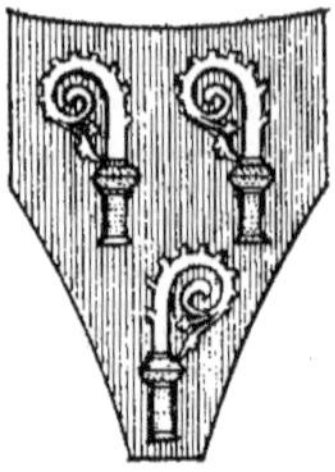

134.

Dans l'écoinçon, entre les roses, trois crosses d'argent à la douille d'or, posées 2 à sénestre et 1 à dextre, sur champ de gueules (134).

Ce sont probablement les armes de Nicolas de Brie, évêque de Troyes, 1233 à 1269, qui fit poser cette verrière en l'honneur de son saint patron.

Les bordures des lancettes elles-mêmes sont semées de crosses sur tout leur pourtour.

TRIFORIUM.

Dans les huit lancettes de cette tribune sont : Ézéchias, Josias, Tobie, Esther, qui sauva le peuple d'Israël, Job, la chaste Suzanne, Zorobabel, Judas Macchabée.

1. « Un homme pria saint Nicolas d'obtenir pour lui de Notre Seigneur la grâce d'avoir un fils, et il promit au saint qu'il lui offrirait une coupe d'or et qu'il mènerait l'enfant à son église. Quand l'enfant fut né et qu'il eut grandi, le père commanda la coupe d'or, et, quand elle fut faite, il la trouva tellement de son goût qu'il la garda et qu'il en fit faire une autre. Et comme ils allaient par mer à l'église de saint Nicolas, le père commanda à son fils d'apporter de l'eau dans la première des deux coupes; *l'enfant, en voulant puiser de l'eau, tomba dans la mer,* et il disparut aussitôt, *et le père se livra au désespoir.* Quand il fut arrivé à l'église de saint Nicolas, il offrit la seconde coupe, qui tomba comme si on l'eût poussée de dessus l'autel. Il la releva et la replaça sur l'autel, et elle fut jetée encore plus loin. Il la releva de nouveau et, pour la troisième fois, elle fut jetée encore plus loin. Et alors *l'enfant vint sain et sauf, et il apporta en ses mains la première coupe,* et il raconta que, lorsqu'il tomba dans la mer, le bon saint Nicolas le préserva de tout mal; et son père fut bien content, et il offrit à saint Nicolas l'une et l'autre coupes. »

(*Légende dorée,* Paris, Delahays, 1854, t. I, p. 32.)

Dans les cercles des lancettes sont : un ange jouant de la harpe, un ange encensant, un archange à six ailes et un ange jouant de la viole. Ces sujets se répètent communément dans les cercles des lancettes du pourtour du triforium.

PREMIÈRE FENÊTRE DU CHŒUR. — COTÉ DROIT.

Légende du moine Théophile.

Théophile, vidame de l'église ou du couvent d'Adana, en Cilicie, dans le courant du VIe siècle, ayant été destitué de ses fonctions par jalousie, jura de se venger; il eut recours au diable, qui lui promit son appui contre ses calomniateurs s'il voulait faire un pacte avec lui.

L'acte fut consenti, signé et remis au malin esprit. La sainte Vierge intervint et força le diable à rendre l'engagement témérairement contracté.

Peu d'histoires ont été aussi répandues que celle-ci. Écrite d'abord en grec par un disciple de Théophile, qui prétend avoir été témoin oculaire des faits qu'il rapporte, elle fut traduite en latin et passa dans divers recueils. Au moyen âge, on en fit le sujet de compositions dramatiques. Rutebœuf, trouvère du XIIIe siècle, mit cette légende en vers sous le nom de *Miracle*. (Voir le *Théâtre français au moyen âge*, par Monmerqué et Francisque Michel.)

Saint Bernard, saint Bonaventure, Albert le Grand, ont cité cette légende comme un fait incontestable. Elle est sculptée à Notre-Dame de Paris, peinte sur verre à Laon, à Troyes, au Mans et à l'église de Montangon (Aube); celle-ci est la plus complète que nous connaissions. (Voy. tome II, pages 186 et suivantes.) Citons aussi les *Curiosités théologiques*, par un Bibliophile.

PREMIÈRE RANGÉE, en bas de la fenêtre. — 1re *lancette*. — Le prieur du couvent, un livre à la main; son mouvement et sa physionomie expriment l'effroi; derrière lui, Théophile écoute et regarde.

2e *lancette*. — Un moine annonce à son supérieur que l'église du monastère est envahie par les diables. Il en est un qui se dispose à l'incendier.

3e *lancette.* — Un démon verdâtre, poilu, la tête et les pieds rouges, avec des ailes aux talons, une torche à la main, cherche à mettre le feu au couvent. Il a des cornes blanches, de grandes oreilles et pour ceinture un serpent jaune. Un autre diable, poilu et brun, avec une face monstrueuse, de grandes oreilles, des cornes jaunes et pour ceinture un serpent verdâtre, commence à démolir l'église du couvent en enlevant tout le pignon de ses deux mains.

4e *lancette.* — Un moine effrayé se sauve du monastère.

DEUXIÈME RANGÉE. — 1re *lancette.* — Le diable et Théophile, tous deux en conversation intime, se pressent les mains comme deux bons amis; ils attendent leur tour pour se présenter chez un juif, invocateur du diable, prêteur d'argent.

2e *et* 3e *lancettes.* — Un juif, reconnaissable à sa tête voilée, introduit trois personnages en présence de son maître. Le premier porte un sac de lingots d'or ou de pierres précieuses; puis un jeune homme, en fléchissant le genou, lui présente un poisson dans un grand plat long; enfin le troisième lui offre un coupon d'étoffe rare.

4e *lancette.* — Un juif agioteur occupe la dernière lancette; il est assis sur un siège élevé, les jambes croisées. Il reçoit ses visiteurs avec une certaine hauteur et semble discuter du geste la valeur des objets qu'on lui présente. Au-dessus de sa tête, un vase de prix placé sur un plateau, sur lequel est un tapis dont les extrémités tombent de chaque côté (135) (ce personnage est rendu avec un beau caractère d'exécution).

TROISIÈME RANGÉE. — 1re *et* 2e *lancettes.* — La Vierge intercède près de son Fils pour obtenir le pardon et la grâce de Théophile. Jésus-Christ, assis sur un trône, les pieds nus, tient le livre des Évangiles et porte une couronne d'or avec le nimbe crucifère; il bénit sa mère, représentée dans la deuxième lancette en suppliante, les mains jointes et fléchissant les genoux : sur sa tête voilée, une couronne d'or.

3e *lancette.* — Théophile est couché sur un lit, la tête appuyée sur sa main gauche, que le peintre représente enveloppée de son manteau; une lampe allumée, suspendue au-dessus de la tête du moine, indique que la vision se passe la nuit pendant le sommeil.

Devant lui, la Vierge, debout, lui apparaît, et lui rapporte le contrat qu'il avait signé et scellé de son sceau.

4e *lancette.* — La sainte Vierge, armée d'une grande croix pro-

135. — LÉGENDE DU MOINE THÉOPHILE.

cessionnelle, terrasse le démon et s'empare de l'acte que Théophile avait écrit.

Ce dernier panneau devrait être placé avant celui qui le précède.

PARTIE OGIVALE DE LA FENÊTRE. — 1re *rose, à droite.* — Adam et Ève au pied de l'arbre du bien et du mal. Ève présente le fruit défendu. Il est à remarquer que le serpent tentateur ne figure pas dans cette scène, et qu'Adam et Ève sont représentés sans sexe (136).

2e *rose, à gauche.* — Jésus-Christ adressant des reproches à

Adam et Ève sur leur désobéissance. Entièrement nus, de larges feuilles d'olivier cachent une partie de leur nudité.

3e *rose*. — Jésus-Christ bénissant un personnage assis sur un banc, nimbé, les pieds nus, tenant un cierge de la main gauche et un livre fermé de la main droite.

Harassé de fatigue et pas encore au terme de son voyage, le

136.

pèlerin invoque le Seigneur, qui vient à son aide en le bénissant. Ce sujet est entouré de coquilles de pèlerinage. Ce serait, on peut l'admettre, le point de départ de la représentation allégorique du voyage du chrétien dont nous avons parlé plus haut à la première fenêtre du côté gauche.

La bordure des lancettes est occupée par des fleurs de lis d'or sur champ d'azur, et d'une tour à trois créneaux d'or sur champ de gueules : ce sont les armes de France et de Castille, armes de Louis IX et de la reine Blanche, qui coïncident parfaitement avec l'achèvement du chœur.

Dans les écoinçons, entre les roses, au milieu de la fenêtre comme dans celle qui lui fait face, se trouvent sur champ de gueules trois tours d'or placées 2 et 1.

TRIFORIUM.

Les huit lancettes de cette galerie sont occupées par huit figures de saints et de saintes, les sept premieres exécutées par M. Maréchal, de Metz, et la dernière par M. Didron, en 1875. A gauche, saint Adérald, tenant à la main droite une bourse pleine d'écus; sainte Savine, un bourdon à la main droite; saint Ambroise, évêque de Milan, écrivant sur un livre, une ruche à ses pieds; sainte Maure, tenant un livre ouvert et ayant devant elle la châsse de sainte Mâthie; saint Loup, tenant sa crosse de la main gauche, et de la main droite une épée dont il transperce un dragon étendu à ses pieds: sainte Mâthie, tenant de la main gauche un roseau à deux branches; saint Bernard, tenant une crosse et un livre; saint Malachie, tenant une crosse et bénissant.

Dans les cercles, entre les ogives des lancettes, on voit: un ange tenant un livre; un saint en prière et, derrière lui, un bourreau qui lève l'épée pour lui trancher la tête; un ange encensant; Abraham, tenant un drap étendu dans lequel sont trois âmes de bienheureux.

DEUXIÈME FENÊTRE DU CHŒUR. — COTÉ DROIT.

Translation des reliques de Constantinople.

PREMIÈRE RANGÉE, au bas de la fenêtre. — 1re *lancette.* — Un diacre, ou archidiacre, en dalmatique rouge, avec son manipule sur le bras gauche, tient dans ses deux mains, couvertes d'un linge, la tête coupée d'un saint martyr rapportée de Constantinople par l'archidiacre Hugues, chapelain de l'évêque Garnier; près de sa tête, on lit: HVGVO (137).

Cette tête coupée est probablement celle de saint Philippe, envoyée de Constantinople à Troyes par Garnier de Trainel; d'autres prétendent que c'est le chef de saint Mammès, également rapporté de Constantinople et aujourd'hui conservé à la cathédrale de Langres.

2e *lancette.* — Jésus-Christ bénissant, posé de face, tient les Évangiles sur le bras gauche. Le Sauveur, ainsi placé, bénit et consacre les saintes reliques, représentées entre les mains des deux premiers personnages et de ceux qui vont suivre.

137.

3e *lancette.* — Garnier, évêque de Troyes (1193-1205), aumônier de l'armée latine. Il commanda le *Paradis* et la *Pèlerine*, navires de guerre sur lesquels il se signala par sa bravoure ; les marins et ses soldats sautèrent les premiers sur les murs de Constantinople, et leur audace fut couronnée de succès. Il fut choisi pour être le dépositaire des objets précieux, ainsi que des reliques qui provenaient des églises. Il mourut à Constantinople, et sa part de butin fut attribuée à la cathédrale de Troyes.

L'évêque Garnier de Trainel est représenté mitré, portant de ses deux mains une espèce de coupe ou vase d'or hémisphérique. Serait-ce le vase de porphyre qui aurait servi, suivant Grosley, à la dernière Cène ? Près de sa tête, on lit : GARNERVS (138). Les mains de l'évêque ne sont pas couvertes d'un linge, comme celles de l'archidiacre Hugues.

4e *lancette.* — Un saint personnage nimbé, portant un livre, le bras droit levé ; il semble, avec cette attitude, parler du geste.

Deuxième rangée, au milieu de la fenêtre. — 1re *et* 2e *lancettes.* — Un évêque revêtu de la chasuble, portant le pallium et tenant de ses deux mains un calice d'or. Une fleur de lis d'or vers la tête, d'un côté, et, de l'autre, un besan de gueules, indiquent que cet évêque appartient à une famille noble. Ne serait-ce pas l'archevêque de Sens, Pierre de Corbeil, qui assistait à la réception de ces saintes reliques?

118. GARNIER, ÉVÊQUE DE TROYES.

L'archevêque est tourné du côté du Christ, représenté de face dans la 2e lancette, en suivant. Jésus-Christ, de sa main gauche, écarte un pan de sa robe et présente la plaie de son côté, d'où le sang s'échappe avec abondance, juste à la hauteur du calice que porte l'archevêque; figure symbolique qui se rapporte sans doute au mystère du sacrifice de la messe et de la présence réelle au moment de la consécration du vin.

3e *et* 4e *lancettes*. — L'architecte de la cathédrale, vêtu d'une robe rouge, avec bordure de couleur au bas de la robe, la tête coiffée d'une petite calotte d'un ton violet. Il tient de la main droite une mesure qui indique bien sa qualité et ses fonctions de maître de l'œuvre. Il montre du doigt, à l'évêque Hervé qui lui fait face dans le panneau suivant, les travaux du monument en cours d'exécution.

En regard de l'architecte, un ouvrier travaille sur le mur de l'édifice et tient un fil à plomb qu'il dirige de ses deux mains. Sa tête est couverte d'un petit chapeau à bourrelet.

L'évêque Hervé est représenté la mitre en tête, les épaules couvertes d'un long manteau avec capuchon. Il porte un livre de la main gauche, et la main droite levée et fermée, le doigt indicateur en avant, semblant, par ce geste, discuter ou donner des ordres à son interlocuteur. (Voy. le dessin, page 173.)

TROISIÈME RANGÉE, en haut de la fenêtre. — 1re *et* 2e *lancettes.* — Une femme nimbée et la tête voilée, portant de ses deux mains une robe jaune, que la chronique désigne comme étant la robe du Sauveur. En suivant, une jeune femme, la tête nimbée, les cheveux épars tombant sur les épaules, portant de ses deux mains, couvertes d'un linge, le pied d'un saint, sur lequel nous n'avons trouvé aucun renseignement. Peut-être le pied de sainte Marguerite, qui était presque en entier à la cathédrale.

3e *et* 4e *lancettes.* — Hervé recevant et bénissant les saintes reliques. Devant lui, un personnage, la tête couverte d'une calotte en peluche, vêtu d'habits séculiers, portant la dent de saint Pierre du bout des doigts, recouverts d'une nappe blanche, indice qui constate que tous ces personnages portent des objets sacrés.

PARTIE OGIVALE DE LA FENÊTRE. — 1re, 2e *et* 3e *roses.* — Elles représentent exactement les mêmes sujets que la deuxième fenêtre qui lui fait face.

TRIFORIUM.

Les huit lancettes de cette galerie représentent : saint Jean Chrysostome, coiffé d'une mitre orientale, tenant de la main droite le bâton pastoral et un livre de la main gauche ; saint Augustin, tenant un cœur de la main droite et la crosse de la main gauche ; saint Grégoire de Nazianze, représenté comme saint Chrysostome ; saint Parres, tête nue, une palme à la main droite et, à la main gauche, une épée la pointe en bas ; saint Urse, évêque de Troyes, tenant une crosse et bénissant de la main droite ; saint Mesmin, en diacre, tête nue, un livre à la main gauche, une palme à la main droite ; saint Frobert, abbé, tête nue, tenant sa crosse de la main gauche, et portant de la droite l'église de Montier-la-Celle ; saint Prudence, évêque de Troyes, un livre à la main droite et une crosse à la main gauche. Ces cinq dernières figures ont été exécutées par M. Didron en 1875, et les trois autres par Maréchal de Metz.

Dans les cercles des lancettes, on voit un séraphin à six ailes, un saint en prière et, derrière lui, un bourreau qui brandit son glaive (ce sujet est répété deux fois dans cette galerie); un ange devant lequel est un vase enflammé.

TROISIÈME FENÊTRE DU CHŒUR. — COTÉ DROIT.

Parabole des vierges sages et des vierges folles.

Les vierges sages sont toutes nimbées; elles portent leurs lampes droites et sont précédées d'un ange. Il n'en est pas de même des vierges folles. C'est le diable qui ouvre la marche et les dirige, avec un crochet de fer à la main. Elles ne sont pas nimbées; leurs lampes s'échappent de leurs mains et se renversent en tombant. Toutes ces figures allégoriques sont représentées par des femmes de toutes conditions.

PREMIÈRE RANGÉE, au bas de la fenêtre. — 1re *et* 2e *lancettes.* — Une vierge nimbée et voilée, vêtue d'une grande robe et d'un long manteau, porte une lampe droite qu'elle montre du geste. Devant elle, dans la lancette suivante, un ange, la main levée et ouverte, l'accompagne.

3e *et* 4e *lancettes.* — Un diable brun, couvert de poils et cornu, portant des yeux aux épaules, aux coudes et aux genoux. Sur l'abdomen, une face humaine et une autre au bas des reins. Des ailes de chauve-souris sont attachées aux hanches, autour desquelles est un serpent verdâtre en guise de ceinture. Il tient un harpon de fer à deux crochets; son geste est menaçant. Il est représenté de profil, en regard d'une jeune dame qui occupe la 4e lancette (139). Le costume de cette vierge folle annonce une personne de distinction et de haute lignée, comme le désignent des fleurs de lis placées des deux côtés de sa tête. Malgré son rang, cette femme a pu, comme toutes les autres femmes, tomber dans les griffes de Satan. Elle porte une coiffure en usage vers 1225, et qui se conserva jusqu'au XIVe siècle; c'est un petit chaperon de fine étoffe de lin, fortement empesé, qui se posait sur un bandeau de toile retenant les nattes de la chevelure et la résille du chignon, exemple que nous avons rencontré en sculpture au portail nord de la cathédrale de Chartres. A sa ceinture est suspendue une riche escarcelle, et près d'elle, à gauche, sa lampe tombe renversée.

Deuxième rangée, au milieu de la fenêtre. — 1re *et* 2e *lancettes.* — Deux vierges sages qui se suivent, portant des nimbes enrichis de pierres précieuses, vêtues et voilées de la même manière que la première des vierges sages; elles tiennent leurs lampes droites.

139.

3e *et* 4e *lancettes.* — Deux vierges folles, dont une en costume civil, ne se distinguant de celle déjà décrite que par l'ajustement de son manteau ; près de sa tête, deux fleurs de lis; sa lampe s'échappe de ses mains.

Troisième rangée, en haut de la fenêtre. — 1re *et* 2e *lancettes.* — Deux vierges sages, tenant des lampes droites devant elles.

3e *et* 4e *lancettes.* — Deux vierges folles ; leurs lampes s'échappent de leurs mains et se renversent. La première se fait remarquer par trois besans de gueules placés autour de sa tête. La seconde, de même, par trois roses d'or.

Partie ogivale de la fenêtre. — 1re, 2e *et* 3e *roses.* — Répétition des sujets représentés dans la troisième fenêtre, du côté gauche, en face de cette dernière.

TRIFORIUM.

Les lancettes de cette galerie représentent : saint Matthieu, tenant un livre de la main gauche et une plume de la main droite ; saint Jacques le Mineur, tenant une masse à foulon ; saint Taddée, tenant une pique ; saint Simon, avec une scie : saint Mathias, avec une hache ; saint Étienne, en diacre, tenant une pierre de la main gauche ; saint Grégoire le Grand, pape, tenant un livre de la main gauche, une plume de la main droite, et le Saint-Esprit, sous forme de colombe, lui parle à l'oreille ; saint Athanase tient un livre de la main droite et son bâton pastoral de la main gauche. Les saints Jacques, Taddée, Mathias et Étienne portent la signature de M. Vincent-Larcher (1866-1869). Sur l'un des panneaux de la figure de saint Étienne, on lit : *Don de M. l'archiprêtre, en* 1869.

Dans les cercles des lancettes, nous voyons répétés des sujets qui se trouvent déjà ailleurs : aux cercles 1 et 3, un saint en prière et, derrière lui, un bourreau qui lève l'épée pour le frapper ; au cercle 2, un ange encensant ; au cercle 4, un ange tenant un livre.

QUATRIÈME FENÊTRE DU CHŒUR — COTÉ DROIT.

Les saints martyrs.

PREMIÈRE RANGÉE, au bas de la fenêtre. — 1re *et* 2e *lancettes.* — Un personnage imberbe, sans nimbe, debout, regarde un saint nimbé, placé dans la lancette suivante. Le saint est plongé dans une cuve, le haut du corps complètement nu.

2e *et* 3e *lancettes.* — Une femme nimbée semble converser avec ce dernier. En suivant, un évêque nimbé, debout, bénissant et portant sa crosse.

DEUXIÈME RANGÉE, au milieu de la fenêtre. — 1re *lancette.* — Un diacre nimbé, assis et les pieds posés sur un rang de nuages ; derrière lui, un bourreau l'appréhende en lui portant la main sur l'épaule.

2e *lancette.* — Un soldat couvert d'une cotte de mailles, qui lui enveloppe en même temps la tête, et par-dessus un hoqueton rouge,

Il tient de la main droite une masse d'armes appuyée sur son épaule.

3ᵉ *lancette*. — Un empereur romain, tenant son manteau d'une main et de l'autre donnant des ordres à l'exécuteur.

4ᵉ *lancette*. — Un évêque nimbé, avec une crosse à la main et une mitre en tête, donne sa bénédiction au supplicié, en regard du tyran et de son bourreau.

TROISIÈME RANGÉE, en haut de la fenêtre. — 1ʳᵉ *lancette*. — Une sainte femme nimbée, agenouillée, les mains jointes, la tête baissée et voilée. Un rayon lumineux apparaît au-dessus de sa tête (140).

2ᵉ *lancette*. — Le bourreau, un sabre à la main, s'élance pour porter le coup fatal au saint représenté dans la lancette suivante. Près de lui, un arbre en fleurs (141).

3ᵉ *lancette*. — Un homme agenouillé et nimbé, la tête baissée, essuie son visage en pleurs en attendant l'instant de son exécution. Un rayon lumineux perçant les nuages marque que son sacrifice est agréable à Dieu (142).

4ᵉ *lancette*. — L'empereur, assis sur un trône, donnant des ordres pour trancher la tête à ces deux saints personnages (143).

PARTIE OGIVALE DE LA FENÊTRE. — Dans les roses de droite et de gauche sont représentés des anges tenant des encensoirs; dans la rose du haut, un saint et une sainte sont déposés par deux personnages dans le même tombeau.

TRIFORIUM.

Les lancettes de cette galerie représentent : saint Pierre, tenant une longue clef; saint Paul, avec une épée; saint André, avec sa croix en sautoir (en X); saint Jacques le Majeur, tenant un bâton de pèlerin; saint Jean, tenant un livre; saint Philippe, avec une croix; saint Barthélemy, tenant un couteau ; saint Thomas, avec une équerre. Les figures de saint Paul et saint Jacques portent la signature de M. Vincent-Larcher (1866).

Dans les cercles des lancettes, mêmes sujets que précédemment : un saint en prière, et un bourreau qui s'apprête à lui trancher la tête ; un ange encensant ; un archange à six ailes ; un ange portant un livre. Les bordures des lancettes sont décorées de crosses et l'écoinçon central des roses porte les trois crosses représentées à

140. 141. 142. 143.

la fenêtre faisant face à celle-ci. Ce qui semble confirmer que ces deux verrières ont été données par l'évêque de Troyes, Nicolas de Brie.

VERRIÈRES DU SANCTUAIRE

PREMIÈRE FENÊTRE. — COTÉ GAUCHE.

La Nativité de Jésus.

Les cinq fenêtres du sanctuaire, de même hauteur que les grandes fenêtres du chœur, sont divisées par un seul meneau formant deux jours surmontés d'une rose dans la partie supérieure de l'ogive, et quatre lancettes seulement dans la largeur de la galerie du triforium, au-dessous. Les lancettes des fenêtres se divisent en trois panneaux ou sujets, renfermés dans des cadres elliptiques, dans la hauteur des lancettes.

PREMIÈRE RANGÉE, au bas de la fenêtre. — 1re *lancette.* — L'Annonciation de la sainte Vierge. L'ange Gabriel et la Vierge Marie debout; près d'elle, un siège à dossier.

2e *lancette.* — La Nativité de l'enfant Jésus. La sainte Vierge est couchée sur un lit de repos; saint Joseph endormi soutient sa tête de la main droite; sa main gauche est appuyée sur son bâton. Au-dessus, dans une crèche, l'enfant Jésus en maillot, couché et réchauffé par le souffle de l'âne et du bœuf, placés sur le côté du tableau. L'intérieur est éclairé par deux lampes suspendues à la voussure de l'étable.

DEUXIÈME RANGÉE. — 1re *et* 2e *lancettes.* — L'Adoration des rois Mages. Les rois Balthazar et Melchior debout, portant de riches présents. Gaspard, tenant un vase d'or dans ses deux mains, se prosterne devant le nouveau-né, assis sur les genoux de sa mère. Deux anges, à droite et à gauche, encensent la Vierge Marie et l'enfant.

TROISIÈME RANGÉE, en haut. — 1re *lancette.* — La Présentation de Jésus au temple. La Vierge Marie tenant l'enfant Jésus sur un petit autel. Devant elle, le saint vieillard Siméon tend les bras pour prendre l'enfant. Derrière la sainte Vierge, deux saintes femmes, la tête voilée et nimbée; l'une d'elles tient un panier dans lequel sont trois colombes (144).

2e *lancette.* — Le Massacre des Innocents. Le roi Hérode assis sur son trône, l'épée en main; des deux côtés du roi, un soldat égorge un enfant.

DANS LA ROSE DE L'OGIVE. — La Fuite en Égypte. Saint Joseph, coiffé d'un bonnet rouge, tient son bâton sur l'épaule gauche. La sainte Vierge, portant l'enfant Jésus, est assise sur un âne.

TRIFORIUM.

Dans les lancettes. — On voit : la Synagogue personnifiée, tenant son étendard, dont la hampe est brisée, et la banderole lui couvre les yeux; les tables de la loi s'échappent de ses mains et se brisent en tombant; Judith tenant une épée levée de la main

144.

droite et la tête d'Holopherne de la main gauche; les prophètes Osée et Joel.

Dans les cercles des écoinçons. — Deux anges, dont l'un joue de la viole, et l'autre est un séraphin à six ailes.

DEUXIÈME FENÊTRE. — COTÉ GAUCHE.

La mort de la sainte Vierge.

PREMIÈRE RANGÉE, au bas de la fenêtre. — 1re *et* 2e *lancettes.* — La Vierge Marie est couchée les mains croisées sur la poitrine.

Saint Pierre est agenouillé à son chevet. Dans le fond du tableau, trois apôtres assistent au dernier soupir de la Vierge. Sur le premier plan, on reconnaît saint Jean à sa figure imberbe. Dans la seconde lancette, quatre autres apôtres.

145.

DEUXIÈME RANGÉE, au milieu de la fenêtre. — 1re *lancette*. — Ensevelissement de la sainte Vierge. Deux apôtres déposent dans le cercueil le corps de la Vierge. Dans le fond, plusieurs apôtres en pleurs regardent.

2e *lancette*. — Jésus emporte l'âme de sa mère, représentée par une petite figure d'enfant. Deux anges tenant d'une main la navette accompagnent et encensent l'âme de la Vierge (145).

TROISIÈME RANGÉE, en haut de la fenêtre. — 1re *lancette*. — L'Assomption. La mère de Dieu dans une gloire lumineuse, tenant la palme que lui remit saint Jean ; elle est enlevée au ciel par deux anges.

2e *lancette*. — Le Couronnement de la Vierge. La mère du Sauveur est couronnée dans le ciel par Jésus-Christ ; elle est entourée du soleil, de la lune et des étoiles.

DANS LA ROSE DE L'OGIVE. — Deux anges thuriféraires.

TRIFORIUM.

Dans les lancettes. — Les prophètes Amos, Abdias, Jonas et Michée.

Dans les roses. — Un ange encense et un autre joue de la viole.

VERRIÈRES DU SANCTUAIRE

PREMIÈRE FENÊTRE. — COTÉ DROIT.

Légende de saint Pierre et de saint Paul.

PREMIÈRE RANGÉE, au bas de la fenêtre. — 1re *lancette.* — La

146.

barque de l'Église. — Saint Pierre, à l'avant de la barque, jette le filet. A l'arrière, saint Paul rame de la main droite (146).

2e *lancette.* — Jésus-Christ remet à saint Pierre les clefs de son Église, en présence de saint Paul placé à la gauche du Sauveur.

DEUXIÈME RANGÉE, au milieu de la fenêtre. — 1re *et* 2e *lancettes.* — Saint Pierre et saint Paul conduits en présence de l'empereur Néron. Dans la lancette suivante, l'empereur, sur son trône, semble questionner les deux apôtres.

TROISIÈME RANGÉE, en haut de la fenêtre. — 1re *lancette.* — Saint Pierre crucifié la tête en bas, sa robe liée au-dessus de ses pieds ; deux bourreaux lui enfoncent des clous dans les pieds et dans les mains.

2e *lancette.* — Saint Paul, étant citoyen romain, est livré au glaive et exécuté en présence de l'empereur par un soldat armé d'un grand sabre.

DANS LA ROSE DE L'OGIVE. — Saint Pierre et saint Paul au ciel, assis sur un trône.

TRIFORIUM.

Dans les lancettes. — Les prophètes Zacharie et Malachie ; Anne la prophétesse ; la figure de la Religion triomphante, portant une couronne d'or, tenant une grande croix de la main gauche et, de la main droite, un calice posé sur le livre des Évangiles.

Dans les cercles. — Un ange qui encense et un autre qui tient un livre.

DEUXIÈME FENÊTRE. — COTÉ DROIT.

Légende de saint Jean l'Évangéliste.

PREMIÈRE RANGÉE, au bas de la fenêtre. — 1re *lancette.* — Saint Jean, appuyé sur un pupitre, écrit son Évangile ou l'Apocalypse.

2e *lancette.* — Un roi assis sur un trône (peut-être l'empereur Domitien) ; il indique du doigt une épée à deux tranchants, suspendue dans le vide, à sa droite. A sa gauche, un personnage conversant avec lui.

DEUXIÈME RANGÉE, au milieu de la fenêtre. — 1re *lancette.* — Saint Jean, en présence de l'empereur, boit dans une coupe d'or un breuvage empoisonné, pour prouver sa foi ; devant lui, un homme qui a préparé le poison dans un mortier qui est à ses pieds (147).

Saint Jean ayant détruit le temple de Diane, le prêtre païen Aristodème suscita une émeute, et une partie du peuple en vint aux mains avec l'autre. Et l'apôtre dit à Aristodème : « Que veux-tu que je fasse pour l'apaiser? » Et Aristodeme lui répondit : « Si tu veux que je croie en ton Dieu, je te donnerai du poison à boire, et s'il ne te fait point de mal, tu auras montré que ton Dieu est véritable. » Et l'apôtre lui dit : « Fais ce que tu voudras. » Et Aristodeme dit : « Je veux que tu voies d'autres mourir avant toi. » Et il alla trouver le gouverneur, et il lui demanda deux hommes condamnés à mort, qui lui furent accordés. Il leur donna le poison en présence de tout le peuple, et, aussitôt qu'ils l'eurent bu, ils tombèrent morts. Et alors l'apôtre prit la coupe et il fit le signe de la croix; il but tout le venin et il n'eut aucun mal [1].

147.

2e *lancette.* — Saint Jean change en or et en pierres précieuses un faisceau de baguettes. A droite et à gauche, deux personnages regardent avec stupéfaction.

TROISIÈME RANGÉE, en haut de la fenêtre. — 1re *lancette.* — Le saint, à demi nu, est plongé dans une cuve d'huile bouillante sans éprouver nulle atteinte de ce supplice. Un bourreau, avec sa fourche, attise le feu ; à gauche, l'empereur, en donnant des ordres, contemple son martyre.

2e *lancette.* — Saint Jean, dans son tombeau, couvert de son linceul, les mains jointes, reçoit la grâce du ciel par des rayons lumineux qui l'invitent à la gloire éternelle.

Jésus-Christ lui étant apparu et lui ayant annoncé sa mort pro-

1. *Légende dorée.* Paris, Delahays, 1854, tome I, page 53.

chaine, l'apôtre rassemble le peuple dans l'église, et il exhorte les fidèles à demeurer fermes dans la foi et à observer les commandements de Dieu. Et après cela, il fit faire une fosse toute carrée au pied de l'autel; il s'y plaça, les mains jointes, et il dit : « Seigneur, invité à votre festin, je vous rends grâces, etc. » Et quand il eut fini sa prière, une si grande clarté l'environna que nul ne pouvait en soutenir la vue [1].

Dans la rose au-dessus. — Deux anges encensent.

TRIFORIUM.

Dans les lancettes. — Les prophètes Nahum, Habacuc, Sophonie et Aggée.

Dans les cercles. — Deux saints en prière, sur la tête desquels deux bourreaux lèvent l'épée.

FENÊTRE CENTRALE DU SANCTUAIRE.

La Passion de Jésus-Christ.

PREMIÈRE RANGÉE, au bas de la fenêtre. — 1re *lancette.* — Jésus, dépouillé de ses vêtements, est attaché à la colonne ; il est frappé de verges par deux bourreaux.

2e *lancette.* — Jésus, en robe verte, manteau de pourpre, avec un roseau à la main, est bafoué, souffleté et couronné d'épines (148).

DEUXIÈME RANGÉE, au milieu de la fenêtre. — 1re *lancette.* — Jésus crucifié. A sa droite, la Vierge Marie, sa mère ; à sa gauche, saint Jean, son disciple bien-aimé. Au-dessus de la croix, le soleil et la lune s'obscurcissent.

2e *lancette.* — La Descente de la croix. La sainte Vierge, saint Jean et Joseph d'Arimathie recevant le corps inanimé de Jésus. Nicodème arrache de la main gauche le clou des pieds avec des tenailles et tient un marteau levé de la main droite.

TROISIÈME RANGÉE, en haut de la fenêtre. — 1re *lancette.* — Le corps de Jésus mis au tombeau par Joseph et Nicodème. Ce dernier

1 *Légende dorée.* Paris, Delahays, 1854, tome I, pages 55-56.

tient un vase et verse la myrrhe sur le corps du Sauveur. Au-dessous de ce sujet, de chaque côté, il y a un chandelier surmonté d'un cierge et, au milieu, un vase d'or d'où s'échappe la vapeur blanche des parfums, objets servant à l'exposition des corps morts.

148.

2e *lancette.* — Les saintes femmes au tombeau. Un ange, tenant un sceptre de la main gauche, est assis sur le bord du sépulcre, et montre du geste que le tombeau est complètement vide. Plus bas, sous un arceau, des soldats endormis.

DANS LA ROSE DU COURONNEMENT. — Jésus-Christ, entouré des attributs des Évangélistes, porte les Évangiles et bénit.

Ce panneau est une restauration exécutée par Maréchal, de Metz.

TRIFORIUM.

Dans les lancettes. — Les quatre grands prophètes : Isaïe, Jérémie, Ézéchiel et Daniel.

Dans les cercles des lancettes. — Jésus-Christ bénit de la main droite : de la main gauche, enveloppée dans son manteau, il porte le monde. Un ange joue de la harpe.

Les anciennes figures qui existent encore dans la partie absidiale du triforium nous démontrent clairement la conception générale qui a

149.

présidé à cet ensemble iconographique, en représentant, à gauche, les hommes et les femmes illustres du peuple juif, les patriarches, les pontifes, les rois, les prophètes et les justes, ainsi que les figures de la Vierge, qui s'appellent Esther, Suzanne et Judith ; enfin, Anne la Prophétesse et la Synagogue expirante. A droite, en suivant, la nouvelle Loi, glorieuse et triomphante, suivie des Apôtres, des Pères de l'Église et des saints du diocèse de Troyes, qui viennent rendre hommage à Jésus-Christ, qui trône dans toute sa gloire dans la fenêtre centrale de l'abside, au-dessus de l'autel.

COLLATÉRAUX. — CHAPELLES DU POURTOUR DU CHŒUR (COTÉ NORD).

La première chapelle des collatéraux du chœur était autrefois sous le vocable de *sainte Mâthie.* On y avait réuni l'autel *saint-Léonard,* la station de la *sainte Croix* et *saint Adérald.* Ensuite chapelle du *Sauveur*, et, en dernier lieu, chapelle du *Sacré-Cœur* [1].

1. Nous prenons dans l'*Obituaire* de M. l'abbé Lalore tous les anciens

Elle se compose de trois travées, en y comprenant son sanctuaire.

La tourelle de l'escalier des galeries intérieures et extérieures de l'édifice occupant l'angle formé par la saillie du portail du nord, il en résulte que la première travée en entrant, à gauche, n'est éclairée que par une seule fenêtre ogivale. Cette fenêtre est à deux ouvertures jumelles en lancette, surmontées d'une rose à six lobes; sous l'arcature du mur de soubassement s'ouvre l'ancienne porte des chanoines qui habitaient le cloître Saint-Pierre, dont nous avons parlé dans la description extérieure de cette partie du monument. Deux fenêtres de même ordonnance occupent la deuxième travée.

150.

Les deux piliers du bas côté du chœur qui reçoivent la retombée des arcs doubleaux et des nervures de la voûte de cette chapelle forment, en plan, un carré parfait posé diagonalement. Leurs chapiteaux et leurs bases présentent tous les caractères des premières années du XIIIe siècle; il en est de même des clefs de voûte décorées de feuillages.

La troisième travée, formant un petit sanctuaire mi-abside, est éclairée par deux simples fenêtres en lancette plein-cintre, vitrées de verre blanc comme les précédentes; il faut remarquer, cependant qu'elles ont conservé leurs anciennes bordures du XIIIe siècle, composées d'entrelacs et de feuillages de grand effet (149-150). Elles

vocables des chapelles, plusieurs fois changés, contrairement au droit canonique. Pour éviter toute confusion, il est très important d'en fixer l'emplacement et d'y ajouter les vocables qu'elles ont portés depuis la Révolution.

devaient, à n'en pas douter, servir d'encadrement à des sujets légendaires, maintenant disparus.

Sur le mur central, à pans, derrière l'autel, se dressait, il y a quelques années, un arc en contre-courbe appliqué et terminé par un chapiteau-console. Au-dessous étaient trois niches vides soutenues par des consoles. Cette addition du xve siècle a été supprimée par l'architecte Millet pour rendre à cette chapelle son caractère primitif. Actuellement, la colonne centrale recevant la nervure de la voûte est coupée en deux parties par un chapiteau-console sur lequel repose la statue du Sacré-Cœur, de Vendeuvre.

L'autel, peint et doré, a été exécuté en pierre de liais, dans le style du xiiie siècle, sur les dessins de Viollet-le-Duc. Il se compose de trois colonnettes, portant la table de l'autel.

Le tombeau est percé de quatre trèfles fermés par des grillages en fer forgé devant protéger les saintes reliques.

Au-dessus de l'autel, des deux côtés du tabernacle, le rétable, sculpté en ronde bosse, représente : à gauche, trois saintes femmes portant des vases, se rendant au tombeau de Jésus-Christ; à droite, les saintes femmes en présence du saint sépulcre; le Christ debout leur apparaît.

Le petit sanctuaire de cette chapelle est fermé par un appui grossier en bois, et le sol est pavé d'un damier de carreaux émaillés de diverses couleurs.

Le banc des arcatures du pourtour de cette chapelle, près de l'autel, est occupé par la statue d'un *Ecce homo*, exécutée sur la fin du xve siècle, et reproduite au rétable de la chapelle des Cordeliers, dans le *Voyage archéologique* de M. Arnaud. Sur le socle de cette statue, on lit cette inscription : DITAT · FIDES · SERVATA ·

En suivant, est une statue de la Vierge Mère, portant l'enfant Jésus sur le bras gauche. L'Enfant divin joue avec un petit oiseau qu'il tient prisonnier dans ses deux mains. Il y a là une particularité qui se présente souvent, sous différentes formes, du xive au xve siècle.

DEUXIÈME CHAPELLE.

Chapelle *Saint-Jean-Baptiste*. Au même autel : la *sainte Trinité* et *saint Barthélemy* ; aujourd'hui chapelle *Saint-Michel*.

Cette chapelle était, au moyen âge, celle des *Fonts baptismaux*.

Plus étroite que les chapelles de l'abside, elle se compose, comme ces dernières, de sept travées éclairées par trois fenêtres entières et une demi-fenêtre en lancette, comprises dans la partie circulaire. Elles sont vitrées en verre blanc, à l'exception de la fenêtre centrale, occupée par une intéressante verrière du XIIIe siècle, restaurée et complétée par M. Vincent-Larcher, représentant l'ARBRE DE JESSE (151).

151.

Cette fenêtre est divisée en sept parties; celle du bas occupe toute la largeur de la fenêtre; les six autres parties sont de forme ovoïde et représentent quatre rois de Juda, la Vierge et le Sauveur. Le fond du vitrail est décoré par des enroulements en feuillages de dessin et de couleur parfaitement identiques.

Au bas de la fenêtre, le vieillard Jessé repose sur une couchette garnie de sa literie, la tête couverte d'un bonnet rouge, le regard levé vers la Vierge et le Christ, qui sont tout à la fois la fleur et le fruit de l'arbre. Le corps est enveloppé d'un long manteau retenu de la main gauche, la tête est appuyée sur le bras droit.

Le lit de repos est placé sous un baldaquin aux tours crénelées; sur l'arc cintré est suspendue une draperie. Le dessin et la décoration de ce sujet ont un caractère byzantin assez prononcé pour nous confirmer que toutes les verrières des chapelles du pourtour du chœur ont été exécutées sous l'inspiration de l'école byzantine dès les vingt premières années du XIIIe siècle.

Au pied du lit du prophète, est un petit vase contenant un lis en fleur, emblème de la virginité de la Vierge Marie.

Des entrailles de Jessé s'élève l'arbre généalogique des rois de Juda. La première figure nous présente le roi David, fils de Jessé, assis sur l'un des rinceaux de l'arbre, jouant d'une sorte de violoncelle que l'on appelait la *rote* au XIIIe siècle [1].

La deuxième figure, au-dessus, est le roi Salomon assis, comme David, sur une branche de l'arbre, tenant de la main gauche une tablette sur laquelle il écrit.

Ensuite nous voyons Josaphat et Josias tenant leur sceptre, figures complémentaires exécutées par M. Vincent-Larcher.

La cinquième figure représente la sainte Vierge portant une palme verte. Dans le dernier panneau, nous distinguons Jésus-Christ bénissant et portant le livre des Évangiles.

Le sol de cette chapelle est couvert de carreaux émaillés sortant de la tuilerie de Mesnil-Saint-Père. C'est un essai que l'éminent architecte fit exécuter d'après de nombreux fragments trouvés sur place pendant la restauration des chapelles. Au début de la pose de ce nouveau carrelage, l'effet en fut très saisissant; mais, peu de temps après, on s'aperçut de la mauvaise qualité de la terre et de l'émail, qui ne purent résister bien longtemps au frottement des pieds.

L'autel en bois de cette chapelle est indigne de figurer dans une cathédrale.

Près de l'autel, on voit un carreau de marbre noir sur lequel est gravée l'épitaphe de Mgr Marc-Antoine de Noë, évêque de Lescar,

1. *Essais des instruments de musique au moyen âge*, par E. de Coussemaker. — *Annales archéologiques*. Didron aîné, t. VII, page 241.

premier évêque de Troyes après le concordat, décédé le 23 septembre 1803, à l'âge de soixante-dix-huit ans.

TROISIÈME CHAPELLE.

Chapelle *Saint-Sauveur*. C'était la chapelle paroissiale et le titre de la première église dédiée au culte chrétien dans le diocèse de Troyes. Au même autel, *saint Jacques le Mineur*. La chapelle du Sauveur était quelquefois désignée, au XIIIe siècle et encore aujourd'hui, sous le nom de la chapelle des *Reliques de sainte Mâthie*, parce que la châsse de sainte Mâthie était supportée au-dessus du sol par quatre colonnes, ce qui permettait aux pèlerins de passer dessous.

Cette chapelle, plus grande que la précédente, n'en a pas moins les mêmes dispositions et le même caractère architectural. Elle a cinq fenêtres garnies de verrières modernes représentant diverses légendes.

PREMIÈRES FENÊTRES, à gauche et à droite. — Ces fenêtres sont décorées de charmantes grisailles, avec bordure en couleur du XIIIe siècle.

DEUXIÈME FENÊTRE, à gauche. — La deuxième fenêtre, à gauche, est de M. Vincent-Larcher. Nous allons décrire sommairement toutes ces verrières, en nous abstenant de toutes dissertations artistiques. Cette fenêtre se compose de trois médaillons circulaires, accompagnés de demi-cercles et d'une bordure à fleurons.

Au-dessous du 1er médaillon, dans un quart de cercle, à gauche, on voit l'arbre défendu, le serpent enroulé à l'entour, et Ève cueillant le fruit et le présentant à Adam.

Dans le quart de cercle à droite, le serpent d'airain, vers lequel des Israélites blessés tournent leurs regards.

1er *médaillon*. — Le Calvaire. Jésus est en croix ; à sa droite, la sainte Vierge et l'Église couronnée recevant dans un calice le sang qui coule de la plaie du côté ; à sa gauche, saint Jean et la Synagogue, dont la couronne tombe et l'étendard se brise.

Au-dessus, dans le demi-cercle de gauche, la partie inférieure représente le sacrifice d'Abraham ; dans celui de droite, la partie inférieure représente Moïse, les bras étendus et soutenus par Hur et

Aaron. — La partie supérieure du demi-cercle de gauche représente Jahel s'apprêtant à enfoncer un clou dans la tête de Sisara ; celle du demi-cercle de droite représente la prophétesse Débora, chantant la victoire de Barac et l'héroïsme de Jahel.

2e *médaillon.* — L'Assomption de la Vierge. — Au-dessus de ce médaillon, dans le demi-cercle à droite, partie inférieure, Judith et sa suivante vont de Béthulie au camp des Assyriens ; dans le demi-cercle à gauche, Judith coupe la tête d'Holopherne. — Dans la partie supérieure, à gauche, Esther est couronnée par Assuérus ; à droite, elle se présente devant lui, et le roi incline son sceptre devant elle.

3e *médaillon.* — Le Couronnement de la Vierge par Jésus-Christ.

Il convient de remarquer la disposition de ces sujets. Chaque médaillon est entouré de quatre quarts de cercle, où sont représentées les figures prophétiques du sujet principal. Ainsi le médaillon du Calvaire est entouré de quatre sujets : le Péché originel, le Sacrifice d'Abraham, le Serpent d'airain et Moïse les bras en croix. Le médaillon de l'Assomption est entouré de Jahel, Débora, Judith, figurant les victoires de la sainte Vierge sur le démon. Enfin, Esther couronnée par Assuérus et intercédant pour son peuple figure Marie couronnée par Dieu et le priant pour le peuple chrétien.

Deuxième fenêtre, à droite. — Cette verrière a été exécutée par M. Martin-Hermanowska ; elle se compose de sept médaillons, avec fonds occupés par des arabesques et une bordure à feuillages. De bas en haut, les panneaux représentent : l'Annonciation, la Visitation, la Nativité, la Purification, la Fuite en Égypte, la Flagellation et le Crucifiement.

Fenêtre centrale. — Cette fenêtre, exécutée par M. Vincent-Larcher, reproduit toute la légende de sainte Mâthie, la vierge de Troyes. Elle se compose de quatre losanges, accompagnés sur les côtés de six demi-cercles sur fonds ouvrés, avec une jolie bordure de feuillages comme encadrement.

Au-dessous du premier losange, dans un quart de cercle, à gauche, l'église de Saint-Sauveur, à Troyes ; à droite, une porte de la ville.

1er *losange.* — Sainte Mâthie recevant saint Savinien et saint Potentien[1].

A gauche, dans un demi-cercle, sainte Mâthie se rendant à l'église; à droite, sainte Mâthie en prière devant l'autel.

2e *losange.* — Sainte Mâthie distribuant du pain aux pauvres.

A gauche, dans un demi-cercle, mort de la sainte; à droite, sa famille assiste à ses derniers moments.

3e *losange.* — Milon, évêque de Troyes, fait retirer de terre le corps de sainte Mâthie; derrière lui, un ouvrier tient une pioche, et il a une bêche à portée de sa main.

Dans le demi-cercle, à droite, la châsse de sainte Mâthie, près de laquelle se tient un évêque accompagné d'un clerc. A gauche, une princesse et deux seigneurs viennent la vénérer.

4e *losange.* — Des pèlerins estropiés se rendent à la châsse de sainte Mâthie.

Le carrelage de cette chapelle est dans le même état que celui de la chapelle précédente.

Autel en bois provisoire.

QUATRIÈME CHAPELLE.

Chapelle *Saint-Nicolas*. Au même autel : *saint André, station de saint Paul*. Aujourd'hui, chapelle *Saint-Joseph*.

Mêmes dimensions et même disposition que la chapelle précédente.

PREMIÈRE FENÊTRE, à gauche. — Cette fenêtre est simplement vitrée de verre blanc, découpé en losange.

PREMIÈRE FENÊTRE, à droite. — Belle grisaille du commencement du XIIIe siècle, bien qu'elle soit accompagnée d'une bordure de couleur. Elle se compose de cercles, de quarts de cercles et de lignes diagonales renfermés dans un carré; le tout décoré de gracieux rinceaux de feuillages sur un fond de treillis. Nous donnons ici un

1. D'après Des Guerrois, le père ou l'aïeul de sainte Mâthie aurait reçu saint Potentien et saint Sérotin, envoyés à Troyes par saint Savinien de Sens. L'artiste s'est écarté de cette tradition, et a représenté saint Savinien et saint Potentien, avec leurs noms sur des banderoles.

spécimen pour faire connaître et mettre sous les yeux du lecteur son caractère sévère en même temps que la délicatesse de cette composition (152).

DEUXIÈME FENÊTRE, à gauche. — Elle est consacrée à la vie de saint Nicolas, distribuée en sept médaillons en quatre-feuilles. Cette verrière a été exécutée par M. Martin Hermanowska.

1er *médaillon.* — Le massacre et la résurrection des trois enfants de la légende.

2e *médaillon.* — Le saint évêque porte secours aux filles du vieillard. Contrairement à la légende, le peintre-verrier a rapporté à l'épiscopat de saint Nicolas cet épisode qui appartient au temps de sa jeunesse.

3e *médaillon.* — Nicolas apparaît en songe à l'empereur Constantin, pour lui ordonner de faire grâce à trois officiers innocents qu'il avait condamnés à mort ; ces trois officiers sont représentés derrière le saint, dans leur prison. L'empereur est couché, une couronne d'or sur la tête, et le haut du corps sans vêtements. Au-dessous, on lit le mot : *Imperator*.

4e *médaillon.* — Devant un proconsul, deux gardes amènent deux prisonniers.

5e *médaillon.* — Trois prisonniers sont amenés par un garde devant un roi ou un empereur.

6e *médaillon.* — Saint Nicolas, auprès de qui un enfant tient un vase d'or. C'est un passage de la légende de saint Nicolas que nous avons racontée en décrivant la fenêtre du chœur, page 316. Au fond, un autel sur lequel est une coupe d'or, et devant lequel un homme est agenouillé ; à côté, une femme couchée dans un lit. C'est le complément de cette légende.

7e *médaillon* — Le saint évêque, en habits sacerdotaux, dans une gloire céleste, est porté au ciel par des anges.

DEUXIÈME FENÊTRE, à droite. — Elle est consacrée à la légende de saint André, distribuée en huit médaillons sur fond ouvré, avec une ancienne bordure à feuillages. Aux angles de cet encadrement, deux chameaux montés par des singes. Verrière complétée et restaurée par M. Vincent.

1er *médaillon.* — Le Seigneur dit à saint André et à Simon, son frère, occupés à pêcher : « Venez, je vous ferai pêcheurs d'hommes. »

2e *médaillon.* — Saint André chassant les démons qui tuaient les passants sur le chemin de Nicée.

3e *médaillon.* — Saint André, à la porte d'une ville, voit porter

152.

au tombeau le cadavre d'un jeune homme qui avait été tué dans son lit par les sept démons de Nicée, qui avaient pris la forme de chiens, et le ressuscite.

4e *médaillon.* — Le saint, monté sur une tour de la ville de Nicée, chasse les démons.

5e *médaillon.* — Saint André se présente devant la porte de la ville ; deux personnages lui présentent un bouquet.

6e *médaillon.* — Saint André guérit un possédé, de la bouche duquel s'échappe un petit démon.

7e *médaillon.* — Saint André guérit un paralytique à demi

couché sur un lit; deux personnages debout joignent les mains.

8e *médaillon.* — Le saint apôtre étend les mains sur deux hommes et une femme nus dans une cuve, les mains jointes.

FENÊTRE CENTRALE. — Vitrail composé de quatre médaillons divisés en deux parties, renfermant huit sujets de la légende de saint André, restauré et complété par M. Vincent-Larcher.

1er *médaillon.* — Saint André baptisant la femme du proconsul Égée. — 2e *partie.* Saint André combattant l'idolâtrie par sa parole, en présence du proconsul; derrière lui est un soldat.

2e *médaillon.* — Saint André salue la croix de son supplice. — 2e *partie.* Le saint se dépouille de son manteau et le remet au bourreau.

3e *médaillon.* — Saint André est attaché à la croix, tout habillé. — 2e *partie.* On essaie vainement, sur l'ordre du proconsul, de le détacher de la croix.

4e *médaillon.* — La mise au tombeau. — 2e *partie.* L'âme de saint André emportée par les anges.

De chaque côté de cette verrière, il y a trois demi-cercles.

Dans ceux du bas, plusieurs personnages qui paraissent être des chrétiens convertis par saint André. Dans ceux du milieu, les soldats par qui il fut conduit au martyre. Dans ceux du haut, des chrétiens qui pleurent sa mort.

Autel dans le style du XIIIe siècle, par Viollet-le-Duc. Sur le gradin de l'autel, on lit : SANCTE ⁝ NICHOLAE ⁝ ORA ⁝ PRO ⁝ NOBIS ⁝

Derrière le tombeau, une colonnette porte la statue de saint Joseph, de la maison Léon Moynet, de Vendeuvre. Carrelage émaillé moderne, presque effacé.

CINQUIÈME CHAPELLE.

La chapelle dite de *Notre-Dame* est ménagée dans l'axe de l'église, derrière le sanctuaire. Plus large et plus profonde que toutes les chapelles du pourtour du chœur, elle se compose, dans son ensemble, de neuf travées à pans circulaires; son architecture répond complètement aux précédentes chapelles et à celles qui vont suivre.

Cependant les chapiteaux de ses arcatures sont traités avec une verve artistique plus correcte et plus savante. Leurs tailloirs sont réduits et d'une grande simplicité. C'est pour nous le point de départ de la création de l'œuvre de cette magnifique construction.

Cette chapelle s'éclaire par sept fenêtres plein-cintre en lancette, entièrement closes par de riches verrières du commencement du XIIIe siècle, mais, malheureusement pour la plus grande partie, restaurée par l'addition de panneaux entièrement neufs. La fenêtre centrale a été en partie complétée par M. Vincent-Larcher, qui a su marier ses tons de couleur avec talent et les mettre en parfait accord avec l'effet général des anciennes verrières.

Les sujets des vitraux que nous allons résumer sont disposés dans des cercles et des demi-cercles alternés souvent par des losanges. Le dessin des ornements et l'ajustement des vêtements des figures sont tout à fait du style byzantin le plus pur. Ce caractère si précis nous autorise à croire qu'aussitôt les chapelles construites et couvertes, toutes ces verrières furent posées du vivant du fondateur, l'évêque Hervé, c'est-à-dire avant la construction du chœur.

PREMIÈRES FENÊTRES, à droite et à gauche. — Ces deux fenêtres sont vitrées de grisailles incolores, devant, par ce procédé, laisser plus de jour à l'entrée des chapelles. Ces dessins sont finement rendus avec demi-teintes en hachures, suivant la méthode des ornements de couleur. Plus riches de composition que les précédentes, elles sont complètement exécutées en grisailles, avec leurs bordures décorées de crossettes courantes. Cependant, çà et là, à la rencontre des trilobes et aux points de centre des arcs, de petits verres de couleur, par leur vif éclat, ressemblent à des rubis et à des saphirs enchâssés sur un vaste fond de cristal de roche (153).

Le peintre-verrier chargé de la mise en plomb de cette verrière a eu le tort d'ajouter un filet rouge sur le bord du vitrail, qui diminue l'effet général de cette intéressante verrière par la vivacité de sa couleur.

DEUXIÈME FENÊTRE, à gauche. — Cette verrière se compose de quatre médaillons, divisés en deux parties, renfermant deux sujets. Ces médaillons sont reliés entre eux par des losanges et des petits cercles sur fond ouvré, avec une bordure courante pour encadrement.

1er *médaillon.* — 1re *partie.* L'ange du Seigneur annonce la venue du Messie aux rois-mages. — 2e *partie.* Hérode, sur son trône, ordonne le massacre des Innocents.

2e *médaillon.* — 1re *partie.* La sainte Vierge et saint Joseph retrouvent Jésus au milieu des docteurs. — 2e *partie.* Baptême du Sauveur sur les bords du Jourdain.

3e *médaillon.* — 1re *partie.* Jésus tenté par le diable; celui-ci présente trois pierres à changer en pains. — 2e *partie.* Jésus transporté sur les tours du temple.

4e *médaillon.* — Jésus aux noces de Cana. — 1re *partie.* Des serviteurs transvasent l'eau changée en vin; l'un d'eux tient une coupe élevée pour s'assurer de sa couleur. — 2e *partie.* La table du festin, à l'extrémité de laquelle est placé le Seigneur, avec la sainte Vierge; à l'autre bout, les époux et les invités.

Troisième fenêtre, à gauche. — Cette fenêtre comprend quatre losanges montrant les principaux passages de la vie de sainte Anne. Ils sont reliés par des quatre-feuilles et des sections de cercles établissant le complément du sujet principal.

Au-dessous du premier panneau, un quart de cercle, à gauche et à droite, dans lequel on voit saint Joachim et sainte Anne les yeux levés vers le ciel.

1er *panneau.* — Saint Joachim et sainte Anne devant le grand-prêtre. Offrande refusée des époux stériles.

Au-dessus de ce premier panneau, le demi-cercle de gauche représente, dans sa partie inférieure, la vision de Joachim pendant qu'il gardait son troupeau; le demi-cercle de droite représente la vision de sainte Anne. Dans sa partie supérieure, le demi-cercle de droite représente la rencontre de saint Joachim et de sainte Anne à la porte Dorée; et celui de gauche représente saint Joachim et sainte Anne rentrés dans leur maison.

2e *panneau.* — La Nativité de la vierge Marie.

Au-dessus de ce second panneau, la partie inférieure du demi-cercle de droite représente l'enfant baignée dans un bassin par des servantes; celle du demi-cercle de gauche représente la Vierge allaitée par sa mère. Dans la partie supérieure, le demi-cercle de droite montre sainte Anne instruisant la Vierge enfant; et celui de gauche fait assister au repas de la sainte Famille.

3e *panneau.* Présentation de la sainte Vierge au temple.

Au-dessus du troisième panneau, le demi-cercle de droite représente, dans le bas, la sainte Vierge en prière; celui de gauche la

153.

représente faisant de la tapisserie sur un métier placé devant elle. Une intéressante tradition veut que la Vierge Marie ait tissé la tunique sans couture, la robe que Jésus-Christ porta en allant au Calvaire, et qui fut tirée au sort par ses bourreaux. Dans le haut du demi-cercle de droite, on voit la mort de saint Joachim, et dans celui de gauche, la verge de saint Joseph fleurie, au milieu des bâtons arides des autres prétendants de la sainte Vierge. Un des prétendants brise son bâton.

4e *panneau.* 1re *partie.* Mariage de la Sainte Vierge.

DEUXIÈME FENÊTRE, à droite. — Cette fenêtre se compose de quatre médaillons divisés en deux parties.

1er *médaillon.* — 1re *partie.* D'un côté, le pauvre Lazare à la porte du mauvais riche, un chien lèche ses plaies ; de l'autre côté, le mauvais riche, à table avec une femme et un de ses amis. — 2e *partie.* Jésus s'entretient avec la Samaritaine.

2e *médaillon.* — 1re *partie.* Jésus absout la femme adultère. — 2e *partie.* D'un côté, la mort du pauvre Lazare ; de l'autre, la mort du mauvais riche.

3e *médaillon.* — 1re *partie.* Marie, sœur de Lazare, et Marthe, implorent de Jésus la résurrection de leur frère. — 2e *partie.* Jésus guérit un aveugle-né à Bethsaïde.

4e *médaillon.* — 1re *partie.* Jésus loue la pauvre veuve qui dépose son obole dans le trésor du temple. — 2e *partie.* La résurrection de Lazare.

TROISIÈME FENÊTRE, à droite. — Cette fenêtre est occupée par quatre losanges, avec quarts de cercles aux angles des panneaux.

1er *losange.* — L'Annonciation. Dans le demi-cercle de gauche, en haut, Balaam sur son ânesse est arrêté par un ange. Dans le demi-cercle de droite, en haut, un ange apparaît à Gédéon. Dans le demi-cercle de gauche, en bas, nous croyons reconnaître la reine de Saba se présentant à Salomon ; à droite, peut-être David présenté par son père au prophète Samuel.

2e *losange.* — La Nativité de Jésus-Christ. Dans le haut des demi-cercles de gauche et de droite, les anges apparaissent aux bergers. Dans le bas, les mages se présentent au roi Hérode.

3e *losange.* — L'Adoration des mages. Dans le demi-cercle de gauche, en haut, Dieu apparaît à Moïse au milieu du buisson ardent. Dans celui de gauche, un roi couché et endormi ; près de lui, une statue : c'est probalement le songe de Nabuchodonosor, ou peut-être Pharaon avant la sortie d'Égypte. En bas, dans les demi-cercles, la Présentation de Jésus au temple, le saint vieillard Siméon et Anne la Prophétesse.

4e *losange.* — La Fuite en Égypte. Dans le quart de cercle qui est au-dessous, à gauche, un prophète avec son nom ELISEUS ; à droite, les idoles se brisant lors de l'entrée de l'enfant Jésus en Égypte.

Fenêtre centrale. — La fenêtre centrale est une restauration presque complète de M. Vincent-Larcher, dans laquelle se trouvent quelques panneaux anciens. Elle se compose de trois médaillons. Ceux-ci sont soutenus par deux sections de cercle, dans les angles du

154.

panneau, où sont reproduits les motifs complémentaires des principaux sujets.

Dans les deux quarts de cercle qui sont au-dessous du premier médaillon, sont représentées : à gauche, l'Annonciation ; à droite, la Visitation. Au-dessus de ce dernier sujet, on lit : S . MARIA : S . ELISABET .

1er *médaillon.* — La Crèche. La sainte Vierge est couchée sur un lit ; l'enfant Jésus repose à ses côtés dans un petit berceau. Au-dessus, le bœuf et l'âne traditionnels réchauffent de leur haleine le divin Enfant.

Au-dessus de ce médaillon, deux demi-cercles. Dans la partie inférieure. celui de gauche représente les anges annonçant aux bergers la naissance du Sauveur; celui de droite montre les mages, à cheval, arrivant à Jérusalem. Dans la partie supérieure, à gauche, les mages devant Hérode, avec les mots : HERODES TRES REGES ; à droite, un ange avertit les mages de ne pas retourner auprès d'Hérode.

2e *médaillon.* — L'Adoration des rois mages. Le premier des rois mages tient une coupe d'or de la main gauche et le couvercle de la main droite; il se prosterne devant l'enfant Jésus, assis sur les genoux de sa mère. La sainte Vierge est assise sur un siège muni de son coussin, les pieds posés sur un escabeau. Les deux rois qui suivent sont debout, portant leurs présents : ils attendent leur tour pour présenter leurs hommages au divin Enfant, qui les reçoit en les bénissant à la manière latine. Le deuxième est sans barbe; c'est sans doute le roi d'Éthiopie. Au bas du panneau, on lit : ET HIC REGES OFFERVNT TRIA MVNERA (154).

L'architecture byzantine de la crèche nous rappelle, par ses arcades et ses tourelles crénelées, l'alcôve du prophète Jessé, de l'arbre généalogique de Juda.

Dans le demi-cercle de gauche, en bas, Hérode, assis sur son trône, HERODES REX, ordonne le massacre des Innocents, qui s'accomplit dans la partie inférieure du demi-cercle de droite. A gauche, dans la partie supérieure, la Fuite en Égypte ; à droite, la Présentation de Jésus au temple.

3e *médaillon.* — La mort de la sainte Vierge en présence des apôtres. Au-dessus, la sainte Vierge enlevée au ciel par des anges.

Dans les deux quarts de cercle, au-dessus de ce médaillon, il y a deux anges qui encensent.

Au chevet de cette chapelle s'élève un autel en marbre blanc, n'appartenant à aucun style connu, qui a été exécuté à Paris sur les dessins de M. Alexandre Baltard, architecte, membre de l'Institut. Au-dessus du tabernacle de forme hexagonale se dresse une gracieuse et élégante statue de la Vierge Mère, présentant son divin Fils, debout devant elle, à l'adoration du monde. Cette statue, mise en place en 1845, est l'œuvre de Charles Simart, statuaire, né à

Troyes, membre de l'Institut, décédé le 27 mai 1857. La grille de clôture et celle de la communion ont été posées en 1848 et exécutées sur les dessins de Viollet-le-Duc.

Au centre de cette chapelle était la sépulture de l'évêque Hervé, 61e évêque de Troyes. Sur son tombeau, qui était en bronze, on voyait son effigie en demi-ronde bosse, fondue avec la plaque, comme les deux tombes d'Evrard de Fouilloy et Godefroy, évêques d'Amiens. Ce monument fut vendu à vil prix en 1778, sans respect pour la mémoire du fondateur de la cathédrale.

Le caveau sépulcral de la chapelle de la Vierge renferme les restes mortels de saint Vincent, 1er évêque de Troyes, mort en 546. Il avait été inhumé dans l'église Saint-Aventin; mais son corps fut rapporté à la cathédrale, lors de la suppression de cette paroisse; — de Hervé, 61e évêque de Troyes (2 juillet 1223); — de Pierre-Louis Cœur, 97e évêque de Troyes (9 octobre 1860).

Au côté gauche sont inhumés les restes d'Henri Ier et de son fils, Thibaut III, comte de Champagne, extraits de l'église Saint-Étienne, après la suppression de cette collégiale. Leurs épitaphes, que l'on voyait sous l'arcature du même côté, proviennent aussi du chœur de Saint-Étienne. Elles avaient d'abord été mises à la place occupée dans le chœur par les magnifiques tombeaux des deux princes, qu'on avait dû changer de place parce qu'ils gênaient les mouvements du clergé pour les offices. On y avait ajouté la date de la translation. Depuis les travaux de la restauration de cette chapelle et du chœur, les inscriptions qui relataient le décès et le lieu de la sépulture de ces princes et de ces hauts dignitaires de l'église de Troyes ont disparu, sans que le chapitre de la cathédrale se soit inquiété d'une lacune aussi regrettable.

L'on voyait encore, il y a vingt ans, dans le musée diocésain de l'évêché, les portraits de ces deux princes peints sur verre en grisaille au milieu du XVIe siècle, renfermés dans des cadres ovales, représentés en buste et de proportion demi-nature; sur l'un des cadres, on lisait :

C'est le noble conte Henric qui noblement gouverna ce pays (155).

Sur l'autre médaillon :

Et ausi son filz le comte Thiebault qui noblement après resgna (156).

Ces deux portraits ont disparu depuis l'époque où fut faite la mauvaise copie répandue dans le commerce avec de fausses inscrip-

155.

tions. Nous donnons ici une copie exacte de ces deux peintures, que nous avions dessinées bien avant leur disparition, espérant qu'en les révélant ainsi nous donnerons à celui qui en est propriétaire la pensée d'indiquer ce qu'elles sont devenues ou la collection qui les possède actuellement.

Dans la salle du trésor, on voyait, il y a quelques années, un portrait du comte Henri peint en buste et sur bois de grandeur naturelle, provenant de la salle du chapitre de la Collégiale de Saint-Étienne, avec cette inscription :

Henricus Campaniæ comes, fundator hujus ecclesiæ, ob. 16 mart. 118[illegible], *æt.* 53.

156.

Aujourd'hui, cette intéressante peinture à l'huile du XVIe siècle est conservée au musée de la ville.

SIXIÈME CHAPELLE

Pour faciliter la visite de toutes ces chapelles, nous continuons cette description en suivant la partie méridionale des chapelles du pourtour du chœur.

Chapelle de l'*Assomption*, aujourd'hui *Saint-Loup*. Même ordonnance d'architecture, répétition symétrique de la chapelle Saint-Joseph.

Première fenêtre, à droite et à gauche. — La première fenêtre à gauche est décorée d'un fond de grisailles en losanges dans lesquels sont des petites palmettes en forme de fleurs de lis. Celle de droite est simplement vitrée en verres blancs découpés en losanges.

Deuxième fenêtre, à gauche. — Elle se compose de six panneaux ou médaillons consacrés à la légende de saint Pierre, sur fond ouvré, avec bordure à feuillage, sujets en partie restaurés avec panneaux anciens.

1er *médaillon.* — Le centurion Corneille est agenouillé devant saint Pierre, qui le bénit. Dans le haut du médaillon est représentée la vision de saint Pierre, où des animaux de toute sorte, descendus du ciel, représentaient la vocation des Gentils.

2e *médaillon.* — Saint Pierre guérit le paralytique Enée.

3e *médaillon.* — Saint Pierre conduit devant Hérode; celui-ci le condamne à la prison.

4e *médaillon.* — Saint Pierre délivré par l'ange.

5e *médaillon.* — Le prince des apôtres est conduit en présence de Néron.

6e *médaillon.* — Il est conduit en prison à coups de verges.

Deuxième fenêtre, à droite. — Cette verrière nous donne la suite de la vie de saint Pierre.

1er *médaillon.* — Simon le Magicien essaye vainement de ressusciter, par ses enchantements, un jeune homme, en présence de Néron. Saint Pierre est derrière lui. Deux bourreaux assistent à cette scène. Au-dessous, on lit : Simon Magus.

2e *médaillon.* — Saint Pierre rend la vie au cadavre que n'a pu ressusciter Simon. Le jeune homme, les mains jointes devant saint Pierre, se prépare à sortir de son lit. Néron, assis sur un trône élevé, la couronne en tête, le sceptre en main, regarde la scène avec curiosité. Derrière le lit et sous le baldaquin de la couchette, le bourreau, d'une physionomie repoussante, le glaive en main, indique du doigt à Néron la scène miraculeuse de cette résurrection. Sur le socle du médaillon, on lit : SANCTVS ⁝ PETRVS ⁝ (157).

3ᵉ *médaillon.* — Simon le Magicien est arrêté par des soldats. Au-dessous on lit : SYMON MAGUS.

4ᵉ *médaillon.* — Saint Pierre devant Néron est accusé de sortilège par Simon le Magicien.

157.

5ᵉ *médaillon.* — Jésus-Christ apparaît à saint Pierre sur le chemin de Rome.

6ᵉ *médaillon.* — Saint Pierre est crucifié la tête en bas.

FENÊTRE CENTRALE. — Cette verrière nous représente la vie de saint Loup, évêque de Troyes, entièrement exécutée par M. Vincent-Larcher.

1ᵉʳ *médaillon.* — Une députation des bourgeois de la ville et du clergé se rend à Mâcon pour lui offrir la mitre et la crosse.

2ᵉ *médaillon.* — Saint Loup sacré évêque de Troyes.

3ᵉ *médaillon.* — Saint Loup fait son entrée à Troyes.

4ᵉ *médaillon.* — Sainte Geneviève à genoux devant saint Loup et saint Germain.

5ᵉ *médaillon.* — Saint Loup et saint Germain sont embarqués sur un vaisseau pour se rendre en Angleterre ; les démons de l'hérésie suscitent une violente tempête.

6ᵉ *médaillon.* — Saint Loup, sa crosse à la main droite, une épée à la main gauche, les pieds posés sur un dragon, guérit les malades et ressuscite les morts.

L'autel de la chapelle de Saint-Loup, œuvre de Viollet-le-Duc, se compose de trois arcades trilobées, profilées et décorées de petites roses dans les moulures.

Ces arcades reposent sur des colonnettes surmontées de chapiteaux à crochets. Un phylactère se développe sur le retable avec cette inscription : SANCTE ⋮ LVPE ⋮ ORA ⋮ PRO ⋮ NOBIS ⋮ Les gradins de l'autel sont décorés de bouquets de fleurs et de feuilles dans le style du XIIIᵉ siècle le plus pur.

Les autels des chapelles du Sacré-Cœur, de Saint-Nicolas et de Saint-Loup, ont été exécutés par M. Pyanet, habile sculpteur de la Sainte-Chapelle de Paris.

Le carrelage émaillé est complètement usé comme dans les chapelles du côté nord, parce qu'il n'a pu résister au frottement des pieds des passants.

SEPTIÈME CHAPELLE

Chapelle Saint-Pierre et Saint-Paul. Depuis 1806, dédiée à *saint Apollinaire* et à *saint Pie*, en mémoire du passage du pape Pie VII à Troyes en 1805, sous l'épiscopat de Mgr Louis-Apollinaire de la Tour-du-Pin, lorsque ce pontife retournait en Italie, après avoir sacré Napoléon Iᵉʳ à Paris.

Par son style elle répond parfaitement à celle qui la précède. Toutes ses fenêtres ont perdu leurs anciennes verrières ; c'est un vide énorme qui produit un effet malheureux dans l'ensemble de ce beau sanctuaire.

Signalons la clef de voûte qui est restée intacte et dans toute sa pureté d'ornementation.

Après la Révolution, cette chapelle a été consacrée à la sépulture des évêques de Troyes. A gauche de l'autel est l'épitaphe de Mgr de la Tour-du-Pin Montauban, archevêque-évêque de Troyes, décédé le 28 novembre 1807.

En 1842, le corps de Mgr Antoine de Boulogne, qui avait été inhumé au cimetière du mont Valérien, ayant été exhumé lors des travaux des fortifications de Paris, le chapitre profita de cette circonstance pour le réclamer. Il fut déposé solennellement dans la chapelle de Saint-Apollinaire, à côté de Mgr de la Tour-du-Pin.

A droite de l'autel est la tombe de Mgr Jacques-Louis-David de Séguin des Hons, décédé le 31 août 1843.

EMPLACEMENT DE LA HUITIÈME CHAPELLE

Les chapelles méridionales du pourtour du chœur sont interrompues de ce côté par le bâtiment du Trésor comprenant tout l'emplacement que devait occuper la huitième chapelle.

Avant les grands travaux du chœur, le trésor était fermé sur ce bas côté par un mur plein jusqu'à la hauteur du premier étage. Au-dessus du mur était une balustrade en bois, et cet endroit servait de tribune aux personnes de distinction qui désiraient suivre les cérémonies religieuses pendant les offices des grandes fêtes de l'année. Depuis, M. Millet a fermé complètement cette travée, en ménageant toutefois une ouverture en forme de rose à cinq feuilles pour éclairer l'intérieur de cette salle, qui sert actuellement à l'exposition des objets précieux que possède le chapitre de la cathédrale.

Pour éviter aux visiteurs le passage par la sacristie, l'architecte a pratiqué sur le mur, dans la saillie des piliers des chapelles contiguës, une section de cercle sur lequel est un escalier avec balustrade conduisant à la porte ogivale servant d'entrée à la salle d'exposition. Sous l'escalier, à gauche, une petite porte de même style donne entrée au rez-de-chaussée du Trésor.

NEUVIÈME ET DERNIÈRE CHAPELLE DU POURTOUR DU CHŒUR

La première chapelle à droite du pourtour du chœur, dite de Sainte-Hélène, était semblable en tout point à celle de Sainte-Màthie, située au nord de l'autre côté du chœur; comme il est facile de s'en rendre compte à la direction des pans coupés de la partie absidale et

158.

des murs restés en arrachements et qui font saillie à l'intérieur de la sacristie. Cette transformation eut lieu dans la seconde moitié du XIVe siècle par Jean de Champigny, chanoine de la cathédrale, qui fit bâtir une chapelle additionnelle (aujourd'hui la sacristie), où il fit édifier un autel au pied duquel il fut inhumé sous une tombe en marbre noir incrustée de cuivre.

Toutes les travées de cette chapelle étaient occupées par des autels appliqués aux arcatures du mur, ce qui avait nécessité pour celui du chevet la suppression d'une colonne de l'arcature pour y placer une console surmontée d'un tailloir et ornée d'un ange accroupi portant une couronne d'épines de ses deux mains; support du XVe siècle destiné à porter la statuette d'un *Ecce homo*.

Enfin, au XVe siècle, fut élevé sous la fenêtre, contre le mur, près la petite porte de l'évêché, un monument funéraire, que la tradition attribue à une famille anglaise. Grosley, dans ses Mémoires, en fait une longue description qui ne nous donne aucune solution à cet égard.

Ce monument aurait-il été édifié sous Charles VII pendant les neuf années de l'occupation anglaise à Troyes? De là viendrait cette fausse interprétation et le préjugé des masses.

Dans toutes ces additions et transformations, seuls les piliers de

159.

cette chapelle et deux des bas côtés du chœur n'ont pas subi la moindre altération. Ceux de la chapelle sont construits sur un plan carré posé diagonalement. Dans l'échancrure pratiquée dans les quatre angles du carré s'élève une colonne de renfort portant les arcs-doubleaux de la voûte, dont le chapiteau, le tailloir et l'astragale se prolongent sur les quatre faces du carré. Ces chapiteaux se composent de plates feuilles et de crochets à fleurons ayant une grande énergie de style (158).

Les chapiteaux des piliers des bas côtés méridionaux sont également décorés de feuilles et de crochets. Dans les rentrants de ce groupe de colonnettes on remarque des pilastres à trois pans surmontés, en guise de console ou de chapiteau, de têtes caractéristiques d'individualités (159).

La clef de voûte devant l'entrée du chœur est décorée d'un

médaillon que le peu de jour et la position qu'il occupe ne nous ont pas permis de dessiner. Il représente Jésus-Christ assis sur un trône et bénissant. Il est entouré des quatre emblèmes des Évangélistes.

La clef du deuxième collatéral, devant la sacristie, nous présente Samson déchirant la gueule d'un lion, et lui brisant les reins en lui appuyant le pied sur l'échine.

ÉPITAPHES ET PIERRES TUMULAIRES

BAS COTÉS SEPTENTRIONAUX

COTÉ DES CHAPELLES LATÉRALES

Après les tombeaux en bas-reliefs, avec statues en bronze et en pierre, les plates-tombes au ras du sol, simplement gravées et incrustées de plomb, de mastic de différentes couleurs. Nous n'avons plus aujourd'hui dans la cathédrale que ces plates-tombes disséminées de part et d'autre avec symétrie, dispositions qui leur furent si nuisibles et amenèrent leur perte.

160.

Ce sont ces dalles tumulaires et ces épitaphes intéressantes que nous allons reproduire, en faisant ressortir le mérite de leurs décorations, la valeur épigraphique des inscriptions, leur physionomie et les formules en usage aux différentes époques, autant qu'il nous sera possible de le faire dans le mauvais état où elles ont été mises par l'usure du temps, par le passage fréquent des fidèles.

François de Ver, archidiacre de Margerie. — Près du mur et proche du gros pilier de la tour Saint-Pierre, se trouve une moitié de tombe de la fin du XVIe siècle, portant cette inscription : **Cy gist venerable et discrete personne Maistre françoys Dever archidiacre... lan mil v̄^{c}lxxxxi... so̅ ame.** Le buste de l'archidiacre est encore visible. Ce personnage a les mains jointes et porte l'habit de chœur. Sur le haut de la tombe, à gauche, se voit très distinctement un blason de famille, composé de trois haches de combat, deux en chef et une en pointe (1630). *Pierre.* — *hauteur*, 1m,17 ; *largeur*, 1m,25.

François de Ver, chanoine de la cathédrale, fut nommé archidiacre de Margerie le 28 mai 1582, par M. Hennequin, grand vicaire de l'évêque de Troyes, à la suite d'une permutation avec François Coiffart, auquel il céda la cure de Pont-Sainte-Marie[1]. Il mourut le 24 mai 1591[2].

Edme Lombard. — Devant la première chapelle est l'épitaphe latine d'Edme Lombard, prêtre de l'Oratoire, docteur en théologie de la faculté d'Orléans, curé de Saint-Jean de 1682 à 1692, chanoine de la cathédrale, mort le 13 mai 1699[3].

Cette épitaphe, en tête de laquelle on voit les armes de l'Oratoire (les noms de *Jesus, Maria*, dans une couronne d'épines), se compose de dix-huit lignes, dont une partie est complètement effacée. Elle commence ainsi :

D. O. M.
PARCE VIATOR LACRYMIS
NON LAVDIBVS
HIC JACET EDMVNDVS LOMBARD
ORATORII SACERDOS
ECCLESIÆ TRECENSIS CANONICVS
ET S. IOANNIS IN FORO QVONDAM PAROCHVS

Elle se termine par ces mots :

OBIIT TRECIS DIE 13 MAII
ANNO 1699 ÆTATIS SVÆ 72.

Pierre. — Haut., 1m,92 ; larg., 1m,02.

Renaud de Langres. — Devant la troisième chapelle se trouve la dalle tumulaire de Renaud de Langres, licencié en droit civil et en droit canon, chanoine cellérier de la cathédrale, et chanoine de Saint-Étienne, mort le 12 janvier 1367.

1. *Arch. de l'Aube*, G. 1289, fol. 162 v°.
2. *Ibid.*, G. 1291, fol. 87 v°.
3. Voir *Courtalon*, t. II, p. 228 et 328 ; — Morlot, *Notice sur la paroisse de Saint-Jean*, p. 116 ; — G. Carré, *l'Enseignement secondaire à Troyes*, p. 97 et 133.

Ce chanoine est vêtu de la chasuble, la tête couverte de l'aumusse, tenant son calice de ses deux mains, les pieds posés sur le dos d'un chien.

L'effigie du personnage repose sous un arc ogival surmonté d'un pignon, les pieds-droits sont décorés de pinacles exécutés avec délicatesse. Deux anges encensent aux côtés du pignon et tiennent des navettes de la main gauche.

La tête, les mains et le calice étaient rapportés en marbre blanc, et l'aumusse en marbre noir.

HIC·IACET·VENERABILIS·ET·CIRCVMSPECTVS·VIR·
MAGISTER·REGINALDVS·DE·LINGONIS·HVIVS·ECCLESIE·CANO-
NICVS·CELERARIVS·Z·CANONICVS·ECCLESIE·SANCTI·STE-
PHANI·TRECENSIS·IN·VTROQ3
IVRE·LICENCIATVS·QVI·DECESSIT·DVODECIMA·DIE·MENSIS·
IANVARII·ANNO·DNI·MILLESIMO·TRECENTESIMO·SEXAGESI-
MO·SEPTIMO·ANIMA·EIVS·REQVIESCAT·IN·PACE·AMEN·

Pierre. — Haut., $2^{m},80$; larg., $1^{m},16$.

Jacques Petitpied. — Cette épitaphe, presque entièrement effacée, se trouve placée entre la quatrième et la cinquième chapelle. Au-dessus de cette inscription, une main tenant un calice par le pied, avec le pouce et l'index; de ces deux doigts s'échappe en même temps un phylactère portant un texte devenu illisible par l'usure.

Cy gist messire Jaques petitpied. Jadis cure de berce
nay En othe ou diocese de
troyes vicaire en leglise de
ceans qui trespassa le xv^e
jo^r de fevrier-mil cccc
et xvi · priez dieu pr luy.

Pierre. — Haut., $0^{m},52$; larg., $0^{m},52$.

Jacques Michel. — Près de la marche de la cinquième chapelle se voit la petite épitaphe du maître de musique de la maîtrise de la cathédrale. Au bas de l'inscription, une tête de mort, des larmes et des ossements.

CY GIST · M · IACQUES
MICHEL PRESTRE
ET MAISTRE DE
MUSIQUE EN CETTE
EGLISE, DECEDE
LE 16 DECEMBRE
1666 R. I. P. A.

Pierre. — Haut., $0^m,75$; larg., $0^m,58$.

COTÉ DE LA NEF MÉDIANE

Personnages inconnus. — Dans la deuxième travée, à la hauteur de la première chapelle, se trouve une pierre tombale, sur laquelle on devine encore l'effigie d'un prêtre en chasuble, et dont l'inscription en relief, en minuscules gothiques, est devenue illisible (haut., $2^m,20$; larg., $1^m,20$). Tout ce qu'on peut déchiffrer, c'est la fin de l'inscription : **... mensis maii. Anima eius requiescat in pace.**

Au centre de la quatrième travée, une tombe tout à fait usée, longue de $3^m,50$, large de $1^m,17$, représentait deux personnages, un homme et une femme, sous un portique du XIVe siècle. On ne voit plus qu'une trace légère du haut du portique. Au bas de la pierre était l'épitaphe des défunts disposée en plusieurs lignes.

Pierre Malot. — Sur la gauche de cette travée, une petite pierre rappelle la sépulture d'un enfant de chœur, qui fut sans doute bien-aimé du chapitre pour reposer ainsi sous les voûtes d'une cathédrale.

Pierre Malot est mort le 12 juillet 1572. Or, la veille, le chapitre chargeait plusieurs de ses membres « de visiter la maison des enfants de chœur, leurs chambres, leurs lits, s'enquérir de leur traitement, voir s'ils sont tenus nettement, visiter le corps de logis, lequel offusque la cour, s'il serait bon de l'abattre pour donner plus grand air à cette cour, examiner aussi le puits, dont l'eau est infectée et qui pourrait être l'occasion des maladies qu'ont les enfants[1] ».

Cy gist pierre malot
filz de simon malot
Enfant de coeur de
Ceste eglise qui deceda
le 12e de Juillet · 1572 ·
Requiescat in pace Amē ·

Pierre. — Haut., 0m,45; larg., 0m,55.

Pierre de Celle. — Au milieu de la cinquième travée, en face de la quatrième chapelle, on voit une tombe d'une dimension remarquable, 3m,90 sur 1m,90, et complètement lisse; on devine cependant la silhouette d'un chanoine sous un portique gothique. Une inscription latine en vers léonins occupe l'encadrement de la pierre. Elle se compose de belles lettres onciales du XIVe siècle, très étroites et très resserrées, ne laissant pas d'intervalle entre les mots, disposition toute particulière qui en rend la lecture d'autant plus difficile qu'une partie de l'épitaphe est complètement usée.

Nous avons pu lire :

PETRUS CELLENSIS.......................................IENSIS
SUB TUMBA HIC POSITA TRECUS IACET ARCHILEUITA
HIC SIMUL OBTINUIT : REMENSEM CANONICATUM :
MAIOREM OB STATUM...
....................CERTUS..........................REPERTUS
IURISCONSULTUS FAMOSUS....................................
IDIBUS APRILIS MEDIA SUB NOCTE FEBRILIS..................
...........IN CELIS EX OFFICIO GABRIELIS

Pierre de Celle, archidiacre (*archilevita*), est nommé dans l'*Obituaire de la Cathédrale, du* XIVe *siècle.* Un Pierre de Celle, probablement le même, a été doyen du chapitre de 1302 à 1305[2].

1. *Archives de l'Aube*, G. 1286, Délib. capitul., fol. 348 r°.
2. Lalore, *Obituaires*, p. 30 et 147.

Jean d'Allement, chanoine de la cathédrale, mort en 1341[1]. — La sixième travée est occupée par une tombe dont les dimensions se rapprochent beaucoup de celles de la pierre qui précède, 3m,42 sur 1m,32.

Le personnage est placé sous un arc ogival à pignon orné d'une grande rosace. Au-dessus du pignon, des niches renferment Abraham portant l'âme du défunt, et, sur les côtés, des anges encensant et portant des flambeaux.

Ce pignon, d'une grande richesse, offre toutes les théories des constructions de l'art gothique. Il est supporté par des pieds-droits, doublés de pilastres et d'arcs-boutants, renfermant des niches dans lesquelles des chanoines et des clercs de la cathédrale chantent les prières de l'absoute.

Le chanoine Jean d'Allement est vêtu de la chasuble, tenant son calice des deux mains; la tête, couverte de l'aumusse, repose sur un coussin. Les pieds sont posés sur le dos d'un dragon, car il est écrit : *Il foulera aux pieds l'aspic et le basilic.* Ps. XV, v. 13.

L'inscription est en rimes léonines et en belles lettres onciales du XIVe siècle; la lacune qui existe est de peu d'importance. Le ciseleur a employé le mot inusité *factista*, et il a écrit *octubuit* et *appes*, pour *occubuit* et probablement *artes*. Cette tombe est tellement usée que sa riche ciselure n'est plus qu'une ombre, que le frottement de tous les jours continue à faire disparaître.

EX ALLEMENTE MAGN' FACTISTA IOHĒS·
OCTVBVIT MENTE DOCILIS QVI RESPVIT APPES:
SEDVLVS ABSQ' MALIS LARGVS FVIT AC SOCIALIS·
PLEBI DILECTVS............. E RECTVS·
Q̄DAM CANŌICVS TRECĒN FIDVS AMIC'.
PLANGVNT TRECĒN SILVANĒT SENONĒN:
ĀNO D̄NI·M·CCC·QVADRAGESIMO P̄MO NONA DIE MAII.

1. Lalore, *Obituaires*, p. 31. — A la table, il est nommé Jean d'Allemanche; c'est une erreur. Dans le texte des Anniversaires de la Cathédrale, qui est de 1348, c'est-à-dire sept ans après la mort de Jean d'Allement, on lit, au mois de mai : *Pro Johanne de Allamente*, presbytero. — Cf. Lalore, *Cartul. de Saint-Urbain*, Introd., p. XIII et XIV, CVIII et CIX.

BAS COTÉS MÉRIDIONAUX

COTÉ DES CHAPELLES LATÉRALES

Tétel, chanoine. — Cette pierre, suivant la formule de son épitaphe, représentait deux effigies, probablement celles de l'oncle et du neveu; le premier, décédé le 29 mai 1451, le second, le 13e jour de juin 1482. Cette tombe, déplacée et débitée depuis le nouveau carrelage du sanctuaire, fut employée au dallage du porche de la tour Saint-Paul et relevée depuis peu de temps pour être conservée au musée diocésain.

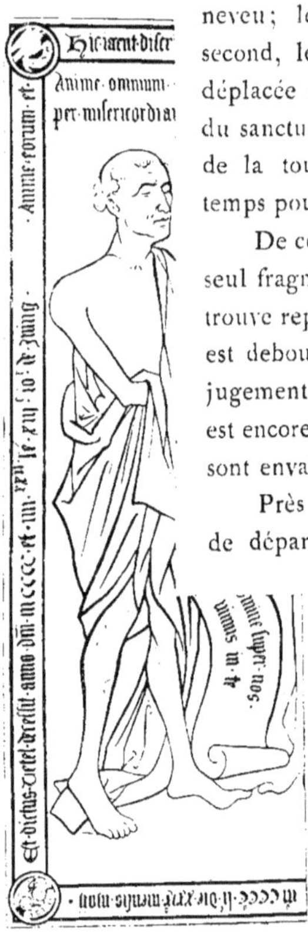

161.

De cette dalle tumulaire il ne reste plus qu'un seul fragment, la partie droite de la pierre, où se trouve représentée l'effigie de l'oncle Tétel. Celui-ci est debout sortant de son tombeau à l'appel du jugement universel. Le cadavre complètement nu est encore enveloppé de son linceul, et les jambes sont envahies par les vers (161).

Près de la bouche du chanoine était le point de départ d'un long phylactère se développant verticalement jusqu'aux pieds; on y lisait ce passage de l'Écriture : *Fiat misericordia tua, Domine, super nos, quemadmodum speravimus in te*. Ps. XXI, v. 22.

L'épitaphe des deux chanoines était suivie d'un verset du Rituel romain des funérailles : *Anime eorum et anime omnium fidelium per misericordiam Dei requiescant in pace.*

Tétel était curé d'Aix-en-Othe, en même temps que chanoine de la cathédrale (*Arch. de l'Aube*, G. 313). Peut-être ce Nicolas Tétel dont le nom se trouve dans le compte du chapitre en 1467-1468. (*Arch. de l'Aube*, G. 1859.)

La simplicité de cette tombe n'exclut pas l'intérêt, et il y a lieu de remarquer la maniere toute spéciale de représenter ainsi ces deux chanoines sur leur sépulture.

Hic iacent diſer...
m° cccc° li° die xxix^{a} menſis · maij.
Et dictus · Tetel · deceſſit · anno · dni · m° · cccc · et iiii^{xx}.
le xiiie jo^{r} de · juing.

Pierre. — Haut., 2^{m},43.

Jean Calot. — Plus loin que cette dernière tombe, pres du mur du gros pilier de la tour Saint-Paul, etait la tombe de Jean Calot, natif de Chigy, prêtre chanoine de la cathédrale, curé de Saint-Remi, portant la date de son déces, 12 décembre 1485; il donna sa maison, située devant l'église Saint-Remi, pour son anniversaire.

Il fut inhumé au-devant du premier pilier, sous sa tombe de pierre blanche, en la nef, au-dessus de celle du chanoine Solas, son neveu. Cette tombe est aujourd'hui en trois morceaux au musée diocésain de l'évêché. On lit sur le pourtour de la pierre cette épitaphe :

Cy giſt venerable et
diſcrete perſōne meſſz iehan calot pbr̄e natif de chigy chā de
ceans et cure de ſait
Remy de troyes lequel a dōne
a ceſte eglie ſa maiſon ſeat devāt led^{t} ſait remy po^{r} ſon aniuſaire
qui treſpaſſa le xiie de decēbre · M ·
cccc · iiii^{xx} ; v · dieu luy face pdō · amen ·

Pierre. — Haut., 2^{m},10; larg., 0^{m},90.

Personnages inconnus. — Au centre de la deuxième travée est une tombe portant deux effigies. Cette dalle tumulaire, très effacée par l'usure, est composée de deux arceaux soutenus par trois pilastres à retraits surmontés de pignons. Sous ces arcades gothiques sont abritées deux figures posées de trois quarts et se regardant. Ce sont le mari et la femme, l'homme à droite, la femme à gauche. Nous ne sommes pas éloigné de croire que les deux personnages représentés sur cette pierre appartenaient à la famille de la Marche ou à celle des Garmoise, dont nous parlerons plus bas.

Le citoyen bourgeois de Troyes est vêtu d'une robe et d'un long manteau à capuchon tombant sur les épaules, la tête couverte de son béguin. La dame, Jeanne, porte de même une robe et un manteau relevé sur le bras gauche et a la tête couverte de son capuchon.

L'inscription de la pierre tumulaire nous offre une lacune des plus regrettables; les noms de famille n'existent plus depuis que cette pierre a été placée dans le milieu du passage de ce bas côté.

CI⁝GIST⁝DAME⁝IEHANNE
QVI⁝TRESPASSA⁝LAN⁝DE⁝GRACE⁝M⁝CCC⁝Z⁝XXIII⁝LE⁝DI-MANCHE⁝DEVANT⁝LA⁝S⁝ANDRI⁝.................
...............................IADIS⁝CITIENS⁝DE⁝TROYES⁝QVI⁝
TRESPASSA⁝LAN⁝DE⁝GRACE⁝M⁝CCC⁝XL⁝Z⁝II⁝LE⁝XXIII⁝.......
...................PRIEZ⁝POVR⁝LVI⁝

Pierre. — Haut., 2m,55; larg., 1m,28.

Catherine de la Marche, *femme de Jean Dyppre, et leur fille Jeanne, femme de Jean de la Garmoise* (162).

Cette tombe est encastrée dans le mur de refend de la chapelle Saint-Claude, depuis 1849; grâce à la position qu'elle occupe, le dessin de cette pierre a conservé toute sa finesse. Ce n'est pas que nous approuvions cette manière de placer les dalles tumulaires en défonçant les murs d'un édifice, il eût été plus rationnel de la dresser simplement contre les murs de cette chapelle.

La décoration de cette tombe se divise en deux arceaux trilobés surmontés de deux pignons reliés par une terrasse. Au centre de celle-ci, on voit Jésus-Christ portant le nimbe crucifère, assis sur un trône et tenant dans son giron les âmes des deux défuntes représentées par deux petites figures nues ayant les mains jointes; deux anges encensent aux côtés des pignons.

Les arcatures abritent deux effigies, celle de la mère à droite, et celle de la fille à gauche. La première figure est vêtue d'une robe

162.

et d'un long manteau doublé de vair descendant jusqu'aux pieds; la tête est couverte de son capuchon, dont la pointe descend derrière les épaules. La seconde figure est simplement vêtue de sa robe ajustée à la taille, dont on distingue les deux poches sur le devant; comme sa mère, la fille a la tête couverte d'un capuchon ajusté sur les épaules, comme nos pèlerines modernes. Leurs pieds reposent sur le dos de deux chiens.

Ci · gist · dame · Katerine · de · la marche · feme · Jehan · dyppre · bourgois · de · troyes · qui · trespassa · lan · M · ccc · lxi · le · xiii · jour · de · septembre · Et · Jehanne · leur · fille · jadis · feme ·
Jehan · de · la · garmoise · bourgois · de · troyes · qui · terespassa · lan · M · ccc · lxxvii · le · premier · jour · de · septembre · dieux · ayt · mercy · des · ames · de · elles · ame" ·

Pierre. — Haut., $2^m,55$: larg. en haut, $1^m,22$; en bas, $1^m,11$.

Pierre Jaquoti, chanoine de la cathédrale et doyen de Saint-Étienne, mort en 1526. — Au milieu de la cinquième travée est la pierre tumulaire du chanoine Jaquoti et de Marguerite, sa mère. Le chanoine est représenté les mains jointes, vêtu de la chasuble. La tête est couverte d'une petite calotte et de l'aumusse doublée d'hermine. Autour du cou, on remarque le collet brodé de l'amict; l'étole et le manipule complètent le vêtement sacerdotal.

A gauche du chanoine est l'effigie de sa mère, dans la même attitude, les mains jointes, vêtue d'une longue robe à larges manches, la tête couverte d'une coiffe avec bandelettes tombant sur le côté des épaules.

Le visage et les mains de ces deux personnages étaient incrustés de marbre blanc, et l'aumusse en marbre noir, doublée de marbre blanc.

Ces deux figures sont placées sous deux arcades plein cintre bordées de trilobes et surmontées d'archivoltes fleuronnées s'ajustant avec une riche galerie ajourée. Au-dessus de cette balustrade s'élèvent deux dais à pans d'une grande richesse de détail, dans lesquels sont abrités Abraham, qui a reçu dans son sein l'âme des défunts, et quatre anges portant des chandeliers dans les niches de côté.

Les figurines des pieds-droits des portiques sont au nombre de huit, représentant quatre chanoines officiant et en chape, tenant des livres; un diacre et un sous-diacre, un clerc portant une croix et un autre tenant le bénitier et l'aspersoir. Ils accomplissent l'absoute de la cérémonie des funérailles.

Les emblèmes des évangélistes reproduits aux angles, dans des médaillons, sont disposés dans l'ordre traditionnel : l'aigle, l'ange, le lion et le bœuf.

L'épitaphe qui se lit autour de la pierre commence au côté droit de la pierre et se poursuit au bas de la tombe, pour se terminer à gauche; elle est interrompue au centre, sur sa hauteur, par deux blasons qui se répètent, composés d'une fasce accompagnée de trois étoiles. En dehors du cadre, au bas de la pierre, sont gravés ces mots : Jehan le moyne tübier a paris.

Cet artiste ciseleur était peut-être le frère ou le fils de Nicolas Lemoigne, qui avait son atelier à Paris, près la porte Saint-Michel[1].

Ce Jean Lemoine a signé, en 1540 et 1546, la tombe d'un pêcheur dans l'église de Vinyselle et celle d'un religieux natif d'Auzon, dans l'église de Saint-Loup-de-Naud[2]; celle du chanoine Pierre de Piles, mort en 1534, dans la cathédrale d'Auxerre[3]; enfin la pierre tombale d'un trésorier de la Sainte-Chapelle du Vivier en Brie, mort en 1536[4].

En 1502, on lit, dans les comptes de la fabrique de la cathédrale, que le chapitre remboursa XIII sous au chanoine Jaquoti, pour l'achat d'une bourse et d'une layette destinées à Hutier de Viexville, femme de Martin Cambiche, maître maçon du portail de la cathédrale.

Plus tard, en 1510, ce même chanoine fit le voyage de Paris, accompagné de son domestique, à cheval. Il était chargé par le chapitre de distribuer plusieurs cadeaux de toile fine s'élevant à la somme de 230 livres (7.500 fr.) aux employés de l'administration

1. Baron de Guilhermy, *les Inscriptions de la France*.

2. *Les Monuments de Seine-et-Marne*, par Aufauvre et Ch. Fichot.

3. Communiqué à la Société des Antiquaires de France, en décembre 1891, par M. Maurice Prou, de la Bibliothèque Nationale.

4. *Bulletin monumental*, t. XI, p. 422.

des finances, pour l'obtention des lettres patentes, signées par le roi Louis XII, relatives à l'édification du portail et des tours de la cathédrale[1].

La tombe de Pierre Jaquoti fut déplacée; elle était jadis au premier pilier de la nef, devant la statue de Notre-Dame-de-Pitié, que le chanoine fit faire. Sa mère était inhumée à côté de lui, sous la même tombe[2].

Hic Jacet vir circunspectus mḡr petrus Jaquoti in Jure canonico liceñ decan' eccle sancti stephanj et eccle treceñ canonicus qui obiit ij' die meſ aprilis an̄o dn̄j · 1526 · ante pascha̅ : Et juxta eu̅ quiescit margareta eius mater · Relicta deffucti leoricardi Jaquot que obiit quita die meſ maii an̄o dn̄j · 1513 · Requiescant in pace Amen.

Pierre. — Haut., 2m,97; larg., 1m,48.

Guy Merger. — La tombe en marbre noir de Guy Merger occupe le milieu de la sixième travée, devant la chapelle Saint-Pierre. Le dessin en est presque effacé. Sur le côté gauche, l'inscription se lit facilement, les caractères sont gravés en relief et les creux incrustés de plomb imitaient les reflets d'un métal d'argent, brillant avec éclat sur un fond noir.

Cette tombe recouvrait les corps de trois personnages, l'oncle, la tante et le neveu, comme nous le dit l'épitaphe; mais le marbre n'en présentait que deux, l'oncle et le neveu. Celui-ci, dont on ne distingue que l'épaule gauche, était en chasuble, les mains jointes.

L'oncle a complètement disparu. Ces deux figures, demi-nature, étaient réunies sous un porche de la Renaissance, de l'ordre ionique, avec colonnes aux fûts cannelés, sur lesquels reposait un entablement surmonté d'un fronton triangulaire. La frise portait une inscription

1. Léon Pigeotte, *Étude sur les travaux d'achèvement de la cathédrale de Troyes*. 1870.

2. L'abbé Lalore, *Obituaire de la Cathédrale de Troyes*.

qui se terminait ainsi : ... CRISTVS · 1543. date de la mort de Guy Merger. Décédé le 12 août 1543, il était inhumé dans la nef, sous une tombe de marbre noir, près le pilier où était une Notre-Dame-de-Pitié, au-dessus de celle de Mr Edmond Simonnet.

Un inventaire de son mobilier est conservé aux Archives de l'Aube, *reg.* G. 2312.

La tête du chanoine Merger a son histoire : d'une physionomie

163. GUY MERGER, CHANOINE DE LA CATHÉDRALE DE TROYES (salière de cheminée).

grotesque (163) qui prêtait à la charge, notre illustre sculpteur de la Renaissance François Gentil, à qui il avait su déplaire, en fit une salière de cheminée, où la figure bouffonne du chanoine fut représentée. Grosley, dans ses *Éphémérides troyennes de l'année* 1762, en a publié la gravure avec un texte satirique que nous nous abstenons de reproduire.

Vers 1830, nous avons vu et admiré cette salière pour la première fois, dans le fournil de M. Fichaux aîné, pâtissier, rue Urbain IV, à l'angle de la rue du Croc. Quoique bien jeune, nous riions quelquefois devant l'aspect de cette étrange figure, dans le cerveau duquel mon homonyme plongeait la main pour saler ses petits pâtés.

Cette tête, de grandeur nature, était taillée dans un simple morceau de chêne, et le petit chapeau du chanoine monté sur charnières servait en même temps de coiffure et de couvercle à l'objet.

Encore une œuvre artistique locale perdue pour la ville de Troyes. Après avoir passé dans les mains de divers brocanteurs, cette salière fut vendue à M. le marquis de Laborde, conservateur des Archives nationales, et c'est dans le cabinet de ce savant archéologue que nous l'avons retrouvée et reconnue.

M. de Laborde, étonné de notre engouement pour cette remarquable troyennerie, nous offrit une gravure à l'eau-forte, exécutée par l'habile graveur Jules Jacquemard. Depuis cette époque, M. de Laborde étant décédé, son fils a bien voulu, sur notre demande, nous autoriser à reproduire cette belle gravure qui exprime si bien la vigueur et le génie artistique du grand sculpteur.

. . . . merger et Jehan
merger son nepveu · dame Agnes sa tante · le premier marriglier
de ceans qui deceda
le xxv Septembre

Marbre noir. — Haut., 1^{m},8[illegible].

COTE DE LA NEF MÉDIANE

Louis Budé, chanoine de la cathédrale, archidiacre d'Arcis, mort en 1517. — Dans la troisième travée de ce bas côté se trouve, sur la gauche, une moitié de tombe qui fut déplacée et coupée par suite de la démolition du jubé et du nouveau carrelage du chœur. On se servit de la partie la plus intéressante pour en couvrir l'orifice du puits qui se trouve placé dans cette travée.

Ce qu'il y a de particulier à constater à propos de ce vandalisme, c'est qu'il y avait déjà en 1451-1452 une pierre tombale qui avait subi le même sort et qui remplissait le même office[1].

1. Léon Pigeotte, *Étude sur les travaux de la cathédrale*, p. 31.

Pour racheter ce vandalisme, et surtout pour perpétuer la mémoire de cette illustre famille, nous avons essayé de rétablir le dessin complet de ce fragment, en y ajoutant, par un travail tout différent, la partie sacrifiée pour pratiquer l'ouverture du puits. Dans cette condition, la décoration architecturale de cette tombe

164.

nous rappelle celle de Pierre Jaquoti, signée par Jehan Lemoyne, tombier à Paris[1].

Louis Budé habitait l'hôtel canonial situé à l'angle du cloître

1. Jean Milon, official, et Charles de Villeprouvée, sont exécuteurs testamentaires de Louis Budé, avec « maistre Guillaume Budé, notaire et secrétaire du Roy nostre sire, seigneur de Marly, frère et héritier en partie du dit defunct... Pour une pierre escripte et engravée, assise sur le lieu où a esté inhumé le corps dudict deffunct, c'est assavoir devant le jubé d'icelle église, *néant, pour ce qu'elle a esté*

Saint-Pierre, aujourd'hui hôtel du petit Louvre, rue de la Montée-Saint-Pierre.

Guillaume Budé, frère de Louis, à qui l'on doit en partie la restauration des lettres en France et l'établissement du Collège royal, avait de grandes relations avec la ville de Troyes, par sa sœur Jaquette Budé, mariée à Antoine, frère de Louis Raguier, évêque de Troyes, et par des frères et des neveux, chanoines de la cathédrale et de l'Église collégiale de Saint-Étienne.

Guillaume Budé, qui était en grande faveur à cette époque, fut nommé prévôt des marchands de Paris; son hôtel, un des plus beaux et des plus grands de Paris, était situé au centre du commerce, rue Saint-Martin, vis-à-vis la rue de Montmorency[1]. Entièrement reconstruit par Merry de Vic, garde des sceaux de France, ce nouvel hôtel vient d'être rasé il y a deux ans, pour faire place à de nouvelles constructions appropriées au commerce du quartier.

L'inscription de la dalle tumulaire de Louis Budé commence à gauche, elle a été coupée juste à la hauteur du blason qui la divisait en deux parties égales. Ce blason se compose d'un chevron accompagné de trois raisins, deux en chef et un en pointe.

Le défunt est représenté sous un arc cintré, les mains jointes et simplement vêtu de son habit de chœur, à larges manches. Le visage, qui était rapporté en marbre blanc, n'existe plus; mais les mains, incrustées de la même manière, se sont conservées.

Nous avons complété l'épitaphe avec le texte qu'en donne le savant Desguerrois.

Hic situs est ludouicus budeus utraq; lingua doctus·juris
utriusque consultus, trecensis canonicus, et archidiaconus Arceyensis,
qui diem suum obiit ann. 1517, mense novembri. Recte conditos
Manes esse lector precari ne graveris.

Haut., 1m,32; larg., 1m,30.

envoyée de Paris et payée par les parens et héritiers d'icelluy deffunct ». L'abbé Lalore, *Obituaire de Saint-Pierre*. (Arch. de l'Aube, reg. G. 1875, fol. 579. — G. 2308, folio 23.)

1. Piganiol de la Force, *Description historique de la ville de Paris*.

Pierre Doé, chanoine, archidiacre de Brienne, mort en 1700. — Cette tombe est placée au centre de la troisième travée. En tête de l'épitaphe est le blason de Pierre Doé, renfermé dans un cartouche. Il se compose d'un chevron accompagné de trois roses.

HIC JACET PETRUS DÖE
PRESBITER HUJUS ECCLESIÆ
CANONICUS ET ARCHIDIACONUS
BRENÆ OBIIT ANNO DOMINI
1700 DIE 8 NOVEMBRIS

REQUIESCAT IN PACE

Pierre. — Haut., 1^{m},96 ; larg., 1^{m},20.

Pierre Doé était fils de Nicolas Ier, receveur des tailles de l'élection de Troyes, souche de la branche de Luyères, une des plus honorables du pays de Champagne. Son aïeul, Guillaume Döé, premier du nom, vivait en 1580. Il eut deux fils, Nicolas et Guillaume II, souche de la branche de Maindreville en Picardie.

A gauche, près de cette tombe, on remarque un fragment portant ces mots : **S:DE:SILLYACO:**. Deux autres fragments, l'un dans la même travée, l'autre au pied de la chaire, donnent en partie l'épitaphe d'un chapelain de Saint-Michel de Longeville, mort en 1484. Voici ce qui existe de cette inscription : chapellain de saint michel de longeville · Qui trespassa le xii..... cccc · iiiixx · iiij · priez dieu pour eulx · Amen. D'après la fin de cette inscription, on voit qu'il y avait deux personnes sous la même tombe. La chapelle de Saint-Michel de Longeville, voisine de Lirey, était à la collation de l'abbé de Molesmes.

Jean de Longchamp, chapelain de la cathédrale, mort en 1363.

— Dans la cinquième travée est la tombe de Jean de Longchamp, de la fin du XIVe siècle, presque effacée; on y distingue encore le portique à pignon sous lequel le personnage est placé. L'inscription commence au côté gauche de la pierre; on y lit :

Hic iacet dominus Johannes de longo campo presbiter huius ecclesie cappellanus qui obiit anno
domini millesimo trecentesimo
sexagesimo tertio · die vicesima sexta mensis octobris cuius anima requiescat in pace amen.

Hauteur, 3 mètres; larg., $1^m,38$.

La dalle tumulaire qui occupe le centre de la sixième travée, et qui a 2 mètres de long sur $1^m,20$ de large à la tête et $0^m,81$ au pied, n'est pas mieux conservée. D'une forme oblique très accentuée, cette tombe est certainement la plus ancienne de la cathédrale, pouvant remonter au XIIIe siècle. Elle représente un religieux couché sous un portique trilobé, les mains jointes et la tête couverte de son capuchon. Deux anges encensent dans les angles supérieurs de la pierre. De l'inscription il n'existe plus que des vestiges presque imperceptibles. On lit, en haut de la pierre, en grosses lettres onciales : **CI GISE**......... Tout ce qui était écrit sur le côté droit et au bas de la pierre a disparu. Sur le côté gauche, il ne reste que la fin de l'inscription : .....**POVR:LAME:DE:LI:**. La forme de ces caractères et la simplicité du dessin de cette tombe viennent à l'appui de notre première appréciation.

BAS COTÉ SEPTENTRIONAL DU CHŒUR

Jean Dehault. — Dans la première travée de ce bas côté, on voit une tombe en marbre noir dont la décoration et la figure n'existent plus. Dans le cadre, autour du marbre, se lit l'épitaphe, et sur un socle placé sous les pieds du personnage, sont gravées onze lignes en vers devenues illisibles par le frottement.

Jean Dehault, prêtre, chanoine et grand archidiacre, était inhumé sous cette tombe noire, dans la nef, au pied du troisième pilier du côté gauche, où était le tableau en relief de la Présentation de la sainte Vierge, qui avait été fait de ses deniers.

NOBLE · HOMME · M · JEAN · DE HAVLT · VIVANT · GRAND ·
ARCHIDIACRE · ET · CHANOYNE · EN · LEGLISE · DE · CEANS ·
DECEDE · LE · XXII · AOVST · 16 4 · EST · INHVME · SOVBZ ·
CE · MARBRE · PRIEZ · DIEV · POVR · LVY ·

Marbre noir. Haut., 2m,15; larg., 1m,25.

Nicolas Format, chanoine et chantre de la cathédrale, mort en 1597. — Au centre de la deuxième travée du collatéral du chœur est une tombe en marbre noir, portant l'épitaphe de Nicolas Format, chanoine et chantre de l'église cathédrale.

Ce chanoine était inhumé sous cette tombe au-devant et proche la petite porte de l'évêché dans la chapelle Sainte-Hélène (côté sud).

Il y avait au pilier une épitaphe, probablement en français, couverte de verre.

L'inscription comprend cinq distiques latins, plus la date de sa mort.

NIKOΛEOS FORMAT DOCTOR FORMATVS IN OMNI
CORPORE MENTE PIA NOE REQ. FVIT
DOCTIOR EGREGIVS VIGILANS VENERABILIS INTER
DOCTORES CANTOR CVRIO SACRIFICVS
HIC IACET INFORMIS CARNEM SVPTVR. EANDEM
SOLE MAGIS PVLCHRĀ SPIRITIB. SIMILEM
ERGO PIE LAIA CANTENT IN PACE QVIESCAT
OMNES CV̄ BACOLIS GVILMETIISQ. ATAVIS

OBIIT · 3 · NO · OCTOB.
1597[1]

Marbre noir. Haut., 1m,63; larg., 1m,16.

1. L'épitaphe de Nicolas Format, pleine de jeux de mots et très alambiquée, est difficile à traduire en français. En voici le sens, autant qu'il est possible de le deviner et de le rendre : « Nicolas Format, docteur, formé en tout genre de science, fut plus docte que Noé par la piété de ses pensées et de ses œuvres. Chantre

Jeanne la Fezzye et Nicolas Laurent (1504 et 1526). — Au centre de la quatrième travée, une tombe se fait remarquer par son extrême grandeur et par sa simplicité. C'est la dalle tumulaire de Jeanne la Fezzye, femme de feu Arnout Lulier, bourgeois de Troyes, morte le 29 mai 1504, et de son neveu Nicolas Laurent, marguillier à verge de cette église, décédé le 11 septembre 1526. Ces deux personnages étaient inhumés sous la même tombe dans la grande nef.

Cette dame est représentée les mains jointes, vêtue d'une robe ajustée à la taille avec traîne relevée sur le bras gauche et à larges manches; sa tête est couverte d'une coiffe dite à l'italienne, comme on les portait après les guerres de Louis XII.

Un petit chien, symbole de la fidélité, est couché à ses pieds.

Le cadre, qui renferme l'épitaphe, est décoré à ses angles par des médaillons contenant les attributs des évangélistes.

Cy giſt noble perſonne Jehanne la fezzye iadis
fēme de feu arnout lulier bourgoys demourēt a troys laquelle
treſpaſſa le xxixe jour du moys
de may · lan mil cinq cens et iiij · Dieu
ait ſon ame. Et ſon nepveu nicolas laurēt marriglier de ceſte
egliſe qui deceda le xie de ſeptembre mil v^c ʒ xxvi

Pierre. — Haut., 2^m,35; larg., 1^m,22.

Nicolas Camusat. — Cette inscription est appliquée au premier pilier du chœur, à gauche et à l'entrée du bas côté.

Nicolas Camusat, chanoine et historien, naquit à Troyes en 1575 et mourut dans cette ville le 20 janvier 1655. On a de lui, en latin, une *Chronologie du moine anonyme de Saint-Marien d'Auxerre*, imprimée à Troyes en 1608; *le Promptuaire des saintes antiquités de Troyes*, en 1610; *l'Histoire des Albigeois*, en 1615; des *Mélanges*

distingué, marguillier vigilant, prêtre vénérable entre les docteurs. Il repose ici informe, mais il doit reprendre un jour la même chair, plus brillante que le soleil, semblable aux esprits célestes. Que tous chantent donc pieusement *Alleluia* et *Requiescat in pace*, avec... (Deux noms d'instruments de musique inconnus.) »

historiques, en 1619, et quantité d'autres documents historiques insérés dans divers recueils[1].

Nicolas Camusat fut deux fois greffier du chapitre de la cathédrale, 1597-1600 et 1601-1617.

Grosley avait composé cette épitaphe et la fit placer dans l'église paroissiale de Saint-Frobert, d'où elle provient :

HIC IACET
NIC. CAMUSAT
TREC. ECCLESIÆ CANONICUS
VITA, SCRIPTIS, MORIBUS
SACERDOTALIS ORDINIS
EXEMPLAR ET NORMA
NOSTRATIS HISTORIÆ
ALTER A PITHŒO PARENS
OBIIT OCTOGENARIUS
XIII KAL. FEB. AN. M.D.C.LV.
P. J. GROSLEY.
T. R. L.
1770.

Marbre noir. — Haut., 0m,80; larg., 0m,65.

Nicolas de Mesgrigny, *évêque nommé de Troyes*. — Il était fils d'Eustache de Mesgrigny, écuyer, seigneur de Villebertin, Moussey, Bercenay, la Loge-aux-Chèvres et Champ-au-Roi; et de Simone Le Mérat, dame de Droupt-Saint-Basle. Né en 1594, il fut prieur de Saint-Gondon-sur-Loire, abbé de Saint-Maurice de Blasimont, diocèse de Bazas (Gironde), chanoine de la cathédrale de Troyes, conseiller du roi Louis XIII.

Nicolas de Mesgrigny était oncle de Jacques Vignier, qui, ayant été nommé évêque de Troyes par le roi, pour remplacer l'évêque René de Breslay, démissionnaire, se rendit à Rome afin d'obtenir lui-même ses bulles, et y mourut le 18 mars 1622.

A la nouvelle de sa mort, Nicolas de Mesgrigny, regardant

1. Émile Socard, *Biographie*, 1882.

l'évêché de Troyes comme vacant par la mort de son neveu, le demanda au roi. Étant allé en 1623 au siège de Montpellier, occupé par les calvinistes, il y tomba malade dans l'exercice de la charité, et, abattu par une longue paralysie, il mourut à Troyes, âgé de trente ans, le 24 janvier 1624. Il fut inhumé dans le chœur de la cathédrale.

La pierre tombale, que l'on voit aujourd'hui dans le bas côté méridional du chœur, a été restaurée, en 1864, par les soins de M. le marquis Edmond de Mesgrigny de Villebertin.

En tête de l'épitaphe est le blason de famille, au 1, au lion rampant d'or, Mesgrigny; au 2, d'argent à une bande, soutenant un oiseau d'or, Cochot.

HIC IACET NICOLAVS
DE MESGRIGNY
RESVRRECTIONEM
EXPECTANS OBIIT
XXIV · IANVA · ANNO
M · DC · XXIV.

Marbre noir. — Haut., $2^m,34$; larg., $1^m,12$.

Pierre de Villeneuve. — Cette tombe est placée en suivant, au centre de la troisième travée.

Ce Pierre de Villeneuve-au-Châtelot[1], près de Pont-sur-Seine, était chanoine de la cathédrale et de Saint-Étienne. Il mourut en 1342, au mois d'octobre[2].

Sa tombe gravée est presque une répétition de la pierre de Renaud de Langres, qui est de la même époque.

Le personnage occupe un riche portique ogival appuyé sur deux pilastres terminés en flèche.

L'ogive est surmontée d'un gâble orné d'une rosace à jours. Deux anges aux côtés de ce pignon encensent et tiennent des navettes.

Le chanoine est représenté avec son aumusse et en chasuble relevée sur les bras; il porte un calice de ses deux mains: celles-ci, la tête et le calice, sont rapportés en marbre blanc. Ses pieds reposent, non pas sur le dos d'un animal symbolique, mais sur un escabeau.

La bordure de la pierre renferme l'inscription suivante endommagée par l'usure[3].

HIC·JACET·DO
MINUS·PETRUS·DE·VILLANOVA·PROPE·PONTES·SUPER·SECA-
NAM·PRESBITER·QUONDAM·CA
NONICUS·HI'·ECCLESIE·Z·SANCTI·STEPHANI·
TRECEN·QUI·OBIIT·ANNO: DN̄I·M̊·CCC·QUADRAGESIMO·SECUN-
DO·DIE.....MENSIS·OCTOBRIS·

Pierre. — Haut., 2m,46; larg., 1m,12.

Nicolas Solas. — Ce chanoine était le *scelleur* des évêques Louis et Jacques Raguier; il donna beaucoup de bien à l'église, et

1. *Obituaires*, p. 151. — *Ibid.*, p. 24.

2. Dans le testament de Jean d'Aubigny, évêque de Troyes, du 6 novembre 1341, il est fait mention de Pierre de Villeneuve (*de Villanova*). Ce chanoine était certainement mort en 1348, car il se trouve mentionné dans le compte des anniversaires de 1348-1349.

3. Nous avons examiné l'inscription de cette tombe avec soin, et nous avons remarqué que le savant auteur du *Voyage archéologique* s'était trompé en attribuant la pierre de cette sépulture à un chanoine nommé Pierre de Villiers, qui ne figure pas dans l'obituaire de la cathédrale.

fut inhumé dans la nef, au-dessus et un peu à côté de l'évêque Odard Hennequin; sa tombe est actuellement au milieu de la troisième travée, passage de la sacristie au chœur.

Le dessin de cette pierre, très usé, se compose d'un arc cintré enrichi de trilobes, il est supporté par des pilastres gothiques. Dans les niches se dressent les figures de la cérémonie des funérailles; tout cela est bien altéré pour que l'on puisse en donner une description complète.

L'architecture du couronnement n'existe plus; néanmoins, dans les contours apparents, on distingue encore que le centre était occupé par une niche où était représentée l'âme du défunt reçue dans le sein d'Abraham.

Le chanoine est représenté les mains jointes, vêtu d'une chasuble à ramages brochés, la tête couverte de l'aumusse.

Les pieds reposent sur la bordure du cadre. Cette décoration présente une très grande analogie avec celle de la dalle tumulaire de Jacques Guichard, de la même époque.

Aux angles de la pierre, l'action du temps a fait disparaître les écussons de famille.

Dans le cadre du pourtour commence à droite, en tête de la pierre, l'inscription suivante :

Cy gist venerable et discrete p̄sone messe nicole solas p̄bre channe
de ceste eglise en son temps scelleur de Revēnds peres en
dieu mess
Loys et Jaques Raguiers Evesques de troyes Qui
trespassa le · xiiie · jour du moys de fevrier · lan · mil · cinq · cens ·
et · treize · priez dieu por luy · Pater noster ·

Pierre. — Haut., $2^{m},45$; larg., $1^{m},20$.

Jacques Guichard, chanoine de la cathédrale et curé de Saint-André-lez-Troyes et de Chevillon-lez-Montargis, décédé en 1511.

La tombe de Jacques Guichard se trouve actuellement auprès de la clôture du chœur, dans le bas côté méridional, en face de l'escalier du trésor.

La tombe de ce chanoine était jadis au pied du premier pilier de la nef, auprès du bas-relief de saint Joachim et de sainte Anne, qu'il avait fait sculpter.

Par exception, cette dalle tumulaire n'a pas d'incrustations en marbre blanc; mais elle n'en est pas moins une des plus intéressantes par le mérite de son dessin et surtout par la riche parure des vêtements.

165. JACQUES GUICHARD.

Jacques Guichard est vêtu de la chasuble rehaussée d'ornements brochés; l'amict, l'étole et le manipule sont enrichis de roses et de perles et autres ornements variés. Les poignets de l'aube ne le cèdent en rien à la richesse de ce vêtement sacerdotal. La *parura*, également, pièce de broderie au bas de l'aube, se compose d'un bouquet qui se développe le plus souvent de bas en haut.

La tête du personnage est couverte de l'aumusse, vêtement d'hiver en forme de sac, dont l'ajustement sur la tête du chanoine indique bien son emploi. Des deux côtés de l'épaule, ce manteau descend jusqu'aux pieds, et, à ses extrémités, on distingue des queues d'hermines correspondant au luxe de la doublure (165).

Le chanoine est représenté couché, les mains jointes, sous un portique du style gothique le plus fleuri. Une archivolte contourne le plein-cintre et s'ajuste avec la galerie portant le couronnement de l'amortissement. Les niches abritent des anges portant des flambeaux et l'âme du défunt admise dans le sein d'Abraham.

Les pieds-droits du portique sont composés de niches à pinacles abritant les douze apôtres, qui portent leurs attributs, ceux-ci encore visibles pour quelques-uns.

Dans les deux niches du soubassement, deux chanoines chantant les prières de l'absoute. Les emblèmes des quatre évangélistes, l'aigle, l'ange, le lion et le bœuf, occupent les quatre angles de cette dalle, une des plus intéressantes et assez bien conservée.

166.

L'épitaphe suivante se lit de gauche à droite sur le pourtour de la pierre : elle est coupée en deux parties par le blason du défunt, à un chevron chargé de six glands de chêne, accompagné de trois fleurs de... ou d'une espèce de lyre en pointe, tel est le dessin gravé sur la pierre (166).

Cy gist venerable et discrete persone maistre Jacques Guychart
pbre chanoine de leglise St-pierre de troyes cure
de St-andry lez troyes et de chevillon les motargis
au dyocese de sens · Qui trespassa le me jor de decebre lan · mil
cinq · cens · et · xi · Priez Dieu pour luy ·

Pierre. — Haut., 2m,35; larg., 1m,15.

Nicolas Le Bascle (l'ancien), chanoine et doyen de la cathédrale. — Du côté opposé à cette dernière tombe, au pied de l'escalier du trésor, est une tombe en marbre noir qui était précédemment placée devant la porte de la sacristie[1]. Depuis, elle a été déplacée et transportée dans la chapelle Saint-Pierre et Saint-Paul.

Pendant les grands travaux, elle subit un deuxième déplacement dans l'intérêt de sa conservation; mise sur le bord du passage de ce bas côté, elle risquait moins de s'effacer sous le frottement des pieds. L'inscription latine qui occupe tout le cadre de la pierre est formée de lettres gothiques carrées en relief, maintenant usées et effritées.

1. Arnaud, *Voyage archéologique*, page 182.

Néanmoins quelques mots encore lisibles nous font savoir que cette belle dalle tumulaire est celle qui couvrait la sépulture du doyen Nicolas Le Bascle (l'ancien), décédé le 29 janvier 1509.

L'Obituaire de l'abbé Lalore nous apprend et nous confirme que le doyen du chapitre était inhumé sous sa grande tombe noire, entre celle de M. de Champigny et l'autel, près de la sacristie.

Nicolas Le Bascle (le jeune), aussi doyen, installé en 1509, c'est-à-dire après la mort de Le Bascle (l'ancien), est décédé le 3 octobre 1538; il fut inhumé dans la même tombe. Celle-ci, de style purement Renaissance, fut exécutée du vivant de Le Bascle le jeune, et sur la fin de sa vie. Ce dernier, étant mort ving-neuf ans après Le Bascle l'aîné, on peut admettre que Le Bascle l'ancien était l'oncle du jeune doyen.

Le chanoine est représenté la tête couverte de l aumusse doublée et frangée d'hermine, appuyé sur un coussin d'étoffe damassée; il est vêtu d'une riche chasuble brochée de rinceaux courants, relevée sur le bras. Il tient entre ses mains un grand calice à large coupe recouvert de sa patène. A droite et à gauche de la tête, on lit sur une banderole : *Miserere mei Deus*.

A cette époque, les ornements sacerdotaux commencent à être l'objet de quelques transformations; le calice prend de grandes proportions; la chasuble conserve sa forme ancienne, mais elle est beaucoup plus large, grâce à une coupure pratiquée à son ouverture pour le passage de la tête; elle se ferme sur la poitrine au moyen de riches agrafes émaillées de fleurs de lis d'or.

Le collet brodé disparaît; il est remplacé par l'amict en tissu de lin croisé sur la poitrine; l'étole et le manipule sont simplement frangés. La parure de l'aube conserve toute la richesse de sa broderie.

Les pieds du doyen reposent sur un carrelage losangé où se lit cette inscription : Ora pro me frat (*er*) ut tibi fiat si (*mi*) li (*ter*).

Le Bascle est couché sous un riche portique dessiné en perspective, appartenant, comme toute sa décoration, au beau temps de la

Renaissance; le fond est couvert d'une tenture d'étoffe à fleurs de lis disposées dans des losanges et frangée par le bas.

Les pilastres sont surmontés d'élégants chapiteaux et décorés sur leurs faces apparentes de moulures et de feuilles de plantes d'eau, divisées en deux parties par des cercles renfermant des têtes de mort.

167.

Ils reposent sur des piédestaux peu élevés dont les faces sont chargées d'un écu de famille à une bordure, et à un lévrier courant (167).

Ces pilastres supportent un entablement dont la frise est couverte d'une inscription devenue illisible.

Au-dessus s'élèvent cinq arcades de différentes dimensions. Les deux premières en contre-courbes sont réunies par un fleuron. Dans l'arcade centrale, le Christ de l'Apocalypse étend les bras, montrant ses plaies; ses épaules sont couvertes d'un long manteau; il est assis sur un arc-en-ciel, les pieds posés sur le globe terrestre, comme on le représente à l'appel du jugement universel. Dans les arcades secondaires, aux côtés du Christ, les figures symboliques de la Justice et de la Miséricorde, portant leurs noms, misericorde-justice, inscrits dans le cintre de la bordure du cadre.

La Miséricorde tenant l'étendard de la rédemption, la Justice le glaive vengeur.

Les niches des extrémités sont occupées par deux figures de saints, que l'usure nous empêche de reconnaître d'une manière précise; cependant celle de gauche nous semble l'image d'un abbé portant un livre ouvert et tenant une crosse de la main gauche.

Au-dessus des cinq arcades, deux anges au milieu d'un ciel étoilé. Les angles de la pierre portent les attributs des évangélistes.

Anciennement, les incrustations de cette tombe étaient couvertes d'un enduit de mastic blanc sur toute sa surface noire. Ce procédé imprimait au dessin une grande puissance d'effet décoratif; mais le temps a fait disparaître cette composition.

L'épitaphe de Nicolas Le Bascle est très effritée et se lit difficilement; nous avons eu recours à l'Obituaire de M. l'abbé Lalore pour en donner le complément.

Hic jacet probitatis et prudentie vir M. Nicolaus LE BASCLE, *sincere fame, jurisperitus, licentiatus, qui primum ex conjuge Babelonna susceptis liberis, eaque premortua,* a presule trecensi accitus

necno huius ecclesie canonic; inde sacerdos effect; tandē decanus canonice creat; est · Obiit · xxix · *januarii* · *M* · *D* · *IX* ·

Hauteur, 2m,78; largeur, 1m,28.

ANCIENNE CHAPELLE SAINTE-HÉLÈNE

DEVANT LA PORTE DE LA SACRISTIE

Personnage inconnu. — Cette tombe nous présente un prêtre vêtu d'une chasuble, les mains jointes, la tête posée sur un coussin et les pieds sur la bordure de l'inscription.

L'effigie du personnage est couchée sous un portique d'ordre ionique présenté en perspective; deux pilastres avec socles, vases et chapiteaux, portent un entablement au centre duquel était un blason de famille, le tout surmonté d'un fronton triangulaire. La tête et les mains du prêtre sont incrustées en marbre blanc. La bande en bordure sur laquelle est écrite l'épitaphe est en marbre noir; l'épitaphe est devenue illisible par le frottement et par l'humidité du sol, qui a descellé plusieurs morceaux de la bordure. (Pierre : hauteur, 2m,18; largeur, 1m,08.)

Claude Huot. — La pierre tumulaire de Claude Huot est entièrement couverte d'une inscription relatant l'extrait d'une fondation faite par testament déposé chez Me Jean-Jacques Châtel, notaire à Troyes, le 6 février 1665.

Claude Huot fonda une messe tous les lundis à perpétuité, pour lui et ses parents, moyennant une somme de 24,000 livres tournois. Cette messe devait être chantée solennellement au chœur, en musique; elle devait être suivie du *De profundis* en musique, avec les oraisons ordinaires, chanté sur la tombe du fondateur.

Il laissa, en outre, une somme de 2,008 livres pour l'hospice de Troyes.

Cette tombe est la seule qui soit restée sur son emplacement primitif, celui de l'inhumation du défunt.

CLAVDIVS HVOT PRESBITER
HVIVS INSIGNIS ECCLESIÆ TREC^S
CANONICVS, PROVIDENS TAM SVÆ
QVAM PARENTVM SALVTI, DEDIT
INTER VIVOS ET TESTAMENTO
LEGAVIT VIGINTI QVATVOR MILLE
LIBRAS TVRONENSES, PRO MISSA
PROPITIATORIA SIBI ET DEFVNCTIS
PARENTIBVS, SOLEMNITER
MVSICO CANTV, IN CHORO DICTÆ
ECCLESIÆ A VENERABILIBVS DOM̄.
DECANO ET CANONICIS VNO
QVOQVE DIE LVNÆ PER ANNVM
IN PERPETVVM CELEBRANDA, CVM
PSALMO DE PROFVNDIS EODEM
CANTV, ET COLLECTIS ASSVETIS
IN FINEM SVPER PRÆSENTI
SEPVLTVRA, ADSTANTE CLERO,
PER SACERDOTEM RECITANDIS
VT LATIVS CONTINETVR IN TABVLIS
RECEPTIS PER IOANNEM IACOBVM
CHASTEL NOTARIVM REGIVM
TRECENSEM DIE SEXTA FEBRVARII
ANNI MILLESIMI SEXCENTESIMI
SEXAGESIMI QVINTI
OBIIT SECVNDA IANVARII
M · DC · LXV
R · J · P

Marbre noir. — Haut., 1^m,34; larg., 0^m, 73.

François Boilletot. — Cette pierre tumulaire est placée à droite du marbre noir de la sépulture de Claude Huot. François Boilletot, prêtre, chanoine de la cathédrale, est décédé à l'âge de trente ans, le 28 novembre 1694.

Sans respect pour la mémoire de leur ancêtre, les descendants de ce chanoine ont cru devoir ajouter leurs noms et leurs blasons, ce qui a enlevé à cette épitaphe sa simplicité, non sans grandeur.

D O M
FRANCISCVS BOILLETOT
PRESBYTER
HUJUS ECCLESIÆ
CANONICUS
HOC SUB LAPIDE
TUMULATUS EST
OBIIT ANNO SALUTIS
1694
NOVEMBR · 28 · ÆTAT · 30.

HIC DEPOSITŪ
CURIS
NEPOTUM SUOR.
PE BOILLETOT-BOILLETOT ET PE DELAPORTE

MENSE MARTIS
1840

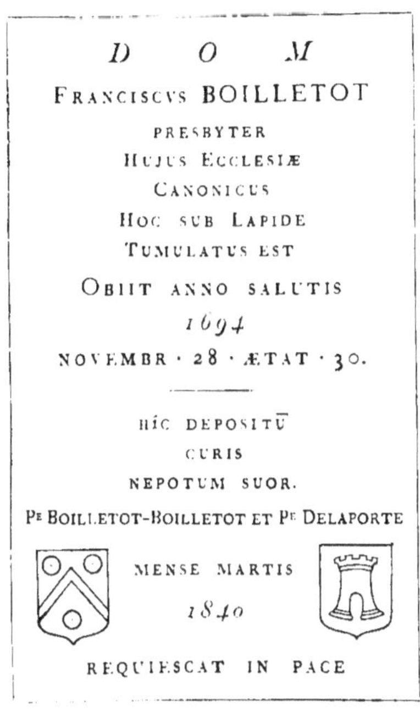

REQUIESCAT IN PACE

Pierre. — Haut., $2^m,26$; larg., $1^m,21$.

Louis le Bascle, *marquis d'Argenteuil*. — Dans l'une des arcatures, au chevet de cette ancienne chapelle, est une longue inscription sur marbre blanc ayant la forme d'une draperie tombante. Elle se compose de soixante-quatorze lignes, gravées en creux, formant l'épitaphe de Louis le Bascle, marquis d'Argenteuil, et de Victoire de Rogres de Lusignan, son épouse.

A la suite de l'épitaphe est une généalogie ascendante de toute cette famille, depuis le marquis d'Argenteuil jusqu'à Guillaume, sire de Bascle, chevalier, grand-sénéchal de Guienne, en 1240.

Cette longue inscription n'appartient pas à la cathédrale, elle provient d'un mausolée en marbre qui était érigé dans l'église de l'abbaye de Saint-Loup, à la mémoire du marquis d'Argenteuil, lieutenant général pour le roi des provinces de Champagne et de Brie, et gouverneur de la ville de Troyes, par les soins et aux frais de Mme Louise-Anne de Rogres de Lusignan, sa veuve. Ce marbre fut rapporté à la cathédrale lors de la démolition de cette abbaye, en 1807.

Le monument avait été exécuté par Gauthier, sculpteur à Paris, et posé en 1757. Une figure assise représentait Pallas, déesse de la guerre, tenant de la main droite une javeline, la pointe en bas, et de la gauche un pavois sur lequel étaient les armes des deux familles.

Derrière était un obélisque à la base duquel on lisait : UXORIS AMICITIÆ PIGNORI, et plus bas :

> FŒDERE QVOS JUNXIT LETHUM NON SEPARET UNQUAM
> CHRISTI PASCAT AMOR CORDA DICATA SIBI[1].

Épitaphe.

CY GISSENT LES CORPS

DE TRES HAUT ET TRES.
PUISSANT SEIGNEUR.
MONSEIGNEUR JEAN.
LOUIS LE BASCLE.
MARQUIS DARGENTEUIL.
CHEVALIER CONTE.
DEPINEUIL.
CONSEILLIER DU ROY.
EN TOUS SES CONSEILS.
DETAT ET PRIVE. LIEUTENA^{NT}
GENÉRAL POUR SA MAJESTE
DES PROVINCES DE CHAMPAGNE ET BRYE Y COMMANDA^{NT}
GOUVERNEUR DE TROYES.....

DE TRES HAUTE
ET TRES PUISSANTE
DAME MADAME
LOUISE ANNE
VICTOIRE DE ROGRES
DE LUSIGNAN
SON EPOUSE

1. Courtalon, vol. II, page 281.

Nous n'avons plus à signaler, en terminant ce nécrologe, que quelques restes de pierres tumulaires déposés au musée diocésain, qui servaient autrefois de pavage à la cour des anciens magasins situés au sud des bas côtés de la cathédrale :

1° Celle de la famille de Nicolas Bourgeois, avec l'épitaphe d'Edme Bourgeois, commissaire des poudres et salpêtres pour le roi en Champagne, décédé le 15 août 1630. Il était inhumé devant la chapelle Sainte-Anne.

2° De Sébastien Canny, chanoine de la cathédrale et trésorier de l'église Saint-Urbain, mort le 19 avril 1591.

Le 24 janvier 1586, Nicolas Hennequin, doyen, versa 100 écus soleil pour un anniversaire, au nom de Sébastien Canis, alors à Paris[1].

L'inscription latine sur marbre noir est renfermée dans un cadre de forme ovoïde, en tête duquel deux enfants nus tiennent une palme. A sa base, deux autres enfants, également nus, soutiennent un blason avec un ruban qui leur passe sur l'épaule et qu'ils soutiennent des deux mains. Cet écu est écartelé au 1 et 4, à deux nuages; au 2 et 3, à une croix, accompagné en chef d'un lévrier courant (168).

168.

3° Enfin celle d'Edmond Simonnet, chanoine de la cathédrale, mort en 1560[2].

Il reposait dans la nef, à côté de la tombe de Guy Merger.

LE TRÉSOR.

Nous avons dit que le trésor de la cathédrale de Troyes est situé sur l'emplacement de la deuxième chapelle du bas côté méridional du pourtour du chœur.

Le trésor se divise en deux parties : un rez-de-chaussée en contre-bas du sol des bas côtés et un premier étage.

1. Lalore, page 326.

2. Ces deux dernières tombes ont disparu depuis les grands travaux de la cathédrale.

La partie basse du trésor était autrefois meublée de coffres et de placards renfermant tous les objets précieux dont la plus grande partie décore actuellement les vitrines de la salle du premier étage, qui est un véritable musée fondé par le chapitre et sous les auspices de Mgr l'évêque de Troyes.

Ce sont toutes ces richesses que nous allons décrire et faire connaître, autant que le comporte l'espace réservé à cette description.

COFFRETS.

PREMIER COFFRET. — Une des curiosités du trésor, la plus intéressante et la plus ancienne, est un coffret d'ivoire jadis teint en pourpre et orné sur ses faces de bas-reliefs en ronde bosse. Ce coffret a été rapporté de Constantinople par l'archidiacre Hugo, un des chapelains de l'évêque Garnier, aumônier de l'armée latine, comme nous l'indique la verrière du chœur de la cathédrale. (Voyez page 322.)

Le couvercle du coffret, monté sur charnières en argent, représente un château fort surmonté de trois dômes, à la manière orientale, et de remparts crénelés. Entre les créneaux, sur le chemin de ronde des remparts, sont représentés six personnages, dont deux enjambent la muraille. Trois autres apparaissent aux trois portes du premier étage.

De chaque côté du château, à droite et à gauche, deux empereurs à cheval, la lance au poing, presque absolument semblables, semblent partir pour une expédition. Ils portent les vêtements impériaux et la couronne ornée de pierreries et de perles en pendentifs, réservée aux empereurs d'Orient. Peut-être, s'il s'agit de personnages réels, pourrait-on supposer qu'ils représentent Alexis Ier Comnène, empereur de Constantinople (1081-1118), et son fils Jean Comnène, qui fut déclaré auguste par son père en 1092 et qui lui succéda le 15 août 1118.

A la porte principale de cette forteresse, au rez-de-chaussée, une princesse suivie de ses dames d'honneur porte des deux mains un diadème. Ne serait-ce pas l'impératrice elle-même, recevant l'empereur et son fils après une brillante expédition guerrière (169)?

Sur la face antérieure du coffret est représentée une chasse au

169. BAS-RELIEF DU COUVERCLE.

lion. L'animal est attaqué par deux cavaliers vêtus du même costume et la tête couverte d'un casque de combat; celui de gauche, armé d'un arc, a déjà lancé deux flèches dans la crinière de l'animal, et il se dispose à lui en décocher une troisième. Le lion furieux se lance

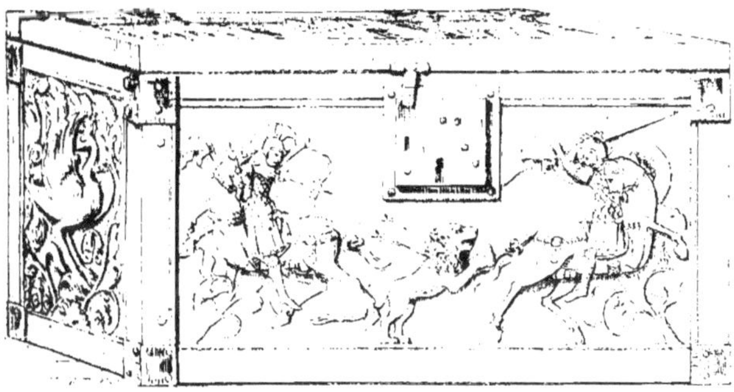

170.

sur le cavalier de droite, qui se prépare à lui porter un coup de son épée (170).

Sur la face postérieure du coffret est une chasse au sanglier; assailli par une meute et poussé à bout, le sanglier, acculé au pied d'un chêne, cherche à protéger deux petits marcassins que l'on voit dans le tronc de l'arbre. Devant le sanglier, un chasseur lui porte un coup de lance (171).

Les parois du coffret sont décorées d'oiseaux fantastiques perchés sur des tiges de rameaux chargés de feuilles et de fleurs.

DEUXIÈME COFFRET. — Le deuxième coffret, en chêne, à huit pans, est recouvert d'une feuille de cuivre, sur laquelle sont fixées des appliques en ivoire ajouré, en partie brisées. Toutes les faces du coffret, exactement semblables, se composent d'une arcature aux formes arabes, avec colonnes et chapiteaux, et, sur leur surface, des

171. BAS-RELIEF DE LA FACE POSTÉRIEURE.

arabesques qui se contournent et se tordent capricieusement. Les deux colonnes reposent sur un soubassement de torsades rubannées, et le tout est encadré d'un léger filet en écailles, qui se prolonge sur le tailloir des chapiteaux et sur les courbes de l'arcature.

Sur les rebords du couvercle, on voit des caractères arabes en ivoire ajouré ; malheureusement, il n'en reste que sur deux faces, les six autres ayant disparu[1].

Ce coffret, comme le précédent, doit être du milieu ou de la fin du XIe siècle et d'origine grecque.

TROISIÈME COFFRET. — Ce coffret est une boîte à bijoux ou un coffret de mariage destiné à contenir les bijoux d'une fiancée.

Il est de forme rectangulaire et émaillé sur toutes ses faces. Le couvercle manquait ; on l'a remplacé par un couvercle vitré, qui sert

1. Dans le *Portefeuille archéologique* de A. Gaussen, la perspective du coffret, vue en dessous, n'offre que six côtés.

de reliquaire. Sous ses arcades plein cintre, douze femmes, portant une couronne sur la tête, sont armées de lances, d'épées et de boucliers, comme les neuf Preuses, pour terrasser et transpercer des figures hideuses et grimaçantes. Elles personnifient les vertus morales triomphant des vices qui leur sont opposés.

172.

Ce coffret intéressant nous paraît du XIVe siècle, comme celui du Louvre, avec lequel il offre beaucoup d'analogie, dans la forme comme dans la composition des sujets. Sous le coffret, on lit : M + I + REGNAVLT, au-dessus d'un écusson à un chevron, chargé d'une rose, accompagné de deux ailes de... et d'une palme en pointe (172).

QUATRIÈME COFFRET. — Ce coffret, recouvert d'étain doré, est une curiosité peu commune. Construit en bois couvert d'un mastic peint et verni, il est garni, à toutes les jointures, d'effilés destinés à empêcher la poussière d'y pénétrer. Sur le couvercle et les côtés sont fixées des plaques d'ornements ajourés, en étain doré, conçues dans le style gothique de la fin du XIIIe et du commencement du XIVe siècle.

Au moyen âge, les ouvriers en étain se divisaient en deux catégories distinctes : celle des potiers d'étain et celle des ouvriers bimbelotiers. C'est à cette dernière catégorie qu'est due la fabrication de notre coffret. Celui-ci n'était, à proprement parler, que la boîte destinée à renfermer et à conserver les pièces d'orfèvrerie les plus riches et les plus précieuses. D'où vient-il? Les ateliers de Limoges fabriquaient des étuis ou des boîtes couvertes d'étain pour contenir des croix d'autels ou processionnelles et des crosses émaillées ou filigranées [1].

Le couvercle, certainement la partie la plus riche du coffret, se compose de dix plaques carrées, dont cinq divisées en quatre parties par des quatrefeuilles; les cinq autres sont remplies par un cercle formant une rosace à huit lobes, au milieu de laquelle est un autre petit cercle à cinq lobes, le tout garni de feuillages avec un fleuron central.

Ces dix plaques de métal ajourées sont séparées par des

1. *Catalogue du musée de Cluny* (1881), n° 5014. — R. de Lasteyrie, *Notice sur une croix du XIIIe siècle à Gorre (Haute-Vienne)*.

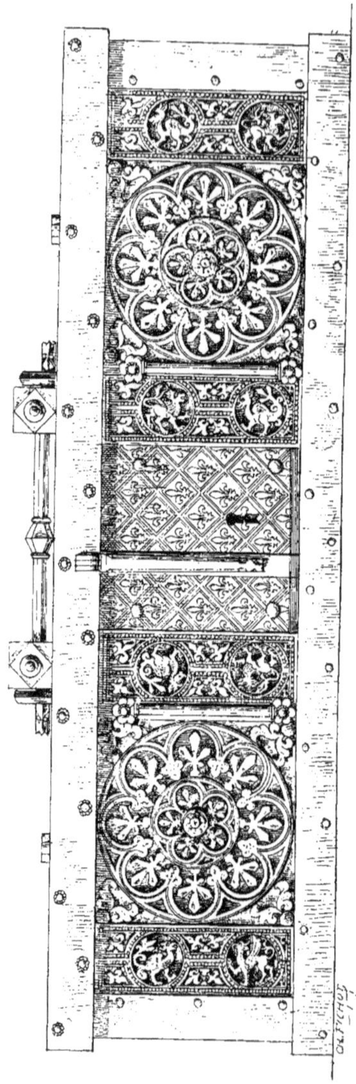

173. COFFRET EN BOIS RECOUVERT D'ÉTAIN DORÉ. — FACE ANTÉRIEURE.

plates-bandes horizontales qui ont tout le caractère du XIIIe siècle, composées de petits cercles où s'inscrivent des animaux et des oiseaux fantastiques (174).

Les parois du coffret répètent les plaques du couvercle, et la même décoration se continue sur la face antérieure. Malheureusement, plusieurs ornements font défaut, et d'autres sont fortement endommagés.

La poignée du coffret et les traverses sont en cuivre doré et chanfreiné. Ces traverses se terminent par des roses; la poignée, par deux têtes de serpents dans le bas et, dans le haut, par deux cristaux taillés à facettes.

Le devant de la serrure est couvert d'un quadrillé de fleurs de lis. Ce coffret porte, en longueur, 0^{m},43; en largeur, 0^{m},26, et en hauteur, 0^{m},12 (173).

Notre dessin est presque la réduction à la moitié de l'original, qui n'a jamais été publié.

LE TRESOR DE LA CATHEDRALE.

Coffret en bois recouvert d'étain doré.

CH. PICHOT

174. DÉCORATION DU COUVERCLE.

AUMONIÈRES DES COMTES DE CHAMPAGNE.

Depuis le XIIe siècle, l'aumônière était un des principaux ornements de la toilette des nobles et des bourgeois; puis elle se répandit dans toutes les classes de la société, et son usage subsista jusqu'à la fin du XVIe siècle. Elle se suspendait à la ceinture par deux cordons.

Ces aumônières se composaient d'un tissu brodé de soie de différentes couleurs, de fils d'or et d'argent. Ces bourses furent garnies et ornées de pièces d'orfèvrerie ciselée et accompagnées de pierreries. Souvent leurs broderies représentaient diverses scènes de galanterie, de vaillantes prouesses, empruntées aux fabliaux et aux petites malices de l'époque, et principalement aux scènes d'amour, aux jeux de force et d'adresse si répandus parmi la chevalerie du moyen âge. « On les donnait en cadeau aux dames; celles-ci les brodaient de leurs mains et les offraient de même comme souvenir. »

Ne pas confondre l'aumônière avec l'escarcelle; celle-ci était particulièrement destinée à contenir des papiers de valeur et réservée aux messagers et aux pèlerins.

Quand on voulait faire quelque générosité, on la faisait en argent renfermé dans une aumônière, ce qui explique la conservation de ces trois bourses dans le trésor de l'église Saint-Étienne, en souvenir de la libéralité des comtes de Champagne.

PREMIÈRE AUMÔNIÈRE, *dite d'Henri Ier*. — Cette aumônière représente, dans la partie supérieure de l'ouverture, un jeune homme vêtu d'un costume oriental, assis les jambes croisées à la manière arabe, au milieu d'un bosquet fleuri. Il tient, de la main gauche, une branche dont les fruits ou les fleurs lui retombent sur le devant de la poitrine; de la main droite, un vase de parfum. La tête est couverte d'un capuchon blanc. Une veste piquée de violet forme plastron sur le corps; elle est à manches pendantes au coude; une large culotte blanche descend à mi-jambe; il est chaussé de pantoufles jaunes.

Dans la seconde partie, au milieu d'un fond de feuillages qui semble faire suite à la verdure de la première partie, une jeune dame est assise sur un pliant à têtes de chamois; sa main droite s'appuie sur la hanche; de la gauche, elle tient un écran pour se garantir du soleil.

Elle est vêtue d'une robe blanche ajustée à la taille par une ceinture. Les cheveux sont longs et bouclés. Devant elle est un personnage qui nous paraît être le même que le précédent: il terrasse d'un coup de lance un lion qu'il vient de combattre en l'honneur de cette dame et pour le triomphe de la chevalerie française (175).

175. AUMÔNIÈRE D'HENRI Ier.

Les figures de cette aumônière, assez mal dessinées, ont été travaillées à part et rapportées en relief au moyen de coton glissé par-dessous; elles sont cousues sur un fond de velours rouge.

Cette aumônière, d'un caractère oriental du XIIe siècle, est contournée d'un cordonnet de soie verte; au centre de l'ouverture, un bouton et, à chaque extrémité, un gland de soie verte; au bas, six glands en pendants de même couleur. (Hauteur, $0^{m},33$; largeur, $0^{m},29$.)

DEUXIÈME AUMÔNIÈRE, *dite de Thibaut IV.* — Dans la partie supérieure de cette aumônière est représentée une femme jeune et élégante, endormie dans un abandon gracieux sur un tertre de verdure, la tête nue, les cheveux nattés et roulés sur le devant, comme on les portait au XIVe siècle. La jeune femme est vêtue d'une robe verte serrée à la taille. Devant elle, debout, le génie inspirateur, sous la figure d'une jolie femme ailée, semble, par son geste, agir sur l'esprit et sur le cœur de la belle dormeuse, afin de la préparer à l'action qui va se dérouler sous ses yeux.

Dans la seconde partie, deux jolies femmes d'une élégante tournure, se faisant face et assises sur un banc de verdure, tiennent toutes deux une longue scie avec laquelle elles se disposent à partager en deux un cœur posé au centre du tableau sur un autel d'argent. Ces deux belles paraissent absolument d'accord sur le partage de ce cœur si avidement désiré, et c'est avec une contenance assurée et pleine d'énergie qu'elles se disposent à mettre leur projet à exécution; mais un bras menaçant, armé d'une hache et sortant d'un nuage, va frapper et briser la scie. Ce bras vengeur et mystérieux est celui de la belle endormie, qui s'est éveillée juste au moment fatal et qui triomphe sur ses deux rivales (176).

176. AUMÔNIÈRE DE THIBAUT IV.

Telle est la morale de ce sujet, inspiration d'un rêve sous le voile de l'allégorie.

La figure de la dame placée à droite est vêtue d'une robe verte à manches étroites, mais plus large et tombante à partir du coude. Sous l'aisselle, des petites ouvertures laissent voir la robe de dessous, de couleur rosée.

L'autre figure de femme, placée à gauche, porte une robe de même forme et de couleur rosée. Les cheveux sont blonds, avec nattes sur les oreilles.

Le nuage mystérieux est formé d'une bande d'étoffe d'argent, cousue à l'aumônière et sur laquelle on a brodé les contours des nuages en soie bleue.

Le fond, sur toute la surface, est brodé de fils d'or, qui s'entrecroisent pour former un treillage sur tissu de soie; celui-ci est couvert de rameaux de chêne en soie jaune et de feuilles en soie verte.

Les figures, brodées à part, ont été rapportées et fixées sur le fond.

Le dessin en regard du texte est suffisant pour aider à la description et faire comprendre toute la richesse et la finesse de cette intéressante broderie française, qui, nous le croyons, remonte à la fin du XIIIe siècle (hauteur, 0^m,37; largeur, 0^m,32).

TROISIÈME AUMÔNIÈRE, *dite de chasse.* — Celle-ci est un peu moins grande et de même forme que les deux premières aumônières, mais beaucoup plus simple. Elle se compose de compartiments octogonaux reliés sur leurs faces par de petits carrés ornés de croix et posés en pointe.

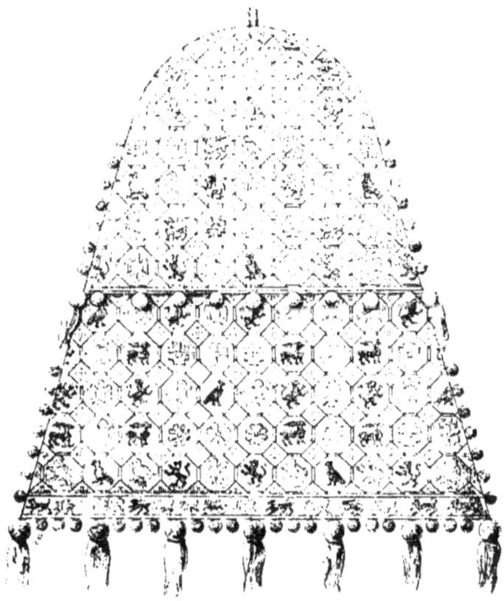

177. AUMÔNIÈRE DE CHASSE.

Ces compartiments encadrent une suite d'animaux empruntés à l'art héraldique et qui s'alternent par des rosettes de différentes couleurs.

La broderie des médaillons est à l'aiguille au point dit de chaînette, et les petits carreaux sont en points de tapisserie recouverts et brodés d'un fil d'or fin, le tout exécuté en soie multicolore sur fond de toile.

La décoration de cette aumônière est complétée dans le bas par la chasse à un cerf que poursuit une meute de chiens, et, sur l'extrémité du galon, des glands de soie rouge sont posés à distance les uns des autres (177) (hauteur, 0^m,31; largeur, 0^m,30[1]).

1. Cette aumônière de chasse date de la fin du XIIe siècle. Elle a été reproduite en chromolithographie dans le *Portefeuille archéologique* de A. Gaussen, et dans Viollet-le-Duc, Villemin et Du Sommerard. Les deux premières aumônières ont été représentées au trait d'après nos dessins, dans le *Voyage archéolo-*

CHASSES.

Chasse de saint Bernard. — Au premier rang des châsses que renferme le trésor, nous plaçons la châsse dite de saint Bernard, jadis de saint Albin ou Alban, martyr de la Grande-Bretagne. Cette châsse provient de l'ancienne abbaye de Nesle-la-Reposte, située dans le département de la Marne, sur les limites du département de l'Aube, laquelle appartenait avant la Révolution au Doyenné de Pont-sur-Seine, l'une des anciennes divisions du diocèse de Troyes. De cette abbaye il ne reste plus que la tour en ruines de l'église et une partie du transept nord.

Suivant Courtalon, ce monastère avait été fondé par Clovis à la sollicitation de sainte Clotilde, son épouse. Il y eut d'abord deux monastères, l'un pour les religieux, et l'autre pour les religieuses. Les religieux y enseignaient les lettres. Boson, comte et gouverneur d'une partie de la France, et Serien y étudièrent avec succès au XIIe siècle. En 1509, l'abbé Jean Olivier obtint du cardinal Georges d'Amboise, légat du saint-siège, pour lui et ses successeurs, le droit de porter la mitre.

La châsse que nous allons décrire contenait les reliques de saint Alban, patron de l'abbaye. Depuis trois siècles, cette châsse, véritable pièce d'orfèvrerie du XIIe siècle, a passé par bien des vicissitudes et des accidents qui l'ont complètement transformée.

En 1568, l'abbaye fut incendiée et la châsse déshonorée et mutilée.

En 1670, les moines abandonnent leur monastère pour aller vivre à Villenauxe, où ils transportent leur châsse.

gique de M. Arnaud. L'auteur a décrit d'une manière très complète les sujets représentés sur ces deux escarcelles. Il a cru pouvoir rapporter le sujet de la première aux aventures secrètes de la reine Éléonore, femme de Louis le Jeune, roi de France. Les sujets de la seconde auraient trait aux sentiments du comte Thibaut, dit le Chansonnier, pour la reine Blanche. Plus tard, M. Lebrun-Dalbanne, dans les *Mémoires de la Société académique de l'Aube*, année 1864, parla de nouveau des mêmes épisodes, sans citer le nom de l'auteur du *Voyage archéologique*. MM. Arnaud et Lebrun ont présenté les deux sujets comme étant des *allégories historiques*; c'est sans doute ingénieux, et la description ne manque pas d'un certain charme, mais leur opinion nous paraît basée sur de simples conjectures.

En 1771, les biens du couvent sont vendus et la châsse transportée dans l'église de Saint-Pierre de Villenauxe.

C'est dans cette église, en 1838, que nous l'avons vue et dessinée pour le *Voyage archéologique* de M. Arnaud[1].

Cette châsse était posée sur un autel abandonné derrière le chœur, accessible à tous les visiteurs, qui ne se faisaient aucun scrupule d'en enlever des émaux et des pierres précieuses.

Six ans après avoir fait ce dessin, un jour, sur le quai Voltaire, nous fûmes très étonné de voir cet ancien reliquaire exposé à la vitrine d'un marchand de curiosités, qui nous dit qu'il en avait fait l'acquisition de la fabrique de l'église Saint-Pierre de Villenauxe, moyennant la somme de 1,500 francs, et qu'elle était sur le point de partir en Angleterre pour le musée de Kensington.

Sous le coup d'une semblable déclaration, nous nous rendîmes immédiatement au bureau de M. Didron aîné, alors secrétaire du Comité des Arts et Monuments près le Ministre des Cultes et de l'Instruction publique, pour lui exposer ce que nous avions vu et entendu.

Le lendemain, le commissaire de police mettait opposition à la vente, et, quelques jours après, la châsse était réintégrée dans l'église de Villenauxe. Depuis, elle passa à la cathédrale de Troyes, après convention entre le Ministre des Cultes, l'évêque de Troyes, le conseil de fabrique de la cathédrale et celui de l'église de Villenauxe.

Aussitôt l'acquisition faite, on parla d'utiliser ce vieux reliquaire en le faisant restaurer avec quelques émaux anciens conservés au trésor de la cathédrale. On confia ce difficile travail à M. Viollet-le-Duc. Celui-ci choisit un artiste de talent qui avait fait ses preuves, M. Bachelet, orfèvre à Paris, pour rétablir ce reliquaire dans son état primitif. Mais, à notre avis, on alla un peu loin dans cette resti-

1. La lithographie à la plume, publiée dans cet ouvrage, n'est pas de notre main; mais c'est notre dessin qui a servi de modèle au lithographe.

En 1859, la Société archéologique de l'Aube nous fit faire une lithographie à la plume de cette châsse, d'après la chromolithographie de M. Gaussens, publiée dans son *Portefeuille archéologique*. La copie ne vaut pas mieux que l'original pour l'exactitude. A tout cela, nous préférons la naïveté, peut-être maladroite, mais sincère, de notre dessin de 1838. Qu'est-il devenu?

tution. Quatre des figures en argent repoussé existaient encore sur une des faces; elles ont été conservées, mais en mettant leurs vieilles têtes en harmonie avec les dix figures modernes qui occupent les quatre faces de la châsse. N'est-ce pas le contraire qu'il aurait fallu faire ?

Chacune des deux faces principales présente six petites arcades plein cintre, couvertes de filigranes et de pierres précieuses, soutenues par des colonnes en cuivre doré et émaillé de différentes couleurs, appuyées, aux angles et au milieu, par des piédroits ornés de figures d'apôtres, émaillées sur cuivre. Sous ces arcades sont placées, tant sur les faces que sur les côtés, quatorze figures assises. La base de la châsse est également décorée d'émaux et de nielles figurant des ornements variés.

La face antérieure du reliquaire se compose de six figures modernes en argent repoussé. Ce sont, en commençant par la gauche : Louis le Jeune, roi de France (1137-1180), qui conduisit la seconde croisade; le pape Eugène III (1145-1153); saint Bernard; saint Malachie; Louis le Gros, qui affranchit les communes; Suger, abbé de Saint-Denis, ministre de Louis VI et de Louis VII.

La pente du pignon est divisée en deux compartiments mobiles, ayant sur chaque face des encadrements repoussés. Les panneaux sont couverts de rinceaux niellés sur cuivre doré et d'émaux provenant des anciennes châsses de la cathédrale ou des tombeaux des comtes de Champagne. On y voit, dans deux losanges en cuivre émaillés, l'Église et la Synagogue; aux angles, sur un panneau, les prophètes Osée, Joël, Amos et Jonas, et, sur l'autre panneau, David, Ézéchiel, Jérémie et Baruch.

La face postérieure du reliquaire contient également six figures sous les arcades. Les deux premières, à gauche, sont anciennes; les têtes seules ont été refaites. Elles portent, de la main droite, une petite église dans le style byzantin, et, de la main gauche, un glaive la pointe en haut. Ce sont sans doute des fondateurs protégeant le monastère qu'ils ont fondé. Il est bon de faire observer qu'avant la restauration du reliquaire, il n'y avait pas de traces de nimbes derrière la tête de ces personnages.

Les deux figures suivantes, qui occupent le troisième et le quatrième rang, sont modernes; elles représentent saint Pierre tenant ses clefs et saint Paul tenant, de la main droite, une épée dans son fourreau et un livre de la main gauche.

Enfin, les deux derniers personnages sont d'anciennes statues, dont les têtes ont été refaites. Ils portent l'un une église, l'autre un monastère entouré de murs crénelés.

Les panneaux qui forment, de ce côté, le toit du reliquaire sont décorés d'émaux. Au milieu, dans deux losanges, les prophètes Isaïe et Daniel; aux angles, sur un panneau, Melchisédech et les trois vertus de Patience, d'Humilité et de Force; sur l'autre, les quatre Évangélistes écrivant leurs évangiles sur des pupitres, assis sur des escabeaux dans des postures étranges. Saint Jean et saint Matthieu tiennent une plume dans chacune de leurs mains. Saint Marc, appuyé sur son coude, semble renfermé dans de sévères réflexions. Saint Luc tient sa jambe droite d'une main, et de la main droite plonge sa plume dans son écritoire.

Tels sont ces magnifiques émaux d'un caractère si puissant et d'une exécution si énergique. (Voyez la planche reproduite exactement en chromolithographie.)

Les saillies des pignons et les cadres à bordures des rampants sont revêtus de lames de cuivre dorées et ciselées et couverts d'arabesques courants. Des nielles et des émaux d'une grande finesse couvrent les bordures, les épaisseurs et les faces fuyantes.

Ceux du versant de la toiture sont fixés de place en place par de petits carrés et de petits losanges sur lesquels sont des animaux et des ornements; d'autres bordures en biseau sont en feuillages repoussés.

Sur les rampants des pignons et le sommet de la toiture se déroule une jolie crête en cuivre doré et repoussé, rehaussée de trois poinçons, brillants fleurons à jours richement feuillagés, décorés de pierreries et terminés par une petite pomme de pin.

Sous la saillie des pignons, les deux parois sont décorées d'une archivolte ornée de pierres précieuses et portées sur des colonnes émaillées de vives couleurs.

A gauche est la statue de la Vierge-Mère, tenant son divin Fils sur ses genoux. A droite, Jésus-Christ bénissant.

Telle est cette magnifique œuvre d'art. Les parties nouvelles sont : 1° dix figures en argent repoussé; 2° les panneaux plats des versants de la toiture; 3° enfin, la crête et les brillants poinçons qui en font le couronnement. Les émaux ajoutés à la châsse proviennent, en grande partie, du trésor de la cathédrale; ils appartiennent au XIIe siècle, époque de la confection de cette châsse. Un certain nombre ont été faits pour compléter la restauration du reliquaire.

CHASSE DE SAINT LOUP. — La belle châsse de saint Loup, exécutée au commencement du XVIe siècle, sur l'initiative et les ordres de Nicolas Forjot, abbé de Saint-Loup (1485-1513), n'est malheureusement plus qu'un souvenir.

Elle était l'œuvre de Jean Papillon, célèbre orfèvre, né vers 1470, mort à Troyes vers 1530. Il travailla trois années consécutives à ce chef-d'œuvre d'orfèvrerie, qui fit l'admiration de ses contemporains.

Au sommet de la châsse était le buste de saint Loup, grandeur naturelle, coiffé de sa mitre d'or et d'argent enrichie de pierres précieuses.

Il était supporté par deux anges en bronze doré et ciselé, posés sur un socle oblong et orné de bas-reliefs en vermeil. Ces bas-reliefs étaient divisés par quatre figures allégoriques en bronze doré, formant saillie sur les angles du reliquaire.

Le tout reposait sur un socle décoré d'arcatures en contre-courbes et fleuronnées, renfermant une suite d'émaux, au nombre de seize, d'une admirable finesse d'exécution, d'une pureté et d'un goût de dessin remarquables.

Des Guerrois, dans l'enthousiasme qu'excitait chez lui la vue de cette merveille, l'appelait l'un des plus beaux et des plus riches joyaux de France[1].

Au dire de Courtalon, le cardinal de Bouillon déclara n'avoir rien rencontré de si beau en Italie, et le P. Mabillon, passant à Troyes, assura qu'il n'avait rien vu de comparable que le chef de saint Lambert, à Liège.

Ce qui prouve la réalité de cette magnificence, c'est que les

1. *La Sainteté chrétienne*, page 280.

registres de l'abbaye constataient que cette châsse avait été promenée dans les principales villes de France, et que les offrandes avaient produit 2,300 livres tournois, soit 6[illegible].500 francs[1].

Ce précieux monument d'orfèvrerie, dû à la libéralité de Nicolas Forjot, fils d'un simple maréchal de Planey, a été détruit et mis au creuset pendant la Révolution, dans la nuit du 9 janvier 1794. Il est remplacé aujourd'hui par un ouvrage en bois insignifiant, sans style et de mauvais goût, composé de seize arcades cintrées, encadrant tous les émaux heureusement sauvés de l'ancienne châsse.

Au-dessus de cette nouvelle châsse s'élève une petite châsse vitrée, de la fin du XVIIe siècle, en argent et en cuivre doré; au-dessus est une figure de saint Loup, l'épée à la main, terrassant le démon. Cette figure, gracieuse de forme et admirablement ciselée, a survécu pendant la Révolution à la destruction des trésors de la cathédrale et de l'église Saint-Étienne.

Ce qu'il y a d'intéressant à constater, dans l'exécution de ces émaux d'une valeur inestimable, c'est que les vêtements des personnages, l'architecture et les fleurs du terrain sont simulés en émaux transparents, en bosse ou gouttelette en saillie, en paillons d'or ou d'argent, qui imitent par leur brillant éclat la puissance des plus rares et plus riches pierreries.

Ce genre d'émail perlé est attribué à Jean Pénicaud Ier, dit l'ancien, comme on le désigne, célèbre émailleur de Limoges, au commencement du XVIe siècle, qui a travaillé jusque vers 1545.

Ces émaux représentent les principaux faits de la vie de saint Loup, disposés autour d'une châsse rectangulaire, dans des arcades circulaires; mais on voit par le tracé des contours qu'ils avaient occupé primitivement des cadres en arc trilobés avec fleurons. Il y en a cinq sur chaque face et trois aux deux extrémités; en tout, seize.

Au-dessous des émaux on lit une légende en lettres gothiques qui explique le sujet représenté; mais deux de ces légendes n'existent plus. Les caractères sont émaillés de noir sur un fond blanc. On y apprend :

1. Grosley, *Œuvres inédites*, tome II, page 80.

1. Comment saint Loup, riche héritier d'un grand seigneur de Toul, épousa Piméniole, sœur de saint Hilaire, métropolitain d'Arles, à l'âge de trente ans, en l'année 417.

2. Après sept années d'une union parfaite, saint Loup abandonne sa femme Piméniole pour entrer en religion au couvent de Lérins (les Iles de), Alpes-Maritimes.

3. L'abbé de Lérins et ses moines reçoivent saint Loup, beau-frère de saint Hilaire, qui vient humblement solliciter son admission au couvent. Après une année d'épreuve, il se fit religieux.

4. Saint Loup, s'étant rendu à Mâcon pour vendre ses biens et faire distribuer aux pauvres le produit de ce patrimoine, y fut élu évêque de Troyes, après la mort de saint Urse.

5. Il n'y eut pas de moyens que son humilité n'employât pour se défendre; mais sa résistance fut vaincue. Amené à Troyes, il est obligé de se laisser imposer les mains, et il est sacré évêque.

6. Saint Loup et saint Germain, allant en Angleterre combattre l'hérésie pélagienne, rencontrent à Nanterre la petite sainte Geneviève, et lui donnent l'habit religieux.

7. Quand les évêques se sont embarqués pour l'Angleterre, les démons suscitent une grande tempête. Les missionnaires se mettent à prier, et les démons s'enfuient de tous côtés.

8. Saint Germain et saint Loup démontrent aux Anglais la fausseté des doctrines de Pélage et de Célestius et, tout le pays, renonçant à l'hérésie, se convertit à la vérité catholique.

9. Saint Loup envoie à la rencontre d'Attila son diacre Mesmin avec sept jeunes clercs. Le roi des Huns, pour toute réponse, fait massacrer le diacre et les jeunes gens. Un seul peut s'échapper.

10. Saint Loup, ayant appris la mort de saint Mesmin, se rend en habits pontificaux sur le lieu du massacre pour procéder solennellement à l'inhumation du diacre et de ses compagnons.

11. Saint Loup reçoit et parlemente avec Attila à la porte de Troyes et préserve la ville contre ses hordes barbares. Il fait dire des prières publiques et assure que la ville sera sauvée.

12. Saint Loup, persécuté par ses ouailles pour avoir accompagné Attila jusqu'au Rhin, se retira à Mâcon, où il obtint la délivrance des Bourguignons que le Fléau de Dieu avait emmenés.

13. Saint Loup, à Mâcon, accomplit une foule de miracles : il guérit une paralytique, la sœur de saint Rustique, pauvre mère de famille qui gisait sur son lit depuis dix mois.

14. Saint Loup guérit une fille qui était possédée du serpent venimeux. Le père et la mère de la jeune fille assistent au miracle. L'animal se raidit contre la crosse de l'évêque.

15. Un jeune homme, fuyant la colère de son maître, se réfugie au pied du tombeau de saint Loup. Le maître furieux, excité par le démon, lève son sabre pour frapper le malheureux ; mais son bras reste impuissant. Il meurt misérablement après huit jours.

16. Saint Loup, tenant sa crosse de la main droite, tient de la main gauche une épée dont il transperce un dragon. Autour de lui, une mère présente son fils épileptique et plusieurs malades implorent son assistance.

Nous terminons la description de cette châsse en mentionnant qu'elle contient une partie du crâne de saint Loup, comme la châsse de saint Bernard contient le chef de l'illustre fondateur de l'abbaye de Clairvaux et celui de saint Malachie.

CHASSE DE VILLEMOYENNE.

C'est dans notre visite artistique du canton de Bar-sur-Seine, en 1869, que nous avons vu ce reliquaire pour la première fois; complètement vide et abandonné dans une armoire de la sacristie, il restait ignoré de tous les habitants de la commune.

A notre retour à Troyes, nous nous empressâmes de faire part de notre découverte à l'évêché et à la préfecture, dans le but d'éviter que ce reliquaire fût vendu.

En 1889, M. l'abbé Lalore alla visiter l'église de Villemoyenne, pour faire la reconnaissance des reliques de cette église. Les recherches qu'il fit l'amenèrent à penser que diverses reliques enveloppées dans un papier portant une ancienne étiquette imprimée ne pouvaient être que les reliques autrefois contenues dans cette châsse.

Voici l'inscription de cette étiquette :

De terra sancta.

1° *ubi Xus fuit in præsepio reclinatus.*
2° *de monte Calvariæ ubi fuit crucifixus.*
3° *de porta aurea.*
4° *de proprio loco ubi ascendit ad cœlos.*
5° *de columna.*

Depuis cette dernière visite, M. l'abbé Georges, curé de la paroisse de Villemoyenne, a trouvé dans la sacristie un petit calvaire en cuivre doré, datant du XVIIIe siècle, composé d'un Christ en croix avec la Madeleine à ses pieds, la Vierge mère d'un côté et saint Jean de l'autre. Ces figures portaient une rainure profonde en hauteur, qui, à première vue, lui sembla correspondre aux trous d'attache qui se remarquaient sur la galerie de couronnement de ce reliquaire. Effectivement, en les rapprochant, elles s'adaptèrent de nouveau et sans difficulté.

Cette addition toute moderne nous prouverait qu'elle a été établie au même instant que l'inscription ci-dessus et que, pour une cause quelconque, le vieux reliquaire était inoccupé à l'époque où furent placées les terres et les pierres rapportées de la Terre sainte par un pèlerin ayant quelque attache avec le pays de Villemoyenne.

Cette curieuse châsse, qui date du XIIe siècle, nous rappelle, par sa forme, ses dimensions et la richesse de ses émaux, les deux châsses de Villemaur, que nous avons publiées dans notre deuxième volume, page 2-8.

Elle se compose, sur sa face principale, de deux plaques de cuivre doré et émaillé, fixées sur un coffre en bois de chêne. La première plaque occupe le versant du pignon de la châsse et représente les trois rois mages chevauchant et se rendant à l'étable de Bethléem. Le fond est émaillé d'azur et constellé de roses aux brillantes couleurs, corps célestes représentant le ciel.

La deuxième plaque de la face antérieure du reliquaire représente les mêmes rois mages descendus de leurs montures, offrant leurs présents à l'enfant Jésus, assis sur les genoux de sa mère. L'enfant porte le nimbe crucifère. A gauche, la sainte Vierge est assise sur une bande transversale émaillée de vert émeraude, les pieds sur un escabeau de même couleur. Elle repose ainsi sous un arc surbaissé porté par deux colonnes byzantines sur fond intense, également couvert de roses; à droite est l'étoile lumineuse qui guida les mages pendant tout leur voyage.

Une bordure en zigzag, très harmonieuse de ton, émaillée de rouge, de bleu et de blanc, encadre les deux panneaux de cuivre.

Les parois de la châsse représentent deux figures de saints encadrées dans une auréole qui leur enveloppe tout le corps. Ces figures sont simplement gravées sur le cuivre et portent toutes deux un livre de la main gauche, leur tête est nimbée d'un filet blanc et bleu.

En l'absence d'attributs quelconques qui pourraient caractériser les deux saints, il nous est bien difficile de leur assigner un nom. Nous croyons néanmoins qu'ils représentaient les deux saints dont le reliquaire pouvait contenir les saintes reliques, ou bien des figures de prophètes dont les prédictions se rattachaient au sujet principal (*la Nativité*).

Les deux plaques émaillées de la face postérieure se composent simplement de carrés obtenus par des plates-bandes horizontales et verticales, émaillées de vert et renfermant des quatrefeuilles aux multiples et brillantes couleurs; le tout, cerné d'une bordure rouge, ornée de petites croix d'or.

Cette belle châsse est d'une conservation parfaite, ainsi que la crête de son pignon, qui est restée intacte.

A la suite d'un vol qui eut lieu dans l'église de Villemoyenne, au mois de mai 1891, on voulut mettre en lieu sûr cette châsse, en la déposant au trésor de la cathédrale de Troyes, où elle prit place parmi les objets les plus curieux de cette intéressante collection. Le dépôt a été accepté par le chapitre de la cathédrale contre une reconnaissance constatant les droits de propriété de la fabrique de Villemoyenne.

CROSSES.

Crosse de l'évêque Hervé. — Vers la fin de l'année 1844, on découvrit, dans la chapelle de la sainte Vierge, la sépulture de l'évêque Hervé, fondateur de la cathédrale. C'était juste à la place indiquée par les historiens. A l'ouverture du sarcophage, on trouva un squelette assez bien conservé, enveloppé d'un long suaire de soie brune, ayant, à sa gauche, une crosse en cuivre doré et émaillé, et, à sa droite, un calice et une patène d'argent, un anneau épiscopal enrichi d'un saphir, et quelques fragments de broderie et de galons d'or[1].

La crosse d'Hervé, que nous avons reproduite en chromolithographie, est d'une belle conservation et d'une beauté de forme très remarquable; elle rappelle les merveilleux travaux de l'école de Limoges à cette époque.

La douille est décorée d'une gerbe de blé aux épis d'or sur fond bleu, qui prend racine sur un petit tertre émaillé de rouge, de vert et d'un filet jaune. Trois lézards ciselés et dorés rampent sur la douille, la tête en bas, fixée sur l'anneau de l'ouverture; les queues de ces animaux se déroulent en volute jusqu'à la hauteur du nœud

1. Arnaud. *Notice sur les objets trouvés dans plusieurs cercueils de pierre à la cathédrale de Troyes.*

de la crosse où elles sont scellées, ce qui donne à l'ensemble un profil élégant et gracieux.

Sur les deux hémisphères du nœud, reliés par un anneau, s'ébattent de petits dragons modelés en relief qui se mordent la queue en se poursuivant.

Au-dessus est une ceinture de palmettes, d'où s'élance en spirale un superbe serpent aux écailles émaillées de bleu et d'un petit point blanc; sur le dos, une crête à crochet et, sous le ventre, une torsade émaillée de vert et de jaune.

Ce reptile se termine en volute pour mordre la queue d'un fier et vigoureux lion qui se dispose à le combattre, symbolisant la victoire de Jésus-Christ, le lion de Juda, sur le démon, dont le serpent est la figure.

Crosse de Nicolas de Brie. — Pendant les grands travaux de restauration, on fouilla le sol du chœur pour y établir un caveau destiné à recevoir les évêques de Troyes.

Le 9 juin 1864, après quelques recherches infructueuses, on découvrit le cercueil de Nicolas de Brie, qui fut évêque de Troyes de 1233 à 1269, et qui contribua à l'achèvement du chœur de la cathédrale, après la mort d'Hervé, l'un de ses prédécesseurs.

Le cadavre était revêtu de ses ornements pontificaux, les bras croisés; il avait à sa gauche une crosse, sur sa poitrine les débris d'un calice et d'une patène en étain et, à la place de la main droite, se trouvait un anneau d'or le plus pur[1].

Nous croyons que cette seconde crosse a été brisée et qu'elle a subi une restauration qui explique sa grande simplicité. La douille a complètement disparu ainsi que la décoration centrale du nœud, dont il ne reste plus que l'anneau sphérique de scellement.

Du premier nœud au deuxième s'étend la partie qui a pu être brisée, mais qui a été remplacée par une espèce de pyramide sans style. Il ne reste donc de la crosse primitive que la volute composée de deux serpents dont le deuxième prend naissance dans la gueule du premier.

1. L'abbé Coffinet, les Fouilles dans le chœur de la cathédrale de Troyes. *Société académique de l'Aube*, année 1866.

A la base du nœud, un anneau doré porte le mot : CVSTODIT, probablement le commencement d'un verset de l'Écriture, qui se continuait sur le pourtour de la douille, comme nous en avons vu des exemples (178).

Le bout en bronze doré de l'extrémité du bâton pastoral, dont le corps était en sapin, est orné vers le milieu par une tête de dragon, de la gueule duquel sort la pointe inférieure de la crosse. Objet très rare et très intéressant à signaler, en même temps que symbole adroitement rendu : le triomphe de la crosse sur le vieux serpent infernal transpercé et vaincu (179).

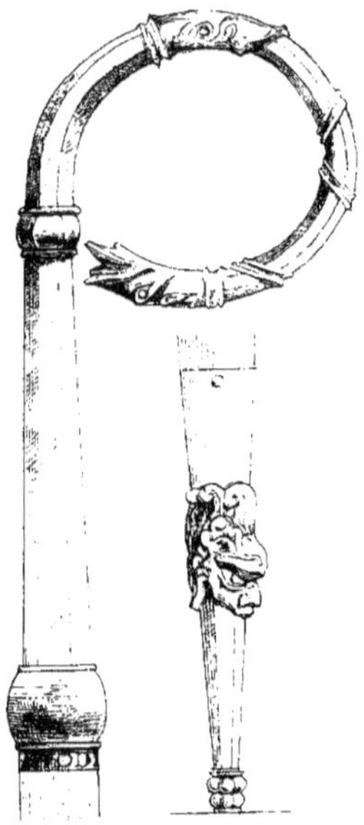

178. 179.

CROSSE DE L'ÉVÊQUE NICOLAS DE BRIE.

CROSSE DE PIERRE D'ARCIS. — Le même jour, 9 juin 1864, on trouva un deuxième sarcophage, qui n'était séparé du premier que par l'espace nécessaire pour le service du lutrin. Lorsque le couvercle du cercueil fut enlevé, on vit un squelette qui offrait les mêmes apparences extérieures que celui de Nicolas de Brie.

Le corps était recouvert de la chasuble antique relevée sur les bras et couverte de galons encore très reconnaissables. Des bandelettes de soie et d'or enveloppaient les jambes. La crosse se faisait remarquer par la richesse de son dessin et la variété de ses émaux.

L'anneau portait une émeraude enchâssée dans un chaton de forme ovale.

Le calice était brisé, à l'exception de la coupe; il y avait aussi une partie de la patène.

Les dépouilles contenues dans ce cercueil étaient celles de Pierre d'Arcis, qui occupa le siège de Troyes depuis 1377 jusqu'au 18 avril 1395.

Cette crosse émaillée, d'une merveilleuse conservation, se compose d'un nœud directement emmanché dans la hampe en bois, évidé à jour sur les quatre faces. Ces échancrures inscrivent des animaux fantastiques ailés dont les queues se terminent en volute fleuronnée.

Ces médaillons sont contournés de tertres en zigzag, pour indiquer que ces monstres se plaisent dans les ténèbres et les lieux infects.

180. CROSSE DE L'ÉVÊQUE PIERRE D'ARCIS.

Au-dessus est une bague de petites palmettes desquelles s'élève la tige fleurie qui se forme en volute pour s'épanouir en fleuron. Sur la crête, des boutons de feuillage sont à l'état de bourgeons.

Toute la volute est couverte de rinceaux aux brillantes couleurs qui se développent jusqu'à son extrémité, où prend naissance le fleuron central, qui fait à lui seul toute la richesse de cette jolie crosse, emblème de cette fleur de Jessé dont parle le prophète, qui représente le Sauveur du monde (180). Crosse modèle que nous n'hésitons pas à attribuer à l'école limousine du XIVe siècle.

CALICE D'HERVÉ.

Le 23 octobre 1844, on découvrait dans le tombeau de l'évêque Hervé, avec la crosse dont nous avons parlé plus haut, un calice en argent doré, accompagné de sa patène; il était placé au côté droit de la tête de l'évêque.

Ce calice, d'une grande simplicité et d'une belle forme, mesure en hauteur 15 à 16 centimètres. La coupe est large et peu élevée, toute dorée intérieurement (181).

181.

La tige, décorée d'un anneau cannelé et doré, offre beaucoup de facilité pour saisir et tenir le calice à la main. Au-dessous, court un anneau formant plate-bande, où prennent naissance des feuilles d'olivier en relief qui se développent et s'épanouissent jusqu'au bord circulaire de la base; les intervalles sont garnis de petites feuilles rondes, le tout sur un fond de treillis fait à la pointe sèche et doré.

La patène, également en argent, est de même forme que les patènes d'aujourd'hui. Elle est ornée intérieurement d'un cercle doré au milieu duquel est la main divine entourée d'un nimbe crucifère; le fond est dentelé de zigzag au pointillé. Le diamètre est de 15 centimètres. Rien de plus élégant que la forme de ce calice. Aussi, depuis quelques années, l'orfèvrerie parisienne s'est-elle empressée de le copier et de le répandre dans le commerce comme un des plus beaux modèles du XIIIe siècle.

ÉMAUX DIVERS.

Le trésor possède une importante collection d'émaux provenant des tombeaux des comtes de Champagne, des châsses de la cathédrale et de la collégiale de Saint-Étienne, tombeaux et châsses brisés pendant la tourmente révolutionnaire.

Les plus nombreux sont les émaux champlevés qui appartiennent aux premières années du XIIe siècle.

Un des plus intéressants et des plus anciens est la *Glorification de l'apôtre saint Pierre*, émail allongé, à la base pattée comme celle des anciennes croix processionnelles.

Le prince des apôtres est représenté nimbé, les pieds nus. Il s'élève au-dessus d'un tertre comme s'il quittait la terre pour monter au ciel. Il porte les clefs de l'Église et le livre des Évangiles. Cette figure est d'un aspect sévère et d'un caractère solennel; les longs plis des vêtements et du manteau ont subi l'influence de l'école byzantine. Les carnations sont modelées par un ton rosé obtenu au moyen d'un pointillé rouge et blanc. Les cheveux et la barbe sont reproduits par un émail rouge. Ce genre d'exécution, assez rare, est le caractère propre aux émaux du commencement du XIIe siècle. Les intailles qui déterminent le dessin sont guillochées en creux.

182.

De nombreuses plaques décoratives (182), un fût de colonne, sont couverts de remarquables ornements d'une grande variété de composition. Des plaquettes représentent un nombre assez considérable des merveilles de l'ancienne loi; nous les résumons par cette nomenclature :

Un ange, les ailes éployées, tenant un phylactère sur lequel est écrit le mot ANGELVS.

La formation d'Ève. Adam, nu et couché, la tête appuyée sur sa main. Ève sort du côté d'Adam, la main gauche en l'air, le doigt indicateur de la main droite levé : action d'une personne surprise et discutant du geste. Devant elle, un nuage représentant le ciel, d'où s'échappe la main bénissante de Dieu créateur.

Jacob faisant boire ses brebis.

Jacob déchirant ses vêtements en reconnaissant la robe ensanglantée de Joseph.

Jacob bénit Éphraïm et Manassé et figure la croix du Sauveur (183).

183.

Immolation de l'agneau pascal et inscription du TAU sur les maisons des enfants d'Israël.

Inscription du TAU sur le front des Israélites.

Moïse fait jaillir l'eau du rocher.

Caleb et Josué portant le raisin de la terre promise.

Le serpent d'airain (184).

Rahab faisant sortir les espions de Josué de la maison de son père.

Élie et la veuve de Sarepta.

Élisée maudissant les enfants qui l'ont insulté.

Le prophète Joël devant la maison du Seigneur.

184.

La personnification de la terre, représentée sous la figure d'une femme vigoureuse, à la chevelure abondante, tenant dans sa main droite une bêche, symbole de son travail; du bras gauche, elle presse deux jeunes enfants, un garçon et une fille, pour exprimer sa fécondité. A droite du sujet s'élève un monticule surmonté d'un soleil aux rayons d'or; à gauche, un arbre dont les branches commencent à fleurir.

Un mort sortant de son tombeau.

L'Église et la Synagogue.

La Foi.

Des Apôtres ou Prophètes.

CHAPELLE COLBERT.

Il y avait, dans le château de Villacerf, une chapelle dédiée à saint Édouard, patron d'Édouard Colbert, qui l'avait fait construire dans les dépendances de cette demeure princière.

Par suite de la vente en détail de ce domaine et à la suite de la Révolution, tous les objets servant aux cérémonies du culte furent déposés au trésor de la cathédrale de Troyes.

Ces pièces, aux armes de Colbert, sont en argent massif, forgé au marteau et ciselé.

L'élégance, la richesse, le bon goût de la décoration, les formes gracieuses de la composition des sujets, en font de véritables objets d'art.

Cette collection est d'autant plus intéressante que chacune des pièces est ornée d'un sujet en relief en rapport avec sa destination.

Voici la description de ces objets et leur nomenclature.

CALICE.

Sur la coupe, 3 médaillons :

Arrestation de Jésus au Jardin des Oliviers ;

Jésus devant Caïphe ;

Jésus couronné d'épines.

Sur le pied, 3 sujets :

La Flagellation ;

Sainte Véronique s'approche de Jésus tombé sous le poids de la croix ;

Jésus-Christ en croix.

Sur le nœud, 3 sujets :

Le bon Pasteur ;

La Vierge Mère portant l'Enfant Jésus ;

Saint Michel terrassant le démon.

PATENE.

Dessous, la Pentecôte : 20 personnages.

PLATEAU A AIGUIÈRE.

Au milieu. Les armes de Colbert, d'or à la couleuvre d'azur, lampassée de gueules, posée en pal; pour supports, deux licornes.

Sur les bords, deux grands sujets :

Baptême de Jésus par saint Jean, 10 personnages.

Jésus guérissant un paralytique à la fontaine de Bethsaïda, 12 personnages.

185.

AIGUIÈRE.

Sur la panse. La pêche miraculeuse, 5 personnages (185).

BURETTES.

Burette au vin. Les noces de Cana, 11 personnages.

Burette à l'eau. Sur la panse, Moïse faisant jaillir l'eau du rocher; 10 personnages.

BASSIN A BURETTES.

Deux grands sujets. Jésus et la Samaritaine au puits de Jacob, 5 personnages.

Jésus lave les pieds à saint Pierre en présence de tous les apôtres, 13 personnages.

BOITE AUX PAINS.

Tout autour de la boîte, les Israélites recueillent la manne dans le désert, 21 personnages.

CHANDELIERS ET SONNETTE.

Décorations de rinceaux et de feuillages aux armes de Colbert.

BIJOUX.

Magnifique médaillon florentin de la fin du XVIe siècle, exécuté à Florence par l'orfèvre Jean Davanzati, qui l'a composé, orné

185.

et ciselé; la valeur de ce bijou réellement merveilleux est inestimable.

Les fleurs de lis qui se répètent dans cette belle décoration ont fait supposer qu'il avait appartenu à Marie de Médicis, femme d'Henri IV; la couronne de fer, ornée d'une fleur de lis, semblerait le confirmer.

Ce médaillon est tout en argent ciselé; seules, les têtes de lion sont dorées; le cadre, en feuilles de laurier, se divise en six parties séparées par des pierres précieuses.

187.

A cette époque, les bijoux de ce genre se portaient sur la poitrine, suspendus à une chaînette d'or. Le médaillon du trésor de la cathédrale encadrait un magnifique camée, qui avait déjà disparu vers 1839, époque où il était entre les mains d'un horloger-changeur qui l'avait vendu. Plus tard, ce bijou passa, pour la somme de 50 francs, aux mains de M. Gadan, publiciste et amateur d'objets d'art. Celui-ci le céda pour 100 francs à M. l'abbé Coffinet, chanoine de la cathédrale, qui le donna par testament avec d'autres objets au trésor de la cathédrale, et bien que certains amateurs lui en eussent offert 1,200 francs.

C'est ce généreux donateur qui en a fait un reliquaire de la *vraie croix*, en faisant insérer une parcelle de cette relique dans une petite croix de bois renfermée sous un verre de cristal.

Au dos de ce reliquaire on lit, gravés sur une petite plaque de vermeil, les noms et qualités de l'auteur de l'œuvre (187).

188.

Nous nous sommes appliqué à faire de cet objet précieux un dessin au double d'exécution, avec la plus scrupuleuse exactitude, afin de bien préciser son caractère italien (186). En même temps, nous donnons une reproduction de la grandeur de l'original, pour faire comprendre la finesse de son exécution (188).

LES MANUSCRITS ET LES LIVRES IMPRIMÉS.

Parmi les objets qui, à première vue, attirent notre attention dans ces riches vitrines, nous remarquons les couvertures de deux missels troyens en velours rouge, encadrées de lames de vermeil, où sont incrustées, sur l'un, cinquante-deux pierres précieuses gravées; sur l'autre, autant de rubis, émeraudes, saphirs, améthystes, aigues marines et grenats. Au milieu du plat de chacune de ces couvertures modernes, se trouve un losange en vermeil, encadrant deux magnifiques émaux cloisonnés, d'une remarquable translucidité, représentant les animaux apocalyptiques. Le cadre circulaire, en cuivre doré et filigrané, qui entoure ces émaux, est, comme le reste des ornements de la couverture, chargé de pierres précieuses.

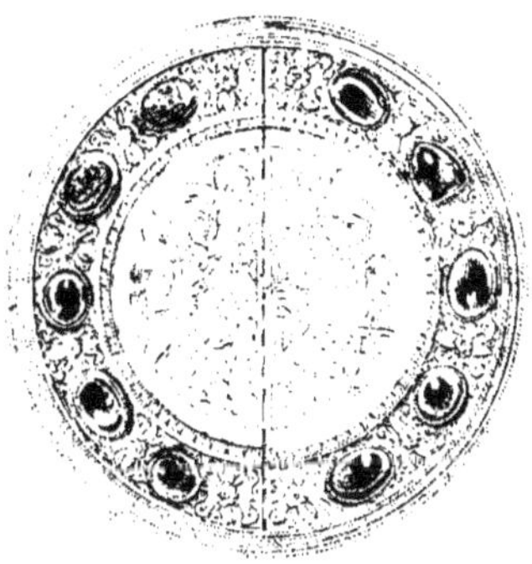

189.

Les évangélistes sont représentés par leurs emblèmes. Sur une couverture, l'ange de saint Mathieu tient un phylactère, sur lequel est écrit le mot *Liber;* l'aigle de saint Jean tient dans ses serres l'inscription : *In principio* (189). Sur l'autre couverture, on voit le lion de saint Marc, avec l'inscription : *Sicut scriptum*, et le bœuf de saint Luc, avec un phylactère où sont écrits ces mots : *Fuit in diebus*.

Ces émaux, qui datent de la fin du XIIe siècle, se divisent en deux parties, nous rappelant les anciennes agrafes que l'on rencontre souvent sur les statues du XIIe siècle. Les deux plaques étaient cousues sur le bord des chapes ou des manteaux et se réunissaient au moyen d'une broche placée devant ou derrière la plaque. Plus tard, au XVIe siècle, celles que les évêques portaient pour fermer leurs chapes étaient souvent d'une grande richesse et d'une haute valeur [1].

1. Voyez la verrière d'Odard Hennequin, p. 288.

Ces émaux anciens nous paraissent avoir été remaniés dans leur enveloppe pour les adapter sur la couverture de ce missel. Ne seraient-ce pas les deux fibules des manteaux que portaient sur leurs

190.

tombeaux les deux comtes de Champagne, Henri et Thibaut[1]?

En continuant notre visite, nous voyons :

1° Un *Évangéliaire* in-4°, sur vélin, xe siècle, couverture moderne. Incomplet, il ne contient que l'évangile de saint Jean et celui de saint Mathieu; puis, d'une écriture plus fine, les chapitres v à xvi du même évangile de saint Mathieu.

Il y a seulement deux belles majuscules, au commencement des deux évangiles : *In principio* (saint Jean) et *Liber generationis* (saint

1. Voyez Arnaud, *Voyage archéologique*, p. 29.

Mathieu). De ces belles lettres majuscules, nous donnons ici la plus intéressante (191).

191.

2° Autre *Évangéliaire,* in-folio, sur vélin, de la même époque, xe siècle.

Couverture ancienne en très mauvais état. Le tissu de cette couverture est jaune pâle; le dessin, d'un caractère original, est de même couleur, mais d'un ton plus foncé. Il représente un arbre fleuri affronté, dans le bas, par des lions furieux et, dans le haut, par des perroquets (190). Ce dessin a été publié en couleur dans le *Portefeuille archéologique* d'A. Gaussen.

Ce livre contient les quatre Évangiles, sauf la fin de saint Marc et le commencement de saint Luc.

C'est sur cet *Évangéliaire* que les évêques, doyens et chanoines prêtaient serment le jour de leur installation. Les formules du serment sont au commencement du volume.

3° *Pontifical* de l'abbaye de Saint-Loup, in-folio, sur vélin, XIIe siècle, couverture moderne.

Avant d'appartenir à l'abbaye de Saint-Loup, il avait appartenu à la cathédrale pendant plusieurs siècles, car on trouve, à la fin, les serments de soumission et d'obéissance faits aux évêques et à l'église Saint-Pierre de Troyes par les abbés et les abbesses du diocèse de Troyes.

192.

Ce volume a été acheté 12 livres par l'avocat Michel Sémilliard, le 10 décembre 1791, lors de la destruction de l'abbaye.

En tête du texte, une lettre ornée représentant un évêque, probablement saint Loup (192).

PSAUTIER DU COMTE HENRI Ier.

Ce manuscrit provient de la bibliothèque que le comte de Champagne, Henri Ier, avait fait construire près du trésor de l'église Saint-Étienne.

Il est écrit en lettres d'or minuscules, sur vélin ; les titres sont en lettres onciales, et celles des premiers versets sont brunies, dorées et peintes. C'est un spécimen fort intéressant de l'époque carlovingienne.

Les feuilles qui contenaient les huit premiers psaumes ont disparu. Ce livre commence aujourd'hui par les trois derniers versets du psaume IX. Viennent ensuite les divers cantiques liturgiques : le *Te Deum*, le *Magnificat* et le *Nunc dimittis,* le *Gloria in excelsis,* l'Oraison dominicale, le Symbole des apôtres et celui de saint Athanase.

La couverture, qui n'existe plus, était très riche et très curieuse ; des tablettes d'argent doré offraient, d'un côté, l'image de Jésus-Christ ; de l'autre, la Vierge Marie. Aux angles, les Évangélistes avec leurs symboles ; toutes ces figures, sauf celle de la sainte Vierge, étaient en ivoire.

Une seule miniature occupe toute la page en regard du psaume LI. Cette image, d'un coloris assez terne, représente, à gauche, le roi David assis sur un trône, sous une tente, la tête ceinte de la couronne, le sceptre à la main gauche, la main droite sur son épée. Celle-ci, posée sur les genoux du roi, n'est point tirée du fourreau ; c'est peut-être pour faire allusion à cette menace du prophète : « Et l'épée ne sortira point de cette maison. » Sur le côté du pavillon, sont trois gardes, la lance à la main (193).

Devant le roi de Juda, un personnage s'incline et semble faire le geste de parler au roi. C'est sans doute le messager que lui envoie Joab, général de son armée, pour lui annoncer la mort d'Urie, mari de Bethsabée.

Un peu plus haut que le messager se trouve le prophète Nathan, qui vient lui reprocher son crime. Il tient, d'une main, la hache du sacrificateur ; l'autre s'élève vers le ciel, où l'on voit Jésus-Christ au milieu d'une gloire. La tête du Christ est entourée du nimbe cruci-

VID
cLORIARIS
INMALITIA
qui potens es
iniquitate
Tota die iniustitiā
cogitauit lingua tua
sicut nouacula acuta
fecisti dolum
Dilexisti malitiam
super benignitatem iniquitatem
magis quam loqui aequitatem
LVI INFINEM NECORRUMPAS
IPSIDAUID INTITULIINSCRIP
TIONEM CUMFUGERET
AFACIESAULINSPELUNCA

193. — MINIATURE DU PSAUTIER DU COMTE HENRI Ier.

fère; il bénit et tient le livre des évangiles; les pieds sont posés sur le globe terrestre; deux anges l'accompagnent, ainsi que plusieurs apôtres représentés les pieds nus. Au-dessus est écrit : *Videbunt justi:* Les justes verront la vengeance tirée par Dieu du coupable.

Devant le prophète, on lit ces trois mots du psaume LI : *Tota die injustitia :* Tu as médité l'injustice pendant tout le jour. Puis, les reproches du prophète se continuent par le commencement du verset 7, *Propterea Deus :* aussi le Seigneur finira-t-il un jour par te détruire.

A gauche, à la hauteur du ciel, un arbre est représenté; c'est l'olivier, symbole de David, comme nous le voyons par les premiers mots du verset 10, écrits au-dessus de l'arbre, *Ego autem sicut oliva,* mais moi, je suis comme un olivier fertile dans la maison de Dieu.

Tous les personnages placés au premier rang portent le costume de l'époque mérovingienne, varié de différentes couleurs. Le prophète Nathan, Jésus-Christ, les anges et les saints sont vêtus de tuniques longues et de manteaux blancs. Nous donnons un fac-similé de cette miniature, avec un spécimen des caractères du livre.

« Il se peut que ce manuscrit ait été apporté de Constantinople par le comte Henri, qui l'aurait reçu en présent de l'empereur Manuel (1143-1180), auquel saint Bernard l'avait recommandé comme un prince digne de lui[1]. »

Cette miniature a été décrite par deux hommes qui font autorité en archéologie, M. Didron aîné et M. d'Arbois de Jubainville. Ces deux savants l'ont interprétée d'une manière différente; le premier y reconnaît le prophète Nathan reprochant à David son adultère et la mort d'Urie; le second y voit le prêtre Achimélech, qui vient reprocher à Saül sa mort, celle de quatre-vingts prêtres et de tous les habitants de la ville de Nobé[2].

Notre appréciation personnelle est celle de M. Didron, d'autant plus que l'olivier, symbole de David, n'aurait pas sa raison d'être dans la représentation d'une scène du roi Saül avec sa victime Achi-

1. Didron aîné, *Voyage archéologique dans le département de l'Aube,* par Arnaud, p. 46.

2. Gaussen, *Portefeuille archéologique,* p. 40 et suivantes.

méleech. Il nous semble, en outre, que le peintre auteur de la miniature du Psautier devait prendre un passage de la vie de David, de préférence à tout autre.

D'autres manuscrits étaient autrefois conservés dans la bibliothèque de l'église Saint-Étienne, que le comte Henri avait fait construire près du trésor. Les principaux étaient : les *Épîtres* de saint Augustin; ses livres de *la Cité de Dieu* et de *la Trinité;* ses homélies et ses sermons; saint Jérôme, sur Isaïe, Jérémie, Ézéchiel et Daniel; deux volumes de sermons de saint Bernard; le livre du *Souverain bien*, de saint Isidore de Séville; Alcuin, sur *les Vertus; l'Histoire ecclésiastique* d'Eusèbe, de la version de Rufin; une Bible et l'historien juif Josèphe[1].

BIBLE IMPRIMÉE EN 1512.

Ancienne Bible, imprimée en caractères gothiques, in-folio, couverture du dernier siècle, en velours rouge, avec encadrement en cuir gaufré. Au milieu, le Christ en croix, et les saintes femmes au pied de la croix.

Le titre de cette Bible porte la marque de l'éditeur, un S et un V entrelacés et, dessous, sur une banderole horizontale, le nom de cet éditeur : *Simon Vostre*.

Elle fut imprimée à Paris en 1512 par Philippe Pigouchet, aux frais de Simon Vostre, libraire de l'Université.

Les caractères d'impression sont d'une finesse remarquable et d'une pureté qui étonne. Cette Bible pourrait être regardée aujourd'hui comme un chef-d'œuvre d'impression.

Le papier est très résistant, sans marque de fabrique, sauf une sur la feuille de garde du commencement et une autre sur la feuille de garde à la fin. Cette dernière est un B couronné. Probablement la marque de Pierre Le Bey, papetier juré de l'Université, né à Troyes en 1470 et mort dans cette ville vers le milieu du XVIe siècle[2].

1. Arnaud, *Voyage archéologique.*
2. Émile Socard, *Biographie des personnages remarquables de Troyes.*

La première est une espèce d'écusson surmonté d'une devise que nous ne pouvons lire.

Au commencement du volume, entre deux tables, est le frontispice de l'œuvre, représenté par une belle gravure sur bois, du plus haut intérêt par le mérite de son exécution et par la valeur artistique de sa composition.

Au centre du tableau est un docteur en théologie, installé dans son cabinet de travail; devant lui, un pupitre et, sur celui-ci, un livre ouvert. Il est assis sur un escabeau, un livre ouvert sur ses genoux, une plume à la main; il vient d'écrire la première page, il passe à la seconde; mais il s'arrête et semble indécis, la tête tournée du côté de nombreux assistants placés en rang, à droite de la gravure, les uns derrière les autres et en amphithéâtre jusqu'à la porte d'entrée (194).

Le premier rang est occupé par un pape, un cardinal et un évêque, tiare et mitre en tête et portant la chape.

Derrière eux, nous voyons des docteurs, des chanoines et des clercs, tous tenant sur leurs genoux des manuscrits ouverts, qu'ils présentent aux regards du docteur, comme pour lui permettre de consulter les écrits laissés par les Pères de l'Église. Ce docteur, qui nous semble revêtu du costume dominicain, pourrait être saint Thomas d'Aquin; l'absence du nimbe nous laisse dans le doute.

Cette scène est encadrée par un joli motif d'architecture du commencement du XVIe siècle. Il se divise en plusieurs compartiments surmontés de contre-courbes à crochets appuyés sur les pinacles d'angles.

Dans ces niches sont représentés : à gauche, les prophètes : Moïse tenant les tables de la loi, Job, David jouant de la harpe, Isaïe et Jérémie, tous tenant des livres ouverts; à droite, les quatre Évangélistes, accompagnés de leurs attributs, et l'apôtre saint Paul, tous tenant de même leurs livres ouverts, et tournés du côté du docteur.

Dans les écoinçons de ce cadre architectural sont placés les quatre grands docteurs de l'Église latine. En haut, à gauche, saint Jérôme en cardinal, avec son lion; à droite, saint Augustin, tenant un cœur percé de flèches; en bas, à gauche, Saint Ambroise et, à droite, saint Pierre en pape, tenant la place de saint Grégoire le Grand.

La salle de la librairie de la cathédrale, où étaient classés tous

194.

ces vieux manuscrits et les livres imprimés, a été construite par l'évêque Louis Raguier, évêque de Troyes, en 1478-1479; elle fut démolie en 1841-1842, pour la reconstruction du portail méridional. Elle formait un vaste rectangle; les remarquables nervures en tiercerons de la voûte s'épanouissaient sur le fût d'un pilier rond s'élevant au milieu de la salle.

A la base de ce pilier étaient un pupitre et un escabeau pour le professeur en théologie, revêtu de son costume de docteur, donnant des leçons aux jeunes clercs rangés autour de lui sur des bancs.

Son mobilier consistait en placards ou armoires, dont l'intérieur était divisé en rayons pour recevoir les livres. Un de ces meubles se fermait avec trois serrures; il devait sans doute contenir les manuscrits les plus précieux, puisque trois personnes en avaient une clef différente.

Un petit meuble fixé entre deux fenêtres jumelles contenait deux cylindres en fer placés horizontalement, qui servaient aux rouleaux mortuaires.

Cette salle était éclairée par deux grandes fenêtres vitrées en verre blanc avec de simples bordures ornées de clefs et de fleurs de lis. Au centre des panneaux, des médaillons représentant des sujets religieux, et pour la plupart les portraits des docteurs les plus vénérés et les plus populaires par leur science et leur vertu. De ces portraits un seul nous est resté, il est conservé au trésor; c'est celui de Nicolas de Lyra (195), juif normand converti, entré en 1291 dans l'ordre des Frères mineurs, docteur en théologie et professeur d'Écriture sainte dans le grand couvent de son ordre à Paris, où il mourut en 1340. La Théologale de Troyes possédait plusieurs ouvrages manuscrits de ce docteur, entre autres un traité du *Messie* contre les juifs et sa *Glose* sur les saintes Écritures.

D'autres grisailles de la même provenance ont été recueillies par l'architecte de la cathédrale, et placées à la petite fenêtre grillée de son bureau, situé sur la place de la cathédrale, à gauche de l'entrée principale de l'évêché. Elles se composent de:

I. — Dans le haut, deux petites grisailles carrées :

1° *A gauche :* saint Roch, la tête couverte d'un bonnet de panne, tient son bourdon de la main droite, et montre de la main gauche la plaie de sa jambe à un ange qui, debout devant lui, le bénit et le guérit. Derrière lui, son chien tient un pain rond dans sa gueule.

2° *A droite :* saint François d'Assise, à genoux, reçoit les sacrés stigmates du chérubin crucifié qui lui apparaît.

II. — Au milieu, une belle grisaille ronde, signée en bas et à gauche **G. f.** Peut-être *Gontier fecit;* ce serait alors l'œuvre du célèbre Linard Gontier, dit l'aîné, né à Troyes vers 1575, mort après 1642. Saint Guillaume, une croix à la main gauche, bénit de la

195. NICOLAS DE LYRA.

main droite un personnage qui, à genoux devant lui, tient dans ses mains jointes une banderole ou on lit : **Sancte Guillarme ora pme.**

III. — Au-dessous, deux grisailles rondes :

1° *A gauche :* saint Antoine, en ermite, un livre à la main droite, un bâton à la main gauche, des flammes sous ses pieds. L'animal qui l'accompagne porte une sonnette au cou.

2° *A droite :* sainte Marguerite, couronnée, vêtue d'une robe à fleurs et d'un manteau, tient une épée de la main gauche. Une roue brisée à ses pieds. Derrière elle, une colonne surmontée d'une idole et les murailles d'une ville.

IV. — Tout en bas, un très joli écusson d'azur au chevron d'or, à deux étoiles d'argent en chef, et un épi de blé d'or, feuillé de même, en pointe. Derrière l'écusson, en pal, un bâton de chantre. L'écusson est surmonté d'un chapeau violet, avec glands de même, à une et deux houppes, de chaque côté (196).

196.

Un catalogue dressé en 1675 par le R. P. Charles Le Tonnellier, religieux de Saint-Victor de Paris, nous donne la liste de 88 manuscrits qui existaient à cette époque à la Théologale de Troyes, sans compter ceux que le temps et les vers avaient endommagés au point de les rendre illisibles. De ces manuscrits, 28 se retrouvent aujourd'hui à la Bibliothèque de Troyes et aux Archives de l'Aube, quelques autres à la Bibliothèque nationale et à la Faculté de médecine de Montpellier.

La plupart de ces manuscrits sont des commentaires sur l'Écriture sainte et des ouvrages de droit canonique ou civil. Signalons seulement une *Summa de Materia judiciorum*, composée en 1301 par Eudes de Sens le jeune; une *Exposition des Lamentations de Jérémie*, composée par Gilbert, diacre d'Auxerre; l'*Historia scholastica*, de notre compatriote Pierre Comestor; le *Diadema monachorum*, d'un auteur inconnu; un résumé en vers latins de tous les chapitres de la *Bible*, etc. Peu d'ouvrages des saints Pères; un seul ouvrage d'Aristote, *les Analytiques;* pas un seul ouvrage profane[1].

Le trésor de la cathédrale comprend environ cent quatre-vingts objets précieux, dignes d'attirer l'attention des archéologues et des hommes d'étude.

Toutefois, malgré l'importance de cette collection contenant de si grandes richesses, il nous est impossible de donner la description de tous ces objets dans la mesure que nous avons prise au début. Cet inventaire exigerait à lui tout seul la valeur d'un volume.

Nous allons donc terminer cette description par une nomenclature des objets qu'il nous est impossible de passer sous silence.

1. Léon Dorez, *les Manuscrits de la Théologale de Troyes*, dans la *Revue des Bibliothèques*, 2e année, p. 473 et suivantes.

Une belle tapisserie du XVIe siècle, mesurant 2m,25 de largeur et 3m,10 de hauteur, représentant, au milieu, un écusson écartelé : aux 1 et 4 d'azur, à trois chandeliers d'or, accompagné en chef d'une étoile de même. Ce sont les armes de la famille Dorigny, seigneur de Saint-Parres-aux-Tertres. Aux 2 et 3 de gueules, à deux étoiles d'or en chef et un croissant d'argent en pointe. Ce sont celles de la famille Molé, seigneur de Villy-le-Maréchal. Tenants : deux génies nus, debout, aux ailes éployées, portant un carquois rempli de flèches et, au-dessus de l'écusson, un buste de femme tenant une banderole avec cette devise : **Le Moyen**, le tout sur un fond de verdure émaillé de fleurs.

197.

Cette tapisserie est d'une merveilleuse conservation, sauf quelques petites mutilations.

Ces sortes de draperies étaient destinées à décorer et à envelopper un pilier, ou un de ces autels provisoires que l'on élevait aux jours anniversaires d'un décès, quand le défunt était enterré au pied d'un pilier, emplacement recherché par les grandes familles aux XVe et XVIe siècles.

Une statue de la Vierge-Mère, en marbre blanc (hauteur, 1 mètre), signée I.-B. LEMOINE, 1717, fils de Jean-Louis Lemoine, tous deux en grande faveur sous Louis XIV. Jean-Baptiste Lemoine sculpta le monument du cardinal de Fleury et celui de Pierre Mignard, et nombre d'autres qu'il nous est impossible d'énumérer ici.

Deux belles statuettes du commencement du XVIIe siècle, saint Jean-Baptiste et une Vierge martyre. Ces deux figures ont encore conservé le caractère élégant et gracieux du style de la Renaissance.

Bâton de chantre du XVIIIe siècle, en cuivre doré et ciselé, représentant un saint Sébastien (197).

198.

Le chantre de l'église de Troyes était la troisième personne du chœur après le doyen et le grand archidiacre. Il était à la nomination de l'évêché et devait assistance perpétuelle au chœur.

Paix en cuivre doré et émaillé, représentant Jésus-Christ, la Vierge et saint Jean ; une autre en émail peint, même sujet.

Quatre custodes en cuivre doré et émaillé: trois simplement décorées de feuillage courant; la quatrième représente des anges aux ailes éployées posés sur un groupe de nuages (198). Don de l'abbé Coffinet, chanoine.

Encensoirs des XIIIe et XIVe siècles, tellement oxydés qu'il nous a été impossible d'en faire une reproduction convenable. (Même donateur.)

Parements et ornements d'aube et de chape trouvés dans les tombeaux des anciens évêques de Troyes.

Un parement d'autel ou de lutrin du XIIe siècle, représentant des lions, des singes, des cerfs, des écureuils, etc., sur un tissu de même couleur.

Croix du XIIIe siècle, en cuivre doré et émaillé, avec les quatre symboles évangéliques, donnée par l'abbé Coffinet.

Un pignon triangulaire, en cuivre doré, du XVe siècle, orné de pierres précieuses : une perle, trois rubis, une émeraude, deux améthystes et quatre saphirs, le tout provenant d'une ancienne châsse.

Il ne nous reste plus qu'à mentionner les pierres isolées, rubis, émeraudes, topazes, cornalines, agates, aigues marines, morceaux de corail, etc. On compte encore plus de trois cents pierres et cabochons de diverses espèces.

Toutes ces richesses proviennent des anciens trésors de la cathédrale et de l'église Saint-Étienne, supprimés et démolis à la Révolution. Elles étaient montées sur des bijoux reliquaires, sur des vases sacrés et sur des couvertures de riches manuscrits; elles avaient été rapportées de Constantinople par les comtes de Champagne [1].

LA SACRISTIE.

L'ancienne chapelle Sainte-Hélène, ouverte sur le bas côté méridional du chœur, sert actuellement de passage à la sacristie.

La porte de celle-ci est à linteau droit; elle est ouverte dans un mur de clôture établi au commencement du siècle; au-dessus est percée une fenêtre à meneaux en bois et vitrée.

La sacristie, au levant, est éclairée par une fenêtre ogivale divisée par un seul meneau sans base et se terminant dans sa partie supérieure par des ogives trilobées et un quatre-feuilles en forme de croix. La fenêtre occidentale, beaucoup plus large, occupe toute la surface du mur de cette travée; elle se divise en quatre parties par trois meneaux formant également par leur réunion des ogives trilobées avec cercles et trilobes dans les angles.

La voûte est soutenue par des nervures angulaires qui s'appuient sur des consoles ornées de figures grimaçantes et de feuillages appliqués aux angles rentrants des murs.

A la clef, point d'intersection de ces nervures, est un médaillon d'une singulière originalité; beaucoup de personnes ont cru voir dans cette sculpture la représentation d'une action obscène. Avec le temps,

1. Pour la description, nous renvoyons nos lecteurs au travail très étendu de Lebrun, *Histoire et symbolisme de quelques émaux du trésor de la cathédrale de Troyes*, 1862, *les Pierres gravées du trésor de la cathédrale de Troyes*, 1880, et d'Arnaud, *Voyage archéologique*, p. 40 et suivantes.

cette interprétation s'envenima et devint fatale à l'œuvre. Vers 1835, un sacristain se munit d'une grande perche pour détruire le sujet de cette clef, dont l'existence paraissait un scandale, comme s'il était permis de supposer qu'une telle image fût maintenue dans un monument religieux, au-dessus d'un autel chrétien [1]. Ce sacristain se mit en devoir d'accomplir son acte de vandalisme. Une première tentative demeura sans résultat, à cause de la difficulté de manier la perche destructrice; à une seconde reprise, le coup porta, et deux figures furent brisées; on en resta là.

Pendant la construction du prolongement de la sacristie, M. Millet fit réparer cette clef de voûte, sans s'occuper du sujet représenté, simplement comme une curiosité ou une originalité d'un de ses prédécesseurs. Il en résulta que le sculpteur chargé de ce travail copia tout bonnement les deux figures qui étaient restées intactes.

Heureusement que nous possédions un ancien dessin de cette clef de voûte, exécuté avant sa mutilation, ce qui nous permet de rétablir la représentation exacte du sujet et de donner la juste solution de ce problème d'iconographie chrétienne.

Cette clef de voûte est une roue dont les quatre rayons sont aujourd'hui deux vieillards et deux jeunes femmes. Avant sa restauration et suivant notre dessin, ces rayons étaient représentés, en haut, par un homme et une femme d'âge mûr; en bas, par un homme et une femme caducs. Ces quatre figures sont entièrement nues, les jambes passées les unes par-dessus les autres, les bras levés, les mains ouvertes. Toutes les quatre sont à cheval sur l'essieu, dont le rivet est orné d'une rosace. Cette position de personnages en équilibre sous l'action d'une force irrésistible de rotation est une allégorie de la vie, qui, dans son perpétuel mouvement, fait passer les âges de la vie humaine de la virilité à la vieillesse, de la vie à la mort.

Telle est l'importance de cette allégorie, qui nous donne le cours général des destinées de l'homme; c'est la roue vivante de la vie humaine.

1. Nous avons déjà dit, à la page 362, que cette sacristie était originairement une chapelle construite à la fin du XIVe siècle par le chanoine Jean de Champigny.

Cette figure est une des œuvres les plus rares de la sculpture du moyen âge. Il en existe cependant, a Chartres et à Beauvais, dans la cathédrale de ces deux villes, de dimensions supérieures, puisque la roue humaine y embrasse toute la circonférence des grandes rosaces, décorées de personnages qui en font le tour. Il y a douze personnages à Beauvais, et dix-sept à Chartres, représentés par moitié, à gauche, avec toute la vigueur de la jeunesse; à droite, dans toutes les phases du déclin de la vie.

Notre sculpteur troyen composa son sujet avec quatre figures, et les disposa de façon à établir une clef de voûte: c'est pourquoi les jambes de ses personnages sont passées les unes sur les autres, pour former une rosace (199).

199.

A l'entrée de cette sacristie, à gauche, et dissimulée par des placards, s'ouvre la porte de la salle basse du Trésor. On y descend par un escalier de cinq marches. Cette salle est voûtée en ogive, les arcs-doubleaux et les nervures des voûtes reposent sur des groupes de trois colonnes engagées dans les angles et la face des murs; elle se divise en deux parties. Les clefs de voûtes et les chapiteaux feuillagés des colonnes sont conçus dans le style de la belle époque du XIIIe siècle, comme d'ailleurs tout ce qui tient à la construction du sanctuaire.

A gauche est un chapier; au-dessus. des petits placards renferment divers objets destinés à la décoration des autels.

Au midi de la sacristie, trop petite pour le personnel d'une cathédrale, une autre beaucoup plus grande a été construite, en prenant sur le terrain de l'évêché, par l'architecte Millet, pendant les grands travaux de la réfection du chœur de la cathédrale. Cette belle salle est voûtée en quatre parties égales et les nervures de ces voûtes reposent au point central sur une colonne monolithe, à base octogonale, surmontée d'un robuste chapiteau à large feuillage.

Dans l'angle, à l'est, un escalier et la porte conduisant au vestibule de la chapelle de l'évêché.

Cette nouvelle sacristie est meublée d'un vestiaire pour chacun des chanoines, de deux chapiers, d'un meuble pour les ornements, surmonté de petits placards pour les vases et les linges sacrés, et de deux armoires vitrées pour les objets décoratifs des autels.

Les murs de cette sacristie sont décorés de portraits peints ou gravés des évêques qui ont occupé le siège épiscopal de Troyes depuis le XVIe siècle jusqu'à nos jours.

Le plus intéressant et l'un des plus anciens est celui de l'évêque *Odard Hennequin*, 79e évêque de Troyes, fils de Jean Hennequin, seigneur de Lantages, et de Catherine Baillet. Il est simplement représenté avec sa mozette et son rochet; contrairement à sa verrière du transept, il porte la mouche et une petite barbe en pointe. Au bas du tableau, on lit cette inscription :

OVDART · HENNEQVIN · AVMONIER ·
DE · FRANÇOIS · P^r ·
EVESQVE · DE · SENLIS · PVIS · DE ·
TROIES · MORT · EN · 1554 ·

Au-dessus des deux portes d'entrée, deux petites peintures tirées de la vie de saint Bruno, fondateur des Chartreux. L'une représente saint Bruno, debout, tenant une lettre en parchemin et lisant; il est accompagné de deux moines. Devant lui on voit le Colisée, le fort Saint-Ange et la basilique de Saint-Pierre. Cette lettre est peut-être celle par laquelle Urbain II prescrivait à Seguin, abbé de la Chaise-Dieu, de rendre la Chartreuse, qui lui avait été confiée par le saint, quand le pape l'avait fait venir de France à Rome.

Sur l'autre, on voit saint Bruno debout, une mitre et une croix à ses pieds, levant les bras et les yeux au ciel, et s'écriant : *O bonitas!* Derrière lui, on voit son monastère au milieu des rochers.

Une remarquable peinture sur toile, représentant la Visitation, copie du temps, d'après André del Sarte.

A gauche de la porte d'entrée, un tableau peint sur bois représentant l'Adoration des Mages.

Enfin, deux volets datés de 1553, où sont représentés les quatre évangélistes. Au revers de ces deux volets, les docteurs de l'Église latine peints en grisailles: mais deux sont complètement effacés.

LA CHAIRE A PRÊCHER.

Le 1er septembre 1842, à la suite de plusieurs concours, le conseil de fabrique de la cathédrale accepte les plans de M. Triqueti, sculpteur, et de M. Gounod, architecte, demeurant à Paris. Le 19 août 1842, la commission des monuments historiques avait déclaré que le projet de ces messieurs était le seul qui, après quelques modifications, pût être adopté.

Au mois de novembre de la même année, les ouvriers étaient à l'œuvre.

Le jeudi saint, 20 mars 1845, la chaire, arrivée à Troyes, fut assemblée et définitivement placée du côté de l'épitre, à la troisième travée de la grande nef, où elle est encore.

Construit dans le style gothique moderne des XIIIe et XIVe siècles tel qu'on le comprenait il y a cinquante ans, cet édicule ne répond pas du tout à la grandeur de ce majestueux monument et à l'ensemble de ses belles proportions. Cependant cette chaire était destinée à jouer un rôle décoratif important. On a voulu trop bien faire, mais le but a été manqué, l'exécution n'ayant pas répondu aux bonnes intentions.

Le plan de la partie principale, le garde-corps, est de forme hexagonale. Trois panneaux sculptés représentent les apôtres et les évangélistes. Sur le panneau de face on lit, à la partie supérieure : *S. Petrus. S. Lucas. S. Andreas. S. Thomas.* Sur le panneau de gauche, on lit : *S. Mattheus. S. Philippus. S. Marcus. S. Paulus.* Sur le panneau de droite : *S. Simon. S. Bartholomeus. S. Jacobus. S. Johannes.* A gauche, sur le panneau non sculpté, près de l'escalier, on lit, toujours à la partie supérieure : ANNO CHRISTI M°DCCC°XLV°; sur celui de droite, près de l'escalier : H. DE TRIQUETI SCULʳ FAC.T. — L. V. GOUNOD. ARCHS. FAC.T.

Les angles des trois panneaux du garde-corps sont meublés de quatre statuettes un peu plus grandes, représentant, à l'angle de gauche, S. Jean-Baptiste, le précurseur de Jésus-Christ; aux angles de devant, le Sauveur prêchant l'évangile et la sainte Vierge recevant la salutation angélique; à l'angle de droite, l'Ange, avec un phylactère portant ces mots : *Ave Maria, gratia plena.* Toutes ces figures sont d'une exécution plus que médiocre.

La cuve repose sur une colonnette centrale, entourée de six colonnettes correspondant aux six pans du plateau de la cuve.

L'abat-voix repose sur six colonnettes surmontées de pinacles qui servent d'appui aux gâbles ajourés du couronnement, au milieu duquel s'élève un riche pinacle surmonté d'une croix.

L'escalier se contourne par derrière avec une rampe à colonnettes portant des ogives trilobées.

La chaire de la cathédrale mesure 6 mètres 80 centimètres de la base au sommet de la croix qui domine l'abat-voix.

Le dimanche 23 mars 1845, jour de Pâques, cette chaire fut inaugurée par Mgr Debelay, évêque de Troyes, qui, à l'issue de la grand'messe, prononça un discours de circonstance.

Les frais d'exécution de cette chaire se répartissent de la manière suivante :

1° La somme de douze mille francs pour l'œuvre;

2° La somme de six cents francs à titre d'honoraires;

3° La somme de quatre cents francs à titre de remboursement de frais;

4° Enfin, la somme de quatre-vingt-quinze francs, à titre de remboursement de fourniture et de pose d'une plaque en cuivre, et pour la gravure de l'inscription placée sous le palier de la chaire.

LE GRAND ORGUE.

Le grand orgue de la cathédrale de Troyes appartenait avant la Révolution à l'abbaye de Clairvaux. Ce grand et superbe instrument repose aujourd'hui à l'entrée de la nef de la cathédrale sur une tribune construite en moellon et en craie par M. Vaudé, architecte à Troyes. La dépense s'est élevée à la somme de 34.567 francs.

La tribune, en arc surbaissé, occupe toute la largeur de la nef et s'élève jusqu'à la hauteur du triforium. Elle s'appuie sur d'énormes massifs, décorés aux quatre angles de colonnes toscanes et de niches sur les faces fuyantes. Dans l'un des massifs, du côté de la tour Saint-Paul, un escalier communique à la plate-forme.

Le buffet de l'orgue est d'une dimension considérable, puisqu'il a 14 mètres de hauteur et que la partie acoustique prend toute la largeur de la nef, soit 15 mètres. Cette masse de boiseries et de sculptures a quelque chose d'imposant; malheureusement, c'est un monument conçu dans un autre style, tout à fait en désaccord avec celui de la cathédrale. En outre, il écrase et déshonore par ses proportions la beauté et l'élégance des formes architecturales de l'édifice.

On ignore par qui et à quelles conditions il fut établi.

Ce buffet se divise en quatre parties par des saillies semi-circulaires formant pilastres et couvertes de tuyaux, comme toute la surface de l'enveloppe. Le pilastre central, beaucoup plus fort et plus élevé que les autres, est surmonté d'une puissante corniche sur laquelle trône la figure colossale du roi David jouant de la harpe. Un pilastre moindre divise les deux parties latérales: debout sur la corniche, deux petits anges chantent et tiennent des guirlandes de fleurs qui se rattachent à la corniche du pilastre central et aux deux pilastres d'angles. Ceux-ci sont surmontés de deux anges, celui de droite jouant du violon, et celui de gauche de la guitare, tous deux en chantant.

Ces deux derniers pilastres d'angles sont posés en porte à faux sur d'énormes cariatides, figurées par deux hommes aux formes athlétiques, la tête en avant, le dos voûté, les bras posés sur les hanches, leurs muscles tendus s'agitent et se raidissent sous ce pesant fardeau.

Le meuble du positif placé en saillie sur la balustrade de la plate-forme se divise seulement en deux parties par trois pilastres de moindre profil; il est beaucoup plus petit que le buffet du grand orgue. Sur les pilastres d'angles, deux petits anges sont assis et chantent, leur cahier de musique ouvert sur leurs genoux. Sur le pilastre central, un peu plus élevé, est le blason de dom Gassot de Deffens, abbé de Clairvaux, élu le 17 mai 1718 et mort le 8 avril 1740[1], qui fit faire ce grand orgue et exécuter des travaux importants dans l'église de son monastère, pour l'embellissement duquel il dépensa des sommes considérables. Son blason porte d'azur au chevron d'or, accompagné de trois roses d'argent, surmontées des attributs de l'abbé crossé et mitré et d'une couronne de marquis; support deux lions[2].

En 1731, le 20 janvier, dom François Fauvre, prieur de Notre-Dame des Rosiers et procureur de l'abbaye de Clairvaux, conclut avec Jacques Cochu, facteur d'orgues, demeurant à Châlons-sur-Marne, un marché par lequel ce dernier s'engageait à exécuter, moyennant 1,850 livres, un positif de 8 pieds en maître et de 16 jeux.

Le 29 juillet 1732, dom Fauvre et Jacques Cochu concluaient un nouveau marché. Cette fois, il s'agissait du grand orgue, que Cochu promettait de rendre dans quatre ans et quelques mois, moyennant la somme de 6,600 livres.

En 1736, le grand orgue se trouvait terminé. Dom Nicolas Similiart, religieux profès de Signy, organiste, et Bénigne Balbastre, organiste de la cathédrale et autres églises de Dijon, experts nommés par les religieux de Clairvaux, passèrent quatre jours à examiner le

1. L'abbé Lalore, *Trésor de Clairvaux*, p. 239.

2. Un grand plat d'étain, conservé dans la sacristie de l'église de Saint-Mards-en-Othe, porte gravées sur le fond les armoiries de dom Gassot de Deffens, abbé de Clairvaux.

C'est donc à tort que nous avons attribué ce blason à un archevêque. Voy. 1er vol., p. 342-345.

travail de Cochu. Il fut déclaré bon et convenable, le 20 mars 1736 et le 8 avril suivant, le facteur donna une quittance finale [1].

Inscription trouvée dans l'intérieur de l'orgue :

Cet excellent instrument a été fait en 1732 par M. Cochu, un des plus célèbres facteurs d'orgues de son temps. En 1788, du règne de Mr Raucourt, abbé de Clairvaux, l'orgue a été relevé, augmenté en jeux de flûte, jeux de trompette et de bombarde, de pédale, par François Henry Cliquot, facteur d'orgues du Roy.

A la suite des évènements de la Révolution, le 12 mars 1793, l'orgue fut adjugé moyennant la somme de 12,500 livres au sieur Bernard Lecuyer, entrepreneur de bâtiments, demeurant à Bar-sur-Aube, sous le cautionnement de Joachim Girardon.

Il fut ensuite acheté par la fabrique de la cathédrale de Troyes ; mais, en raison des événements, il resta déposé en caisse dans la tour Saint-Paul.

Ce n'est qu'en 1806 que fut construite la tribune actuelle et que l'orgue y fut monté, ainsi que nous l'apprend l'inscription suivante, gravée sur l'écusson du gros tuyau de la façade.

L'an second de l'empire de Napoléon Ier, sous l'épiscopat de Mgr Louis-Apollinaire de la Tour-du-Pin Montauban, archevêque-évêque de Troyes.

La préfecture de M. Claude Brûlé, officier de la Légion d'honneur. Le maire M. Joseph Bourgeois. La fabrique ayant pour administrateurs extérieurs MM. Parisot, président du tribunal criminel; Guyot et Delieu, notaires; et pour administrateurs de l'intérieur, MM. Tresfort, vicaire général, président; Félix, chanoine; Bazin, chanoine; Godart, curé de la paroisse; Vaudé, entrepreneur de bâtiments; Vivien, marchand de bois; Ruelle, propriétaire; Olivier, receveur de la ville. Cette tribune a été construite en 1806 sur les devis de M. Vaudé fils et dont l'exécution a été suivie par Vaudé son père.

Cet orgue a été placé sur cette tribune par René Cochu, petit-

1. *Annuaire de l'Aube*, 1849.

fils de Jacques, qui y a adapté la soufflerie, dont il perfectionna le mécanisme et y ajouta plusieurs jeux.

Les frais de ce nouveau travail montèrent à la somme de 11,050 francs. Il fut examiné par M. Nicolas Séjean, organiste à Paris, qui en rendit un compte favorable.

En 1876 et en 1890, d'importantes modifications furent apportées à la constitution de cet orgue par les soins de l'habile maison Jaquot Jean-Pierre et Ce, de Rambervillers (Vosges).

On y travaille encore à l'heure présente. Une soufflerie neuve, qui ne contient pas moins de 12,000 litres d'air, a remplacé les anciens soufflets cunéiformes placés au commencement du siècle. On a établi un récit de onze jeux complets, sur lequel on plaça, en les complétant, les meilleurs jeux de claviers de récit et d'échos anciens. La pédale, qui n'était fournie, comme jeux de fond, que de deux flûtes de 8 et de 4, a été enrichie d'un bourdon de 32, d'une flûte de 24 et d'un violoncelle. En 1890, le sommier du grand orgue et celui de positif ont été divisés en deux loges, ce qui supprima les altérations qui ne permettaient de se servir à la fois que d'un nombre limité de jeux. On fit des pédales de rappel pour les jeux d'anches et de mutation. La soufflerie fut divisée en deux pressions différentes. Une machine pneumatique facilita les accouplements de trois claviers. Enfin, l'orgue fut remis au ton normal.

Ces grands travaux ont donné à l'ensemble de ce bel instrument une valeur inestimable. La douceur des anciens fonds est très remarquable. Le travail de remise au ton normal, qui a permis d'atteindre l'ut dièze grave, a été fort délicat pour conserver cette douceur. Il n'a pas été moins difficile pour ne pas altérer la beauté et le brillant des jeux d'anches de Cliquot, qui parlent maintenant avec un vent plus fort qu'autrefois.

Malgré les réfections et les modifications modernes, cet orgue reste donc un beau spécimen de la facture ancienne.

Depuis la Révolution, ce bel instrument a été tenu par Jully père, qui fut nommé organiste de la cathédrale le 15 juillet 1808. Son fils, artiste distingué, lui succéda; il mourut en 1844.

Il fut dignement remplacé par M. Uffoltz, reçu organiste de la cathédrale le 13 février 1845, à la suite d'un concours présidé par M. Dietch, maître de chapelle et organiste de Saint-Eustache, décédé chef d'orchestre à l'Opéra.

Actuellement, ce grand orgue est tenu, avec non moins de talent, par M. Paul Uffoltz, son fils.

LA GRILLE DU CHŒUR.

L'ancienne grille du chœur de la cathédrale est depuis quarante ans reléguée contre le mur de la tour Saint-Pierre, à l'entrée de l'édifice.

Elle fut déplacée par l'architecte Millet comme masquant la vue du chœur, et ne permettant pas, par ses trop grandes proportions, d'embrasser les belles lignes architecturales du sanctuaire.

200.

Cependant, nous ne pouvons nous défendre d'une certaine émotion artistique en regardant ce travail de fer forgé, manié et tordu avec tant de souplesse, de goût et d'élégance. Cela ne veut pas dire que cette grille soit un chef-d'œuvre à comparer avec la grille de l'Hôtel-Dieu; mais, dans son ensemble, elle a encore assez de mérite pour qu'on ne l'abandonne jamais à la merci des brocanteurs.

Cette grille pourrait trouver sa place à l'entrée d'un des édifices publics de la ville, ne serait-ce qu'à l'entrée de la nouvelle préfecture ou du lycée, où elle aurait au moins l'avantage de cacher, comme la grille de l'hospice, l'insignifiante façade de ce prétendu monument. Cette transposition aurait en même temps le mérite d'enrichir la ville d'une œuvre artistique et d'attirer l'attention des voyageurs frappés de sa richesse et de sa belle composition.

Cette jolie grille a été exécutée vers 1731-1735, pour le compte de dom Robert Gassot de Deffens, abbé de Clairvaux, où elle fermait l'entrée du chœur de l'église abbatiale.

Après la fermeture des couvents, elle fut vendue au chapitre de la cathédrale de Troyes, avec le buffet d'orgue de cette même abbaye.

Le musée de la ville possède un portrait de Deffens, abbé de Clairvaux, peint par Vanloo, et la gravure de ce portrait par Chéreau, d'après une peinture de J. Defrenaud.

Nous donnons ici un objet qui se rattache à l'art de la serrurerie. C'est un tirant ou poignée mobile qui servait à faire mouvoir l'un des vantaux de la porte Saint-Paul, du portail de la cathédrale; tringle en fer forgé, formant un bâton noueux ployé et contourné en façon de torsade dont les anneaux sont gracieusement disposés (201). Cet objet, qui date des premières années du XVIe siècle, est actuellement conservé au trésor de la cathédrale.

LES CLOCHES.

Les anciennes cloches de la cathédrale ayant été fondues pendant la Révolution, il fallut en fondre de nouvelles après la Restauration du culte en France. Deux des cloches actuelles le furent en 1813, et les deux autres en 1827. Il nous a paru inutile de publier les inscriptions de ces cloches en fac-similé ; nous nous contentons de les résumer.

BOURDON. — Le bourdon fut fondu en novembre 1827, sous l'épiscopat de Mgr de Seguin des Hons, aux frais de la fabrique. Il porte le nom de Marie. Le parrain fut M. Stanislas-Catherine-Alexis de Bloquel, baron de Wismes, préfet de l'Aube; la marraine, Mme Marie-Louise Henry, épouse du baron de Guyon, maréchal de camp. D'un côté de la cloche, on lit : Fondue par Philippe Cochois. De l'autre, on a gravé : L'an 1840, ces quatre cloches ont été montées par L. Chicot.

DEUXIÈME CLOCHE. — Elle fut fondue aux frais de la fabrique, en octobre 1813, sous l'épiscopat de Mgr de Boulogne, alors prisonnier pour la cause de l'Église. Elle porte les noms de Pierre-Charles. Elle eut pour parrain M. le baron Charles-Ambroise de Caffarelli, préfet du département, et pour marraine Mme Élisabeth-Louise Paillot de Loynes.

TROISIÈME CLOCHE. — Fondue à la même époque par les mêmes fondeurs. Cette cloche eut pour parrain Anne-Claude Rousseau, baron de Chamoy, président du Conseil général, et pour marraine Mme Louise-Marie de Mesgrigny des Réaulx, qui lui donnèrent le nom de Paul-Anne.

QUATRIÈME CLOCHE. — Elle fut fondue, comme le bourdon, en 1827, sous Mgr de Seguin des Hons, aux frais de la fabrique.

L'obscurité de la tour et l'élévation de la cloche nous empêchent de lire le reste de l'inscription.

En sortant de la tour, le regard se porte sur les petites cloches de la grosse horloge; l'une d'elles porte l'inscription suivante :

Jesus-Maria : NICOLAS FRANÇOIS ADNOT MA FAITE, 1764.

Les Cochois étaient d'habiles fondeurs de cloches, originaires de Chaumont-la-Ville (Haute-Marne). Philippe Cochois, fondeur du gros bourdon, est né à Clérey, arrondissement de Troyes, le 3 nivôse an IV, du mariage de Jean-Baptiste Cochois, fondeur de cloches, avec Nicole-Françoise Gauthrin, fille de Nicolas Gauthrin, propriétaire des moulins de Clérey.

Nicolas-François Adnot, cousin germain des Cochois, était originaire d'Isle-Aumont.

PALAIS ÉPISCOPAL

Nous n'avons rien trouvé qui puisse nous éclairer sur les anciennes ni sur les nouvelles constructions du palais épiscopal de Troyes, constructions qui se sont renouvelées et transformées pendant trois siècles, suivant les besoins et les ressources particulières de l'évêque.

L'entrée actuelle de l'évêché est située au midi, à droite du grand portail de la cathédrale et en retrait sur la tour Saint-Paul.

Une grande porte s'ouvre sur un passage qui conduit directement à une seconde porte plein-cintre servant d'entrée à la cour d'honneur de l'évêché.

La porte de l'entrée principale est surmontée d'un fronton circulaire, dans lequel sont les armes de Mgr de Boulogne, évêque de Troyes (1807-1825).

Sous cette porte, à droite, est aménagée la petite loge du concierge.

En suivant, du même côté, on remarque une jolie porte gothique du XVe siècle, donnant accès dans un bâtiment annexe, habité par Mgr Robin, vicaire général. Cette porte servait jadis d'entrée à un passage conduisant à la grande salle de la Théologale, construite par Louis Raguier, évêque de Troyes, en 1479. Elle fut démolie en 1841, pour faciliter la reconstruction du grand portail méridional de l'église. On la démonta pierre par pierre, que l'on déposa dans les anciennes écuries devenues depuis le musée diocésain.

Cette porte en arc surbaissé, avec archivolte saillante, fouillée de gorges profondes, s'appuie sur deux consoles formées de figures de vieillards barbus, coiffés de bonnets pointus et tenant des phylactères qui ont été rongés par le temps.

Une ogive surélevée repose sur les mêmes supports que l'archivolte et se termine au sommet du mur par un large larmier.

Au milieu du tympan est une gracieuse petite niche à trois faces, surmontée d'une pyramide gothique ajourée et délicatement sculptée. Cette niche abrite un saint Étienne, d'une facture moderne, qui n'est pas sans mérite. Le diacre repose sur une console en saillie, ornée de feuillages. Il porte une pierre de la main gauche, et de la droite tient une palme, symbole de son martyre.

Ce qu'il y a de très intéressant à constater dans cette porte, c'est que sa construction suit une direction oblique; il en est de même pour la petite niche et pour tous les détails de sa décoration.

Pour bien faire comprendre cette particularité, nous avons fait faire sous nos yeux une photographie de face, c'est-à-dire dans l'axe de la baie. L'opération nous a donné une reproduction en perspective, comme si le photographe s'était placé sur un point accidentel.

1.

C'est pourquoi l'architecte Millet, en l'adaptant dans ce mur, a posé cette porte sur la ligne oblique du trottoir qui conduit à la porte d'entrée de la maison (1).

Derrière ce bâtiment sont des restes de construction comprenant la basse-cour et quelques substructions du vieil évêché et des anciens remparts qui, de ce côté, fermaient la ville, avec l'ancienne tour du chapitre.

A droite, en entrant dans la cour d'honneur, se trouve le secrétariat, compris, avec les dépendances, dans le grand bâtiment à deux étages qui longe toute la cour, faisant face au portail méridional de la cathédrale.

Au tiers de cette construction s'ouvre une petite porte à linteau surbaissé, avec archivolte saillante, diminutif de la porte dont nous avons parlé plus haut, ce qui nous porterait à attribuer cette construction à l'évêque Louis Raguier.

Au-dessus du linteau de cette porte, une pierre est encastrée dans le mur, comme si elle avait été rapportée après coup. Elle porte les armes d'Odard Hennequin, évêque de Troyes, accompagnées d'une crosse en pal. Peut-être y avait-il primitivement le blason de Louis Raguier, remplacé plus tard par celui d'Hennequin, à l'époque où ce dernier fit d'importantes réparations dans son évêché, ainsi que nous l'apprend Courtalon, vol. II, page 401, et comme le constate une grande plaque de cheminée, placée actuellement dans la grande salle du synode et portant ses armes répétées trois fois.

2.

A cette époque (1540), on compléta le deuxième étage par des lucarnes monumentales, décorées avec goût, soit dans le but d'utiliser les combles en y aménageant des appartements, soit pour donner plus d'importance aux bâtiments (2).

C'est dans ce même temps que fut monté un escalier en bois conduisant au secrétariat. Nous donnons ici le dessin du palier du premier étage (3).

Cette partie de l'évêché servit, pendant bien des années, de logement aux gens de la maison du roi ou des princes qui descendaient à l'évêché à leur passage à Troyes. Après la Révolution, le séminaire y fut établi pendant quelques années.

Cette construction, étant donnée sa grande simplicité, servait probablement de dépendances à l'ancien palais épiscopal, qui devait s'élever sur l'emplacement du palais actuel.

Du Buisson-Aulnay, dans son voyage archéologique au sud-ouest de la Champagne, nous apprend que, pendant son séjour à Troyes, *l'évêque Malier fait des constructions dans son palais.*

C'est probablement lui qui fit construire le grand corps de logis situé au fond de la cour, à l'angle droit de la cathédrale, et dans les dépendances duquel se trouve la chapelle de l'évêque, ainsi que la

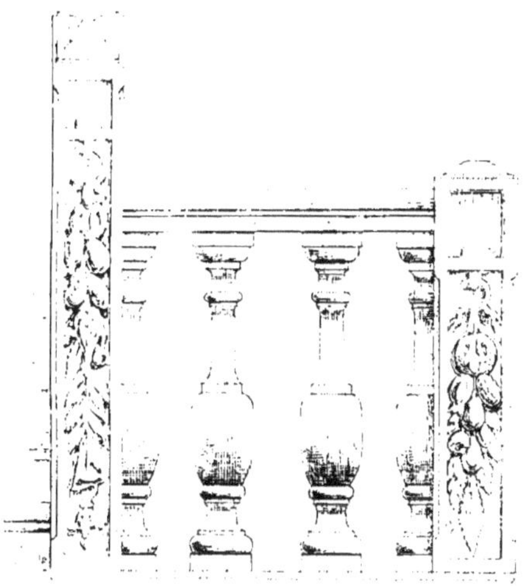

3.

grande salle du synode, où il tint plusieurs assemblées générales des prêtres de son diocèse en 1643 et les années suivantes.

Par son architecture, ce palais est des plus simples, sans style reconnu, et composé de deux étages. Le centre de la façade est couronné d'un fronton triangulaire au milieu duquel deux lions servaient de support au blason de l'évêque : ce blason n'existe plus.

Non content d'ériger à ses frais cette importante construction, l'évêque Malier fit renouveler toutes les dépendances extérieures et intérieures des bâtiments en retour sur la cour.

Un grand vestibule, avec escalier d'honneur, fut établi aux deux tiers de cette construction ; il conduit aujourd'hui aux appartements de l'évêque, Mgr Cortet.

Dans ce vestibule se trouvent plusieurs tableaux provenant des chapelles latérales du chœur de la cathédrale. Deux de ces tableaux, peints par F. Arnaud, représentent saint Loup arrêtant Attila, et saint Savinien prêchant la foi. Un autre représente l'entrée de Pie VII à la cathédrale de Troyes, en 1805; il est l'œuvre de Paillot de Montabert. Le plus intéressant représente saint Adérald, archidiacre de Troyes et pèlerin de Terre-Sainte, présentant à Jésus-Christ sortant de son tombeau la pierre détachée du Saint-Sépulcre qu'il avait rapportée de Jérusalem, et en l'honneur de laquelle il fit construire à Samblières ou Villacerf le monastère du Saint-Sépulcre. Devant lui, une carte étendue sur le sol. On y voit la cathédrale, dont saint Adérald était chanoine et archidiacre; de cette cathédrale partent deux routes, l'une au midi, dénommée route de Méry, sur laquelle se trouvent représentées toutes les églises des villages, depuis Pont-Sainte-Marie jusqu'à Méry-sur-Seine, ainsi que le monastère du Saint-Sépulcre et le château de Villacerf. Sur l'autre route, plus au nord, et sur la route de Paris, les églises sont représentées à leur point géographique depuis la Chapelle-Saint-Luc jusqu'à Saint-Mesmin. Ce tableau intéressant nous paraît de la fin du XVIIIe siècle.

En 1850, l'architecte Millet restaura presque entièrement une des lucarnes des grands combles; en même temps il construisit une loggia à la fenêtre du cabinet de travail de Mgr Cœur, donnant sur le jardin, au midi. Ce jardin est traversé par un ruisseau issu de la Seine et qui se prolonge du midi à l'est jusque derrière le grand bâtiment. Ce petit cours d'eau est un des charmes de la situation de l'évêché.

L'évêque Malier mourut le 11 octobre 1679. A cette époque, les travaux de l'évêché n'étaient pas terminés, puisque Louis Maillet, chanoine et architecte, les dirigeait encore en 1706. Le chanoine-architecte n'avait que vingt-neuf ans à la mort de l'évêque Malier. Il est à supposer qu'il a été précédé dans cette importante construction par un autre architecte, et qu'il n'était, en 1706, que l'inspecteur-conducteur des travaux[1].

1. Émile Socard, *Biographie des personnages célèbres de Troyes et du département de l'Aube.*

ÉGLISE PAROISSIALE DE SAINT-NIZIER

Nos historiens des antiquités de Troyes nous donnent très peu de renseignements sur la fondation de Saint-Nizier.

Cette église existait déjà sous Gallomagne, évêque de Troyes en 562. Ce prélat assistait, en 582, au concile de Mâcon. On trouve, en effet, parmi les prelats de la seconde Lyonnaise, *Gallomagnus episcopus Tricassinus*.

Ce fut alors qu'ayant appris les miracles de saint Nizier, de Lyon, mort depuis une dizaine d'années, l'évêque de Troyes alla demander quelques reliques du saint dont les actions merveilleuses faisaient alors du bruit. A son retour à Troyes, il les déposa solennellement dans une chapelle dédiée, dit-on, à saint Maur, et qui depuis est devenue l'église Saint-Nizier. Il est donc à peu pres certain que cette église est une des plus antiques paroisses de la ville de Troyes.

Jusqu'au commencement du XVIIIe siècle, la paroisse Saint-Nizier a célébré l'office annuel de saint Maur, son patron primitif.

Un seul fragment nous reste de l'ancien édifice qui a précédé celui qui nous occupe; c'est la partie d'une dalle tumulaire qui date du commencement du XVIe siècle et qui se trouve placée à l'entrée de la grande nef.

Le quartier nommé *Entre-deux-Portes* (la porte du Pont-Ferré et la porte Saint-Jacques), s'étant augmenté après l'incendie de 1524, la population paroissiale se trouvait plus nombreuse et l'église trop petite. On pensa à en construire une plus grande, répondant mieux à l'importance de cette population industrieuse. A cette époque, le tissage des draps de toile, ayant pris un grand développement, avait donné aux habitants de la paroisse une aisance relative. On fit des quêtes assez fructueuses, et, vers 1528, on commença les fondations de l'édifice actuel.

Les travaux furent poursuivis avec une certaine activité jusqu'à la porte latérale sud. La porte du nord ne fut construite que plus tard (1547 à 1559).

Le grand portail. — Le grand portail est vraiment remarquable. C'est une composition tenant de l'ordre ionique auquel on a adapté

1. DÉTAIL DU GRAND PORTAIL.

des ornements d'un nouveau style, caractère italien qui se produit au début de la Renaissance. Il se compose de trois portes plein-cintre, donnant entrée dans la nef médiane. Ces portes sont flanquées de quatre colonnes ioniques d'un beau module antique, portant un entablement très saillant destiné à servir d'auvent à la porte principale: en retour, sur les côtés, les proportions de la corniche reprennent et suivent les règles ordinaires de l'ordre architectural (1).

Le dessous de cette corniche est formé de trois compartiments

2.

carrés, encadrant des cercles à rosaces suivis de panneaux plats qui les divisent entre eux, les rosaces et leurs bordures se reliant et se pénétrant ensuite avec d'autres petits cercles pour former une mosaïque ciselée de la plus grande richesse, accompagnée d'ornements sculptés à plat dans les angles du carré (2).

La frise est décorée de rubans qui se pénètrent en tous sens, pour figurer des losanges en treillis qui se réunissent à des fleurons et se poursuivent sur toute la longueur de l'entablement (3).

Les voussures des arcades plein-cintre des trois portes sont sculptées de caissons profondément fouillés, d'un grand effet décoratif, surtout quand brille le soleil et que l'on voit le jeu des ombres (4, 5 et 6).

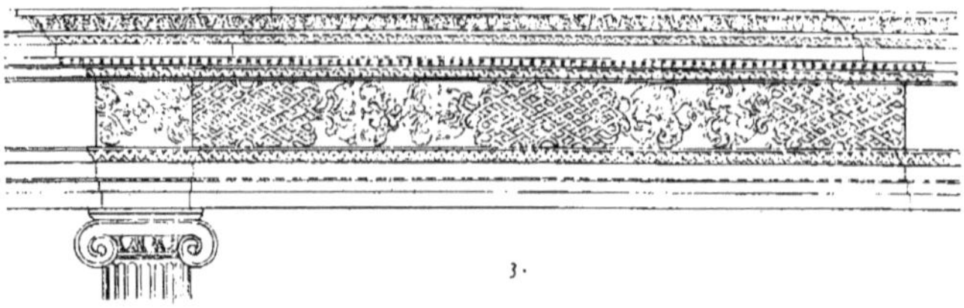

3.

L'imposte des arcades et de l'archivolte est décoré d'oves et de grecques.

Au-dessus des arcs des portes latérales, plus haut que le bandeau de l'imposte, deux riches panneaux sculptés en relief, composés de rubans déchiquetés, gracieuses et savantes compositions de lignes qui s'entre-croisent sur elles-mêmes, comme nous en avons vu des exemples à l'hôtel de Vauluisant (7).

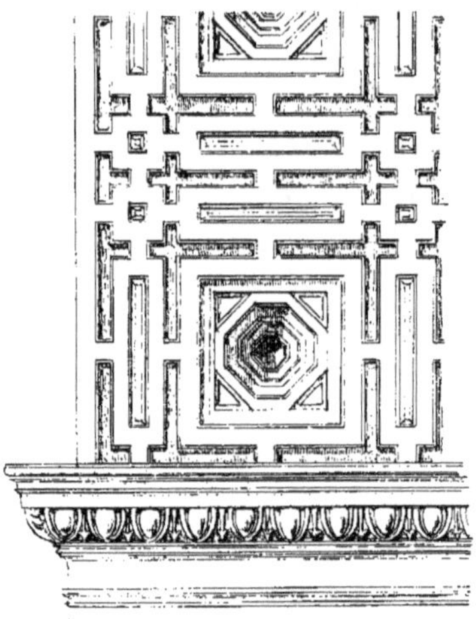

4. VOUSSURE DE LA GRANDE PORTE.

Au-dessus du rez-de-chaussée se dresse un second portique de l'ordre corinthien, qui ne nous semble pas de la même main, exécuté avec moins de soin et de précision, mais faisant néanmoins corps avec l'ensemble de cette vaste composition.

Au-dessus de l'arc de la fenêtre centrale, plus élevé que les deux autres, une corniche de couronnement surmontée d'un fronton triangulaire, ne se reliant avec l'ensemble de l'œuvre que par l'effet général de la composition. Dans ce fronton, sur une pierre en saillie, est un blason à deux colonnes torses, reliées ensemble dans leurs membrures, portant toutes deux une couronne royale et accostées de deux C (8) (Charles et Catherine). C'est la devise de Charles IX, roi de France : souvent elle est accompagnée de ces paroles caractéristiques : PIETATE ET JUSTITIA :

> Les deux solides piliers qui soutiennent la France
> Sont la foi sincère et la juste balance (*sic*)[1].

Courtalon nous apprend que ce beau portail fut achevé en 1574, année de la mort de Charles IX[2].

Des deux côtés du fronton, deux panneaux armoriés avec cadre,

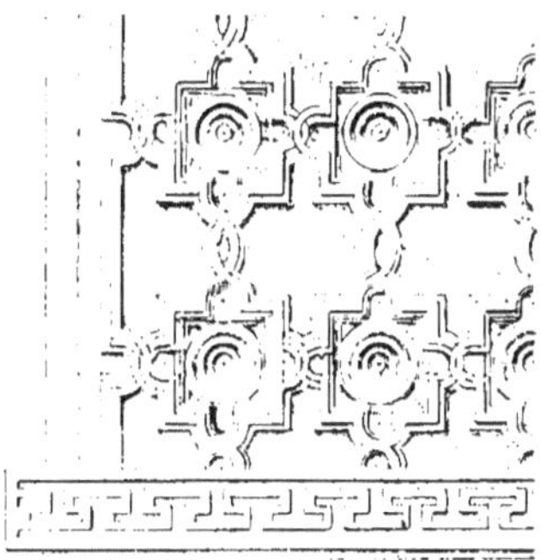

5-6. VOUSSURES DES PORTES LATÉRALES.

dont un à droite était surmonté d'un chaperon débordant sur le cadre. Ces armoiries, avec celles qui étaient dans le panneau de gauche, ont été grattées; on n'aperçoit plus qu'un léger contour que l'on ne peut vraiment distinguer qu'avec le secours d'une épreuve photographique.

Seraient-ce les armes d'Élion d'Amoncourt, qui, à cette époque, était abbé commendataire de Saint-Martin-ès-Aires, après la mort du Primatice, arrivée en 1570, lequel abbé avait, peut-être, contribué à cette entreprise par ses libéralités?

Les trois fenêtres du portail sont divisées par des meneaux

1. *Les Devises des rois de France*, P. *** 1609.

2. Arnaud nous dit, dans ses notes manuscrites, qu'on voit, en haut de l'écusson qui est dans le fronton du grand portail, la date de 1570 ou 1572. Cette date, nous n'avons pu la vérifier, même avec le secours d'une jumelle.

cintrés; elles ont été murées depuis le 4 août 1737, époque à laquelle on monta un orgue neuf dans la grande nef[1].

Nous n'hésitons pas un seul instant à attribuer cette œuvre magistrale à Dominique le Florentin, qui l'abandonna avant son achèvement pour une cause que nous ne connaissons pas. La décoration des archivoltes des fenêtres du premier étage est restée inachevée. Ce détail, sans importance, n'est pas remarqué de la plus grande partie du public.

7.

Peut-être ce grand artiste était-il mort avant la fin de son œuvre; malheureusement, « les registres de la fabrique de Saint-Pantaléon, sa paroisse, manquent de 1565 à 1576. » C'est probablement entre ces deux dates qu'il faut placer la mort de Dominique[2].

Il est bon de rappeler qu'il y a environ trente-cinq ans, la ville fit réparer les murs du soubassement de la première chapelle, à l'angle de la façade et de la place Saint-Nizier, et, en même temps, on répara les bases des colonnes du grand portail; les fûts de celles-ci furent enduits de mastic, que la première gelée fit tomber en poussière; puis on continua cette restauration par un repiquage sur toute la façade. Ce serait, sans doute, pendant ces travaux que la date de 1574 aurait disparu; mais les pierres des archivoltes des fenêtres ne semblent pas avoir été retouchées.

8.

Tous les architectes admireront avec nous la pureté de cette belle sculpture dans tous ses détails, la beauté du style et l'ensemble architectural de cette façade[3].

1. *Archives de l'Aube,* liasse A. L. 509.

2. Albert Babeau, notice sur Dominique Florentin, sculpteur au XVIe siècle.

3. Courtalon, dans sa *Topographie historique*, ainsi que les personnes de l'art qu'il a consultées, critiquent cette architecture à propos de l'ordre ionique dont l'artiste s'est servi, sans employer cet ordre dans la décoration de son ensemble. Il est certain pour nous que Dominique, en prenant l'ordre ionique pour base

La tour. — La tour Saint-Nizier fut construite sur l'emplacement de la première travée du bas côté nord. La première pierre en fut posée avec grande solennité le 5 juin 1602, ainsi que le constate une pierre gravée en caractères gothiques sur le soubassement de la tour de la façade occidentale.

Cette inscription, du plus haut intérêt, a été martelée comme à plaisir, à tel point qu'il est impossible aujourd'hui de la lire. Ce n'est qu'avec le secours d'un moulage en plâtre que nous avons pu la déchiffrer. Ce vandalisme date de plusieurs années, puisque Courtalon n'en parle pas dans sa *Topographie historique*.

Voici le fac-similé de ce quatrain :

Avec ſolemnité et chants devotieux
A lhonneur du grand Dieu lan mil ſix cēs et deux
Fut mis de ceſte tour le premier fondement
Ce ſoir avant le iour du tres ſainct ſacrement

Une seconde inscription, que Courtalon a pu lire et publier, existe encore, au nord de la tour, sur les pierres du soubassement ; c'est un distique en caractères romains :

DVM POST SEXCENTOS ANNOS ET MILLE SECVNDVS
LABITVR EST TVRRIS PRIMA LOCATA BASIS
IDIBVS IVNII·

Cette tour se divise en trois ordres d'architecture qui sont : l'ordre toscan, l'ordre ionique et l'ordre corinthien. Une plate-bande termine le premier étage ; au deuxième, il y a un entablement surmonté d'une fausse galerie, à la hauteur de la base du pignon de la nef centrale. La troisième partie est percée, sur les quatre faces de la

de sa construction, n'a pas voulu suivre les principes de cette architecture. On voit qu'il s'est livré à sa propre imagination, si féconde, et à ses ressources personnelles dans toute cette conception décorative, qui révèle son génie artistique.

Les censeurs se plaignent aussi du second ordre, dont ils ne trouvent pas les colonnes à l'aplomb de celles du premier ordre. Il suffit de se mettre dans l'axe de ces dernières colonnes pour mettre ceux-ci en contradiction avec leur raisonnement.

tour, de deux grandes fenêtres ogivales, séparées par un pilastre qui divise la tour du haut en bas. Ces fenêtres sont garnies d'auvents et les ouvertures partagées par des meneaux cintrés, surmontés de cercles dans la partie ogivale.

Au-dessus des fenêtres est la corniche du couronnement de la tour, maintenue par de puissants modillons et surmontée d'une galerie décorée de balustres, séparés par des pilastres portant des fleurs de lis.

Les contreforts d'angles et ceux des faces de la tour supportent à leurs extrémités de puissantes gargouilles; il en reste trois, la quatrième est supprimée.

L'escalier, qui comprend cent soixante-dix marches, occupe le sud-est de la tour, et son dégagement sur la plate-forme est couvert d'une toiture en pointe et à pans sur laquelle se dresse une croix surmontée d'une girouette.

Sur la toiture de la tour, à l'est, une maigre charpente soutient une petite cloche du XVIe siècle, dont l'inscription a été effacée pour une bonne partie; on y lit seulement ces mots :

mil v^c^ lxxiv · + · ie suis iaquette·

La chronique nous apprend que cette petite cloche est celle de l'ancien clocher de la porte Saint-Jacques, qui sonnait jadis le couvre-feu et de sa voix criarde appelait les bons bourgeois aux armes.

Cette tour, avant la Révolution, contenait quatre cloches; deux furent placées dans la tour en 1620; une troisième en 1635, enfin une quatrième en 1750.

La tour de l'église Saint-Nizier, pendant une vingtaine d'années que dura sa construction, eut à subir bien des vicissitudes. Les travaux marchèrent assez régulièrement au début; il est facile de s'en rendre compte par les dates énoncées du bas en haut de la tour. En 1605-1606, la base du premier ordre d'architecture était terminée. A partir de cette date, les travaux se poursuivirent avec une grande rapidité; il s'ensuivit que le second ordre était terminé en 1609, date qui se répète quatre fois avec la date de 1613 sous les chapiteaux ioniques des contreforts. Puis, faute d'argent, il y eut un temps d'arrêt de plusieurs années, car ce n'est qu'en 1616 que les travaux reprennent, pour se terminer en 1619. Ces dernières dates se voient, à l'est et à gauche, sur le haut du contrefort de la tour, avec les initiales ·I·M·1616·, et sur celui de droite on lit : A·D·B·1619[1].

FACE SEPTENTRIONALE.

A l'extérieur, le bas côté nord fait suite à la face septentrionale de la tour et s'élève à la hauteur du premier étage. Ce bas côté se com-

9. FAÇADE SEPTENTRIONALE.

pose de trois travées, dont deux occupées par des chapelles qu'éclaire une fenêtre ogivale à meneaux variés; les murs de refend de ces chapelles n'excèdent pas la base des murs extérieurs (9).

1. Il existe dans la lettre D un petit D, puis entre les lettres D · B un petit B. Nous croyons qu'il ne faut pas tenir compte de ces deux petites lettres, qui ont subi une transformation avec les grandes lettres D · B, que l'on a grandies pour qu'elles se voient d'en bas.

Entre la première et la troisième chapelle est l'entrée de la porte septentrionale du bas-côté. Cette porte présente, dans sa décoration, deux ordres d'architecture superposés; l'ordre inférieur est corinthien, et l'ordre du premier étage ionique.

C'est le même principe qu'au grand portail, mais dans des conditions toutes différentes et moins heureuses. Cette surcharge de richesses sculpturales nous laisse froids; c'est un lambris de pierre finement exécuté, dont les reliefs ont de la peine à s'accentuer.

10.

Nous préférons les deux petites portes du grand portail de l'église de Pont-Sainte-Marie, que nous croyons être du même artiste. Celles-ci, par la largeur et la profondeur de leurs ébrasements, accompagnés de colonnes portant leurs linteaux, produisent un effet plus saisissant et surtout plus architectural.

Des deux côtés de la baie de la petite porte de Saint-Nizier, un pilastre et une colonne cannelée supportent un entablement. Le fût de la colonne est décoré de guirlandes de fruits soutenues par des mufles de lions. Une niche vide occupe, de chaque côté, l'intervalle entre la colonne et le pilastre. Dans la frise de l'entablement on voit des branches de lis et d'olivier.

La porte plein cintre de l'entrée est entourée d'un large cadre oblique soutenant l'entablement, décoré de dix-sept caissons d'une grande richesse de sculptures exécutées sur chacune des assises de pierre, qui ne dépassent pas $0^{m},31$ de largeur sur $0^{m},45$ de hauteur. Dans leurs compositions, ces motifs de sculptures nous rappellent les peintures en grisaille et en camaïeu du Vatican et du palais Farnèse, à Rome.

Toutes ces richesses ont été martelées et grattées, et sont devenues tellement indécises qu'il est assez difficile d'en saisir la composition complète. Toutefois, on peut reconnaître encore des encadrements de différentes formes, avec frontons et ornements fantaisistes dans lesquels des enfants nus soutiennent des rubans et des guirlandes de fruits (10). Dans le bas, de chaque côté, un petit médaillon semble circonscrire de petites figures mythologiques, ainsi qu'on en voit au portail de Pont-Sainte-Marie, qui offre une très grande similitude avec le portail que nous décrivons. Au milieu, dans le haut du linteau, on voit la sainte face du Christ couronnée d'épines, surmontée de l'inscription IHS.

Les vantaux de la porte étaient encore, il y a quelques années, couverts de têtes de clous rivés à la rencontre des traverses de l'intérieur. Ces clous représentaient des petites roses à quatre feuilles et des croissants. De tous ces détails intéressants, il ne reste plus que le tirant de cette porte et la plaque de l'entrée de la serrure (11).

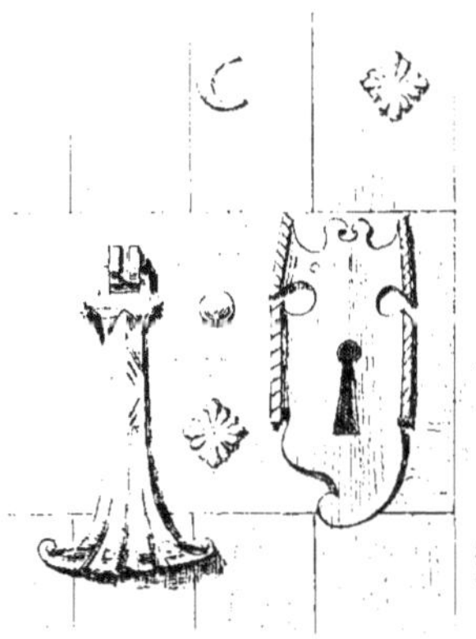

11.

L'entablement supérieur de la porte d'entrée est surmonté d'un fronton triangulaire et porté par deux pilastres ioniques sur lesquels s'appliquait le relief d'une niche avec un dais Renaissance. Ce dernier est aujourd'hui complètement brisé. A leurs bases, des socles à fortes saillies devaient porter des statues dont il n'existe plus aucune trace.

L'espace occupé entre les pilastres est percé d'une fenêtre plein cintre, dont la baie en ligne oblique est agrémentée, comme la porte d'entrée, d'une suite de petits caissons délicatement sculptés.

A la naissance du cintre de la fenêtre règne une petite platebande soutenue par des arcades à jour. Le milieu de la baie est occupé par un trumeau sur lequel s'appliquait un élégant clocheton du même style, mais plus riche et plus élégant que ceux des pilastres; il devait s'élever en dôme jusqu'à la hauteur du cintre, où il a laissé des traces de son attachement. Le socle de la statue n'est plus qu'une masse informe, et la figure du saint a complètement disparu.

Les écoinçons du cintre sont occupés par trois croissants s'étreignant entre eux. C'est la devise du roi Henri II rappelant les trois changements successifs de la lune, de son premier quartier à son plein.

Devise qui semble indiquer que le roi de France entendait dominer le monde non par ses armes, mais par sa réputation de grand roi.

Que reste-il plus à ma grandeur
Que dominer cette rondeur [1].

Dans la frise de l'entablement se répète trois fois le chiffre de Henri II, et dans le fronton du couronnement la lettre H est surmontée de la couronne royale.

12.

Cette belle façade, qui porte sa date avec son royal chiffre, est l'œuvre d'un habile sculpteur, plus décorateur qu'architecte. Elle nous offre la tendance qui se manifeste à Troyes dans le nouvel ordre d'architecture, dont les Dominique et les Gentil étaient les maîtres et les propagateurs.

Au-dessus de la porte, une toiture en saillie, forme d'auvent, protège toute cette façade. Les supports de la charpente, profilés sur leurs arrêtes, reposent sur des corbeaux en pierre, sculptés de petites figures d'anges ailés tenant des rouleaux.

Transept. — En plan, le transept de cette église s'accuse par la grande saillie des contreforts; sa base fait suite à celle des chapelles des bas-côtés.

Près du contrefort, à gauche, une petite porte en arc, surbaissée et profilée de gorges profondes où de petits enfants s'ébattent, est aujourd'hui murée. Elle servait jadis d'entrée au transept. Cette porte, ménagée pour les paroissiens de la rue et du faubourg Saint-Jacques, fut condamnée en 1770, époque du prolongement du sanctuaire jusqu'au milieu de la travée du transept.

A côté, dans l'angle du même contrefort, s'élève la tourelle de

1. *Les Devises des rois de France*, P. *** 1609.

l'escalier conduisant sur les chéneaux des bas-côtés et dans l'espace compris entre la toiture et les voûtes de la grande nef et du chœur.

L'abside. — A la suite de ce dernier contrefort, une seule chapelle occupe le bas-côté du chœur. C'est à partir de là que se développe la partie absidale de l'édifice, formée de trois chapelles rayonnantes à trois pans; leur développement est très restreint et limité par la rue des Deux-Paroisses, déjà construite en 1526, c'est-à-dire avant la reconstruction de l'église. Sur le contrefort de la chapelle du chevet, à la hauteur du chéneau, à l'est, est une énorme gargouille représentant un lion arqué sur ses jarrets et se contournant à droite pour jeter les eaux des chéneaux au delà des contreforts. Il est posé sur un corbeau dans la cavité duquel se sont réfugiées, près d'un tronc d'arbre, des espèces de guenuches aux longues oreilles semblant attendre le moment propice pour s'échapper des griffes de leur ennemi (12).

FACE MÉRIDIONALE.

A droite du grand portail se dresse le mur de clôture des bas-côtés de la grande nef, en retour sur la place Saint-Nizier. Au midi, quatre chapelles se suivent sur le même plan. La troisième est réservée au passage de la porte latérale sud. Par son élégance, par la richesse et le fini de son exécution, celle-ci est véritablement la plus belle des portes gothiques du XVIe siècle que l'on puisse rencontrer dans les églises de Troyes et des environs.

Elle est flanquée de deux pilastres appliqués, et sur ces pilastres deux niches surmontées de pinacles évidés à jour par des ogives et des trilobes destinés à abriter des statues; ces dernières posées sur un petit piédestal arrondi, disposé en avant, à la hauteur du linteau de la porte.

Ces pilastres sont décorés, en tête, de contre-courbes à crochets se réunissant sur la partie anguleuse de la tige pour se terminer en flèche. Ils se relient entre eux par une plate-bande horizontale, creusée d'une gorge, s'appuyant sur la pointe de l'ogive en traversant les contre-courbes du couronnement.

La baie de la porte d'entrée est en arc surbaissé, profilé de moulures et de gorges profondes se prolongeant sur les pieds-droits.

Au-dessus du linteau s'élève un arc ogival profilé de moulures suivant la même décoration de feuillages roulés que ceux de la porte d'entrée. Le grand arc est orné d'une suite de demi-cercles tréflés, réunis par un fleuron. Au point de départ de ces festons, de petits chérubins soufflent dans des cornets; d'autres, dans les trilobes, les mains jointes, tournent leurs regards vers la figure du Christ, placé à la pointe de l'ogive.

13.

Dans les feuillages roulés qui s'échappent des rampants de l'ogive prennent naissance deux arcs en contre-courbe, qui se réunissent à leur extrémité pour former à leur point de jonction une jolie console saillante sur laquelle devait se trouver une statuette. Ce cul-de-lampe est orné de deux figures d'anges tenant une tablette qui porte le millésime de 1531. Au-dessus, un dais appliqué sur le mur devait abriter la statuette.

Le tympan est ouvert par une fenêtre que divisent des meneaux trilobés et un riche habitacle ou clocheton à jour, dont la pyramide est en partie brisée. Ce motif d'ornement est d'une grande délicatesse de ciselure. Au bas de la niche, une riche console feuillagée, engagée entre les deux pilastres, portait une statue qui devait primer toutes les autres par l'importance de sa situation.

Cette console prend naissance à la pointe de deux moulures qui font suite et se joignent aux filets et aux moulures de l'arc surbaissé du linteau de la porte. Il en résulte que ce détail décoratif se relie à l'ensemble de cette remarquable décoration, ce que n'a pas su obtenir l'artiste de la Renaissance dans la décoration de la porte du nord.

Le vantail de la porte a conservé son tirant suspendu avec son applique au moyen d'un tourillon ciselé et gravé au burin (13).

Le mur au-dessus de cette porte se termine par un pignon ; le toit, très saillant, forme un abri. Il est soutenu par des potences et des blochets en bois reposant sur des corbeaux en pierre sculptés de petites figures d'anges. La saillie de la toiture a parfaitement rempli son office en protégeant la sculpture de cette porte. Il n'en est pas de même des bois apparents de la charpente, aujourd'hui vermoulue et presque sans consistance.

De ce côté, de même qu'au nord, le transept suit la ligne des chapelles du bas-côté, sans autre relief que celui de ses contreforts. Vient ensuite une chapelle qui dépasse les limites générales de l'édifice en occupant toute la largeur du contrefort et du transept, à l'est, transformée en sacristie depuis 1770. Puis se présente une petite construction, très basse, surmontée d'une toiture à quatre versants, et limitée à la hauteur de la fenêtre de cette travée; c'est l'ancien Trésor, enfermé dans un espace compris entre deux contreforts.

A l'angle des chapelles de l'abside, un contrefort à retrait répète celui du nord; de même que ce dernier, il est surmonté d'une gargouille énorme représentant un moine accroupi, la tête encapuchonnée, les mains appuyées sur ses genoux. Le corbeau en pierre qui supporte cette gargouille représente un bourgeois à cheveux longs, vêtu d'une robe soigneusement plissée, à échancrure carrée au col.

Au centre de la toiture du transept, s'élevait jadis une flèche de 55 pieds de haut, depuis la naissance, et de 120 pieds de hauteur jusqu'à sa base. Cette flèche est remplacée aujourd'hui par un campanile veuf de sa sonnerie.

Toute la toiture de l'édifice était couverte en tuiles émaillées de différentes couleurs, noir, brun-rouge, vert et ocre jaune.

Ces tuiles, dites du comte Henri, sont disposées de manière à former des triangles et des rectangles qui se croisent entre eux. Ce merveilleux assemblage de couleurs est d'un effet saisissant, surtout en plein soleil, où il prend tous les effets d'un riche tapis oriental.

Il en reste encore assez du côté sud pour nous faire regretter les beautés de l'art industriel et le goût si recherché de nos ancêtres.

INTÉRIEUR. — LA GRANDE NEF.

Le plan de l'église Saint-Nizier est un grand rectangle divisé en trois parties égales, en y comprenant les murs de refend des chapelles latérales; il se termine à l'abside par trois chapelles rayonnantes (14).

Ce monument, d'un aspect grandiose, est vraiment remarquable par l'ampleur et la beauté de sa construction. En entrant dans cette église, on est frappé des belles proportions et de l'ensemble de son vaisseau.

La hauteur des voûtes de la nef mesure 17^{m},50, et celle des bas-côtés, 9 mètres. Les premières voûtes en entrant ne furent achevées qu'en 1574, en même temps que le grand portail, et les deux premières voûtes des collatéraux en 1582.

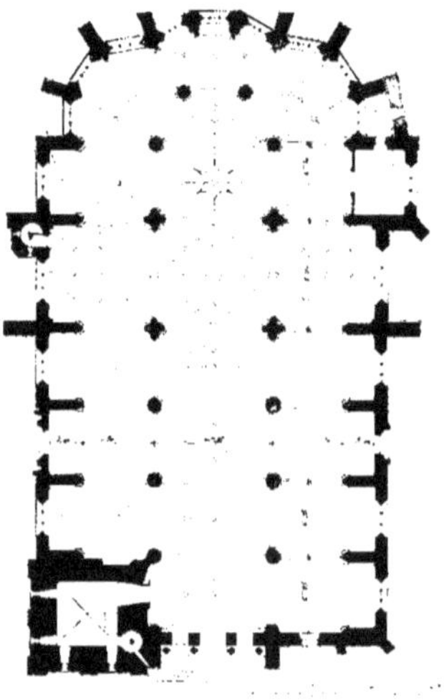

14.

La grande nef est à quatre travées, divisées par des piliers cylindriques à bases octogonales de 1^{m},15 de diamètre, ayant, comme hauteur, 1^{m},15, dont le dessin présente un profil agréable. Cette colonne est en saillie sur le mur de la nef, s'élève jusqu'à la naissance des arcs doubleaux et des nervures de la voûte. Celles-ci se perdent dans l'angle des travées et sur la saillie apparente des piliers de la nef.

Les arcs doubleaux se profilent avec de larges moulures qui se répètent avec plus de simplicité sur les nervures croisées pour former, sur toute la surface des voûtes de l'édifice, des liernes et des tiercerons d'une grande variété.

Le mur occidental de la nef, contre-partie de la façade principale, est occupé par de grands tableaux représentant *la Visitation de la Vierge* et *la Présentation au temple.* Entre ces deux tableaux, un autre plus petit, peint par P. Cossard, représente le *Père éternel.*

La première travée, à gauche, a été complètement murée par la construction de la tour. Les meneaux de la fenêtre à droite sont encore visibles. Les jours ont été murés avec ceux de la façade, depuis la pose d'un buffet d'orgue qui n'existe plus[1].

Les fenêtres de la seconde travée se composent de meneaux en forme de portique plein-cintre; les suivantes ont conservé le style flamboyant de la primitive construction, sauf quelques restaurations exécutées vers la fin du XVIe siècle.

VERRIÈRES DE LA NEF. — COTÉ GAUCHE.

Première fenêtre. Cette fenêtre est divisée, dans le sens de la largeur, en cinq jours ou lancettes plein cintre, et dans le sens de la hauteur, en trois portiques séparés par une plate-bande.

La 1re et la 5e lancettes sont en verre blanc.

PREMIÈRE RANGÉE, 2e *lancette.* — Une donatrice ayant saint Nicolas, son patron, derrière elle, est agenouillée, les mains jointes, devant son prie-Dieu; la base de ce meuble se trouve engagée dans la maçonnerie du chéneau placé derrière la fenêtre.

3e *lancette.* — Le donateur, accompagné de son patron, saint Jean-Baptiste, est dans la même attitude que la donatrice; son prie-Dieu est blasonné de ses armes, mais, engagé dans le chéneau des combles, il nous est impossible d'en donner la description.

4e *lancette.* — Saint Christophe portant l'Enfant Jésus sur ses épaules. Devant le *porte-Christ*, une importante inscription qui se développe en quatre lignes; la poussière dont elle est encrassée empêche d'en déchiffrer un seul mot.

DEUXIÈME RANGÉE, 2e *lancette.* — Saint Joachim debout, dans l'attitude de l'admiration. Il est coiffé d'un bonnet en pointe et à bourrelet de fourrure; un manteau rouge couvre ses épaules, la tunique est bleue et l'escarcelle est pendue au côté; il est chaussé de bottes molles. A ses pieds paissent des moutons. Ce panneau devait faire partie de la *Vision de saint Joachim.*

1. Un article de compte de l'année 1524 atteste l'existence d'orgues dès cette époque. Un autre de l'année 1586 a une dépense extraordinaire, *pour la façon et édifice des orgues.* Enfin, un orgue neuf fut achevé au mois d'août 1737. (*Archives de l'Aube.* Liasse A. I. 509. Reg. 18, G. 9, folio 7, v°.)

3e *lancette.* — La Vierge, au milieu d'une gloire lumineuse; environnée de tous les attributs que lui prêtent les livres saints, avec philactère où se lisent les titres de ces symboles poétiques. Panneau beaucoup plus moderne que le précédent qui n'appartient pas à la légende de Joachim.

15.

4e *lancette.* — Sainte Anne, vêtue d'un riche costume, s'incline, les mains jointes sur sa poitrine : un riche paysage occupe le fond du tableau, qui se répète dans le panneau de la troisième lancette.

Deuxième fenêtre. *Verrière de l'Apocalypse.* — Fenêtre ogivale en cinq lancettes trilobées, surmontées de lobes ovoïdes; restauration de la fin du XVIe siècle.

Elle contient plusieurs images des scènes émouvantes de l'Apocalypse.

La 1re et la 5e lancettes sont en verre blanc.

2e *lancette.* — A gauche est une bête qui s'élève de terre, ayant deux cornes semblables à celles de l'Agneau... Elle était semblable au léopard, ses pieds ressemblaient aux pieds d'un ours, et sa gueule à la gueule d'un lion... Elle fit de grands prodiges, jusqu'à faire tomber le feu du ciel sur la terre devant les hommes[1]. Cette bête est en effet placée sur une espèce de montagne; elle a un corps de léopard, pieds d'ours, une gueule de lion et des cornes de bélier (15). Deux colonnes de flammes tombant du ciel sont à ses côtés.

A droite, la bête a sept têtes; la principale, une tête d'homme,

1. Saint Jean, *Apocalypse*, ch. XIII, ỳ 2, 11 et 13.

se dresse avec orgueil; parmi les autres, on distingue des têtes de chien, de serpent et d'escargot; les autres semblent appartenir à des animaux fantasmagoriques. Toutes ces têtes sont nimbées; elles portent sur le front des cornes (15).

Au-dessous du corps de la bête à sept têtes, plusieurs personnages l'adorent. D'autres, dans l'angle gauche, semblent adorer la première bête.

Dans la partie supérieure de cette lancette, le Père éternel, en chape, coiffé d'une tiare, la tête au milieu d'un triangle rayonnant, tient de la main droite une large faucille. Au-dessous de lui, portés par les nuages, un ange l'adore, et un autre lève l'épée sur la bête à sept têtes.

3e *lancette.* — Dans le haut, Dieu le Père, la tête nue, au milieu d'une gloire, tient des trompettes qu'il distribue aux anges[1]. Au-dessous sont cinq cavaliers apocalyptiques :

Le premier, le cavalier de l'arc, monté sur un cheval blanc, représente la peste; le second, armé d'une grande épée, est monté sur un cheval roux, il personnifie la guerre; le troisième, tenant une balance, monté sur un cheval noir, symbolise la famine; le quatrième et le cinquième, la faux à la main, montés sur des chevaux jaunes, symbolisent la mort et l'enfer[2], fléaux que Dieu déchaîne sur les peuples qu'il veut punir.

Dans le bas, des anges frappent de l'épée les ennemis de Dieu.

4e *lancette.* — Dans le haut, des figures d'anges; mais il est difficile de saisir le sujet, tant il y a de morceaux de verre rapportés.

Il se pourrait que ce fût l'ouverture du livre aux sept sceaux. Dans le bas, on voit tomber sur la terre de la grêle et du feu mêlés de sang, et le soleil se voile en partie. Au-dessous, des hommes sont écrasés par cette pluie épouvantable[3].

Il nous semble que, pour se conformer au récit de l'Apocalypse,

1. Saint Jean, *Apocalypse*, ch. VIII, ℣ 2.
2. *Ibid.*, ch. VI, ℣ 1-8.
3. *Ibid.*, ch. VIII, ℣ 7 et 12.

il faudrait transposer la partie supérieure de la troisième et de la quatrième lancette. L'ouverture du livre scellé correspond, en effet, à l'apparition des cinq cavaliers mystérieux, tandis que la distribution des trompettes aux anges précède la destruction de la terre par une pluie de grêle et de feu,

Dans les lobes on voit : à gauche, la bête à sept têtes, toutes portant des couronnes d'or; l'une de ces têtes a perdu sa couronne, c'est celle qui fut blessée à mort. Dans l'écoinçon de dessous, la troisième partie des étoiles que la bête a fait tomber du ciel, c'est-à-dire le tiers des hommes, que le démon a fait tomber dans l'idolâtrie. A droite, la Vierge enveloppée dans les rayons du soleil, couronnée de douze étoiles, les pieds sur le croissant de la lune, et portant des ailes comme les anges. Au milieu, Dieu le Père, devant qui deux anges tiennent un linge, sur lequel est placé l'Enfant Jésus, que le serpent infernal cherchait à dévorer.

16.

17.

Pour terminer cette représentation poétique des textes sacrés de l'Apocalypse, notons, dans les écoinçons, les blasons des donateurs, au 1 d'or à la croix de sable ancrée, au 2 d'or à un sautoir de sable, cantonné de 4 oiseaux du même, d'une branche cadette de la famille de François de la Roère et Hilaire Raguier, sa femme, seigneur de Chamoy (Voir t. II, p. 20 et suivantes). Les émaux de ces blasons ne sont pas très bien observés, par cette raison qu'ils sont peints sur verre fond d'or sans le secours de la couleur (16 et 17). Cette verrière date des premières années de la construction de l'église. Les panneaux s'ajustent très mal avec la restauration des meneaux de la fenêtre.

Troisième fenêtre. *Verrière des sept sacrements.* — Même disposition et même style. Au centre de la fenêtre, le Christ sur la croix; cette dernière est représentée par un arbre feuillé dont le tronc prend naissance dans une cuve pratiquée à son pied et qui reçoit le sang qui jaillit du cœur du divin crucifié. Une longue banderole porte cette inscription : HIC EST SANGVIS FEDERIS QVOD PEPIGIT DOMINVS VOBISCVM. (Exod., XXIV, 8.)

Au bas de la cuve, un père et une mère présentent leur enfant pour recevoir le baptême, qu'un prêtre en aube, debout près de la cuve, se prépare à lui conférer en tournant un robinet d'où jaillit le sang du Sauveur.

A droite et à gauche, dans les panneaux qui accompagnent le sujet principal, des néophytes en foule et agenouillés, les mains jointes, attendent pour recevoir le baptême. Puis les branches du bois de la Croix se prolongent dans les lancettes des deux côtés pour servir d'encadrement aux sujets, qui représentent : à gauche, la *Confirmation*, l'*Eucharistie*, l'*Extrême-Onction*; à droite, la *Pénitence*, l'*Ordre* et le *Mariage*. Belle composition exécutée en grisaille vers la dernière moitié du XVIe siècle.

VERRIÈRES DE LA NEF, COTÉ DROIT.

La première fenêtre est murée : les meneaux sont encore visibles sur la face du mur de clôture.

Deuxième fenêtre. *Verrière du Jugement dernier.* — Au bas, à gauche, les donateurs ; le mari et la femme, agenouillés, les mains jointes. Près du mari, son saint patron, vêtu d'une chape, tenant une crosse, mais sans mitre. Derrière le donateur, son fils. A côté de la donatrice, un saint évêque, son patron. Près d'elle, sa fille ou la femme de son fils. Le vitrail représente la grande scène du Jugement universel. Le Christ, assis, les pieds posés sur le globe terrestre, la poitrine et les bras découverts, le reste du corps vêtu d'un manteau rouge, montre ses plaies. A droite et à gauche, la Vierge et saint Jean. Des anges avec leurs trompettes sonnent le réveil de tous les morts, qu'on voit en grand nombre sortir de terre. Au-dessous du Christ, l'ange saint Michel tient l'épée à la main gauche, et, de la main droite, la balance où il pèse les âmes. Dans le panneau voisin, le diable entraîne les damnés, qu'on aperçoit ensuite dans la gueule du monstre infernal, tandis qu'on voit dans le haut les portes du ciel et le séjour des bienheureux.

Dans ce saisissant tableau, il y a des lacunes très regrettables, qu'il serait facile de réparer à peu de frais, en remplaçant les amas de verres blancs et colorés, provenant de diverses verrières, avec lesquels on a essayé de dissimuler les vides.

Cette belle page, d'une grande énergie d'exécution, est une peinture de la fin du XVIe siècle. Elle pourrait être attribuée au célèbre peintre verrier Jean Macadré, deuxième du nom, mort en 1566.

Troisième fenêtre. *Verrière du Calvaire.* — Cette fenêtre est distribuée en cinq lancettes, avec des lobes ovoïdes. Le vitrail représente le Calvaire. Jésus-Christ est sur la croix; sainte Madeleine est agenouillée à ses pieds. Des deux côtés de la croix, la Vierge mère et saint Jean. Près de celui-ci, la donatrice agenouillée, les mains jointes. La coupure des panneaux par le bas a fait disparaître son blason.

Dans les lobes du haut de la fenêtre, Dieu le Père, assis dans sa gloire, bénissant son fils, au milieu d'un chœur d'anges. Au-dessus, le pélican se déchirant les entrailles pour nourrir ses petits.

Cette peinture, du commencement du XVIIe siècle, est d'un dessin médiocre.

Quatrième fenêtre. *Verrière des trois Maries.* — Même disposition que dans la fenêtre précédente, mais les lancettes sont plus élevées. Les sujets, peints en grisaille sur cette verrière, comprennent seulement les trois lancettes du milieu de la fenêtre.

1re *lancette.* — Dans la première lancette sont représentés Marie Cléophée et Alphée, son mari. La mère tient deux jeunes enfants, probablement saint Simon et saint Jacques le Mineur. Les deux autres enfants d'Alphée, saint Jude et Joseph le Juste, n'y figurent pas.

2e *lancette.* — Sainte Anne occupe le milieu de cette lancette. Elle a devant elle la sainte Vierge, qui tient l'enfant Jésus, près duquel est le petit saint Jean-Baptiste.

3e *lancette.* — Marie Salomée et Zébédée, son mari; devant eux, leur fils, saint Jacques le Majeur, frère de saint Jean.

On voit, dans cette composition, que nous sommes en pleine

Renaissance, époque où les artistes composaient leur sujet selon leur fantaisie, sans s'occuper de la vérité historique.

Un portique d'une décoration riche et élégante s'élève au-dessus de ce joli et intéressant tableau composé avec toute la verve artistique de la Renaissance, qui donne à cette verrière le caractère d'une œuvre remarquable.

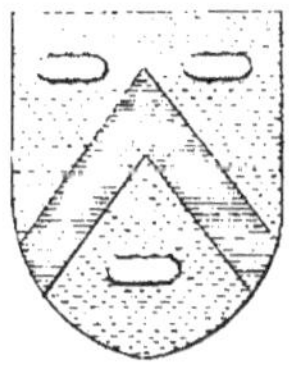

18.

Dans les lobes ovoïdes de la partie ogivale, à la pointe de l'ogive, le Père éternel, au milieu d'un chœur d'anges qui chantent et jouent de divers instruments. Dans les écoinçons, les blasons des donateurs se répètent deux fois : d'or, au chevron d'azur accompagné de 3 ..... de gueules (18).

BAS COTÉ SEPTENTRIONAL.

Les voûtes des bas côtés sont à simples nervures croisées, reposant sur les piliers de la nef et sur une colonne engagée dans les murs de refend.

La première travée est occupée par la tour, dont l'entrée est surmontée d'un simple portique, couronné d'une statue de la Vierge-mère du dernier siècle.

En retour, sur le mur qui regarde le bas côté, un grand tableau représente l'Annonciation. Il est de même dimension et de la même main que les tableaux de la Visitation et de la Présentation qui décorent les portes d'entrée. Sous ce tableau, est placée sur une console une statuette polychrome de saint Pierre.

Première chapelle. — Cette chapelle est consacrée à saint Antoine. Sur l'autel, un tableau représente le saint anachorète assis et lisant, la tête couverte de son capuchon et entourée de rayons au lieu de nimbe.

Le T des Antonins est sur sa pèlerine; près de lui, son bâton et sa sonnette. Une jolie bordure Louis XV encadre cette peinture.

Sur le mur qui fait face à l'autel, un tableau représente saint Jean écrivant son Apocalypse.

La fenêtre, ogivale, est divisée en deux parties par des meneaux flamboyants, avec bordures et croix en verre de couleur. Dans le haut, un blason aux armes du chapitre de la cathédrale, qui avait la collation de la cure de Saint-Nizier et le droit de visite de l'église.

Deuxième chapelle. — Cette chapelle est occupée par l'entrée de la porte du nord, que nous avons décrite précédemment. La fenêtre, presque murée, n'a pas de vitraux de couleur. Entre les deux parties de la fenêtre est une statue peinte de la Vierge posant sur des têtes d'anges.

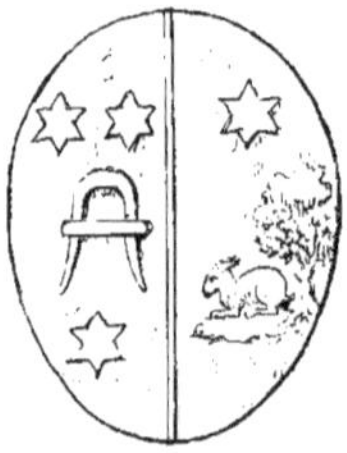

19.

Sur le pilier de la nef qui fait face à l'entrée, une statue de saint Julien, revêtu d'une armure complète, est posée sur une console blasonnée : au 1, d'un compas, avec deux étoiles en chef et une en pointe; au 2, d'un lapin placé devant un arbre, avec une étoile en chef (19). Ce blason indique probablement, dans sa première partie, un charpentier, et, dans la seconde, une famille de fourreurs. Saint Julien tient une lance de la main droite; la main gauche est posée sur un bouclier timbré d'une croix.

Troisième chapelle. — Fenêtre à meneaux flamboyants, avec verrière de Notre-Dame des Sept Douleurs.

20.

Dans le panneau du centre, la Vierge est représentée assise, les mains croisées sur ses genoux, la poitrine transpercée de sept glaives. Les sept douleurs de Marie étaient représentées dans autant de panneaux; mais il ne reste plus aujourd'hui que quatre sujets. A gauche, le saint vieillard Siméon annonce à la Vierge qu'un glaive de douleur transpercera son âme, et un autre panneau représente la Fuite en Égypte.

Dans les lobes du couronnement de la fenêtre, à gauche, Jésus est retrouvé dans le temple au milieu des docteurs, et, à droite, chargé de sa croix, il rencontre sa mère et les filles de Jérusalem.

Dans le trilobe qui forme la pointe de l'ogive, Dieu le Pere, vêtu d'une chape, une couronne sur la tête, est représenté porté sur sept chérubins: de la main gauche, il tient le globe du monde, et de la droite il bénit. Le Saint-Esprit, en forme de colombe, est placé sur la poitrine du Pere.

Dans le panneau à droite de Notre-Dame des Sept Douleurs, une pancarte porte cette inscription en caractères gothiques carrés :

> **Tu · eſ · celle · qu. . . . . ſang · degou^ta ·**
> **de · to · aguel · a · ſa · mort · doloreuse ·**
> **dot · le · glaive · de · doull^r · q̇ · gouſta ·**
> **damaritude · de · triſteſſe · couſta ·**
> **et · treſpaſſa ·ton · ame · precieuſe ·**

A gauche, une banderole se développe avec ces mots. dont les caracteres indiquent deux inscriptions différentes : **dn̄a ḡetiū. . .oib' dat gratiam.** *La reine des nations donne la grâce à tous*: **te in gremio virgo.** *Une vierge vous a porté dans son sein.*

Au-dessus de la Vierge de Douleur, un blason d'une facture beaucoup plus moderne, peinture émaillée du commencement du XVIIe siècle, reproduit les armes de Ferry II de Choiseul, abbé de Saint-Martin-ès-Aires (1617-1629)[1] (20).

L'autel est surmonté d'une peinture représentant l'Agonie de Jésus au Jardin des Oliviers. Sur le mur d'en face, un autre tableau représente le repos de la Sainte Famille pendant la fuite en Égypte. La Vierge mère, assise sur un bloc de pierre, fait jouer l'enfant Jésus.

BAS COTÉ MÉRIDIONAL.

Sur le mur occidental de ce bas côté, un grand tableau représente la Fuite en Égypte, au milieu de la nuit, par un beau clair de

1. Ce blason était destiné à rappeler que cet abbé avait choisi cette chapelle pour y dire la messe dans une circonstance toute particulière, soit pour une cérémonie religieuse célébrée à son instigation, soit à cause des grands travaux de l'église de son couvent, qui était en reconstruction à cette époque.

lune. Peinture du même artiste qui a exécuté les trois tableaux de l'histoire de la Vierge, dont nous parlons plus haut[1].

Première chapelle. — Fenêtre de la fin du XVIe siècle, avec quelques fragments de vitraux sur lesquels on remarque plusieurs blasons. L'un, placé dans le haut de la fenêtre, au centre, porte : de gueules, à une épée d'argent, la pointe en haut, accompagnée de deux étoiles d'or en chef (21). Les deux autres sont placés dans le haut des

21. 22. 23.

lancettes : celui de gauche est d'or, à la croix de sable cantonnée de quatre clous du même (22) ; celui de droite est d'or, au chevron d'azur accompagné de trois oiseaux de sable, deux en chef et un en pointe (23).

Dans le haut de la fenêtre, des deux côtés, une famille de donateurs est agenouillée, les hommes à gauche, les femmes à droite.

Contre le mur, à droite, une intéressante peinture sur panneau, de l'école italienne, représentant Jésus portant sa croix. Des soldats le suivent menaçants. Toutes ces figures sont à mi-corps.

Sur le sol de la chapelle et sans socle, est un groupe en pierre dont les personnages, de grandeur naturelle, représentent la mise du Sauveur au tombeau par Nicodème et Joseph d'Arimathie.

Sur une grande pierre de forme rectangulaire un linceul est déployé : le corps du Sauveur y est étendu. A gauche, Nicodème, à genoux, la tête nue et inclinée, soutient le linceul dont l'extrémité

1. Ces quatre tableaux ont été revernis, vers 1839, sous prétexte de rendre la couleur plus éclatante. Pour remplir ce but, M. Clausel, chargé de ce travail, crut nécessaire d'y ajouter quelques touches de son pinceau, particulièrement sur toutes les figures des personnages.

retombe sur son bras droit. Il est vêtu de la tunique des Juifs, maintenue sur le côté par une large ceinture à boucle où se trouve

24. LE SAINT-SÉPULCRE.

suspendue une escarcelle à fermoir. A droite, Joseph d'Arimathie, dans la même attitude, les mains jointes, la tête couverte d'un bonnet ;

il est vêtu d'une simple robe, bordée, comme celle de Nicodème, d'un galon couvert d'hiéroglyphes.

Derrière le tombeau, saint Jean soutient, avec un puissant effort, le corps de la Vierge mère penchée sur le corps de son divin Fils.

A gauche et à droite, trois saintes femmes dans une attitude de désolation.

Les figures placées derrière le tombeau forment trois groupes séparés, la Vierge et saint Jean, deux saintes femmes à droite et une à gauche. Sculptées jusqu'à mi-corps seulement, elles devraient être reportées plus à gauche pour régulariser le vide qui existe entre elles et les deux personnages du premier plan. Cette disposition rendrait avec plus de réalité le mouvement que fait la Vierge pour embrasser le visage de son Fils (24).

25. NOTRE-DAME DE PITIÉ.

Cette importante sculpture nous paraît être de la fin du XVIe siècle; elle proviendrait, dit-on, de l'abbaye royale de Saint-Martin-ès-Aires. Ce n'est certes pas un chef-d'œuvre; mais, par son importance, ce groupe mérite d'être placé dans une chapelle mieux décorée et mieux entretenue.

Au pied du mur de refend de cette chapelle est une Notre-Dame de Pitié également posée sur le sol. Cette intéressante sculpture devrait occuper une place plus convenable. Ce n'est pas une œuvre de François Gentil, cependant nous la croyons de son école (25).

La Mère de Douleur, tout en pleurs, regarde avec attendrissement le corps inanimé de son Fils placé sur ses genoux. La pose de ce groupe est d'un naturel qui excite l'émotion, et les draperies sont traitées avec beaucoup de goût et de soin.

Deuxième chapelle. — Cette chapelle renferme les fonts baptismaux. La cuve baptismale est en marbre rouge orné de filets en marbre blanc; elle fut faite en 1639 et placée dans la chapelle Saint-Pierre en 1748.

On monte deux marches pour pénétrer dans cette chapelle, ce qui semblerait indiquer l'existence d'un caveau de sépulture pour le personnage dont l'épitaphe était sur le mur à droite en entrant.

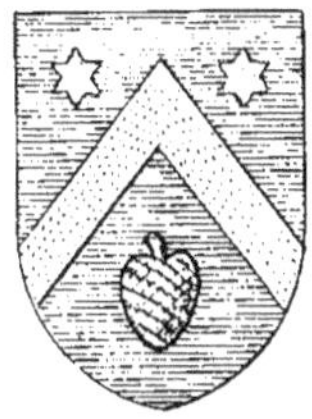

26.

Les degrés se composent de fragments d'une dalle tumulaire, avec les vestiges de deux figures, homme et femme. De même, à l'entrée de cette chapelle, une tombe montre les traces de deux personnages du même temps et portant les costumes du XVIe siècle.

L'autel, des plus simples, est surmonté d'une mauvaise peinture représentant le Baptême de Jésus-Christ par saint Jean.

Les nervures des voûtes, comme toutes celles des chapelles, reposent sur une console décorée de deux griffons dont l'un tient dans sa gueule la queue de l'autre.

La fenêtre se divise en trois lancettes tréflées dans lesquelles il n'y a point de vitraux peints, sauf, dans le bas, une Vierge mère entourée de rayons, et, dans le haut, un blason répété deux fois, qui est : d'azur, au chevron d'or, accompagné de deux étoiles du même en chef et d'une pomme de pin d'or en pointe (26).

Dans les lobes au-dessus des lancettes, on voit, à gauche, le repos de la Sainte Famille en Égypte, et, à droite, l'enfant Jésus entre les bras du saint vieillard Siméon. Le lobe supérieur, à la pointe de l'ogive, encadre le Baptême de Jésus-Christ.

Contre le mur de refend, à droite en entrant, sont les restes d'un cadre sculpté en pierre qui devait entourer une épitaphe en marbre noir. Une console, qui s'ajuste avec le cadre, sert de support à une figure nue, couchée sur un linceul fixé par deux anneaux à un monument de la forme d'un tombeau. Cette figure représente le Temps, tenant un sablier d'une main et, de l'autre, une faux.

Un tableau fixé sur les débris de l'ancien cadre en pierre représente saint Claude ressuscitant un enfant. Il est l'œuvre de Ninet de Lestin, élève de Vouet, né à Troyes le 21 septembre 1597, inhumé à Troyes le 2 novembre 1661. Cette belle peinture a été exécutée pour le compte de René de Breslay, évêque de Troyes, dont les armes figurent dans l'angle supérieur gauche du tableau.

Troisième chapelle. — Passage réservé à la porte latérale sud.

Les voûtes de cette travée reposent sur deux consoles, l'une représentant un enfant qui tient un écu, l'autre en feuilles de chêne, avec un petit cochon qui mange un gland.

La fenêtre de la porte d'entrée est décorée d'une belle grisaille dont le sujet est très bien approprié à la place qu'il occupe. C'est la Rencontre de saint Joachim et de sainte Anne à la porte Dorée. La porte est à pont-levis; on en voit les chaînes à droite et à gauche. Dans le lointain, une autre scène : saint Joachim garde ses troupeaux, et un ange lui apparaît pour lui annoncer la prochaine fécondité de sainte Anne.

Au bas de la fenêtre, on lit l'inscription suivante en lettres gothiques :

Estienne Ri......enger dēm en ceste paroisse et
Jehñe sa feme ont done ceste verriere en lan · mil · cinq ·
cens · et · xxx · cinq. Priez Dieu pour les trespasses.

La porte se divise en deux parties par un trumeau qui se prolonge intérieurement jusqu'à la pointe de l'ogive. Il forme un pilastre à la hauteur de l'appui de la fenêtre, pour recevoir une statue. La niche est surmontée d'un joli pinacle dans les petites arcatures duquel on aperçoit la tête de Jésus-Christ, entre celles de la Vierge et de saint Jean, avec ces inscriptions au-dessous : DOMINE DEUS, S. MARIA. S. JOHAÑES.

En face de la porte, une intéressante statuette représentant un *Ecce homo* de la première moitié du XVIe siècle, est posée sur une console de la même époque; l'anatomie du corps humain y est très bien rendue. Sous cette console, deux anges portent un écusson sur lequel est gravé en relief le cœur de Jésus, d'où s'échappent les bras et les jambes du Sauveur posés en croix et attachés avec des clous, la main droite bénissant. Ce sont les cinq plaies de Jésus-Christ, qui se complétaient par la peinture qui n'existe plus. Ce blason parlant est surmonté d'une couronne d'épines, d'un martinet et d'un faisceau d'épines pour la flagellation (27). C'est la première fois que nous rencontrons un blason de ce genre, qui représente si bien toutes les souffrances du Sauveur.

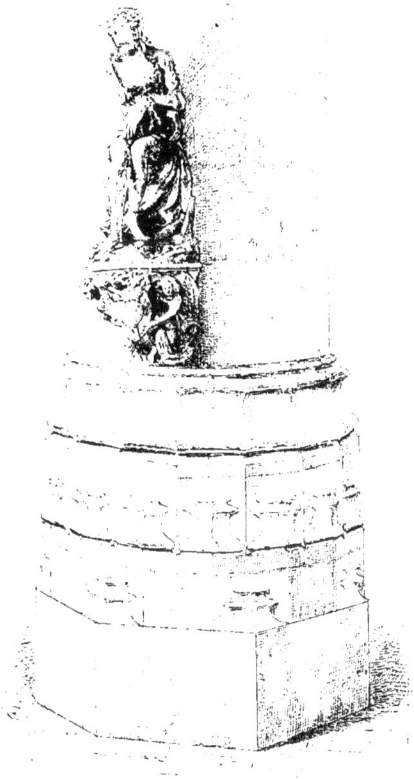

27.

Quatrième chapelle. — L'autel de cette chapelle est surmonté d'un tableau représentant saint Pierre et saint Paul.

En face, un autre tableau représente saint Nizier dans le ciel, en chape et en mitre, tenant un livre dans la main gauche et bénissant de la main droite. Un petit ange porte sa crosse. Dans la partie inférieure, un homme et une femme agenouillés implorent le saint, sans doute pour leur enfant qui s'appuie contre sa mère.

La fenêtre, à meneaux flamboyants, se divise en trois lancettes dans lesquelles ont été rapportés plusieurs panneaux qui n'appartiennent pas au sujet primitif de la verrière.

Cette verrière représentait, en effet, la légende du moine Théophile, ainsi que le montrent des inscriptions en vers qui se trouvent dans le haut des trois lancettes[1] :

Voici ces inscriptions :

1re lancette. Contrit de coeur se retira a part ·
Triste et dolent par maleureuse offense ·

Avoir perdu de paradis sa part ·
Dieu en ceux est qui vient a penitence ·

2e lancette. Par loblige quon meist en evidence ·
Cas theophile estoyt par trop greve

Qui long temps eut en Marie confidēce ·
Par bien servir mait hōme est releve ·

3e lancette. Ce fol contract enfin fut reprouve ·
Et. . . . . quicte et casse ·

A theophile qui enfin fut saulve ·
. . . . naistre qui bien face ·

Dans les lobes supérieurs de la fenêtre, on voit le Fils de Dieu sur un trône d'or. Au-dessous, dans les lobes de gauche, la Vierge présente à son divin Fils le malheureux Théophile, qui, vêtu d'une simple peau de mouton, les bras et les jambes nus, implore à genoux son pardon. Dans le lobe de droite, la prière de la Vierge Marie ayant été exaucée, un ange armé de la croix chasse le démon qui s'enfuit furieux.

Dans les quatre écoinçons, des anges portent des banderoles avec les inscriptions suivantes :

Écoinçon inférieur, à gauche. — Tu civitas regis justicie. Tu mater

1. Nous avons déjà rencontré deux fois et expliqué tout au long la légende de Théophile. Voir t. II, p. 486, et t. III, p. 317.

misericordie. *Vous êtes la cité du roi de justice. Vous êtes la mère de miséricorde.*

Écoinçon supérieur, à gauche. — Per te remissio donatur. *Par vous le pardon est accordé.*

Écoinçon inférieur, à droite. — De laboribus et miserie Theophilum reformans gracie. *Ramenant Théophile de ses peines et de ses misères à la grâce.*

Écoinçon supérieur, à droite. — Cette inscription est presque entièrement brisée : on ne lit plus que . . . . viscus, dans le haut, et gracia, dans le bas.

Les panneaux rapportés dans la fenêtre pour combler les vides représentent trois sujets différents.

Premier panneau. — Saint Louis couvert de son manteau royal semé de fleurs de lis d'or, le collier de l'ordre de Saint-Michel au cou, avec un médaillon qui tombe sur la poitrine, et où l'on voit saint Michel terrassant le démon, celui-ci représenté avec une tête de lion et une queue de serpent, saisissant par le bras et par la jambe l'ange qui le terrasse et qui s'apprête à le frapper.

Second panneau. — Il nous montre saint Bernard, abbé de Clairvaux, agenouillé, les mains jointes, la crosse passée dans ses bras, et disant : Monstra te esse matrem à la Vierge, assise sous un dais et tenant l'enfant Jésus sur ses genoux. La Vierge se découvre, presse son sein et fait jaillir un jet de lait jusqu'aux lèvres du saint, qui fut, dit la légende, guéri instantanément d'un mal de gorge. Le petit Jésus, de son côté, quitte le sein de sa mère pour s'élancer vers le saint en lui tendant les bras [1].

1. Le P. Cahier, dans ses *Caractéristiques des saints*, ne parle pas de cette légende. Il en existe cependant plusieurs représentations en Champagne. La chapelle du Cellier de l'abbaye de Clairvaux, à Colombé-le-Sec (Aube), possédait une remarquable peinture sur panneau du XVIe siècle, représentant le même sujet. M. d'Arbois de Jubainville, dans son *Répertoire archéologique du département de l'Aube*, ne l'a pas oubliée. Cette peinture appartient aujourd'hui à M. de Fontenay, propriétaire du château de Vaux, près de Fouchères. Elle est actuellement dans son salon, rue du Bac, 97, à Paris. Un panneau de l'une des verrières de l'église des Noës, près de Troyes, répète ce sujet, avec cette différence que le jet miraculeux frappe le front de saint Bernard. (Voir le dessin, t. I, p. 134.)

Troisième panneau. — Celui-ci est de la fin du XVIe siècle, plus moderne, par conséquent, que les précédents; il représente une abbesse agenouillée, ayant sa crosse entre les bras, suivie de deux religieuses de son ordre. Le blason de cette donatrice, qui porte d'azur à 3 fleurs de lis d'or, coupé d'une bande de gueules (28), nous fait connaître que nous sommes en présence de Louise de Bourbon, abbesse de Fontevrault † 1575, qui enrichit de ses libéralités le monastère de Foissy. Pendant la démolition du couvent.

28.

29.

30.

en 1789, le curé de Saint-Nizier recueillit quelques verrières qu'il fit placer dans son église.

Dans les trois trilobes des lancettes, sont les blasons des donateurs de la verrière de Théophile : d'azur à deux épées d'or en sautoir, les pointes en haut, et une étoile du même en chef (Angenoust, de la branche établie à Troyes) (29). Le deuxième blason, parti au 1 d'Angenoust, au 2 d'azur à deux étoiles d'or en chef; le reste est complètement brisé (30).

VERRIÈRES DES TRANSEPTS. — COTÉ NORD.

Le transept septentrional se compose d'une chapelle consacrée au saint Rosaire. La peinture qui orne le retable de l'autel représente saint Dominique et sainte Thérèse recevant le saint Rosaire des mains de la Vierge Marie. Le retable, d'une grande simplicité, se compose de deux colonnes ioniques portant un entablement couronné par un fronton triangulaire.

En face de l'autel et sur le mur de refend, un intéressant tableau représente sainte Ursule au milieu des cadavres de ses compagnes, percées de flèches. Une des onze mille vierges retire une flèche qui a percé le cœur de la sainte; deux anges apportent du ciel des couronnes et des palmes. Dans le fond du tableau, on aperçoit le vaisseau qui ramena sainte Ursule et ses compagnes de Rome à Cologne, où elles furent massacrées par les Huns.

Plus bas, un petit tableau représente la Résurrection de Jésus-Christ.

Une seule fenêtre, très grande, à lancettes, occupe toute la surface du mur du nord. Elle appartient, pour la plus grande partie, à la construction primitive. Elle est divisée en trois parties, elles-mêmes partagées en trois rangées de panneaux. La partie centrale a été refaite dans les premières années du XVIIe siècle.

Les verrières, qui pendant trois siècles ne furent protégées par aucune défense extérieure, ont été lapidées par les enfants qui jouent continuellement sur la place publique autour de l'édifice. C'est avec la plus grande difficulté que l'on arrive à expliquer les sujets de cette verrière, qui paraît appartenir à l'école des Macadré, peintres-verriers nés à Troyes, de 1580 à 1615.

Partie inférieure. PREMIÈRE RANGÉE. — Des débris de toute sorte, sans intérêt.

DEUXIÈME RANGÉE, 1er *panneau.* — Maison et jardin de Suzanne. Fontaine où elle va prendre son bain. Dans les arbres on aperçoit les têtes des deux vieillards.

2e *panneau.* — Suzanne, vêtue d'une longue robe rouge, les mains liées, est accusée devant le juge d'Israël.

3e *panneau.* — Condamnée, elle sort en pleurant pour être conduite au supplice.

TROISIÈME RANGÉE, 1er *panneau.* — Suzanne, conduite au supplice, est rencontrée par le jeune Daniel. La tête de Daniel est nimbée. Suzanne se justifie.

2e *panneau.* — Suzanne et les vieillards comparaissent devant Daniel, assis sur un trône.

Deuxième partie. PREMIÈRE RANGÉE, 1er *jour.* — Le blason du donateur, où nous croyons remarquer un peigne d'or dans les 3e et 4e quartiers (31).

Nous donnons ici le dessin du blason, ce qui nous évitera une trop longue description. Cet écusson est encadré dans une couronne.

31.

32.

2e, 3e *et* 4e *jours*. — Balthasar est assis à table avec la reine et de nombreux convives. Daniel explique l'inscription tracée sur la muraille : *Mane, Thecel, Phares.*

5e *jour*. — Autre blason de la même famille. Ici nous retrouvons le même peigne d'or dans le 3e quartier, et dans le 4e une navette de tisserand (32). Nous insistons sur ces éléments pour établir que ces blasons appartiennent bien à des tisserands ou à des cardeurs de toile qui habitaient la paroisse.

Deuxième rangée. — Daniel est représenté dans la fosse aux lions; il est entouré de lions, les uns à l'air féroce, d'autres couchés à ses pieds. Ces animaux sont remarquables de pose et d'allure. Des spectateurs, appuyés sur les murs de la fosse, regardent avec stupéfaction ce saisissant tableau. Dans la 4e lancette, les lions dévorent les ennemis de Daniel.

Troisième rangée. — Cette troisième rangée représente les apôtres Pierre, Jacques et Jean, assistant à la transfiguration du Sauveur.

Troisième partie. — Dans cette partie supérieure de la fenêtre devrait se trouver la Transfiguration ; il n'en reste absolument rien. Toutes ces peintures peuvent être librement attribuées à Macadré (Jean II), dit le Jeune.

Fenêtre à l'est. — La fenêtre, au-dessus du passage des bas côtés du chœur, à l'est, est à cinq lancettes trilobées, surmontée, dans sa partie ogivale, de trilobes et de contre-courbes. Elle développe toute la légende de saint Nicolas, qui se divise transversalement en deux rangées.

Première rangée, 1re *lancette.* — Saint Nicolas, patron du donateur, ressuscitant les trois enfants dans le saloir.

2e *lancette.* — La Naissance de saint Nicolas.

3e *lancette.* — Saint Nicolas, encore laïque, jette une bourse pleine par une fenêtre dans l'intérieur de la maison, en se dérobant avec rapidité à la reconnaissance de ceux qu'il vient d'obliger. Il sauve ainsi du déshonneur les trois filles d'un vieillard en leur procurant une dot.

4e *lancette.* — Saint Nicolas, consacré évêque de Myre par deux évêques, suivis de deux acolytes.

5e *lancette.* — Sainte Marguerite tenant une palme, un dragon sous les pieds. (Cette sainte ne prend place ici que comme patronne de la donatrice.) Les donateurs n'ont pas cru devoir se faire représenter dans les panneaux de cette légende, sans doute par humilité. C'est une exception assez rare, surtout au XVIe siècle; mais le donateur consacre toutefois sa verrière à son patron, saint Nicolas. C'est pourquoi nous trouvons sainte Marguerite seule à la place que devrait occuper la femme du donateur.

Deuxième rangée, 1re *lancette.* — Saint Nicolas, en présence de l'empereur, semble discuter avec une certaine énergie. Une partie de ce panneau est brisée.

2e *lancette.* — Saint Nicolas, sur un port de mer, achetant des sacs de froment pour les distribuer aux malheureux dans un temps de famine. Devant lui, un marchand au long cours, à qui il met une pièce de monnaie dans la main. Des sacs sur la berge, et, dans le fond du tableau, l'océan avec un navire au mouillage à l'abri des vents.

3e *lancette.* — Le saint évêque commande à deux bûcherons de couper deux arbres qui étaient consacrés à la déesse Diane.

4e *lancette.* — Saint Nicolas sur le rivage sauve un navire de la tempête. Les passagers sont en prière. Des diables, dans la mâture, cherchent par leurs maléfices à paralyser son action.

5e *lancette.* — Saint Nicolas obtient la grâce de trois jeunes officiers qui étaient sur le point d'être exécutés. D'un mouvement énergique il arrête le bras du bourreau avec sa crosse.

Dans les lobes de l'ogive, *le* 1er *panneau, à gauche,* représente saint Nicolas guérissant des malheureux possédés du démon. Un petit diable rouge s'échappe de la bouche de l'un d'eux.

2e *panneau.* — Saint Nicolas sauve de la mort un malheureux pendu. Un soldat monté sur une échelle descend le supplicié.

3e *panneau.* — Mort de saint Nicolas; le corps du saint évêque est couché sur un lit de parade.

4e *panneau, à droite.* — Des malades, des infirmes de toute nature, en prière autour du tombeau de saint Nicolas, obtiennent leur guérison.

A LA POINTE DE L'OGIVE. — Un concert céleste composé d'anges jouant de divers instruments et chantant les louanges du Seigneur.

33.

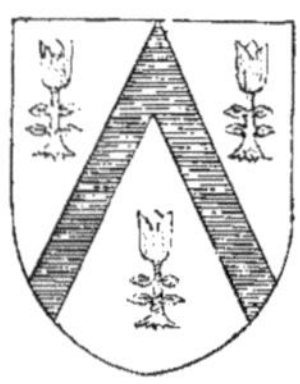

34.

Le Père éternel, dans une gloire lumineuse entourée de nuages, porte le monde et bénit.

Dans les trilobes des lancettes, le blason du donateur, d'azur au chevron d'or, accompagné de trois oiseaux d'argent, 2 et 1 (33), et celui de la donatrice, d'argent au chevron d'azur accompagné de 3 tulipes de gueules tigées de sinople (34).

L'inscription de donation, qui occupait toute la largeur de la fenêtre, est aujourd'hui presque complètement détruite.

On lit, à la fin de la ligne, au-dessous de sainte Marguerite, la date de 1545.

Fenêtre à l'ouest. — Cette fenêtre ogivale se compose, comme la précédente, de cinq lancettes plein-cintre et divisées en trois parties par des arcatures cintrées; restauration de la fin du XVIe siècle. Toute la verrière est consacrée à la vie de la Vierge Marie.

PREMIÈRE RANGÉE. — En commençant par la gauche, la Présentation de la sainte Vierge au temple, l'Annonciation, la Nativité de Jésus, l'Adoration des Mages, la Rencontre sous la porte dorée. Dans le haut de la fenêtre, au centre de l'ogive, un panneau coupé représente le Mariage de la Vierge.

On lit, au bas de la fenêtre et au-dessous du panneau de la

Rencontre de sainte Anne et de saint Joachim, le fragment d'inscription suivant : **De Jehan marchant tiecrant de toille.**

VERRIÈRES DES TRANSEPTS. — COTÉ SUD.

Le retable de l'autel qui occupe le transept sud est l'exacte répétition de celui de la chapelle du nord. Il est décoré d'une peinture représentant le repas de Jésus avec les pèlerins d'Emmaüs.

En face de l'autel, contre le mur de refend, un joli tableau représente l'Annonciation ; il est signé : *Lud. Herluison pinxit* 1701. Élève de Noël Coypel, Herluison est né à Troyes le 20 juillet 1667 ; il mourut dans cette ville le 12 février 1706.

Au-dessous de ce tableau, un autre beaucoup plus petit représente saint Maur, disciple de saint Benoît, au pied d'un autel, en extase devant l'apparition des anges dans une gloire céleste. Près du saint abbé, un ange le soutient ; à droite du tableau, l'esprit du mal s'enfuit. Sur le bord de la marche de l'autel, on lit : *S. Maur, abbé.* Ce tableau rappelle un trait de la vie du saint. Pendant qu'il était dans son monastère de Glanfeuil, un matin qu'il entrait dans la petite chapelle qu'il avait fait construire en l'honneur de saint Martin, le démon lui apparut et lui dit que bientôt son œuvre serait détruite et qu'il ne resterait rien de ce qu'il avait fondé. « Retire-toi, Satan, répondit le saint ; tu es menteur et père du mensonge. » A ces mots, le diable s'enfuit en ébranlant tout le monastère, au grand effroi des moines encore endormis. Mais un ange envoyé par Dieu apparut au saint et l'assura que l'ordre bénédictin, implanté par lui en France, y subsisterait à jamais [1].

Cette chapelle est éclairée au midi par une longue fenêtre comprenant toute la hauteur du transept, composée de cinq lancettes trilobées, divisées transversalement, à moitié de sa hauteur, par des plates bandes, non compris les trilobes de la partie ogivale.

PREMIÈRE PARTIE. — Dans cette partie, il ne reste plus rien des verrières qui la décoraient que deux colonnes Renaissance portant

1. Herluison, dans sa jeunesse, fit beaucoup de petits tableaux pour les couvents de Troyes ; celui-ci pourrait bien être de sa main.

la date de 1545-1551, colonnes qui servaient de cadre au sujet principal.

Deuxième partie. — Rien que des fragments sans intérêt : dans le trilobe de la 3e lancette, la date de 1545.

Dans la partie ogivale, on distingue encore quelques restes de l'Assomption de la Vierge, aux accords d'un concert céleste donné par des anges jouant de divers instruments et chantant les poétiques symboles énoncés sur des banderoles qui se développent en tous sens. Comme celle qui lui fait face, elle était sans doute du peintre-verrier Jean Macadré dit le Jeune, à en juger par les fragments qui en restent.

Sur le revêtement en menuiserie au-dessous des fenêtres, une peinture nous montre Moïse tenant les tables de la loi. Facture de Ninet de Lestin.

Fenêtre à l'ouest. — Fenêtre à meneaux dans les mêmes dispositions architecturales.

La peinture sur verre qui l'occupe est certainement une des plus remarquables des églises de Troyes, par l'élévation de son style et par l'éclat et la puissance de sa coloration.

Au centre du vitrail, la Religion tenant une croix et le livre des Évangiles ouvert devant elle. Sous ses pieds l'Hérésie, représentée sous les traits d'un monstre. Des deux côtés de cette belle figure, les évangélistes ; à gauche, saint Luc et saint Jean ; à droite, saint Matthieu et saint Marc ; tous les quatre reconnaissables à leurs attributs distinctifs.

Dans les trilobes. — Dieu le Père, le Fils et le Saint-Esprit au milieu d'une gloire lumineuse et rayonnante et d'un chœur céleste chantant et jouant de divers instruments.

La tête du Père éternel ; la figure voilée de la Religion et celle de saint Marc, ainsi qu'une partie de leurs vêtements, ont été restaurés par Martin-Hermanowska et Virot, peintres-verriers à Troyes. Rien n'est comparable, à Troyes, à l'exécution de cette belle verrière, qui semble avoir été faite vers les années 1540 à 1560.

Fenêtre à l'est. — Cette fenêtre a cinq lancettes, divisées en deux parties. Dans la 1re et la 5e lancette il n'y a rien.

Première partie, 2e *lancette.* — Apparition de l'ange qui annonce à Zacharie, dans le temple, que sa femme Élisabeth lui donnera un fils.

3e *lancette.* — Naissance de saint Jean-Baptiste.

4e *lancette.* — Saint Jean-Baptiste prêchant dans le désert.

Deuxième partie, 2e *lancette.* — Baptême de Jésus-Christ par saint Jean.

3e *lancette.* — Saint Jean-Baptiste devant Hérode.

4e *lancette.* — Saint Jean-Baptiste emmené par les soldats.

Dans les trilobes, on voit la décollation de saint Jean-Baptiste : la fille d'Hérodiade apportant à sa mère la tête du saint; la sépulture du saint par ses disciples.

35.

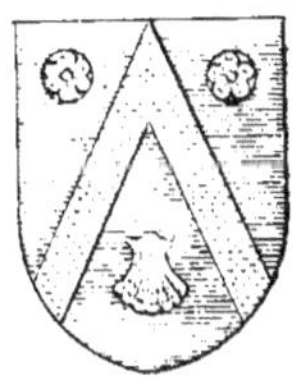

36.

Dans le haut, à gauche, saint Claude ressuscitant un enfant; à droite, saint Jacques tenant un livre et un bourdon; probablement les deux patrons des donateurs.

Dans les écoinçons, deux blasons : à gauche, de gueules au chevron d'or accompagné de trois têtes de bouc d'argent (Camusat, donateur de la verrière) (35); à droite, le blason de sa femme, d'azur au chevron d'or, accompagné de 2 roses d'argent en chef et une coquille de gueules en pointe (36).

CHAPELLES DU POURTOUR DU CHOEUR

BAS COTÉ GAUCHE.

Première chapelle. — Il ne reste plus dans la fenêtre de cette chapelle que les panneaux qui se relient aux trilobes des lancettes, et encore ceux-ci sont-ils coupés par la moitié. Ce sont le Baiser de Judas au jardin des Oliviers; Jésus devant Pilate, qui prononce ces mots : **Inocēs sū a saguine h' iusti · vos videtis.** *Je suis innocent du sang de ce juste. Vous le voyez.* Jésus consolant les filles de Jérusalem, auxquelles il adresse ces paroles : **Filie Jhrlm nolite flere super me sed super vos ipas.** *Filles de Jérusalem, ne pleurez pas sur moi, mais pleurez sur vous-mêmes.*

La partie ogivale de cette fenêtre représente la mort de la Vierge, son couronnement dans le ciel par la sainte Trinité. Des anges, les mains jointes, sont en contemplation.

Ces verrières, comme celles qui vont suivre, appartiennent au commencement du XVIe siècle.

Contre le mur de refend de cette chapelle s'applique une peinture de la fin du siècle dernier, qui n'est pas sans mérite. Elle représente le Bon Pasteur.

En face, sur le mur, un petit tableau, Jésus au Jardin des Oliviers.

Les pans de l'abside, *côté nord.* — La première fenêtre est vitrée en verre blanc.

La deuxième représente l'Arbre de Jessé, jolie verrière coupée par le bas et murée depuis l'élévation de la rue des Deux-Paroisses. Ce mur est dissimulé aujourd'hui par un tableau de Ninet de Lestin, la Présentation de la Vierge au temple. A gauche du tableau sont les armes de la famille Denis de la Noue et de Le Tartier, son épouse.

Ce qui reste de cette verrière est d'une belle conservation et d'une remarquable harmonie de couleurs. On y voit Abraham, Isaac et trente-deux ancêtres de Jésus-Christ avec leurs noms inscrits sur des banderoles fixées dans les branches de l'arbre généalogique, près de chacun des personnages. Au sommet de l'arbre, vers lequel convergent le regard et le geste de toutes ces figures; saint Joseph, la Vierge mère tenant l'Enfant divin entre ses bras. On lit ainsi leurs noms : **Jehs Maria.**

Chapelle de la Vierge. — L'autel de la Vierge a conservé son titre depuis sa fondation, comme l'indiquent les verrières de la fenêtre, lesquelles sont consacrées à la vie de la vierge Marie. L'autel est simple, et son retable en bois a la forme d'un tryptique sculpté dans le style du XVIe siècle, par M. Valtat; il est placé dans l'axe du bas côté nord.

La fenêtre de cette chapelle se compose de trois lancettes trilobées surmontées de trilobes flamboyants dans la partie ogivale du couronnement.

Une partie des anciennes verrières avait été enlevée primitivement. Elles furent remplacées par des verrières du XVIIe siècle qui n'appartenaient pas à l'église. Ce sont de grandes figures qui ont trouvé leur place ici depuis la démolition des couvents de la ville.

1re *lancette, à gauche.* — Une donatrice agenouillée, les mains jointes, appuyées sur un prie-Dieu placé devant elle. Derrière elle, une sainte, sa patronne, tenant une palme dans sa main droite, sans autre attribut qui puisse nous la faire connaître. Sur le prie-Dieu, son blason, peinture émail, d'or au chevron d'azur accompagné de 3 roses du même, deux en chef et une en pointe (37).

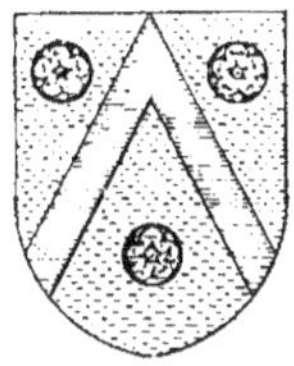

37

La figure de cette femme, de grandeur naturelle, est exécutée en grisaille d'un ton très coloré, genre sépia, et d'un dessin correct. Son costume appartient aux premières années du XVIIe siècle.

2e *lancette.* — Le panneau central représente la Circoncision et, au-dessus, la rencontre de la Vierge et de sainte Élisabeth. Ces deux panneaux appartiennent au commencement du XVIe siècle, comme tous ceux qui ont trait à la vie de la Vierge.

3e *lancette.* — Un donateur, agenouillé en regard de sa femme, qui occupe la première lancette ; ses mains jointes s'appuient sur son prie-Dieu. Jolie tête, portant une barbe en pointe, col blanc rabattu, robe brune, qui, par sa forme, indiquerait celle d'un magistrat quelconque.

Derrière lui, saint Bonaventure, évêque d'Albano, portant la robe de franciscain, avec le chapeau de cardinal suspendu par un cordon sur son dos, parce qu'il passe pour avoir été élevé à la dignité du cardinalat [1].

Le prie-Dieu portait les armoiries de ce donateur ; elles sont aujourd'hui brisées et remplacées par le blason du chapitre de la

1. Le P. Ch. Cahier.

cathédrale. En outre, ce blason du donateur était entouré d'un cartouche sur lequel est posée une toque comtale : d'or, avec bord relevé d'azur et orné de perles [1].

Rien ne nous indique ici la raison de cette coiffure héraldique et quel peut être ce personnage.

TRILOBES DE L'OGIVE, 1er *panneau, à gauche.* — Un prêtre donateur de cette verrière (probablement le curé de Saint-Nizier), l'aumusse sur le bras gauche, agenouillé devant son prie-Dieu timbré de son monogramme J. M. P. (38). De ses mains s'échappe un phylactère avec ces mots : **Exaltata es Sancta genitrix.** *Sainte Mère (de Dieu), vous avez été exaltée.* Devant lui, cinq apôtres, les bras croisés sur la poitrine, le regard élevé vers le ciel, où monte la Vierge Marie soutenue par des anges.

38.

39.

2e *panneau,* à droite. — Un bourgeois, frère ou neveu du curé, lui fait face. Comme celui-ci, il est agenouillé les mains jointes, et le blason de son prie-Dieu porte aussi son monogramme J. M. C., avec une petite différence dans la disposition des lettres (39). Devant ce deuxième donateur, sept apôtres, assistant à l'Assomption de la Vierge. L'ensemble forme donc le groupe des douze apôtres qui assistaient à l'Assomption.

Dans les écoinçons, des anges tenant des phylactères et chantant la gloire de la mère de Dieu : **Super choros angelorum ad celestia regna.** *Au-dessus des chœurs des anges, jusqu'au royaume des cieux.*

Chevet. — La chapelle du chevet du pourtour du chœur se compose de trois pans avec fenêtres ogivales à trois lancettes trilobées.

La verrière de la première fenêtre est composée de six panneaux divisés horizontalement en deux parties représentant plusieurs pas-

1. Il était en usage dans la haute noblesse de porter une toque avec une couronne perlée fixée autour du bourrelet de cette coiffure. (Voir la *Coiffure des comtes de Champagne*, p. 356-357.)

sages de la légende de sainte Syre, qui naquit dans les environs d'Arcis-sur-Aube, vers le IIIe siecle.

Rangée du bas, 1er panneau. — En commençant par la gauche, on voit saint Fiacre, frere de sainte Syre, en pelerin, agenouillé, un bâton de voyage passé dans le bras gauche, tenant un rosaire de la main gauche, la tête couverte d'un petit bonnet, implorant la guérison de sa sœur qui était aveugle et qui fut guérie par saint Savinien. Un phylactère partant de ses lèvres porte ces mots : **O fete martir faviniane.** *O saint martyr Savinien.* Sainte Syre, agenouillée, les bras levés vers le ciel où apparaît sur des nuages saint Savinien sous la figure d'un jeune homme, bénissant, tenant de la main gauche un sceptre.

Entre les deux personnages, une pierre tumulaire indiquant l'emplacement de la sépulture de Savinien et le lieu où il fut décapité par ordre d'Aurélien.

A droite, au second plan, un ouvrier construisant, à la demande de sainte Syre, une petite chapelle en bois de charpente.

Des lèvres de la sainte s'échappe une banderole avec ces mots : **mirabilis deus in fetis fuis.** *Dieu est admirable dans ses saints.*

On lit au bas de ce premier panneau :

..... **elle fut parvenue au lieu ou fait Savinian**
..... **elle a receu vue Et vidt cler fans aultre moya**

2e panneau. — Sainte Syre, accompagnée de sa suivante, est en prière au milieu d'une pièce de vigne chargée de raisins. De sa bouche se développe un phylactère avec cette inscription :

O fapientia virtus da maturitatem bonorum tpalium.
O sagesse et puissance, accordez la maturité des biens temporels.

On lit au bas de ce panneau :

Comment tous les biens gele par la priere
De faincte Syre tout fructifia.

3e panneau. — Les miracles de sainte Syre. Guérison de trois estropiés, dont un s'en retourne avec ses béquilles sur son épaule. On lit au bas du tableau :

Comment a elle vinrent plusieurs.....
Tous retournerent bien sains et......

Rangée du haut, 1er panneau, à gauche. Sainte Syre reçoit, sur l'emplacement de la sépulture de saint Savinien, la visite d'un grand roi tenant un sceptre en main, accompagné de trois archers. On lit au bas de ce panneau :

Comment a elle vint ung roy plaī de gravelle.
Fut reguery remercient Dieu et elle.

2e *panneau*. — A la porte d'une ville, sainte Syre reçoit des pèlerins qui se jettent à ses pieds (Sans inscription).

3e *panneau*. — Dans ce panneau, il y a deux sujets différents. Le premier représente une maison ouverte où l'on voit sainte Syre couchée sur son lit de mort. Un prêtre, devant elle, la bénit avec son goupillon et récite les prières des agonisants. Un rouleau qui se contourne à la hauteur de sa bouche porte ces mots : **In manus tuas dn̄e cōmēdo sp̄m meum.** *Seigneur, je remets mon esprit entre vos mains.*

Le deuxième sujet nous montre le tombeau de sainte Syre, placé à terre dans la petite chapelle de saint Savinien qu'elle avait fait construire.

Plusieurs estropiés se rendirent en pèlerinage dans cette petite chapelle, devant son tombeau, pour implorer leur guérison (40)[1].

On lit au bas du panneau :

De pierre terre ou mesrian fist fayre petit habitacle.
Et la fina son jo[r] desrian par elle sont setz m̄aits miracles.

La légende de sainte Syre se continue dans les trois trèfles de la partie ogivale de la fenêtre.

1. Ce tombeau nous rappelle d'une manière exacte la forme de l'ancien tombeau de sainte Maure; comme à celui-ci, une petite ouverture cintrée est ménagée à l'une des parois pour laisser voir aux pèlerins les pieds de la sainte.

Trèfle à gauche. — Intérieur d'une chapelle avec son autel, surmonté d'un retable. Un prêtre en chasuble recevant de nombreux pèlerins. Au-dessus de l'autel, un ange tenant une banderole qui se déroule et tombe dans la main du prêtre officiant. On lit sur ce

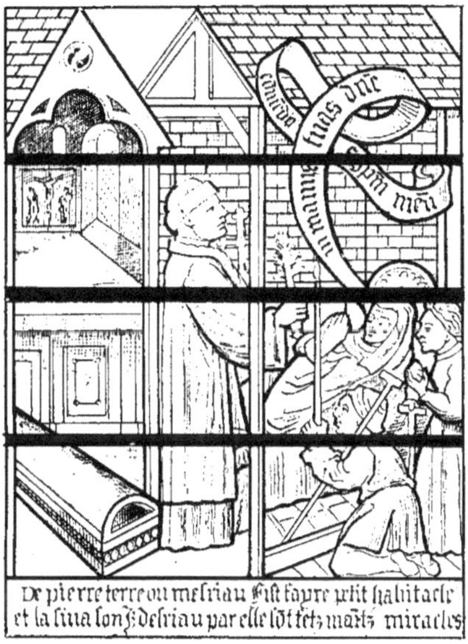

40. MORT DE SAINTE SYRE.

parchemin : **Per totum orbem celebretur festum.** *Que sa fête soit célébrée par tout l'univers.*

Dans le corps du tableau on lit cette inscription :

> **Comment par le vouloir de Dieu**
> **fut celebree la feste par messire**
> **Henry de Noa et de tous Rememoree·**

Le seigneur de la Noue se fait remarquer au milieu de la foule par sa longue robe et la toque comtale dont sa tête est couverte.

Trèfle à droite. — Le tombeau de sainte Syre. Un soldat, deux femmes et deux hommes portant des cierges à la main s'en retournent guéris.

Dans le panneau, sur un large parchemin, on lit cette inscription :

Comment plusieurs malades apres
son trespas retournerent sanez (sains) ·
et gueris plains de soulas (soulagement) ·

Dans le trèfle du haut. — Sainte Syre, portant une couronne d'or, reçoit tous les gens de sa confrérie sous son manteau, en signe de protection.

Le mur ajouté au soubassement de la fenêtre remplace les trois panneaux de cette verrière où étaient représentés les donateurs de ce vitrail et l'inscription de donation ; il en est de même pour toutes les fenêtres de l'abside.

Sur ce mur de clôture deux petits tableaux représentent l'un, la Nativité de Jésus adoré par les anges ; le second, sainte Madeleine repentante. Entre les deux tableaux, une statuette de saint Marc.

Chapelle centrale du chevet. — La travée de l'abside du pourtour du chœur est consacrée à l'autel de la communion et fermée par une grille.

La fenêtre ouverte au-dessus de l'autel est occupée par une verrière représentant le Calvaire, Jésus crucifié entre deux larrons. Sainte Madeleine, agenouillée au pied de la croix, son vase de parfum près d'elle. Sur les côtés, la Vierge et saint Jean l'évangéliste.

Dans les trilobes. — Un ange enlève vers le ciel l'âme du bon larron, représentée par un petit enfant nu. A droite, un diable saisit furtivement l'âme du mauvais larron.

Au-dessus de la croix, un pélican déchire ses entrailles pour nourrir ses petits : figure de Jésus-Christ se sacrifiant pour sauver les hommes.

Dans la partie ogivale. — La Résurrection : le Sauveur sortant de son tombeau, en présence de deux gardiens épouvantés.

Dans les écoinçons. — Deux phylactères portant ces mots : **Et erit sepulcrum gloriosum.** — **Resurrexit sicut dixit.** *Et son sépulcre sera glorieux. — Il est ressuscité comme il l'a dit.*

TROISIÈME FENÊTRE. — Légende de saint Gilles, ermite et abbé.

Première rangée, 1er panneau. — Un roi en chasse découvre la retraite de saint Gilles, en poursuivant une biche blessée par ses veneurs.

Saint Gilles, abbé, quitta la Grèce pour se retirer du monde et

41. SAINT GILLES RECEVANT LES PORTES DE SON MONASTÈRE

vivre en ermite dans une forêt du Languedoc. Pendant une chasse de Charles Martel, celui-ci suivit la biche blessée qui alla se réfugier aux environs de la cellule du saint homme, blessé lui-même par la maladresse d'un des veneurs. Le roi voulut lui faire panser sa plaie ; il refusa, désirant garder sa blessure jusqu'à sa mort.

2e panneau. — Saint Gilles reconduit le roi jusqu'à la porte de la ville. Charles Martel, à cheval, le quitte en lui serrant la main avec effusion.

3e *panneau.* — Saint Gilles recevant une reine à la porte de son abbaye.

Deuxième rangée, 1er *panneau.* — La Messe de saint Gilles.

Saint Gilles à l'autel, un ange descendu du ciel lui présente une lettre. Au pied de l'autel, un moine agenouillé, un flambeau à la main. Derrière le saint homme, la biche est couchée.

Dans le fond du tableau, saint Gilles entend en confession le roi Clotaire IV.

Au bas du panneau, on lit :

Comment par la priere du glorieur ſainct gile ung ange de paradis
apporta audit ſainct Gile une lettre de abſolution dicelug pechie ·

2e *panneau.* — Saint Gilles ressuscitant le fils du roi Clotaire.

Le fils du roi est présenté dans une bière oblongue portée par deux hommes. Le jeune homme est assis les mains jointes, les épaules couvertes d'un linceul; saint Gilles s'approche de lui et le bénit. Derrière le brancard funèbre, le roi, la reine et toute sa suite. On lit au bas du tableau :

Comment le glorieux Saint Gile reſuſcita le filz dung prince et le rendit en vie a............ bon point par ſes merites ·

3e *panneau.* — Saint Gilles reçoit un bref du pape, timbré de son sceau. Devant lui, un homme tient dans ses bras un panneau de porte où sont sculptées les figures de saint Pierre et de saint Paul, et sur lequel la main du pape est appuyée (41).

Dans le lointain du tableau, près d'une forêt, on voit saint Gilles priant, sa biche près de lui.

Au bas du tableau, nous lisons ce curieux passage :

Comēt le pape dona a Sainct Gile les portes de ſon monaſtere de Cypres ou eſtoit
entaille ſāit pierre et S. paul et les gecta ou timbre (au Tibre) **et vīdrēt juſques au monaſtere ·**

Dans le trilobe de gauche. — Saint Gilles assis sur un trône, la crosse en main. Devant lui, rangés en demi-cercle, des moines qui l'écoutent avec recueillement.

Dans celui de droite. — Le tombeau de saint Gilles. Un prêtre en chasuble, tenant une croix; il porte le bénitier et bénit avec l'aspersoir. Deux moines agenouillés, un livre en mains, récitent les prières de l'absoute.

A la pointe de l'ogive. — L'âme de saint Gilles, portée dans un linge par deux anges, est présentée au Père éternel.

Rappelons ici qu'il existe une verrière de la même légende (avec quelques différences dans la composition des sujets) dans l'église de Montreuil (voir IIe vol., p. 361-366).

Dans l'ébrasement de la fenêtre. — Une jolie statuette de saint Joseph, debout, la main droite posée sur l'épaule de l'enfant Jésus placé devant lui. A droite et à gauche, deux petits tableaux : les Pèlerins d'Emmaüs, les Apôtres au tombeau de la Vierge.

Chapelle Saint-Joseph. — La chapelle Saint-Joseph est située dans l'axe du bas-côté méridional. L'autel est décoré d'un retable sculpté dans le style de la Renaissance par M. Valtat.

Dès les premières années du XVIe siècle, cette chapelle fut consacrée à saint Sébastien, patron de la confrérie des Archers, des Arbalétriers et des Arquebusiers, qui ne formaient qu'une seule confrérie jusqu'en 1663. Les deux premières, les plus anciennes, disparurent à cette époque et la dernière en 1680 [1].

Cette confrérie avait son hôtel rue Planche-Clément, paroisse Saint-Nizier. Les bâtiments existent toujours, et, dans le jardin, le canal qui servait au tir à l'oie se voit encore.

La fenêtre de la chapelle des Arquebusiers se divise en trois lancettes avec trilobes, trèfles et contre-courbes, dans sa partie ogivale. La verrière, d'une belle exécution, représente saint Sébastien dépouillé de ses vêtements et attaché à une colonne; il porte au cou le collier de l'ordre de Saint-Michel, institué par Louis XI.

Le corps est percé de plusieurs flèches, et des archers se dis-

1. Boutiot, *Histoire de la ville de Troyes*, t. IV, p. 487.

posent à faire une nouvelle décharge sur ce corps déjà tout meurtri; à cet effet, l'un d'eux remonte son arbalète à rouet. L'empereur Dioclétien, assis sur un trône d'or, assiste au supplice; il tient dans la main droite un rouleau de parchemin sur lequel est écrite la sentence du supplicié. Près de lui, ses flatteurs et ses courtisans.

Sur le premier plan du tableau, un petit chien-loup, couché, dresse la tête en regardant son maitre; le petit animal pourrait bien être la marque particulière du peintre verrier, ainsi que nous en avons eu des exemples dans certaines vieilles peintures et sur les anciennes gravures.

PARTIE OGIVALE, 1er *trilobe, à gauche.* — Saint Sébastien, conduit au supplice, est frappé à coups de massue par deux bourreaux.

2e *trilobe, à droite.* — Saint Sébastien est précipité dans un cloaque infect. (Ce panneau a été maladroitement réparé.)

Dans les trilobes de la pointe de l'ogive. — Saint Castule et sainte Lucine retirent le corps de saint Sébastien du cloaque. Au-dessus, l'âme de saint Sébastien monte au ciel, enveloppée dans un groupe de nuages. L'âme du saint est représentée sous la forme d'un jeune enfant tenant dans sa main une flèche, instrument de son martyre.

Dans les écoinçons, à gauche, on lit ces mots : **Gardez vos confreres archers**; et à droite : **De pisteuse pestilence.** Le saint était invoqué, en effet, contre la peste et autres maladies contagieuses.

La confrérie des Archers était nombreuse et très riche. C'est elle qui fit poser, en 1501, la belle verrière de saint Sébastien dans la grande nef de la cathédrale. (Voir p. 215.)

Deuxième fenêtre. — La fenêtre méridionale qui suit est disposée suivant le même ordre d'architecture, bien que les formes des trilobes et des trèfles soient un peu différentes. Elle est consacrée à l'histoire de la *Vraie Croix* et se divise en deux rangées horizontales, dont la première est celle du haut.

PREMIÈRE RANGÉE, 1er *panneau.* — Songe de Constantin. L'empereur Constantin est représenté assis sur son lit, au-dessus duquel est un baldaquin bleu, à franges rouges et vertes, d'où tombent les rideaux ; il tend les bras pour recevoir une croix que lui présente un ange placé debout au pied du lit. De la croix s'échappe une banderole avec ces mots : PER HOC SIGNVM VINCES. *Par ce signe tu vaincras* (42).

2e *panneau*. — Bataille de Constantin contre le tyran Maxence.

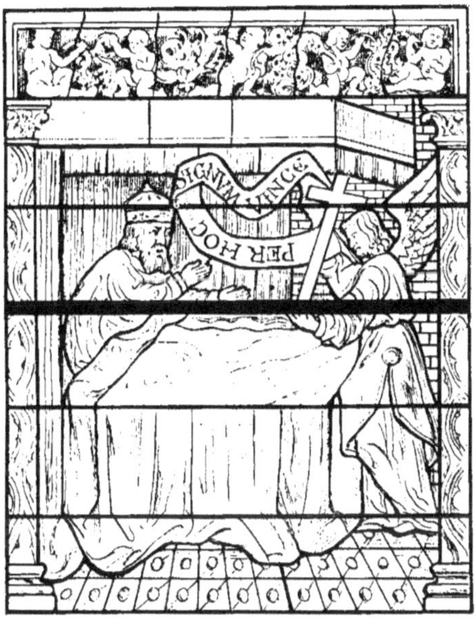

42.

L'empereur Constantin, monté sur un cheval noir, est au milieu de la mêlée ; il poursuit, l'épée dans les reins, le tyran Maxence qui s'enfuit. Un ange dans le ciel, la croix en main, guide les combattants et les entraîne à la victoire.

3e *panneau*. — Baptême de Constantin. L'empereur est agenouillé à demi nu dans une cuve, les mains jointes. Un évêque lui verse l'eau sur la tête et sur le corps. Sainte Hélène assiste à cette cérémonie, avec toutes les personnes de sa suite.

DEUXIÈME RANGÉE, 1er *panneau, à gauche*. — L'impératrice

Hélène, mère de Constantin, suivant les indications d'un juif nommé Judas, qui devint depuis saint Cyriaque, évêque de Jérusalem, fait creuser le Calvaire, à l'endroit où la croix du Sauveur était enfouie.

2e *panneau, à gauche.* — L'impératrice, aidée de Judas, maintient une croix horizontalement au-dessus d'un cadavre qui, à son attouchement, revient à la vie. Cette épreuve miraculeuse établit que cette croix est bien celle sur laquelle Jésus-Christ rendit le dernier soupir.

3e *panneau.* — Chosroës, roi des Perses, voulant être adoré comme un dieu, s'était fait construire une tour précieuse, où il avait

43.

44.

45.

placé un autel d'or, avec les images du soleil et de la lune. Son trône était sous un riche pavillon d'étoffe bleue, et il représentait Dieu le Père; à sa droite, il avait mis la vraie croix qui représentait Dieu le Fils, et, sur une colonne dressée à sa gauche, il avait fait placer un coq d'or qui signifiait le Saint Esprit. A droite du tableau, une petite fenêtre ouverte, par laquelle regarde un personnage, indique le lieu d'où le peuple l'adorait. Mais l'empereur Héraclius, victorieux, pénètre, l'épée à la main, dans ce sanctuaire, et, saisissant Chosroës qui s'enfuit effrayé, il s'apprête à lui trancher la tête.

Dans les trilobes des lancettes. — Trois blasons, appartenant à la même famille, probablement le père et les deux fils. Le 1er, d'or au vilebrequin de sable, accompagné des initiales C. G (43). Le 2e, d'azur au vilebrequin de sable, accompagné des initiales L. G. (44); et le 3e, de gueules au vilebrequin de sable, accompagné des lettres C. G (45). Ces blasons sont circonscrits dans une coquille que soutiennent des anges. Ceux-ci sont posés sur une frise au fond d'or, d'un grand effet décoratif, qui a pour motif des enfants nus tenant des guirlandes et des rinceaux d'or.

Dans les trilobes de l'ogive. — A gauche, la croix est dressée sur le Calvaire et entourée de plusieurs personnages. A droite, Abraham, armé d'un glaive, conduit son fils chargé du bois du sacrifice : figure du sacrifice de la croix.

A la pointe de l'ogive. — Le buisson ardent. Moïse, à genoux devant le buisson qui brûle sans se consumer, reçoit la verge miraculeuse des mains de Jésus-Christ, qui remplace ici Dieu le Père, et qui lui adresse ces paroles écrites sur une banderole : **Sume virgā hāc in qua facturus es signa.** *Prends cette verge par laquelle tu feras des prodiges.*

Dans les écoinçons de gauche on lit : **Bona crux per quā mors mūdi mortua, ornata de sanguine christi, super oīa ligna cedrorū.** *O bonne croix, par laquelle la mort du monde a été mise à mort, tu as été ornée du sang de Jésus-Christ, et par-dessus tous les bois de cèdres...* Cette inscription se continue dans les écoinçons de droite, où on lit : **Tu sola excelsior in qua vita mundi pependit ī qua christu' triumphavit et mors mortē superavit.** *Toi seule, tu es élevée, toi sur qui fut attachée la vie du monde, toi sur qui le Christ a triomphé et par qui la mort a vaincu la mort.*

Au-dessous de la fenêtre, un grand tableau représente les apôtres assistant au dernier soupir de la Vierge, par Ninet de Lestin. A droite, les armes de la famille de Denis de La Noue et Le Tartier, également représentées sur le tableau qui lui fait face.

CHŒUR ET SANCTUAIRE

Le chœur n'a qu'une seule travée, et le sanctuaire forme une abside à trois pans. Comme dans la nef, les arcatures du sanctuaire retombent sur des piliers cylindriques sans chapiteaux.

En 1745, la fabrique de l'église Saint-Nizier fit des dépenses considérables pour décorer son sanctuaire de marbre et de dorure. Pour subvenir à cette dépense, on vendit un chandelier de cuivre à treize branches et deux colonnes de même métal surmontées d'un ange tenant les attributs de la Passion[1], œuvre intéressante du XVIe siècle.

Les cinq arcades du chœur et du sanctuaire furent ornées d'un bandeau établi au-dessous des fenêtres, porté par des consoles en forme de triglyphes.

Les écoinçons des arcades furent décorés des attributs du culte, et la pointe de l'ogive d'un groupe de nuages dans lesquels sont disposées trois ou quatre têtes de chérubins.

L'ogive centrale du sanctuaire reçut une gloire rayonnante en bois doré, au milieu de laquelle est placé le triangle trinitaire avec le nom de Jéhovah. Des nuages et des têtes d'anges se perdent dans les rayons qui s'élancent sur toute la surface de l'ogive.

46.

Le maître-autel, en bois, est très simple. Il se compose de trois panneaux séparés par des colonnes corinthiennes.

Le tabernacle et l'exposition sont du même ordre d'architecture. Des grands chandeliers en bois doré complètent cet ensemble.

Le marbre de consécration de l'ancien autel a été conservé. Il date de la fondation de l'église et porte au centre un joli monogramme du Christ gravé en creux, dont les cavités étaient jadis remplies par un mastic blanc. Ce chiffre est accompagné de quatre croix grecques aux angles du marbre (46).

Un aigle-lutrin en bois sculpté et doré répond par son style à l'ordonnance de cette décoration moderne qui, pour son époque, ne manque pas d'un certain goût.

En 1770, on passa un marché pour la pose de la grille du chœur, ajustée sur les stalles[2]. Celles-ci n'existent plus; elles n'avaient rien de remarquable.

1. Courtalon, t. II, p. 263.
2. *Archives de l'Aube.*

VERRIÈRES DU CHŒUR.

PREMIÈRE FENÊTRE. — COTÉ GAUCHE.

Toutes les fenêtres du chœur sont divisées par des meneaux du style flamboyant des premières années du XVIe siècle, à l'exception de la fenêtre centrale, dont les divisions architecturales ont été refaites pour la verrière qu'elle contient.

La verrière de la première fenêtre représente un sujet des plus rares et du plus haut intérêt, *les âges de l'homme,* en lui rappelant ses devoirs par des symboles. Ce vitrail se composait probablement de dix panneaux représentant les divers âges de la vie de l'homme. Malheureusement trois panneaux manquent, et les inscriptions des âges sont presque toutes brisées, ainsi que plusieurs attributs. Les sujets de cette remarquable verrière commencent par le bas, en tête de la deuxième rangée.

PREMIÈRE RANGÉE, 1er *panneau.* — Une donatrice agenouillée, les mains jointes, devant un prie-Dieu, est accompagnée de saint Jean-Baptiste, son patron. Derrière elle, sa fille, de même taille, vêtue d'une robe bleue comme sa mère. Une banderole, se développant au-dessus de sa tête, porte cette invocation : **O Sancte Johañes baptista ora pro me.**

2e *panneau.* — Saint Guillaume, vêtu d'une chape, tenant une croix; devant lui, un donateur avec banderole portant ces mots : **O scte guillerme ora deu pro me.** Les prie-Dieu de ces deux donateurs se trouvent engagés dans le chêneau des combles avec les deux blasons qui les décoraient et que nous retrouvons plus haut, dans la partie ogivale de la fenêtre.

3e *panneau.* — L'Annonciation, sujet rapporté.

4e *panneau.* — Une donatrice avec son patron, saint Jacques, et ses trois filles derrière elle; sujet provenant également d'une autre fenêtre. Le tapis du prie-Dieu de cette dame est blasonné de ses armes : d'azur à trois tours d'or, 2 et 1.

Les trois changements apportés dans le bas de cette fenêtre

attestent qu'il se composait de deux panneaux pour les donateurs et dix pour les sujets allégoriques.

DEUXIÈME RANGÉE, 1er *panneau*. — A droite, un enfant, un fouet à la main, galope sur un cheval de carton, dont l'arrière-train est un bâton passé entre ses jambes. Devant lui, une femme debout, vêtue d'une robe bleue, la tête couverte d'un voile blanc, porte un petit

47.

modèle d'église, parce que, par le baptême, il est devenu l'enfant adoptif du Christ et de l'Église[1].

On lit, au bas du tableau, cette inscription incomplète :

Matine .....ult presenter · Leage de lhome en son enface·
En ce quil doibt foy preseter · por son fondemet sas offece·

2e *panneau*. — Une femme aux longs cheveux d'or, vêtue d'une robe rouge, portant une ceinture bleue à la taille, tient dans sa main gauche une poire. Devant elle, un jeune homme coiffé d'une toque, vêtu d'une tunique bleue, lui présente une rose, que celle-ci accepte

1. Barbier de Montault, *Iconographie chrétienne*, l. IV; ch. v, p. 8, t. I, p. 161. — Didron aîné, *Annales archéologiques*, t. I, p. 241.

en échange du fruit qu'elle lui présente comme gage d'une union prochaine (47). On lit au bas :

P.... denotte et signifie leage de puerilite
.... tout bien se clarifie par la vertu de charite.

3ᵉ *panneau.* — La même figure allégorique, vêtue d'une robe rouge, portant un petit navire avec ses mâts et ses voiles, symbole du

48.

commerce au long cours. Devant elle un riche marchand s'incline et porte la main à son chapeau. Sans inscription.

4ᵉ *panneau.* — La dame tenant un objet, aujourd'hui remplacé par des verres de couleur n'ayant aucune signification. Devant elle, un grand seigneur tenant un faucon sur le poing et deux chevaux par la bride. Pas d'inscription.

TROISIÈME RANGÉE, 1ᵉʳ *panneau.* — La dame a la tête couverte d'un voile; elle est vêtue d'une robe bleue, qui se relève pour laisser voir une jupe rouge bordée d'un galon d'or et garnie de perles et de pierres précieuses. Elle tient un ostensoir où brille une hostie. Devant elle, un homme âgé richement vêtu, tenant un livre et une bourse. Sans inscription.

2e *panneau.* — La dame, le visage encadré par un voile qui enveloppe la tête et le cou, est vêtue d'une robe rouge à manches bouffantes, qui se relève comme le costume de la précédente figure allégorique. Elle tient une horloge, pour rappeler l'heure dernière à un homme âgé, impotent, et qui marche avec des béquilles (48).

Ce qu'il y a de particulier à la coiffure de ce malingre, c'est que sa toque est surmontée d'une plume rouge qui lui tombe sur le dos.

3e *panneau.* — Sur un lit est assis un vieillard; la dame mystérieuse est au pied du lit; elle tient l'épée qui doit couper le fil de la vie, et de son bras gauche relève les rideaux du lit. De l'autre côté du lit, la figure de la mort, squelette blanc et décharné, portant une faux sur l'épaule droite, de la main gauche tenant une pelle. Elle attend et vient réclamer le moribond.

49.

4e *panneau.* — Ce quatrième panneau n'appartient pas aux sujets allégoriques qui nous occupent; c'est un remplissage qui faisait partie jadis de la vie de Jésus, représentée dans la fenètre suivante. Il nous montre le Christ au milieu des docteurs de la Loi.

Partie ogivale. — Dans les trilobes et les écoinçons, des anges jouant de divers instruments, d'autres chantant et tenant des phylactères sur lesquels on lit :

Te deum laudamus te dominum confitemur
Te eternum patrem omnis terra veneratur

A la pointe de l'ogive, Dieu le Père, en pape, bénissant. A droite, deux anges, portant deux blasons. Le premier, aux armes de Guillaume Berthier, de Troyes : de gueules à deux épées d'argent en sautoir, les pointes en haut, les gardes et la poignée d'or; au chef d'or, chargé de deux hures de sangliers de sable, affrontées, allumées d'argent [1].

Le deuxième : parti au 1, de Jeanne X..., d'azur à la rose d'or

1. Nous avons déjà fait remarquer ce blason à l'église de Sainte-Maure, t. I, p. 65, et à la fenètre du transept de la cathédrale (côté occidental), p. 284.

et au chef d'argent chargé d'une étoile d'or; au 2, de Guillaume Berthier (49).

Ce dernier blason est posé à l'envers; sur notre dessin nous avons cru devoir le mettre à sa place.

DEUXIÈME FENÊTRE. — CÔTÉ GAUCHE.

Comme la précédente, cette fenêtre est divisée en quatre parties; elle est surmontée de jolis trilobes flamboyants.

Le vitrail commence par la rangée du bas des lancettes.

PREMIÈRE RANGÉE, 1er *panneau*. — Une donatrice agenouillée, les mains jointes. Derrière elle son patron, un moine tenant une crosse de la main droite et un livre ouvert de la main gauche. Une banderole brisée partant de la bouche de cette donatrice porte encore ces deux mots : **memento mei**.

2e *panneau*. — Le donateur agenouillé, les mains jointes; sur le côté gauche, son patron saint Clément pape, tenant une ancre de la main droite, et une croix à double branche de la main gauche. On lit son nom : **S. Clement**.

3e *panneau*. — Le corps de Jésus-Christ couché sur les genoux de sa mère, soutenu par saint Jean; sainte Madeleine porte un vase de parfum. Une banderole se développe et contourne la tête de la Vierge-Mère, avec ces mots : **Videte..... dolor similis**. *Voyez s'il est une douleur semblable à ma douleur*.

4e *panneau*. — Sainte Barbe, tenant une palme et un livre ouvert. A sa droite, la tour légendaire où elle fut enfermée par son père.

DEUXIÈME RANGÉE, 1er *et* 2e *panneaux*. — Jésus au Jardin des Oliviers et les apôtres endormis. Des lèvres de Jésus s'échappe une banderole avec ces mots : **Si possibile est transeat a me**. *S'il est possible, que ce calice s'éloigne de moi*.

3e *et* 4e *panneaux*. — Baiser de Judas et arrestation de Jésus.

TROISIÈME RANGÉE, 1er *et* 2e *panneaux*. — Jésus devant Caïphe.

3e *et* 4e *panneaux*. — Jésus portant sa croix est conduit au Calvaire.

DANS LES TRILOBES DE L'OGIVE. — Au centre d'un ciel étoilé, la Sainte Trinité; le Père tenant un sceptre et le Fils portant sa croix sont assis, tous deux tenant un même livre ouvert, au-dessus duquel plane la colombe qui représente le Saint-Esprit. Sur les côtés, des anges en adoration ; d'autres, plus rapprochés du centre, tiennent des phylactères, sur lesquels on lit : **Sit nomen Domini benedictum. O beata Trinitas.** *Que le nom du Seigneur soit béni. O bienheureuse Trinité.*

PREMIÈRE FENÊTRE. — COTÉ DROIT.

Même disposition que les fenêtres qui sont de l'autre côté du chœur.

PREMIÈRE RANGÉE, en commençant par la gauche, 1er *panneau.* — Saint Nizier, évêque, assis sur un trône, un livre ouvert sur ses genoux, tenant une croix de la main gauche. Une inscription que nous ne pouvons déchiffrer en entier, porte ..... **martin et vous faict nicier glorieux.....**

2e *panneau.* — Deux personnes sont agenouillées devant un autel, sur lequel est un retable représentant la Charité entre la Foi et l'Espérance. Au premier plan, un ange offre une bourse à une femme qui la reçoit de ses deux mains.

3e *panneau.* — Un donateur et ses deux fils, tous les trois agenouillés, les mains jointes. Devant ces trois personnages, un saint évêque tenant une croix, patron du père. Sur une banderole, l'inscription : **O mater dei memento mei.**

4e *panneau.* — La femme d'un donateur, avec ses trois filles ; derrière elle, sainte Marguerite, sa patronne, et l'invocation : **Sancta Margarita ora pro me.**

DEUXIÈME RANGÉE, 1er *panneau.* — Deux petites filles, à genoux, leur mère derrière elles. Devant et à côté, des sacs de grains, des paniers de fruits. Derrière ces enfants, plusieurs autres personnages. Au milieu d'un ciel aux brillantes étoiles, un ange vient poser des couronnes blanches sur la tête des enfants.

2e *panneau.* — Le mystère de l'Annonciation. L'ange Gabriel, en présence de la Vierge Marie, couronnée et nimbée, assise devant un pupitre sur lequel est un livre ouvert. L'ange tient une banderole, avec ces mots : **Noble dame et mōde..... faulx du..... rāt monde.**

3e *et* 4e *panneaux.* — Les douze apôtres se réunissent pour assister au dernier soupir de la Vierge.

TROISIÈME RANGÉE, 1er *et* 2e *panneaux.* — La mort de la sainte Vierge, entourée des apôtres.

3e *et* 4e *panneaux.* — Le convoi de la Vierge précédé par saint Jean portant une palme d'or. Le sujet représenté est l'épisode légendaire de Bezeray, prince des prêtres, dont les mains restèrent miraculeusement attachées au cercueil de la Vierge Marie, qu'il voulait enlever aux apôtres. Ceux-ci portent le cercueil et accompagnent le convoi.

Dans les trilobes de la fenêtre. — Des personnages de toutes conditions prient en portant leurs regards vers le ciel. Ce sont sans doute les membres d'une corporation qui firent exécuter cette verrière à leurs frais. Puis, des anges chantant et jouant de divers instruments, concert céleste à la gloire de la mère de Dieu.

A la pointe de l'ogive. — Une Notre-Dame-de-Pitié. Le corps de Jésus couché sur les genoux de sa mère ; sur les côtés, saint Jean et Marie-Madeleine en contemplation et pleurant.

Dans les trilobes des lancettes. — Un blason de remplissage ; on croit reconnaître les armoiries de la famille d'Odard Hennequin. Les écoinçons sont occupés par des anges avec cette inscription : Que est ista que ascendit de deserto. *Quelle est celle qui monte du désert?*

DEUXIÈME FENÊTRE. — COTÉ DROIT.

PREMIÈRE RANGÉE, 1er *et* 2e *panneaux.* — La descente de la Croix par Nicodème et Joseph d'Arimathie.

3e *et* 4e *panneaux.* — L'Ensevelissement de Jésus.

DEUXIÈME RANGÉE, 1er *et* 2e *panneaux.* — La descente de Jésus-Christ aux enfers, représentés par une gueule de monstre.

3e *et* 4e *panneaux.* — La Résurrection du Christ. Au bas, des soldats terrassés. A l'horizon, les saintes femmes portant de la myrrhe.

TROISIÈME RANGÉE, 1er *panneau.* — Apparition de Jésus-Christ à sa mère.

2ᵉ *panneau.* — Le Christ se montrant à Marie-Madeleine, avec ces mots : **Noli me tangere,** *ne me touche pas.*

3ᵉ *panneau.* — Un donateur, assisté de saint Pierre (**ſaīct pierre**), son patron, puis ses deux fils.

4ᵉ *panneau.* — Une partie du corps de la donatrice et de sa patronne, sainte Catherine (**ſaīcte Katherine**).

50.

Dans les trilobes des lancettes. — A droite et à gauche, le monogramme P. B. sur fond d'or (50). Aux deux lancettes du milieu de la fenêtre, les blasons de France et de Champagne.

Dans la partie ogivale. — A droite, la Mère de Dieu évanouie de douleur. Près de la Vierge, saint Jean. A gauche, les Juifs criant : **Tolle tolle crucifige eum,** *Enlevez-le, crucifiez-le.*

Dans les écoinçons, on lit : **En lan · mil · cinq · ces · xv · je fus bien assize.**

Au centre de l'ogive. — Jésus, assis et attaché à la colonne, avec cette inscription : **O mihi tātorum justo que causa dolorum.** *Oh ! quelle a été pour moi, l'innocence même, la cause de telles douleurs ?*

Dans le haut, des anges portant les instruments de la Passion et ces mots : **Domine deus noster quā admirabile est nomen tuum.** *Seigneur notre Dieu, que votre nom est admirable !* Puis, dans d'autres écoinçons, des ancres et le même monogramme, deux fois répétés sur fond de sinople.

Comme nous l'avons fait remarquer dans le courant de cette description, plusieurs de ces sujets ont été transposés. Certains panneaux ont disparu, et d'autres ont été rapportés, qui n'ont aucun rapport avec le sujet principal de la verrière.

Il est évident que les trois fenêtres au-dessus du maître-autel représentaient toutes les scènes émouvantes de la passion de Jésus-Christ. A gauche, depuis sa prière au jardin des Oliviers jusqu'à sa mort. Jésus-Christ entre les deux larrons devait occuper la fenêtre centrale, où il fut remplacé au XVIIᵉ siècle par le *Cénacle.* A droite, les sujets se continuaient par la Descente de la Croix et la Résurrection. Ensuite la fenêtre suivante, la première à droite, était entièrement consacrée à la vie et à la mort de la Vierge, à son Assomption et sa glorification.

FENÊTRE CENTRALE DU SANCTUAIRE.

Les meneaux de cette fenêtre sont du commencement du XVIIe siècle. Il nous semble qu'ils ont été disposés ainsi pour recevoir la verrière qui la garnit, c'est-à-dire le contraire de ce qui se fait habituellement.

Ces meneaux se divisent en trois parties en forme de portique d'une médiocre disposition. La verrière, si éclatante de couleur, frappe les regards dès que l'on entre dans l'église. C'est un foyer ardent au milieu des verrières du sanctuaire, qui toutes datent du commencement du XVIe siècle, et son absence d'harmonie prête à la confusion des personnages représentés.

Cette peinture se divise en trois parties.

Dans la première et la deuxième, au bas de la fenêtre, les apôtres réunis au Cénacle, les bras étendus, regardent vers le ciel. L'un d'eux tient un livre ouvert, sur lequel on lit : *Au comēcement et devant toutes choses estoict le Verbe, et le Verbe estoict avec Dieu, toute chose ōt este faicte par icelluy.*

Au milieu de la fenêtre la Vierge assise, levant son regard vers le ciel et portant la main sur son cœur ; un livre ouvert sur ses genoux.

A droite et à gauche, dans la seconde partie, deux anges sonnant de la trompe.

Dans la troisième partie, qui occupe en même temps le centre de la deuxième division, est représentée la sainte Trinité, Dieu le Père portant le monde, Dieu le Fils portant sa croix, et au-dessous le Saint-Esprit, entouré de nuages et d'une auréole flamboyante, d'où s'échappent des rayons d'or et des langues de feu, venant se poser sur la tête de la Vierge et sur celles des apôtres.

Dans les écoinçons, des anges, en partie brisés, complètent cet ensemble. Le sujet est assez bien composé, mais l'exécution laisse à désirer.

Cette verrière est de Macadré (Jean III), peintre-verrier, né à Troyes, vers 1540, qui l'exécuta en 1613 pour le compte de la fabrique.

INSCRIPTIONS ET DALLES TUMULAIRES

GRANDE NEF

Henri Bérault, *maître charpentier du Roi.*

Henri Bérault doit être originaire d'une famille troyenne.

En 1406, nous voyons un Jean Béraut élu en l'élection de Troyes pour lever une grosse taille sur le peuple, afin de soutenir les frais de la campagne qui allait s'ouvrir contre les Anglais[1].

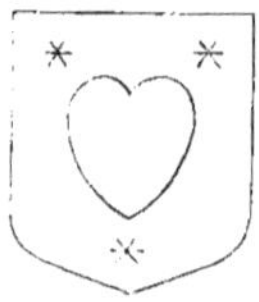

51.

La tombe du charpentier du roi occupe le seuil de la porte principale de la grande nef, placée en travers de la porte d'entrée.

Au centre de la pierre, quelques traces de deux figures de petites dimensions. Au bas, à droite, un blason, qui doit être celui de la femme, portant un cœur, accompagné de 2 molettes en chef et 1 en pointe (51). A gauche, les armoiries du mari ont disparu.

L'inscription se lit dans le cadre de la pierre avec assez de difficulté; quelques mots de la fin sont indéchiffrables.

Nous avons pu lire ce qui suit :

Cy gist Noble homme henry
berauld jadis maist charpantier du roy nore sire a troyes
lequel trespassa · le · v^e^ · de · febvrier · mil · cccc · iiii · u · Et de

Haut., $2^m,30$; larg., $0^m,91$.

En entrant dans la nef on voit, à droite, diverses petites pierres carrées, sur lesquelles on lisait jadis des noms de prêtres. Ces noms sont aujourd'hui assez difficiles à déchiffrer. Il y a cependant deux pierres qui sont encore lisibles; malheureusement elles sont mutilées.

Sur la première on lit : HIC IACET R. P. IOANNES..... NVAV HVIVSCE MONASTERII CONFESSOR. OBIIT 9 DECEMB..... 57 ÆTATIS 41.

1. Boutiot, *Histoire de Troyes*, vol. II, p. 312.

Sur la seconde : HIC IACET R. P. IACOBVS..... ET HVIVSCE MONASTERII CONFESSOR. OBIIT 3 OCTOB..... 63. ÆTATIS 51.

Sur une autre pierre, ou avait été gravée une épitaphe en petites majuscules, on a gravé par-dessus, en grosses lettres : DE LA FERTÉ 1724.

52.

Dame Félise. — Dans la seconde travée, à gauche, près du deuxième pilier, est un beau fragment d'une dalle tumulaire du XIVe siècle, que nous avons cru devoir reproduire à cause du costume des personnages et parce qu'elle est la plus ancienne de celles qui doivent provenir de l'ancienne église de Saint-Nizier, comme nous l'avons déjà fait remarquer.

Cette tombe représente une femme voilée, la tête inclinée à gauche, du côté de son mari, les mains jointes, les épaules couvertes de son long manteau doublé de vair. La traîne se relève sous le bras droit. Ce manteau est retenu sur les épaules par un cordon fixé des deux côtés à la hauteur de la poitrine. Les pieds reposent sur un petit chien en partie effacé.

A gauche était l'époux de cette femme, il n'en reste plus qu'une faible partie de la droite du corps. Le pied droit, intact, repose sur l'arrière-train d'un chien de forte taille (52).

Ces deux figures étaient représentées couchées sous deux arcatures ogivales portées par trois pilastres, dont un occupe le centre de la pierre et sépare les deux personnages.

Ces deux arcatures étaient surmontées de deux pignons à crochets et décorées de rosaces et de trilobes; sur les côtés, des anges thuriféraires.

Un fragment des arcatures provenant de cette tombe a été employé dans le carrelage du bas-côté sud, à quelque distance de cette tombe. Dans le trilobe de l'ogive qui recouvrait la tête du mari, on remarque la main bénissante de Dieu le Père, représentée dans un groupe de nuages (53).

53. — Haut., $0^m,45$; larg., $0^m,64$.

Ce détail architectural que nous publions sera d'un grand secours pour quiconque voudrait faire la restauration de cette dalle tumulaire, en s'inspirant des pierres tombales des églises de Messon et de Villemaur. (Vol. II, p. 236 et 274.)

La pierre se rétrécit d'une manière notable du côté droit, et sur la bordure on lit l'inscription suivante : *qui · trespassa · lan · mil · ccc · et · v · le · vendredi · devant · la · Toussaint · et · la · dite · felise · trespassa · en ·*

Haut., $2^m,30$; larg., $0^m,92$.

Michel Saveri, *chanoine, et* **Nicolas Saveri**, *son neveu.*

Cette tombe est placée à droite dans la nef, près du deuxième pilier. Elle représente deux prêtres en chasuble, tenant leur calice, probablement l'oncle et le neveu, couchés sous un portique à linteau droit, porté par des colonnes ioniques aux fûts cannelés, surélevées sur des socles décorés des armoiries des défunts.

54.

L'entablement du portique est couvert d'inscriptions illisibles sur toute la longueur de la frise, et se termine par trois niches d'inégale hauteur. Sur le socle de la colonne, à gauche, est le blason du premier défunt : à un chevron accompagné de 3 roses; en chef le nom du défunt Mre SAVERI (54). Sur le socle de la deuxième colonne, à droite, le même blason avec le nom en chef N. SAVERI, son neveu.

Au bas de la pierre, sur le soubassement où reposent les deux prêtres, on lit l'épitaphe suivante :

CY · GIST · LE · CORPS · DE · ME · MICHEL · SAVERI ·
QVI · EN · LESGLE · A · VESCV · SANS · AVOIR · B · ME · *(avoir blâme)*
REPOS · PERPETVEL · ET · SALVT · SOIT · DONE · A SO AME

Dans la bordure de la pierre étaient relatées les qualités et les dates de la mort de ces deux personnages; de ces inscriptions il ne reste plus que cette date, qui doit appartenir au neveu, Nicolas Saveri : LA · MIL · CINQ · CENS · CINQATES · DEVX ·

Pierre. — Haut., 7m,77; larg., 7m,77.

Gabriel Favereau, *maître maçon*, né à Troyes.

L'épitaphe en marbre noir de cet habile constructeur est placée sur le sol, entre la grande nef et le bas côté méridional, en face de la porte d'entrée, près du pilier portant l'*Ecce homo*.

Gabriel Favereau construisit, sous la direction de son beau-père Dominique le Florentin, le jubé de la collégiale de Saint-Étienne et probablement la porte principale de l'église Saint-Nizier.

C'est lui qui fut choisi par le chapitre de la cathédrale pour remplacer Jean Bailly, décédé le 19 août 1559, « *pour parachever ce qui était à faire de la tour* ».

Cette tour fut commencée la quatrième semaine d'août 1559. Gabriel Favereau recevait 6 sous 8 deniers par jour de travail; il était logé gratuitement dans une des maisons adossées au bas côté nord de la cathédrale. Cette partie de l'église n'est pas une œuvre d'architecture bien remarquable; c'est un travail de transition, une création mixte, sans caractère marqué.

Il faut cependant reconnaître les grands talents du maître maçon-constructeur, Gabriel Favereau, qui lui valurent de ses contemporains le titre distinctif de *scientifique personne*, que porte l'épitaphe de sa sépulture.

En 1568, les travaux furent suspendus, faute d'argent; néanmoins Favereau toucha une pension de 20 livres et continua à jouir de son logement gratuit [1].

Il paraît probable que ce fut pendant la suspension des travaux de la tour de la cathédrale que Favereau construisit le gros œuvre

55.

du portail de Saint-Nizier, décoré et sculpté par son beau-père, Dominique le Florentin.

Au bas de l'épitaphe sont gravées les armes du maître maçon : à 2 épées en sautoir, les pointes en haut, surmonté en chef d'un croissant, avec une oie en pointe (55).

Perdue sous les bancs, cette intéressante inscription resta inaperçue aux archéologues et aux historiens pendant trois cents ans. Ne serait-il pas convenable de déplacer ce marbre, et de le dresser contre les murs de refend d'une des chapelles des bas côtés? D'au-

1. Léon Pigeotte, *Études sur les travaux d'achèvement de la cathédrale de Troyes.*

tant plus que toutes les épitaphes en marbre de cette église semblent avoir été déplacées une première fois.

BAS COTÉS SEPTENTRIONAUX DE LA NEF ET DU CHŒUR

Dans la troisième travée, chapelle du bas côté septentrional, se trouvent plusieurs fragments de tombe sans importance. Sur le premier fragment, qui date du XVe siècle, on lit : **Jour du mois de novembre.** Les défunts, homme et femme, étaient représentés debout, les pieds posés sur un carrelage à petits carreaux. L'homme est chaussé de bottines maintenues sur le cou-de-pied par un fermoir.

Le deuxième, en caractères gothiques du XVIe siècle, porte ces noms : **Jehanne Didier, Gillot et Claude.**

BAS COTÉ DU CHŒUR

LES TABLES DE LA LOI DE MOÏSE. — Elles sont soigneusement gravées sur marbre noir et entourées de filets arrondis au sommet, ayant 0m,83 de hauteur sur 0m,67 de largeur. Cette table de la loi est fixée au premier pilier du chœur à droite en entrant dans le bas côté nord.

Mammès Barbier, *vicaire de l'église Saint-Nizier*, mort le 3 février 1556.

Le défunt est représenté en chasuble, tenant un calice de ses deux mains, sous un portique Renaissance composé de deux colonnes ioniques cannelées portant un entablement surmonté d'un fronton triangulaire. Aux extrémités, deux vases funéraires.

Cette tombe, qui a subi un déplacement, est actuellement placée à l'entrée de la petite porte du chœur.

Sur le pourtour de cette pierre on lit l'inscription suivante :

Cy gist venerable et discrete persone
Messire mames barbier pbre natif de valleroy[1] pres
foues au diocese de lagres en son

1. Valleroy, doyenné de Fouvent-le Château (Haute-Marne), arrondissement de Langres, canton de Fayl-Billot.

vivāt vicaire de ceans qui deceda le
· iiie · Jor de febvrier lan · M · vc · l · vi · Priez dieu pour
les trespassez · Jhs · Amen ·

Pierre. — Haut., 2m,12; larg., 0m,94.

Jean Blanpignon, *marchand à Troyes, et Jeanne Tixcerant, sa femme.*

En suivant cette dernière tombe, cette dalle tumulaire est placée en travers du passage. On lit sur le pourtour :

CY GIST HONORABLE HŌME
IEHAN BLANPIGNON MARCHANT A TROYES QVI DECEDA

Le reste est engagé sous les bancs de la première travée à gauche; ensuite nous lisons :

HŌNESTE FĒME IEHĀNE TIXCERĀT SA FĒME
QVI DECEDA LE 4 JVIN 1553 ·

Sur le haut de la pierre, quelques traces d'inscriptions illisibles.

Pierre. — Haut., 1m,78; larg., 0m,88.

CHAPELLE DE LA VIERGE

Pierre Nevelet, *et Françoise de la Grange, sa femme.*

Pierre de Névelet, seigneur de Dosches et du Russeau, conseiller du Roi et trésorier de France, tire son origine de Jean de Névelet, poète du XIIe siècle [1].

Cette tombe se trouve placée devant l'autel de la Vierge, à droite, dans le passage du pourtour du chœur. L'épitaphe se compose de quinze lignes surmontées de deux blasons accolés. Parti, à un chevron, accompagné de 3 roses, au chef chargé d'un lion léopardé. Au 2, à un chevron, accompagné de 3 croissants, 2 et 1, et surmonté d'un heaume à lambrequins posé de face.

1. Boutiot, *Histoire de Troyes*, t. I, p. 244.

Voici cette inscription :

SOVBZ CESTE TVMBE SONT
INHVMEZ LES CORPS DE M^{RE}
PIERRE DE NEVELET CON^{ER}
DV ROY EN SES CONSEILZ
TRESO^{ER} DE FRĀCE GENA^{AL} DE
SES FINĀN GRĀD VOYER ET
IVGE ORD^{RE} DE SON DOMAIN^{E}
EN CHAMP. ESC^{ER} SEIG^{R} DE
DOSCHE ET DV RVSSEAVT.
LEQVEL DECEDA LE XIII
AOVST 1640 · ET DE DAME
FRANCOISE DE LA GRANGE
SON ESPOVSE DECEDEE
LE CINQVIESME AVRIL 1639
PRIEZ DIEV · POVR EVLX

Pierre. — Haut., 2^{m},12 ; larg., 0^{m},98.

Cette épitaphe se termine par une tête de chérubin suspendue par deux rubans, avec fleurons, au cadre de la pierre.

Gabriel X..., *notaire au bailliage de Troyes et ancien marguillier de Saint-Nizier.*

Simple épitaphe, en partie brisée et usée, placée devant l'autel de la communion, derrière le chœur.

On peut lire ce qui suit :

SOVBZ · CETTE · TOMBE · ... MAISTRE · GABRIEL · ... VIVANT · NOTAIRE · ...AV · BAILLAGE · DE · TROYES · ANCIEN · MARGVILLER · DE · CETTE · EGLISE · LEQVEL · EST · DECEDE · LE · VINGT · SEPT · 1 · 6 · 6 · 4 · ET · HONNESTE · FEMME · ... ...QVE...

Pierre. — Haut., petit côté, $0^m,94$; grand côté, $1^m,30$; larg., $1^m,60$.

BAS COTÉS MÉRIDIONAUX

Blaise Deschamps et *Claude Gombaut, sa femme.*

Cette épitaphe, sur marbre noir, est à l'abandon sous la grille de clôture de la chapelle dite du Saint-Sépulcre.

Requiescant in pace

Cy gist honorable homme
Blaise Deschamps en son viuant mārt Chandellier qui
Deceda le 5 septembre · 1610 ·
et honneste femme Claude
Gombaut en son viuant femme de Blaise Deschamps laqu^lle^
deceda le · 29^e^ · septembre · 1598 ·
priez Dieu pour les trespassez ·

Marbre noir. — Haut., $0^m,51$; larg., 0,38.

En tête de l'inscription sont les blasons des deux conjoints. A gauche, celui du mari, à deux épées en sautoir, la pointe en haut, soutenant une balance surmontée de deux étoiles en chef. A droite, celui de sa femme, aujourd'hui très fruste, parti au 1. coupé (Deschamps); au 2. à une tour couverte, soutenue par deux lézards, dont on voit encore les contours (qui est de Gombault).

A la porte latérale sud. — Un fragment du XIIIe siècle, sur lequel on lit le nom de Jacques en lettres onciales. Puis une grande tombe usée par le frottement de la porte du tambour, portant l'épitaphe d'un ancien capitaine de la compagnie du faubourg Saint-Jacques (milice bourgeoise de la ville de Troyes), l'un des lieutenants de la boucherie et ancien marguillier de cette église, décédé à l'âge de soixante-six ans.

Au bas de la pierre sont deux blasons accolés : le premier à une croix cantonnée d'une étoile au second et au troisième quartier; le deuxième à un chevron surmonté d'un cœur, accompagné de deux petits poulets, et en pointe d'une tête de bélier.

Cette épitaphe se terminait par celle de la femme qui a complètement disparu.

Pierre. — Haut., 1m,75 ; larg., 0m,83.

Françoise Vivien. — Près de cette dernière tombe est celle de Françoise Vivien, qui contracta deux mariages; elle mourut le 11 mai 1670. Cette dame épousa en première noce Edme Malb..vier, et en seconde noce François Jacquard, qui décéda le 11e de mai 1670.

Pierre. — Haut., 1m,36; larg., 0m,76.

François Blanpignon, *dit le Capitaine.....*

Cette dalle tumulaire occupe l'entrée de la chapelle Saint-Pierre et Saint-Paul. Elle représente un homme de guerre, vêtu de son armure, les mains jointes, l'épée au côté.

Le défunt est debout sous une arcature des plus simples, et la gravure de cette tombe n'est plus qu'un reflet.

L'inscription, usée par le frottement, est circonscrite dans le cadre de cette pierre. Nous regrettons de ne pouvoir préciser avec certitude les fonctions de cet écuyer attaché à la personne du gouverneur de la Champagne.

Voici ce que nous avons pu relever de cette épitaphe :

Cy gist honorable hōme francoys Blanc-
pignon dit le Capitaine . . . .
n. . . . .
monseigneur le duc de Guise. . . . .
qui deceda le premier jour de Octobre · 1580 ·

Pierre. — Haut., $1^{m},82$; larg., $0^{m},90$.

Claude de Guise, duc de Lorraine, fut nommé gouverneur de la Champagne en mai 1524 par François Ier.

Le gouvernement de la Champagne se perpétua dans cette famille par son fils François, duc de Guise, et par Henri le Balafré, qui fut assassiné à Blois, avec son frère le cardinal de Guise, par ordre d'Henri III.

François Blanpignon étant décédé le premier jour d'octobre 1580, c'est donc sous les ordres d'Henri le Balafré que servit cet officier.

BAS COTÉ DU CHŒUR

Jean Housset. — Cette épitaphe latine est appliquée sur le premier pilier du chœur, à gauche, à l'entrée du bas côté.

Jean Housset, mort le 15 août 1648, à quatre-vingts ans, était secrétaire du roi et de la reine (probablement Louis XIII et Anne d'Autriche), et membre du conseil privé. L'épitaphe fait le plus grand éloge de sa piété, de son humilité et de sa charité pour les pauvres.

Nous donnons ici cette épitaphe dans toute son étendue.

D. O. M.

SISTE VIATOR, SACROS CINERES CALCAS PIISSIMI
CLARISSIMIQVE VIRI DOMINI D. IOANNIS HOVSSET.
CVIVS, SI GENTILITIVM STEMMA SPECTES, EQVES
SI DIGNITATEM, REGIS AMANVENSIS NEC NON REGINÆ
A SVPPLICIBVS LIBELLIS SECRETIORIBVSQVE CONSILIIS;
SI VIRTVTEM, CHRISTIANA PIETATE INSIGNIS FVIT,
HVMILIS IN PVRPVRA, RELIGIOSVS IN AVLA, PAR FORTVNÆ,
VERENDVS INVIDIÆ,
ALTIORI DIGNVS SOLIO, SI NON TENAX IN OBSEQVIO;
INTER DIVITIAS EGENVS, QVIA IN DELICIIS PARCVS;
LIBERALIS TAMEN IN CONCIVES, MVNIFICVS IN PAVPERES, EX
QVIBVS MVLTOS VELVT AMBVLONES PRÆMISIT, VT CVM
CLIENTELA MVLTA, CŒLVM INTRARET;
QVIN ETIAM MORIENS, IN EGENOS SVPELLECTILEM
SPARSIT;
NIMIRVM SIC COLLEGIT VASA IN CŒLOS MIGRATVRVS,
QVI PLVS DEO QVAM SIBI VIXERAT;
MIRARE VIATOR ET HVNC, VT POTERIS, VOTIS
SEQVERE ET IMITARE.
OBIIT XVII CAL : SEP : AN : D. M. DC. XLVIII.
ÆTATIS SVÆ LXXX.
TVMVLVS
VRNA NATAT LACHRYMIS INOPVM, SVNT BALSAMA FLETVS,
RORFQVE CINNAMEO GRATIOR VNDA PLVIT :
THESAVRVM IN TVMVLO LATITANTEM TVRBA REPOSCIT,
SED IAM TRANSLATA EST AVREA GAZA POLO;
IPSE TAMEN FLENTES NON DEDIGNATVR EGENOS,
QVOS NEQVIIT VIVENS DITIOR INDE BEAT.
M. DC. LXV. IX. CAL. FEBRVARII.

Marbre noir. — Haut., $0^m,98$; larg., $0^m,65$.

Devant la petite porte latérale de l'entrée du chœur, une grande tombe, ornée d'un cartouche, portant une épitaphe usée; on ne lit plus que ces deux mots : **François**, prénom du défunt, et sa qualité de **marchant**. Au-dessous du cartouche, la trace d'un blason. En suivant, devant la porte de la sacristie, une autre pierre complètement usée.

TRANSEPT

Jacques Loyseau, *curé de Saint-Nizier*, mort le 11 octobre 1628.

Cette tombe est placée, à gauche, dans le passage du transept. Elle se compose d'une simple épitaphe renfermée dans le cadre du marbre, elle se lit de gauche à droite.

Voici cette inscription, dont une partie se trouve engagée sous la clôture des bancs de la nef.

CY GIST VENERABLE
ET DISCRETE PSÕNE MRE IACQVES LOYSEAV PREBS-
TRE LEQVEL AYANT
ESTE CVRE DE CETT' EGLISE 42 ANS ET VESCV
80 ET DIX ANS DECEDE L'ONZME D'OCTOBRE · 1624 ·

Marbre noir. — Haut., 2m,02; larg., 0m,96.

Jadis cette dalle tumulaire était placée devant l'autel du sanctuaire.

Au centre est le blason de ce curé de Saint-Nizier, à un chevron accompagné de 2 oiseaux affrontés en chef, et 1 en pointe (56). Il est entouré de deux branches de laurier et surmonté d'un calice couvert de sa patène.

56.

Jacques Loyseau était sans doute le neveu de Jacques Loyseau, le donateur du rituel illustré, conservé à la sacristie.

Pierre Germain, *prêtre et curé de Saint-Nizier*, mort le 11 avril 1754.

Cette épitaphe latine est placée, à droite, dans le passage du transept. Elle relate en peu de lignes les qualités et les mérites de ce vénérable pasteur.

Au centre du marbre, une cavité profonde a enlevé une partie du nom propre. Au moyen d'une empreinte sur papier et en y mettant beaucoup de patience, nous sommes arrivé à reconstituer le nom de Pierre Germain.

D · O · M
JN SPEM RESURRECTIONIS
HIC IACET
PETRUS GERMAIN PRESBITER
HUJUS ECCLESIÆ PASTOR VIGILANTISSIMUS
STRENUUM DEFLET RELIGIO DEFENSOREM
HILAREM PAUPES LUGENT DATOREM
PROVIDVM CVNCTIS PARENTEM
GREX AMANTISSIMUS DESIDERAT
OBIIT DIE XI MENSIS APRILIS ANNO M · DCCLIV

Pierre. — Larg., 0m,90; haut., 0m,47.

X..... *et Nicole*, sa femme.

Devant la chapelle des Pèlerins d'Emmaüs, dans le transept méridional, est une tombe qui a perdu un tiers de sa hauteur, comprenant deux figures, le mari et la femme, les mains jointes. Elles sont représentées sous deux arcatures portées par deux jolis groupes de colonnettes en forme de balustre.

Sur le soubassement du sarcophage, le blason des défunts, que l'usure a fait disparaître.

Toute l'inscription funéraire se développe sur le pourtour de la pierre, à l'exception de la ligne en tête qui n'existe plus.

Voici ce qu'il en reste.

cinq cens cinquante le xxe jour de ienvier · Icy eſt
Nicole ſa ſeme qui
poſe ſoub ceſte lame · delle deceda puis apres
Ce xi de mars choſe vray · mv^c · lii · ſil vous plaiſe
prie dieu pour eulx ·

Pierre. — Haut., 1m,42; larg., 1m,00.

LA SACRISTIE

Suivant le plan de l'église (p. 478), cette travée était occupée par une chapelle de proportions plus grandes que celles des autres chapelles du pourtour du chœur.

C'est dans cette chapelle qu'était édifié le fameux retable en albâtre exécuté par Jacques Juliot, tailleur d'images. Ce retable, anciennement sur le maître-autel du sanctuaire, fut déplacé à l'époque de la nouvelle décoration du chœur et transporté dans cette chapelle, où on l'adossa contre le mur de la sacristie, ainsi que le dit Courtalon. Cette sacristie, dont parle l'auteur de la *Topographie troyenne*, ne pouvait être que le *sacraire*, petite sacristie établie au milieu du XVIe siècle pour renfermer les vases sacrés.

Cette chapelle devait être une fondation particulière existant dès la fondation de l'église actuelle.

Située près du chœur, elle devait être affectée, comme dans la plupart des églises de Troyes, « au service religieux, servant à la préparation des cérémonies du culte et permettant au clergé de se revêtir des habits du chœur, de renfermer les ornements, les châsses et les vases sacrés dans des meubles disposés à cet effet[1]. »

Les cérémonies religieuses ayant pris beaucoup d'extension, ce n'est que vers le milieu du XVIe siècle que l'on s'empara complètement d'une chapelle pour la transformer en sacristie ou en faire une construction spéciale, souvent sans avoir égard aux objets d'art qu'elle renfermait.

C'est alors que ce joli retable fut brisé, et les morceaux servirent de moellons pour reconstruire les autels de la Vierge et de saint Sébastien, aujourd'hui sous le vocable de saint Joseph. C'est sur l'emplacement de ceux-ci qu'ont été trouvés les beaux fragments déposés actuellement au musée de la ville.

La sacristie actuelle est fermée sur les bas côtés du chœur par une cloison en menuiserie. La travée sacrifiée est coupée en deux parties dans le sens de sa hauteur, et on monte à la partie supérieure

1. Viollet-le-Duc, *Dictionnaire d'architecture*.

par un escalier, à gauche, en entrant; il est dissimulé par des boiseries. Du même côté, près du mur de clôture, s'ouvre la porte du sacraire, voûté en pierre, avec nervures en diagonale.

Le rez-de-chaussée de cette sacristie est éclairé par la moitié de la grande fenêtre qui éclairait la chapelle; elle se trouve actuelle-

57. — Haut., $0^{m},15$; larg., $0^{m},10$.

ment coupée en deux parties par le plafond du premier étage, et se divise verticalement par deux meneaux formant trois lancettes vitrées en losanges de verre blanc. Ces verrières sont ornées de jolies petites peintures, émaux sur verre, carrés ou ovales, datant de la fin du XVIe siècle et du commencement du XVIIe, qui représentent divers sujets provenant des fenêtres de l'ancien hôtel de l'Arquebuse recueillis par le curé de Saint-Nizier.

Ce sont en partie des sujets de salon peu en rapport avec la pièce qu'ils décorent, mais distribués çà et là, afin d'en assurer la conservation. Plusieurs de ces peintures sont des copies d'anciennes gravures du temps et n'ont d'autre mérite que la variété des couleurs que l'artiste verrier a su obtenir, en usant de toutes les ressources

58. — Haut., 0m,10; larg., 0m,10.

que comporte ce genre de peinture sur verre, qui a fait la réputation de Linard Gonthier II du nom.

Partie basse de la fenêtre, 1re *lancette*. — Petits ovales avec vases de fleurs. Entre les deux, autre ovale représentant un paysage avec château et une pagode; au premier plan, une chèvre allaitant son petit.

Au-dessus, blason d'azur à un chevron d'argent accompagné de *deux roses* d'or en chef et d'une ancre d'or en pointe (famille Péricard). A droite, un autre blason d'azur à un chevron d'or, accompagné en chef de 2 glands tigés d'or et feuillés de sinople et d'un van en pointe. Entre ces deux blasons, un losange représente un petit lapin sortant d'un buisson, accompagné d'une étoile en chef, le tout d'or.

2e *lancette*. — Une grande dame richement vêtue, en costume du milieu du XVIIe siècle, regarde l'espace dans une lunette ou longue-vue. Derrière elle, un aigle perché sur un arbre; à l'horizon, fond de paysage où se promène un jeune couple. Au-dessous du tableau, on lit les quatre vers suivants (57).

Au centre du panneau, une figure allégorique, assise, tenant une corne d'abondance; à ses pieds, des attributs guerriers.

Un petit portrait à mi-corps d'Henri IV, très ressemblant, couronne en tête, sceptre en main, couvert de son manteau royal, portant le grand collier de l'ordre du Saint-Esprit. Dans le haut du cadre, on lit : HENRI IIII (58).

59. — Haut., 0m,15; larg., 0m,09.

Au-dessus, trois blasons : 1° à gauche, d'azur à un chevron d'or accompagné en chef de deux étoiles d'or et d'un coquillage d'argent en pointe; 2° au centre, un losange de gueules à deux étoiles d'or en chef, et un croissant d'argent en pointe (Molé); 3° à droite, d'azur à trois chandeliers d'or (Dorigny).

3e *lancette*. — A gauche, un naufragé, poursuivi par un monstre marin, prend pied sur la terre ferme; des vaisseaux sur l'Océan.

Au milieu, un guerrier tenant un guidon aux armes de France; joli paysage, deux soldats combattants, et une armée à l'horizon.

A droite, un vase de fleurs.

Au-dessus, trois blasons : 1° à gauche, un blason d'azur à un compas d'or accompagné de deux étoiles d'or en chef, et une en pointe du même; 2° au milieu, un blason d'azur à un chevron d'or accompagné de trois mâcles d'or (Marisy); 3° à droite, autre blason, de gueules au marteau de couvreur d'argent.

Partie haute des lancettes. — Au premier étage, nous trouvons la suite des petits sujets et médaillons du rez-de-chaussée.

60. — Haut., 0m,15; larg., 0m,13.

1re *lancette*. — 1° Un lion; 2° un blason d'argent, au lion de sable (Mesgrigny); 3° une chèvre allaitant un chevreau.

2e *lancette*. — 1° Un grotesque inspiré *des bossus ou Gabbi de Callot*, jouant de la guitare, portant un masque au nez crochu (59).

2° Un maréchal de camp monté sur son cheval de bataille; corsage et collerette à la Henri IV, culotte bouffante à crevés; à la main son bâton de commandement; la tête est couverte d'un grand chapeau à plume.

Un autre verre émaillé représente Henri IV, sur son cheval de bataille, la tête coiffée d'un chapeau à plume, le mousquet à mèche au poing. Son pourpoint est brodé sur le dos d'une rose épanouie, surmontée d'une couronne royale. Est-ce un emblème du roi galant homme?

Sur le haut du verre, on lit : *Reginæ Angliæ*. Pourquoi? Serait-ce une commande faite au peintre-verrier par le roi Henri IV, à son passage à Troyes en 1595, pour être offert à la reine d'Angleterre? Projet abandonné par le roi à cause de la maladie d'Élisabeth et de sa mort, survenue en 1603 (60).

3° Un Callot, menaçant, tenant un coutelas à chaque main.

4° Un autre Callot, râclant du violon avec une ardeur frénétique (61).

61. — Haut., 0m,15; larg., 0m,09.

3e *lancette*. — 1° Un officier supérieur d'artillerie sous Louis XIII, en grande tenue. Au second plan, des soldats manœuvrant une pièce d'artillerie. Puis l'Océan, sur lequel vogue une galère.

2° Pasteur et Pastourelle, le premier jouant de son hautbois pour charmer la belle. Celle-ci portant une houlette sous son bras et tenant un mouton en laisse; sur la bordure de sa robe, on lit : MARGOT LA..... Cette peinture appartient au XVIe siècle.

3° Un officier général, costume Louis XIII, la main gauche sur la hanche et tenant la garde de son épée. Il s'appuie de la main droite sur son bâton de commandement. Au second plan, un combat de cavalerie; sur une montagne, à l'horizon, un château-fort (62).

Nous le répétons, toutes ces petites peintures, sur verre blanc, sont d'une remarquable exécution.

TRILOBES DE LA PARTIE OGIVALE. — Les meneaux de cette grande fenêtre se poursuivent et se terminent en trilobes flamboyants

62. — Haut., 0m,16; larg., 0m,12.

d'un beau style, du commencement du XVIe siècle. Ils nous montrent les armoiries et le monogramme de la famille du donateur de la verrière et fondateur de cette chapelle (63-64).

1re *lancette*. — Parti au 1 d'azur à un chevron d'or accompagné en chef de deux glands tigés d'or, feuillés de sinople, et d'un van ou vannet emmanché d'or en pointe[1]; au 2 de gueules à trois lézards d'or posés l'un sur l'autre (63).

1. Cette pièce *van* ou *vannet*, en forme de coquille, ou coquille en forme de

2e lancette. — Le monogramme du donateur (64).

3e lancette. — Le même blason que dans la première lancette.

1er trilobe, à gauche. — Le centurion du Calvaire, la main appuyée sur un bouclier; derrière, un soldat couvert de son armure. On lit sur une banderole d'or : **Vere filius dei erat iste.** *Celui-ci était vraiment le Fils de Dieu.*

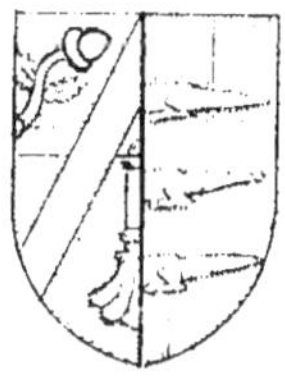

(63)

(64)

2e trilobe, à droite. — La Vierge-Mère, saint Jean et Marie-Madeleine, les mains jointes, dans une attitude de douleur.

Dans le trilobe de la pointe de l'ogive. — Le Christ sur la croix, accompagné de deux anges adorateurs.

Dans les écoinçons de gauche, on lit : **Ferrea · cui · tam · fūt cheu precordia · que · non..... redemptoris passio.....** *Quel est le cœur de fer qui ne serait touché par les souffrances du Sauveur?*

Dans les écoinçons de droite. — **Sic tua christe animis figātur vulnera meis ut viciis illic non queat esse locus.** *Que vos blessures, ô Christ, soient tellement imprimées dans mon cœur qu'il n'y ait plus aucune place pour le péché*[1].

Dans cette pièce du premier étage sont placées deux énormes statues en bois provenant de l'ancien jubé, placé à l'entrée du chœur. On lit, dans les comptes de la fabrique de l'église Saint-Nizier, année 1584 : *A tailleur d'ymages pour avoir retaillé les images du Crucifix, de la vierge Marie et de saint Jean l'évangéliste, payé la somme de cent dix solz tournois*[2].

En entrant dans la sacristie, à droite, est le meuble destiné à la conservation des vêtements sacerdotaux. Au-dessus, plusieurs petits placards renfermant les vases sacrés.

Dans un de ces petits placards sont conservés : 1° un rituel

van emmanché, est une figure qui doit se rapporter au nom ou à la profession de celui qui portait l'armoirie et a fait don de la verrière.

1. Le poète et le peintre-verrier semblent avoir rivalisé à qui ferait le plus de fautes dans cette inscription.

2. Reg. 18 G. 11, folio 33 (*Archives de l'Aube*).

curieux, *ad usum ecclesie sancti Nicetii Trecensis,* daté de 1592, écrit en gothique sur parchemin avec entourage de fleurs et d'oiseaux. Il est en outre enrichi de trois vignettes représentant le Baptême de Jésus-Christ, le roi David et saint Jean à Pathmos. A la dernière page, on lit : *Diligentia et impensis venerabilis viri domini Jacobi Loyseau hujusce sancti Nicetii ecclesie curionis. Anno Domini millesimo quingentesimo nonagesimo secundo mense aprili.* Par les soins et aux frais de vénérable homme Jacques Loyseau, curé de cette église Saint-Nizier. L'an 1592, au mois d'avril.

2° Un Évangéliaire avec couverture en cuivre doré, encadrée de filets, avec fleurons ciselés aux angles; au centre, saint Nizier, évêque, encadré de contre-courbes feuillagées. L'évêque est représenté en grand costume sacerdotal, tenant sa crosse de la main gauche et un livre de la main droite.

Le texte des Évangiles est écrit en caractères romains, d'une étonnante pureté, et enrichi de 102 vignettes, têtes de pages, et lettres ornées, à l'aquarelle, exécutées d'après d'anciennes gravures, qui ont conservé toute la délicatesse et la fraîcheur du premier jour.

Sur l'une des vignettes de fin de page, on lit : *Illum depinxit librum* LUDOVICUS AUBRY. Ce riche manuscrit fut donné, en 1752, par Gillain, sacristain, et depuis chanoine de l'église Saint-Urbain.

Nous terminons cette description en publiant un carreau émaillé, trouvé dans la tour de l'église, représentant le chiffre d'Henri II, disposé avec une charmante symétrie (65).

La petite église de Vincts, près d'Arcis-sur-Aube, avait, il y a quelques années, son petit sanctuaire carrelé avec ce dessin, formant un tapis des plus riches et du meilleur goût.

65.

ADDITIONS

LES MAISONS EN BOIS.

Page 45, ligne 8, *ajouter :* Nous croyons que cette sculpture faisait partie d'un sujet légendaire représentant saint Hubert et son chien. Le saint devait être agenouillé devant le cerf, qui portait entre ses bois l'image de Jésus-Christ crucifié; tradition très répandue, que nous avons souvent rencontrée. (Voyez tome I, page 112; tome II, page 7.)

Saint Hubert devait occuper l'arcade qui se trouve entre le puits et le corps de logis au fond de la cour.

LA CATHÉDRALE.

Page 184, ligne 17, *ajouter :* En montant à la tour Saint-Pierre, au deuxième étage du portail de la cathédrale, on voit sur le mur de l'une des poternes, à droite, ouvrant communication de la tour Saint-Pierre à la tour Saint-Paul, un rabot parfaitement dessiné, avec un monogramme et la date de 1537 (1). C'est l'outil communément appelé aujourd'hui *chemin de fer*, ou rabot servant à façonner les parements ou ravalements. Cet objet ne peut être que la marque du maître maçon de l'église de Troyes. Vallet de Viriville parle de cette marque dans son volume des *Archives de l'Aube*, page 472. Mais il considère le monogramme comme étant celui d'Antoine Fournier, menuisier, dont le nom figure dans un compte daté de 1605. Nous pensons que la forme du rabot indique parfaitement son emploi comme outil de maçon.

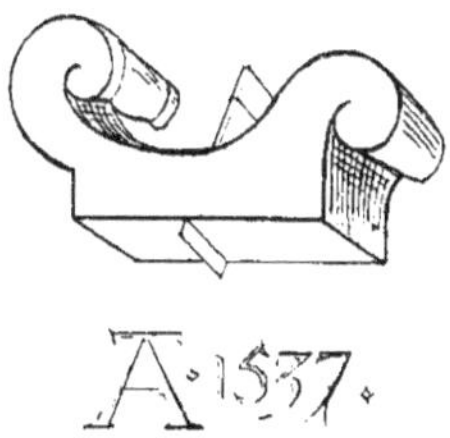

1.

La date donnée par Vallet de Viriville doit être erronée et se trouve d'ailleurs en contradiction avec celle qui accompagne le monogramme dont nous donnons ici le fac-similé.

Page 190, ligne 14, *ajouter :* Après l'incendie qui détruisit la flèche et les combles de la cathédrale, M. de Pommeru, intendant de Champagne, visita les dégâts; il alla avec M. Bouthillier de Chavigny en rendre compte au roi, accompagné des députés du chapitre.

Le roi contribua aux frais de la réédification, et les personnes riches s'empressèrent d'imiter cet exemple. On compte, parmi les généreux bienfaiteurs, M. de Mesgrigny de Vendeuvre, les Chartreux et l'abbé de Clairvaux, M. Bouchu, qui fournit les bois nécessaires aux travaux.

La restauration des combles fut achevée en 1705 et le chapitre de la cathédrale voulut rappeler cette date par une inscription latine gravée sur une lame de cuivre qui fut appliquée sur la ferme-maîtresse des combles, correspondant au dessus du maître-autel du sanctuaire. C'est après cette catastrophe qu'on grava sur le petit tympan, au-dessus de la grande rosace, les armoiries de Louis XIV et celles de la reine Marie-Thérèse.

ANNO DOMINI M.DCC.IIII.

Materiaria hujus templi structura VIII *octob. M. DCC. fulmine tacta et incinerata, resarciri cæpit liberalitate et munificentia Ludovici Magni, beneficentia Illustrissimorum Præsulum, cura et sumptibus Capituli hujus ecclesiæ, largitate civium, conspirantibus ad restituendum ædi sacræ pristinum decus omnium votis.*

Page 263, ligne 2, *ajouter :* Suivant les archives de la fabrique, on voit qu'en 1522-1523, on garnissait de barreaux de fer les meneaux de la grande fenêtre de la nouvelle chapelle Dreux de la Marche; puis, l'année suivante, Jean Soudain fournit pour la verrière de cette fenêtre 136 pieds de « verre en peinture » à 5 sous le pied, 88 pieds de verre en bordure à 3 sous 4 deniers le pied, et 160 pieds de verre blanc à 2 sous 6 deniers le pied, pour lesquels il reçoit, en tout, 88 livres 13 sous 4 deniers, soit 1,949 fr. 5 c.[1].

Page 271, ligne 2, *ajouter :* Se rendrait au tombeau du Christ qui devait être représenté dans les panneaux, au bas du vitrail, avant sa mutilation.

Page 315. Les gravures intercalées dans le texte portant les numéros 133-139 à 148 ont été reproduites par le procédé de M. Michelet, d'après les calques des verrières du chœur exécutés par Vincent-Larcher, peintre-verrier à Troyes; ces dessins sont déposés aujourd'hui au Musée diocésain, à l'évêché.

Page 340. *Ajouter à la note :* A l'appui de notre opinion, comme aussi suivant d'autres recherches, nous devons rappeler qu'il était d'usage jusqu'à la Révolution, pour les hauts dignitaires, de les qualifier après leur décès d'un grade ou d'un titre honorifiques plus élevés que ceux qu'ils portaient de leur vivant. Nous en concluons que la troisième lancette du premier rang de la verrière de l'évêque Hervé représente bien Henri II, comte de Champagne, fils d'Henri Ier, *dit le libéral*, et de Marie de France, qui devint roi de Jérusalem en épousant la reine Isabelle. Le peintre l'a représenté sans sceptre, parce que ce prince n'avait pas été sacré roi et que lui-même n'en portait pas le titre.

Henri II était né le 29 juillet 1166. Il avait donc quatorze ans et sept mois à la mort de son père.

Il fut déclaré majeur et chevalier le 29 juillet 1187 et mourut au palais de

1. Léon Pigeotte. *Les Travaux d'achèvement de la cathédrale de Troyes.*

Saint-Jean d'Acre le 9 septembre 1197; ce qui explique pourquoi il est représenté si jeune[1].

Page 371, ligne 7. Depuis la publication de cette tombe, celle-ci a été enlevée du musée diocésain pour être transportée au musée du Trocadéro.

La famille Tétel portait pour armes : d'argent à 1 fasce de gueules chargée de 3 croissants d'argent[2].

Page 375, ligne 15, *ajouter :* Le 15 juin 1522, Jean Lemoine loue à Guillaume de Bosozel, un ouvroir dans la maison de l'Épée, au coin de la rue Saint-Jacques et de celle des Poirées, pour 20 l. t. par an. A cette époque, Simonne, veuve André Prisié, devient son associée pendant trois ans[3].

Page 413, ligne 15, *ajouter :* C'est Dom Choquet, prieur de l'abbaye de Saint-Loup, qui fit faire cette seconde châsse, contenant le corps de Saint-Loup. Il en confia l'exécution en 1777 à Rondot, orfèvre à Troyes, en remplacement de la vieille châsse, qui avait été faite en 1359 par les ordres de Jean de Chailley, abbé de Saint-Loup.

Construite en bois de poirier, couverte en lames d'argent, ornée de figures de bronze doré d'or moulu, et d'une composition de couleur bleue qui imite l'éclat de l'émail. Entre l'imposte et la frise était un fond bleu chargé des inscriptions suivantes à la gloire du saint : *Religionis propugnator patriæ pius liberator*[4].

ÉGLISE SAINT-NIZIER.

Page 485, ligne 12, *lire :* Accompagné de 3 billettes couchées, deux en chef et une en pointe, de gueules.

Page 498, ligne 6, *ajouter :* Pour arriver à une description plus exacte des meubles de ces deux blasons et de ceux qui vont suivre, nous avons dû monter sur les chêneaux extérieurs des bas côtés, et là, en regardant à travers les trous de quelques panneaux en mauvais état, nous avons pu examiner avec soin toutes ces armoiries et en donner une description détaillée.

Le blason n° 31 porte, aux 1 et 2 d'azur, à un chevron d'or, accompagné en pointe d'une oie d'argent; au chef cousu de gueules chargé d'un croissant d'argent, accompagné de deux lézards d'or.

Au 2 et 3 d'azur à un chevron d'or accompagné de 2 pleines lunes d'argent, et en pointe d'un peigne à carder d'or.

Le n° 32. Au 1 d'azur, au chevron d'or accompagné d'une oie d'argent, en pointe; au chef cousu de gueules chargé d'un croissant d'argent, accompagné de 2 besans d'or.

Au 2, d'azur à un chevron d'or accompagné de 2 pleines lunes d'argent, et en pointe d'un peigne à carder d'or.

1. D'Arbois de Jubainville. *Histoire des Ducs et des Comtes de Champagne*, volume IV, pages 1 et suivantes.
2. Roserot. *Armorial du département de l'Aube.*
3. *Bulletin de Paris*, 20e année, juillet et octobre 1893, pages 121-174 et suivantes.
4. Courtalon. V. II, p. 284.

Au 3, d'azur au chevron d'or, accompagné en chef de 2 roses de gueules et d'une semelle d'or en pointe.

Au 4, d'azur au chevron d'or, accompagné de 3 S en gothique, 2 en chef et 1 en pointe.

Page 500. Le blason n° 34 porte d'argent au chevron d'azur, accompagné de 3 œillets de gueules *au lieu de 3 tulipes :* tigées et feuillées de sinople. Branche de la famille Jean Colet, official de Troyes, et curé de Rumilly-les-Vaudes (2).

2.

CORRECTIONS

Page 39, ligne 12, *au lieu de* : entoure, *lire* : renferme.
— 86, — 1, HÔTELS et maisons construites en pierre, *supprimer* : du VIIIe au XIIIe siècle.
— 97, — 29, *supprimer* : Diane de Poitiers, *lire* : de la devise d'Henri II.
— 102, — 16, *lire* : Joseph Vigneron.
— 159, — 16, *lire* : (17), *au lieu de* : (16).
— 158, — 26, après maison, *ajouter* : portant le n° 2.
— 181, — 12, *lire* : Jean Colot.
— 204, — 17, *au lieu de* : Bouchée, *lire* : Bouché, ingénieur civil, architecte du département.
— 375, — 17, *au lieu de* : Vinyselle, *lire* : Vimpelles.

TABLE

	Pages.
La ville de Troyes et ses monuments	1
Les maisons de bois au xvie siècle.	3
Hôtel du Petit-Louvre, rue Saint-Pierre	20
L'Élection	82
Hôtel Chapelaines	86
— de Vauluisant	92
de Marisy	101
— de Nicolas Riglet	108
— Deheurles	113
de Mauroy	118
— d'Autruy	125
— des Ursins	129
La Juridiction consulaire	137
Les anciennes maisons construites en pierre	143
Hôtel de ville	162
Cathédrale de Troyes (histoire)	173
Extérieur. Façade principale	176
Côté septentrional	191
Portail du nord	192
Côté méridional	199
Portail méridional	201
Intérieur	203
Verrières de la grande nef, 1re fenêtre, côté gauche	209
Verrières de la grande nef, 1re fenêtre, côté droit	227
Chapelles latérales, bas côté gauche	245
Chapelles latérales, bas côté droit	256
Chapelle des Fonts	256
Les deux transepts	275
Chœur et sanctuaire	292
Verrière du chœur, 1re fenêtre, à gauche	301
Verrière du chœur, 1re fenêtre, à droite	317
Verrière du sanctuaire	329
Chapelles du pourtour du chœur	338
Épitaphes et dalles tumulaires	364
Le trésor	397
La sacristie	445
La chaire à prêcher	449
Le grand orgue	451
La grille du chœur	455
Les cloches	456
Palais épiscopal	458
Église Saint-Nizier	463
Le grand portail	464
Face septentrionale	471
Face méridionale	475
Intérieur. — Grande nef	477
Verrières de la nef, côté gauche	479
Verrières de la nef, côté droit	483
Bas côté septentrional	485
Bas côté méridional	487
Verrières des transepts, côté nord	496

	Pages.
Verrières des transepts, côté sud.	501
Chapelles du pourtour du chœur. Bas côté gauche	503
Chœur et sanctuaire	517
Verrières du chœur, côté gauche.	519
Verrières du chœur, côté droit.	524
Fenêtre centrale du sanctuaire.	527
Inscriptions et dalles tumulaires.	528
Bas côtés septentrionaux de la nef et du chœur.	532
Bas côtés septentrionaux du chœur	533
Chapelle de la Vierge	534
Bas côtés méridionaux	536
Bas côtés du chœur	538
Transept	540
Sacristie	542
Additions	551
Corrections	555

Paris. — May & Motteroz. Lib.-Imp. réunies
7, rue Saint-Benoît.

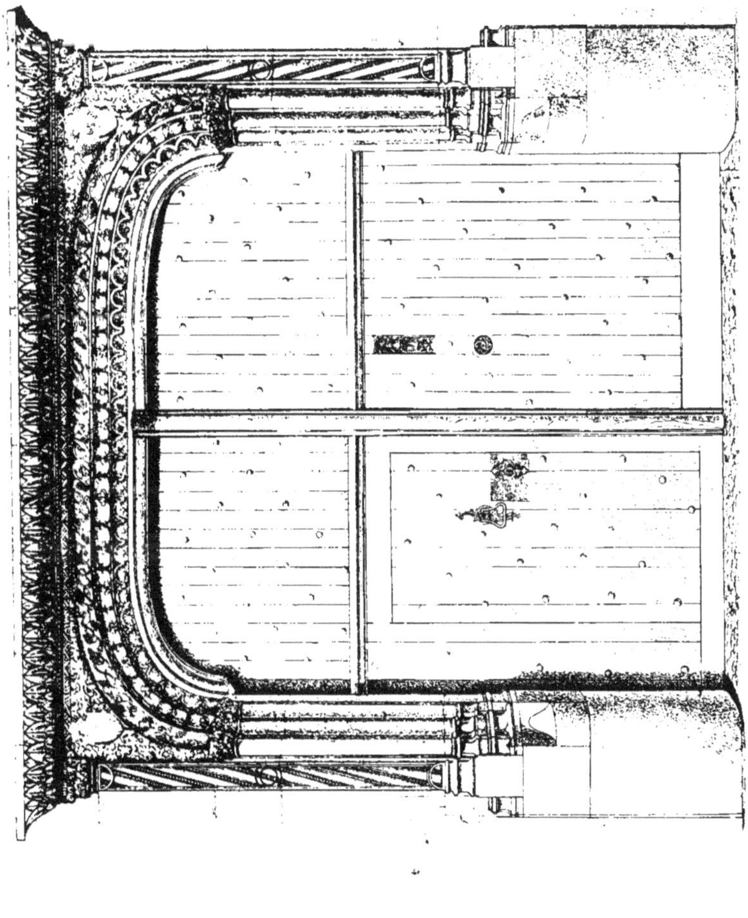

PAJOT

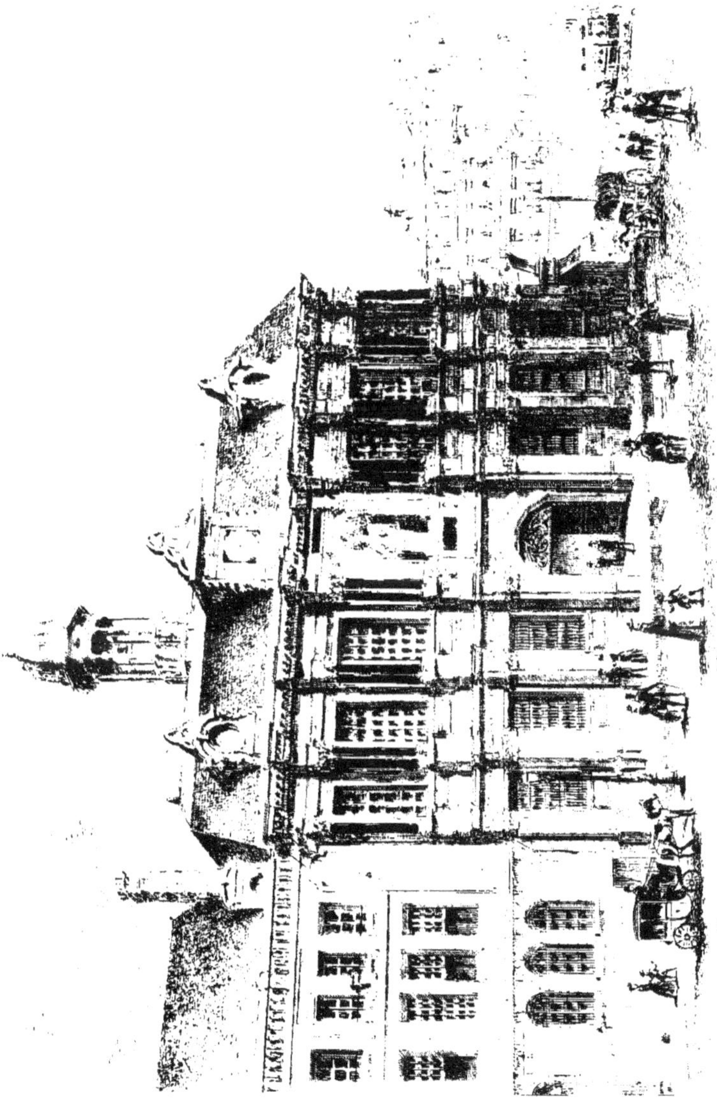

LUDOVICUS MAGNUS FRAN. ET NAV. REX P.P.
M, DC. LXXXVII.
C'est ce Roi si fameux dans la paix, dans la guerre.
Qui seul fait à son gré le destin de la Terre.
Tout reconnoist ses loix, ou brigue son appui.
De ses nombreux combats le Rhin fremit encore.
Et l'Europe en cent lieux a veu fuir devant lui,
Tous ces Heros si fiers, que l'on voit aujourd'hui
Faire fuir l'Othoman au delà du Bosphore.
F. Girardon Sculpteur ordre du Roi, a fait cette medaille avec tous ses acompagnemens de marbre, et la donnée à la ville de Troyes, comme une marque de son zele pour la gloire de son Prince, et de l'amour qu'il a pour sa Patrie
J. le Clerc fecit

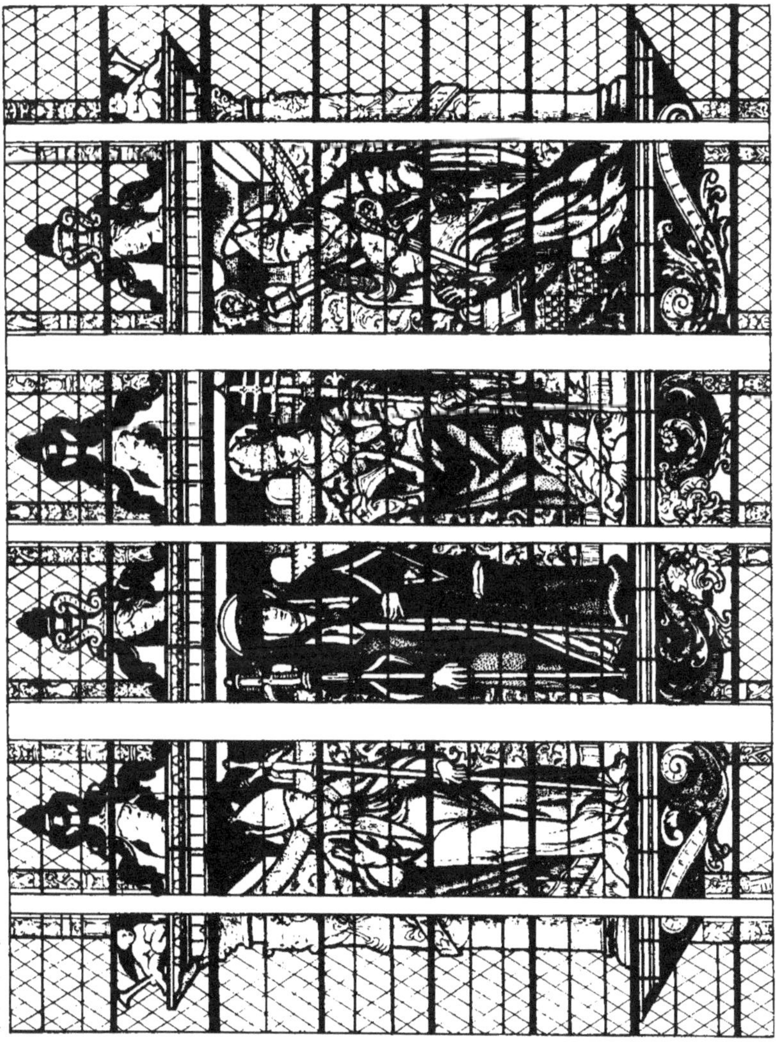

Gardez vos
depiteuse
pestilence

N
EVS
S

Commant les dyables
voldrent aimpescher S.
loup en passant p bretaigne

Comment S loup expulsa
lerezye pelagyenne ou
paye dangleterre

ÉMAIL DE LA CHASSE DE SAINT LOUP [illegible]

[illegible] CONTRE LA D[illegible]TRINE DE PÉLAGE

STATISTIQUE MONUMENTALE

DU

DÉPARTEMENT DE L'AUBE

PAR

CH. FICHOT

ACCOMPAGNÉE DE CHROMOLITHOGRAPHIES, DE GRAVURES A L'EAU-FORTE
ET DE DESSINS SUR BOIS

DESSINÉS PAR L'AUTEUR

TROYES

LA VILLE ET SES MONUMENTS

2me *LIVRAISON*

PARIS — CHEZ L'AUTEUR, 39, RUE DE SÈVRES

TROYES

Chez LACROIX, Successeur de Dufey-Robert, libraire

RUE NOTRE-DAME, 83

Et chez tous les Libraires du département de l'Aube

1889

STATISTIQUE MONUMENTALE

DU

DÉPARTEMENT DE L'AUBE

PAR

CH. FICHOT

ACCOMPAGNÉE DE CHROMOLITHOGRAPHIES, DE GRAVURES A L'EAU FORTE
ET DE DESSINS SUR BOIS

DESSINÉS PAR L'AUTEUR

TROYES

LA VILLE ET SES MONUMENTS

3ème *LIVRAISON*

PARIS — CHEZ L'AUTEUR, 39, RUE DE SÈVRES

TROYES

Chez LACROIX, Successeur de Dufey-Robert, libraire
RUE NOTRE-DAME, 83

Et chez tous les Libraires du département de l'Aube

1889

STATISTIQUE MONUMENTALE

DU

DÉPARTEMENT DE L'AUBE

PAR

CH. FICHOT

ACCOMPAGNÉE DE CHROMOLITHOGRAPHIES, DE GRAVURES A L'EAU-FORTE
ET DE DESSINS SUR BOIS

DESSINÉS PAR L'AUTEUR

TROYES

LA VILLE ET SES MONUMENTS

4me *LIVRAISON*

PARIS — CHEZ L'AUTEUR, 39, RUE DE SÈVRES

TROYES

Chez LACROIX, Successeur de Dufey-Robert, libraire

RUE NOTRE-DAME, 83

Et chez tous les Libraires du département de l'Aube

1889

STATISTIQUE MONUMENTALE

DU

DÉPARTEMENT DE L'AUBE

PAR

CH. FICHOT

ACCOMPAGNÉE DE CHROMOLITHOGRAPHIES, DE GRAVURES A L'EAU-FORTE
ET DE DESSINS SUR BOIS

DESSINÉS PAR L'AUTEUR

TROYES

LA VILLE ET SES MONUMENTS

5me *LIVRAISON*

PARIS — CHEZ L'AUTEUR, 39, RUE DE SÈVRES

TROYES
Chez **LACROIX**, Successeur de Dufey-Robert, libraire
RUE NOTRE-DAME, 83
Et chez tous les Libraires du département de l'Aube
1889

OUVRAGE ENCOURAGÉ

PAR LE MINISTRE DE L'INSTRUCTION PUBLIQUE ET DES BEAUX-ARTS
ET PAR LE CONSEIL GÉNÉRAL DE L'AUBE

MÉDAILLE D'OR DE LA SOCIÉTÉ ACADÉMIQUE DE L'AUBE

PREMIÈRE MÉDAILLE

DE L'ACADÉMIE DES INSCRIPTIONS ET BELLES-LETTRES

DEUX VOLUMES POUR L'ARRONDISSEMENT DE TROYES

LE PREMIER VOLUME

Comprend les 1er, 2e et 3e cantons de TROYES avec les cantons d'AIX-EN-OTHE et de BOUILLY. In-8° jésus, 495 pages, 395 gravures dans le texte et 19 planches à l'eau-forte et en chromolithographie hors texte.

LE DEUXIÈME VOLUME

Comprend les Cantons d'ERVY, d'ESTISSAC, de LUSIGNY et de PINEY. 562 pages, 352 gravures dans le texte et 40 planches à l'eau-forte et en chromolithographie.

ON PEUT SOUSCRIRE POUR UN SEUL VOLUME

L'ouvrage se publie par livraisons. — Deux livraisons par mois.

2 francs la livraison

30 livraisons par volume à 2 francs — soit 60 francs le volume.

Le placement de cet ouvrage étant très restreint dans un seul département, nous avons fait tirer à 400 exemplaires seulement, pour nous couvrir de nos déboursés et de nos frais de dessins.

Paris. — Maison Quantin, 7, rue Saint-Benoît.

OUVRAGE ENCOURAGÉ

PAR LE MINISTRE DE L'INSTRUCTION PUBLIQUE ET DES BEAUX-ARTS
ET PAR LE CONSEIL GÉNÉRAL DE L'AUBE

MÉDAILLE D'OR DE LA SOCIÉTÉ ACADÉMIQUE DE L'AUBE

PREMIÈRE MÉDAILLE

DE L'ACADÉMIE DES INSCRIPTIONS ET BELLES-LETTRES

DEUX VOLUMES POUR L'ARRONDISSEMENT DE TROYES

LE PREMIER VOLUME

Comprend les 1er, 2e et 3e cantons de TROYES avec les cantons d'AIX-EN-OTHE et de BOUILLY.
In-8° jésus, 495 pages, 395 gravures dans le texte et 19 planches à l'eau-forte et en chromolithographie hors texte.

LE DEUXIÈME VOLUME

Comprend les Cantons d'ERVY, d'ESTISSAC, de LUSIGNY et de PINEY. 562 pages, 352 gravures dans le texte et 40 planches à l'eau-forte et en chromolithographie.

ON PEUT SOUSCRIRE POUR UN SEUL VOLUME

L'ouvrage se publie par livraisons. — Deux livraisons par mois.

2 francs la livraison

30 livraisons par volume à 2 francs — soit 60 francs le volume.

Le placement de cet ouvrage étant très restreint dans un seul département, nous avons fait tirer à 400 exemplaires seulement, pour nous couvrir de nos déboursés et de nos frais de dessins.

Paris. — Maison Quantin, 7, rue Saint-Benoît.

OUVRAGE ENCOURAGÉ

PAR LE MINISTRE DE L'INSTRUCTION PUBLIQUE ET DES BEAUX-ARTS
ET PAR LE CONSEIL GÉNÉRAL DE L'AUBE

MÉDAILLE D'OR DE LA SOCIÉTÉ ACADÉMIQUE DE L'AUBE

PREMIÈRE MÉDAILLE

DE L'ACADÉMIE DES INSCRIPTIONS ET BELLES-LETTRES

DEUX VOLUMES POUR L'ARRONDISSEMENT DE TROYES

LE PREMIER VOLUME

Comprend les 1er, 2e et 3e cantons de TROYES avec les cantons d'AIX-EN-OTHE et de BOUILLY. In-8° jésus, 495 pages, 395 gravures dans le texte et 19 planches à l'eau-forte et en chromolithographie hors texte.

LE DEUXIÈME VOLUME

Comprend les Cantons d'ERVY, d'ESTISSAC, de LUSIGNY et de PINEY. 562 pages, 352 gravures dans le texte et 40 planches à l'eau-forte et en chromolithographie.

ON PEUT SOUSCRIRE POUR UN SEUL VOLUME

L'ouvrage se publie par livraisons. — Deux livraisons par mois.

2 francs la livraison

30 livraisons par volume à 2 francs — soit 60 francs le volume.

Le placement de cet ouvrage étant très restreint dans un seul département, nous avons fait tirer à 400 exemplaires seulement, pour nous couvrir de nos déboursés et de nos frais de dessins.

Paris. — Maison Quantin, 7, rue Saint-Benoît.

OUVRAGE ENCOURAGÉ

PAR LE MINISTRE DE L'INSTRUCTION PUBLIQUE ET DES BEAUX-ARTS
ET PAR LE CONSEIL GÉNÉRAL DE L'AUBE

MÉDAILLE D'OR DE LA SOCIÉTÉ ACADÉMIQUE DE L'AUBE

PREMIÈRE MÉDAILLE

DE L'ACADÉMIE DES INSCRIPTIONS ET BELLES-LETTRES

DEUX VOLUMES POUR L'ARRONDISSEMENT DE TROYES

LE PREMIER VOLUME

Comprend les 1er, 2e et 3e cantons de TROYES avec les cantons d'AIX-EN-OTHE et de BOUILLY. In-8° jésus, 495 pages, 395 gravures dans le texte et 19 planches à l'eau-forte et en chromolithographie hors texte.

LE DEUXIÈME VOLUME

Comprend les Cantons d'ERVY, d'ESTISSAC, de LUSIGNY et de PINEY. 562 pages, 352 gravures dans le texte et 40 planches à l'eau-forte et en chromolithographie.

ON PEUT SOUSCRIRE POUR UN SEUL VOLUME

L'ouvrage se publie par livraisons. — Deux livraisons par mois.

2 francs la livraison

30 livraisons par volume à 2 francs — soit 60 francs le volume.

Le placement de cet ouvrage étant très restreint dans un seul département, nous avons fait tirer à 400 exemplaires seulement, pour nous couvrir de nos déboursés et de nos frais de dessins.

Paris. — Maison Quantin, 7, rue Saint-Benoît.

STATISTIQUE MONUMENTALE

DU

DÉPARTEMENT DE L'AUBE

PAR

CH. FICHOT

ACCOMPAGNÉE DE CHROMOLITHOGRAPHIES, DE GRAVURES A L'EAU FORTE
ET DE DESSINS SUR BOIS

DESSINÉS PAR L'AUTEUR

TROYES

LA VILLE ET SES MONUMENTS

6me LIVRAISON

PARIS — CHEZ L'AUTEUR, 39, RUE DE SÈVRES

TROYES

Chez **LACROIX**, Successeur de Dufey-Robert, libraire

RUE NOTRE-DAME, 83

Et chez tous les Libraires du département de l'Aube

1889

STATISTIQUE MONUMENTALE

DU

DÉPARTEMENT DE L'AUBE

PAR

CH. FICHOT

ACCOMPAGNÉE DE CHROMOLITHOGRAPHIES, DE GRAVURES A L'EAU-FORTE
ET DE DESSINS SUR BOIS

DESSINÉS PAR L'AUTEUR

TROYES

LA VILLE ET SES MONUMENTS

7e *LIVRAISON*

PARIS — CHEZ L'AUTEUR, 39, RUE DE SÈVRES

TROYES

Chez LACROIX, Successeur de Dufey-Robert, libraire
RUE NOTRE-DAME, 83

Et chez tous les Libraires du département de l'Aube

1889

STATISTIQUE MONUMENTALE

DU

DÉPARTEMENT DE L'AUBE

PAR

CH. FICHOT

ACCOMPAGNÉE DE CHROMOLITHOGRAPHIES, DE GRAVURES A L'EAU-FORTE
ET DE DESSINS SUR BOIS

DESSINÉS PAR L'AUTEUR

TROYES

LA VILLE ET SES MONUMENTS

8e *LIVRAISON*

PARIS — CHEZ L'AUTEUR, 39, RUE DE SÈVRES

TROYES

Chez LACROIX, Successeur de Dufey-Robert, libraire

RUE NOTRE-DAME, 83

Et chez tous les Libraires du département de l'Aube

1889

STATISTIQUE MONUMENTALE

DU

DÉPARTEMENT DE L'AUBE

PAR

CH. FICHOT

ACCOMPAGNÉE DE CHROMOLITHOGRAPHIES, DE GRAVURES A L'EAU-FORTE
ET DE DESSINS SUR BOIS

DESSINÉS PAR L'AUTEUR

TROYES

LA VILLE ET SES MONUMENTS

9me LIVRAISON

PARIS — CHEZ L'AUTEUR, 39, RUE DE SÈVRES

TROYES
Chez LACROIX, Successeur de Dufey-Robert, libraire
RUE NOTRE-DAME, 83

Et chez tous les Libraires du département de l'Aube

1889

OUVRAGE ENCOURAGÉ

PAR LE MINISTRE DE L'INSTRUCTION PUBLIQUE ET DES BEAUX-ARTS
ET PAR LE CONSEIL GÉNÉRAL DE L'AUBE

MÉDAILLE D'OR DE LA SOCIÉTÉ ACADÉMIQUE DE L'AUBE

PREMIÈRE MÉDAILLE

DE L'ACADÉMIE DES INSCRIPTIONS ET BELLES-LETTRES

DEUX VOLUMES POUR L'ARRONDISSEMENT DE TROYES

LE PREMIER VOLUME

Comprend les 1er, 2e et 3e cantons de TROYES avec les cantons d'AIX-EN-OTHE et de BOUILLY. In-8° jésus, 495 pages, 395 gravures dans le texte et 19 planches à l'eau-forte et en chromolithographie hors texte.

LE DEUXIÈME VOLUME

Comprend les Cantons d'ERVY, d'ESTISSAC, de LUSIGNY et de PINEY. 562 pages, 352 gravures dans le texte et 40 planches à l'eau-forte et en chromolithographie.

ON PEUT SOUSCRIRE POUR UN SEUL VOLUME

L'ouvrage se publie par livraisons. — Deux livraisons par mois.

2 francs la livraison

30 livraisons par volume à 2 francs — soit 60 francs le volume.

Le placement de cet ouvrage étant très restreint dans un seul département, nous avons fait tirer à 400 exemplaires seulement, pour nous couvrir de nos déboursés et de nos frais de dessins.

Paris. — Maison Quantin, 7, rue Saint-Benoît.

OUVRAGE ENCOURAGÉ

PAR LE MINISTRE DE L'INSTRUCTION PUBLIQUE ET DES BEAUX-ARTS
ET PAR LE CONSEIL GÉNÉRAL DE L'AUBE

MÉDAILLE D'OR DE LA SOCIÉTÉ ACADÉMIQUE DE L'AUBE

PREMIÈRE MÉDAILLE

DE L'ACADÉMIE DES INSCRIPTIONS ET BELLES-LETTRES

DEUX VOLUMES POUR L'ARRONDISSEMENT DE TROYES

LE PREMIER VOLUME

Comprend les 1er, 2e et 3e cantons de TROYES avec les cantons d'AIX-EN-OTHE et de **BOUILLY.** In-8° jésus, 495 pages, 395 gravures dans le texte et 19 planches à l'eau-forte et en chromolithographie hors texte.

LE DEUXIÈME VOLUME

Comprend les Cantons d'ERVY, d'ESTISSAC, de LUSIGNY et de PINEY. 562 pages, 352 gravures dans le texte et 40 planches à l'eau-forte et en chromolithographie.

ON PEUT SOUSCRIRE POUR UN SEUL VOLUME

L'ouvrage se publie par livraisons. — Deux livraisons par mois.

2 francs la livraison

30 livraisons par volume à 2 francs — soit 60 francs le volume.

Le placement de cet ouvrage étant très restreint dans un seul département, nous avons fait tirer à 400 exemplaires seulement, pour nous couvrir de nos déboursés et de nos frais de dessins.

Paris. — Maison Quantin, 7, rue Saint-Benoît.

OUVRAGE ENCOURAGÉ

PAR LE MINISTRE DE L'INSTRUCTION PUBLIQUE ET DES BEAUX-ARTS
ET PAR LE CONSEIL GÉNÉRAL DE L'AUBE

MÉDAILLE D'OR DE LA SOCIÉTÉ ACADÉMIQUE DE L'AUBE

PREMIÈRE MÉDAILLE

DE L'ACADÉMIE DES INSCRIPTIONS ET BELLES-LETTRES

DEUX VOLUMES POUR L'ARRONDISSEMENT DE TROYES

LE PREMIER VOLUME

Comprend les 1er, 2e et 3e cantons de TROYES avec les cantons d'AIX-EN-OTHE et de BOUILLY. In-8° jésus, 495 pages, 395 gravures dans le texte et 19 planches à l'eau-forte et en chromolithographie hors texte.

LE DEUXIÈME VOLUME

Comprend les Cantons d'ERVY, d'ESTISSAC, de LUSIGNY et de PINEY. 562 pages, 352 gravures dans le texte et 40 planches à l'eau-forte et en chromolithographie.

ON PEUT SOUSCRIRE POUR UN SEUL VOLUME

L'ouvrage se publie par livraisons. — Deux livraisons par mois.

2 francs la livraison

30 livraisons par volume à 2 francs — soit 60 francs le volume.

Le placement de cet ouvrage étant très restreint dans un seul département, nous avons fait tirer à 400 exemplaires seulement, pour nous couvrir de nos déboursés et de nos frais de dessins.

Paris. — Maison Quantin, 7, rue Saint-Benoît.

OUVRAGE ENCOURAGÉ

PAR LE MINISTRE DE L'INSTRUCTION PUBLIQUE ET DES BEAUX-ARTS
ET PAR LE CONSEIL GÉNÉRAL DE L'AUBE

MÉDAILLE D'OR DE LA SOCIÉTÉ ACADÉMIQUE DE L'AUBE

PREMIÈRE MÉDAILLE

DE L'ACADÉMIE DES INSCRIPTIONS ET BELLES-LETTRES

DEUX VOLUMES POUR L'ARRONDISSEMENT DE TROYES

LE PREMIER VOLUME

Comprend les 1er, 2e et 3e cantons de TROYES avec les cantons d'AIX-EN-OTHE et de BOUILLY. In-8° jésus, 495 pages, 395 gravures dans le texte et 19 planches à l'eau-forte et en chromolithographie hors texte.

LE DEUXIÈME VOLUME

Comprend les Cantons d'ERVY, d'ESTISSAC, de LUSIGNY et de PINEY. 562 pages, 352 gravures dans le texte et 40 planches à l'eau-forte et en chromolithographie.

ON PEUT SOUSCRIRE POUR UN SEUL VOLUME

L'ouvrage se publie par livraisons. — Deux livraisons par mois.

2 francs la livraison

30 livraisons par volume à 2 francs — soit 60 francs le volume.

Le placement de cet ouvrage étant très restreint dans un seul département, nous avons fait tirer à 400 exemplaires seulement, pour nous couvrir de nos déboursés et de nos frais de dessins.

Paris. — Maison Quantin, 7, rue Saint-Benoît.

STATISTIQUE MONUMENTALE

DU

DÉPARTEMENT DE L'AUBE

PAR

CH. FICHOT

ACCOMPAGNÉE DE CHROMOLITHOGRAPHIES, DE GRAVURES A L'EAU FORTE
ET DE DESSINS SUR BOIS

DESSINÉS PAR L'AUTEUR

TROYES

LA VILLE ET SES MONUMENTS

10me LIVRAISON

PARIS — CHEZ L'AUTEUR, 39, RUE DE SÈVRES

TROYES
Chez LACROIX, Successeur de Dufey-Robert, libraire
RUE NOTRE-DAME, 83
Et chez tous les Libraires du département de l'Aube
1889

Troyes

STATISTIQUE MONUMENTALE

DU

DÉPARTEMENT DE L'AUBE

PAR

CH. FICHOT

ACCOMPAGNÉE DE CHROMOLITHOGRAPHIES, DE GRAVURES A L'EAU-FORTE
ET DE DESSINS SUR BOIS

DESSINÉS ET GRAVÉS PAR L'AUTEUR

11e *LIVRAISON*

PARIS — CHEZ L'AUTEUR, 39, RUE DE SÈVRES

TROYES

Chez **LACROIX**, Successeur de **Dufey-Robert**, libraire

RUE NOTRE-DAME, 83

Et chez tous les Libraires du département de l'Aube

1887

STATISTIQUE MONUMENTALE

DU

DÉPARTEMENT DE L'AUBE

PAR

CH. FICHOT

ACCOMPAGNÉE DE CHROMOLITHOGRAPHIES, DE GRAVURES A L'EAU-FORTE
ET DE DESSINS SUR BOIS

DESSINÉS ET GRAVÉS PAR L'AUTEUR

Troyes 12e *LIVRAISON*

PARIS — CHEZ L'AUTEUR, 39, RUE DE SÈVRES

TROYES

Chez LACROIX, Successeur de Dufey-Robert, libraire

RUE NOTRE-DAME, 83

Et chez tous les Libraires du département de l'Aube

1887

STATISTIQUE MONUMENTALE

DU

DÉPARTEMENT DE L'AUBE

PAR

CH. FICHOT

ACCOMPAGNÉE DE CHROMOLITHOGRAPHIES, DE GRAVURES A L'EAU-FORTE
ET DE DESSINS SUR BOIS

DESSINÉS ET GRAVÉS PAR L'AUTEUR

Troyes 13e *LIVRAISON*

PARIS — CHEZ L'AUTEUR, 39, RUE DE SÈVRES

TROYES

Chez LACROIX, Successeur de Dufey-Robert, libraire

RUE NOTRE-DAME, 83

Et chez tous les Libraires du département de l'Aube

1887

OUVRAGE ENCOURAGÉ

PAR LE MINISTRE DE L'INSTRUCTION PUBLIQUE ET DES BEAUX-ARTS
ET PAR LE CONSEIL GÉNÉRAL DE L'AUBE

MÉDAILLE D'OR DE LA SOCIÉTÉ ACADÉMIQUE DE L'AUBE

PREMIÈRE MÉDAILLE

DE L'ACADÉMIE DES INSCRIPTIONS ET BELLES-LETTRES

DEUX VOLUMES POUR L'ARRONDISSEMENT DE TROYES

LE PREMIER VOLUME EST EN VENTE

Il comprend les 1er, 2e et 3e cantons de TROYES avec les cantons d'AIX-EN-OTHE et de BOUILLY

LE DEUXIÈME VOLUME, EN COURS DE PUBLICATION, COMPRENDRA :
LES CANTONS D'ERVY, D'ESTISSAC, DE LUSIGNY ET DE PINEY

Conditions de la Souscription :

UN VOLUME PAR ARRONDISSEMENT

L'OUVRAGE COMPLET EN 5 VOLUMES

POUR TOUT LE DÉPARTEMENT DE L'AUBE

ON PEUT SOUSCRIRE POUR UN SEUL ARRONDISSEMENT

L'ouvrage se publie par livraisons. — Deux livraisons par mois.

2 francs la livraison

30 livraisons par volume à 2 francs — soit 60 francs le volume.

Le volume contiendra 500 pages, 300 gravures sur bois dans le texte et de 20 à 25 planches à l'eau-forte et en chromolithographie hors texte.

Le placement de cet ouvrage étant très restreint dans un seul département, nous avons fait tirer à 400 exemplaires seulement, pour nous couvrir de nos déboursés et de nos frais de dessins.

Maison Quantin, 7, rue Saint-Benoît.

OUVRAGE ENCOURAGÉ

PAR LE MINISTRE DE L'INSTRUCTION PUBLIQUE ET DES BEAUX-ARTS
ET PAR LE CONSEIL GÉNÉRAL DE L'AUBE

MÉDAILLE D'OR DE LA SOCIÉTÉ ACADÉMIQUE DE L'AUBE

PREMIÈRE MÉDAILLE

DE L'ACADÉMIE DES INSCRIPTIONS ET BELLES-LETTRES

DEUX VOLUMES POUR L'ARRONDISSEMENT DE TROYES

LE PREMIER VOLUME EST EN VENTE

Il comprend les 1er, 2e et 3e cantons de TROYES avec les cantons d'AIX-EN-OTHE et de BOUILLY

LE DEUXIÈME VOLUME, EN COURS DE PUBLICATION, COMPRENDRA :
LES CANTONS D'ERVY, D'ESTISSAC, DE LUSIGNY ET DE PINEY

Conditions de la Souscription :

UN VOLUME PAR ARRONDISSEMENT
L'OUVRAGE COMPLET EN 5 VOLUMES
POUR TOUT LE DÉPARTEMENT DE L'AUBE

ON PEUT SOUSCRIRE POUR UN SEUL ARRONDISSEMENT

L'ouvrage se publie par livraisons. — Deux livraisons par mois.
2 francs la livraison
30 livraisons par volume à 2 francs — soit 60 francs le volume.

Le volume contiendra 500 pages, 300 gravures sur bois dans le texte et de 20 à 25 planches à l'eau-forte et en chromolithographie hors texte.

Le placement de cet ouvrage étant très restreint dans un seul département, nous avons fait tirer à 400 exemplaires seulement, pour nous couvrir de nos déboursés et de nos frais de dessins.

Maison Quantin, 7, rue Saint-Benoît.

OUVRAGE ENCOURAGÉ

PAR LE MINISTRE DE L'INSTRUCTION PUBLIQUE ET DES BEAUX-ARTS
ET PAR LE CONSEIL GÉNÉRAL DE L'AUBE

MÉDAILLE D'OR DE LA SOCIÉTÉ ACADÉMIQUE DE L'AUBE

PREMIÈRE MÉDAILLE

DE L'ACADÉMIE DES INSCRIPTIONS ET BELLES-LETTRES

DEUX VOLUMES POUR L'ARRONDISSEMENT DE TROYES

LE PREMIER VOLUME EST EN VENTE

Il comprend les 1er, 2e et 3e cantons de TROYES avec les cantons d'AIX-EN-OTHE et de BOUILLY

LE DEUXIÈME VOLUME, EN COURS DE PUBLICATION, COMPRENDRA :
LES CANTONS D'ERVY, D'ESTISSAC, DE LUSIGNY ET DE PINEY

Conditions de la Souscription :

UN VOLUME PAR ARRONDISSEMENT
L'OUVRAGE COMPLET EN 5 VOLUMES
POUR TOUT LE DÉPARTEMENT DE L'AUBE

ON PEUT SOUSCRIRE POUR UN SEUL ARRONDISSEMENT

L'ouvrage se publie par livraisons. — Deux livraisons par mois.
2 francs la livraison
30 livraisons par volume à 2 francs — soit 60 francs le volume.

Le volume contiendra 500 pages, 300 gravures sur bois dans le texte et de 20 à 25 planches à l'eau-forte et en chromolithographie hors texte.

Le placement de cet ouvrage étant très restreint dans un seul département, nous avons fait tirer à 400 exemplaires seulement, pour nous couvrir de nos déboursés et de nos frais de dessins.

Maison Quantin, 7, rue Saint-Benoît.

OUVRAGE ENCOURAGÉ

PAR LE MINISTRE DE L'INSTRUCTION PUBLIQUE ET DES BEAUX-ARTS
ET PAR LE CONSEIL GÉNÉRAL DE L'AUBE

MÉDAILLE D'OR DE LA SOCIÉTÉ ACADÉMIQUE DE L'AUBE

PREMIÈRE MÉDAILLE

DE L'ACADÉMIE DES INSCRIPTIONS ET BELLES-LETTRES

DEUX VOLUMES POUR L'ARRONDISSEMENT DE TROYES

LE PREMIER VOLUME

Comprend les 1er, 2e et 3e cantons de TROYES avec les cantons d'AIX-EN-OTHE et de BOUILLY. In-8° jésus, 495 pages, 395 gravures dans le texte et 19 planches à l'eau-forte et en chromolithographie hors texte.

LE DEUXIÈME VOLUME

Comprend les Cantons d'ERVY, d'ESTISSAC, de LUSIGNY et de PINEY. 562 pages, 352 gravures dans le texte et 40 planches à l'eau-forte et en chromolithographie.

ON PEUT SOUSCRIRE POUR UN SEUL VOLUME

L'ouvrage se publie par livraisons. — Deux livraisons par mois.

2 francs la livraison

30 livraisons par volume à 2 francs — soit 60 francs le volume.

Le placement de cet ouvrage étant très restreint dans un seul département, nous avons fait tirer à 400 exemplaires seulement, pour nous couvrir de nos déboursés et de nos frais de dessins.

Paris. — Maison Quantin, 7, rue Saint-Benoit.

STATISTIQUE MONUMENTALE

DU

DÉPARTEMENT DE L'AUBE

PAR

CH. FICHOT

ACCOMPAGNÉE DE CHROMOLITHOGRAPHIES, DE GRAVURES A L'EAU-FORTE
ET DE DESSINS SUR BOIS

DESSINÉS ET GRAVÉS PAR L'AUTEUR

Troyes. 14e *LIVRAISON*

PARIS — CHEZ L'AUTEUR, 39, RUE DE SÈVRES

TROYES

Chez **LACROIX**, Successeur de Dufey-Robert, libraire
RUE NOTRE-DAME, 83

Et chez tous les Libraires du département de l'Aube

1887

STATISTIQUE MONUMENTALE

DU

DÉPARTEMENT DE L'AUBE

PAR

CH. FICHOT

ACCOMPAGNÉE DE CHROMOLITHOGRAPHIES, DE GRAVURES A L'EAU-FORTE
ET DE DESSINS SUR BOIS

DESSINÉS ET GRAVÉS PAR L'AUTEUR

Troyes 15e *LIVRAISON*

PARIS — CHEZ L'AUTEUR, 39, RUE DE SÈVRES

TROYES

Chez **LACROIX**, Successeur de Dufey-Robert, libraire
RUE NOTRE-DAME, 83

Et chez tous les Libraires du département de l'Aube

1887

STATISTIQUE MONUMENTALE

DU

DÉPARTEMENT DE L'AUBE

PAR

CH. FICHOT

ACCOMPAGNÉE DE CHROMOLITHOGRAPHIES, DE GRAVURES A L'EAU-FORTE
ET DE DESSINS SUR BOIS

DESSINÉS ET GRAVÉS PAR L'AUTEUR

Troyes 16e *LIVRAISON*

PARIS — CHEZ L'AUTEUR, 39, RUE DE SÈVRES

TROYES

Chez LACROIX, Successeur de Dufey-Robert, libraire

RUE NOTRE-DAME, 83

Et chez tous les Libraires du département de l'Aube

1887

STATISTIQUE MONUMENTALE

DU

DÉPARTEMENT DE L'AUBE

PAR

CH. FICHOT

ACCOMPAGNÉE DE CHROMOLITHOGRAPHIES, DE GRAVURES A L'EAU-FORTE
ET DE DESSINS SUR BOIS

DESSINÉS ET GRAVÉS PAR L'AUTEUR

Troyes

17e LIVRAISON

PARIS — CHEZ L'AUTEUR, 39, RUE DE SÈVRES

TROYES

Chez LACROIX, Successeur de Dufey-Robert, libraire

RUE NOTRE-DAME, 83

Et chez tous les Libraires du département de l'Aube

1887

OUVRAGE ENCOURAGÉ

PAR LE MINISTRE DE L'INSTRUCTION PUBLIQUE ET DES BEAUX-ARTS
ET PAR LE CONSEIL GÉNÉRAL DE L'AUBE

MÉDAILLE D'OR DE LA SOCIÉTÉ ACADÉMIQUE DE L'AUBE

PREMIÈRE MÉDAILLE

DE L'ACADÉMIE DES INSCRIPTIONS ET BELLES-LETTRES

DEUX VOLUMES POUR L'ARRONDISSEMENT DE TROYES

LE PREMIER VOLUME EST EN VENTE

Il comprend les 1er, 2e et 3e cantons de TROYES avec les cantons d'AIX-EN-OTHE et de BOUILLY

LE DEUXIÈME VOLUME, EN COURS DE PUBLICATION, COMPRENDRA :
LES CANTONS D'ERVY, D'ESTISSAC, DE LUSIGNY ET DE PINEY

Conditions de la Souscription :

UN VOLUME PAR ARRONDISSEMENT

L'OUVRAGE COMPLET EN 5 VOLUMES

POUR TOUT LE DÉPARTEMENT DE L'AUBE

ON PEUT SOUSCRIRE POUR UN SEUL ARRONDISSEMENT

L'ouvrage se publie par livraisons. — Deux livraisons par mois.

2 francs la livraison

30 livraisons par volume à 2 francs — soit 60 francs le volume.

Le volume contiendra 500 pages, 300 gravures sur bois dans le texte et de 20 à 25 planches à l'eau-forte et en chromolithographie hors texte.

Le placement de cet ouvrage étant très restreint dans un seul département, nous avons fait tirer à 400 exemplaires seulement, pour nous couvrir de nos déboursés et de nos frais de dessins.

Maison Quantin, 7, rue Saint-Benoît.

Maison Quantin, 7, rue Saint-Benoît.

OUVRAGE ENCOURAGÉ

PAR LE MINISTRE DE L'INSTRUCTION PUBLIQUE ET DES BEAUX-ARTS
ET PAR LE CONSEIL GÉNÉRAL DE L'AUBE

MÉDAILLE D'OR DE LA SOCIÉTÉ ACADÉMIQUE DE L'AUBE

PREMIÈRE MÉDAILLE
DE L'ACADÉMIE DES INSCRIPTIONS ET BELLES-LETTRES

DEUX VOLUMES POUR L'ARRONDISSEMENT DE TROYES

LE PREMIER VOLUME EST EN VENTE

Il comprend les 1er, 2e et 3e cantons de TROYES avec les cantons d'AIX-EN-OTHE et de BOUILLY.

LE DEUXIÈME VOLUME, EN COURS DE PUBLICATION, COMPRENDRA :
LES CANTONS D'ERVY, D'ESTISSAC, DE LUSIGNY ET DE PINEY

Conditions de la Souscription :

UN VOLUME PAR ARRONDISSEMENT
L'OUVRAGE COMPLET EN 5 VOLUMES
POUR TOUT LE DÉPARTEMENT DE L'AUBE

ON PEUT SOUSCRIRE POUR UN SEUL ARRONDISSEMENT

L'ouvrage se publie par livraisons. — Deux livraisons par mois.
2 francs la livraison
30 livraisons par volume à 2 francs — soit 60 francs le volume.

Le volume contiendra 500 pages, 300 gravures sur bois dans le texte et de 20 à 25 planches à l'eau-forte et en chromolithographie hors texte.

Le placement de cet ouvrage étant très restreint dans un seul département, nous avons fait tirer à 400 exemplaires seulement, pour nous couvrir de nos déboursés et de nos frais de dessins.

Maison Quantin, 7, rue Saint-Benoît.

OUVRAGE ENCOURAGÉ

PAR LE MINISTRE DE L'INSTRUCTION PUBLIQUE ET DES BEAUX-ARTS
ET PAR LE CONSEIL GÉNÉRAL DE L'AUBE

MÉDAILLE D'OR DE LA SOCIÉTÉ ACADÉMIQUE DE L'AUBE

PREMIÈRE MÉDAILLE

DE L'ACADÉMIE DES INSCRIPTIONS ET BELLES-LETTRES

DEUX VOLUMES POUR L'ARRONDISSEMENT DE TROYES

LE PREMIER VOLUME EST EN VENTE

Il comprend les 1er, 2e et 3e cantons de **TROYES** avec les cantons d'**AIX-EN-OTHE** et de **BOUILLY**.

LE DEUXIÈME VOLUME, EN COURS DE PUBLICATION, COMPRENDRA :
LES CANTONS D'ERVY, D'ESTISSAC, DE LUSIGNY ET DE PINEY

Conditions de la Souscription :

UN VOLUME PAR ARRONDISSEMENT

L'OUVRAGE COMPLET EN 5 VOLUMES

POUR TOUT LE DÉPARTEMENT DE L'AUBE

ON PEUT SOUSCRIRE POUR UN SEUL ARRONDISSEMENT

L'ouvrage se publie par livraisons. — Deux livraisons par mois.

2 francs la livraison

30 livraisons par volume à 2 francs — soit 60 francs le volume.

Le volume contiendra 500 pages, 300 gravures sur bois dans le texte et de 20 à 25 planches à l'eau-forte et en chromolithographie hors texte.

Le placement de cet ouvrage étant très restreint dans un seul département, nous avons fait tirer à 400 exemplaires seulement, pour nous couvrir de nos déboursés et de nos frais de dessins.

Maison Quantin, 7, rue Saint-Benoît.

STATISTIQUE MONUMENTALE

DU

DÉPARTEMENT DE L'AUBE

PAR

CH. FICHOT

ACCOMPAGNÉE DE CHROMOLITHOGRAPHIES, DE GRAVURES A L'EAU-FORTE
ET DE DESSINS SUR BOIS

DESSINÉS ET GRAVÉS PAR L'AUTEUR

Troyes

18e *LIVRAISON*

PARIS — CHEZ L'AUTEUR, 39, RUE DE SÈVRES

TROYES

Chez LACROIX, Successeur de Dufey-Robert, libraire

RUE NOTRE-DAME, 83

Et chez tous les Libraires du département de l'Aube

1887

STATISTIQUE MONUMENTALE

DU

DÉPARTEMENT DE L'AUBE

PAR

CH. FICHOT

ACCOMPAGNÉE DE CHROMOLITHOGRAPHIES, DE GRAVURES A L'EAU-FORTE
ET DE DESSINS SUR BOIS

DESSINÉS ET GRAVÉS PAR L'AUTEUR

Troyes 19e *LIVRAISON*

PARIS — CHEZ L'AUTEUR, 39, RUE DE SÈVRES

TROYES

Chez **LACROIX**, Successeur de Dufey-Robert, libraire
RUE NOTRE-DAME, 83

Et chez tous les Libraires du département de l'Aube

1887

STATISTIQUE MONUMENTALE

DU

DÉPARTEMENT DE L'AUBE

PAR

CH. FICHOT

ACCOMPAGNÉE DE CHROMOLITHOGRAPHIES, DE GRAVURES A L'EAU-FORTE
ET DE DESSINS SUR BOIS

DESSINÉS ET GRAVÉS PAR L'AUTEUR

Troyes 20me *LIVRAISON*

PARIS — CHEZ L'AUTEUR, 39, RUE DE SÈVRES

TROYES

Chez **LACROIX**, Successeur de Dufey-Robert, libraire

RUE NOTRE-DAME, 83

Et chez tous les Libraires du département de l'Aube

1887

STATISTIQUE MONUMENTALE

DU

DÉPARTEMENT DE L'AUBE

PAR

CH. FICHOT

ACCOMPAGNÉE DE CHROMOLITHOGRAPHIES, DE GRAVURES A L'EAU-FORTE
ET DE DESSINS SUR BOIS

DESSINÉS ET GRAVÉS PAR L'AUTEUR

Troyes 91e *LIVRAISON*

PARIS — CHEZ L'AUTEUR, 39, RUE DE SÈVRES

TROYES

Chez LACROIX, Successeur de Dufey-Robert, libraire

RUE NOTRE-DAME, 83

Et chez tous les Libraires du département de l'Aube

1887

OUVRAGE ENCOURAGÉ

PAR LE MINISTRE DE L'INSTRUCTION PUBLIQUE ET DES BEAUX-ARTS
ET PAR LE CONSEIL GÉNÉRAL DE L'AUBE

MÉDAILLE D'OR DE LA SOCIÉTÉ ACADÉMIQUE DE L'AUBE

PREMIÈRE MÉDAILLE
DE L'ACADÉMIE DES INSCRIPTIONS ET BELLES-LETTRES

DEUX VOLUMES POUR L'ARRONDISSEMENT DE TROYES

LE PREMIER VOLUME EST EN VENTE

Il comprend les 1er, 2e et 3e cantons de TROYES avec les cantons d'AIX-EN-OTHE et de BOUILLY

LE DEUXIÈME VOLUME, EN COURS DE PUBLICATION, COMPRENDRA :
LES CANTONS D'ERVY, D'ESTISSAC, DE LUSIGNY ET DE PINEY

Conditions de la Souscription :

UN VOLUME PAR ARRONDISSEMENT
L'OUVRAGE COMPLET EN 5 VOLUMES
POUR TOUT LE DÉPARTEMENT DE L'AUBE
ON PEUT SOUSCRIRE POUR UN SEUL ARRONDISSEMENT

L'ouvrage se publie par livraisons. — Deux livraisons par mois.
2 francs la livraison
30 livraisons par volume à 2 francs — soit 60 francs le volume.

Le volume contiendra 500 pages, 300 gravures sur bois dans le texte et de 20 à 25 planches à l'eau-forte et en chromolithographie hors texte.

Le placement de cet ouvrage étant très restreint dans un seul département, nous avons fait tirer à 400 exemplaires seulement, pour nous couvrir de nos déboursés et de nos frais de dessins.

Maison Quantin, 7, rue Saint-Benoît.

OUVRAGE ENCOURAGÉ

PAR LE MINISTRE DE L'INSTRUCTION PUBLIQUE ET DES BEAUX-ARTS
ET PAR LE CONSEIL GÉNÉRAL DE L'AUBE

MÉDAILLE D'OR DE LA SOCIÉTÉ ACADÉMIQUE DE L'AUBE

PREMIÈRE MÉDAILLE

DE L'ACADÉMIE DES INSCRIPTIONS ET BELLES-LETTRES

DEUX VOLUMES POUR L'ARRONDISSEMENT DE TROYES

LE PREMIER VOLUME EST EN VENTE

Il comprend les 1er, 2e et 3e cantons de TROYES avec les cantons d'AIX-EN-OTHE et de BOUILLY

LE DEUXIÈME VOLUME, EN COURS DE PUBLICATION, COMPRENDRA :
LES CANTONS D'ERVY, D'ESTISSAC, DE LUSIGNY ET DE PINEY

Conditions de la Souscription :

UN VOLUME PAR ARRONDISSEMENT
L'OUVRAGE COMPLET EN 5 VOLUMES
POUR TOUT LE DÉPARTEMENT DE L'AUBE

ON PEUT SOUSCRIRE POUR UN SEUL ARRONDISSEMENT

L'ouvrage se publie par livraisons. — Deux livraisons par mois.

2 francs la livraison

30 livraisons par volume à 2 francs — soit 60 francs le volume.

Le volume contiendra 500 pages, 300 gravures sur bois dans le texte et de 20 à 25 planches à l'eau-forte et en chromolithographie hors texte.

Le placement de cet ouvrage étant très restreint dans un seul département, nous avons fait tirer à 400 exemplaires seulement, pour nous couvrir de nos déboursés et de nos frais de dessins.

Maison Quantin, 7, rue Saint-Benoît.

OUVRAGE ENCOURAGÉ

PAR LE MINISTRE DE L'INSTRUCTION PUBLIQUE ET DES BEAUX-ARTS
ET PAR LE CONSEIL GÉNÉRAL DE L'AUBE

MÉDAILLE D'OR DE LA SOCIÉTÉ ACADÉMIQUE DE L'AUBE

PREMIÈRE MÉDAILLE

DE L'ACADÉMIE DES INSCRIPTIONS ET BELLES-LETTRES

DEUX VOLUMES POUR L'ARRONDISSEMENT DE TROYES

LE PREMIER VOLUME EST EN VENTE

Il comprend les 1er, 2e et 3e cantons de TROYES avec les cantons d'AIX-EN-OTHE et de BOUILLY

LE DEUXIÈME VOLUME, EN COURS DE PUBLICATION, COMPRENDRA :
LES CANTONS D'ERVY, D'ESTISSAC, DE LUSIGNY ET DE PINEY

Conditions de la Souscription :

UN VOLUME PAR ARRONDISSEMENT
L'OUVRAGE COMPLET EN 5 VOLUMES
POUR TOUT LE DÉPARTEMENT DE L'AUBE

ON PEUT SOUSCRIRE POUR UN SEUL ARRONDISSEMENT

L'ouvrage se publie par livraisons. — Deux livraisons par mois.
2 francs la livraison
30 livraisons par volume à 2 francs — soit 60 francs le volume.

Le volume contiendra 500 pages, 300 gravures sur bois dans le texte et de 20 à 25 planches à l'eau-forte et en chromolithographie hors texte.

Le placement de cet ouvrage étant très restreint dans un seul département, nous avons fait tirer à 400 exemplaires seulement, pour nous couvrir de nos déboursés et de nos frais de dessins.

Maison Quantin, 7, rue Saint-Benoît.

OUVRAGE ENCOURAGÉ

PAR LE MINISTRE DE L'INSTRUCTION PUBLIQUE ET DES BEAUX-ARTS
ET PAR LE CONSEIL GÉNÉRAL DE L'AUBE

MÉDAILLE D'OR DE LA SOCIÉTÉ ACADÉMIQUE DE L'AUBE

PREMIÈRE MÉDAILLE

DE L'ACADÉMIE DES INSCRIPTIONS ET BELLES-LETTRES

DEUX VOLUMES POUR L'ARRONDISSEMENT DE TROYES

LE PREMIER VOLUME EST EN VENTE

Il comprend les 1er, 2e et 3e cantons de TROYES avec les cantons d'AIX-EN-OTHE et de BOUILLY

LE DEUXIÈME VOLUME, EN COURS DE PUBLICATION, COMPRENDRA :
LES CANTONS D'ERVY, D'ESTISSAC, DE LUSIGNY ET DE PINEY

Conditions de la Souscription :

UN VOLUME PAR ARRONDISSEMENT

L'OUVRAGE COMPLET EN 5 VOLUMES

POUR TOUT LE DÉPARTEMENT DE L'AUBE

ON PEUT SOUSCRIRE POUR UN SEUL ARRONDISSEMENT

L'ouvrage se publie par livraisons. — Deux livraisons par mois.

2 francs la livraison

30 livraisons par volume à 2 francs — soit 60 francs le volume.

Le volume contiendra 500 pages, 300 gravures sur bois dans le texte et de 20 à 25 planches à l'eau-forte et en chromolithographie hors texte.

Le placement de cet ouvrage étant très restreint dans un seul département, nous avons fait tirer à 400 exemplaires seulement, pour nous couvrir de nos déboursés et de nos frais de dessins.

Maison Quantin, 7, rue Saint-Benoît.

STATISTIQUE MONUMENTALE

DU

DÉPARTEMENT DE L'AUBE

PAR

CH. FICHOT

ACCOMPAGNÉE DE CHROMOLITHOGRAPHIES, DE GRAVURES A L'EAU-FORTE
ET DE DESSINS SUR BOIS

DESSINÉS ET GRAVÉS PAR L'AUTEUR

Troyes 22e *LIVRAISON*

PARIS — CHEZ L'AUTEUR, 39, RUE DE SÈVRES

TROYES

Chez LACROIX, Successeur de Dufey-Robert, libraire

RUE NOTRE-DAME, 83

Et chez tous les Libraires du département de l'Aube

1887

STATISTIQUE MONUMENTALE

DU

DÉPARTEMENT DE L'AUBE

PAR

CH. FICHOT

ACCOMPAGNÉE DE CHROMOLITHOGRAPHIES, DE GRAVURES A L'EAU-FORTE
ET DE DESSINS SUR BOIS

DESSINÉS ET GRAVÉS PAR L'AUTEUR

Troyes 23e LIVRAISON

PARIS — CHEZ L'AUTEUR, 39, RUE DE SÈVRES

TROYES

Chez LACROIX, Successeur de Dufey-Robert, libraire
RUE NOTRE-DAME, 83

Et chez tous les Libraires du département de l'Aube

1887

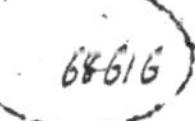

STATISTIQUE MONUMENTALE

DU

DÉPARTEMENT DE L'AUBE

PAR

CH. FICHOT

ACCOMPAGNÉE DE CHROMOLITHOGRAPHIES, DE GRAVURES A L'EAU-FORTE
ET DE DESSINS SUR BOIS
DESSINÉS ET GRAVÉS PAR L'AUTEUR

 24e *LIVRAISON*

PARIS — CHEZ L'AUTEUR, 39, RUE DE SÈVRES

TROYES
Chez LACROIX, Successeur de Dufey-Robert, libraire
RUE NOTRE-DAME, 83
Et chez tous les Libraires du département de l'Aube
1887

STATISTIQUE MONUMENTALE

DU

DÉPARTEMENT DE L'AUBE

PAR

CH. FICHOT

ACCOMPAGNÉE DE CHROMOLITHOGRAPHIES, DE GRAVURES A L'EAU-FORTE
ET DE DESSINS SUR BOIS
DESSINÉS ET GRAVÉS PAR L'AUTEUR

 25e LIVRAISON

PARIS — CHEZ L'AUTEUR, 39, RUE DE SÈVRES

TROYES
Chez LACROIX, Successeur de Dufey-Robert, libraire
RUE NOTRE-DAME, 83
Et chez tous les Libraires du département de l'Aube
1887

OUVRAGE ENCOURAGÉ

PAR LE MINISTRE DE L'INSTRUCTION PUBLIQUE ET DES BEAUX-ARTS
ET PAR LE CONSEIL GÉNÉRAL DE L'AUBE

MÉDAILLE D'OR DE LA SOCIÉTÉ ACADÉMIQUE DE L'AUBE

PREMIÈRE MÉDAILLE

DE L'ACADÉMIE DES INSCRIPTIONS ET BELLES-LETTRES

DEUX VOLUMES POUR L'ARRONDISSEMENT DE TROYES

LE PREMIER VOLUME EST EN VENTE

Il comprend les 1er, 2e et 3e cantons de **TROYES** avec les cantons d'**AIX-EN-OTHE** et de **BOUILLY**

LE DEUXIÈME VOLUME, EN COURS DE PUBLICATION, COMPRENDRA :
LES CANTONS D'ERVY, D'ESTISSAC, DE LUSIGNY ET DE PINEY

Conditions de la Souscription :

UN VOLUME PAR ARRONDISSEMENT

L'OUVRAGE COMPLET EN 5 VOLUMES

POUR TOUT LE DÉPARTEMENT DE L'AUBE

ON PEUT SOUSCRIRE POUR UN SEUL ARRONDISSEMENT

L'ouvrage se publie par livraisons. — Deux livraisons par mois.

2 francs la livraison

30 livraisons par volume à 2 francs — soit 60 francs le volume.

Le volume contiendra 500 pages, 300 gravures sur bois dans le texte et de 20 à 25 planches à l'eau-forte et en chromolithographie hors texte.

Le placement de cet ouvrage étant très restreint dans un seul département, nous avons fait tirer à 400 exemplaires seulement, pour nous couvrir de nos déboursés et de nos frais de dessins.

Maison Quantin, 7, rue Saint-Benoît.

OUVRAGE ENCOURAGÉ

PAR LE MINISTRE DE L'INSTRUCTION PUBLIQUE ET DES BEAUX-ARTS
ET PAR LE CONSEIL GÉNÉRAL DE L'AUBE

MÉDAILLE D'OR DE LA SOCIÉTÉ ACADÉMIQUE DE L'AUBE

PREMIÈRE MÉDAILLE

DE L'ACADÉMIE DES INSCRIPTIONS ET BELLES-LETTRES

DEUX VOLUMES POUR L'ARRONDISSEMENT DE TROYES

LE PREMIER VOLUME EST EN VENTE

Il comprend les 1er, 2e et 3e cantons de TROYES avec les cantons d'AIX-EN-OTHE et de BOUILLY.

LE DEUXIÈME VOLUME, EN COURS DE PUBLICATION, COMPRENDRA :
LES CANTONS D'ERVY, D'ESTISSAC, DE LUSIGNY ET DE PINEY

Conditions de la Souscription :

UN VOLUME PAR ARRONDISSEMENT

L'OUVRAGE COMPLET EN 5 VOLUMES

POUR TOUT LE DÉPARTEMENT DE L'AUBE

ON PEUT SOUSCRIRE POUR UN SEUL ARRONDISSEMENT.

L'ouvrage se publie par livraisons. — Deux livraisons par mois.

2 francs la livraison

30 livraisons par volume à 2 francs — soit 60 francs le volume.

Le volume contiendra 500 pages, 300 gravures sur bois dans le texte et de 20 à 25 planches à l'eau-forte et en chromolithographie hors texte.

Le placement de cet ouvrage étant très restreint dans un seul département, nous avons fait tirer à 400 exemplaires seulement, pour nous couvrir de nos déboursés et de nos frais de dessins.

Maison Quantin, 7, rue Saint-Benoît.

OUVRAGE ENCOURAGÉ

PAR LE MINISTRE DE L'INSTRUCTION PUBLIQUE ET DES BEAUX-ARTS
ET PAR LE CONSEIL GÉNÉRAL DE L'AUBE

MÉDAILLE D'OR DE LA SOCIÉTÉ ACADÉMIQUE DE L'AUBE

PREMIÈRE MÉDAILLE

DE L'ACADÉMIE DES INSCRIPTIONS ET BELLES-LETTRES

DEUX VOLUMES POUR L'ARRONDISSEMENT DE TROYES

LE PREMIER VOLUME EST EN VENTE

Il comprend les 1er, 2e et 3e cantons de TROYES avec les cantons d'AIX-EN-OTHE et de BOUILLY

LE DEUXIÈME VOLUME, EN COURS DE PUBLICATION, COMPRENDRA :
LES CANTONS D'ERVY, D'ESTISSAC, DE LUSIGNY ET DE PINEY

Conditions de la Souscription :

UN VOLUME PAR ARRONDISSEMENT

L'OUVRAGE COMPLET EN 5 VOLUMES

POUR TOUT LE DÉPARTEMENT DE L'AUBE

ON PEUT SOUSCRIRE POUR UN SEUL ARRONDISSEMENT

L'ouvrage se publie par livraisons. — Deux livraisons par mois.

2 francs la livraison

30 livraisons par volume à 2 francs — soit 60 francs le volume.

Le volume contiendra 500 pages, 300 gravures sur bois dans le texte et de 20 à 25 planches à l'eau-forte et en chromolithographie hors texte.

Le placement de cet ouvrage étant très restreint dans un seul département, nous avons fait tirer à 400 exemplaires seulement, pour nous couvrir de nos déboursés et de nos frais de dessins.

Maison Quantin, 7, rue Saint-Benoît.

OUVRAGE ENCOURAGÉ

PAR LE MINISTRE DE L'INSTRUCTION PUBLIQUE ET DES BEAUX-ARTS
ET PAR LE CONSEIL GÉNÉRAL DE L'AUBE

MÉDAILLE D'OR DE LA SOCIÉTÉ ACADÉMIQUE DE L'AUBE

PREMIÈRE MÉDAILLE
DE L'ACADÉMIE DES INSCRIPTIONS ET BELLES-LETTRES

DEUX VOLUMES POUR L'ARRONDISSEMENT DE TROYES.

LE PREMIER VOLUME EST EN VENTE

Il comprend les 1er, 2e et 3e cantons de TROYES avec les cantons d'AIX-EN-OTHE et de BOUILLY

LE DEUXIÈME VOLUME, EN COURS DE PUBLICATION, COMPRENDRA :
LES CANTONS D'ERVY, D'ESTISSAC, DE LUSIGNY ET DE PINEY

Conditions de la Souscription :

UN VOLUME PAR ARRONDISSEMENT
L'OUVRAGE COMPLET EN 5 VOLUMES
POUR TOUT LE DÉPARTEMENT DE L'AUBE
ON PEUT SOUSCRIRE POUR UN SEUL ARRONDISSEMENT.

L'ouvrage se publie par livraisons. — Deux livraisons par mois.
2 francs la livraison
30 livraisons par volume à 2 francs — soit 60 francs le volume.

Le volume contiendra 500 pages, 300 gravures sur bois dans le texte et de 20 à 25 planches à l'eau-forte et en chromolithographie hors texte.

Le placement de cet ouvrage étant très restreint dans un seul département, nous avons fait tirer à 400 exemplaires seulement, pour nous couvrir de nos déboursés et de nos frais de dessins.

Maison Quantin, 7, rue Saint-Benoît.

STATISTIQUE MONUMENTALE

DU

DÉPARTEMENT DE L'AUBE

PAR

CH. FICHOT

ACCOMPAGNÉE DE CHROMOLITHOGRAPHIES, DE GRAVURES A L'EAU-FORTE
ET DE DESSINS SUR BOIS
DESSINÉS ET GRAVÉS PAR L'AUTEUR

Troyes 26e LIVRAISON

PARIS — CHEZ L'AUTEUR, 39, RUE DE SÈVRES

TROYES

Chez LACROIX, Successeur de Dufey-Robert, libraire

RUE NOTRE-DAME, 83

Et chez tous les Libraires du département de l'Aube.

1887

STATISTIQUE MONUMENTALE

DU

DÉPARTEMENT DE L'AUBE

PAR

CH. FICHOT

ACCOMPAGNÉE DE CHROMOLITHOGRAPHIES, DE GRAVURES A L'EAU-FORTE
ET DE DESSINS SUR BOIS

DESSINÉS ET GRAVÉS PAR L'AUTEUR

Troyes. 27e LIVRAISON

PARIS — CHEZ L'AUTEUR, 39, RUE DE SÈVRES

TROYES

Chez LACROIX, Successeur de Dufey-Robert, libraire
RUE NOTRE-DAME, 83

Et chez tous les Libraires du département de l'Aube

1887

STATISTIQUE MONUMENTALE

DU

DÉPARTEMENT DE L'AUBE

PAR

CH. FICHOT

ACCOMPAGNÉE DE CHROMOLITHOGRAPHIES, DE GRAVURES A L'EAU-FORTE
ET DE DESSINS SUR BOIS

DESSINÉS ET GRAVÉS PAR L'AUTEUR

Troyes. 28e LIVRAISON

PARIS — CHEZ L'AUTEUR, 39, RUE DE SÈVRES

TROYES

Chez LACROIX, Successeur de Dufey-Robert, libraire

RUE NOTRE-DAME, 83

Et chez tous les Libraires du département de l'Aube

1887

STATISTIQUE MONUMENTALE

DU

DÉPARTEMENT DE L'AUBE

PAR

CH. FICHOT

ACCOMPAGNÉE DE CHROMOLITHOGRAPHIES, DE GRAVURES A L'EAU-FORTE
ET DE DESSINS SUR BOIS
DESSINÉS ET GRAVÉS PAR L'AUTEUR

29e LIVRAISON

PARIS — CHEZ L'AUTEUR, 39, RUE DE SÈVRES

TROYES
Chez LACROIX, Successeur de Dufey-Robert, libraire
RUE NOTRE-DAME, 83
Et chez tous les Libraires du département de l'Aube
1887

OUVRAGE ENCOURAGÉ

PAR LE MINISTRE DE L'INSTRUCTION PUBLIQUE ET DES BEAUX-ARTS
ET PAR LE CONSEIL GÉNÉRAL DE L'AUBE

MÉDAILLE D'OR DE LA SOCIÉTÉ ACADÉMIQUE DE L'AUBE

PREMIÈRE MÉDAILLE

DE L'ACADÉMIE DES INSCRIPTIONS ET BELLES-LETTRES

DEUX VOLUMES POUR L'ARRONDISSEMENT DE TROYES

LE PREMIER VOLUME EST EN VENTE

Il comprend les 1er, 2e et 3e cantons de TROYES avec les cantons d'AIX-EN-OTHE et de BOUILLY

LE DEUXIÈME VOLUME, EN COURS DE PUBLICATION, COMPRENDRA :
LES CANTONS D'ERVY, D'ESTISSAC, DE LUSIGNY ET DE PINEY

Conditions de la Souscription :

UN VOLUME PAR ARRONDISSEMENT

L'OUVRAGE COMPLET EN 5 VOLUMES

POUR TOUT LE DÉPARTEMENT DE L'AUBE

ON PEUT SOUSCRIRE POUR UN SEUL ARRONDISSEMENT

L'ouvrage se publie par livraisons. — Deux livraisons par mois.

2 francs la livraison

30 livraisons par volume à 2 francs — soit 60 francs le volume.

Le volume contiendra 500 pages, 300 gravures sur bois dans le texte et de 20 à 25 planches à l'eau-forte et en chromolithographie hors texte.

Le placement de cet ouvrage étant très restreint dans un seul département, nous avons fait tirer à 400 exemplaires seulement, pour nous couvrir de nos déboursés et de nos frais de dessins.

Maison Quantin, 7, rue Saint-Benoît.

OUVRAGE ENCOURAGÉ

PAR LE MINISTRE DE L'INSTRUCTION PUBLIQUE ET DES BEAUX-ARTS
ET PAR LE CONSEIL GÉNÉRAL DE L'AUBE

MÉDAILLE D'OR DE LA SOCIÉTÉ ACADÉMIQUE DE L'AUBE

PREMIÈRE MÉDAILLE

DE L'ACADÉMIE DES INSCRIPTIONS ET BELLES-LETTRES

DEUX VOLUMES POUR L'ARRONDISSEMENT DE TROYES

LE PREMIER VOLUME EST EN VENTE

Il comprend les 1er, 2e et 3e cantons de TROYES avec les cantons d'AIX-EN-OTHE et de BOUILLY

LE DEUXIÈME VOLUME, EN COURS DE PUBLICATION, COMPRENDRA :
LES CANTONS D'ERVY, D'ESTISSAC, DE LUSIGNY ET DE PINEY

Conditions de la Souscription :

UN VOLUME PAR ARRONDISSEMENT

L'OUVRAGE COMPLET EN 5 VOLUMES

POUR TOUT LE DÉPARTEMENT DE L'AUBE

ON PEUT SOUSCRIRE POUR UN SEUL ARRONDISSEMENT

L'ouvrage se publie par livraisons. — Deux livraisons par mois.

2 francs la livraison

30 livraisons par volume à 2 francs — soit 60 francs le volume.

Le volume contiendra 500 pages, 300 gravures sur bois dans le texte et de 20 à 25 planches à l'eau-forte et en chromolithographie hors texte.

Le placement de cet ouvrage étant très restreint dans un seul département, nous avons fait tirer à 400 exemplaires seulement, pour nous couvrir de nos déboursés et de nos frais de dessins.

Maison Quantin, 7, rue Saint-Benoît.

OUVRAGE ENCOURAGÉ

PAR LE MINISTRE DE L'INSTRUCTION PUBLIQUE ET DES BEAUX-ARTS
ET PAR LE CONSEIL GÉNÉRAL DE L'AUBE

MÉDAILLE D'OR DE LA SOCIÉTÉ ACADÉMIQUE DE L'AUBE

PREMIÈRE MÉDAILLE

DE L'ACADÉMIE DES INSCRIPTIONS ET BELLES-LETTRES

DEUX VOLUMES POUR L'ARRONDISSEMENT DE TROYES

LE PREMIER VOLUME EST EN VENTE

Il comprend les 1er, 2e et 3e cantons de TROYES avec les cantons d'AIX-EN-OTHE et de BOUILLY

LE DEUXIÈME VOLUME, EN COURS DE PUBLICATION, COMPRENDRA :
LES CANTONS D'ERVY, D'ESTISSAC, DE LUSIGNY ET DE PINEY

Conditions de la Souscription :

UN VOLUME PAR ARRONDISSEMENT

L'OUVRAGE COMPLET EN 5 VOLUMES

POUR TOUT LE DÉPARTEMENT DE L'AUBE

ON PEUT SOUSCRIRE POUR UN SEUL ARRONDISSEMENT

L'ouvrage se publie par livraisons. — Deux livraisons par mois.

2 francs la livraison

30 livraisons par volume à 2 francs — soit 60 francs le volume.

Le volume contiendra 500 pages, 300 gravures sur bois dans le texte et de 20 à 25 planches à l'eau-forte et en chromolithographie hors texte.

Le placement de cet ouvrage étant très restreint dans un seul département, nous avons fait tirer à 400 exemplaires seulement, pour nous couvrir de nos déboursés et de nos frais de dessins.

Maison Quantin, 7, rue Saint-Benoît.

OUVRAGE ENCOURAGÉ

PAR LE MINISTRE DE L'INSTRUCTION PUBLIQUE ET DES BEAUX-ARTS
ET PAR LE CONSEIL GÉNÉRAL DE L'AUBE

MÉDAILLE D'OR DE LA SOCIÉTÉ ACADÉMIQUE DE L'AUBE

PREMIÈRE MÉDAILLE

DE L'ACADÉMIE DES INSCRIPTIONS ET BELLES-LETTRES

DEUX VOLUMES POUR L'ARRONDISSEMENT DE TROYES

LE PREMIER VOLUME EST EN VENTE

Il comprend les 1er, 2e et 3e cantons de TROYES avec les cantons d'AIX-EN-OTHE et de BOUILLY

LE DEUXIÈME VOLUME, EN COURS DE PUBLICATION, COMPRENDRA :
LES CANTONS D'ERVY, D'ESTISSAC, DE LUSIGNY ET DE PINEY

Conditions de la Souscription :

UN VOLUME PAR ARRONDISSEMENT

L'OUVRAGE COMPLET EN 5 VOLUMES

POUR TOUT LE DÉPARTEMENT DE L'AUBE

ON PEUT SOUSCRIRE POUR UN SEUL ARRONDISSEMENT

L'ouvrage se publie par livraisons. — Deux livraisons par mois.

2 francs la livraison

30 livraisons par volume à 2 francs — soit 60 francs le volume.

Le volume contiendra 500 pages, 300 gravures sur bois dans le texte et de 20 à 25 planches à l'eau-forte et en chromolithographie hors texte.

Le placement de cet ouvrage étant très restreint dans un seul département, nous avons fait tirer à 400 exemplaires seulement, pour nous couvrir de nos déboursés et de nos frais de dessins.

Maison Quantin, 7, rue Saint-Benoît.

STATISTIQUE MONUMENTALE

DU

DÉPARTEMENT DE L'AUBE

PAR

CH. FICHOT

ACCOMPAGNÉE DE CHROMOLITHOGRAPHIES, DE GRAVURES A L'EAU-FORTE
ET DE DESSINS SUR BOIS
DESSINÉS ET GRAVÉS PAR L'AUTEUR

30e LIVRAISON

PARIS — CHEZ L'AUTEUR, 39, RUE DE SÈVRES

TROYES
Chez LACROIX, Successeur de Dufey-Robert, libraire
RUE NOTRE-DAME, 83
Et chez tous les Libraires du département de l'Aube
1887

STATISTIQUE MONUMENTALE

DU

DÉPARTEMENT DE L'AUBE

PAR

CH. FICHOT

ACCOMPAGNÉE DE CHROMOLITHOGRAPHIES, DE GRAVURES A L'EAU-FORTE
ET DE DESSINS SUR BOIS

DESSINÉS ET GRAVÉS PAR L'AUTEUR

Troyes. 31e LIVRAISON

PARIS — CHEZ L'AUTEUR, 39, RUE DE SÈVRES

TROYES

Chez LACROIX, Successeur de Dufey-Robert, libraire

RUE NOTRE-DAME, 83

Et chez tous les Libraires du département de l'Aube

1887

STATISTIQUE MONUMENTALE

DU

DÉPARTEMENT DE L'AUBE

PAR

CH. FICHOT

ACCOMPAGNÉE DE CHROMOLITHOGRAPHIES, DE GRAVURES A L'EAU-FORTE
ET DE DESSINS SUR BOIS

DESSINÉS ET GRAVÉS PAR L'AUTEUR

Troyes. 32e LIVRAISON

PARIS — CHEZ L'AUTEUR, 39, RUE DE SÈVRES

TROYES

Chez LACROIX, Successeur de Dufey-Robert, libraire

RUE NOTRE-DAME, 83

Et chez tous les Libraires du département de l'Aube

1887

OUVRAGE ENCOURAGÉ

PAR LE MINISTRE DE L'INSTRUCTION PUBLIQUE ET DES BEAUX-ARTS
ET PAR LE CONSEIL GÉNÉRAL DE L'AUBE

MÉDAILLE D'OR DE LA SOCIÉTÉ ACADÉMIQUE DE L'AUBE

PREMIÈRE MÉDAILLE

DE L'ACADÉMIE DES INSCRIPTIONS ET BELLES-LETTRES

DEUX VOLUMES POUR L'ARRONDISSEMENT DE TROYES

LE PREMIER VOLUME EST EN VENTE

Il comprend les 1er, 2e et 3e cantons de TROYES avec les cantons d'AIX-EN-OTHE et de BOUILLY.

LE DEUXIÈME VOLUME, EN COURS DE PUBLICATION, COMPRENDRA :
LES CANTONS D'ERVY, D'ESTISSAC, DE LUSIGNY ET DE PINEY.

Conditions de la Souscription :

UN VOLUME PAR ARRONDISSEMENT

L'OUVRAGE COMPLET EN 5 VOLUMES

POUR TOUT LE DÉPARTEMENT DE L'AUBE

ON PEUT SOUSCRIRE POUR UN SEUL ARRONDISSEMENT

L'ouvrage se publie par livraisons. — Deux livraisons par mois.

2 francs la livraison

30 livraisons par volume à 2 francs — soit 60 francs le volume.

Le volume contiendra 500 pages, 300 gravures sur bois dans le texte et de 20 à 25 planches à l'eau-forte et en chromolithographie hors texte.

Le placement de cet ouvrage étant très restreint dans un seul département, nous avons fait tirer à 400 exemplaires seulement, pour nous couvrir de nos déboursés et de nos frais de dessins.

Maison Quantin, 7, rue Saint-Benoît.

OUVRAGE ENCOURAGÉ

PAR LE MINISTRE DE L'INSTRUCTION PUBLIQUE ET DES BEAUX-ARTS
ET PAR LE CONSEIL GÉNÉRAL DE L'AUBE

MÉDAILLE D'OR DE LA SOCIÉTÉ ACADÉMIQUE DE L'AUBE

PREMIÈRE MÉDAILLE

DE L'ACADÉMIE DES INSCRIPTIONS ET BELLES-LETTRES

DEUX VOLUMES POUR L'ARRONDISSEMENT DE TROYES

LE PREMIER VOLUME EST EN VENTE

Il comprend les 1er, 2e et 3e cantons de TROYES avec les cantons d'AIX-EN-OTHE et de BOUILLY

LE DEUXIÈME VOLUME, EN COURS DE PUBLICATION, COMPRENDRA :
LES CANTONS D'ERVY, D'ESTISSAC, DE LUSIGNY ET DE PINEY

Conditions de la Souscription :

UN VOLUME PAR ARRONDISSEMENT

L'OUVRAGE COMPLET EN 5 VOLUMES

POUR TOUT LE DÉPARTEMENT DE L'AUBE

ON PEUT SOUSCRIRE POUR UN SEUL ARRONDISSEMENT

L'ouvrage se publie par livraisons. — Deux livraisons par mois.

2 francs la livraison

30 livraisons par volume à 2 francs — soit 60 francs le volume.

Le volume contiendra 500 pages, 300 gravures sur bois dans le texte et de 20 à 25 planches à l'eau-forte et en chromolithographie hors texte.

Le placement de cet ouvrage étant très restreint dans un seul département, nous avons fait tirer à 400 exemplaires seulement, pour nous couvrir de nos déboursés et de nos frais de dessins.

Maison Quantin, 7, rue Saint-Benoît.

STATISTIQUE MONUMENTALE

DU

DÉPARTEMENT DE L'AUBE

PAR

CH. FICHOT

ACCOMPAGNÉE DE CHROMOLITHOGRAPHIES, DE GRAVURES A L'EAU-FORTE
ET DE DESSINS SUR BOIS

DESSINÉS ET GRAVÉS PAR L'AUTEUR

Troyes. 33e LIVRAISON

PARIS — CHEZ L'AUTEUR, 39, RUE DE SÈVRES

TROYES

Chez LACROIX, Successeur de Dufey-Robert, libraire

RUE NOTRE-DAME, 83

Et chez tous les Libraires du département de l'Aube

1887

STATISTIQUE MONUMENTALE

DU

DÉPARTEMENT DE L'AUBE

PAR

CH. FICHOT

ACCOMPAGNÉE DE CHROMOLITHOGRAPHIES, DE GRAVURES A L'EAU-FORTE
ET DE DESSINS SUR BOIS

DESSINÉS ET GRAVÉS PAR L'AUTEUR

Troyes. 34e *LIVRAISON*

PARIS — CHEZ L'AUTEUR, 39, RUE DE SÈVRES

TROYES

Chez LACROIX, Successeur de Dufey-Robert, libraire

RUE NOTRE-DAME, 83

Et chez tous les Libraires du département de l'Aube

1887

STATISTIQUE MONUMENTALE

DU

DÉPARTEMENT DE L'AUBE

PAR

CH. FICHOT

ACCOMPAGNÉE DE CHROMOLITHOGRAPHIES, DE GRAVURES A L'EAU-FORTE
ET DE DESSINS SUR BOIS

DESSINÉS ET GRAVÉS PAR L'AUTEUR

Troyes. 35e *LIVRAISON*

PARIS — CHEZ L'AUTEUR, 39, RUE DE SÈVRES

TROYES

Chez **LACROIX**, Successeur de Dufey-Robert, libraire

RUE NOTRE-DAME, 83

Et chez tous les Libraires du département de l'Aube

1887

OUVRAGE ENCOURAGÉ

PAR LE MINISTRE DE L'INSTRUCTION PUBLIQUE ET DES BEAUX-ARTS
ET PAR LE CONSEIL GÉNÉRAL DE L'AUBE

MÉDAILLE D'OR DE LA SOCIÉTÉ ACADÉMIQUE DE L'AUBE

PREMIÈRE MÉDAILLE

DE L'ACADÉMIE DES INSCRIPTIONS ET BELLES-LETTRES

DEUX VOLUMES POUR L'ARRONDISSEMENT DE TROYES

LE PREMIER VOLUME EST EN VENTE

Il comprend les 1er, 2e et 3e cantons de TROYES avec les cantons d'AIX-EN-OTHE et de BOUILLY

LE DEUXIÈME VOLUME, EN COURS DE PUBLICATION, COMPRENDRA :
LES CANTONS D'ERVY, D'ESTISSAC, DE LUSIGNY ET DE PINEY

Conditions de la Souscription :

UN VOLUME PAR ARRONDISSEMENT

L'OUVRAGE COMPLET EN 5 VOLUMES

POUR TOUT LE DÉPARTEMENT DE L'AUBE

ON PEUT SOUSCRIRE POUR UN SEUL ARRONDISSEMENT

L'ouvrage se publie par livraisons. — Deux livraisons par mois.

2 francs la livraison

30 livraisons par volume à 2 francs — soit 60 francs le volume.

Le volume contiendra 500 pages, 300 gravures sur bois dans le texte et de 20 à 25 planches à l'eau-forte et en chromolithographie hors texte.

Le placement de cet ouvrage étant très restreint dans un seul département, nous avons fait tirer à 400 exemplaires seulement, pour nous couvrir de nos déboursés et de nos frais de dessins.

Maison Quantin, 7, rue Saint-Benoît.

OUVRAGE ENCOURAGÉ

PAR LE MINISTRE DE L'INSTRUCTION PUBLIQUE ET DES BEAUX-ARTS
ET PAR LE CONSEIL GÉNÉRAL DE L'AUBE

MÉDAILLE D'OR DE LA SOCIÉTÉ ACADÉMIQUE DE L'AUBE

PREMIÈRE MÉDAILLE

DE L'ACADÉMIE DES INSCRIPTIONS ET BELLES-LETTRES

DEUX VOLUMES POUR L'ARRONDISSEMENT DE TROYES

LE PREMIER VOLUME EST EN VENTE

Il comprend les 1er, 2e et 3e cantons de TROYES avec les cantons d'AIX-EN-OTHE et de BOUILLY

LE DEUXIÈME VOLUME, EN COURS DE PUBLICATION, COMPRENDRA :
LES CANTONS D'ERVY, D'ESTISSAC, DE LUSIGNY ET DE PINEY

Conditions de la Souscription :

UN VOLUME PAR ARRONDISSEMENT

L'OUVRAGE COMPLET EN 5 VOLUMES

POUR TOUT LE DÉPARTEMENT DE L'AUBE

ON PEUT SOUSCRIRE POUR UN SEUL ARRONDISSEMENT

L'ouvrage se publie par livraisons. — Deux livraisons par mois.

2 francs la livraison

30 livraisons par volume à 2 francs — soit 60 francs le volume.

Le volume contiendra 500 pages, 300 gravures sur bois dans le texte et de 20 à 25 planches à l'eau-forte et en chromolithographie hors texte.

Le placement de cet ouvrage étant très restreint dans un seul département, nous avons fait tirer à 400 exemplaires seulement, pour nous couvrir de nos déboursés et de nos frais de dessins.

Maison Quantin, 7, rue Saint-Benoît.

Maison Quantin, 7, rue Saint-Benoît.

A MM. les Souscripteurs.

Dans la 6me Livraison, page 92, il s'est glissé une lacune regrettable dans la description de la cheminée de l'hôtel Chapelaines. Cette feuille sous bande portant les folios 85, 86, 91 et 92, est destinée à rectifier cette erreur typographique. Le Souscripteur est prié de faire en échange, et remplacer la feuille publiée dans la 6me livraison par celle-ci mise sous bande, afin d'éviter un double emploi au moment de la reliure du volume.

Statistique Monumentale du Département de l'Aube

L'Auteur à MM. les Souscripteurs.

Pleusieurs planches du 3me Volume, comprenant la ville de Troyes, étant encore à publier, nous prions nos souscripteurs de ne pas faire relier ce volume avant l'achèvement du 4me.

Les planches des deux Eglises St Urbain et St Nicolas insérées dans les livraisons du 3me volume auront leur place dans le 4me volume.

D'ailleurs les tables des planches hors texte des 3e et 4mes volumes, seront tirées séparément, prendront place à la fin de leur volume respectif et se trouveront ainsi indiquer à la place réelle de chacune des planches hors texte.

Une liste supplémentaire des nouveaux souscripteurs, sera publiée à la fin du dernier volume.

OUVRAGE ENCOURAGÉ

PAR LE MINISTRE DE L'INSTRUCTION PUBLIQUE ET DES BEAUX-ARTS
ET PAR LE CONSEIL GÉNÉRAL DE L'AUBE

MÉDAILLE D'OR DE LA SOCIÉTÉ ACADÉMIQUE DE L'AUBE

PREMIÈRE MÉDAILLE

DE L'ACADÉMIE DES INSCRIPTIONS ET BELLES-LETTRES

DEUX VOLUMES POUR L'ARRONDISSEMENT DE TROYES

LE PREMIER VOLUME

Comprend les 1er, 2e et 3e cantons de TROYES avec les cantons d'AIX-EN-OTHE et de BOUILLY. In-8° jésus, 495 pages, 395 gravures dans le texte et 19 planches à l'eau-forte et en chromolithographie hors texte.

LE DEUXIÈME VOLUME

Comprend les Cantons d'ERVY, d'ESTISSAC, de LUSIGNY et de PINEY. 562 pages, 352 gravures dans le texte et 40 planches à l'eau-forte et en chromolithographie.

ON PEUT SOUSCRIRE POUR UN SEUL VOLUME

L'ouvrage se publie par livraisons. — Deux livraisons par mois.

2 francs la livraison

30 livraisons par volume à 2 francs — soit 60 francs le volume.

Le placement de cet ouvrage étant très restreint dans un seul département, nous avons fait tirer à 400 exemplaires seulement, pour nous couvrir de nos déboursés et de nos frais de dessins.

Paris. — Maison Quantin, 7, rue Saint-Benoît.

STATISTIQUE MONUMENTALE

DU

DÉPARTEMENT DE L'AUBE

PAR

CH. FICHOT

ACCOMPAGNÉE DE CHROMOLITHOGRAPHIES, DE GRAVURES A L'EAU-FORTE
ET DE DESSINS SUR BOIS

DESSINÉS ET GRAVÉS PAR L'AUTEUR

38e LIVRAISON

PARIS — CHEZ L'AUTEUR, 39, RUE DE SÈVRES

TROYES

Chez LACROIX, Successeur de Dufey-Robert, libraire

RUE NOTRE-DAME, 83

Et chez tous les Libraires du département de l'Aube

1884

STATISTIQUE MONUMENTALE

DU

DÉPARTEMENT DE L'AUBE

PAR

CH. FICHOT

ACCOMPAGNÉE DE CHROMOLITHOGRAPHIES, DE GRAVURES A L'EAU-FORTE ET DE DESSINS SUR BOIS

DESSINÉS ET GRAVÉS PAR L'AUTEUR

39e LIVRAISON

PARIS — CHEZ L'AUTEUR, 39, RUE DE SÈVRES

TROYES

Chez LACROIX, Successeur de Dufey-Robert, libraire

RUE NOTRE-DAME, 88

Et chez tous les Libraires du département de l'Aube

1884

STATISTIQUE MONUMENTALE

DU

DÉPARTEMENT DE L'AUBE

PAR

CH. FICHOT

ACCOMPAGNÉE DE CHROMOLITHOGRAPHIES, DE GRAVURES A L'EAU-FORTE
ET DE DESSINS SUR BOIS
DESSINÉS ET GRAVÉS PAR L'AUTEUR

10e LIVRAISON

PARIS — CHEZ L'AUTEUR, 39, RUE DE SÈVRES

TROYES
Chez LACROIX, Successeur de Dufey-Robert, libraire
RUE NOTRE-DAME, 83
Et chez tous les Libraires du département de l'Aube
1884

OUVRAGE ENCOURAGÉ

PAR LE MINISTRE DE L'INSTRUCTION PUBLIQUE ET DES BEAUX-ARTS
ET PAR LE CONSEIL GÉNÉRAL DE L'AUBE

MÉDAILLE D'OR
De la société académique de l'Aube

ARRONDISSEMENT DE TROYES

DEUX VOLUMES

LE PREMIER VOLUME EST EN VENTE

Il se compose des 3 cantons de TROYES avec les cantons d'AIX-EN-OTTRE ET DE BOUILLY

LE DEUXIÈME VOLUME EN COURS DE PUBLICATION, COMPRENDRA :
LES CANTONS D'ERVY, D'ESTISSAC, DE LUSIGNY ET DE PINEY

CONDITIONS DE LA SOUSCRIPTION

L'ouvrage se publie par livraisons. — Une livraison par mois. — 24 francs par an.
2 francs la livraison
30 livraisons par volume à 2 francs — soit 60 francs le volume.

On peut souscrire pour un seul volume.

Le volume contiendra 500 pages, 300 gravures sur bois dans le texte et de 20 à 25 planches à l'eau-forte et en chromolithographie hors texte.

Le placement de cet ouvrage étant très restreint dans un seul département, nous avons fait tirer à 400 exemplaires seulement, pour nous couvrir de nos déboursés et de nos frais de dessins.

25 exemplaires ont été tirés sur papier de Hollande et numérotés
au prix de 4 fr. la livraison
Il ne reste plus que NEUF exemplaires du 1er volume.

Paris. — Typ. A. Quantin, 7, rue Saint-Benoît.

OUVRAGE ENCOURAGÉ

PAR LE MINISTRE DE L'INSTRUCTION PUBLIQUE ET DES BEAUX-ARTS
ET PAR LE CONSEIL GÉNÉRAL DE L'AUBE

MÉDAILLE D'OR
De la société académique de l'Aube

ARRONDISSEMENT DE TROYES

DEUX VOLUMES

LE PREMIER VOLUME EST EN VENTE

Il se compose des 3 cantons de TROYES avec les cantons d'AIX-EN-OTTRE ET DE BOUILLY

LE DEUXIÈME VOLUME EN COURS DE PUBLICATION, COMPRENDRA :
LES CANTONS D'ERVY, D'ESTISSAC, DE LUSIGNY ET DE PINEY

CONDITIONS DE LA SOUSCRIPTION

L'ouvrage se publie par livraisons. — Une livraison par mois. — 24 francs par an.

2 francs la livraison

30 livraisons par volume à 2 francs — soit 60 francs le volume.

On peut souscrire pour un seul volume.

Le volume contiendra 500 pages, 300 gravures sur bois dans le texte et de 20 à 25 planches à l'eau-forte et en chromolithographie hors texte.

Le placement de cet ouvrage étant très restreint dans un seul département, nous avons fait tirer à 400 exemplaires seulement, pour nous couvrir de nos déboursés et de nos frais de dessins.

25 exemplaires ont été tirés sur papier de Hollande et numérotés

au prix de 4 fr. la livraison

Il ne reste plus que NEUF exemplaires du 1er volume.

Paris. — Typ. A. Quantin, 7, rue Saint-Benoît.

OUVRAGE ENCOURAGÉ

PAR LE MINISTRE DE L'INSTRUCTION PUBLIQUE ET DES BEAUX-ARTS
ET PAR LE CONSEIL GÉNÉRAL DE L'AUBE

MÉDAILLE D'OR
De la société académique de l'Aube

ARRONDISSEMENT DE TROYES

DEUX VOLUMES

LE PREMIER VOLUME EST EN VENTE

Il se compose des 3 cantons de TROYES avec les cantons d'AIX-EN-OTTRE ET DE BOUILLY

LE DEUXIÈME VOLUME EN COURS DE PUBLICATION, COMPRENDRA :
LES CANTONS D'ERVY, D'ESTISSAC, DE LUSIGNY ET DE PINEY

CONDITIONS DE LA SOUSCRIPTION

L'ouvrage se publie par livraisons. — Une livraison par mois. — 24 francs par an.

2 francs la livraison

30 livraisons par volume à 2 francs — soit 60 francs le volume.

On peut souscrire pour un seul volume.

Le volume contiendra 500 pages, 300 gravures sur bois dans le texte et de 20 à 25 planches à l'eau-forte et en chromolithographie hors texte.

Le placement de cet ouvrage étant très restreint dans un seul département, nous avons fait tirer à 400 exemplaires seulement, pour nous couvrir de nos déboursés et de nos frais de dessins.

25 exemplaires ont été tirés sur papier de Hollande et numérotés

au prix de 4 fr. la livraison

Il ne reste plus que NEUF exemplaires du 1er volume.

Paris. — Typ. A. Quantin, 7, rue Saint-Benoît.

STATISTIQUE MONUMENTALE

DU

DÉPARTEMENT DE L'AUBE

PAR

CH. FICHOT

ACCOMPAGNÉE DE CHROMOLITHOGRAPHIES, DE GRAVURES A L'EAU-FORTE
ET DE DESSINS SUR BOIS

DESSINÉS ET GRAVÉS PAR L'AUTEUR

41e LIVRAISON

PARIS — CHEZ L'AUTEUR, 39, RUE DE SÈVRES

TROYES

Chez LACROIX, Successeur de Dufey-Robert, libraire

RUE NOTRE-DAME, 83

Et chez tous les Libraires du département de l'Aube

1884

STATISTIQUE MONUMENTALE

DU

DÉPARTEMENT DE L'AUBE

PAR

CH. FICHOT

ACCOMPAGNÉE DE CHROMOLITHOGRAPHIES, DE GRAVURES A L'EAU-FORTE
ET DE DESSINS SUR BOIS

DESSINÉS ET GRAVÉS PAR L'AUTEUR

49e *LIVRAISON*

PARIS — CHEZ L'AUTEUR, 39, RUE DE SÈVRES

TROYES

Chez LACROIX, Successeur de Dufey-Robert, libraire

RUE NOTRE-DAME, 83

Et chez tous les Libraires du département de l'Aube

1884

OUVRAGE ENCOURAGÉ PAR LE MINISTRE DE L'INSTRUCTION PUBLIQUE ET DES BEAUX-ARTS
ET PAR LE CONSEIL GÉNÉRAL DE L'AUBE.

STATISTIQUE MONUMENTALE
DU
DÉPARTEMENT DE L'AUBE

PAR

CH. FICHOT

ACCOMPAGNÉE DE CHROMOLITHOGRAPHIES, DE GRAVURES A L'EAU-FORTE
ET DE DESSINS SUR BOIS

DESSINÉS ET GRAVÉS PAR L'AUTEUR

43me *LIVRAISON*

PARIS — CHEZ L'AUTEUR, 39, RUE DE SÈVRES

TROYES
Chez L'ACROIX, Successeur de Dufey-Robert, libraire
RUE NOTRE-DAME, 83
Et chez tous les Libraires du département de l'Aube
1883

ARRONDISSEMENT DE TROYES

1 volume, 30 livraisons — 2 fr. la livraison

Conditions de la Souscription :

UN VOLUME PAR ARRONDISSEMENT

L'OUVRAGE COMPLET COMPRENDRA 5 VOLUMES

POUR TOUT LE DÉPARTEMENT DE L'AUBE

ON PEUT SOUSCRIRE POUR UN SEUL ARRONDISSEMENT

L'ouvrage se publie par livraisons. — Deux livraisons par mois

2 francs la livraison

30 livraisons par volume à 2 francs — soit 60 francs le volume

Le volume contiendra environ 800 pages, 300 gravures sur bois dans le texte et de 20 à 25 planches à l'eau-forte et en chromolithographie hors texte.

Le placement de cet ouvrage étant très restreint dans un seul département, nous avons fait tirer à 300 exemplaires seulement, pour nous couvrir de nos déboursés et de nos frais de dessins.

25 exemplaires ont été tirés sur papier de Hollande et numérotés

au prix de 4 francs la livraison

Paris. — Imp. A. QUANTIN, 7, rue Saint-Benoît.

OUVRAGE ENCOURAGÉ

PAR LE MINISTRE DE L'INSTRUCTION PUBLIQUE ET DES BEAUX-ARTS
ET PAR LE CONSEIL GÉNÉRAL DE L'AUBE

MÉDAILLE D'OR
De la société académique de l'Aube

ARRONDISSEMENT DE TROYES

DEUX VOLUMES

LE PREMIER VOLUME EST EN VENTE

Il se compose des 3 cantons de TROYES avec les cantons d'AIX-EN-OTTRE ET DE BOUILLY

LE DEUXIÈME VOLUME EN COURS DE PUBLICATION, COMPRENDRA :
LES CANTONS D'ERVY, D'ESTISSAC, DE LUSIGNY ET DE PINEY

CONDITIONS DE LA SOUSCRIPTION

L'ouvrage se publie par livraisons. — Une livraison par mois. — 24 francs par an.

2 francs la livraison

30 livraisons par volume à 2 francs — soit 60 francs le volume.

On peut souscrire pour un seul volume.

Le volume contiendra 500 pages, 300 gravures sur bois dans le texte et de 20 à 25 planches à l'eau-forte et en chromolithographie hors texte.

Le placement de cet ouvrage étant très restreint dans un seul département, nous avons fait tirer à 400 exemplaires seulement, pour nous couvrir de nos déboursés et de nos frais de dessins.

25 exemplaires ont été tirés sur papier de Hollande et numérotés

au prix de 4 fr. la livraison

Il ne reste plus que NEUF exemplaires du 1er volume.

Paris. — Typ. A. Quantin, 7, rue Saint-Benoît.

OUVRAGE ENCOURAGÉ

PAR LE MINISTRE DE L'INSTRUCTION PUBLIQUE ET DES BEAUX-ARTS
ET PAR LE CONSEIL GÉNÉRAL DE L'AUBE

MÉDAILLE D'OR
De la société académique de l'Aube

ARRONDISSEMENT DE TROYES

DEUX VOLUMES

LE PREMIER VOLUME EST EN VENTE

Il se compose des 3 cantons de TROYES avec les cantons d'AIX-EN-OTTRE ET DE BOUILLY

LE DEUXIÈME VOLUME EN COURS DE PUBLICATION, COMPRENDRA :
LES CANTONS D'ERVY, D'ESTISSAC, DE LUSIGNY ET DE PINEY

CONDITIONS DE LA SOUSCRIPTION

L'ouvrage se publie par livraisons. — Une livraison par mois. — 24 francs par an.

2 francs la livraison

30 livraisons par volume à 2 francs — soit 60 francs le volume.

On peut souscrire pour un seul volume.

Le volume contiendra 500 pages, 300 gravures sur bois dans le texte et de 20 à 25 planches à l'eau-forte et en chromolithographie hors texte.

Le placement de cet ouvrage étant très restreint dans un seul département, nous avons fait tirer à 400 exemplaires seulement, pour nous couvrir de nos déboursés et de nos frais de dessins.

25 exemplaires ont été tirés sur papier de Hollande et numérotés

au prix de 4 fr. la livraison

Il ne reste plus que NEUF exemplaires du 1er volume.

Paris. — Typ. A. Quantin, 7, rue Saint-Benoît.

STATISTIQUE MONUMENTALE

DU

DÉPARTEMENT DE L'AUBE

PAR

CH. FICHOT

ACCOMPAGNÉE DE CHROMOLITHOGRAPHIES, DE GRAVURES A L'EAU-FORTE
ET DE DESSINS SUR BOIS

DESSINÉS ET GRAVÉS PAR L'AUTEUR

44e LIVRAISON

PARIS — CHEZ L'AUTEUR, 39, RUE DE SÈVRES

TROYES

Chez LACROIX, Successeur de Dufey-Robert, libraire
RUE NOTRE-DAME, 83

Et chez tous les Libraires du département de l'Aube

1884

STATISTIQUE MONUMENTALE

DU

DÉPARTEMENT DE L'AUBE

PAR

CH. FICHOT

ACCOMPAGNÉE DE CHROMOLITHOGRAPHIES, DE GRAVURES A L'EAU-FORTE
ET DE DESSINS SUR BOIS
DESSINÉS ET GRAVÉS PAR L'AUTEUR

45e *LIVRAISON*

PARIS — CHEZ L'AUTEUR, 39, RUE DE SEVRES

TROYES

Chez LACROIX, Successeur de Dufey-Robert, libraire

RUE NOTRE-DAME, 83

Et chez tous les Libraires du département de l'Aube

1886.

STATISTIQUE MONUMENTALE

DU

DÉPARTEMENT DE L'AUBE

PAR

CH. FICHOT

ACCOMPAGNÉE DE CHROMOLITHOGRAPHIES, DE GRAVURES A L'EAU-FORTE
ET DE DESSINS SUR BOIS

DESSINÉS ET GRAVÉS PAR L'AUTEUR

46e LIVRAISON

PARIS — CHEZ L'AUTEUR, 39, RUE DE SEVRES

TROYES

Chez LACROIX, Successeur de Dufey-Robert, libraire

RUE NOTRE-DAME, 83

Et chez tous les Libraires du département de l'Aube

1886

OUVRAGE ENCOURAGÉ

PAR LE MINISTRE DE L'INSTRUCTION PUBLIQUE ET DES BEAUX-ARTS
ET PAR LE CONSEIL GÉNÉRAL DE L'AUBE

MÉDAILLE D'OR DE LA SOCIÉTÉ ACADÉMIQUE DE L'AUBE

PREMIÈRE MÉDAILLE

DE L'ACADÉMIE DES INSCRIPTIONS ET BELLES-LETTRES

DEUX VOLUMES POUR L'ARRONDISSEMENT DE TROYES

LE PREMIER VOLUME EST EN VENTE

Il comprend les 1er, 2e et 3e cantons de TROYES avec les cantons d'AIX-EN-OTHE et de BOUILLY

LE DEUXIÈME VOLUME, EN COURS DE PUBLICATION, COMPRENDRA :
LES CANTONS D'ERVY, D'ESTISSAC, DE LUSIGNY ET DE PINEY

Conditions de la Souscription :

UN VOLUME PAR ARRONDISSEMENT

L'OUVRAGE COMPLET EN 5 VOLUMES

POUR TOUT LE DÉPARTEMENT DE L'AUBE

ON PEUT SOUSCRIRE POUR UN SEUL ARRONDISSEMENT

L'ouvrage se publie par livraisons. — Deux livraisons par mois.

2 francs la livraison

30 livraisons par volume à 2 francs — soit 60 francs le volume.

Le volume contiendra 500 pages, 300 gravures sur bois dans le texte et de 20 à 25 planches à l'eau-forte et en chromolithographie hors texte.

Le placement de cet ouvrage étant très restreint dans un seul département, nous avons fait tirer à 400 exemplaires seulement, pour nous couvrir de nos déboursés et de nos frais de dessins.

Paris. — Maison Quantin, 7, rue Saint-Benoît.

OUVRAGE ENCOURAGÉ

PAR LE MINISTRE DE L'INSTRUCTION PUBLIQUE ET DES BEAUX-ARTS
ET PAR LE CONSEIL GÉNÉRAL DE L'AUBE

MÉDAILLE D'OR DE LA SOCIÉTÉ ACADÉMIQUE DE L'AUBE

PREMIÈRE MÉDAILLE

DE L'ACADÉMIE DES INSCRIPTIONS ET BELLES-LETTRES

DEUX VOLUMES POUR L'ARRONDISSEMENT DE TROYES

LE PREMIER VOLUME EST EN VENTE

Il comprend les 1er, 2e et 3e cantons de TROYES avec les cantons d'AIX-EN-OTHE et de BOUILLY

LE DEUXIÈME VOLUME, EN COURS DE PUBLICATION, COMPRENDRA :
LES CANTONS D'ERVY, D'ESTISSAC, DE LUSIGNY ET DE PINEY

Conditions de la Souscription :

UN VOLUME PAR ARRONDISSEMENT

L'OUVRAGE COMPLET EN 5 VOLUMES

POUR TOUT LE DÉPARTEMENT DE L'AUBE

ON PEUT SOUSCRIRE POUR UN SEUL ARRONDISSEMENT

L'ouvrage se publie par livraisons. — Deux livraisons par mois.

2 francs la livraison

30 livraisons par volume à 2 francs — soit 60 francs le volume.

Le volume contiendra 500 pages, 300 gravures sur bois dans le texte et de 20 à 25 planches à l'eau-forte et en chromolithographie hors texte.

Le placement de cet ouvrage étant très restreint dans un seul département, nous avons fait tirer à 400 exemplaires seulement, pour nous couvrir de nos déboursés et de nos frais de dessins.

Paris. — Maison Quantin, 7, rue Saint-Benoît.

OUVRAGE ENCOURAGÉ

PAR LE MINISTRE DE L'INSTRUCTION PUBLIQUE ET DES BEAUX-ARTS
ET PAR LE CONSEIL GÉNÉRAL DE L'AUBE

MÉDAILLE D'OR
De la société académique de l'Aube

ARRONDISSEMENT DE TROYES

DEUX VOLUMES

LE PREMIER VOLUME EST EN VENTE

Il se compose des 3 cantons de TROYES avec les cantons d'AIX-EN-OTTRE ET DE BOUILLY

LE DEUXIÈME VOLUME EN COURS DE PUBLICATION, COMPRENDRA :
LES CANTONS D'ERVY, D'ESTISSAC, DE LUSIGNY ET DE PINEY

CONDITIONS DE LA SOUSCRIPTION

L'ouvrage se publie par livraisons. — Une livraison par mois. — 24 francs par an.

2 francs la livraison

30 livraisons par volume à 2 francs — soit 60 francs le volume.

On peut souscrire pour un seul volume.

Le volume contiendra 500 pages, 300 gravures sur bois dans le texte et de 20 à 25 planches à l'eau-forte et en chromolithographie hors texte.

Le placement de cet ouvrage étant très restreint dans un seul département, nous avons fait tirer à 400 exemplaires seulement, pour nous couvrir de nos déboursés et de nos frais de dessins.

25 exemplaires ont été tirés sur papier de Hollande et numérotés

au prix de 4 fr. la livraison

Il ne reste plus que NEUF exemplaires du 1er volume.

Paris. — Typ. A. Quantin, 7, rue Saint-Benoît.

STATISTIQUE MONUMENTALE

DU

DÉPARTEMENT DE L'AUBE

PAR

CH. FICHOT

ACCOMPAGNÉE DE CHROMOLITHOGRAPHIES, DE GRAVURES A L'EAU-FORTE
ET DE DESSINS SUR BOIS

DESSINÉS ET GRAVÉS PAR L'AUTEUR

47e LIVRAISON

PARIS — CHEZ L'AUTEUR, 39, RUE DE SEVRES

TROYES

Chez LACROIX, Successeur de Dufey-Robert, libraire

RUE NOTRE-DAME, 83

Et chez tous les Libraires du département de l'Aube

1886

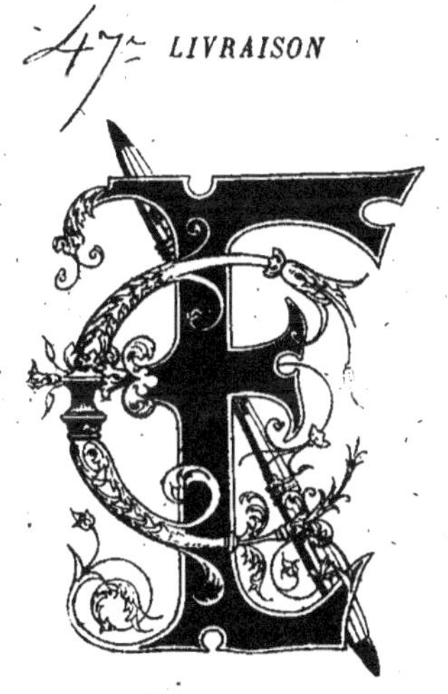

[illegible]

[illegible]

[illegible]

[illegible]

STATISTIQUE MONUMENTALE

DU

DÉPARTEMENT DE L'AUBE

PAR

CH. FICHOT

ACCOMPAGNÉE DE CHROMOLITHOGRAPHIES, DE GRAVURES A L'EAU-FORTE
ET DE DESSINS SUR BOIS

DESSINÉS ET GRAVÉS PAR L'AUTEUR

48e *LIVRAISON*

PARIS — CHEZ L'AUTEUR, 39, RUE DE SEVRES

TROYES

Chez LACROIX, Successeur de Dufey-Robert, libraire

RUE NOTRE-DAME, 83

Et chez tous les Libraires du département de l'Aube

1886

STATISTIQUE MONUMENTALE

DU

DÉPARTEMENT DE L'AUBE

PAR

CH. FICHOT

ACCOMPAGNÉE DE CHROMOLITHOGRAPHIES, DE GRAVURES A L'EAU-FORTE
ET DE DESSINS SUR BOIS

DESSINÉS ET GRAVÉS PAR L'AUTEUR

40e *LIVRAISON*

PARIS — CHEZ L'AUTEUR, 39, RUE DE SEVRES

TROYES

Chez LACROIX, Successeur de Dufey-Robert, libraire

RUE NOTRE-DAME, 83

Et chez tous les Libraires du département de l'Aube

1886

OUVRAGE ENCOURAGÉ

PAR LE MINISTRE DE L'INSTRUCTION PUBLIQUE ET DES BEAUX-ARTS
ET PAR LE CONSEIL GÉNÉRAL DE L'AUBE

MÉDAILLE D'OR DE LA SOCIÉTÉ ACADÉMIQUE DE L'AUBE

PREMIÈRE MÉDAILLE

DE L'ACADÉMIE DES INSCRIPTIONS ET BELLES-LETTRES

DEUX VOLUMES POUR L'ARRONDISSEMENT DE TROYES

LE PREMIER VOLUME EST EN VENTE

Il comprend les 1er, 2e et 3e cantons de TROYES avec les cantons d'AIX-EN-OTHE et de BOUILLY

LE DEUXIÈME VOLUME, EN COURS DE PUBLICATION, COMPRENDRA :
LES CANTONS D'ERVY, D'ESTISSAC, DE LUSIGNY ET DE PINEY

Conditions de la Souscription :

UN VOLUME PAR ARRONDISSEMENT

L'OUVRAGE COMPLET EN 5 VOLUMES

POUR TOUT LE DÉPARTEMENT DE L'AUBE

ON PEUT SOUSCRIRE POUR UN SEUL ARRONDISSEMENT

L'ouvrage se publie par livraisons. — Deux livraisons par mois.

2 francs la livraison

30 livraisons par volume à 2 francs — soit 60 francs le volume.

Le volume contiendra 500 pages, 300 gravures sur bois dans le texte et de 20 à 25 planches à l'eau-forte et en chromolithographie hors texte.

Le placement de cet ouvrage étant très restreint dans un seul département, nous avons fait tirer à 400 exemplaires seulement, pour nous couvrir de nos déboursés et de nos frais de dessins.

Paris. — Maison Quantin, 7, rue Saint-Benoît.

OUVRAGE ENCOURAGÉ

PAR LE MINISTRE DE L'INSTRUCTION PUBLIQUE ET DES BEAUX-ARTS
ET PAR LE CONSEIL GÉNÉRAL DE L'AUBE

MÉDAILLE D'OR DE LA SOCIÉTÉ ACADÉMIQUE DE L'AUBE

PREMIÈRE MÉDAILLE

DE L'ACADÉMIE DES INSCRIPTIONS ET BELLES-LETTRES

DEUX VOLUMES POUR L'ARRONDISSEMENT DE TROYES

LE PREMIER VOLUME EST EN VENTE

Il comprend les 1er, 2e et 3e cantons de TROYES avec les cantons d'AIX-EN-OTHE et de **BOUILLY**

LE DEUXIÈME VOLUME, EN COURS DE PUBLICATION, COMPRENDRA :
LES CANTONS D'ERVY, D'ESTISSAC, DE LUSIGNY ET DE PINEY

Conditions de la Souscription :

UN VOLUME PAR ARRONDISSEMENT

L'OUVRAGE COMPLET EN 5 VOLUMES

POUR TOUT LE DÉPARTEMENT DE L'AUBE

ON PEUT SOUSCRIRE POUR UN SEUL ARRONDISSEMENT

L'ouvrage se publie par livraisons. — Deux livraisons par mois.

2 francs la livraison

30 livraisons par volume à 2 francs — soit 60 francs le volume.

Le volume contiendra 500 pages, 300 gravures sur bois dans le texte et de 20 à 25 planches à l'eau-forte et en chromolithographie hors texte.

Le placement de cet ouvrage étant très restreint dans un seul département, nous avons fait tirer à 400 exemplaires seulement, pour nous couvrir de nos déboursés et de nos frais de dessins.

Paris. — Maison Quantin, 7, rue Saint-Benoît.

OUVRAGE ENCOURAGÉ

PAR LE MINISTRE DE L'INSTRUCTION PUBLIQUE ET DES BEAUX-ARTS
ET PAR LE CONSEIL GÉNÉRAL DE L'AUBE

MÉDAILLE D'OR DE LA SOCIÉTÉ ACADÉMIQUE DE L'AUBE

PREMIÈRE MÉDAILLE

DE L'ACADÉMIE DES INSCRIPTIONS ET BELLES-LETTRES.

DEUX VOLUMES POUR L'ARRONDISSEMENT DE TROYES

LE PREMIER VOLUME EST EN VENTE

Il comprend les 1er, 2e et 3e cantons de TROYES avec les cantons d'AIX-EN-OTHE et de BOUILLY

LE DEUXIÈME VOLUME, EN COURS DE PUBLICATION, COMPRENDRA :
LES CANTONS D'ERVY, D'ESTISSAC, DE LUSIGNY ET DE PINEY

Conditions de la Souscription :

UN VOLUME PAR ARRONDISSEMENT

L'OUVRAGE COMPLET EN 5 VOLUMES

POUR TOUT LE DÉPARTEMENT DE L'AUBE

ON PEUT SOUSCRIRE POUR UN SEUL ARRONDISSEMENT

L'ouvrage se publie par livraisons. — Deux livraisons par mois.

2 francs la livraison

30 livraisons par volume à 2 francs — soit 60 francs le volume.

Le volume contiendra 500 pages, 300 gravures sur bois dans le texte et de 20 à 25 planches à l'eau-forte et en chromolithographie hors texte.

Le placement de cet ouvrage étant très restreint dans un seul département, nous avons fait tirer à 400 exemplaires seulement, pour nous couvrir de nos déboursés et de nos frais de dessins.

Paris. — Maison Quantin, 7, rue Saint-Benoit.

STATISTIQUE MONUMENTALE

DU

DÉPARTEMENT DE L'AUBE

PAR

CH. FICHOT

ACCOMPAGNÉE DE CHROMOLITHOGRAPHIES, DE GRAVURES A L'EAU-FORTE
ET DE DESSINS SUR BOIS

DESSINÉS ET GRAVÉS PAR L'AUTEUR

50e *LIVRAISON*

PARIS — CHEZ L'AUTEUR, 39, RUE DE SEVRES

TROYES

Chez LACROIX, Successeur de Dufey-Robert, libraire

RUE NOTRE-DAME, 83

Et chez tous les Libraires du département de l'Aube

1886

STATISTIQUE MONUMENTALE

DU

DÉPARTEMENT DE L'AUBE

PAR

CH. FICHOT

ACCOMPAGNÉE DE CHROMOLITHOGRAPHIES, DE GRAVURES A L'EAU-FORTE
ET DE DESSINS SUR BOIS

DESSINÉS ET GRAVÉS PAR L'AUTEUR

9e LIVRAISON

PARIS — CHEZ L'AUTEUR, 39, RUE DE SEVRES

TROYES

Chez LACROIX, Successeur de Dufey-Robert, libraire

RUE NOTRE-DAME, 83

Et chez tous les Libraires du département de l'Aube

1886

STATISTIQUE MONUMENTALE

DU

DÉPARTEMENT DE L'AUBE

PAR

CH. FICHOT

ACCOMPAGNÉE DE CHROMOLITHOGRAPHIES, DE GRAVURES A L'EAU-FORTE
ET DE DESSINS SUR BOIS

DESSINÉS ET GRAVÉS PAR L'AUTEUR

9e *LIVRAISON*

PARIS — CHEZ L'AUTEUR, 39, RUE DE SEVRES

TROYES

Chez LACROIX, Successeur de Dufey-Robert, libraire

RUE NOTRE-DAME, 83

Et chez tous les Libraires du département de l'Aube

1886

OUVRAGE ENCOURAGÉ

PAR LE MINISTRE DE L'INSTRUCTION PUBLIQUE ET DES BEAUX-ARTS
ET PAR LE CONSEIL GÉNÉRAL DE L'AUBE

MÉDAILLE D'OR DE LA SOCIÉTÉ ACADÉMIQUE DE L'AUBE

PREMIÈRE MÉDAILLE
DE L'ACADÉMIE DES INSCRIPTIONS ET BELLES-LETTRES

DEUX VOLUMES POUR L'ARRONDISSEMENT DE TROYES

LE PREMIER VOLUME EST EN VENTE

Il comprend les 1er, 2e et 3e cantons de TROYES avec les cantons d'AIX-EN-OTHE et de BOUILLY

LE DEUXIÈME VOLUME, EN COURS DE PUBLICATION, COMPRENDRA :
LES CANTONS D'ERVY, D'ESTISSAC, DE LUSIGNY ET DE PINEY

Conditions de la Souscription :

UN VOLUME PAR ARRONDISSEMENT
L'OUVRAGE COMPLET EN 5 VOLUMES
POUR TOUT LE DÉPARTEMENT DE L'AUBE

ON PEUT SOUSCRIRE POUR UN SEUL ARRONDISSEMENT

L'ouvrage se publie par livraisons. — Deux livraisons par mois.
2 francs la livraison
30 livraisons par volume à 2 francs — soit 60 francs le volume.

Le volume contiendra 500 pages, 300 gravures sur bois dans le texte et de 20 à 25 planches à l'eau-forte et en chromolithographie hors texte.

Le placement de cet ouvrage étant très restreint dans un seul département, nous avons fait tirer à 400 exemplaires seulement, pour nous couvrir de nos déboursés et de nos frais de dessins.

Paris. — Maison Quantin, 7, rue Saint-Benoît.

Paris. — Maison Quantin, 7, rue Saint-Benoît.

OUVRAGE ENCOURAGÉ

PAR LE MINISTRE DE L'INSTRUCTION PUBLIQUE ET DES BEAUX-ARTS
ET PAR LE CONSEIL GÉNÉRAL DE L'AUBE

MÉDAILLE D'OR DE LA SOCIÉTÉ ACADÉMIQUE DE L'AUBE

PREMIÈRE MÉDAILLE

DE L'ACADÉMIE DES INSCRIPTIONS ET BELLES-LETTRES

DEUX VOLUMES POUR L'ARRONDISSEMENT DE TROYES

LE PREMIER VOLUME EST EN VENTE

Il comprend les 1er, 2e et 3e cantons de TROYES avec les cantons d'AIX-EN-OTHE et de BOUILLY

LE DEUXIÈME VOLUME, EN COURS DE PUBLICATION, COMPRENDRA :
LES CANTONS D'ERVY, D'ESTISSAC, DE LUSIGNY ET DE PINEY

Conditions de la Souscription :

UN VOLUME PAR ARRONDISSEMENT

L'OUVRAGE COMPLET EN 5 VOLUMES

POUR TOUT LE DÉPARTEMENT DE L'AUBE

ON PEUT SOUSCRIRE POUR UN SEUL ARRONDISSEMENT

L'ouvrage se publie par livraisons. — Deux livraisons par mois.

2 francs la livraison

30 livraisons par volume à 2 francs — soit 60 francs le volume.

Le volume contiendra 500 pages, 300 gravures sur bois dans le texte et de 20 à 25 planches à l'eau-forte et en chromolithographie hors texte.

Le placement de cet ouvrage étant très restreint dans un seul département, nous avons fait tirer à 400 exemplaires seulement, pour nous couvrir de nos débours et de nos frais de dessins.

Paris. — Maison Quantin, 7, rue Saint-Benoît.

STATISTIQUE MONUMENTALE

DU

DÉPARTEMENT DE L'AUBE

PAR

CH. FICHOT

ACCOMPAGNÉE DE CHROMOLITHOGRAPHIES, DE GRAVURES A L'EAU-FORTE
ET DE DESSINS SUR BOIS

DESSINÉS ET GRAVÉS PAR L'AUTEUR

53e LIVRAISON

PARIS — CHEZ L'AUTEUR, 39, RUE DE SÈVRES

TROYES

Chez LACROIX, Successeur de Dufey-Robert, libraire
RUE NOTRE-DAME, 83

Et chez tous les Libraires du département de l'Aube

1884

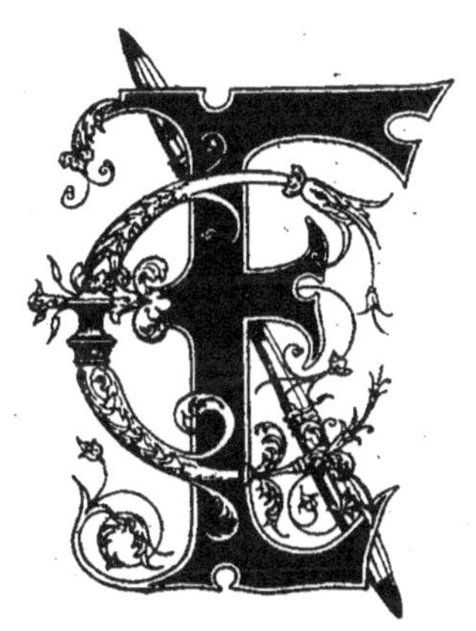

STATISTIQUE MONUMENTALE

DU

DÉPARTEMENT DE L'AUBE

PAR

CH. FICHOT

ACCOMPAGNÉE DE CHROMOLITHOGRAPHIES, DE GRAVURES A L'EAU-FORTE
ET DE DESSINS SUR BOIS
DESSINÉS ET GRAVÉS PAR L'AUTEUR

54e LIVRAISON

PARIS — CHEZ L'AUTEUR, 39, RUE DE SÈVRES

TROYES
Chez LACROIX, Successeur de Dufey-Robert, libraire
RUE NOTRE-DAME, 83
Et chez tous les Libraires du département de l'Aube
1884

STATISTIQUE MONUMENTALE

DU

DÉPARTEMENT DE L'AUBE

PAR

CH. FICHOT

ACCOMPAGNÉE DE CHROMOLITHOGRAPHIES, DE GRAVURES A L'EAU-FORTE
ET DE DESSINS SUR BOIS

DESSINÉS ET GRAVÉS PAR L'AUTEUR

55e *LIVRAISON*

PARIS — CHEZ L'AUTEUR, 39, RUE DE SÈVRES

TROYES

Chez LACROIX, Successeur de Dufey-Robert, libraire

RUE NOTRE-DAME, 83

Et chez tous les Libraires du département de l'Aube

1886

OUVRAGE ENCOURAGÉ

PAR LE MINISTRE DE L'INSTRUCTION PUBLIQUE ET DES BEAUX-ARTS
ET PAR LE CONSEIL GÉNÉRAL DE L'AUBE

MÉDAILLE D'OR DE LA SOCIÉTÉ ACADÉMIQUE DE L'AUBE

PREMIÈRE MÉDAILLE

DE L'ACADÉMIE DES INSCRIPTIONS ET BELLES-LETTRES

DEUX VOLUMES POUR L'ARRONDISSEMENT DE TROYES

LE PREMIER VOLUME EST EN VENTE

Il comprend les 1er, 2e et 3e cantons de TROYES avec les cantons d'AIX-EN-OTHE et de **BOUILLY**

LE DEUXIÈME VOLUME, EN COURS DE PUBLICATION, COMPRENDRA :
LES CANTONS D'ERVY, D'ESTISSAC, DE LUSIGNY ET DE PINEY

Conditions de la Souscription :

UN VOLUME PAR ARRONDISSEMENT
L'OUVRAGE COMPLET EN 5 VOLUMES
POUR TOUT LE DÉPARTEMENT DE L'AUBE

ON PEUT SOUSCRIRE POUR UN SEUL ARRONDISSEMENT

L'ouvrage se publie par livraisons. — Deux livraisons par mois.
2 francs la livraison
30 livraisons par volume à 2 francs — soit 60 francs le volume.

Le volume contiendra 500 pages, 300 gravures sur bois dans le texte et de 20 à 25 planches à l'eau-forte et en chromolithographie hors texte.

Le placement de cet ouvrage étant très restreint dans un seul département, nous avons fait tirer à 400 exemplaires seulement, pour nous couvrir de nos déboursés et de nos frais de dessins.

Paris. — Maison Quantin, 7, rue Saint-Benoît.

OUVRAGE ENCOURAGÉ

PAR LE MINISTRE DE L'INSTRUCTION PUBLIQUE ET DES BEAUX-ARTS
ET PAR LE CONSEIL GÉNÉRAL DE L'AUBE

MÉDAILLE D'OR
De la société académique de l'Aube

ARRONDISSEMENT DE TROYES

DEUX VOLUMES

LE PREMIER VOLUME EST EN VENTE

Il se compose des 3 cantons de TROYES avec les cantons d'AIX-EN-OTTRE ET DE BOUILLY

LE DEUXIÈME VOLUME EN COURS DE PUBLICATION, COMPRENDRA :
LES CANTONS D'ERVY, D'ESTISSAC, DE LUSIGNY ET DE PINEY

CONDITIONS DE LA SOUSCRIPTION

L'ouvrage se publie par livraisons. — Une livraison par mois. — 24 francs par an.

2 francs la livraison

30 livraisons par volume à 2 francs — soit 60 francs le volume.

On peut souscrire pour un seul volume.

Le volume contiendra 500 pages, 300 gravures sur bois dans le texte et de 20 à 25 planches à l'eau-forte et en chromolithographie hors texte.

Le placement de cet ouvrage étant très restreint dans un seul département, nous avons fait tirer à 400 exemplaires seulement, pour nous couvrir de nos déboursés et de nos frais de dessins.

25 exemplaires ont été tirés sur papier de Hollande et numérotés

au prix de 4 fr. la livraison

Il ne reste plus que NEUF exemplaires du 1er volume.

Paris. — Typ. A. Quantin, 7, rue Saint-Benoît.

OUVRAGE ENCOURAGÉ

PAR LE MINISTRE DE L'INSTRUCTION PUBLIQUE ET DES BEAUX-ARTS
ET PAR LE CONSEIL GÉNÉRAL DE L'AUBE

MÉDAILLE D'OR

De la société académique de l'Aube

ARRONDISSEMENT DE TROYES

DEUX VOLUMES

LE PREMIER VOLUME EST EN VENTE

Il se compose des 3 cantons de TROYES avec les cantons d'AIX-EN-OTTRE ET DE BOUILLY

LE DEUXIÈME VOLUME EN COURS DE PUBLICATION, COMPRENDRA :

LES CANTONS D'ERVY, D'ESTISSAC, DE LUSIGNY ET DE PINEY

CONDITIONS DE LA SOUSCRIPTION

L'ouvrage se publie par livraisons. — Une livraison par mois. — 24 francs par an.

2 francs la livraison

30 livraisons par volume à 2 francs — soit 60 francs le volume.

On peut souscrire pour un seul volume.

Le volume contiendra 500 pages, 300 gravures sur bois dans le texte et de 20 à 25 planches à l'eau-forte et en chromolithographie hors texte.

Le placement de cet ouvrage étant très restreint dans un seul département, nous avons fait tirer à 400 exemplaires seulement, pour nous couvrir de nos déboursés et de nos frais de dessins.

25 exemplaires ont été tirés sur papier de Hollande et numérotés

au prix de 4 fr. la livraison

Il ne reste plus que NEUF exemplaires du 1er volume.

Paris. — Typ. A. Quantin, 7, rue Saint-Benoît.

STATISTIQUE MONUMENTALE

DU

DÉPARTEMENT DE L'AUBE

PAR

CH. FICHOT

ACCOMPAGNÉE DE CHROMOLITHOGRAPHIES, DE GRAVURES A L'EAU-FORTE
ET DE DESSINS SUR BOIS

DESSINÉS ET GRAVÉS PAR L'AUTEUR

56e *LIVRAISON*

PARIS — CHEZ L'AUTEUR, 39, RUE DE SEVRES

TROYES

Chez LACROIX, Successeur de Dufey-Robert, libraire

RUE NOTRE-DAME, 83

Et chez tous les Libraires du département de l'Aube

1886

STATISTIQUE MONUMENTALE

DU

DÉPARTEMENT DE L'AUBE

PAR

CH. FICHOT

ACCOMPAGNÉE DE CHROMOLITHOGRAPHIES, DE GRAVURES A L'EAU-FORTE
ET DE DESSINS SUR BOIS

DESSINÉS ET GRAVÉS PAR L'AUTEUR

LIVRAISON

PARIS — CHEZ L'AUTEUR, 39, RUE DE SEVRES

TROYES

Chez LACROIX, Successeur de Dufey-Robert, libraire

RUE NOTRE-DAME, 83

Et chez tous les Libraires du département de l'Aube

1886

STATISTIQUE MONUMENTALE

DU

DÉPARTEMENT DE L'AUBE

PAR

CH. FICHOT

ACCOMPAGNÉE DE CHROMOLITHOGRAPHIES, DE GRAVURES A L'EAU-FORTE ET DE DESSINS SUR BOIS

DESSINÉS ET GRAVÉS PAR L'AUTEUR

58e LIVRAISON

PARIS — CHEZ L'AUTEUR, 39, RUE DE SÈVRES

TROYES

Chez LACROIX, Successeur de Dufey-Robert, libraire

RUE NOTRE-DAME, 83

Et chez tous les Libraires du département de l'Aube

1884

OUVRAGE ENCOURAGÉ

PAR LE MINISTRE DE L'INSTRUCTION PUBLIQUE ET DES BEAUX-ARTS
ET PAR LE CONSEIL GÉNÉRAL DE L'AUBE

MÉDAILLE D'OR
De la société académique de l'Aube

ARRONDISSEMENT DE TROYES

DEUX VOLUMES

LE PREMIER VOLUME EST EN VENTE

Il se compose des 3 cantons de TROYES avec les cantons d'AIX-EN-OTTRE ET DE BOUILLY

LE DEUXIÈME VOLUME EN COURS DE PUBLICATION, COMPRENDRA :
LES CANTONS D'ERVY, D'ESTISSAC, DE LUSIGNY ET DE PINEY

CONDITIONS DE LA SOUSCRIPTION

L'ouvrage se publie par livraisons. — Une livraison par mois. — 24 francs par an.

2 francs la livraison

30 livraisons par volume à 2 francs — soit 60 francs le volume.

On peut souscrire pour un seul volume.

Le volume contiendra 500 pages, 300 gravures sur bois dans le texte et de 20 à 25 planches à l'eau-forte et en chromolithographie hors texte.

Le placement de cet ouvrage étant très restreint dans un seul département, nous avons fait tirer à 400 exemplaires seulement, pour nous couvrir de nos débourses et de nos frais de dessins.

25 exemplaires ont été tirés sur papier de Hollande et numérotés

au prix de 4 fr. la livraison

Il ne reste plus que NEUF exemplaires du 1er volume.

Paris. — Typ. A. Quantin, 7, rue Saint-Benoit.

OUVRAGE ENCOURAGÉ

PAR LE MINISTRE DE L'INSTRUCTION PUBLIQUE ET DES BEAUX-ARTS
ET PAR LE CONSEIL GÉNÉRAL DE L'AUBE

MÉDAILLE D'OR DE LA SOCIÉTÉ ACADÉMIQUE DE L'AUBE

PREMIÈRE MÉDAILLE

DE L'ACADÉMIE DES INSCRIPTIONS ET BELLES-LETTRES

DEUX VOLUMES POUR L'ARRONDISSEMENT DE TROYES

LE PREMIER VOLUME EST EN VENTE

Il comprend les 1er, 2e et 3e cantons de TROYES avec les cantons d'AIX-EN-OTHE et de BOUILLY

LE DEUXIÈME VOLUME, EN COURS DE PUBLICATION, COMPRENDRA :
LES CANTONS D'ERVY, D'ESTISSAC, DE LUSIGNY ET DE PINEY

Conditions de la Souscription :

UN VOLUME PAR ARRONDISSEMENT

L'OUVRAGE COMPLET EN 5 VOLUMES

POUR TOUT LE DÉPARTEMENT DE L'AUBE

ON PEUT SOUSCRIRE POUR UN SEUL ARRONDISSEMENT

L'ouvrage se publie par livraisons. — Deux livraisons par mois.

2 francs la livraison

30 livraisons par volume à 2 francs — soit 60 francs le volume.

Le volume contiendra 500 pages, 300 gravures sur bois dans le texte et de 20 à 25 planches à l'eau-forte et en chromolithographie hors texte.

Le placement de cet ouvrage étant très restreint dans un seul département, nous avons fait tirer à 400 exemplaires seulement, pour nous couvrir de nos déboursés et de nos frais de dessins.

Paris. — Maison Quantin, 7, rue Saint-Benoît.

Paris. — Maison Quantin, 7, rue Saint-Benoît.

STATISTIQUE MONUMENTALE

DU

DÉPARTEMENT DE L'AUBE

PAR

CH. FICHOT

ACCOMPAGNÉE DE CHROMOLITHOGRAPHIES, DE GRAVURES A L'EAU-FORTE
ET DE DESSINS SUR BOIS

DESSINÉS ET GRAVÉS PAR L'AUTEUR

9e LIVRAISON

PARIS — CHEZ L'AUTEUR, 39, RUE DE SÈVRES

TROYES

Chez LACROIX, Successeur de Dufey-Robert, libraire

RUE NOTRE-DAME, 83

Et chez tous les Libraires du département de l'Aube

1887

STATISTIQUE MONUMENTALE

DU

DÉPARTEMENT DE L'AUBE

PAR

CH. FICHOT

ACCOMPAGNÉE DE CHROMOLITHOGRAPHIES, DE GRAVURES A L'EAU-FORTE
ET DE DESSINS SUR BOIS

DESSINÉS ET GRAVÉS PAR L'AUTEUR

66e LIVRAISON

PARIS — CHEZ L'AUTEUR, 39, RUE DE SÈVRES

TROYES

Chez LACROIX, Successeur de Dufey-Robert, libraire

RUE NOTRE-DAME, 83

Et chez tous les Libraires du département de l'Aube

1887

OUVRAGE ENCOURAGÉ

PAR LE MINISTRE DE L'INSTRUCTION PUBLIQUE ET DES BEAUX-ARTS
ET PAR LE CONSEIL GÉNÉRAL DE L'AUBE

MÉDAILLE D'OR DE LA SOCIÉTÉ ACADÉMIQUE DE L'AUBE

PREMIÈRE MÉDAILLE

DE L'ACADÉMIE DES INSCRIPTIONS ET BELLES-LETTRES

DEUX VOLUMES POUR L'ARRONDISSEMENT DE TROYES

LE PREMIER VOLUME EST EN VENTE

Il comprend les 1er, 2e et 3e cantons de TROYES avec les cantons d'AIX-EN-OTHE et de BOUILLY

LE DEUXIÈME VOLUME, EN COURS DE PUBLICATION, COMPRENDRA :
LES CANTONS D'ERVY, D'ESTISSAC, DE LUSIGNY ET DE PINEY

Conditions de la Souscription :

UN VOLUME PAR ARRONDISSEMENT

L'OUVRAGE COMPLET EN 5 VOLUMES

POUR TOUT LE DÉPARTEMENT DE L'AUBE

ON PEUT SOUSCRIRE POUR UN SEUL ARRONDISSEMENT

L'ouvrage se publie par livraisons. — Deux livraisons par mois.

2 francs la livraison

30 livraisons par volume à 2 francs — soit 60 francs le volume.

Le volume contiendra 500 pages, 300 gravures sur bois dans le texte et de 20 à 25 planches à l'eau-forte et en chromolithographie hors texte.

Le placement de cet ouvrage étant très restreint dans un seul département, nous avons fait tirer à 400 exemplaires seulement, pour nous couvrir de nos déboursés et de nos frais de dessins.

Maison Quantin, 7, rue Saint-Benoît.

OUVRAGE ENCOURAGÉ

PAR LE MINISTRE DE L'INSTRUCTION PUBLIQUE ET DES BEAUX-ARTS
ET PAR LE CONSEIL GÉNÉRAL DE L'AUBE

MÉDAILLE D'OR DE LA SOCIÉTÉ ACADÉMIQUE DE L'AUBE

PREMIÈRE MÉDAILLE

DE L'ACADÉMIE DES INSCRIPTIONS ET BELLES-LETTRES

DEUX VOLUMES POUR L'ARRONDISSEMENT DE TROYES

LE PREMIER VOLUME EST EN VENTE

Il comprend les 1er, 2e et 3e cantons de TROYES avec les cantons d'AIX-EN-OTHE et de BOUILLY

LE DEUXIÈME VOLUME, EN COURS DE PUBLICATION, COMPRENDRA :
LES CANTONS D'ERVY, D'ESTISSAC, DE LUSIGNY ET DE PINEY

Conditions de la Souscription :

UN VOLUME PAR ARRONDISSEMENT

L'OUVRAGE COMPLET EN 5 VOLUMES

POUR TOUT LE DÉPARTEMENT DE L'AUBE

ON PEUT SOUSCRIRE POUR UN SEUL ARRONDISSEMENT

L'ouvrage se publie par livraisons. — Deux livraisons par mois.

2 francs la livraison

30 livraisons par volume à 2 francs — soit 60 francs le volume.

Le volume contiendra 500 pages, 300 gravures sur bois dans le texte et de 20 à 25 planches à l'eau-forte et en chromolithographie hors texte.

Le placement de cet ouvrage étant très restreint dans un seul département, nous avons fait tirer à 400 exemplaires seulement, pour nous couvrir de nos déboursés et de nos frais de dessins.

Maison Quantin, 7, rue Saint-Benoît.

www.ingramcontent.com/pod-product-compliance
Lightning Source LLC
LaVergne TN
LVHW010111230826
846091LV00001BA/18

* 9 7 8 2 3 2 9 5 5 4 9 8 3 *